THE STORY OF PSYCHOLOGY

心理学的故事

源起与演变

[美] 莫顿 · 亨特 著

寒川子 张积模 译

创于1897 商務印書館 The Commercial Press

商务印书馆（成都）有限责任公司出品

序言 探索内心世界

公元前 7 世纪的一次心理学实验

公元前 7 世纪后半叶，埃及处于国王普萨美提克一世统治之下。他在漫长的统治时期中建立的卓越功勋数不胜数，其中包括将亚述人驱逐出境，复兴埃及的艺术和建筑风格，为社会积累令人目眩的巨额财富，等等。更有趣的是，他还别出心裁地构想并指导了人类历史上第一次记录在册的心理实验。

很久以来，埃及人认为自己是这个世界上最古老的民族。普萨美提克出于好奇，决定探究并证明这一观点。像一个优秀的心理学家一样，他的实验起始于一个假设：如果孩子在出生之后即被剥夺学习语言的机会，那么，他们就会本能地说出某种最原始的语言——人类与生俱来、浑然天成的语言。普萨美提克认为，这个语言应当是最古老民族的自然语言，而他想证明的是，这个最古老的民族就是埃及。

为证实这个假设，普萨美提克征集了两个出身于社会下层的婴儿，然后把他们交给边远地区的一个牧人抚养。两个孩子被安置在相互隔离的小屋里，得到舒适的食宿与照料，但不让他们听到任何言语。

希腊历史学家希罗多德[1]追溯了这个故事的"真正起源"。故事出于孟菲斯的赫菲斯托斯祭司之口，那祭司说，普萨美提克的目的只有一个，就是倾听两个婴儿在咿呀学语时所发出的第一个音符是什么。

实验成功了。在孩子们两岁时的某天，当牧人打开房门时，孩子们跑向他，不停地重复一个单词——"贝克斯"。对于牧人来说，这个词没有任何意义，因而他没有在意。然而，由于两个孩子此后经常叫喊"贝克斯"，他就将此报告给普萨美提克。普萨美提克传令把孩子们带来，亲耳听到他们口中说出的词确是"贝克斯"。他不明其意，让人四处探访，从弗里吉亚人那儿得知"贝克斯"是他们的语言，意思是"面包"。这个结局让普萨美提克颇觉失望，因为这无疑是在告诉他：比埃及人更古老的民族是弗里吉亚人。

今天的我们会嘲笑埃及国王的无知。通过对隔离条件下抚养大的孩子的研究，我们已经得知：世界上绝对没有天然语言，一个从未听过别人说话的孩子是不可能说话的。普萨美提克受束于一个假设，又想当然地把一个咿呀之音认定为真正的单词。

虽然如此，我们仍要敬佩他，因为他的所有努力皆为证明一个假设，而且他提出了一个极具原创性的概念：大脑内形成思想的内部进程是可以研究的。

来自神灵的旨意

在普萨美提克之后的数代人中，再没有人对人类思想及感觉的形成进行研究、推理与评测。很久以来，不管是原始人还是文明人，林林总总的自然现象总能引起他们的关注。他们或多或少地对这些现象加以理解与掌握：人们学会生火并控制它的历史将近 80 万年，设计与使用各种工具的

1 希罗多德（Herodotus，约前 484—前 425/413），古希腊作家、历史学家，其著作《历史》是西方文学史上第一部完整流传下来的散文作品，希罗多德也因此被尊称为"历史之父"。——编注

时间也达10万年之久；在大约8000年前，人类当中的一部分学会了如何种植并收获庄稼；在近千年的时间中，至少在埃及，人们开始了解人体的某些元素，发明了成千上万种医治各类疾病的处方，其中一些处方的功效相当不错。但在普萨美提克之后的近百年中，无论在埃及还是在其他任何国家，都没有人思考过或尝试理解过——更不用说影响过——人类自己的思维运转机制。

这并不奇怪，人们总是把自己的思想和情感看作鬼神等作用的产物，古人的记载可充分证明这一点。譬如，约前2000年的美索不达米亚楔形文字曾多次以神的“命令”形式——通常通过社会统治者的口谕——指导人们在哪里及如何种植庄稼、把权力授予谁及向谁宣战等。其中典型一例是刻在泥土锥形柱上的一段文字：

> 基什的麦西林国王在其法神的旨意下负责那个地区的种植，并筑造一块［无铭文的］石柱……宁吉尔苏，恩利尔［另一神］的英雄，按神的旨意发起对乌玛的战争。

关于早期人类对思想与情感的猜测，更为具体的描写可见于《伊利亚特》。它记载的是公元前9世纪荷马的观点，从某种程度上反映了他所描写的公元前11世纪希腊人和特洛伊人之间的事情。普林斯顿大学的朱利安·简教授对书中叙述大脑及情感功能的语言进行了分析，并发表了他的总结：

> 总体上说，在《伊利亚特》中不存在“意识”……也就是说，书中没有涉及意识或智力行为方面的词汇。《伊利亚特》中的词汇在后来意味着智力等词义的，在当时有着不同的诠释，全都代表具体的事物。psyche一词后来解释为心或灵魂，而在当时代表的是生命物质，如血液或呼吸。一个濒死的勇士把他的psyche

流进土地，或还剩最后一口气的时候将之抛进空中……也许最重要的还是noos一词，后在希腊语中拼写成nous——此词后来渐渐发展为“有意识的头脑”（the conscious mind），而在《伊利亚特》中，它的最恰当诠释应该是“认知”“认可”或“视野”。宙斯“将奥德修斯控制在他的noos之内”，意思是说，他时刻都在观察着奥德修斯。

在《伊利亚特》里，人们的思想和感情都由众神直接输入他们的脑海之中，史诗在开场白里把这一点表达得清清楚楚。故事从特洛伊被困的第九年开始，当时，希腊军队正为瘟疫所困，阿喀琉斯认为，他们也许应该从岸边撤离：

阿喀琉斯把他的士兵召集起来，此行为源于白臂女神赫拉的旨意，因为赫拉看到希腊人一个个死去，非常同情……阿喀琉斯对士兵们说：“我们要想逃脱战争和瘟疫带来的死亡，我认为必须撤退，返回家乡。”

简教授说，诸如此类对思想与情感的解释不时出现在《伊利亚特》中：

当希腊军统帅阿伽门农抢夺了阿喀琉斯的情妇之后，抓牢阿喀琉斯的黄色头发，警告他不能伤害阿伽门农的是天神……带领勇士冲入敌阵的是天神，在关键时刻给士兵以训示的是天神，争论并教导赫克托耳如何如何的仍是天神。

其他一些古代民族，甚至在几个世纪之后，仍然相信他们的思想、视觉和梦是神的旨意。希罗多德告诉我们，波斯帝国的建立者居鲁士大帝于前529年进入敌对的马萨格泰人的领地。当天晚上他在睡梦中看到，部将叙斯塔司佩斯的儿子大流士双肩长出一对翅膀，一只遮住亚洲，另一只遮住欧洲。居鲁士醒来，把叙斯塔司佩斯传唤过来，对他说："我察觉你的儿子正在密谋杀害我，意欲篡夺我的王位。我肯定这一点。天神一直关注着我的安全，每次危险来临之前都会警告我。"

居鲁士大帝复述了他的梦，命令叙斯塔司佩斯返回波斯，告诉其儿子大流士在大帝击败马萨格泰人之后前来觐见（然而，居鲁士却为马萨格泰人所杀）。大流士后来确实成为国王，但并不是通过密谋杀害居鲁士。

古希伯来人也持相近的观点。《圣经·旧约》中，很多重要的思想都被看作上帝的旨意。开始是上帝亲自发话，后来只听到上帝的声音。这里举三个例子：

> 这事以后，耶和华在异象中有话对亚伯兰说："亚伯兰，你不要惧怕！我是你的盾牌，必大大地赏赐你。"（《创世记》，15 ： 1）

> 耶和华的仆人摩西死了以后，耶和华晓谕摩西的帮手、嫩的儿子约书亚说："我的仆人摩西死了。现在你要起来，和众百姓过这约旦河，往我所要赐给以色列人的地去。"（《约书亚记》，1 ： 1—2）

> 耶和华的话临到亚米太的儿子约拿，说："你起来往尼尼微大城去，向其中的居民呼喊，因为他们的恶已达到我面前。"（《约拿书》，1 ： 1—2）

紊乱的思绪和疯狂同样也成为上帝或其派遣的恶魔的杰作。《申命记》中把神智错乱看成上帝对那些不服从命令的人的诅咒和惩罚：

耶和华必用癫狂、眼瞎、心惊攻击你。（《申命记》，28 ∶ 28）

扫罗突然发生精神错乱，可归咎于上帝派遣的一个恶魔。大卫要给他弹奏竖琴以缓解病情：

耶和华的灵离开扫罗，有恶魔从耶和华那里来扰乱他……从神那里来的恶魔临到扫罗身上的时候，大卫就拿琴用手而弹，扫罗便舒畅爽快，恶魔离了他。（《撒母耳记》上，16 ∶ 14，23）

当大卫作为勇士的名誉超过扫罗，恶魔的势力又猖獗一时：

次日，从神那里来的恶魔大大降在扫罗身上，他就在家中胡言乱语。大卫照常弹琴，扫罗手里拿着枪。扫罗把枪一抡，心里说："我要将大卫刺透，钉在墙上。"……扫罗想要用枪刺透大卫，钉在墙上；他却躲开，扫罗的枪刺入墙内。（《撒母耳记上》，18 ∶ 10—11，19 ∶ 10 ）

心灵的发现

公元前 6 世纪，令人瞩目的新发展似乎出现了。在印度，佛教把思想归因于人们的感觉和知觉，认为感觉和知觉逐渐而自然地形成思想。在中国，孔子强调思想和行动，认为它们的力量存在于人的体内。

变化更大的是希腊。在那儿，诗人和贤士开始用一种新的眼光来看待思想和情感。例如萨福，她就没有把嫉妒看成神的惩罚，我们可以欣赏到她是如何用现实主义的口吻来描述因嫉妒所受的折磨的：

对我来说，神灵是欢快的
男子在你面前，盯着你
挨紧你坐下，默默地聆听
你银铃般的声音和
恋人般的憨笑
噢，这——这——搅动着
我胸腔内那颗不安的心
只要我能看到你，哪怕只一眼
我愿意失去声音
是的，我的舌头断裂，周身之上
自心底涌起一股烈焰
我一无所见，任凭一声咆哮
响彻在我的耳畔

——阿提斯颂歌

诗人和立法者梭伦却不以荷马的角度理解“心”（nous）一词，认为它属于理性的范畴。他宣称，一个人在40岁时理性（即“心”，nous）完全成熟，50岁时“理性和语言均处于最佳状态”。梭伦或哲学家泰勒斯——这两人出身不同——的看法与荷马时代的人完全不同。这一点记载于西方文明最简短、最有名的一条格言里。这条被雕刻在德尔斐的阿波罗神庙的格言是：认识你自己。

此后几十年里，希腊在思想、科学、艺术方面陡然出现一个令人惊叹的全盛时期，科学史学家乔治·萨顿认为，在这段时期，人类知识在不到三个世纪里增长了近40倍！

这一时期最突出的是哲学这个全新领域的出现与繁荣。在公元前5世纪和公元前4世纪的希腊城邦里，有这么一小部分贵族，尽管没有先进的设备和确凿的数据，却在激情的驱使下理解世界与人类自身。他们通过观察与推理来看待和解决许多领域里悬而未决的问题，包括天体、宇宙、物理、形而上、伦理道德、美学和心理学的问题等。

当时，哲学家们并没有用“心理学”（该词出现于1520年左右）[1]这个术语，也不把它看作一门独立的知识学科。他们对这一议题的兴趣远比不上对其他基本议题的兴趣，如物质的结构、因果律的本质等。不过，他们还是对几乎所有心理学方面的问题进行了辨别，并提出了假设。从那时起，这些问题一直受到学者和科学家们的关注。

这些问题包括：

——世界上是否只存在一种物质？还是说“思想”是一种与“物质”不同的事物？

——人有灵魂吗？人死之后灵魂是否独立存在？

——人的思想和身体是怎么连在一起的？思想是不是灵魂的一部分，如果是，它是否可以存在于人的身体之外？

——人的本质是与生俱来的，还是后天经验所得？

——人如何了解自己的所知？我们的观念产生于头脑中，还是产生于感知和经验？

——感知是怎么起作用的？人对世界的印象是否真正代表真实世界的存在？人又是如何知道是或不是的呢？

——获取真正知识的正确途径是纯粹的推理，还是通过观察所

1　克罗地亚文学家马尔科·马鲁利奇在一份时间标为“约1520年”，名为“psichiologia”的手稿中使用了该词，被认为是有据可查的第一位使用“心理学”这一词汇的人。——编注

得来的数据？

——逻辑思维的原则是什么？

——是什么导致了不合逻辑的思维？

——是思想引导感情，还是感情引导思想？

当时的希腊哲学家几乎预料到了当今心理学入门教科书中的几乎所有重要的议题，这些议题至少在当时已初具雏形。更令人感叹的是，他们的目标竟然和当代心理学家的完全相同：探索人类行为的起因，即对外界事物和刺激做出反应时，发生在心中的看不见的进程。

这个目标促使希腊哲学家们开始了对心灵的不可见世界的探索之旅——也许我们可以称这个世界为内在的宇宙。从那时起，直到现在，心灵的探索者们在这看不见且未知的一片荒芜里越走越远。无论是过去还是将来，这段旅程都既充满挑战，又给人以启迪，一如人类在任何一片未知的海域或陆地上的探险，又如任何远离地球的太空飞行，还如任何在世界和时光边缘的天文探索。

究竟是哪些人（近几十年不乏女性）感到发掘心灵这一广袤而无形的世界迫在眉睫呢？各种各样的人：隐修者、好逸恶劳者、狂热的神秘主义者、固执己见的现实主义者、保守主义者、自由主义者、真正的教徒及坚定的无神论者等等，林林总总，不一而足。尽管各执己见，但这些心灵巨匠无不展露出一个共同特性：他们都是非常有趣、使人印象深刻，甚至令人敬畏的人。阅读他们中任何一位的传记和作品，我都感到很荣幸能间接了解他，并从他的探索中受益。

对人类发展来说，这些人所倡导的对人类内心世界的探索比人类对外部世界的探索更为重要。历史学家往往把技术进步看成文化发展的里程碑，其中包括犁的创新，金属熔化及冶金的发现，以及钟表、印刷术、蒸汽动力、电动机、电灯泡、半导体和计算机的发明等。然而，比所有这些发现（发明）更具创新意味的是希腊哲学家及其后继者对意识的认识。他们认为，人类可以观察、理解，甚至最终引导并控制自己的思维过程、感情及“产生的”行为。

只有认识到这一点，我们才能成为这个星球上全新的、完全不同的物种：唯一能够审视自己的思维和行为，且能对之进行改变的动物。这在进化史上无疑迈出了巨大的一步。尽管在体格上我们与3000年前的人类差别甚微，但在文化上我们属于一个全新的人类，因为我们已变成具有心理认知的动物。

这次心灵之旅迄今已历经2500个春秋。这次旅程是人类对自身行为真正原因的不懈探求，是所有人探求的最大释放，也正是这部《心理学的故事》[1]所涉及的主题。

1 本书原著出版于2007年，书中所涉理论观点、研究与应用进展均为当时对这一学科的认知。——编注

目 录 | Contents

第一部分　前科学心理学

第二部分　新科学的奠基人

第三部分　专业化与集大成

第一部分　前科学心理学

PRESCIENTIFIC PSYCHOLOGY

第一章 猜想者

第一节 荣耀归于希腊

“在所有的历史中，”哲学家伯特兰·罗素曾经说过，“没有任何事情比希腊文明的突然崛起更令人吃惊，或更难以理解。”

直到公元前 6 世纪为止，希腊人的大部分文化都借自埃及、美索不达米亚地区和邻近的国家。然而，自公元前 6 世纪到公元前 4 世纪，他们却产生了一大批属于自己且极具特色的新文化。其中，他们创造了复杂而全新的文学、艺术和建筑形式，编著了第一批真正的史书（与单纯的编年史比较而言），开创了数学和科学，建立了学校和体育场所，并创建了民主政体。此后的西方文明有相当一部分是希腊文明的直系后裔，尤其是过去 25 个世纪中的西方哲学和科学，基本上都奠基于那些伟大的希腊先哲对世界本原的理解与探索。进一步说开去，心理学的故事更是一个源远流长的长篇，是代代相传的持续努力，其最终目的无非是回答那些伟大的先哲早就提出的有关人类心灵的问题。

令人不可思议的是，希腊先哲们是突然间开始使用心理学，或者至少说，使用准心理学的一些术语来概括人类的心理过程的。散落在地中海附近的大约 150 个城邦国家尽管拥有神圣的庙宇、优雅的雕塑和喷泉，以及熙熙攘攘的集市，但人们的生存状况在很多方面还是相当原始的。人们会推测，这样的生存状况不可能有助于他们思考诸如心理学这样细腻的课题。

当时，只有很少人能读会写，而他们也不得不花费极大的力气在蜡板上刻写，或为永久记录起见，干脆书写在成捆的纸莎草或6至9米长、卷在一根棍子上的羊皮卷上。书籍（实际上是一些手工抄写的卷册）非常昂贵，用起来也相当麻烦。

因为没有钟，也没有表，希腊人对时间的感觉非常原始。日晷只能提供粗略的时间，而且不容易搬运，在阴天更是帮不上忙。用于限制法庭辩论时间的水钟只不过是一些注满水的大碗，它有一个小孔，里面的水约在6分钟内流完。

当时，照明是由闪烁不定的油灯提供的。只有少数有钱人家拥有安装了自流水设施的浴室，大多数人缺少洗浴用水，只能用油擦洗身体，再用新月形的刮板把油污刮走，从而达到清洁自己的目的（所幸的是，在希腊，一年中有300多天都阳光灿烂，雅典人大部分时间尽可以在户外生活）。城市的街道很少铺有石头，大多是土路，晴天里尘土飞扬，雨天里满是泥泞。成群的骡子或没有弹簧、破损不堪的马拉车辆构成了主要的交通工具。消息偶尔依靠烽火台或信鸽传递，但通常来说仍然是专人徒步跑送。

卓越的雅典虽是希腊文化的中心，却在物质上无法自给自足。它周围的平原土地贫瘠，大小山头尽是石头和不毛之地。雅典人的主要食物靠海上贸易和征服外族供给（雅典人建立了多个殖民地，并一度控制了爱琴海，接受其他城邦国家的供奉）。船只上虽然挂着船帆，但雅典人只能顺风的时候使用。逆风航行或驶入风区（其他风向）或风平浪静时，他们只好强迫奴隶们一个小时接着一个小时地划桨，航速最多只能达到每小时13公里。他们以这样的方式为在遥远战场上为雅典利益而战的军队运送给养，而这些军队仍旧像他们的先祖们一样，使用长矛、短剑和弓箭作战。

希腊工场和银矿的大部分劳力也都由奴隶构成。人类肌肉尽管比现代机械脆弱得多，可在那时，却是驮货运输的牲畜之外唯一的动力之源。奴隶制事实上形成了希腊城邦的经济基础。希腊军队从海外劫掠男人、女人和儿童，并让他们构成许多城邦的主要人口。即使在民主的雅典及其邻近的城邦阿提卡，31.5 万总人口中至少有 11.5 万是奴隶。在另外 20 万自由人中，只有 4.3 万名父母皆为雅典人的男子真正享有公民权，包括选举权。

综上所述，人们不大可能期盼从这样的生活方式里诞生具有思想性与探究性的哲学，或其分支——心理学。

那么，用什么来解释希腊人，尤其是雅典人令人惊叹的智慧成就呢？有人半开玩笑地提到了气候。西塞罗说，雅典的清新空气对雅典人思维的敏捷不无帮助。一些现代分析家推测，雅典人大部分时间生活在户外，可以经常相互交流，进而引发疑问和思考。另一些人则持有不同看法。他们认为，商业和征战使雅典人和其他希腊人保持与其他文化的接触，并使他们对人类差异的起源感到好奇。还有一些人认为，城邦间文化的相互影响无疑使希腊文化具有一种杂交的活力。最后，一些人实际地提出，当文明发展到维系日常生存不再耗费人的全部时间的程度时，人类就首次有空闲将自己和他人的动机与思想理论化。

没有一个解释真正令人满意。不过，如果把各种解释加在一起，也许能令人满意一些。雅典人及其盟友在击败波斯人之后，终于抵达巅峰，即他们的黄金时代。或许是胜利、财富及重建被波斯皇帝薛西斯烧掉的雅典卫城的庙宇的需要，外加上述的种种有利影响，造就了这样一个具有文化鉴赏力的群体和一次创造力的爆发。

第二节 先驱

公元前 6 世纪和公元前 5 世纪早期的一些希腊哲学家在进行种种思考的同时，就人类的心理过程提出了自然主义的解释。自此之后，这些假说及其推想构成了西方心理学的核心。

他们是什么人？又是什么引发他们，或至少是什么力量促使他们用如此激进而全新的方法思考人类的认知问题呢？

我们知道他们的名字——泰勒斯、阿尔克米翁、恩培多克勒、阿那克萨戈拉、希波克拉底、德谟克利特等——这其中的许多人，我们只知道名字而已。我们对其余几个人的了解，大多也是通过圣徒传和传奇故事得来的。

比如，最早的哲学家之一、生于米利都的泰勒斯（约前 624—约前 546）是个心不在焉的梦想家。他曾在研究夜晚的天空时因过度沉迷于自己的光辉思想而跌入水沟，弄得狼狈不堪。他对金钱毫不在意，直到有一天他厌烦了因为贫穷而遭人奚落，于是在那年冬天，他用渊博的天文知识预测来年橄榄必将丰收，于是就把那个地区所有的榨油机低价租进，再以高价租出，结果大赚了一笔。

喜欢传播小道消息的编年史学家告诉我们，生活在西西里南部阿克拉噶斯的恩培多克勒（约前 494—约前 434）具有渊博的科学知识。据说他能控制风向，甚至还让一位已死去 30 天的妇女起死回生。他相信自己是一位神灵，因而在年迈之时跳入埃特纳火山，希望死后不留下一丝痕迹。后世一位诗人为他写诗赞道：

> 伟大的恩培多克勒，一颗燃烧的魂灵；
> 一头扎入埃特纳火山，把自己整块烤蒸。

然而，埃特纳火山却把他的青铜拖鞋喷射出来，飞落在火山口的边缘上，这无疑是在宣告他仅仅是凡人。

仅靠这些枝节，我们是难以探究这些心理哲学家的——假如我们可以这样称呼他们的话。他们中没有一个做过任何确切的记录——至少，那些记录未能流传下来——以说明他们思考的方式及其对心理机制产生兴趣的原因。我们只能这样推断：在哲学诞生之始，一些思想家开始对世界和人类的本质提出各式各样的质疑，他们自然也会想到，自己为什么能够提出这些问题，它们又是从何而来的。

但还真有那么一两个人进行了实实在在的研究，触及了心理过程所涉及的生理机制。比如，居住在意大利南部克罗托内城的一个名叫阿尔克米翁的外科医生，就对动物做过解剖（当时禁止人体解剖），发现视神经是连接眼睛和大脑的纽带。然而，大多数人不是实验者，而是一些游手好闲的人，他们从对日常生活现象的观察入手，试图推断出世界和思维的本质。

这些心理哲学家往往在散步中，或与弟子们坐在城镇的集市上时，或在其所在学院的院落里，进行他们的推理活动，并对他们感兴趣的问题进行无休无止的争辩。他们也有可能跟泰勒斯夜观天象一样，独自进行长时间的沉思冥想。然而，他们的劳动成果很少留存下来，他们作品的几乎所有复制品都遗失或毁损了，他们的思想轨迹大多是通过后世作品对他们著述的援引而得以彰显的。

然而，这些片断也足以说明，他们曾就许多重大事情提出过一系列的问题。他们还对这些问题提出了有意义，甚至稀奇古怪的解答。这些问题一直是此后的心理学家探索的焦点。

从后世作家们所列举的令人费解而又引人入胜的典故来看，哲学家们针对 nous（他们众口一词地称之为灵魂或思维，或兼而有之）

所提出的主要问题是：它的实质是什么（它是由什么构成的）？这个似乎遥不可及却又实际存在的东西是怎么与身体联系起来，并对身体施加影响的？

泰勒斯曾经思索过这些问题。唯一记载了他的思想的是亚里士多德《论灵魂》中的一句话："从与其（泰勒斯）有关的一些奇闻逸事进行判断，他认为灵魂是运动的动因。如果这是真的，那么他就成功证实了磁石也是有灵魂的，因为它引起了铁的运动。"尽管只是只言片语，可它表明了泰勒斯认为灵魂或思维是人类行为的本原，它的运动方式是它内在的一种力量。这个观点与早期希腊人认为人类行为是超自然力所致的观点大相径庭。

此后的一个世纪里，外科医生阿尔克米翁及一些哲学家提出，nous 存在、思维进行的地方是大脑，而不是早期所认为的心脏或其他的器官。一些人认为它是某种精神，另外一些人则认为它就是大脑本身的物质。二者都没谈到记忆、推理或其他类型的思维过程是如何形成的。他们纠缠于一个更为基础的问题，即思想的原材料如果不是从神灵那里得到的，又是从哪里来的呢？

阿尔克米翁

他们给出的一般答案是感觉体验。阿尔克米翁曾说过，感觉器官把知觉送往大脑，然后，我们在思考和转化的过程中形成观念。阿尔克米翁及其他人极感兴趣的是，知觉是如何从感官传送到大脑里去的？尽管阿尔克米翁已经发现了视神经，但他还不了解神经冲动，只是根据抽象的形而上观念认为空气是思维的重要因素。他认为，知觉一定是从感觉器官经过空气通道到达大脑的。他从未见过任何通道，这样的通道也根本不存在，但理性告诉他，肯定是这样。（后来，希腊解剖学家把空气称为pneuma，他们认为，它作为“动物精神”存在于神经和大脑系统中。直到18世纪，类似的观念一直影响着人们对神经系统的看法。）虽然阿尔克米翁的理论是完全错误的，但强调知觉是知识的来源这一观点是一切认识论——对人类如何获取知识的研究——的开端，它为此后围绕这个问题所展开的一系列辩论奠定了基础。

普罗塔哥拉

阿尔克米翁的思想由旅行者在分布广泛的希腊城邦里传播开来。没过多久，其他地方的哲学家们也加入了这场探索，开始研究知觉是如何产生的。许多人强调，知觉是一切知识的基础，但另一些人发现这个观点似有不妥。普罗塔哥拉（约前490—约前420）是诡辩学者（这个词当时并不指谬误性的推理者，而是指“智慧之师”）中最有名的一个。他说，由于知觉是知识的唯一来源，因而世界上根本没有绝对的真理。这个断言使其弟子和当时的人们一度陷入困惑。他著名的格言是：“人是万物的尺度。”他解释道，这句话的意思是说，任何给定的事物，对我来说都是在我看来的存在。如果对你来说它有所不同，那就是它在你面前所呈现出的样子，所以，对于每一个感知者来说，任何一种知觉都是真实的。哲学家大都支持这个观点，政治家却认为它具有颠覆性。普罗塔哥拉在访问雅典时，毫无戒心地将这个理论搬到宗教之中，宣扬说，无论什么都无法使他确认是否存在一个天神。结果此言惹起众怒，愤怒的集会者将他轰走，烧毁了他的作品。他一路逃窜，淹死在逃往西西里岛的途中。

德谟克利特

其他人沿着这条路线继续探索前进，就知觉是如何产生的做出种种解释。他们坚持认为，鉴于知识是以知觉为基础的，所有的真理也就都是相对的和主观的。这些思想中，最复杂的一种由色雷斯的阿布德拉人德谟克利特（约前460—约前370）提出，他是当时最有学识的人，对人类的错误思维大多进行嘲弄，因而被称作“爱嘲笑的哲学家”。实际上，他获得声名的最大原因，倒不是他的心理沉思，而是他的杰出猜想。他猜想，所有的物质都是由不可见的粒子（原子）构成的，它们的外形彼此不同，以不同的组合方式连接在一起。这个结论是他在没有任何实验工具的情况下仅凭推理得出的。与阿尔克米翁的空气通道学说所不同的是，这个学说经后人证明是绝对正确的。

从原子理论出发，德谟克利特得出了有关知觉的解释。每种物体都会在原子上留下自己的空气图像的印迹，这个印迹会顺着空气前进，最后到达观察者的眼睛，并在那里与其原子产生相互作用。这种相互作用的结果被传送至大脑，然后按顺序与其原子相互影响。尽管这个解释的细节大部分是错误的，但德谟克利特猜出了今天的视觉理论，即从一个物体发散出来的光子会传送至眼睛，射入眼睛后刺激视神经的末梢，再由它将信息传送入大脑，并在那里对大脑的神经元产生作用。

在德谟克利特看来，所有的知识都来自传递出去的图像与思维间的相互影响。跟普罗塔哥拉一样，他得出结论说，这就意味着我们没有任何办法知道我们的知觉是否正确地代表了外在的事物，也无法知道别人的知觉是否与我们自己的感觉相一致。他进一步解释道：“我们无法确知任何东西，只知道施加于我们躯体的力量给它所带来的变化。”这个论题给此后至今的心理哲学家（psychophilosophers）带来了无限的烦恼，并促使其中的许多人设想更缜密的学说以逃出这个复杂的陷阱，从而确信一定有某种办法可以知道这个世界的真实本原究竟是什么。

希波克拉底

早期的哲学－心理学家给出结论说，思想发生于心灵之中。很自然地，他们也会想到，为什么我们的思想有时清晰，有时却很混乱，而且，为什么我们当中的大多数人在精神上是健全的，而另外一部分人却是精神病患者。

他们的观点与先辈的完全不同。先辈们认为，精神紊乱是神灵或魔鬼作用的结果，而他们寻找的则是自然主义的解释。在这些哲学家中，其观点最为人所接受的是医学之父希波克拉底（约前 460—约前 375）。他是医生的儿子，出生于希腊的科斯岛，离今天的土耳其海岸不远。他在岛上进行理论研究并将其付诸实践，诊疗病人或来岛洗温泉浴的旅游者。他闻名遐迩，甚至连偏远地方的统治者也来找他看病。前 430 年，雅典城发生瘟疫，请他前去救治。他看到一些铁匠似对瘟疫有免疫能力，于是命令在全城各处的广场上烧起炉火。根据传说，瘟疫就这样被控制住了。在 70 多本署着他名字的书籍中，只有少部分是他所写，余下的多是其弟子秉承其思想撰写的。其中一些确有真知灼见，另一些却荒诞不经。比如，他强调饮食营养，主张锻炼身体，不要依赖药物。然而，对许多疾病，他却极力推荐断食治疗，其理论是，我们越是给有病的身体喂食，就越会对身体造成伤害。

希波克拉底最大的贡献是把医学从宗教和迷信中分离出来。他说，所有的疾病都不是神灵的作用，而是有其自然原因的。按照这种理解，他教导人们说，大多数病人的肉体和精神疾病都有其生化基础（尽管“生化”一词对他来说可能没有任何意义）。

希波克拉底的一整套对健康和疾病的解释，是以当时普遍流行的物质理论为基础的。哲学家们早就相信，世界的原始材料是水、火、空气等，恩培多克勒还辅以理论上更为令人信服的学说，主导了希腊当时及后来的思想。他认为，所有的东西，都是由四种元素——泥土、空气、火和水——组成的。它们被一种他叫作“爱”的力量按照不同的比例黏合在一起，或被一种相反的他叫作“冲突”的力量分散开去。尽管具体的细节皆错，可许多世纪以后科学家们发现，他的核心概念——所有的物质都是由基本的元素以单独或组合的形式构成的——却完全正确。

希波克拉底借用了恩培多克勒的四元素理论，并将其运用到身体方面。他说，良好的健康是四种身体流体或体液适当平衡的结果。四种体液对应四种元素——血对应火，黏液对应水，黑胆对应泥土，黄胆对应空气。在接下来的2000多年中，医生们将许多疾病归结为体液失衡的结果。他们通过抽掉某种过剩的体液（如放血）或通过某种药物弥补某种不足的体液，对病人进行治疗。在过去的许多世纪里，这种治疗方法，尤其是放血，所造成的损害不可估量。

希波克拉底用同一种学说来解释精神上的健康和疾病。如果四种体液处于平衡状态，意识和思想则能发挥正常的功能。若任何一种体液过剩或不足，这种或那种精神疾病就会出现。他写道：

人们应该知道，我们的快乐、喜悦、欢笑和玩笑，以及我们的悲伤、痛苦、哀伤和眼泪都来自大脑，而且只来自大脑……我们忍受的所有痛苦皆来自罹病的大脑，因为这时候它处于不正常的高热、寒冷、潮湿或干燥的状态……疯狂即来自它的潮湿状态。当大脑处于异常潮湿的状态时，它会根据自己的需要而运动。当它运动时，视力和听觉都不能安定，我们听到的和看到的便一会儿是这个，一会儿又变成那个——舌头则将看到的或听到的东西一一讲述出来。而当大脑处于安静状态时，人就会变得非常聪明。

大脑受损不仅仅是因为黏液，而且有胆汁的作用。你可以这样对两者进行区分：那些因黏液而疯的人多半是安静的，既不喊叫也不胡闹；那些因胆汁而罹病的人则多半吵吵闹闹，净做坏事，而且躁动不安……当大脑变得寒冷，并从常规状态收缩时，病人就会产生不明原因的压抑和苦闷；由黏液引起的病也会造成记忆的丧失。

后来，希波克拉底的追随者扩展了他的体液理论以解释不同气质之间的差别。公元2世纪的古罗马医学家盖伦认为，黏液质的人因为黏液过剩而痛苦，胆汁质的人遭受黄胆过剩的痛苦，抑郁质的人会因黑胆过多而难受，多血质的人则因为血液过多而痛苦。直到18世纪为止，这个说法一直主导西方世界的心理学领域，且至今残留在我们的口头语中，如我们称一些人为“多黏液的人”或“多胆汁的人”等。

如同认为地球是宇宙的中心一样，解释性格和精神疾病的体液说现在看起来非常愚昧。然而，它的前提——性格特征和精神健康或疾病具有其生物学基础，或至少包含有生物元素——却在近年来得到证实。神经生理学家和脑科学家的最新研究证实，由大脑细胞产生的物质可以促进思想过程的发生。他们确认，外来的物质，如药物或毒素等，会扭曲或干扰这些过程。希波克拉底竟然与这个认知如此接近！

在希波克拉底和亚里士多德以前的心理哲学家的心理冥想确实令人叹服。他们没有实验室，没有方法论，也没有经验主义的证据——实际上，他们什么也没有，只有开阔的思维与强烈的好奇心——却竟然辨识并解释了一系列重大的课题，发展出一套自他们的时代起直至我们这个时代都至关重要的心理学理论。

第三节 “思想的接生婆”：苏格拉底

我们现在遇到一位与前面那些有影无形的人物完全不同的人，一位真实的、栩栩如生的人，他的长相、生活习惯和思想都有完整的记录。他就是苏格拉底（约前 470—前 399），那个时代最重要的哲学家，与以感觉为基础的学说完全冲突的知识理论的倡导人。我们知道许多关于他的事迹，因为他的两位弟子——柏拉图和历史学家兼军人色诺芬——详细地写下了有关他的回忆。不幸的是，苏格拉底本人却什么也没有写出，他的思想主要是通过柏拉图的对话录流传下来的，其中许多言论极有可能是柏拉图为达到某种戏剧效果而借用苏格拉底之口表达出来的柏拉图自己的观点。然而，苏格拉底对心理学的贡献显而易见。

苏格拉底生活在雅典极盛时代的前半个时期（从希腊人于前 480 年在萨拉米斯打败波斯人时算起，到亚历山大于前 323 年逝世为止），当时，哲学和艺术空前繁荣。苏格拉底是一位雕刻家和一个接生婆的孩子。他在年轻时代着迷于普罗塔哥拉、埃利亚的芝诺以及其他人的哲学，很早就决定终生从事哲学研究。但与诡辩学者不一样的是，他教学从不收费，且常常与任何想与他讨论思想的人进行对话。

有时他兼做石匠和雕刻匠，但总是喜欢思想和辩论所带来的快感，厌恶金钱买来的舒适。他甘于清贫，一年四季只穿一身简朴而破旧的长袍，从不穿鞋。有一天，他在集市上闲逛，突然愉快地大声欢呼：“啊，竟有这么多我不需要的东西！”

但他并不是苦行僧。他喜欢结交朋友，有时甚至还参加富人举办的宴会，而且坦然承认，当透过衣服看到青年的肉体时，他感到内心深处产生一股“火焰”。他长得非同寻常地难看，大肚，谢顶，鼻子短而扁平，嘴唇奇厚。朋友亚西比德告诉他说，他长得像个色情狂。然而，与色情狂不一样的是，他是谦恭、礼貌和自制的典范。他很少喝酒，即使喝酒，也始终保持头脑清醒。他保持贞操，甚至在恋爱之时也是如此。一天晚上，长相美丽但缺乏道德观的亚西比德爬到苏格拉底的床上企图引诱他，苏格拉底却像父亲般对待他。“我认为自己受了伤，”根据柏拉图的《会饮篇》，亚西比德后来说道，“但我钦佩这个人的性格，还有他的节制和勇气。”

苏格拉底的身体素质也很好。在伯罗奔尼撒战争中，他英勇作战，在战场上忍受饥寒的能力使其他战士万分吃惊。他长年教授学生，并因此被推上法庭，因为当时的雅典民主派认为他的教学使年轻人走向堕落。而真正的问题在于，他蔑视当时的民主政体，并把许多贵族，即那些民主派的政敌，列入自己的弟子行列。他平静地接受了对他的判决，且拒绝逃跑，宁愿昂首就死。

德尔斐神谕曾宣布苏格拉底为世界上最聪明的人，可他却与这个宣告进行争辩。他的风格是宣称自己什么也不知道。他认为，自己比别人聪明的唯一地方，就在于他知道自己什么也不知道。他宣称自己是“思想的接生婆”，一个只帮助别人产生思想的人。当然，这只是一种姿态。实际上，对于一些哲学问题，他有着许多坚定不移的观点。然而，跟同时代的大多数人不一样的是，他对宇宙学、物理学或知觉没有任何兴趣，一切如其在柏拉图的《苏格拉底的申辩》中所言：“我从不思考这一类物理问题。”他所关心的只是伦理问题，他的目标是帮助别人过一种有德行的生活。他说，有德行的生活来自知识，因为没有人明知故犯，有意作恶。

在帮助弟子们获取知识方面，苏格拉底从不一味说教，而是采用一种完全不同的教育方法。他向弟子们提出问题，这些问题会引导他们自己去一步一步地发现真理。这个方法，即人们所熟知的辩证法，最早是由芝诺提出来的。苏格拉底可能是从他那里学来，进一步完善，并使其流行的。从此以后，这种理论成为与以知觉为基础的理论迥然不同的另一种知识获取方式。

按照这种理论，知识即思想；我们不是从经验中，而是从推理中获取知识的。推理会引导我们发现存在于我们自身的知识——“教育”一词来自拉丁语，意思是“导出”。有时，苏格拉底首先征询定义，再将他的对话者引入矛盾之中，直到定义重新形成。有时，他提供或征询一个例证，其对话者最终将从该例证中形成一个概括。有时，他会一步一步地引导对话者得出一个与刚刚说过的话互相矛盾的结论，或一个早已隐含在对话者的信仰之中却不为其所知的结论。

苏格拉底引用几何学作为理想的模型以说明其方法。人们从不证自明的公理出发，通过假设和归纳，在已经知道的真理中发现其他真理。在《美诺篇》的对话中，他向一个奴隶儿童提出一些几何问题，这个孩子的回答好像显示出他已经知道这个结论，而这正是苏格拉底引导的结果。这个孩子完全没有意识到，他所知道的这些结论完全是在辩证推理的过程中得出的。同样在其他对话中，苏格拉底也往往既不提出论题，也不提供答案。他问朋友或弟子一些问题，这些问题会通过一个又一个的推论引导他们发现有关伦理学、政治学或认识论的一些真理——在任何情况下，知识总是他们假定知道，可又没有意识到自己知道的东西。

生活在实证主义科学时代的我们知道，苏格拉底的辩证法尽管可以暴露一些信仰系统中的谬误或矛盾之处，或在诸如数学这类形式系统中得出新的结论，但它无法发现新的事实。在安东尼·范·列文虎克（1632—1723）第一次在他的镜头下看到红细胞或细菌之前，苏格拉底式的教师没有一个能够引导他的弟子或亲自“想起”这样的事物是存在的。在天文学家于遥远的银河系里发现“红移”的证据之前，没有哪一位哲学家可以通过逻辑探索，推演出他早已知道这个宇宙正在以可计算的速率膨胀着。

然而，苏格拉底的教学法极大地影响了心理学的发展。他的观点，即知识存在于我们自身，只需我们通过正确的推理就可发现，成为不同时代伟大人物的心理学理论的基础。这些人有柏拉图、托马斯·阿奎纳、康德，甚至在某种程度上还包括一些现代的心理学家，后者认为性格和行为主要由基因决定。这些人中包括一些语言学家，他们认为我们的思维里装备了一种理解语言的结构；也包括一些准心理学家，他们相信，我们每个人以前都存在过，因而可以“退回”到过去，回忆以前的生活。

“我们每个人以前都存在过”的观念则涉及苏格拉底对心理学所做的其他贡献。他认为，通过辩证法显示出来的人类固有知识的存在，证明了我们具有不死的灵魂，一种可以与大脑和肉体分开存在的实体。有了这个说法，早已存在于希腊和相关文化中的一些模糊、神秘的灵魂观念，就取得了一种全新的意义和特性。灵魂是意识，但可以与肉体分开存在。意识不因为死亡而停止存在。

在这个基础之上将建立柏拉图式和后来的基督教式二元论：世界分成意识和物质、真实和表象、观念和物体、推理和感知，每一组的前一部分不仅看起来比后一部分更真实，在道德上也更高级。

尽管这些区别主要存在于哲学和宗教意义之上，但它们在许多个世纪里一直影响着人类对自我理解的探索。

第四节 理想主义者：柏拉图

他的名字是阿里斯托勒斯，可世人只知道他叫柏拉图，在希腊语中是 platon，意为“宽阔”，是他在年轻时代作为摔跤手时得到的绰号，因为他的肩膀甚宽。柏拉图出生于前 427 年的雅典，父母都是有钱的贵族。他在青年时期就是个卓尔不群的学生，一个男人和女人都喜欢的漂亮哥儿，而且是个极有潜质的诗人。20 岁那年他完成了一部诗剧，就在准备将其提交给大奖赛时，却意外地听到了苏格拉底在一个公共场所进行的演讲。也许是因为苏格拉底辩证法中所含的游戏成分俘获了这位摔跤手，也许是因为这位哲人思想的精妙之处吸引了这位严肃的学生，也许是因为这位大师的哲学中所含的宁静与安详极大地冲击了这个充满混乱与背叛、战争与失败、革命与恐怖的时代，这位贵族世系的后裔当场烧掉诗剧，矢志投身于这位哲学家的门下。

柏拉图跟随苏格拉底学习了八年。他是个专心致志的学生，且不苟言笑。一位古代作家曾写道，没有人听见他大声笑过。他的情诗有极少部分得到保留，有些是献给男人的，有些是献给女人的，可其真实性都值得怀疑。没有任何有关他的爱情生活的闲言碎语，也没有任何证据证明他曾经有过婚姻。可是，从他对话录的大量细节中，我们还是可以明显地看出，他是雅典社会生活的积极参与者，也是人类行为和状态的细心观察者。

前 404 年，一个有其亲友参加的寡头政治派别力促他涉足公众生活，他们愿意在背后支持。年轻的柏拉图非常聪明地回避了，希望看清楚这个集团的政策走向，不久即对这个将暴力和恐怖视作施政手段的集团深感厌恶。可是，当民主力量重获政权时，他却对他们审判他最尊敬的老师的暴行更感厌恶。他在《苏格拉底的申辩》一书中宣称，这位老师是“我所认识的人中最智慧、最公正、最好的人”。在苏格拉底于前399年离世之后，柏拉图逃出雅典，在地中海一带周游。他遇到了当时的其他一些哲学家，与他们一起研究，之后又回到雅典，为他的城邦而战斗，然后又四处漫游和研修。

40岁那年，他在与叙拉古的君主狄俄尼索斯谈话时，大胆地谴责了独裁政治。狄俄尼索斯因而震怒，对他说:“你说此话形同老朽。”柏拉图反驳道：“你言此语如同暴君。”狄俄尼索斯下令逮捕他，并把他推到奴隶市场拍卖。幸好，一位有钱的崇拜者安里塞里斯成功地把他赎回，他再回雅典。朋友们募集3000德拉克马赔偿安里塞里斯（希腊货币单位），但被其拒绝了。于是，他们用这笔钱为柏拉图在郊区置买了一处房产，他便于前387年在这里开设了他的学院。这座高等教育学院在接下来的九个世纪里一直是希腊的文化中心。529年，东罗马帝国的查士丁尼大帝（一个基督徒）为了其自身信仰的最大利益，下令将其关闭。

我们几乎没有任何有关柏拉图在这所学院活动的详细资料，只知道他在这里教授了41年，直到前347年他在80或81岁的高龄时逝世为止。人们相信，他融合了苏格拉底的对话法和讲座法——授课的行为通常发生在他和他的听众于庭院中无止境的漫步之中。（后世一位不怎么出名的作家在剧中通过一位角色之口嘲笑过他的这个习惯：“我走来走去，就跟柏拉图似的，可我是江郎才尽，想不出任何绝招儿，只不过徒劳双腿而已。”）

柏拉图的约35篇对话录——实际的数字不能肯定，因为至少有6篇是伪造的——并非旨在供他的学生使用，它们适合更广泛的人群。

它们是以一般人喜闻乐见的通俗形式所表现出来的半戏剧化的思想。它们所涉及的都是形而上的、道德的和政治的问题，还不时穿插一些心理学方面的内容。他对哲学的影响是巨大的，而他对心理学的影响，虽然不是其贡献的主体，却也远远超过在他之前的任何思想家，甚至连此后 2000 多年间的哲人在内，也无人能望其项背，除了亚里士多德。

尽管大家对柏拉图心存敬意，可从科学的角度来说，他对心理学的影响却是弊大于利。最大的负面影响是他对知识源于知觉这一理论的反感。他认为，从感觉得来的材料是变动的、不可靠的。他坚信，真正的知识是从推理中得来的概念和抽象。在《泰阿泰德篇》中，他嘲笑以知觉为基础的知识：如果每个人都是所有事物的尺度，那么，猪和狒狒为什么就不能成为同样有效的尺度呢，因为它们也有知觉啊！如果每个人对世界的感觉都是真理，那么，任何人都可以跟神灵一样聪明，然而又比傻瓜聪明不了多少。诸如此类。

更甚的是，柏拉图借苏格拉底之口指出，即使我们认定一个人的判断跟另一个人的判断同样真实，可聪明人的判断可能要比无知者的判断带来的结果更好。比如，医生对一个病人病情发展的预测，就可能比病人本人的预测更正确一些。因此，聪明人从总体上说对事物的把握要比愚蠢人更准确一些。

然而，一个人怎样才能变得更加聪明呢？通过触摸，我们可以感知硬和软，但柏拉图认为，它们的两极概念并不是感官告诉我们的。做出这个判断的是意识。通过视觉，我们可判断出两个物体同样大小，但我们永远无法看见或感知绝对的平等。这些抽象的品质只能通过其他办法加以理解。我们往往通过回忆和推理，而不是通过感官印象，来得到一些概念的知识，这些概念如绝对的平等、相同和不同、存在与不存在、荣誉与耻辱、善与恶等。

在这里，柏拉图已经走上了极其重要的心理功能的轨迹。通过这个过程，意识可以从具体的观察中得出总体的原则、范围和抽象概念。可是，他对感觉材料的偏见引导他对这个过程提出了一套完全无法证实的形而上的解释。跟他的老师一样，他坚持认为，概念性的知识是通过沉思来到我们身边的，我们天生就具有这些知识，并通过理性的思维来发现它们。

但他比苏格拉底还是进了一步。他辩称，这些概念比我们感觉到的物体更为“真实”。关于“椅子”的概念——有关椅子的抽象概念——要比这把或那把物质的椅子更长久，也更真实。椅子会腐烂，然后不再存在，前者却不会。任何美丽的人类个体最终都会变老，变得满脸皱纹，然后死去，不再存在，可是美这个概念却是永恒的。直角三角形的概念是完美的和永恒的，而任何在蜡板或羊皮纸上画出来的直角三角形却都是不完美的，因为有一天它们将不再存在。的确，在柏拉图学院的大门上就刻着这样的字：“不懂几何的人，不得擅入。”

这就是柏拉图概念（或形式）理论的中心所在。这个形而上的教条是，现实是由概念或形式构成的，概念或形式在遍及宇宙的灵魂——神——那里永生不死，而属于物质的物体则是短暂的、虚幻的。柏拉图因而成为一个唯心主义者，不是指其具有崇高的意识，而是指其倡导了意识对物质实体的超越。在他看来，我们的灵魂会传达那些永恒的概念，在我们身上，概念与生俱来。只要记住我们的概念，并以其指导我们的经验，我们在物质世界里看到物体时，就能理解它们是什么，并且理解它们之间的关系，如较大或较小等。

或者说，如果我们的思维因为哲学而得到解放，我们就会理解这些，否则，我们就会为感官所惑，以致生活在谬误之中，就像柏拉图著名的洞穴隐喻。他在《理想国》中说，想象一个山洞，里面关押着囚犯，他们只能看见由外面的火光映照进来的影子，这些囚犯把影子当作真实。其实这些影子全部来自他们自己和身边的物体。最后，一个人逃了出去，看见了实际的物体，知道自己一直在受骗。他像一位哲学家一样认识到，物质的东西只不过是真实的影子，现实是由概念的形式构成的。这个人的职责则是深入洞穴，把囚犯们领出来，回到现实的光芒中。

柏拉图也许是在苏格拉底或他自己的推理引导下确立自己空想的、纯粹哲学的、有关真知的阐释。但也许是他所处时代的军事和政治混乱促使他寻求某种永恒的、不可动摇的、绝对的东西作为信仰。无论如何，显而易见的是，他为一个理想乐土所开的药方，都在《理想国》一书里表达得清清楚楚，其目标是通过一种严格的等级制度和由少数哲学精英分子进行极权统治，达到国家的稳定和长治久安。

不管怎么说，在柏拉图的认识论中，任何物质的、具体的和必死的东西都被视作虚幻和谬误的，只有概念性的、抽象的和永恒的东西才是真实的和现实的。他的理念论极大地扩展了苏格拉底的二元论，将感觉描述成虚幻的东西，把精神看成是通往真理的唯一通道。在他看来，表象和物质的东西都是虚幻和短暂的，概念才是真实和永恒的；肉体是腐朽和堕落的，灵魂才是不可玷污的，是纯洁的；欲望和饥饿是麻烦和罪恶的源泉，而哲学的苦行生活则是通往至善的道路。这种二分法乍听起来，就像是早期“教会之父”们思想大爆发的昭示，而不像是柏拉图自己的观点。

肉体将各种爱、肉欲、恐惧和新奇的喜好尽数塞给我们……我们成为伺服［肉体的］奴隶。如果我们拥有对事物的真正知识，就必须抛弃肉体——灵魂自会照看自身的一切。然后，我们就会得到希望的智慧，变得纯洁，并与纯洁的人对话……除了灵与肉的分离，还有什么其他纯洁可言呢？

对柏拉图来说，灵魂不仅是希腊人长久以来相信的那种无形和不朽的实体，还是意识。可是，他从没有解释过思维过程是怎样在一个无形的基质上发生的。由于思维过程需要付诸努力，因此也需要消耗能量，那么，让灵魂产生思想的能量从何而来？柏拉图认为，运动是灵魂的基质，心理活动与其内在的运动相关，可是，对于这种运动的能量来源，他却只字未提。

然而，他是一个以理性看待这个世界的广泛经验的人。他对一些有关灵魂的心理学猜想是实事求是的，听起来就像是现代人的论调。在他中期及后期的对话中——值得注意的是在《理想国》《斐德罗篇》《蒂迈欧篇》中——他说，当灵魂栖居于肉体时，它在三个层面上进行运作。它们是：思想或理智，精神或意志，喜好或欲求。尽管他在《斐多篇》中批评肉体的奢求，但他又说，刻意压抑喜好或精神，如同让它们其中的任何一方战胜理智一样，都有害于理智的发展。只有当灵魂的三个层面协调发挥作用时，才能达到至善。这里，他又依靠比喻来阐明自己的主张：他把灵魂比作两匹小马，一匹马活泼而温驯（精神），另一匹狂暴而难以控制（喜好），两匹马被马轭约束在一起，由驭手（理智）驱赶。这位驭手以相当大的努力才使它们相互配合，协力向前。柏拉图没有进行过任何临床研究，亦没有对任何人进行过心理分析，就得出此等令人吃惊的结论，其高明程度直逼弗洛伊德对性格的分析，即由超我、自我和本我构成的多重人格。

柏拉图还在没有任何实验证据的情况下得出结论说，理智存在于大脑，精神存在于胸腔，喜好存在于腹部，它们由骨髓和脑髓彼此相连。他还说，情感通过血管在周身传播。这些猜测部分是荒唐可笑的，部分似乎预见了未来的发现。考虑到他并不是一位解剖学家，人们只能惊叹他是如何得出这些结论的。

在《理想国》一书中，柏拉图以惊人的现代术语描述了喜好得不到控制时会发生什么。

> 当人格中的理智、驯服和统治力量沉睡时，我们内部塞满肉类和饮品的野兽就会苏醒，爬起来满足自己的欲望；这时，他干得出任何你可以想象出来的愚行或罪恶——包括乱伦和弑父（母），或吃禁食之物。

而且，他还以几乎是现代人的术语描述了我们叫作矛盾情绪的状态。对他来说，这是一种理智未能控制的精神与喜好之间的冲突。在《理想国》一书中，苏格拉底举出例证：

> 有人曾给我讲过一个故事，对此我深信不疑。故事说，阿格莱翁之子勒翁提俄斯一次从比雷埃夫斯出来漫步，走至城外的北城墙处，看到地上有一些死尸，旁边还站着一些行刑人。他立即感到内心产生一种前去看一眼的欲望，可同时又为这个想法感到恶心，因而他竭力转移自己的注意力。他闭上眼睛，内心激烈争斗良久之后，终于为欲望所击败。他用手指撑大眼睛，朝死尸跑去，惊叫一声：“看吧，你们这些浑蛋，把这个场景看个够吧！”

然而，苏格拉底进一步说道——这是驭手和马儿比喻中最为重要的信息——喜好不应该被彻底根除，只是应对其加以控制。如果我们的欲望全部受到压抑，就如同将马儿完全勒住不让其奔跑一样，永远无法达到驾驭它们奔向理智的目的。

柏拉图心理学的另外两个方面也值得我们注意。一个是他的性欲（eros）概念，即与自己所爱的人结合的欲望。它通常包含着性和罗曼蒂克，但在柏拉图更广泛的理论里，eros 是指一种与已为另外一方证实的概念或永恒的形式结合在一起的欲望。尽管这个概念里有形而上的陷阱，但它仍给心理学提供了一种全新的观点，即我们基本的动力在于和永不死亡的原则相结合的渴望。心理学史学家罗伯特·沃森就此说道："eros 一般被译作爱欲，但在更有意义的层面上，它应被译作'生命力'。它是一种与想生存的生物愿望，即生命能量相关的东西。"

最后，柏拉图还随意地提出了一种有关记忆的思想，这个思想在很久以后却被用以反驳他自己有关知识的理论。尽管他认为通过推理的反思是最重要的记忆方式，但他的确也承认，我们会在日常生活中学习和积累很多经验。在解释为什么我们中的一部分人会比另一部分人记得更多或记得更准确时，或在说明为什么我们常常忘记已经学到的东西时，他在《泰阿泰德篇》里打了一个比方，将对经验的记忆比作在蜡板上刻字。正如这些板面有大有小，有硬有软，有潮湿有干燥，有干净有不干净一样，不同人的思想在容量、学习能力和保留能力上也有差别。柏拉图没有就这个想法深究下去，可很久以后，它却发展为一种与他关于知识的理论正好相反的理论。17 世纪的哲学家约翰·洛克和 20 世纪的行为主义者约翰·华生，就把他们的心理学建构在这样一个假设上面，即我们知道的任何事情都是经验在新生的心灵这块白板上所写下的东西。

第五节 现实主义者：亚里士多德

柏拉图的高徒亚里士多德在学院学习了 20 年。然而，离开学院以后，他立刻提出许多与柏拉图教给他的思想完全相反的主张，对哲学产生了与其恩师齐名的影响。除此之外，他还通过哲学，在更广泛的学科领域里留下了自己的印记，如逻辑学和天文学、物理学和伦理学、宗教学和美学、生物学和修辞学、政治学和心理学等。一位叫安塞尔姆·阿马迪奥的学者说道："亚里士多德奠定了现在叫作西方文明的所有内容和方向的基础，（其作用）超过了任何其他思想家。"虽然心理学远远不是亚里士多德所关心的课题，但他在心理学史上"留下了历史上最为完整和系统的记录"——心理学家和学者丹尼尔·罗宾逊如是说。这位学者还说："它直接或间接地成为最有影响的记录。在流传下来的作品中，我们可以找到他就学习和记忆，知觉、动机和情感，社交能力和性格等所阐明的理论。"

人们可能会想，这样一个知识巨子一定是个怪人。可是，任何有关他的记录都未曾描述过他的异常之处。他的半身像显示的是一位英俊漂亮、留着胡须的男人，面容优雅而细腻。一位别有用心的同时代人这样描述亚里士多德，说他生就一对小眼睛和一双细长腿，只是他极其聪明地用高雅的服装和无可挑剔的发式让人们及时转移了对这些小毛病的注意。他在学院里的私生活几乎没有任何记录，但他在 37 岁那年坠入爱河，缔结了婚姻。他的妻子早亡，他在遗愿中说，希望自己死后能与她的尸骨合葬。再婚后，他与第二个妻子度过余生，并使她在自己死后得到了较好的照顾——"以感谢她对我的稳定的感情"。他通常和蔼可亲、待人热诚，但若是有人冒犯他，他也会非常严厉。据说，一个啰唆的人问他："我的唠叨不休是否已令阁下烦透了？"他的回答是："没有，真的没有——我根本没有听您讲话。"

尽管家境富裕，但终其一生，他都是个勤奋努力的人。在追求知识的探索中，他是不遗余力的。在柏拉图大声诵读自己的对话时，心烦的听众一个一个地蹑着脚溜了出去，只有亚里士多德留在那里，直到对话结束。即使度蜜月，他也用大部分时间捡拾贝壳。他写作和研究时极为专注，以至于在 40 年的时间里竟完成了 170 部著作。

亚里士多德于前 384 年出生于希腊北部的斯塔吉拉。他的父亲是马其顿国王阿敏塔斯三世的御医，而阿敏塔斯三世的儿子是腓力二世，即亚历山大大帝的生父。医学在希腊是一种代代相传的技术，因而，亚里士多德在青少年时代一定学到了很多有关生物学和医学的知识。这一点也可以解释后来使其成为典型的现实主义者的科学和实验世界观。在这一方面，他与柏拉图的典型唯心主义恰好相反。

他于 17 岁进入柏拉图的学院就学，在那里一直待到 37 岁。之后，他离开学院。有人认为他是在盛怒之下离开的，因为柏拉图在死前并没有指定他为继承人，而是将自己的所有财产遗留给了自己的侄子。此后的 13 年中，他远离雅典，先在小亚细亚的阿索斯僭王赫米亚斯那里担任哲学顾问，然后在莱斯沃斯岛的米蒂利尼担任过几年的哲学院院长。接着他在腓力国王的首都佩拉给少年时代的亚历山大做老师。这期间，他阅读了大量的书，观察动物和人类的行为，研究天空，收集生物标本，解剖动物，笔耕不辍。他的一些作品以对话形式写成，据说都是文学杰作，只可惜全部散失。流传下来的 47 篇作品，尽管在知识上高深莫测，但大多是毫无趣味的散文和学究气十足的说教，它们可能都是讲课笔记，或是只准备用于教学的讲稿。

49 岁时，亚里士多德抵达自己的才智巅峰，重返雅典。尽管学院院长的职位再次空缺，可他仍旧未能当上。在此情况下，他自己开办了一所学院，即吕克昂（Lyceum），与之竞争。吕克昂位于城外，他在那里聚集了一些师生，开设了一个图书馆，还收集了一些动物标本。他上午和下午都要授课，授课一般在吕克昂学院里铺着石子的小路（peripatos）上进行。他一边与学生散步，一边讲授，“逍遥派”一词即由此而来。他将一些研究题目交给学生去做，很像今天的一些大学教授，把学生的发现一本接一本地汇集在自己的作品中，从而使自己的学术产量大增。

在吕克昂任教13年之后，他被迫离开雅典。当时城里爆发反马其顿人的骚乱，他因为与马其顿人联系过多而遭到攻击。他说，他离开的原因是为了避免雅典人对哲学再次犯罪（第一次罪过是雅典人对苏格拉底的错误审判和杀害）。第二年（前322年），他死于胃病，享年62岁或63岁。

所有这些都无法解释他的巨大成就。人们只能推想，如同莎士比亚、巴赫和爱因斯坦一样，亚里士多德是一个世上少有的天才，而且碰巧生活在一个特别适合他的超凡天才的时代和地方。

确切地说，他的许多学说都在后世遭到推翻或废弃，他的科学作品也大多混在一系列神话、民俗和明显错误的学说之中。比如，在其著名的《动物志》一书中，亚里士多德列举出下列“事实”：老鼠如果在夏天喝水就会死亡，鳝鱼是自生的，人类只有8根肋骨，女人的牙齿比男人少。

可是，他与柏拉图并不一样。他有一种对实验证据的饥渴和对仔细观察的爱好，为从此之后的科学研究树立了榜样。虽然他对演绎推理和形式逻辑百般强调，但他认为，归纳推理也非常重要，即从观察到的案例中推导出普遍性。这是科学方法中最基本的部分，也是与柏拉图所倡导的知识获取方法背道而驰的。

亚里士多德不仅从不认为感官的知觉是虚幻和不可信任的，而且将其视作知识的基本原料。这对于一位曾师从于柏拉图的弟子来说确属非凡——亚里士多德的一位研究者说，因为他对“具体的事实有强烈的兴趣”，认为除数学这类抽象的领域以外，对真实事物的直接观察才是理解的基础。比如，在《动物志》中，他首先承认自己并不知道蜜蜂是怎样繁殖的，然后说：

> 到目前为止，事实并没有完全搞清。一旦搞清的话，功劳应当归于观察而不是理论，就算要归于理论，也只能归于那些经观察到的事实所证实的理论。

跟早期的哲学家一样，他试图理解知觉是如何发生的，但又苦于无法收集这方面的数据——当时尚未出现测试与实验，也不允许人体解剖——他只能依靠形而上的解释。他得出理论说，我们感知事物，不能仅凭其内在的属性，如黑白方圆等，它们只是非物质的“形式”。当我们观察它们时，它们就会在人的眼睛里得到重新创造，它们唤起的感觉通过血管传送至意识层面——这个意识，他认为，一定位于心脏之内，因为头部受伤的病人往往能够康复，而心脏受伤却无一例外地会致人死亡（他认为，大脑在血液过热时可起到冷却血液的作用）。他也讨论过内在感觉——“共有”感觉——存在的可能性。通过它，我们可以得知，从不同的感官得来的各种感觉——比如说白色、圆形、温暖、柔软等——都来自同一物体（本例中为一团毛线）。

如果抛开这些荒诞之处不谈，我们就会发现，亚里士多德对知觉如何成为知识的解释是符合常识和令人信服的，而且对普罗塔哥拉及德谟克利特以知觉为基础的认识论进行了补充。亚里士多德认为，我们的意识能在一系列的物体中找到共性——这是归纳推理的本质——并从这些共性之中形成“普遍性”。“普遍性”这个词或概念，不是指某个实际的东西，而是指某一类东西或一个普遍的原则。这个形成“普遍性”的过程就是通往更高知识和更高智慧的通道。理智或知识对感官材料产生作用，形成了一种积极且有组织的力量。

亚里士多德在生物标本的研究上花费了多年时间，因而不可能把感知的对象看成是纯粹的错觉，也不可能把普遍性的概念视作比用以归纳的个体还要真实的东西。柏拉图认为，抽象的概念可以脱离物质而永恒存在，而且远比物质真实，而其持现实主义观点的弟子亚里士多德却说，它们只是具体事物可以“预测到的”特性。亚里士多德从未彻底走出希腊思想中形而上的陷阱，但他的观点还是接近于：普遍概念仅仅在人的思想意识中存在。就这样，他把希腊人有关知识的两大思想主流——一是普罗塔哥拉和德谟克利特对感知的极端强调，一是苏格拉底与柏拉图对理念的极端重视——合二为一。

至于意识与肉体的关系，他有时含糊其词，有时却又表达得清楚明晰。模糊不清之处主要涉及“灵魂”的本质，他形而上地将其称作肉体的“形式”——不是它的外形，而是它的“本质”，它的独特性，抑或是它的生存能力。许多世纪以来，心理学的这潭池水被这种含糊不清的概念搅得浑浊不堪。

然而，他对灵魂产生思想的评论却明晰而有道理。他在《论灵魂》一书中说：“一些作者兴奋地把灵魂称作思想的产生之地，可这种描述不能作为一个整体应用至灵魂上，而只适用于思想的力量。”在大部分时间里，他把灵魂里产生思想的地方叫作 psyche（心灵）。不过，有时候他也拿这个词指代整个灵魂。尽管这里存在不一致，但他却始终如一地认为，灵魂的思想部分是概念形成的地方，而不是在灵魂栖居肉体之前概念就已经存在的地方。

如果脱离开肉体，不管是灵魂还是心灵，都不可能作为一个实体而单独存在。“非常清楚的是，”他说，“灵魂无法脱离肉体而单独存在，灵魂特殊的部分也不能与身体分开。”他抛弃了柏拉图的说教，后者认为，受禁锢灵魂的最高目标是从物质的束缚中逃脱出来。跟柏拉图的二元论正好相反，他的学说系统从根本上说是一元论的（这是他在成熟后的观点。他的观点在一生中不断地变化，基督教神学家可以在他的早期作品中发现大量的二元论素材）。

一旦把这些问题解决，亚里士多德就直奔自己的真正兴趣所在：意识如何同时使用归纳及演绎两种方式以获取知识。他的描述，按罗伯特·沃森的说法，构成了“心理过程最初的功能主义的观点……［对他来说］心灵是一个过程，心灵就是心灵所做的一切”。心灵不是一种非物质的本质，也不是心脏或血液（也不可能是大脑，尽管他曾认为心灵存在于大脑之中），而是思想过程中所采取的步骤——功能主义者的概念，即今天的认知学说、信息理论和人工智能的基础。难怪那些了解亚里士多德心理学的人大都非常敬畏他。

他对思想过程的描述，听起来好像是以实验结果为依据的。当然，他没有任何实验证据，却是一个聪明的生物标本收集者，因而极有可能做过类似的事情，也就是说，仔细审视他自己以及别人的经验，将它们当作标本加以研究，再将其应用于概括自己的普遍原则。

这些概括当中最为重要的一个是，不管其形式是归纳还是演绎，思想意识都使用感官的知觉或记忆的知觉来形成普遍的真理。感觉带给我们对于世界的感知，记忆允许我们存储这些感知，想象使我们能够把记忆中的心理图像按照感知进行重新创造，从而在积累下来的图像中得出普遍的思想。与他的恩师柏拉图的思想完全不同，亚里士多德从不相信灵魂天生就带有知识。按照丹尼尔·罗宾逊的说法，亚里士多德相信：

> 人类都有认知的能力，通过它，外部事物（感知的）记录会导向他们在记忆中的存储，从而形成经验，而从经验——“或已经来到灵魂中安息的整个宇宙”——中产生出一个可证实的理解原理。[1]

这是一个超凡的观点，23个世纪以后，科学心理学才将之证明。

由于所处时代的局限性，他的一些有关记忆的评论现在看来毫无意义。比如，他认为，当记忆处于潮湿状态时，记忆的效果达到最佳。反之，干燥时效果最差。他还认为，年轻人的记忆较差，因为其（像蜡板一样的记忆的）面积会在成长过程中快速变化。然而，他的许多观察仍然很有见地，而且接近事实。例如，他认为，经验重复的次数越多，就越容易被记住；虽只经历一次，但经验若发生在非常强烈的感情之下，则会比一些经历许多次的事件更容易被记住；我们从记忆中调用存储时，是靠概念之间不同的联系进行的——如相似、对比和接近等。例如，为找回一段失去的记忆，我们会在记忆里寻找一些我们相信或知道将会引导我们找到正在搜寻的记忆的东西。

> 每当我们想重新找到某个东西时，我们都会体验到以前的某种运动［即记忆内容］，直到最终我们找到某种东西，通常其后会紧跟着我们要寻找的东西。因此，我们总是在一

1　引文中的观点出自丹尼尔·罗宾逊，而非亚里士多德本人。（本书注释如非特别说明，均为原注。——编注）

个系列中寻找，要么从当前的某个直觉着手，要么从某种类似或相反的事物里搜寻，要么从与之接近的事物里找求。

虽然无法界定上面一段话是否为不朽的箴言，但心理学史学家戴维·默里却写道："最后一句话有可能是心理学史上最有影响的名言，因为它明确地表明了这个信念，即我们是通过联想从一个概念到达另一个概念的。"这个信念从17世纪起，一直是关于学习的主要理论的基础，也一直是解释人类发育和行为的主要方法。

在《论灵魂》和其他著作中，亚里士多德也简要地涉及或浮光掠影地触及过其他的心理学课题。虽然没有一点是值得我们严加考察的，但这些评论的范围和见地令人惊叹。譬如说，他提出过有关愉快和痛苦的动机理论，触及了产生各种行为的驱动因素（勇敢、友谊、气质及其他），并概述了宣泄理论（怜惜和恐惧的替代净化）以解释为什么我们在戏院里观看悲剧时会感到一种补偿。

对于他的其他大胆猜想，我们只能报之一笑。比如，美餐会使我们睡意蒙眬，因为消化可引起气体和体热团团绕住心脏，从而干扰心灵。但是，罗伯特·沃森写道："对亚里士多德进行研究会得到令人惊奇的回馈，人们会因为他对心理话题的论述是如此具有现代性而感到惊讶……当然，他在许多所谓的事实上是错误的，他还略去了一些重大的课题，可是，他关于成长、感觉、记忆、欲求、反应和思想的总的框架却少有差错，简直与现代心理学毫无二致！"

第二章 学者们

第一节 漫长的休眠

我们难以解释心理学在古希腊突然出现和兴盛的原因，更无法解释在亚里士多德之后心理学为何会进入一场持续2000余年的漫长冬眠或休眠。直到17世纪之后，有关心理学的问题才又一次激起一些思想者的兴趣，展现出其曾在希腊文化里昙花一现的繁荣景观。

然而，“冬眠”“休眠”都是误导性词语，暗含某种缺乏意识的意义，实际情况却远非如此。在古希腊文明末期，在罗马帝国统治下的和平时期，在基督教改造社会时期，在罗马帝国的解体过程中，在罗马帝国废墟上产生封建主义的过程中，在文艺复兴时期的学术更新过程中，心理学没有垂死，更没有被人遗忘。在漫长的二十几个世纪里，在社会的种种改变过程中，总有知识分子继续提出希腊哲人曾经提出过的问题，并为之作答。只是他们在这么做时，只是从学者的身份评论一番，在前人做过的研究上老调重弹，并没有对问题进行创新性的探索。他们当中没有一人提出过足以推动心理学大幅进步的重要思想。

也许在亚里士多德时代，心理学已经发展到了推测和反思所能达到的极限。在那个时代之后，那些对心理学现象感兴趣的人们渐渐心安理得地享用起前人取得的成果，但如果没有观察、测量、取样、测试、实验等其他实证过程，这门科学就无法进步。

然而，对这场漫长的休眠亦存在另外一个解释：主导西方文明达2000年之久的社会和宗教形态没有产生足以鼓励、启发人们对心理学未知领域进行探索的土壤。出于不同的原因，希腊社会、罗马社会和基督教社会只是鼓励少许思考心理学问题的学者对前辈的工作做一些简单的考察和整理，并在修补之后为自己的信仰系统所用。

这些学者、编辑和校订者所做的一切之所以依然值得注意，是基于以下两个原因：

其一，无论是何种学科，在其发展史上，实践者往往都要经过一段较长的时期，对一些已经接受的理论进行修补，以使其适应更复杂的社会现实。在此期间，任何科学都如茧中之蛹，在破茧而出之前，必须做一些准备工作。这段蛰伏期间所发生的事情，可能没有质变出现时的那种戏剧性场面，但对学科知识的进步来说不可小视。

其二，在心理学这场长眠的晚期，一些基督教学者精选并修正了古希腊的心理学理论，在神学基础上增补了部分有关人性本质的非科学假设，而这些假设在大众思想中一直流传至今。审察这些假设是如何及何时得到发展的，将有助于我们理解当代的一些争论，如意识是否存在于与身体分开的心灵当中（例如在灵魂出窍和濒死体验中表现的那样），或其是否就是发生在活着的人的大脑中的一些物理和化学事件的联结。

第二节 评论者

泰奥弗拉斯托斯

亚里士多德于前323年因政治动乱离开雅典。临行之前，他任命多年故交和同事泰奥弗拉斯托斯（约前372 — 约前287）担任吕克昂学园的院长，此后又将自己的图书馆及所有作品的手稿遗赠给他。显然，亚里士多德对他甚为重视。

泰奥弗拉斯托斯的确是位杰出的师长和学者。他主持吕克昂，使其成功地开办了许多年。他是位口若悬河的演讲者，甚至有多达2000人同时前来听他演讲。他还极为勤奋，一生中完成227部——有人说是400部——有关宗教、政治、教育、修辞学、数学、天文学、逻辑、生物学及其他学科的著述，其中包括心理学。

出乎亚里士多德预料的是，后世几乎没有人记住或阅读泰奥弗拉斯托斯的任何作品，只有最为琐屑的《性格》一书除外。该书是一系列简短的讽刺性原始素描，如谄媚者、饶舌者和蠢人——这是一种后来非常流行的文学作品的最初样本。这些素描是一些广义上的心理学作品，因为它们报告了行为上的一些现象，但其对我们了解性格特征或模式的起源或发展并无特殊意义。

泰奥弗拉斯托斯的众多作品之所以为后人所遗忘，是因为他几乎没有任何创新，充其量是对前人已经提出的论断进行重述、编辑和评论而已。我们可从他的心理学论著《感觉论》中窥见一斑。在此文中，他写下不少有见地的言论，但所有言论无非是对前人作品的评价或吹毛求疵，如下面典型的几句：

> ［德谟克利特］把感觉、快感和思想归结为呼吸和空

气与血液的混合。可是，有许多动物要么没有血液，要么不会呼吸。如果呼吸必须穿透身体的各个部分，而不是一些特殊的部分——（这个概念）……是为其理论的一部分需要而介绍的——那么，就没有任何东西能够阻止身体的所有部分进行回忆和思想活动。然而，理智并非在我们的所有器官中都有一席之地——比如我们的双腿和双脚——只是在一些特殊的部位，我们可通过它们，在合适的年龄里进行记忆和思想[1]。

希腊化时代的学者

与泰奥弗拉斯托斯有关的心理学的作品，是我们在希腊化时代，即亚历山大去世并由他的三位将军瓜分帝国之后的200年中，从后亚里士多德哲学家的作品中所能找到的最典型例子。这些评说虽然没有开辟任何新领域，但却开始收集希腊心理学思想中的一些瑕疵，并在约两千年之后，引起一些追根究底的人设计新的假说，并用科学的方法进行验证。

希腊化时代的心理学中所发生的一些实际情况，同样也发生在其他的智力活动领域。对前几个世纪思想家的思想的编辑和批评，随着图书馆的增多而发达起来。特别是在亚历山大城，埃及国王托勒密一世建立了古代最大的图书馆。出现新思想的仅限于下列学科：几何学，在欧几里得手中得到极大发展；流体静力学，在阿基米德手中有了划时代的发现，即一个沉浸在液体中的物体所失去的重量与这个物体所排出的液体的重量相等；还有地理学，埃拉托色尼通

1 泰奥弗拉斯托斯在别的地方也说过，思想是在大脑里面产生的。

过计算地球的周长而极大地推进了这门学问的发展，且其计算结果几乎与实际的数据一模一样（他先在正午时间，即当太阳直射进阿斯旺的一口深井时，测量亚历山大城一座方尖塔的阴影，然后，通过几何方法确定使阴影产生不一致现象的地球曲率）。

这些学科及其他一些取得进步的学科，已经在一定程度上从哲学中解放出来。他们的实践者对形而上的问题视而不见，寻求不通过哲学思辨而通过实证得来的知识（数学不是实证科学，但欧几里得从事数学研究的方法至少脱离了毕达哥拉斯时代的几何学者的神秘论）。与此同时，当时尚无任何实证方法的心理学，仍旧保持为哲学的一个分支。

而哲学却在衰落。遍布马其顿及近东的战争间歇肆虐，前希腊城邦的社会秩序逐渐崩溃，人们渐生厌恶与悲观情绪。哲学家们不再寻求终极真理，而是纷纷去寻求安慰。他们转而研究占星术、近东宗教，并对柏拉图主义进行神秘主义改造。他们将哲学变成狭隘的伦理体系，并从中学会如何在动荡不安的时代里明哲保身。

在此情形下，心理学不再引起哲学家的兴趣。柏拉图主义者和亚里士多德主义者大多只是在反刍和推敲大师们的假说。新兴的三大学派——伊壁鸠鲁学派、怀疑学派和斯多葛学派——的弟子们只把自己的心理学讨论局限在德谟克利特的认识论（即只认知感觉，并从感觉中通过推理抽出概念和意义的学说）上，修补他们所注意到的任何错误，并根据他们的伦理学需要增加一些概念。

伊壁鸠鲁学派

伊壁鸠鲁（前341—前270）将其生存伦理的基础建立在这样一个过分单纯化的教理上：快乐是幸福生命的起始和终结。这并不是说，他是一个追求感官享受的人，或是一个浪子。实际上，他是一个脆弱且多病的人，他寻求并提倡的只是平静与适度的快乐。他公开反对极度的快感，如暴饮暴食、在公共场所欢呼、玩弄权术和性交。关于最后一种，他说道："没有人因为沉溺于性交而优人一等，他不因此变坏，就算好了。"不过，他的确养过一个情妇，因为他认为，只要不坠入爱情，适度的性欲快乐便是无害的。

伦理学是伊壁鸠鲁的主要兴趣所在。他极少提及心理学，只不过就德谟克利特的认识论老生常谈一通，因为后者的理论非常适合他的实用主义和世俗哲学。不过，如果他在自己的其中一个学说中进一步追寻心理学意义的话，他就有可能成为心理学史上的一个重要人物。按照第欧根尼·拉尔修的说法，"（伊壁鸠鲁主义者）认为，有两种激情，即快乐和痛苦，会影响任何生物。二者当中一种是自然的，另一种是不符合我们天性的。这两种激情是我们判断所有选择的基础"。这一点明确地昭示出我们今天叫作强化理论的原则，现代心理学家将之视为学习的基本机制。可是，伊壁鸠鲁和他的弟子们只发展了这个二分法的形而上部分，并没有展开其心理学内涵。

怀疑论者

怀疑论者将其伦理学体系建立在这样一个熟悉的教义上：我们不能确定感觉可以正确地反映真实。比起先辈们来，他们认为真实更加遥不可及。该学派的创立者皮浪（约前 365—约前 275）认为，不仅无法确知我们的认知是真实的，而且无法确切地找寻其中一个行为过程优于其他过程的合理依据。这样的怀疑论在那个时代非常有用。如果无法证明其错误，那么，不管何人大权在握，人们只能合法地接受其所规定的习惯与宗教。哲学家阿凯西劳斯迈出了最后一步，用一个振聋发聩的警句将皮浪的怀疑论推向极致：“没有什么是确实的，即使这句话也不例外。”其结果是，怀疑论者将心理学降格为对所有思想的系统性质疑。

斯多葛学派

斯多葛学派是由季蒂昂的芝诺（约前336—约前264）创立的。他的伦理学体系建立在长期以来为希腊思想所熟知的心理学概念之上，即人们可以通过对情绪的控制求得平静。芝诺认为，在美好的生活中，人们的思想能够得到足够完全的控制，个人感受到的情绪少而又少，因而可以不受痛苦的折磨。即使欲望和快乐也应避免，因为它们会使我们失去抵抗力。

他的弟子们强调，要做到这样的情绪控制，就需要对意志进行磨炼。他们回应了柏拉图的观点，即意志应当执行理智的指令，压抑欲望的冲动。可是，这个观点也引起了斯多葛学派的一个悖论。他们相信德谟克利特的学说，即宇宙是由原子构成的，并按照不可侵犯的自然法则运行。这一概念似乎没有给自由意志留下任何空间。为解决或至少绕开这个难题，他们争辩说，神不可能受到自然法则的约束，自由意志也是这样；由于每个人的灵魂都是神的一部分，它一定也具有自由行动的能力。这个假说显然既无法证实，也不能反证，因而成为心理学史上最棘手的难题之一。

第三节　罗马拿来者

当东地中海世界在沉沦中进入没落和昏睡时，罗马却显出勃勃生机，越来越有进取精神。然而，尽管罗马人征服了整个东地中海区域，但其本身却被希腊文化征服。罗马人精于建立帝国，却不善于创新。他们是很好的管理者，但不是思想家。于是，他们将希腊的文学、建筑、雕塑、宗教和哲学风格全盘照搬过来。在公元前2世纪至公元2世纪之间，按照爱德华·吉本的说法，罗马人“占领了地球上最美好的一个地区，拥有了人类最文明的一部分人”，但在整个期间，它却始终是希腊的文化寄生虫。伯特兰·罗素在其《西方哲学史》中说：“罗马人没有发明任何艺术形式，没有建立任何有创见的哲学系统，也没有任何科学发现。他们会修路，会订立系统的法典，还会有效地指挥军队，至于其他，他们只好向希腊人看齐。”

在哲学上，他们在照抄希腊人时却有所选择。他们关心的只是军事征服，对从属国土地的管理，对奴隶和无产者的控制及其他一些实用知识，希腊哲学在更高层次上的幻想根本派不上用场。比如，他们从亚里士多德那里借用的只有逻辑。他们大体认为，哲学的合适范围应该是颁布规则，使人们在不稳定的生活里明哲保身。

卢克莱修

基于上述原因，伊壁鸠鲁主义对一些罗马人具有相当的吸引力。卢克莱修（约前100—约前55）是尤利乌斯·恺撒的同时代人。在其科学文集中的一篇名叫《物性论》的长诗中，他详细阐述了伊壁鸠鲁的学说。他在其中宣扬的是理性和消极的伦理学，对共和国那些贪婪和进取型的统治者来说并没有吸引力，但对大多数希望远离战争暴力和政治学的罗马贵族来说，却正中下怀，因为他们迫切需要一门能够帮助其在社会动乱中求得平静生活的哲学。

卢克莱修在《物性论》中对心理学没有做出任何有意义的贡献。

他只是以某种学校老师式的说教口吻重述了伊壁鸠鲁和德谟克利特的观点，增加了一些旨在修补两者缺陷的评论。他的世界观和资料来源都很有限。比如，他认为，由于我们在“胸脯的中间一带”感到害怕和喜悦，因此，那儿就是思想或理解力所在的地方，而思想和灵魂（他认为两者是相连的）又是由特别微小、移动很快的原子构成的。然而，在其他地方他又表现得很有见地，而且非常现实。比如，下面这段话可以说明卢克莱修的伟大之处：

> 思想和灵魂的本质是有形的……［而且是］有生死的。如果灵魂长生不死，且在出生时进入我们的肉体，为什么我们记不住遥远的时代，留不住以前的行动痕迹呢？如果思想的力量被完全改变，所有对过去的记忆全部丢失，那么，我认为它等同于死亡。因此，你们得承认，以前存在的灵魂已经消失了，现在存在的灵魂已经形成。

我们也许会对这位古代诗人的常识表示敬意，但在他身上，心理学已经停止前进。我们不必在此多留。

塞内加

斯多葛主义更符合罗马社会富于进取的统治阶级的口味。从公元1世纪开始，这种学说就风行于罗马政治家和军事领袖中。他们过着奢侈的极权生活，可他们知道，在任何一分钟都有可能失去一切，包括他们的生命。对于他们来说，面对个人悲剧时保持斯多葛式的冷静客观的人生态度无疑是一个理想。

这种教义集中体现在哲学家塞内加（约前4—约65）面对死亡

的行为中。这位诗人、戏剧家、政客和斯多葛主义哲学家受到诽谤，说他谋划推翻尼禄王。尼禄王听到谣言后，派一位百夫长来到塞内加的家乡，告诉他说，尼禄王希望他死。塞内加平静地要人们取来蜡板，书写遗愿。百夫长不许他完成这件冗长的工作，因此，塞内加对身边哭泣的朋友们说："我不能回报你们给我的服务，只好把我能够留给你们的最好东西留下——我的生活方式。"他平静地割开自己的血管，躺在热水池里，在走向死亡之际向秘书们口述了一封告罗马人民书。

爱比克泰德

爱比克泰德（约 55—约 138）是罗马最著名的斯多葛学派哲学家。他早先是一名希腊奴隶，和他的斯多葛先辈一样，对宇宙的本质、物质或精神丝毫不感兴趣。"所有存在的事物是否由原子构成……或是否由火或土构成，"他说，"跟我有什么关系呢？难道仅仅理解善与恶的本质还不够吗？"他关心的焦点是找到一条忍受人生的办法。他对心理学领域唯一的关注是提出了一条准柏拉图式的、对如何"忍受和放弃"的理性化提炼。

> 永远不要说什么"我已经失去它"之类的话，而只说"我已经把它还回去了"。你的孩子死了吗？他被送还回去了。你的妻子死了吗？她被送还回去了……我必须遭到流放，可有谁能阻挡我面带微笑和宁静上路呢？"我要把你关进牢房！"可你关进去的只是我的肉体。我必须死，可我非得死得怨天恨地吗？……这些都是哲学应该预演的课程，应该每天将之写下来，付诸实践。

同样高尚但没有任何启迪作用的感伤情怀还出现在2世纪的哲学家和皇帝马可·奥勒留著名的《沉思录》中。

盖伦

罗马人对心理学的唯一贡献是由一个希腊人和一个埃及人共同做出的。

这位希腊人名叫盖伦（129—199），是那个时代最有名的医生和解剖学家，还是马可·奥勒留及其继承者的私人医生。盖伦写的一本手册的名字听起来颇为引人注意——《心灵激情的诊断与治疗》——可其中包含的只是一些斯多葛学派和柏拉图关于如何通过理智控制情绪的概念，基本上算是炒冷饭。然而，在其他地方，他在某些细节方面还是发展了柏拉图在《理想国》中简要提及的情绪分类，也就是，情绪要么是“暴躁的”，与愤怒或挫折有关；要么是“由欲望引起”，来自寻求各种快乐的欲望和满足肉体的需求。几乎所有对情绪进行过分类的现代心理学家，都曾做过类似的区别。

盖伦对心理学的主要影响，如前所述，是以希波克拉底的四体液学说为基础的性格理论。这是一种负面的贡献，因为在许多世纪里，这种理论误导了医生和其他人，被认为是性格模式和心理疾病的成因。可是，他的确承认并正确地描述了由情绪引起的一种生理症状。有一天，他注意到一位女病人的脉搏在某人碰巧提到一位男舞者的名字时突然加快。盖伦安排某人在她下次来这里时进入房间，并谈论另一位男舞者的表演，并在另外一天进行同样的实验，只是再换一位舞者的名字。在这两种情况之下，这位女病人的脉搏都没有加快。然而在第四天，当某人又提到第一位舞者的名字时，她的脉搏又突然加快。于是，盖伦很有信心地为她下诊断，说她得的是相思病。又说，一些医生好像认识不到肉体的健康会受心灵磨难的影响。不幸的是，盖伦在这个思想上没有再发展下去。这一问题的再次提及，则是21世纪的心身医学的事。

普罗提诺

埃及人普罗提诺（205—270）对心理学做出了完全不同的贡献。在他的时代，罗马文明已经没落、腐朽，充满暴力，许多麻烦缠身的人开始笃信普罗提诺所提倡的新柏拉图主义。普罗提诺把斯多葛学派的伦理学与柏拉图信仰中的神秘和世俗部分，包括他自己最没有科学性和精神性的心理学，结合成一个全新的整体。

普罗提诺先在亚历山大城学习希腊哲学，后于244年来到罗马。身为异教徒的他像一个基督徒一样生活在这个城市的奢华之中。他认为肉体是灵魂的囚所——他的传记作家和弟子波菲利说，普罗提诺甚至为自己的灵魂竟然有个肉体而羞愧不已，因而丝毫不顾惜自己的肉体，对衣着和卫生诸事也毫不关心。他吃的是最简单的食物，完全避开性生活，还拒绝坐下来让别人画像。他认为，肉体是他最不重要的部分。尽管他过着苦行生活，但仍是一位颇受欢迎的演说家，罗马城里很多富人不管遇到什么事情，都要找他出个主意。

他很尊敬柏拉图，引用柏拉图的思想时，他单用一个“他”字。和柏拉图一样，他认为感觉的证据次于推理的证据。他相信，最高的智慧，也即通往真理的最后通道，会在灵魂暂时脱离肉体，在恍惚状态中感知世界的时候到来。他写道，这样的体验他本人就历经过数次。

> 它发生过多次。我从肉体中升起，进入自我；我变得

外在于所有其他事物，以自我为中心；并注视着一种奇妙的美；然后，它比任何时候都更确信自己已与最高秩序连成一体，获得与神的统一，并通过这一行动，在他[1]的体内驻留；超越一切智慧，仅比至上稍逊一筹；接着便是从智慧状态到理性状态的下降。在这次深入神性的居留之后，我自问，怎么搞的，我竟下降了呢？灵魂是怎样进入我的肉体的呢？甚至还在我的体内时，灵魂不是已经显示出它是至上的东西吗？

退一步讲，这些也很难让人理解。普罗提诺在此或其他处所指的是，有一个三重的真实世界存在于物质和生理的世界之上。它是由“一”（它）构成的；它是精神或智慧或心灵，是某种回顾或“一”的映象；至于灵魂，它可以上观精神，下视自然和感官世界。

这与心理学有何关系呢？没有关系，却也大有关系。

说其没有关系，是因为普罗提诺对精神功能的研究没有兴趣，他没有就心理学说过什么，只是对德谟克利特和其他原子论者的心理学提出过反对意见。

说其大有关系，是因为这种新柏拉图主义关于肉与灵、灵与思想关系的观点，后来渐渐发展为基督教教义的一部分，并且使心理学的探究定形并给予约束，直到 14 个世纪以后科学再生。

另外，普罗提诺获取灵魂概念、思维和“它”的方式，也成为科学心理学出现以前任何对心理过程产生兴趣的人进行类似探索的模式。他部分地通过恍惚状态探究真理，但这种经验相对较少——在波菲利与他一起工作并观察他的六年当中，这种情况只出现过四

1　上帝或善或至上。

次——因而，他理解灵魂、思维和“它”的方式，主要靠沉思冥想过程中的推理完成。

换句话说，他尽心致力于构想一个在他看来能够解释物质世界和精神世界关系的超自然结构。当然，他未能检验自己的假设。测验属于物质世界，而不属于精神世界。

第四节 教父改造者

教父们

在公元1世纪至4世纪之间，罗马帝国在到达巅峰状态后开始瓦解，基督教成为主导性宗教。在接下来的西方文化进程中，没有宗教信仰的哲学家渐为一群完全不同的思想领袖所取代，他们就是教父（the Patrists），又名教会之父。

他们是一些处于领导地位的主教和其他著名的基督教传教者，通过彼此间无穷尽且言辞激烈的争辩，试图寻找新的信仰中所存问题的解决方案。任何熟悉这一时期历史的人士对他们的名字都不陌生，其中著名的有亚历山大的克雷芒、德尔图良、奥利金、格里高利·陶马特古斯、阿诺比乌、拉克坦提乌斯、尼萨的格里高利，当然还有奥古斯丁。

尽管异教哲学已经衰退，但其心理学却在被选择和修改后，保存于教父们的“护教学”，或为基督教信仰进行辩护的一些布道词和书面材料中。这些教父多是哲学神学家，其主要兴趣尽管是有关基督是神还是人这类关系到信仰的中心问题，但也必然涉及有关灵魂的本质、其与思维和肉体的关系以及思想概念的来源之类的心理学问题。

在基督教时代的前几个世纪，几乎所有的教父都是中层或上层社会的罗马公民。他们在罗马帝国的地中海沿岸城市出生并长大，接受的是他们那个等级里男性公民的典型教育，因此非常熟悉异教哲学。在护教过程中，他们激烈攻击那些与基督教教理不相容的哲学观点，接受并改造那些支持基督教教理的内容。他们认为，上帝能够直接干预人类的生活，地球处于宇宙的中心，（圣徒所创造的）奇迹是真实的，等等。几乎所有在异教哲学中符合科学但又与基督教教义相冲突的理论，都受到他们的排斥和责难。在这些教条之下，大量科学知识被人们遗忘，对此，历史学家丹尼尔·布尔斯廷写道："自公元300年至1300年间，学术健忘症袭击了整个大陆。"

然而，心理学并没有被完全遗忘。教父们挑选并改造了其中一些理论以支持他们的宗教信仰。前人的理论中，凡是带有自然主义观点的，如心理过程是原子在大脑或心脏里面运动而引起的等观点，他们都认为是不完全的，是异端邪说。而任何支持基督教灵魂至上和超现实的观点，如柏拉图的理念说，他们都非常欢迎，并加以改造，以适应基督教的教理。

困扰他们的核心问题是，灵魂是否是上帝的一部分，是否像柏拉图所认为的那样，生而知之，即在其来到肉体前就已拥有知识。基督教创造出另外一种说法：在出生时，每个灵魂都经过了重新创造，因而，新生儿的思想是空白的。这种认识使许多教父开始攻击柏拉图生而知之的教条，但却接受其学说中的其他大部分思想。

另一困惑是，灵魂如何与心灵及肉体结合，灵魂是否需要肉体来感知和接纳感觉，就如亚里士多德所认定的那样。然而，按照教义，罪犯或非信仰者死后，其灵魂将在地狱里遭受火刑；如果灵魂与感官脱离后没有感知力，那么，它又如何感受到地狱的痛苦呢？对此，大部分教父认为，灵魂并不需要感官进行感知。

这些都是难题——诸如此类还有很多——教父们在这些问题上花费大量精力彼此攻讦，以便把心理学调整到新的信仰中去。心理学也以这样的方式存活了下来。

德尔图良

尽管前尼西亚时代的教父们——在325年尼西亚会议之前生活和写作的教父们——彼此观点冲突很大，然而，他们当中最伟大的一位——德尔图良，他的作品却给我们提供了异教心理学概念是如何融入教父们的早期作品中的例证。

德尔图良（约160—约225）是罗马一个百夫长的儿子，在迦太基长大，并在那里接受了一流的教育。后来他学习法律，来到罗马，成了一位著名的法学家。30多岁时，他不知出于何故抛弃了异教徒的享乐，皈依了基督教。他迎娶同教的一位信徒为妻，带着僧侣的指令（当时的僧侣不是独身的）回到迦太基传教，在那里度过余生。他源源不断地写出大量激进的护教作品，对罪恶进行斥责。他是教父中最早用拉丁文而不是希腊文写作的人，有人认为，西方基督教文学是从成熟期的德尔图良开始发展起来的。

他一直是个愤怒的人，对罗马异教徒的享乐生活及他们对基督徒的残酷对待十分愤怒。正是他说出了“殉教者的鲜血是教会的种子”这句名言。他饶有兴致地“安排”了异教徒死后将会遭受的痛苦。

> 最终审判日（将会到来），届时，这个旧世界及它的世世代代都会在一把烈火中消失殆尽。那将是多么壮观的场景啊！我会怎样惊叹、欢呼啊！看见那些自以为会进入

天堂的国王在黑暗深处痛苦地呻吟！那些败坏基督名字的法官，他们在更为炽烈的火焰里烧成灰烬！——还有那些先贤和哲学家们，他们在熊熊烈焰中面对自己的弟子时羞愧满面！

圣保罗的哲学是德尔图良的思想来源。德尔图良尽管结过婚，但对于婚姻中肉欲的一面却如圣保罗一样有很低的评价。他在40多岁时给妻子写了一封关于婚姻和守寡的信——该信还有教导其他妇女的意思——表达了对自己和她的身体欲望的蔑视。该信尽管不属于心理学文章，但它代表了许许多多教父作品中对性欲的态度，因而在此后的18个世纪中，对信徒们的性欲和情感产生了深远的影响。这些影响的本质和范围最终将在弗洛伊德开始精神分析的过程中显露出来。

德尔图良在信中称其妻子为“我最亲爱的、上帝共同的仆人”，并要求妻子在他先她而死之后不要再婚。他说，二婚等同于通奸。她应该把守寡看作上帝对禁止性生活的召唤，因为上帝认为，只有在婚姻状态下才可进行性生活。她也不应该对丈夫的亡故感到悲伤，因为这只是结束了他们被一种肮脏习惯奴役的状态，而这种习惯，不管从哪个角度来说，都是他们在进入天堂之前必须抛弃的。

对基督徒来说，在离开人世以后，其伴侣不应该在复活之日到来时再婚，因为在这一天，他们将被转换入天使般的圣洁之中——在那一天，我们两人之间不应该出现任何由骄奢而产生的耻辱。如果这样轻薄，这样不纯洁，上帝就不会对其信徒做出任何保证。

历史上没有留下他的妻子看完信后的感想。

对恶人进行地狱之火和硫黄石的惩罚，在那个时代的心理学著作中随处可见。他在作品中大多也予以保留，以攻击与他的宗教信仰相冲突的心理学学说以及这些学说所支持的观点。比如，在《创世记》中，有关上帝创造亚当一节的叙述，就是德尔图良排斥柏拉图之灵魂先于肉体而存在理论的足够证据。

> 在我们承认灵魂是从上帝的呼吸中诞生这一刻始，就等于承认我们赋予了它一个开端。柏拉图拒绝给灵魂赋予任何开端，故而让它既无诞生，也无形成。然而，我们却从它的确有个开端这一事实及与此相关联的自然属性出发，认为它既有诞生，也有形成……这位哲学家的观点已被预言这一权威所颠覆。

尽管他相信灵魂在死后依然存在，但他看不到任何理由以反对他所引用的那些哲学家的观点，即灵魂在某种程度上是有形的，而且与肉体的功能互动。

> 灵魂当然与肉体有一致之处，在它受到伤害时也同样感到痛苦。肉体也会与灵魂一起受苦，并在灵魂受到焦虑、压抑或爱的时候与灵魂联结在一起，如通过其自身的面红耳赤来证明其羞耻和恐惧。因此，从相互的感受方面来说，灵魂证明自己是有形体的。

和希腊的哲学家一样，他把心灵定义为灵魂进行思考的那一部分。可作为一名基督徒，他完全不同意德谟克利特的观点，即灵魂和心灵是同一事物。

> 心灵，或叫 animus，即希腊人叫作 nous 的东西，在我们看来，是灵魂里面固有的某种功能或作用。在这个地方，它会产生作用，获取知识，并产生自发的动作……运用感官就是忍受[1]情绪，因为去忍受就是去感觉。同样的，取得知识就是运用感官，体会情绪也是运用感官；这一切都是某种状态的忍受。可是，我们知道，除非心灵也受到类似的影响，否则，灵魂就什么也体会不到……德谟克利特泯没了灵魂和心灵之间的所有区别。然而，它们两者如何会是同一事物呢？除非我们把两者混为一谈，或消灭其中的一个。我们强调将心灵与灵魂结合起来，不是说它在物质形式上有所区别，而是指其自然的功能和作用。

而在教义方面，他改造了柏拉图关于理性和非理性的观点，因为他不认为后者是出自上帝之手的。

> 柏拉图把灵魂分成两个部分——理性和非理性。对于这一点，我们不持异议，可我们不能将这种双重区别归因于灵魂的本质……［这是因为］如果我们把非理性的因素归因于我们从上帝那里得来的灵魂的本质，那么，非理性的因素也将会是从上帝那里得来的……［但是］追求罪恶

1 在这里，忍受不是忍受痛苦，而是受情感支配，无法用思想控制情感。

的动机来自恶魔，而所有的罪恶都是非理性的，因此，非理性是从恶魔那里得来的，与上帝无关。对于上帝来说，非理性是一个外来原则。

奥古斯丁

尼西亚会议之后，基督教教理越来越标准化，基督教本身也成了帝国的正教。已经处于停滞状态的心理学更是被压减到正教所能接受的程度。前尼西亚时代的教父们在许多心理学问题上的观点也随之变成异端邪说（奥利金在逝世之后，就因为他生前散布多种异端邪说而遭到指责，邪说之一就是他受柏拉图影响提出的灵魂预先存在的观点）。

心理学能够从 4 世纪以衰减的形式保存到 12 世纪，在很大程度上应归功于奥古斯丁这位“基督教时代的亚里士多德”。他是托马斯·阿奎纳之前教会的理论权威。

奥古斯丁（354—430）出生于罗马帝国的努米底亚省（现在的阿尔及利亚）的塔加斯特城，母亲莫妮卡（后被封为圣人）是位基督徒，父亲帕特里西亚是一位异教徒法官。在奥古斯丁所处时代，世界上仍旧崇尚罗马式的奢华，但罗马帝国已处于急速没落之中。在其青年时代，野蛮人开始向帝国的边陲进攻，到他中年时，罗马城已经落入哥特人之手，而在他老年时，整个西方世界已处于崩溃的边缘。

作为迦太基城一名 16 岁的少年，奥古斯丁基本上属于典型的罗马式酒色之徒。“我全身心地投入通奸活动。”他在著名的《忏悔录》中回顾这段生活时说。在接下来的几年里，他因为母亲的灌输而产生一种负疚感，于是放弃滥交，纳下一个小妾，并与她厮守 15 年之久，对她极其忠诚。

他是位思维敏捷而热切的学生，对柏拉图敬仰有加，称其为“半神半人”。后来，他将柏拉图的许多思想改造后融入基督教的教义。完成学业后，他成为迦太基城的修辞学教授，后又来到罗马城和米兰。他广泛阅读了异教哲学家的作品和基督教的《圣经》，同时成为东部基督教分支的摩尼教教徒。

然而，他越来越受柏拉图和普罗提诺的影响，神秘的新柏拉图主义和后者的苦行深深打动了他。他对自己的生活方式产生出更深的负疚感，同时也为他所处世界的颓废而难过。在这个世界里，匈奴人践踏着巴尔干半岛，哥特人把色雷斯（介于爱琴海与多瑙河之间的巴尔干半岛东南部地区）踏为平地，日耳曼人冲过莱茵河，而在意大利，腐败正日益肆虐，苛捐杂税猛如虎，人们沉迷于斗剑术和马戏，过着纸醉金迷的生活。

32岁时，奥古斯丁屈服于母亲的压力准备结婚。他把心爱的小妾送走，一心等着他的未婚妻长大成人。有一天，在米兰的花园里，他与一个朋友正在小坐，突然感到“灵魂难受，备受煎熬”（他在《忏悔录》中说），内心产生出想大哭一场的冲动。他逃往花园的一角，却在那里听到一阵孩子般的说话声：“拿起来读吧，拿起来读吧。”他拿起一直在读的圣保罗的著作，随便翻开一页，读到下面几行：“不要放纵声色和酗酒，不要自我幽闭和麻木不仁，不要争斗和嫉妒。汝须置身于基督之中，不得为一己的肉欲和色心作打算。”顿时，他感到灵魂的创痛消失殆尽，内心一片宁静。于是，他放弃结婚的打算，献身于研究，准备转教。387年的复活节，在母亲陪伴下，安波罗修主教（后来亦成为圣徒）为他施以洗礼。

他回到非洲，将自己的财产全部施舍给穷人后，在塔加斯特创立了一家修道院。他甘于贫困，在那里度过了几年满意的独身研修生活。然后，他响应附近希波镇主教瓦莱里安的邀请，前去帮他做一些教区工作。奥古斯丁正式过上了僧侣生活，几年之后，年迈的瓦莱里安主教退休后，他勉强接替了希波主教的工作。他一直待在这里，直到34年后去世为止。那时，罗马城已经被哥特人劫掠，汪达尔人也打到了希波的门前，距整个西罗马帝国的完全沦陷已不过50年之遥。

作为希波的主教，奥古斯丁仍然过着苦行僧的生活。尽管身材瘦小、身体虚弱，而且长期受到慢性肺病的困扰，但他仍积极参与宗教论辩，与异端邪说进行斗争，同时写出了诸多的信件、布道词和大量著作，包括著名的《忏悔录》。他甚至花费13年时间完成了杰作《上帝之城》。他写出这部巨著的主要目的，是使理智与教会的教理调和在一起。然而，当它们产生冲突时，他大都将其交由自己的准则进行裁决，即"不要为相信而理解，而要为理解而相信"。

许多世纪以来，奥古斯丁一直是天主教有关教理事务方面最有权威的人。他的裁决权威扩展至他就心理学领域所发表的任何言论，尽管他本人从未系统地处理过心理学的问题。他对心理学的观点，如同对所有科学的观点一样，混合着真知灼见和模糊不清之语。因为他认为，心理学和其他任何学科一样，在其为宗教目的服务时都是有益的，否则就是有害的。除《圣经》之外，其他所有的知识要么是邪恶的，要么是多余的——"不管人们从其他来源学到什么，都是有害无益的，都要在那里（即《圣经》）受到诅咒；如果它是有益的，一定早在里面了。"然而，在他的著作里，大量心理学内容却得到保留，他也因此而受到学者们及那个黑暗时代和中世纪早期"圣师们"的推崇。比如，奥古斯丁延续了盖伦的言论，认为灵魂或意识会受到身体状况的影响，反过来，灵魂或意识也可以影响身体状况。奥古斯丁举例说，胆汁过多易使人动肝火，可是，易为外界事件动肝火的人，其身体也易分泌过多的胆汁。

奥古斯丁利用早期教父们引用过的异教哲学家的言语解释意识的结构，并将其与记忆、理智和意志三重功能联系起来。然而，有时他所说的有关三重功能的言论却变得神秘莫测，比如，他用心理学来解释三体变成一体的可能性。

> 由于这三种特质，记忆、理智和意志，并非三个生命，而是一个生命，不是三种意识，而是一种意识，因此，它们不是三种物质，而是一种物质……此三物之所以成为一物，是因为它们具有一个生命体，一种意识，一种存在。然而，它们之所以为三，是因为我记忆我具有记忆、理解和意志；我理解我具有理解、意志和记忆；我意愿我具有意志、记忆和理解……因此，作为一个整体的每一个对等于作为一个整体的每一个，作为一个整体的每一个也对等于作为所有整体的所有三个。因而，此三物实为一物，一个生命体，一种意识，一种存在。

奥古斯丁认为，在活人中，意识与灵魂是等同的，可他又说，灵魂是非物质的，是不可摧毁的。人死之后，它会离开肉体，永生不死。他怎么知道这一点呢？他的理论是这样的：灵魂或意识，可以设想永恒，而这是不可能从感官得到的。正如思想即存在一样，设想存在的更高层次，其本身也是存在的一个部分。

他也经常以更具自然主义色彩的术语来描述精神生活。他以自己特有的高昂口吻，重述对感官和记忆机制饶有兴趣的异教哲学家的观点："我进入记忆的旷野和小房间，这里拥有数不尽的从感官得来的各种事物的意象（images）宝藏。"在这样的情绪之下，他感到万分惊叹的是，意象为何会通过感官沉淀在记忆里；记忆为何不仅仅容纳意象，而且还容纳概念；发生在意识里的东西为何有时是一些自然感觉到的记忆系列，有时却又是有意寻找的结果。

然而，和众多异教哲学家一样，奥古斯丁认为从感官得来的知识是不确定和不值得信任的，因为我们不能肯定我们的感官是客观现实的正确反映。而确定的东西，超越任何疑惑的东西，是自我意识的原初体验，因为产生疑问即是思想，思想即是存在；疑惑这一行为本身即确定了我们活着且在思考（我思，故我在）。他以这样的办法辩驳了怀疑论者，捍卫了柏拉图的知识论。他比柏拉图更多地依赖于作为知识和真理通道的内省。弗朗茨·亚历山大和谢尔登·塞莱斯尼克两位博士在《精神病学史》一书中写道："奥古斯丁不仅是胡塞尔现象学的先锋和存在主义的最早开拓者，而且也是精神分析学的远祖。"

的确，他对内省法的运用远远超过了柏拉图。《忏悔录》中令人惊叹的自我启示乃是文学上的首例。从奥古斯丁到卢梭，再到弗洛伊德，这个直线关系非常明显。可是，这只是从内省导向自觉，而奥古斯丁的目标却远非如此。在《上帝之城》和其他神学著作里，我们可以找到对内省如何彰显更高真理的解释。他说，通过理智我们可以升华到感官的极限之外，在更高的层面上获取类似"数"与"智慧"等概念，然而，我们若要获取理解力的最高层次，却只有通过上帝式的内省性沉思才能达到。和普罗提诺一样，奥古斯丁狂热地书写了自己感受到的彻悟，说自己通过沉思，感到"一级一级地上升到创造我的生命的他的高度"，而且接近了人类可以找到的最高真理。

对于奥古斯丁来说，最为重要的意识功能是意志，因为它提供了如何解决邪恶之存在这个神学问题的答案。如果上帝是全能、睿智且无比和善的，他就不会创造邪恶，不会不知道它的存在，也不可能存在另外一个力量，而这个力量拥有与对这种邪恶负责的上帝同样的威力。那么，如何解释这一点呢？奥古斯丁推理道，因为人类是趋善的，他们就该有能力选择善良，而不是选择邪恶（上帝并没有创造邪恶，邪恶只是善的缺失）。因此，上帝给予人以自由意志。可是，人类有可能失去行善的意志，甚至有可能去行不义之举，这就是邪恶之所以存在的原因。

奥古斯丁本人亲历过失败，他自己的最初意志就没有选择善良，曾与小妾沉溺于声色之中。他在原罪的遗传中找到了对邪恶的解释，认为邪恶给予色欲以极大的力量，这种力量超过了我们的意志力，使我们情愿为恶，而非行善。当受到肉欲控制时，人们甚至在无法勃起的情况下，仍不愿看到自己欲柱松倒（he cannot will himself flaccid）。性的快乐在实施时，将使深思熟虑的思想力量陷于瘫痪。此时，肉欲统治一切，使其在藐视自己意志的同时，也藐视上帝的意志。

而真正的善人，奥古斯丁说，“如果可能的话，将倾向于在不去忍受这种欲望折磨的前提下，育养自己的后代”。如果亚当没有犯罪，他和夏娃——以及他们所有的子嗣——就可能在没有快感也无罪恶感的情况下繁衍子孙。如何进行呢？他自己也承认这一点很难想象，不过，他并没有在这个难题面前退缩。他在这个问题上的思想如同一种超级混合物，既包含有深刻的心理学观察，也有着苦行僧的狂想。

> 在天堂里，生殖的种子将由丈夫播撒，妻子只会去孕育它……是刻意的选择，而非出自不可控制的色欲。毕竟，我们不仅能够自由移动由关节和骨头组成的手和手指、脚和脚趾，而且可以控制肌肉及神经的放松和紧张……［有

些人］可以使自己的耳朵抖动，一次一只，或两只同时随意志抖动……［还有一些人］可以从身体的组织后面发出音乐的声音，使你以为他们在唱歌……人体器官，完全可以在没有肉欲的情况下，遵从人的意志达到为人父母的目的……当不再由无法控制的色欲来激发生殖器官时，当所需要的一切全部由刻意的选择实施时，精液就可在不刺破处女膜的情况下进入子宫，妇女行经就是如此反向进行的。

奥古斯丁就是这样选择和改造人类在心理学的头8个世纪里所领悟到的关于人类意识的知识的，这些也是得到他的权威认可的主要概念。在接下来的8个世纪里，它们成为唯一可以接受的心理学原则。

第五节 教父折中者

经院哲学家

奥古斯丁死后的几个世纪里，很少有人对这些问题发表议论。强大的罗马帝国遭到反复的劫掠和扫荡，它的人民潜移至乡村小镇和有城堡的村庄，到6世纪时，只有五万人生活在曾经辉煌一时但现已烧毁殆尽的废墟上。罗马城和其他城市的图书馆遭到焚毁，过去的科学知识及卫生习惯、风度和艺术全然不见。西欧的大部分国土慢慢变成原始的村庄、简陋的采邑和较小的王国，好战的首领们要么彼此袭击和围攻，要么组成联军对抗入侵的诺曼人、斯堪的纳维亚人、马扎尔人、萨拉森人、法兰克人、哥特人和摩尔人。

最后，战乱让位于稳定下来的封建秩序，可封建领主们对学习没有任何兴趣。他们沉醉于充满侠义的马上枪术比赛、战争、阴谋诡计、魔法和奉承的求爱方式。生活在一个龌龊、残酷且朝不保夕的世界里，心理学作为一种人造的文化物品，和欧几里得的几何以及索福克勒斯的戏剧一样，被人遗忘得干干净净，好像它们与生活毫不相干似的。

从 6 世纪到 13 世纪，西欧唯一有机会学习心理学知识的人就是牧师。他们在修道院里得以读到数量有限的教父们的著作。然而，这些论题很少引起牧师们的兴趣，因为他们的时间和精力早就因为信仰问题和刻板的封建生活而消耗一空。只有少数几个不出名的人渐渐熟悉了前人已经写下的著作，自己也偶尔写一些论及灵魂和意识的书籍。这些作品无一例外地只是一些布道素材，尤其是对奥古斯丁著作的改编和重复。

然而，变革虽然缓慢，但仍旧超越了封建秩序。战争使成群结队处于半原始状态的西欧人开始接触到穆斯林的商业与手工业，贸易开展至西欧人所到之处。意大利商船和商业舰队开始从北欧的海湾驶出，将东方的香料、丝绸、食物和挂毯运回欧洲各港口，随之带回的还有书籍和思想。随着海上运输业的复苏，内陆运输也繁荣起来。粗陋的乡镇变成城市，一些城市，最早是博洛尼亚和巴黎，建起了大学。

哲学开始以经院哲学的面目出现，它把主要精力花费在解决与信仰有关的问题的逻辑论证之上。首先，经院哲学家（或叫烦琐哲学家）大都将自己局限在《圣经》的权威和纲领中载明的教理之内，并对奥古斯丁及其他教父们的著作怀着深信不疑的敬畏。经院派哲学家们检验哲学和宗教问题的模式是：先提出一个命题，再提取一个负面观点，引用《圣经》和教父们的著作为这个观点辩护，然后用确定的命题进行辩驳，再用《圣经》中的其他引语和教父们的语录为确定的命题辩护。然而，随着时间的推移，他们慢慢意识到还有其他一些更为刺激的知识来源。一部分是从中东的作品中获得的，因为那里的求知活动从未间断过；更大一部分则来自西班牙和君士坦丁堡的阿拉伯和犹太学者，尤其是阿维森纳、阿威罗伊和摩西·迈蒙尼德。他们重新发现了希腊哲学和心理学，尤其是重新发现了亚里士多德。

对许多经院哲学家来说，亚里士多德严密的逻辑、广博的知识和相对现实的世界观是对教父们枯燥无聊、充满来世空想观念的解放。于是亚里士多德，而不是柏拉图或奥古斯丁，成为他们心目中至高无上的权威。然而，在许多年里，经院哲学家们大多分为两大阵营：神秘的柏拉图派（大部分为方济各会的修士）和知识型的亚里士多德派（大部分为多明我会派）。

神秘柏拉图派认为亚里士多德的自然主义和逻辑学是对信仰的威胁；而亚里士多德派，其中有阿伯拉尔、彼得·隆巴尔德、艾尔伯图斯·麦格努斯和托马斯·阿奎纳，却认为它们是对基督教教理的支持和证实教理的途径。经过几十年的激烈争辩，亚里士多德派取得胜利：阿奎纳使其哲学在亚里士多德主义和基督教间取得了平衡，并用推理证明了教义的真理，自此成为天主教的正式哲学。

天使博士：托马斯·阿奎纳

阿奎纳的崇拜者称他为天使博士。他是怎样一个人呢？一点也不引人注目：默不作声，圆圆的身体包裹在修士的黑袍里，常常沉迷于自己的思想之中。他纯粹是一介书生，虔诚、勤奋，一生几乎没有任何戏剧性可言。

阿奎纳的父亲是阿奎诺伯爵，为日耳曼贵族，其城堡位于罗马城和那不勒斯之间，而他的母亲则是西西里岛诺曼王子的后裔。托马斯出生于1225年，长成一副条顿人的相貌——身材高大，体格厚重，面容方阔，一头漂亮头发——也像条顿人一样迟钝。有人说，他一生只生过两次气，在同学中的诨名是“西西里的大木牛”。

他5岁时被父亲送到几千米外的卡西诺山，在本笃会修道院住读。他在那里度过的童年谈不上欢乐与自由，因而在14岁离开时，他已成为一位坚定的学者和苦行僧。在那不勒斯大学继续五年学业之后，他成为多明我会修士，这使他的家人大为失望，因为他们曾希望他成为声望甚高的卡西诺山修道院院长，而不是生活在贫穷之中的托钵僧。在母亲的唆使下——他的父亲已经去世——阿奎纳的兄弟们绑架了他，在自家的城堡里将他关押一年，希望他改变主意。他非但没有改变主意，反而以圣者的平静接受了自己的命运，在囚室里继续自己的研习。

然而，他的确发过脾气，因为他的兄弟为引诱他脱离苦行生活，曾把一名妖艳的美女悄悄送入囚室。阿奎纳一看到她就惊慌失措，捡起一根燃烧的火棍满屋追打，把房门上的十字架也烧着了。此举使他的兄弟们再也不敢给他赠送美女。最终，阿奎纳的虔诚感动了母亲，她帮助他逃了出去。1245年，他恢复了正常生活，成为巴黎多明我教会的神父，师从亚里士多德的拥护者——艾尔伯图斯·麦格努斯——学习神学。

他是一位了不起的学生。31岁时，他经教皇特准，被授予神学博士头衔，比常规的时间提前了三年。他有非凡的集中思想的能力，能够在极为烦扰的情况下沉思一系列复杂的问题。有一次，在国王路易九世的宫廷宴会上，阿奎纳深思起如何辩驳摩尼教教义的办法，对周围的盛况、珠宝、大人物和机巧的谈话全然无知。突然，他拍案而起，一声猛喝：“这下可以搞定摩尼人了！”吓得周遭的人士大惊失色。

这些并不是说他是一个难以亲近的人。他说话慢条斯理，轻言细语，非常健谈，生性乐观，头脑里面总是高深的思想，也总有太多的事情要做。从醒来到睡觉，研究、写作、教学和宗教敬拜，他的每一天都填塞得满满的。他参加所有的祈祷，每天或做一次弥撒，或听两次弥撒，讲课或坐下写作前都要进行祈祷。

他参加如此之多的宗教活动，可奇怪的是，在1274年他于49岁离世之前，竟做了那么多的事情。在不到20年的时间里，他一边在巴黎和意大利的一些大学里讲课，一边写了大量的布道词、宗教小册子、赞歌和祈祷词，对早期哲学家的著作也做出大量冗长的评论，同时写下四卷本的《反异教大全》和卷帙浩繁的《神学大全》(21卷)。

《反异教大全》旨在劝说不信教的哲学家们，因为他们的理性阻断了他们的信仰。阿奎纳使用了完全不同于奥古斯丁毫无热情的神秘主义的方法来引导他们走入信仰：他给他们提供了旨在听凭理智引导信仰的生动的逻辑哲学的论辩。他在一本小册子中对一群反对者写道："请注意，我们会纠正（你们的）错误。它不以信仰的公文为基础，而是建立在哲学家们自己的推理和声明之上。"

《神学大全》旨在对神学学生进行说教，它详细解释了整个天主教的教义，并对其进行辩护。里面共有38篇讲述不同主题的论文，包括纯粹哲学、伦理学、法律和心理学，涉及631个问题或论题，并就这些问题提供了大约一万种反驳或答案。阿奎纳自始至终都在利用辩证法一步一步地进行推理，以检查每一个问题。结果是，该书并不比逻辑教科书好到哪里去，但作为一本充满严密逻辑论证的书，它却是无与伦比的。

也许是操劳过度的原因，1273年12月的一天早晨，他在做弥撒时突然产生一种奇怪的感觉。自此以后，他无法再写作《神学大全》

了。“我再也干不下去了，”他说，“我已经感到，我所写下的这些东西几乎一钱不值，我等待着自己生命的终结。”三个月后，他溘然长逝。此后不到50年，他被教皇约翰二十二世封为圣徒。

在本书里，阿奎纳的神学和纯粹哲学与我们关系并不太大，不过他却使神学和纯粹哲学与心理学和谐地相处在一起。他做到这点依靠的是《神学大全》里的三篇文章：《人类论》《人类行为论》和《习性论》。他在这三篇文章里展开的东西其实也没有新颖之处，因为他并不是一位探索者，只是一位基督教教理与亚里士多德主义的调和人。他的心理学大部分建立在亚里士多德的基础之上（不过却被埋伏在阿奎纳自己那些艰涩深奥的术语里），同时还零星地夹杂了盖伦、奥古斯丁和其他几个人的思想。他把很多明显和实在的东西，一些在早期的教父作品里遗失的东西，恢复于心理学之中。然而，他却把这门心理学冻结在他的古典的思辨和诡论之中，并将基督教信仰中的一些关键要素输入其中，比如，肉体与灵魂或意识的二元论等，使心理学蒙上一层阴影。这层阴影直到今天才得以消散。

在其论及心理学的《神学大全》中，尽管有许多托马斯式的措辞，但我们仍然可以看到许多熟悉的话题。

在论及感觉时，阿奎纳讨论了早期作者们所熟悉的五种外部感官，再加上“常识”感觉——这是亚里士多德的概念——通过这些，我们意识到同一个物体的信息可以通过不同的感官同时感觉出来。

他以多少带有亚里士多德风格的方式细分了心灵的各种功能，把它们分为生长性（可自行调节的身体功能）、感知性（感觉、胃口、运动）和理念性（记忆、想象和理智或智力）三个层次。然而，他极度夸大了“哲学家”（他经常这样称呼亚里士多德）提出的一个草率建议。该建议认为，人类共有两种智慧，第一种，或称为“可能智慧”，其功能是理解、判断，并就我们的认知进行推理；第二种，或称为“代理智慧”，其功能是从我们的认知中提取思想或概念，并通过信仰来了解其他真理，如无法通过推理得知的三位一体的神秘性。

阿奎纳没有提供经验证据来证明两种不同的智慧的存在。他的结论是由逻辑和教理合并而成的，这是因为，不管灵魂里面的什么东西与身体的感觉、认知和情绪有关——不管是什么，只要它是灵魂－肉体在生命存在期间的一个部分——它就不可能在死后仍然存在。但灵魂是存在的，因为教理这么说过。那么，它一定就是灵魂－肉体这个单元传递至更高和永恒知识的那一部分，因此它是永生的。这就是代理智慧。

阿奎纳以这种方式调和了亚里士多德的心理学和基督教的教理，因为亚里士多德心理学并不允许个人死后还有生命存在的说法，而基督教的教理却坚持认为这是铁定的事实。为使容易消逝的“可能智慧”成为一种我们可通过其来创造思想的机制，他从自己的心理学中驱除了神秘柏拉图主义关于天生观念的说教。他和亚里士多德站在一起，认为婴儿的意识是白板一张，但它具有从经验中提取思想的能力。思想天生的教条将在以后的世纪里毒害心理学的发展，可它并非阿奎纳所为。

不过，他的确区分开了从肉欲中产生的欲望和从暴躁性情中产生的欲望这一对概念。他是从盖伦处搬来这两种概念的，而盖伦又是从柏拉图那里借来的。阿奎纳比先辈们更为细致地发展了它，并通过定义、演绎和常识对材料进行了重组。概要如下：当肉欲因美好之物而起时，我们会感到诸如爱、欲望和欢乐之类的情绪；而当其因邪恶之物而起时，我们则会感到仇恨、厌恶和悲伤。在性情上的欲望被一件不易得到的美好之物唤起时，我们将感到希望或绝望；

而当其被一件恶俗之物唤起时，我们则会感受到勇气、恐惧或愤怒。

对情绪的这种分类，在今天看来，尽管好像过于做作，很有点假道学的味道，可它的确更为系统，也比此前任何哲学家的观点都更为透彻。重要的是，阿奎纳以近乎现代人的口吻强调了快乐和痛苦是情绪的基本构成材料。就此而言，他应该得到荣誉。

在就意志这个话题所做的讨论中，阿奎纳按照教理的要求继续强调，意志的自由的确存在。不过，这句话的前提是从亚里士多德的心理学中得到的。首先，他就理智的本质比意志“更为神圣和崇高”这个论断进行了深奥难懂的形而上推理。而后，他更为直白地说，理智决定什么是善，意志却寻找满足对此目标的欲求。我们情不自禁地奢求欲望所需要的目标，在为这些欲求做什么的时候是自由的。可是，意志从属于智慧，后者将决定什么应该追求，什么应该避开（如果我们决意去做一件恶行，那是因为还缺少真正的理解）。然而，在有一种情况下，意志是一位比理智更好的裁判。

> 如果所欲求的目标比本质需由理智进行理解的灵魂崇高，那么，意志则比理智崇高一些……热爱上帝要比仅仅知道上帝好上许多；反过来说，理解有形的物体要比仅仅热爱有形的东西好上许多……通过爱，我们紧靠以卓越的形式升于灵魂之上的上帝。在此情况下，意志优于理智。

这一点又一次证明了阿奎纳在信仰和理智之间所做的调和。他的目标是利用自然的理智来证明天主教信仰的真理，可是，如三位一体、化身、最后审判及上帝的本质等的神秘性，并不能通过感官或理智的证据进行演绎，只有通过信仰进行认知。因此，他设法建立了一个二重的认识论：我们通过经验和理智认知一些事物，而其他事物却只有通过启示才能认识到。这种自然主义心理学与基督教迷信思想的混合物在给后世的信仰者带来安慰的同时，也对科学心理学的发展造成了长期的阻碍。

因此，阿奎纳对心理学的影响既是积极的，也是消极的。在把感觉和理智描述成我们借以获取知识的途径时，他提供了一个基础。在此基础上，心理学有一天将获得一种实验的、科学的世界观。然而，他把更高级的智慧功能描述成永生不死的东西，坚持认为某些知识只能通过信仰获取。这种做法使超自然主义得以长久地对心理学进行控制。至少在天主教徒中，他的权威牢不可撼。20 世纪——甚至晚至 1945 年——的天主教徒所写的两本心理学史都认为，心理学在阿奎纳之后就走入了迷途。

第六节 黎明前的黑暗

在阿奎纳于 1274 年离世之后的几个世纪中，心理学又一次陷入停滞。这位圣人和哲学家的权威使其僵化，而少数写过心理学著作的牧师又几乎没有新的东西。时代对知识的探索也不尽适宜。14 世纪的百年战争和黑死病，外加其他流行病，使社会秩序陷入一场巨大的混乱之中。这样的世界不会鼓励以科学和哲学的态度来探索人类心灵。那些受过教育的人大多在绝望之中转入占星术、迷信和魔鬼信仰的研究。在稍稍稳定的时期，一些有可能写出批评古典著作和教父哲学的牧师，转而研究并写作有关女巫的行为，以及审判官可以用其证明被指控的人与魔鬼结伴、为虎作伥的方法。

人们大都相信恶鬼或群魔出现时所带来的错觉和幻觉，一些精神病行为被解释成恶魔通过梦附体于病人或恶魔自己上身。天使或圣母玛利亚或耶稣的声音、光辉、影子，通常被认为是实际的降临或沟通。对意识和情绪的理解，至少在欧洲又回到了几千年前的模样。

然而，在15世纪末期，社会的一些变化使心理学迈出自古希腊以来最大的一步。火药被引入欧洲之后，城墙和个人用的盔甲顿时成为废物，封建制度也显得过时。随着文艺复兴的黎明的到来，不受正统说教限制的非修士学者人数激增。1440年左右铅活字印刷术的发明，使他们更能在教会控制的大学之外进行研究。重新发现往日的知识将把人们的意识从中世纪思想的禁锢之中彻底解放出来。

在16世纪到17世纪之间，科学家们在多个领域首次取得一千多年间真正重大的一些进步。维萨里纠正了盖伦的解剖学错误；哥白尼证明了太阳系的日心说；伽利略发现了月球上有山，银河系是由各个单独的恒星组成的；哈维发现了血液循环。此外，阿格里科拉对矿物学，帕雷对外科医学，墨卡托对制图学，第谷和开普勒对天文学，哥伦布与麦哲伦对地理学等，都做出了极其重大的贡献。

对心理学的兴趣也趋向复活，但在开始时并没有取得进步。在16世纪，有好几百部著作相继问世，但几乎所有的作品都是亚里士多德、泰奥弗拉斯托斯、盖伦和其他一些哲人的心理学论述的一般性翻版，或把奥古斯丁和阿奎纳就自由意志和灵魂本质所说的一些言论重新包装一番。一些思想家，其中有马基雅维利、帕拉切尔苏斯和梅兰希顿等，在其著作中进行了这种或那种精明的心理学观察，可没有哪一位以任何系统的方法推动过这门科学向前发展。

不过，在我们跳入现代心理学的黎明之前，有三位作者仍然值得我们顺带一提。

第一位是名叫马鲁利奇的塞尔维亚－克罗地亚作家。他一生默默无闻，但第一次在一份写作时间约为1520年的手稿中使用了“心理学”（psychologia）这个术语。该词当时并没有流行，尽管此后还有两位作者也使用过它。1590年，《日耳曼百科全书》里一位名叫鲁道夫·哥依克尔（拉丁语是哥克尼里亚斯）的编者，在一本书的书名中再次使用该词：《心理学：论人的改善》。在接下来的那个世纪里，该词渐渐成为这门学科确定的用语。

第三位是胡安·路易斯·比韦斯，16 世纪的一位犹太裔西班牙天主教哲学家。他曾给英国亨利八世的大女儿玛丽公主当过家庭教师，后来因为反对亨利与阿拉贡的凯瑟琳离婚而在监狱里蹲过一段时间，再后就潜心写作了。他的作品之一是一部名为《灵魂与生命》的长篇著作，基本上是对亚里士多德和奥古斯丁思想的概述。比韦斯之所以值得一提，是因为一件事情：他编辑了一个比他的前辈们要长得多的单子，里面记载了意象和思想可以通过意识的联想进行联系的多种方法。即使他不是最早产生这个想法的人，也可成为 17 世纪联想学派的先驱者。因而，20 世纪的一位联想主义心理学派学者甚至带着一种理论家的夸张，称他为现代心理学之父。

然而，现代心理学与任何有生命的动物并不一样，它有许多父亲。

第三章 原始心理学家

第一节 第三次造访

弗朗西斯·培根在《学术的进展》一书中总结了他所处时代的知识状态——在1605年，人们仍有可能这么做——并做出了大胆预言：

> 依时下局势，现学问之三番来访，余不可不信，此开化学智之三番巡视，必迫近彼希腊并罗马人所学，且令吾等有过之而无不及。何也？盖百般几趋完善：当今人杰不特胸怀异禀，卓尔不凡，且精力充盈，图思建树。上古哲人劳作之成果尽可为我所用，印刷之术令书册延至百姓庶人，航海越洋令国人眼界大开，陡见他乡实验之多广，异域自然历史之繁复。时机若此，焉有不成之理？

这样果敢的预测，在此前通常被证明是错误的，这一次却不一样。在那个世纪里，由于重塑欧洲社会的巨大推动力所带来的科学“新学术”，知识已达到连培根自己也无法想象的高级水平。围绕教堂、城堡和守卫家园的半原始的封建生活方式，已经让位于更为广泛的群体生活。城市生活开始复苏，贸易和工业进一步扩展，改革也已削弱了以教会为主轴的传统主义对人的思想的控制，并在新教土地上引发了怀疑主义和知识探索的酵素。而且，在社会的强力渗透下，天主教内也产生了一些变革思潮。

这些发展刺激了实用和纯粹知识的进展。17世纪的商业、军队、金融及税赋系统皆需要全新而有效的方法进行思考和处理数据。在纯粹知识方面，许多有思想的人已经从吹毛求疵的神学研究转向收集有关现实世界的更为实在的信息。有鉴于此，这是一个适合实用科技的时代。在17世纪中，产生了十进制计数法、对数、解析几何、微积分、空气泵、显微镜、气压计、温度计和望远镜。

这并不是说，科学已受到普遍欢迎。人文主义复兴早已恢复了柏拉图的传统，包括它的神秘主义和对物质世界的蔑视。许多知识分子亦步亦趋地跟在彼特拉克、伊拉斯谟、拉伯雷和比韦斯的后面贬低科学。宗教则推出了更为凶险的对策。在整个17世纪，不仅天主教，就连路德教和加尔文教也都加紧了对异端的残酷迫害，任何公开信奉与本国的正宗教会相冲突的科学理论的人，不仅要冒着声名尽失的风险，而且极有可能失去社会地位、财产，甚至生命。

尽管有这么多的障碍，科学还是繁荣昌盛起来。在西欧的主要国家，追根究底的人通过显微镜和望远镜细观微窥，在玻璃瓶里配制试剂，在地下掘出深洞，切割动物和人的尸体，计算恒星和行星的运动。这些人当中，在英国有沃利斯、哈维、波义耳、胡克、哈雷和牛顿，在法国有笛卡尔、费马、马里奥特和帕斯卡，在意大利有伽利略、维维亚尼和托里拆利，在瑞士有雅克和伯努利，在德国有莱布尼茨，在荷兰有惠更斯和列文虎克。

他们当中的大多数人彼此通信，分享思想和成果，因为他们认为自己是一场伟大运动中的合作人。到17世纪中期，在牛津、伦敦和巴黎，科学家和一些有科学头脑的人以非正式的组织形式会面——

他们被称作“看不见的同事”——互相交换科学发现，并就一些思想进行辩论。1662 年，查尔斯二世给伦敦小组颁发一份特许状，命名其为“伦敦皇家自然知识促进学会[1]”。通过该学会创办的《哲学汇刊》及欧洲大陆上所办的类似期刊，科学家们开始建立一个信息交换网络，拥有了属于他们自己的次文化圈子。

心理学从哲学－神学之茧中凸显出来的时间大大晚于其他自然学科，然而，这个时代里思想最为细腻的科学家们已经开始注意它了。更为喜人的是，他们在 2000 年的时间里，第一次就古希腊哲学家们所提出的一些问题，构想新的答案。尽管 17 世纪的原始心理学家，甚至包括 18 世纪早期他们的一些后继者，除沉思和反省之外，还没有找到其他办法进入人类的心灵，但他们已经意识到了物理学家和生理学家的一些新的发现。他们不仅对以前的学说进行重新探讨，而且还在旧的心理学基础上探索出了两块完全不同的全新领域。

第二节 理性主义者

笛卡尔

任何稍稍接受过高等教育的人都知道，勒内 · 笛卡尔是现代最有影响的哲学家之一，也是解析几何的发明人和小有成就的物理学家。然而，很少有人知道，如心理学史学家罗伯特 · 沃森所言，他还是“现代第一位伟大的心理学家”。沃森还说：“这不等于说他就是第一位现代心理学家。他与同时代的科学家并不一样，他仍然进行一些形而上的假想，而且他的心理学通常是其哲学的分支。”

1 下文简称“皇家学会”。——编注

不管怎么说，他应该被称为自亚里士多德以来第一个创造一门全新心理学的学者。

笛卡尔于1596年出生于图赖讷。他的母亲在生产时将结核病传染给他，并在几天后因此病离开世间。他天生体弱，儿时一直病恹恹的，成年后身材瘦小，相当虚弱。他的父亲是位生意兴隆的律师，在笛卡尔8岁时把他送入拉弗莱什的耶稣学院，在那里系统地学习数学和哲学。他的老师注意到了他身体的羸弱和异乎寻常的思维能力，特别准许他起床后待在床上长时间地读书，而他躺在床上阅读、沉思的习惯也一直保持至其生命结束。值得庆幸的是，他从父亲那里继承了一大笔遗产，足以使这种生活方式成为可能。

其貌不扬的笛卡尔，在十几岁时一度混迹于巴黎的社交场所和赌场之中，不过很快就觉得无聊，转而独自从事数学和哲学的研究。然而，随着研究的深入，他慢慢发现，对于一些重要的哲学问题，不同的学者往往得出不同的答案。他对此深感困惑，同时也觉得泄气与压抑，于是决定到现实世界里寻找答案。他报名加入拿骚的莫里斯王子的军队，然后又加入巴伐利亚公爵的军队。他是否经历过战斗不得而知，但我们可清楚地知道，他发现的事实是，那些普通人并不比学者聪明。几年之后，他再次回到独自思索的世界。

在返回私人生活之前，笛卡尔经历了一次值得纪念的哲学顿悟。23岁那年冬天，他将自己关在一只“火炉”里——这是他的话，实际上可能指一间装有暖气的小房间——关了整整一个上午。在那里，他产生了几次幻觉，意识到自己完全可以不去理会“古人”们彼此相左的看法，甚至完全可用数学的严谨推理达到哲学上的确定结论。于是，理性主义者的哲学诞生了。

从军队退役，重新过上平民生活以后，笛卡尔花费了大量时间四处周游，并在巴黎住过一些日子，研究哲学和物理学。32岁时，他搬到信奉新教的荷兰，一是因为巴黎的朋友太多，经常不期而至，干扰了他的沉思；二是因为他害怕对真理的追求——首先是怀疑一切——有可能引起天主教以异端邪说的罪名对自己进行迫害。他很害怕这一点，因而希望与天主教保持友好关系。他甚至在一部著作中刻意中断对灵与肉问题的讨论，说出一句很有代表性的话："我深知自己的卑微之处，因而什么也不肯定。我只是把这些意见放在天主教的权威之下，交由更贤明的人来裁决。"

他在荷兰的生活大部分是在平静中度过的，不过，有时也会受到新教极端分子的攻击，说他持有危险的异端思想。为使自己安静和隐秘的生活不受干扰，他在 20 年内搬了 24 次家。但他并不是苦行僧或隐士，他喜欢饱学之士的造访。他喜欢住在环境优雅的地方，有一个情妇和一个女儿（早年夭亡），有仆从伺候。

他最重要的著作是《谈谈方法》（1637）和《第一哲学沉思集》（1641），两者都是在荷兰写成的。他的大部分心理学学说散见于这些著作之中。其余可在 1633 年写成的《世界》里找到，不过该书在他逝世之后才得以出版，原因是，就在他准备将书稿交付出版人时，突然得知伽利略因坚持地球绕日运转的学说而受到审判，而自己的著述也持此观点。

尽管在诸多事情上谨小慎微，但他仍旧轻率地接受了瑞典女王克里斯蒂娜于 1649 年发出的邀请，前赴瑞典教授她哲学。他在斯德哥尔摩受到隆重欢迎，可很快发现，女王要他每天早晨五点开课，而他的生活习惯是在床上一直待至中午。这个差事让他苦不堪言，因为每周有三天他必须天不亮就起床，并在冬夜凛冽的寒风中走向她的御书房。1650 年 2 月，他染上风寒，进而发展为肺炎，在临终仪式后死去，享年仅 54 岁。

笛卡尔的哲学虽然不在我们的关心范围，但我们必须回顾它的起始之处，因为这是他的心理学的基础。他用在“火炉”中产生的领悟构造了自己的哲学系统。

> ［我认为］应该把所有的观点当作绝对错误的东西全部抛弃。如果这样，我就没有怀疑的余地，因此也就可以确定，在这样做过之后，我的信仰中是否还有什么确凿无疑的东西值得保留下来。

因此，他怀疑起自己的感觉来，因为感觉经常出错；他怀疑以前曾被说服的一切，因为人们可能会在哪怕最简单的几何问题上出现推理谬误。而且，千真万确，他怀疑所有在他醒着的时候进入他思想的东西，因为在他睡着时进入的类似的想法，大多是一些错觉。这使他得到了第二个，也是最为关键的领悟。

> 我立即注意到，就算我希望认为所有这些东西都是错误的，我这个进行此种思考的人也非得是某种东西才行。我观察到，这个真理——我思，故我在——是确凿无疑、明白无误的。不管怀疑主义者如何大肆攻击，它也是无法推翻的。我得出结论，只能毫不怀疑地接受它，把它当作自己一直追求的哲学的第一原则。

接着，他问自己，这个一定存在、进行着思考的“我”是什么。他说，他可以想象自己没有形体，也不在哪个具体的地方生活，但他不能够想象自己没有存在，因为他的思想证明，事情不是这样的。从这一点出发，他得出一个戏剧性的结论。

我得出结论，即我是个东西或物质，其本质或本性只有思想，而此物是不需要空间或任何物质的东西或形体即可存在的。因而，这个自我，这个心灵，这个灵魂，亦即我因之而成为我的东西，是与形体完全不同的……即使肉体不存在，这个灵魂也不会停止它现在所是的一切。

这样一来，他一方面怀疑古代贤哲说过的一切，同时又通过自己的推理再一次建立了灵魂与肉体的二元论。

但他是生活在17世纪的人，周围都是科学和科学在物质世界里的知识爆炸。与柏拉图主义者不一样的是，他认为有形体的世界不仅仅是洞中墙上的影子，而跟思维一样真实，不是幻觉，是它们所呈现的样子。他把这个观点建立在信仰之上：由于上帝使我们的思想有了形体和感觉，而且上帝不会欺骗我们，因而物质的东西一定存在，而且跟我们对它们的感知不差分毫。

到目前为止，这还都是纯粹的理性主义。但在那个时代，笛卡尔有一种准经验主义的倾向。他意识到了当时在新生理学上的一些发现，他自己也进行过动物的肢解活动，观察过神经系统与肌肉的联系。在他看来，所有这些，都类似于圣日耳曼莱昂皇家花园中的一些雕塑品，它们在管道中的水的作用下，做出逼真的动作并发出声响。

因此，他发展出一套人类行为的理论——机械－水力学说。灌注进脑室或大脑空腔的液体——我们今天知道是脑脊髓——他认为是“活力”，是血液里面一种纯度极高的元素。他认为这种纯度极高元素中较粗糙的部分，在到达大脑之前已经被极细小的动脉过滤过（这是他从古希腊人的元气——pneuma——概念上修正而来的，元气指一种气体，是灵魂的基本物质，在神经系统中循环）。由于神经系统从大脑向身体的各个部分发散，活力也一定是从大脑向神经流动的（和古希腊人一样，笛卡尔也相信神经是中空的，当时显微镜还未出现），并在到达肌肉时使其肿胀并运动。

他想象着，活力的流动也一定给消化、血液循环、呼吸和一些心理功能提供了动力，如感觉、印象、爱好、激情，甚至记忆。后者尽管只是思维的一个功能，他却用机械论的术语对其进行了解释。如同在亚麻布上用针刺的小洞一样，当针拿走之后，洞还留在原来的地方，重复的经验也在大脑上留下小洞，因而就可能接纳更多的活力的流动。就这样，笛卡尔把阿奎纳（从亚里士多德那儿提取出来的）有关灵魂具有“生长性”及“感知性”功能的学说搁置在一旁。在笛卡尔的系统里，灵魂是纯粹理性的，而其他一些功能则属于肉体。

他的机械－水力学说尽管在细节上漏洞百出，但在一个重要的方面却几乎是正确的：它把肌肉的控制归因于从大脑经过输出神经传出的刺激。更令人印象深刻的是他的其他猜测。他问自己，什么东西促使活力向肌肉流动的呢？他又一次拿皇家花园里的自动装置打比方。行人踩在隐藏的踏板上时，就会打开水龙头，从而启动这个装置。他说，在生物世界里，感觉的刺激也起着同样的作用，它们给感觉器官提供压力。这个压力在通过神经传输进入大脑以后，会打开一些特设的阀门，从而引起这种或那种的肌肉活动。笛卡尔因而成为第一个描述后来叫作“反射”现象的学者，即某种特别的外部刺激可引起机体产生某种特别的反应。

然而，机械－水力学说并没有解释意识、推理和意志。笛卡尔相信，那些较高级的大脑活动一定是灵魂（或思想）的功能。这个善于思考的灵魂是从哪里得到这些信息和思想的呢？他认为，当它与肉体在有生命的时期共同存在时，它通过肉体的感觉、激情和记忆获取思想，而且还能从所记住的感觉印象中制造信息——想象的物体、梦及类似的东西。可是，它最为重要的思想却不能直接从这些来源得到，这是因为，当他意识到自己的思想，因而知道自己的灵魂存在时，他便没有以感觉的形式体会到自己的灵魂。灵魂这个概念一定是灵魂本身的一个部分。同理，像“完美”“物质”“质素”“一体”“无限”和几何公理等概念，对他来说都是超越感觉经验之上的，因而也必须是从灵魂本身得来的。它们是天生的。

他继续推理道，这些与生俱来的思想不是在一出生时就以成熟的形式存在的，因为灵魂有一种针对经验产生反应而形成思想的倾向或习性。“它们是由自然种植的、原初的真理种子”，感官印象则使我们在自己的身上发现它们。例如，一个小孩子不知道“从相等的数中减去相等的数，差数还是相等的数”这个普遍真理，除非你给他例证。

他的灵肉二元概念提出了一个极为棘手的问题——当肉体和灵魂在生命期间互相锁定时，它们互相产生作用。肉体的经验会在灵魂中产生激情，而灵魂的思想和意志也会引导生命活力的流动，使肉体产生情不自禁的行为。然而，这种相互作用是在什么地方以什么方式发生的呢？无形体的灵魂，既没有固定的东西，也不占据空间，又是怎样与有形的肉体连接，并接受肉体的感觉和经验或对它施加影响的呢？

早期的二元论哲学家们往往忽略这个问题，有生理学意识的笛卡尔却没有放过。他从自己及他人的解剖研究中得知，大脑有两个同样的半球，在它的深层，有一个很小的腺体，即松果体，松果体是个单独的东西，就像灵魂一样，而且它在大脑里面的位置也很特别，在笛卡尔看来，似乎就是灵魂和肉体的连接之处。他猜测，由于其在大脑中的位置，“其最为轻微的运动也会极大地影响活力的流动，反过来说，活力流动的最轻微变化也会极大地影响到腺体的运动”。尽管他从没有解释有形的松果体和无形的灵魂是如何接触的，但他确信，它们的确有所接触，灵魂通过这个腺体来影响肉体，同时，肉体亦是如此影响灵魂的。

> 心灵的全部活动［即灵魂］是这样构成的，即它如果期望某种东西产生，它会通过与其紧密连接的小腺体来产生符合意愿的合适结果……［反过来］大脑里面被神经激发的［腺体的］活动也会以相反的方式影响灵魂或心灵，而心灵则按照运动本身的各种变化与大脑紧密地联系在一起。

因而，肉体就在灵魂里面产生诸如爱、恨、恐惧和欲望等感情，灵魂则有意识地思考每一种感情，并自由地对其产生反应，或者，如果它认为某种感情是己所不欲的，还可以忽视它。那么，为什么我们会犯错误呢？笛卡尔说，并不是因为灵魂选择要去犯错误，也不是因为灵魂出现了自我冲突，而是因为极度的感情也许会造成活力的“混乱”，因而扰乱了灵魂对松果体的控制，从而激起了与灵魂的判断和意志相反的反应。

笛卡尔提出其心理学的主要目标之一，旨在显示如何通过理智和意志来控制感情。他提出了许多有意义的忠告，如当强烈的感情被激发起来时，人应该有意地转移自己的注意力，直至这种感情彻底消退之后，再来决定如何行动。他就控制感情所发表的大多数言论大都处于这个水平之上，构成了他的心理学理论中最没有意思的部分。

他把感情分类，但并没有对其起源提出任何有见解的理论。他认为共有六种原初的情感——惊奇、爱、恨、渴望、喜悦和悲伤——其余的都是这些感情的合并或组合。他对感情的讨论不像对第一哲学原理的描述那般具有戏剧性，而是一些概念式的、味同嚼蜡的东西。

> 爱是灵魂的一种情绪，由活力的运动引起。它激起灵魂，使其情不自禁地与看起来友好愉快的东西连接起来。恨则是由活力引起的一种情绪，它激起心灵产生从有可能对自己造成伤害的物体中逃脱的意愿。

尽管笛卡尔对灵与肉之间相互作用的解释错误百出——在人类身上已经退化的松果体对输入和输出的神经冲动并没有太大的影响——但机械细节原本就是无关紧要的。重要的是他的灵魂和肉体学说。他认为，灵魂和肉体是分开的实体，它们由不同的物质组成，在一个活人身上可以产生一时和谐、一时竞争的相互作用，而竞争则构成人类存在的最关键因素。这个学说极大地影响了人类的自我了解，但并没有取得更大的进展。心理学史学家雷蒙德·范彻总结了笛卡尔二元论的优缺点：

> 一方面，他宣扬说人是一台机器，可以通过自然科学加以研究；另一方面，他又说，人类禀性中最有价值和最非同一般的特征，即灵魂，只有通过理性的沉思才能理解。再接着，他认为肉体和灵魂之间的相互作用可以通过解剖学推理、心理学内省以及空洞的逻辑分析推导出来。
>
> 尽管笛卡尔的立场中有很多难以自洽的逻辑难题……然而，大多数人——至少在西方——还是认为，虽然思想和肉体是分开存在的，但通过某种方式在多方面相互作用着。这种认识加重了笛卡尔学说的力量。无论错在何处，他的相互影响式二元论依旧牢牢地控制着西方人的想象力，使他们想当然地认为这个学说是正确的。很少有哪种学说取得过这样的成功。

笛卡尔主义者

在接下来的一个世纪里，笛卡尔的信徒们，通常称作笛卡尔主义者，试图对他的心理学观点进行修补，以解释非物质的、不占有任何空间的东西（灵魂）是如何对物质的、三维的松果体产生影响的，或者是怎样反过来产生影响的。

他们的主要方法是暗示肉体与思想之间实际上并不存在互为因果的接触关系，一个脑半球里产生的任何东西都会在上帝的旨意下与另一部分脑半球发生交互作用。这个学说似乎让上帝劳作不停，因为他不得不为每一个人经营两个不同的世界。于是，一位聪明的笛卡尔主义者，阿诺德·海林克斯（1624—1669）提议说，肉体和思想就像上帝上足发条的两个钟表一样，它们可以彼此十分协调地自由走动，在此之后，上帝不再需要做任何事情。精神现象似乎只产生物质反应，肉体的经验则产生精神反应，但事实上，每种系列的现象都只是在与另一半完美的同步运动中发生的。

这种称作“平行论”的理论无论是被人们视为形而上的纯粹哲学、神学，还是被当作奇妙无比的废话，显而易见都已经超出了心理学的范围。我们都可忽略不计。

斯宾诺莎

但我们万万不可忽略另一位大哲人的作品，因为他通过纯粹的理性方法，对自由意志、因果关系和灵肉关系等问题得出了与笛卡尔完全不同的结论。

他就是贝内迪特·斯宾诺莎（1632—1677），一位温文尔雅的荷兰塞法迪犹太人，伯特兰·罗素称他为“伟大的哲学家当中最高贵、最可爱的一个”。他的《按几何顺序示证的伦理学》（简称《伦理学》，1677）是所有哲学著作中最具苦行理性主义特征也最高贵的一部。

然而，他对心理学的影响却存在争议。一些学者认为影响很大，另一些人则不以为然。这些争议部分归因于他的《伦理学》。斯宾诺莎在这部著作里讨论了心理学上的一些问题，内容艰涩难懂，充满几何学的表达方式（公理、命题、实证和“证明完毕”等）及大量纯粹哲学的表达术语。但更重要的原因是，他关于宇宙和心理学的理论要么太过现代，要么太过原始。

他最现代的思想是对上帝的定义：斯宾诺莎将上帝与宇宙等同起来，认为宇宙及其所包含的思想、事物等所有这一切（包括上帝），都要服从宇宙的法则，因而谁也无法干扰事物的正常秩序。其结果是，斯宾诺莎被一些人斥为无神论者，而另一些人则因为他能在万事万物中看到上帝而对他大加赞扬。哲学家乔治·贝克莱主教认为他是一个“邪恶”的人，是“我们这个摩登时代不信教者中的罪魁祸首”，而德国的浪漫主义诗人和戏剧家诺瓦利斯则称他为“der Gottbetrunkene Mensch”，即迷醉上帝的人。就他的心理学而言，两种截然不同的评价中任何一种都说得过去。

斯宾诺莎出生于阿姆斯特丹，在这个城市的一个犹太会堂里接受了犹太式教育。他天生一副学者所特有的探求知识的头脑，20 岁左右即掌握了拉丁语，研习过哲学，将会堂里的学业远抛脑后。犹太社区的管事人害怕他变成一个基督徒，因而做出决定，只要他掩藏自己的信仰，并不时地来会堂一下，每年就可得到 1000 弗罗林的奖金。一种不足信的传闻是，他拒不接受这个提议，于是他们尝试暗杀他，但没有成功。

然而，他们将他赶出社区倒是无可争辩的事实。赶走他时，他们还使用了约书亚曾经诅咒杰利科，和以利沙诅咒嘲笑他的孩子们的咒语（后来，孩子们果然被母熊吃掉了）来诅咒他。斯宾诺莎的自传中唯一有趣的部分就是这段关于他被驱赶和被诅咒的描写，不过这些咒语对他没有产生任何影响。他在阿姆斯特丹，后来又在海牙，过着风平浪静的生活，依靠打磨镜片和做家教维持生计。他的大部分成年时光都是在房间里度过的。他很少出门，于45岁那年死于肺炎。

斯宾诺莎深受笛卡尔哲学的影响。和笛卡尔一样，他使用纯粹的推理演绎世界、上帝和心灵的本质。然而，他发现笛卡尔有关松果体的理论不仅不足信，且缺乏证据，因而无法解释其灵肉相互影响。和笛卡尔不一样的地方在于，他相信自由意志，认为所有的精神现象和自然界的现象一样，因为有原因，所以也有前因。简单地说，他是个彻底的决定论者，如他自己在《伦理学》的前几页中所言[1]：

公理 3：由给定的确定原因，可得出必然的结果；且，反而言之，没有给定确定原因，则不可能得出确定结果。

命题 29：大自然中不存在偶真事件，一切事物皆由存在并以某种方式行动这一神圣本质的需要而决定。

示证：凡存在之物，皆在于上帝一身，可上帝不可被称作偶然之物，因上帝必然存在，而非偶真存在。且，神圣本质之方式必然随之而来，而非偶然，视其为绝对亦好，抑或决定以某种方式采取行动也罢。

这里须解释一下他晦涩难懂的言论。“上帝”代表“宇宙”，“神圣本质之方式”代表“精神及自然现象”，须以“视情况而定”代替“偶

1　为了便于阅读，斯宾诺莎对公理和命题的插入式参考内容已被略去，并非是内容上的遗漏。

真”。这样一来就很清楚了，斯宾诺莎的世界，包括人类精神活动，都是从属于自然法则的，而且都是可以理解的。

他以此种方式预测了科学心理学的基本前提。他还认为，最为基本的人类动机是自我保存。这一言论又一次预测了现代心理学的理论。然而，他的思想只是间接地影响了心理学的发展。弗朗茨·亚历山大和谢尔登·塞莱斯尼克博士在他们的《精神病学史》一书中对他评价极高，称他对现代思想的影响“是如此之广泛，他的基本概念已经成为普通意识形态趋势的一个部分”。这且不说，他还以这种方式潜移默化地影响了弗洛伊德和其他学者。

抛开这些基本的概念不说，斯宾诺莎的心理学在范围上却很受局限，响应者亦寥寥无几。他讨论了认知、记忆、想象力、意识以及概念的形成等等，可关于这些东西，他几乎没有任何新鲜的见解。在为“思想”“智慧”等下定义时，他的结论简单得吓人：“思想”不过是我们所体验到的一系列感觉、记忆和其他精神状态的抽象术语，“智慧”也就是一个人的思想或意志的总和。

然而，这些都不是他关注的焦点。他在心理学中的主要兴趣只与激情/情绪有关，尤其是我们如何通过理解它的成因而从它的束缚之中解脱出来。他对情绪的分析在很大程度上是以笛卡尔为范本的。他说，人类共有三种基本的情感（笛卡尔认为有六种）——喜悦、悲伤和欲望——但此三种基本的情感却在外界的影响下产生出48种完全不同的情绪。外界的影响主要包括日常生活中的愉快和不愉快的刺激等。

这些解释虽然言之有理，但却是纯逻辑的推理，且流于肤浅，对于今天心理学家们所理解的无意识动机、儿童成长、社会影响或其他一些情感行为上的东西也丝毫没有涉及。跟斯宾诺莎其他论及心理学的作品一样，如果不是因为他的泛神论和决定论观点，这些段落完全有可能由阿奎纳书写出来。

斯宾诺莎的心理学与现代心理学在另一方面却有很大的冲突。尽管他是一个一元论者，认为思想和物质同属于一个基础事实的两个方面，但他认为，灵魂和肉体之间并不存在相互影响："肉体不能决定大脑怎样思想，思想也不能决定肉体是否运动。"（《伦理学》，第三篇，命题2）相互影响也没有必要，因为两者都是从同一个现实衍生而来。沃森教授称斯宾诺莎的教条为"一元论的平行论"，并做出如下总结：

> 每一种肉体现象都与一种精神现象共存，且与之和谐相处。肉体和灵魂互有关系，可它们彼此并不产生影响，就像镜片的凹凸彼此无涉一样。明显的相互影响来自我们这一方的无知，并且只显示出行为的偶然性。它是表象的物质，而不是真实的反映。

尽管拥有现代宇宙观和决定论，他对肉体与灵魂相互关系的解释却非常像海林克斯的双钟理论（偶因论），而且同样非现实，充满幻想。斯宾诺莎的平行论对19世纪的一些德国哲学家有所影响，但在现代心理学中早已销声匿迹。

所有这些并不能削弱他的伦理学基础。他的基本主张——通过了解我们自己及我们情感的动因，我们可以逃脱它们的束缚，成为一个健全之人——是有效的，且一直具有启迪作用。但这并不是本书的话题，在此一并略过。

第三节 经验主义者

我们只有跨过英吉利海峡才能找到一种截然不同的哲学环境和心理学种类。英国人有他们自己的神秘主义者、学究和形而上的玄思者，可在过去的至少 4 个世纪里，这些哲学家和心理学家中的大多数都还是现实主义的。他们讲求实际，实事求是。在 17 世纪早期的几十年中，英国思想家们在寻求知识的旅途中非常典型地按照常识凭着经验做事。他们依靠实验，如果不能依靠实验的话，他们就依靠日常经验和良好的判断。皇家学会敦促会员们以“工匠、农夫和商人［而不是］智者和学究”的言谈方式进行交流。这个学会的第一位史学家，托马斯·斯普拉特主教，骄傲地宣称：“我们的气候、空气、天气的影响，英国血统的构成，以及大洋的拥抱……都使我们的国家成为一个实验知识的乐园。”

不管这些影响或微妙的社会因素是否能够解释英国的经验主义倾向，确定无疑的是，经验主义不仅存在于当时，而且也存在于现在。在心理学上，它产生出一系列原始心理学家，他们抛弃了笛卡尔天生知识的教条，一边尽职尽责地宣扬上帝和灵魂，一边就人类的精神活动和行为提出一些尘俗的看法。他们之所以被称为经验主义者，并不是因为他们进行过实验（和自然科学家不一样，他们不知道如何进行心理学实验），而是因为他们相信，思维是通过经验发展起来的，思想来自经验。先天论者（天生观念的信仰者）和经验主义者之间的争论在古希腊时代就已开始，17 世纪又以新的、更尖锐的形式出现，并且一直持续至最近。

霍布斯

英国第一位经验主义心理学家是托马斯·霍布斯（1588—1679），但他闻名于世的主要原因却是其明显带着政治倾向的哲学观。他是一个教区牧师的儿子，母亲怀孕时因为听说西班牙无敌舰队的事而受惊早产。他说，他的生性胆怯与早产大有关系："恐惧与我是一对孪生儿。"这种胆怯，或至少说惧怕他人的感觉，是他著名的反民主政治哲学的根源所在。

霍布斯在内战和共和政体时期的动荡年代里写下了《利维坦》（1651）一书。他在书的前几页写道，所有的人在本质上都是他人的敌人，只有放弃自我决定的权力，将之交给一个独裁的政府，最好是君主制，他们才能彼此间相安无事，繁荣发达。如果没有"恐怖"，没有这样一个独裁政府强制推行文明的行为，生活就会不可避免地陷入"孤寂、贫穷、可憎、野蛮和短暂"之中。这种阴沉哲学的建立者并不是一个病恹恹、心怀叵测和不适应环境的弱者。相反，霍布斯个子高大、英俊漂亮、天性活泼、与人友善，且在其漫长的一生中，身体一直都很健康。

霍布斯之所以形成这种保皇思想，并不是出于对人类的厌恶，而是另有原因。他在牛津大学接受教育，后来又给卡文迪什家族的多个儿子当过家庭教师（其中一个后来成为第一代德文郡伯爵，还有一个成为第三代德文郡伯爵）。在共和政体时期，他一直与逃亡的保皇党人生活在一起，并给未来的查尔斯二世当过私人教师。

这些人际关系对他来说无疑是一桩幸事。他献身于科学，是一位明确的决定论者和唯物主义者。在他的晚年，一群主教在议会里起诉他是无神论者，有亵渎神明和不敬神的罪行，提议将这个白发苍苍、不肯屈服的老人烧死。但这项起诉没有成功，议会不但否决了一项谴责《利维坦》的议案，国王还发给他一份优厚的养老金。他也知趣，自此之后，思想和文笔再不那么富于煽动性了。尽管霍布斯主义多年来一直受到牧师和信教者的毁谤，但他本人却过着安详宁静的生活。他不断地写书，年逾 70 岁照打网球，80 岁之后仍致力于翻译荷马的作品，91 岁寿终正寝。

在心理学的殿堂里为霍布斯谋得席位的不是其有关人类本质的观点，而是其经验主义认识论。他造访过伽利略，深为他的物理学所打动。霍布斯得出结论，所有的现象都是运动中的物质，并将此观点运用于心理学领域。他推断说，精神活动是神经系统原子的运行和大脑对外部世界的原子运动所做出的反应。他没有解释原子在大脑里是如何运动又是如何形成想法的，只是简单地强调，这是可能的。直到今天，心理学家才走近可以回答这一问题的边缘。

霍布斯大胆宣布，宇宙的任何部分都不是无形的，“灵魂”只是“生命”的比喻，所有把无形的物质说成是灵魂的观点，都是“空洞的哲学”，是“有害的亚里士多德式废话”。基于这一点，他藐视天生观念的教条，因为该教条建立在无形的灵魂这一基础之上。他认为，思想里的一切所有均来自感觉经验：复杂的想法源于简单的想法，简单的想法源于感觉。

> 考虑到人的思想……很简单，它们无一例外是存在于我们之外的物体或其他偶发事件中的某一属性的表象或展现，人们通常将之叫作物体……它们的起源是这样一些被我们称为感觉的东西，因为在人的头脑里，任何一种概念在其开始时全部或部分地是由感觉器官形成的。其余部分

则来自这个起源。

当然，这个概念并不新颖。阿尔克米翁、德谟克利特、亚里士多德及其他人，都以某种方式提出过类似观点。然而，霍布斯比他们走得更远，因为他使用了后来被称作牛顿第一运动定律的物理学原理，并运用它来解释感觉印象是如何成为想象、记忆和普通知识的。

物体一旦进入运动，就会永恒地运动起来，除非别的某种东西阻碍它，而阻挡它的无论什么东西都无法在一刹那间完成整个行动，[只能]分层次分等级地逐步解决。比如说我们所看到的水面，尽管风停了，但水仍在很长时间后才不起波澜：这样的情况同样发生于人的思想内部的运动。当他看见某物、梦想某物时，道理亦是如此，因为当物体移走时，或眼睛闭上时，我们仍然会保留看见过的物体的影像，虽然它已不再那么清晰。这就是拉丁人叫作想象的东西……[它]因而也是逐渐消失的感觉……当我们表达这个消失的概念，并指明这个感觉正在消失，变成旧的、过去的感觉时，它就成为记忆……很多记忆，或对许多事情的记忆，被称作经验。

霍布斯预知了反对意见：我们能够想到一些从未见到过的事物。对此，他早已备好解释：

我们根据感知到的事物而形成的印象是想象……一个人想象到以前曾见过的某个人或某匹马，我们叫作简单想象。其余的则是合成想象，如我们在某时某地看到一个人，在另外某时某地看到一匹马，于是合成出一个半人半马的怪物。

霍布斯表达的经验主义心理学，虽然尚未成熟，且是以假想的生理学为基础的，可它仍是一座里程碑，因为它首次解释了感觉印象如何转变成更高层次的思想过程。

他在另一个方面也是开路先锋：他是第一位现代联想主义者。亚里士多德、奥古斯丁和比韦斯都曾说过，记忆是通过某种连接被唤起的。但霍布斯的贡献在于，他将之解释得更清楚具体，尽管并不完全，也缺乏成熟。尽管他没有使用“联想”一词，而使用了“系列观念”，但他无疑是渐次导致19世纪实验主义心理学和20世纪行为主义的这一传统的开拓者。

“无论一个人在想什么，”他宣告，“他的下一个想法并非完全如其看上去那样随心所欲。一种想法与另一种想法之间的接续并不是风马牛不相及的。”他又一次拿物理学作比喻，把想法的连接比作物质的“连续性”。一种想法紧接另一种想法，“其方式犹如平拂桌面上的水，手指牵动水的任何部分向任何方向移动，整个水流都会跟着朝该方向流动”。如果放下这个物理学比喻，我们就会发现他对联想如何发挥作用的解释是真正富于心理学意义的。有时候，他说，一系列想法是“没有向导”、没有计划的，而另一些时候又是“有所约束”的，或强制性的，就像我们有意记住某件东西或解决某个问题一样。于是，他以这种方式预见到了现代才弄清楚的自由联想与有所控制的联想之间的区别。

就思想从一个想法到另一个想法之间连续性的解释，他所举的例子和现代心理学中的任何文献一样恰当。如在《利维坦》中：

谈到我们目前的内战，还有什么比提出罗马便士值多少钱这个问题更为不妥的呢？而这个连续性在我却是非常明显的。因为想到战争，就想到了将王位拱手让予敌人，这个想法又带来出卖基督的想法，接着便引发出30便士这个出卖的价码，于是也就非常容易地得出这个恶毒的问题。而所有这一切都是在一刹那间完成的，因为思想的速度非常之快。

在他后来的作品《论人性》中，他说，记忆当中任何两个思想的连接都是其第一次偶然被体验的结果。

一个概念与另一个概念之间有连接性或前后联系，是因为一个感觉最初产生这两个概念时，内含着其间的连接性或顺序。比如下面一例：从圣安德鲁想到圣彼得，是因为他们的名字列在一起，从圣彼得想到石头，也出于同一原因（saint 与 stone 谐音）；从石头想到基石，再想到教堂，再从教堂想到人群，从人群想到拥挤；按照这个例子，思想也许可以从任何事物联想到任何一种其他事物。

这只是联想主义心理学的一粒种子，可它已经落入一片肥沃的土壤里。

洛克

尽管霍布斯是英国心理学家中第一位经验主义者，但把这个原初的学说发展下去的却是晚霍布斯44年出生的约翰·洛克（1632—1704），因而后者被人冠以“英国经验主义之父”的称号。

洛克是一位政治哲学家和原始心理学家，作为后者，他极力主张与霍布斯类似的学说；但作为前者，他却持有完全不同的主张。

在社会政治体制上，他文采横溢地辩驳了霍布斯的理论——某些天生的权利，如自由，在人从自然状态转向社会生活时不应被抛弃。他的思想体现在美国的《独立宣言》和法国的《人权宣言》之中。

洛克的自由主义思想部分源于他的家庭背景，部分源于他的个人经验。洛克的父亲是一位清教徒律师，还在儿童时期，他就品尝了作为不受欢迎的少数派是何滋味。后来，他因为取得胜利的清教徒对权力的滥用而感到幻灭，最终不但成为维持国王及议会之间平衡的天才的代言人，而且成为英格兰宗教宽容政策的倡导者。

洛克在牛津大学研究哲学，非常崇拜笛卡尔的著作，同时又被实验科学所吸引。在牛津教书的几年中，他结识了伟大的化学家罗伯特·波义耳和著名的医学科学家托马斯·西德纳姆，并与他们一起工作。与他们的友谊诱导他研究医学，并于1667年成为后来当上第一代莎夫茨伯里伯爵的安东尼·库珀的私人医生和总顾问。此后，洛克步入政坛，并在威廉和玛丽统治期间出任过政府中的各种职位。

从肖像上可以看出，他有一张长脸，非常严肃。我们还知道，他的确不是寻常之人。他衣着整洁，善于控制自己，节俭且节制。他善于交际，好友如云，尤其喜欢孩子。他从未婚娶——笛卡尔、斯宾诺莎、霍布斯和17世纪其他一些哲学家大都终生未娶，这一现象值得去做一篇博士论文——不过，他在牛津大学期间有过一次恋爱。他对此感叹说："几乎将我的理智摧残。"直到恋爱结束，他才恢复理智。此后，他再没有受到此类创伤，从而大大地丰富了他的哲学和心理学思想。

在洛克的许多著作中，值得我们关心的是《人类理解论》。1670年，他和一帮朋友在其租住的埃克塞特大宅（莎夫茨伯里的家）

里举行非正式聚会，讨论剑桥一些柏拉图主义者所宣扬的有关上帝及道德的观念是天生的等观点。洛克在《人类理解论》的前言“致读者”中，讲述了这次聚会：

> 五六个朋友聚集在我的家中，讨论一个离[人类的理解]十分遥远的话题，但不久即发现，来自各方的种种困惑使大家无所适从。我们一度不知所措，对自己深感困惑的问题束手无策。这时，我突然想到，我们的路线走错了。在探索自然的本质时，我们必须理解我们的能力，设定我们的理解目标，或不便去处理的问题。我对大家说出这个意见，他们欣然地接受了。

洛克准备在下次聚会时列出一张足以包含他所提供的内容的单子，里面应包含思维自身可以理解的一些心理过程。结果，他为此花费了近20年时间，各种观察和结论占用了数百页纸张。

在英格兰工作和流亡期间，不管是在和平年代，还是在1688年的“光荣革命”期间，他都致力于《人类理解论》的写作。该书于1690年付梓，并马上使他蜚声学术界。在14年时间里，该书再版四次，不但成为客厅沙龙的谈论话题，而且为英国的哲学和心理学确定了前进的方向。该书亦使他受到非难。他反对天生观念，坚持认为灵魂是无法了解的。这种观点引起了柏拉图主义者和牧师们的愤怒。他们早就对他所倡导的宗教宽容论耿耿于怀，书中散布的对无神论者有利的言论更使他们忍无可忍，于是群起而攻之。然而，时间做出了公正的判决：他的《人类理解论》成为现代思想的主流之一，而反对者的咆哮则大多被淹没在历史的垃圾堆里。

洛克的《人类理解论》之所以具有历史意义，是因为它解释了我们是如何获取知识的。至于书中的其余部分，则与本书的内容无关。他采取与其先辈们完全不同的方式，探索了知识是如何转换成观念的。与笛卡尔和斯宾诺莎不同的是，尽管洛克研究过医学，但他并没有去考究我们的感觉、认知或观念赖以产生的“精神运动或肉体变化”。或许他意识到生理学还处在原始的状态，或许心理学的过程可以从宏观的水平上加以考察，可以不去顾念微观方面，正如人们只研究波浪的机械运动，而不必去注意构成波浪的分子的运动一样。

洛克也没有像笛卡尔和斯宾诺莎那样依靠正式的演绎推理。相反，他使用几近经验主义的方法来检查自己的经验和他人的经验，包括不同年龄的孩子，以得出知识。他询问自己究竟发生了什么情况，以及发生的顺序等。他还进行过至少一次著名的实验。他先将一只手放在热水盆里，将另一只放进冷水盆里，之后，再将两只手全部放进一只温水盆里。其结果是，一只手感到的是热，另一只手感到的是冷。这种情况表明，感觉起因的本质是客观的，而感觉自身却是主观的。感觉并不是客观实质的复制品。

洛克在《人类理解论》中所做的第一件事就是攻击天生观念的教条。笛卡尔认为，关于上帝的观念是天生的，因为我们无法直接地体验上帝。对此，洛克回答，它不可能是天生的，因为另有一些人并没有产生这样的观念。他提供一种虔诚——但属于经验主义——的变通办法：我们从“造物主的作品中体现出来的超级智慧和力量……”中得出上帝的观念。他还认为，我们不可能有正确与错误的天生准则；历史为我们显示出来的道德判断范围非常广泛，而它们都是通过社会的形式获取的。即使一些观念具有普遍意义，可如果能够找到其他解释，它们也就不是天生的。这样的解释不难找到。他将展示的是，“理解会在什么时候得到其所拥有的观念”，作为证据，“我将吁请每一个人自己观察和体验”。

接着，他提出一个经验主义心理学最原初的原理："让我们假设思想［在出生时］是我们常说的一张白纸，上面没有写出任何字，也没有任何观念。它是怎么载入内容的呢？……我回答，一句话，从经验中来。我们的知识都建立在经验上，并最终从经验中得出自身。"（人们常说，洛克把新生儿的思想比作一块白板，可他并没有使用这个词。该词是阿奎纳从亚里士多德的著作中翻译过来的。）

洛克认为，人的"观念"有两个来源（"观念"一词，他用以指代从感觉到抽象概念之间的任何东西），即感觉和回忆（观念对其所获得的任何东西的操作，按他的话说，是"我们自己观念的所有不同的行动"）。我们的感官把感觉传递至大脑，他把这些叫作"简单的观念"。从这里开始，大脑逐渐形成"回忆的观念"（它自己意识到自身所具有的感知、思考、意愿，以及在事物之间进行区分或比较等能力）。其他东西，包括那些最复杂和深奥的东西，都是这两类观念相互影响的结果。

洛克继续不厌其烦地解释，这个过程还可以用来说明最为遥远和困难的概念的诞生（他为自己冗长的解释道歉说，"我太懒了，或太忙了，不可能把它缩得再短一些"）。他解释了大脑如何考虑一些简单的观念，如何把它们放在一起形成复杂的观念，如何在简单和复杂的观念之间进行区别。我们注意到一些不同的物体（一张帆、一块骨头、一杯牛奶等）所共有的特质，再有意地排斥掉其不同之处，从而形成比如"白"这样一些抽象观念。同样，我们最终会形成无限、同一性与多样性、真理与谬误等抽象观念。

所有这些，听起来都是有根有据、无懈可击的，可在这个系统中存在一个严重的漏洞，涉及感官感知这个古老的哲学问题：我们如何知道所感知的东西是存在于思想之外的事物的正确反映？洛克看不出任何理由以怀疑我们具有对周围世界的正确知识。和笛卡尔一样，他只好将之归功于上帝，解释说，上帝是不会误导我们的。但从他的话音里可知，虔诚的成分远没有常识的成分多。

> 创造我们大家的、无限睿智的上苍，以及我们周围的一切，已经调整了我们的感觉、官能和感官，使其适宜生活的便利和我们在此所做的营生。通过我们的感觉，我们可以了解并区分事物，检查它们，并使其适用于我们的用途……这样一种知识非常适合我们目前的状况，我们不需本领即可获取。

然而，他就感觉问题的讨论有两个方面在后来的心理学家中引起麻烦。（洛克没有对感觉和知觉加以区分，此区分直到近两个世纪才产生。）

首先，他接受了我们所感知到的物体的“第一性的”质和“第二性的”质之间的差别。远至阿奎纳，近到笛卡尔、伽利略和牛顿，都接受这种差别。不管它们的变化有多大，第一性的质都不可与物体“分开”；它们在我们身上产生出简单的概念，如固体、范围、轮廓、运动或静止、数量等。“拿起一粒谷子，”洛克说道，“将其分成两半，每一半仍有固体、范围、轮廓和动感等感觉。”第二性的质，如色彩、声音、口味和气味等，并不以我们感知它们的形式存在于物体之中，而是这个物体的首要性质在我们身上引起的感觉。紫罗兰在黑暗当中就不是紫罗兰，只有当它在我们身上引起那种颜色的感觉时，它才是紫罗兰。这就是洛克的推论。

其次，如果我们的思想都是从感觉中得来的，那么，我们就会知道我们所感知的并不是其背后的真实，真实甚至不一定存在。同样，我们永远也不会知道成为思想的物质，我们所知道的只不过是自己观念中的经验。理性的洛克勇敢地指出：

> 感觉使我们相信，存在着固体的、有范围的物质；还有思考，存在着会思考的物质。经验使我们确信这些东西的存在。人们具有移动身体的能力，一方面依靠冲动，另一方面依靠思想。这一点毋庸置疑。

然而，这些简单的“保证”并不能说服其他的哲学家和心理学家。他们徒劳地尝试寻找一条途径以证实，要么我们关于世界的知识是精确的，要么在我们的感觉之外，什么也不存在。

洛克在思想本质的问题上闪烁其词，部分是出于自己的信仰，部分也可能是为了避免异端邪说的罪名。他说，思想是一种物质，但又坚持认为，我们对这种物质的了解不过是我们在物体中感知到的属性背后的物质。事实上，在《人类理解论》中的一个著名段落里，他已慎重地提出，我们有可能想象，思想是一种物质，且是一种完全不同的物质。

> 我们知道有物质和思想，但可能永远也不会知道任何单纯的物质存在是否也会思想；对于我们来说，在没有启示而仅仅依靠我们自己的观念的情况下，不可能发现全能之神是否以恰当的方式赋予一些系统的物质以感知和思维的能力，或通过良好的衔接与固定，使它们成为某种会思想的非物质东西：按照我们的观念，根据并非远离我们的理解力，我们可以想象，上帝如果高兴的话，是可以给某种物质附加上思考的能力的，或他甚至还可以给予它另外一种具有思考能力的物质。

这使正统教徒们勃然大怒。他们控诉洛克，说他是个隐藏的唯物主义者，并控告他已经让基督教神学处于危险之中。最后的结果是，洛克的心理学逃过了他们的攻击，基督教也逃过了洛克的威胁。

所有这一切使洛克声名大振，他也当之无愧。但他也常常被冠以最初的联想主义理论家的桂冠，这就有点言过其实了。千真万确，他是用过“观念的联想”这个词组，而霍布斯和其他讨论过这种现象的早期思想家却没有。然而，洛克是在《人类理解论》第四版的附录中提到“联想”一词的，这已是他后来的想法。在他系统性的思想里，没有联想的概念。

不过，他的确说过，我们可以把简单的观念合并成复杂的观念；他还说过，在这样的合并当中，重复和快乐是重要因素。但他对联想的规律并没有评论过只言片语，也没有把这个话题当作可以开启大智慧的问题进行探讨。他对此问题的兴趣，仅局限于对一些疾病和日常生活中的奇怪情境下难以理解的思想过程的观察。他讲述了这样一个事件，他的一位朋友做了外科手术（当时没有麻醉剂），尽管他的朋友对这位外科大夫心存感激，可再也不想去看这个大夫一眼，因为这个大夫的脸与疼痛之间的联系过于强烈了。他还说，有一个人在一间放着箱子的房间里学会了一种非常复杂的舞步，后来，他只有在放有类似箱子的房间里才会跳这种舞。

如果说洛克对观念的联想这一问题的处理具有局限性，但他的确刺激了其他人寻找连接和顺序在思维当中形成的方式。最后，行为主义者将会把所有的精神生活全部简化到联想中去。甚至在心理学挣脱行为主义的主导之后，联想仍然是其主要的议题之一。洛克的思想由于残余的纯粹哲学和神学的痕迹而罩有乌云，然而，正是他把心理学从哲学中解脱出来，导入了科学的方向。

在《人类理解论》中，他以得体的谦逊写道，他希望这本书能够做出一些贡献。

> 没必要人人都去做波义耳或西德纳姆，而且，在一个产生伟大的惠更斯这样的大师和不可比拟的牛顿先生的时代……能够做一点基础的、清场子的工作，并把通往知识之路上的垃圾清除掉，已经是了不起的理想了。

从他的情况来看，这种谦逊虽没有得到承认，却也算非常得体。

洛克死于 1704 年。这是一个世纪的开端，严格的科学开始大踏步地跳跃前进。最著名的几步是伽尔瓦尼的生理学、伏特的电学、道尔顿的原子理论、欧拉和拉格朗日的数学、赫歇尔和拉普拉斯的天文学、林奈的植物学、詹纳的预防医学，以及后来的卡文迪什、普里斯特利和卢瑟福，他们分别发现了氢、氧和氮。

心理学却没有出现类似的跳跃。此后也一直没有出现，直到 19 世纪实验主义的产生。就大部分而言，18 世纪的原始心理学家要么是承袭笛卡尔主义的理性主义－先天论者，要么是承袭霍布斯－洛克传统的经验主义－联想主义者。然而，他们当中的一些人的确大大地推进了这些概念，从而影响了心理学的未来。这些人值得我们简单地认识一下，他们的贡献也值得我们简要回顾。

贝克莱

哲学家和原始心理学家乔治·贝克莱（1685—1753）得以成名的学说，总能逗乐研学哲学史课程的学生，并给教授们引用西塞罗语录的机会："没有什么比这句话更荒谬了，但确实有哲学家这么说过。"贝克莱的哲学是荒谬的，可许多人记得它。他的心理学是合理的，可几乎所有人都将之遗忘。

他在历史上的地位几乎完全倚仗于他28岁前所写的三部书。除此之外，他的生活再没有什么有意思的事了。他出生于爱尔兰，在都柏林的三一学院学习哲学，获得博士学位。24岁时，他被封为英国国教的执事，有过几年旅行和布道经历。最后，他来到爱尔兰的科克郡，出任克洛因地区的主教，直到终老。

贝克莱写出的第一本值得注意的书——《视觉新论》（1709），是受洛克的一篇短文的启发，这篇短文里面提到这样一个问题：一个天生没有视力的人后来突然产生视力，他能不能仅凭视力就判断出球体和立方体呢？洛克认为，那个人不可能判断出来。贝克莱同意洛克的观点，但他就此问题进行了进一步的研究，并将其分析建立在联想主义心理学的基础之上。他说，仅凭视力，新生儿是无法区分距离、形状、大小或相对位置的。儿童学会空间上的判断，靠的是重复的经验——碰触、伸手、行走等。我们把视觉上的距离、大小和形态的线索与我们已经通过其他感官学到的东西联想起来。

这个立论非常合理，也是对感知心理学理论的真正贡献。另外，他把看似简单的深度感知体验细分为更基本的感受，预示出，或者也许是导致了后来心理学的"分子"分析法——把所有体验按其最简单的构件进行分析的方法。

然而，如果说贝克莱在感知心理学上非常现实的话，在他因之成名的哲学理论上，他却是超凡脱俗的。哲学一直在给心理学家增添麻烦，而贝克莱的心理学却给哲学家提出了问题。事情起始于他21岁的时候，当时，还是一个青年的贝克莱就已认识到，唯物主义的牛顿科学已经威胁到了宗教。他在日记中对自己说，如果能够废除唯物主义的教条，形形色色的无神论者的“恶魔计划”就会不攻自破。

对于一位21岁的青年来说，梦想打破物质存在这样一个全球信赖的常识——而且还要在25岁的时候出版一本名叫《人类知识原理》（1710）的著作阐释其梦想——如果不算痴人说梦的话，至少也是荒唐可笑的（他的第三部重要著作出版于1713年，以对话的形式重述了这个观点）。然而，贝克莱坚持到底，直到得出最后的结论，即洛克在第一性的质与第二性的质之间所做的区分。如果所有的知识都来自我们的感觉，那么，除了这些感觉以外，我们对于外部世界将什么也不知道。可是，这些都是第二性的质。我们如何知道第一性的质借以藏身的物质或实质是真实存在的呢？在梦中，我们可以看见活生生的树、房子和群山，可这些都是错觉，我们怎么证明醒着的时候所具有的感觉就一定是真实存在的呢？按贝克莱的话说：

> 尽管可以说，固体的、有形的和可移动的物质有可能不需要思维而独立存在，因为它们对应了我们对实物的一些观念，然而，我们怎么才有可能知道这一切呢？我们知道它，要么是靠感觉，要么是靠推理。说到我们的感官，我们只知道一些靠它们感知存在的感觉……［至于推理，］有什么样的推理能够引导我们去相信物体的存在，而不需我们借以从中产生感知的思维呢？可能的情形是，我们都受到现存观念的影响。不过，如果没有这些观念，没有类似于这些观念的东西，也就不存在物体。

就我们到目前为止能够知道的情况来说，所存在的东西只是我们所感知到的。没有感知到的东西也许根本就不存在，因为它对我们来说不存在任何影响（在现代，这个说法将以现象主义心理学——

存在主义的一种不寻常的副产品——的形式而反复出现）。

贝克莱并不是傻子。他在《人类知识原理》一书的前言中承认，某些段落，如果断章取义地看，可能会得出“荒谬的结论”。嘲笑者们都说他没有道理，因为他宣布根本不存在任何类型的真实世界，所有的存在都只是我们的想象——树之所以存在，是因为我们看见它了。当我们朝其他地方看时，它就不再存在。然而，贝克莱通过他与上帝之间的关系而拯救了整个世界，而上帝就是永恒的感知者，他能在所有的时间里看到所有的事物。也许不存在一个物质的世界，但上帝所感知的宇宙却是稳定和经久不衰的；即使我们没有看到某个事物，上帝却看见了。因此，当我们不再看该事物时，它并没有停止存在，因为上帝见证了它的存在。20世纪的英国神学家罗纳德·诺克斯神父用一段著名的五行民谣满怀敬意地总结了贝克莱的观点：

四合院里早已空荡，
此树却在茁壮生长。
一位年轻人于是感叹：
“如此怪事，
“上帝必定惊讶万状！”[1]

贝克莱的理论给心理学家和哲学家均制造了难题。他们发现，这些问题本身是无法回答的。许多年以后，在1763年8月的一天，当传记作家博斯韦尔与约翰逊博士散步时，前者请教后者，问他应如何反驳贝克莱的理论。约翰逊博士狠劲踢了一块大石头，可脚被反弹了回来。然后他说：“我就这样反驳它。”他本应知道得再多

1　有无名人士这样戏答：“亲爱的先生，您的惊讶真是奇怪。本人总在四合院里游荡。此树之所以仍在原地，是因为我——您忠诚的上帝，在看着它。”

一点。贝克莱有可能这样回答说，石头的紧固性和质量，以及约翰逊的脚踢到石头后的反弹，都不过是上帝灌入他头脑中的一些感觉，而不是任何物质的东西引起的明证。

还有比约翰逊博士更为微妙和更好的回答，但没有哪一个能比休谟的回答更简洁，更有理智。休谟说，贝克莱的观点“不容许有任何答案，也不能使任何人信服”。

休谟

然而，大卫·休谟（1711—1776）本人在他的心理学作品中却给哲学和心理学带来了更大的麻烦。首先，让我们认识一下这位苏格兰启蒙运动中最耀眼的明星。

在苏格兰，如在西方世界其他地方一样，启蒙运动是18世纪流行的一场哲学运动，其特征是依靠科学和理智，对传统宗教进行质疑，坚信全球人类的进步。就其童年时代而言，我们从下述两个方面均无法看出休谟能够成为这一运动的领军人物。其一是，他出生于爱丁堡一个条件优越的长老会家庭，自幼即接受加尔文教的神学观点。其二是，孩提时代的他，看上去极其木讷（其母称他为“优秀而善良的家伙，但过于愚笨”）。然而，木讷极有可能是他的迟钝和庞大的躯体给人造成的错觉。实际上，他非常聪明，12岁就考进了爱丁堡大学。加尔文主义也对他影响不大。15岁时，他已热切地阅读了所处时代的多数哲学著作。18岁时，他成长为加尔文主义的叛逆者。后来论及此事，有人评论说：“自从阅读了洛克和克拉克[1]的作品之后，他就再也没有得到过任何信仰的快乐。”

1 英国哲学家萨缪尔·克拉克（1675—1729）。

休谟是家里的次子，因而只继承了很少遗产。为谋生计，他努力攻读法律，但因为并非他所好，后来差点为此精神失常。他学习经商，但觉得商人办公室里的吝啬同样令人难以忍受。23岁时，他决定靠哲学混口饭吃，因此前往法国，在拉弗莱什因陋就简地安顿下来（笛卡尔曾在这里学习过）。他未能读成大学，但说服耶稣会让他使用那里的图书室。两年之后，他完成了两卷本的《人性论：在精神科学中采用实验推理方法的一个尝试》（简称《人性论》，1738）。在这部著作里，他首次阐述了自己的心理学观点。

他原指望此书能带给他巨大的名声，没想到它几乎未能引起任何注意。他心痛万分（此后，他重写此书，使之更为简洁明快，效果略好了一些）。他被迫谋份生计，于是先为一位年轻人当辅导教师，后应聘为詹姆斯·圣克莱尔将军的私人秘书。后来的这个岗位收入不错，他穿上红色制服，吃喝无忧，身体渐渐发福。一位访问者对他的描述是，他有一张又宽又胖的大脸，“除去愚钝之外，脸上没有任何表情”，而且他的身材更像是位地方官员，一点也不像哲学家。然而，人不可貌相。休谟不久即存下了一笔资产，足以使他专心地从事写作。这些成熟年代创作的政治、经济、哲学、历史和宗教方面的著作给他带来了梦寐以求的名声。在法国，虽然他长得腰圆体胖，但依然是各个沙龙的座上宾，且得到伏尔泰和狄德罗的称赞。在伦敦，他在家里举办沙龙，并引来亚当·斯密和其他自由主义思想家的光顾。大家一起高谈阔论，无话不说。

朋友和熟人认为他聪明、友善、谦逊、宽容，他也这么自视，而且还认为自己“对一切激情都有所节制”（他23岁时曾使一位姑娘怀孕，37岁时屈膝追求某位伯爵夫人未果。撇开这些小插曲不论，他至少在一种激情上是非常节制的）。他不喜欢斯宾诺莎，将其视作无神论者，但他自己归根到底也是一位怀疑论者。当他因直肠癌而卧床垂死时，传记作家博斯韦尔问他是否相信有来世，休谟的回答是，“来世”是一种“最无理智的幻想”。说到底，休谟就是个彻底的启蒙主义者。

休谟写作《人性论》的主要目的是开拓一套基于“人的科学”的道德哲学，其实他在这里指的就是心理学。为此，他致力于建立一套有关人类激情和我们对激情的看法的理论，这要求他了解我们的思想来自何处。他以一位真正的经验主义者的方法来探索这个问题：“因为有关人的科学才是其他科学唯一坚实的基础，因此，我们必须要以经验和观察作为这门科学自身的坚实基础。”

尽管休谟大量评论他人的作品，但他主要还是依靠自己的内省式观察治学。作为一位彻底的经验主义者，他不容分说地排斥关于非物质灵魂的本质的所有问题——灵魂就是一度对笛卡尔来说非常重要的那个会思想的“我”——他宣布，灵魂的本质是“一个不可理解的问题”，根本不值得讨论。他对这个有意识能力的自我的看法建立在对他自己的思想过程所做的仔细观察这一基础之上。他认为，思维完全是由感觉构成的。

> 当我以非常私密的态度进入这个我称其为“自我”的东西里面时，我总会撞上这个或那个特定的感觉，或冷或热，或明或暗，或爱或恨，或痛苦或快乐……我斗胆妄言，全体的人类莫不如此。他们也不过是一大堆不同的感觉而已。

休谟在“印象”（即他表示感觉或感知的用词）和“观念”（同样的经验，但其客体不在场，比如在回忆、思考或梦中）之间做了区分。和洛克一样，他认为，这些简单的元素是一些复杂和抽象的观念形成的构件。但以什么方式呢？在这里，他远远地走在洛克的前面。必须有个“联合的原理”，他推想，这个原理应采取三种形式：“质性，即联想从中而来、心理借以从一个观念传递至另一观念的东西，表现为三个部分，即时间和空间上的相似性、连续性及因果性。”

这种联想，或通过上述三种特性进行的观念的合并，在休谟看来是思维的基本原则。它们对思维运作的重要性可与地心引力对星球运动的重要性一样。他甚至还把联想称作“某种吸引”，可使观念互相连接起来。因此，在联想这一点上，他比洛克的认识要深刻得多，因为洛克在依靠联想时，主要是解释观念之间不正常的连接，并不认为它是普遍的心理过程。

本书写到这里为止，休谟的理论完美无缺。然而，尽管休谟确信自己已经找到了思维基本的科学法则，但他对联想的三种力量之一的因果关系的解说，却削弱了这门科学的基础。他并没有像其他人那样宣称没有因果关系的存在。他的争辩是，我们无法直接体验因果关系，因而不可能知道它是什么，甚至也无法证明它是否存在。我们只知道，某些事件好像总是，或几乎总是，紧跟着另一些事件，因此我们推断，是前者引起了后者。可是，这种推断只是基于对两种事件之间的联想而产生的某种期盼。

> 因和果的想法是从经验中得来的。它告诉我们，这些特别的物体，在过去的所有例证中，一直都是彼此联系在一起的……我们所有涉及因果关系的推理，都不过是从习惯中得来的，而非来自其他东西。

因果关系只不过是思维的习惯。我们没有，也不可能，以基本的感官感觉来体验或感知它；我们只知道，当一件事情发生时，另一件事情也可能发生。如果预测事情总是这样，就会犯错误；我们只能推断，当甲发生时，乙有可能接踵而至。

休谟得出结论说，我们之所以相信因果关系的存在，相信外部世界的存在，并不是因为我们真正知道它们的确存在，按照他的解释，是因为对它们的怀疑会让人们无法接受。

> 无论依据什么学说体系，要为我们自己的理解或为我们的感觉辩护都是不可能的……当怀疑的疑团自然地从对这些主体深刻而缜密的思考中升起时，我们越想越会产生更多的怀疑，不管是肯定还是否定。只有粗心大意或漫不经心才有可能给我们以补救措施。因此，我完全依靠它们，并想当然地认为，无论读者此时的观点是什么，在不久之后他都将被说服，既存在外部的世界，亦存在内部的世界。

休谟对因果关系概念的摧毁性攻击在科学史上具有重大意义，尤其是在心理学史上。这是因为，在心理学努力成为科学的征途中，它一直都在努力发现精神的因果法则。休谟时代和后世的一些心理学家相信，心理学不可能得出因果解释，因而只能用于应对相互之间的关系，即两件事情同时发生或先后发生这样的可能性。讽刺的是，被休谟视作其道德体系基石的经验主义和联想主义存活了下来，而其道德系统，即温和的功利主义，却成了过眼烟云。

经验主义 – 联想主义学派

经验主义 – 联想主义心理学应对的是“灵 – 肉二元论”和先天观念理论中的一些棘手问题。然而，在所有的科学门类中，任何解答旧问题的新理论通常会提出新难题。这种新的心理学理论不仅导致主观主义，产生对因果有效性的质疑，且因其否决了感知和联想的思想过程，因而也无法对意识、推理、语言、无意识的思想、创造性和解决问题等高级精神现象发表任何高见。实际上，作为动物心理学的理论之一，它最终以某种稍微不同的形式，证明了自己的实用性。

它对思维如何形成抽象观念的简洁解释非常适合一些来自感知的概念，如相等等；但对于没有感知基础的概念，如美德、灵魂、非存在、可能性、必然性或几何学上一个点的不可度量性等，则束手无策。

除了霍布斯对神经冲动的原子论提出过猜想以外，新的理论似乎忽视了精神现象中的生理学因素，因而无法解释反射反应，更不用说以之解释构成人类大部分日常行为的高级自动反应了。

从洛克的时代开始，一大批经验主义－联想主义者，大部分在英国，一直在努力解决这些问题，然而进展甚微。不过，他们所做的部分研究代表了探索未知事物的无畏精神。如果说他们还没有跨越未经探测的海洋，他们当中的一些人，至少画出了附近的海岸线，这极为重要。

大卫·哈特利（1705—1757）堪称其中一位标记者。作为一名学者型医生，他在洛克所做研究的启发下写出一部长篇大论——《对人的观察》（1749），畅论联想主义。尽管他没有提出任何有创见的高论，但他对主题的处理却是有组织和系统化的，因而，伟大的心理学史学家埃德温·G. 波林认为，是他把联想主义变成了一个流派。

另外，作为医生，哈特利非常清楚洛克省略掉的生理学部分。在讨论每一种现象时，他总是首先使用精神病学术语，然后再用生理学术语解释一遍，以期表达一种更为完整的心理学概念。这是可敬可佩的努力，但不幸的是，在18世纪中期，他所提供的神经生理学大部分是想象中的。他从牛顿物理学中得出一种假想，即外部物质的震动必然引起神经里面一些极微粒子的震动（他肯定地宣称其必定为固态，而非空心）。这些震动产生出微型对应物，即“震子……也就是思想在生理学上的对应物”。这些完全是他想象中的虚构之物，不过比起笛卡尔的空心神经和活力论来说，似乎更接近真理一步。此外，他的假说还使联想主义者继续津津有味地探求精神现象中的物理基础。

在苏格兰，托马斯·里德（1710—1796）、杜格尔德·斯图尔特（1753—1828）和托马斯·布朗（1778—1820）等大学教授和长老教会学者，全都参与了对联想主义的修正，以使其更适合信徒的口味。他们感到，联想主义尽管得到洛克和休谟的解释，但仍旧过于机械，且对人性是一种贬低。另外，休谟对因果关系和外部世界所持的怀疑主义态度，与宗教教条也是相冲突的。因而这三位学者试图改良联想主义，增添内容，修补失误。

他们对洛克、贝克莱和休谟的回答简单得异乎寻常：主观主义和怀疑主义与常识不符。所有国家、所有年龄的人，都相信外部世界的存在，也相信因果关系的存在，因为常识使然——这也正好是约翰逊博士通过踢石头所表达出来的观点，虽算不得响当当的科学结论，却也至少不会对科学造成任何伤害。

里德还提出一个不错的看法，即联想的简单法则不足以解释复杂的精神功能。因此，他修正并扩大了心理能力这一古老的概念——特殊的先天能力——并列出几十个方面。此后的心理学家将耗费巨大的精力来证明，或者反驳这些能力的存在。

布朗对联想主义做出的贡献虽小，却非常具体。他提出，“暗示”（联想）有原初法则和第二法则，而后者在特殊情况下会改变前者的运作。因此，“冷”这个词可能在此时此地引起“暗”的联想，但在彼时彼地，却又可能引起“热”的联想。然而，这一非常有价值的见解并未得到人们的重视，直到一个世纪之后实验主义出现。

詹姆斯·穆勒（1773—1836）是社会理论家、功利主义哲学家和新闻记者。他在《人类意识现象分析》（1829）一书中提出了自己的联想主义观点。他没有去扩大这种理论，而是对它进行了惊人的简化。他说，只有两类意识元素——感觉的和观念的；还说，所有的联想均来自一个因素——邻近，即两种体验在时间上的同时性或接近性。复杂的观念只不过是一些简单观念的连接而已。“所有的事物”这个观念不是一种抽象，而是一个人全部的简单和复杂观念的简单汇集或积累。罗伯特·沃森说：“这就把联想作为一种教条带入了逻辑、机械和分子简洁性的最低程度。”20世纪一些著名的行为主义者，听上去似乎与穆勒在认识上一脉相承。

约翰·穆勒（1806—1873）是詹姆斯的儿子。他更应被称为哲学家，尽管他在《逻辑体系》（1843）和《对威廉·汉密尔顿爵士哲学的考察》（1865）两书中，也曾讨论过心理学。在心理学中，他的主要作为是把其父砍去的许多东西，尤其是有关复杂思想形成的某些假设，再次归还给主流联想主义。和老穆勒不一样的是，他认为，这些复杂的观念不仅仅是一些简单因素的汇集，而且是这些因素的融合，就像一些化合物一样，其特性与其各个组成部分并不一致。与之相应的是，他说，联想的法则并不能告诉我们复杂的观念来自何处，也不能告诉我们它们是如何构成的，我们只能从经验和直接实验中知道这些东西。因此，小穆勒的贡献主要在于及时校准了联想主义的航向，使其导入实验心理学的坦途。

亚历山大·贝恩（1818—1903）是约翰·穆勒的朋友，一直活到科学心理学诞生的时代。一些学者说，他是最后一位哲学－心理学家，另一些学者认为，他是第一位真正的心理学家，因为他将自己一生的大部分时间贡献给了心理学，又把生理学带入心理学的范围，他的贡献超过了任何前辈。他走访过19世纪的解剖学者，因此他的生理学与哈特利的不同，不是想象的，而是从解剖学者及其著作中学来的。他在讨论感知和运动时表达出来的机械主义比早期的原始心理学家更加接近现代理论。

然而，他所处时代的生理学并不能够解释更高水平的心理过程。因此，贝恩的心理学在很大程度上只能是主流的联想主义。所幸的是，他自己也指出了其中的局限。譬如，他认为，他的理论并不能够解释新奇和革新的想法。虽然他否认先天论，但他认为，婴儿的思想并非一张白纸，它们具有反射、直觉和灵敏度上的差别。尽管没有任何学派或任何伟大的理论与他的名字联系在一起，但他的作品中的确包含许多富有创见的思想。这些思想很快就得到了后来者的进一步发展。

第四节 德国的先天论

当心灵的探索者们正在英国和法国（在这里，经验主义对文艺复兴时期的自由主义知识分子们产生了极大影响）朝着一个方向大踏步前行时，德国的探索者们却沿着笛卡尔开辟的道路向前奋进。德国文化和精神里面的某些东西，使德国的哲学家们对一些晦涩的形而上学、灵－肉二元论和先天论产生了极大偏好，但其中不乏一些有价值的东西，譬如，唯心主义学派中最伟大的哲学家伊曼努尔·康德的意识理论。

在康德之前，德国哲学家们尽管智力超群，但在对人类心理过程的理解上并无建树。在17世纪时一位极其聪明的思想家曾涉足过心理学，结果却是无功而返，因为他深陷其中的形而上学思想如同一个有误差的罗盘一样将他引入了歧路。不过，在这里，他还是值得一提的人物，因为他的思想昭示了导致康德哲学的传统。

莱布尼茨

戈特弗里德·威廉·莱布尼茨（1646—1716）出生于萨克森的莱比锡。他患有佝偻病，是罗圈腿，但却是个奇才，20岁即获得法律学博士学位，后作为外交官服务于法、英的宫廷。他与牛顿同时发明了微积分学（二人就谁先发明这门学问还曾发生过激烈的争辩），并就一系列哲学议题出版过大量专著。尽管他的很多思想都值得敬仰，但使其大获声望的却是他的两个荒谬概念，其中一个可见于伏尔泰的《天真汉》一书。

> 上帝是极端完美的，因而顺理成章的是，在创造天地的时候，他选择了最佳的方案……既然在理解上帝的时候，所有的可能性都要求以完美的比例存在，所以，实际的世界，作为所有这些要求的结果，就一定是最为完美的。

这些都是莱布尼茨的话，而不是伏尔泰的，这是伏尔泰以潘格洛斯博士的名义所做的挖苦与嘲讽，因为这位博士总是喋喋不休地重复其深刻的哲学洞见：“在这个所有世界中最好的世界里，一切都是最好的。”

莱布尼茨的另一个古怪概念是，这个世界是由无数无穷小的“单子”构成的。这些单子，即物质的终极构成部分，是某种灵魂似的东西，没有尺度，无法指认，且不受外界的影响。在整个宇宙里，它们看上去是些类似物质的东西，实际上却是这些非物质的单子感觉彼此在空间里的分布方式。莱布尼茨之所以设想到这些，是因为他想解决古典形而上哲学的一些难题，包括灵－肉二元论中的难题。他的理论掌握起来并不容易，可由于“单子学”已随着他的仙去烟消云散，我们也就没有必要在这里耗神费力了。

不过，单子学的确引导他联想到了不同层次的意识存在，这是心理学中的新思想。单子是极其微小的，因而它们无法独自产生意识。然而，当它们积累起来时，其微细的感觉也会累积，从而形成复杂的精神功能，包括意识在内；积累的方式越是复杂，其精神功能也就越多。动物虽然也有感觉，但它们是不自觉的，而人类的感觉却是自觉的，即不只具有一层意识。这个认识远在弗洛伊德的无意识和前意识的概念之前，因而不能不说是一个崭新的开端。

莱布尼茨心理学中的一个方面的确引导了一个有用的方向。为解释意识的来源，他假设了一个被他叫作“统觉”的过程，这一过程通过某种天生的模式或信仰使我们能够觉察到许多微小的无意识知觉，并理解它们。例如，我们不需学习就会知道，“现存的东西都是存在的”，也知道“一个事物不可能同时既存在又不存在”。同理，推理的真实——逻辑的原则——是固有的。这些天生的思想并非具体的概念，而是理解经验的方法。此后的康德将把这个观点转换成一种历史理论。

单子学的另一个方面本有可能把心理学带入死胡同，所幸的是，除莱布尼茨本人之外，没有谁将之当真。既然单子不受外界的影响，世界上的事情又是如何发生的呢？事物又是怎样相互影响的呢？莱布尼茨的答案是，上帝已经安排好了。上帝让所有单子的无限变化都在“事先创立的和谐”中发生；事物之间并不存在相互影响，只是看上去如此而已。因此，思维里面发生的任何情况都与身体里面发生的情况一一对应，两者之间绝对不会发生相互影响：“上帝在初始时就创造了灵魂，还有其他任何现实的东西，其方式是这样的——宇宙的任何东西都通过完善的自发性产生于自身的特性，同时又与外界的事物保持一致。”这又是海林克斯的双钟理论，只是现在，每个极微小的单子都是一口钟，与其他的所有钟一起显示时间。

这个理论本来会使心理学毫无存在的必要，因为它所描述的精神现象不过是围绕一个固定、预定的秩序对外部世界的刺激所产生的心理学反应而已，一切如同一场梦幻。这一点表明，一个杰出的头脑如果受到有缺陷的罗盘的指引，将会走到何种歧途上去。所幸的是，没有谁沿着这条路再走下去。

康德

许多人认为伊曼努尔·康德（1724—1804）是现代最伟大的哲学家。当然，他也是最难理解的一个，虽然我们不该以此标准衡量他。所幸的是，我们感兴趣的只是他的心理学，而这一部分恰好是容易理解的。

康德的一生是过于典型的象牙塔知识分子生活。他出生在普鲁士的哥尼斯堡[1]，16 岁进入大学，在那里一直待到 73 岁。除了在这个城市方圆 60 公里的范围内走动之外，他一生中从未出过远门。他身高不到 1.5 米，胸部凹陷，终生光棍一个。据说为了使他的虚弱躯体不至于太糟，每天早晨 5 点，男仆准时把他唤醒。之后，他花费两个小时看书，再花两个小时授课，接着坐下写作至下午 1 点，然后在一家餐馆进餐。下午 3 点半，他准时散步一个小时，不管天气

1　即今俄罗斯的加里宁格勒。——编注

如何。他沿着一条菩提树下的小路散步，只用鼻子呼吸（他认为在户外张嘴不利于健康），且不跟任何人说话。他非常守时，邻居们往往根据他散步的时间对表。有一天他没有准时散步，邻居们都很担心。原来，他在读卢梭的《爱弥儿》时过于专注，竟然忘乎一切了。他将一天中余下的时间全部花在读书或准备第二天的讲稿上。他在晚上 9 点到 10 点之间就寝。

康德写作和讲课涉及的范围非常广泛：伦理学、神学、宇宙学、美学、逻辑学和知识理论。他在政治和神学两方面属于自由主义者，因而他同情法国大革命，直到（由此而来的）恐怖统治时代为止。他相信民主，热爱自由。他一直都是莱布尼茨的信徒，直到步入中年读到休谟的著述。他感叹，称自己“从教条主义的沉睡中猛然醒来”，从而发展出一套比莱布尼茨的理论要详细得多的知识理论体系。

休谟认为，因果关系不能自证，因而我们不能用逻辑的办法证明它。康德对此大加赞赏，但他确信，我们的确能够理解身边的现实，并能够体验外部事物和现象中的因果关系。这怎么可能呢？他通过纯粹的思维活动寻找答案。在 12 年的时间里，他盯着窗外教堂的尖顶认真思索。然后，他只花几个月的时间便完成了一生中最为著名的作品——《纯粹理性批判》（1781）。在这本书的前言中，他直言不讳地说：“我在此斗胆宣称，任何一个形而上的问题都可以在这里得到解决，任何一条通向解决问题的门径都可以在这里找到一把钥匙。”

尽管他在《纯粹理性批判》和其他著作中的行文不易为大部分读者所理解——术语艰涩，观点深奥——但在前言中，他已把自己对意识的基本观点讲得清清楚楚。他说，经验确定只给我们提供有限的知识，但其远不是意识的唯一知识源泉。

> 经验远远不是我们的理解力受到限制的唯一领域。经

验告诉我们什么东西是存在的，可它不能告诉我们什么东西一定是存在的，什么东西一定是不存在的。因此，它永远不能给我们以普遍的真理；而对此类知识尤为急切的我们的理性，则是被经验挑起，而非被其满足。普遍真理，其本身同时具有内在必然性的特点，必须独立于经验之外——其自身既清楚又明确。

如此明确的真理是存在的，数学就是一个合适的例子。比如，我们明确地相信，2 加 2 总会等于 4。我们是如何得到这个确定性的呢？不是通过经验——因为经验只提供给我们一种可能性——而是通过我们的认识当中的先天结构，即从认识在里面发生作用的自然而不可避免的方式中得来的。因为人类的认识并非仅是一张白纸，任由经验在上面书写，也不仅是一堆感觉。它积极地组织和转换，把混乱的经验转换成纯粹的知识。

我们开始通过在时空中重新组织事物和现象的相互关系而获取知识——不是通过经验，而是通过先天的能力；空间和时间都是 Anschauung（直觉或直观）的形式，或是先天决定的、我们借以观察事物的方法。

一旦认识到空间和时间中事物和现象的关系，我们就可通过其他一些先天的观念或超验的原理（康德用的术语是“范畴”）来做出有关它们的其他判断。这些都是内在的机械原理，认识就是通过这个原理理解经验的。共有 12 个范畴，其中包括单一性、全体性、实在性、因果、相互性、存在性和必然等。康德通过对三段论各种形式的苦心研究之后得出这些范畴，但他相信这些范畴先验地存在于认识中的基本理由是，没有这些范畴，我们就没有办法使一大堆杂乱的感觉产生意义。

比如，每一种现象都有某个原因存在，我们并不是从经验中得知这一点的。如果缺乏感知因果的能力，我们就永远不可能理解周围的任何事情。因此，事情可能是这样的，即我们先天就能辨识出因果关系。同理，其他范畴并不是柏拉图式或笛卡尔式感觉中的先天论，而是一些秩序的原则，使我们得以探索经验。是秩序的原则，而不是联想的法则，把经验组织成为有意义的知识。

康德把认识看作过程而不是神经动作的观点，使德国心理学转向了对意识与“现象经验”的研究。二元论仍在流行，因为“认识”明显是超验的——这是康德的话——现象与感觉和联想决然不同。他的理论将导致先天论心理学其他变种的产生，特别是在德国。这些变种即便不是它的直接后裔，也是它的现代副本。诺姆·乔姆斯基[1]就是其中之一，他认为，儿童拥有一种可以理解口语语法的先天能力。

康德的先天论引出了多条关于认识工作机制的探索渠道，但在另一方面，这却是一种严重的后退。康德认为，认识是一整套的过程，它们发生在时间中，并不占有空间。这一点使他推断出，心理过程是不能够进行测量的（因为它们并不占据空间），因而，心理学不可能成为实验科学[2]。康德传统的其他人一直保持这一观点，虽然此后这种推论被证明是错误的，但正如笛卡尔的动物精神和空心神经概念一样，它大大推迟了心理学作为一门科学的进展速度。

但仅仅是推迟而已。正如太阳才是太阳系的中心这一认识虽然因遭到天主教教会的抨击而被耽搁，但最终还是滚滚向前，即便是最伟大的唯心主义哲学家的权威，也不能阻挡心理学通过实验成为一门科学的步履。

---

1 诺姆·乔姆斯基（1928— ），著名的语言学家、哲学家、政治家和心理学家，英国历史上最具影响力的知识分子之一。——编注

2 他还认为，所有的心理学知识都源自主观经验，没有先验逻辑或数学的基础，因此它永远不可能成为一门科学。

第二部分　新科学的奠基人

FOUNDERS OF A NEW SCIENCE

第四章 物理主义者

当18世纪和19世纪的哲学家们坐在书房里推想各种精神现象时，一些医生和物理学家却选择了一条截然不同的道路走向心理学的知识殿堂。一些雄心勃勃的科学家，如哈维、牛顿和普里斯特利等，不但亲自动手，而且还借助仪器收集信息，特别是有关神经和心理过程的物理起因的信息。这些物理主义心理学的开路先锋，如今已成为神经生理学的开山鼻祖，今天对精神现象的基本原件——神经元中的分子交换过程的详细描述，就是从他们的观点发展而来的。

第一节 魔术师——诊疗者：梅斯梅尔

一些物理主义者最多算是准科学家，还有一些只是伪科学家。然而，即使是后者，也得算作我们的研究对象，因为他们针对某些精神现象的理论虽为后世所否定，但在当时却引导其他人寻找并发现了对这些现象的有效解释。

弗朗茨·安东·梅斯梅尔医生（1734—1815）即属于这一类人。在18世纪70年代，当德国先天论者和英国联想主义者还在依靠沉思默想理解心理学时，作为医生的梅斯梅尔已在使用磁石治病了，其理论依据是，如果人体的磁力场得到矫正，心灵和身体上的疾病就可得到医治。

这种理论是纯粹的胡言乱语，可在当时，由此理论形成的治疗方法却产生出戏剧性的疗效。梅斯梅尔医生在维也纳红极一时，接着又在大革命前的巴黎出尽风头。我们先来看看他在巴黎的风光。时间是1778年，地点是旺多姆广场的一个大厅，灯光昏暗，明镜高悬，满屋子弥漫着巴洛克式的怪诞气息。十多位衣饰崭新、举止优雅的女士和先生围坐在一个橡木大桶的旁边，每人手握一根从木桶里伸出来的铁棒，木桶里装满磁铁屑和一些化学品。隔壁房间传来玻璃琴奏出的凄凉曲子。不一会儿，乐声缓缓消失，房门大开，走出一位令人敬畏的人物。他步履沉重而庄严，一身紫袍随风轻飘，手握一根像手杖一样的铁棒。他就是创造奇迹的梅斯梅尔医生。

梅斯梅尔一脸严肃，阴森可怖。他生就一张下颌宽大的脸庞，嘴巴大而宽，眉毛高挑。他的出现使病人们立刻呆若木鸡，浑身震颤。梅斯梅尔医生的两眼紧紧盯住其中一位男士，然后一声令下："入睡！"这位男士的眼睛立刻闭上，头颅无力地垂在胸前，其他的病人则直喘粗气。然后，梅斯梅尔医生盯住一位妇女，用铁棒缓缓指向她。她浑身发抖，大叫起来，因为一股麻刺感涌遍她的全身。随着梅斯梅尔沿着圆圈继续向前走，病人们的反应也越来越剧烈。最后，他们当中的一些人会大声尖叫，双臂扑腾，然后晕厥。助手们立即把他们带到急症室加以处理，使其平静，直到完全恢复。经过这番折腾，许多病人所患的各色疾病，从抑郁到瘫痪等，一下子全都感觉好转，甚至当场医好。尽管梅斯梅尔收费不菲，可求医者依然趋之若鹜，门前车马喧闹。

在今天看来，梅斯梅尔的行医似乎纯粹是在胡闹，而且他本人也惯于行不义之事。然而，大部分学者认为，梅斯梅尔当时的确对自己的所作所为以及其中的道理深信不疑，他觉得自己的治疗效果正是基于这些道理。梅斯梅尔出生于斯瓦比亚一个贫穷家庭，父亲是护林员，母亲是锁匠的女儿。他通过巴伐利亚和奥地利的教育系统闯出了一条出路。他原指望当牧师，后来又想当律师，但最终选择的职业却是医生。32 岁时，他在维也纳拿到医学学位，因为当时他的导师并没有发现他的学位论文——《论行星的影响》——大部分抄袭自牛顿一位同事的作品。尽管论文的题目与行星有关，可论文的内容却与星相学毫不相干。论文提出，牛顿的“万有引力”与人体身心之间存在某种联系。在论文中属于梅斯梅尔本人的那一小部分里，他把这种理论按照牛顿随口说过的一句话而推进一步，提出人体内部存在一种不可见的体液，这种体液能够根据行星的引力而产生对应行为。不管是健康还是疾病，梅斯梅尔认为，都取决于身体的“动物引力”（animal gravitation）与行星引力是否处于和谐状态。

得到学位两年之后，梅斯梅尔娶了一位年龄远比他大的、富有的维也纳寡妇，从而获得进入维也纳上流社会的入场券。因为不再需要全天行医，他便把大部分注意力集中在对文化和科学的探索之上。当本杰明·富兰克林发明玻璃琴时，作为一位相当有天赋的业余乐师，梅斯梅尔当即购买一台，而且很快成为行家里手。他和妻子都是热切的音乐爱好者，与列奥波尔德·莫扎特及其家人也经常碰面，而 12 岁的沃尔夫冈·莫扎特的第一部德语歌剧《巴斯蒂安与巴斯蒂安娜》，就是在梅斯梅尔家的花园里上演第一场的。

梅斯梅尔一边欣赏这些赏心悦目之事，一边在医学和心理学上开辟道路。1773 年，一位 27 岁的少妇拜访他，说自己患了一种怪病，其他医生无法医治。梅斯梅尔当然也无法医治，不过，他突然想起此前与一位名叫马克斯米利安·黑尔的耶稣会会士的谈话。这位牧师曾对他说，磁石有可能影响到人体的功能。于是，梅斯梅尔买来一套磁石，在这位妇人第二次造访时，他小心翼翼地摆弄磁石，一块接一块地贴在她身体的不同部位上。奇迹发生了，她开始发抖，不一会儿竟然浑身痉挛——梅斯梅尔认为这就是“危象”——等她醒过来时，她感到症状轻了许多。经过一系列的进一步治疗，她的病症完全消失了（今天，这种病症可被诊断为歇斯底里神经官能症，康复的原因则是暗示的结果）。

梅斯梅尔终于看到磁力与他自己的“动物引力”之间的联系了。他认为，人体里面充满这种磁力，而不是引力体液。他还认为，最终形成的力场可能会错位，从而导致疾病发生。如果治疗得当，即可对错位的磁力进行重新对位，从而使健康得到恢复。于是，他以前称作“动物引力”的东西，现在改称“动物磁力”。病人的危象，他解释道，是人体磁液流动突破障碍所致，接下来的恢复则是“和谐”。

梅斯梅尔开始治疗其他病人了。他告诉他们，要做好思想准备以面对一些反应，包括这种危象本身。果然，他们都不由自主地产生了反应，与所预期的一样。很快，维也纳报纸登满了梅斯梅尔医生的医疗奇迹。有一阵子，马克斯米利安·黑尔公开宣称这个疗法是他发明的，而不是梅斯梅尔，两人之间因而爆发一场论战。梅斯梅尔大胆地宣称，他早在几年以前的学位论文中就提出了这个理论（对真理的歪曲），因而最终在这场争辩中获胜，从而确立了自己作为这种现象发现者的身份。

梅斯梅尔借着自己声名大噪之机，在许多城市举办了听众甚多的演讲和表演。然而，在维也纳，他公开炫耀其疗法的张扬举止激怒了城里的一些名医。这些医生的名声于 1777 年又因为梅斯梅尔宣称治好一位名叫玛丽亚·特雷莎·冯·帕拉迪斯的病人而蒙诟。玛丽亚是位盲人钢琴家，莫扎特为她创作过《K.456 降 B 大调第 18 号钢琴协奏曲》。她 3 岁那年即失明，18 岁时找到梅斯梅尔求医。他宣称，在他的治疗下，她重新获得了部分视力，但只有他在场时才有视力，其他证人则不行。也许，她的失明是心理影响所致，而他也的确能够对她产生影响。然而，在1778年，她的父母决定终止治疗，维也纳医生们也宣称梅斯梅尔为江湖骗子。梅斯梅尔不知何故，突然间抛开一切，包括已上年岁的妻子，逃至巴黎。

在这座起伏不定、时尚如潮的都市里，梅斯梅尔凭借自我推销的天才很快再次获取巨大声誉，但不久又再次身败名裂。开始时，他为单个病人看病，后来，随着业务的增多，他发现集体治疗病人更容易赚钱。他使用的方法就是自己发明的木桶法，即在橡木桶里面装满用铁棒配好的磁液。由于他还可以通过碰触、手势，或长时间盯住病人眼睛的办法影响病人，他开始想到，磁铁和铁屑都不是最基本的东西，最基本的是他自己的身体，它一定是一块不同寻常的大磁铁，具有直接传递看不见的磁液的能量。

这种办法很快被称作“梅斯梅尔疗法”，成为最后的疗救希望。人们蜂拥而至，来到梅斯梅尔的诊所里。助手们在他的指导下研究学习，其弟子们在不到十年的时间里至少写出两百本小册子和著作，专门介绍这种疗法。然而，巴黎大学的医学教授和其他正规医疗机构大都认为他是江湖骗子，公开发表看法。不过，如果梅斯梅尔认定自己是个骗子，他就不会像当时那样奋力反驳。1784年，他还通过与官场的关系，诱导国王指定一个特别委员会，由杰出的医生和学者组成，包括化学家拉瓦锡和美国驻法国大使本杰明·富兰克林，专门调查他的疗法是否属实。

委员会进行了仔细的研究，包括一项在当代心理学中很常见的实验。他们告诉一些受试者，他们将通过一扇关闭的门进行磁疗，但实际上并不给他们上磁。这些受哄骗的受试者果真像真正受到磁疗一样，准确地报告说自己感到了磁疗。

对这些证据进行分析之后，委员会正确地报告说，梅斯梅尔的磁液根本不存在，但他们也错误地报告说，磁力治疗的效果只是想象而已。自此以后，梅斯梅尔疗法的名声江河日下，这场医疗运动也分裂成彼此争辩不休的几个宗派。梅斯梅尔的结局也只能是离开名望尽失的伤心地，将其生命的最后30年付予瑞士，过着隐士一样的生活。

在半个多世纪里，人们一直将梅斯梅尔疗法视作一种准魔术，从而将其完全误解。一些纯粹的江湖骗子，如亚历山德罗·卡里奥斯特罗伯爵（一个名叫朱塞佩·巴尔萨莫的江湖骗子的化名），还有一些杂耍艺人、冒险的半吊子外行，以及法国、英国和美国的非正规医生，都尝试过这一把戏。大部分梅斯梅尔疗法的实践者慢慢抛弃了磁石的使用——梅斯梅尔本人也曾朝这个方向努力过——他们说，可以通过仪式和召唤、眼部接触以及其他步骤实现磁液的传递。事实上，这些方法的确也能引起神情恍惚的现象和“危象”，起到减轻某些症状的作用。

在19世纪40年代的英国，梅斯梅尔疗法一度受到重视，因为一位叫约翰·艾略逊的医生用它治疗过神经症，外科医生W. S. 沃德也通过梅斯梅尔疗法使病人进入催眠状态，并在此状态下锯掉了病人的大腿。苏格兰医生詹姆斯·布雷德用梅斯梅尔疗法进行过一些实验之后说，这种疗法的主要效果不是因为磁力的流动而产生的，而是病人易受感染的情绪造成的。他认为这种疗法在事实上是一种心理过程，布雷德称其为“神经催眠法”（neuro-hypnology，希腊语neuron表示“神经”，hypnos表示“睡眠”）。该词不久即在日常生活中大量使用，演变成催眠法（hypnosis），并沿用至今。

在19世纪中叶的法国，有位名叫奥古斯特·利埃博的乡村医生抛弃了催眠法中所有近乎魔术和神秘仪式的装饰。他一边让病人看着自己的眼睛，一边不断地暗示说，病人马上就要睡着了。当病人进入恍惚状态时，这位医生就告诉他，他的症状将会消失。在许多情况下，这些症状果真消失了。到19世纪60年代，利埃博的声名远传，传播于他的家乡法兰西之外。他写过一本书，专门讲解他的催眠法及其结果。催眠法虽然当时还受人怀疑，甚至是激烈争辩的议题，可从此以后，它就成了医疗的一个部分。

这种催眠法的最著名实践者，是19世纪末期的让·马丁·夏尔科。他是巴黎一家名叫萨尔佩特里尔医院的院长，有“治疗神经症的拿破仑”之称。他认为，催眠现象与歇斯底里状态具有许多共同之处，而且，也的确只有歇斯底里患者才可能受到催眠。他在学生面前给许多歇斯底里病人催眠，以演示歇斯底里的症状，但并没有考虑过催眠的医疗价值，更没有利用它进行治疗。

夏尔科还错误地认为，恍惚状态只有在病人经过两个先期阶段，即慵倦和强制性昏厥以后，才可能进入。每一个阶段都具有特定的症状，并涉及主要的神经系统的功能变化。他的观点受到利埃博的弟子们的批驳，因为他们证明，恍惚状态可以直接诱发，而且非歇斯底里病人也可进入催眠状态。

不过，夏尔科的地位和他诱导病人进入恍惚状态的技巧还是有功劳的，因为在1882年，法国科学院正式接受催眠法，认为它是一种与磁力无关的神经生理学现象。

夏尔科的几位高徒，包括阿尔弗雷德·比奈、皮埃尔·让内和西格蒙德·弗洛伊德，继续寻找对催眠现象的心理学而不是神经生理学解释，也都以自己的方式使用过催眠法。在过去100年的时间里，催眠法经历了一段非常曲折的历史。有人把它看成是次要的过场戏，有人则把它看成是缓解疼痛的有效手段，这对那些无法打麻药的人来说，尤其如此。为什么催眠法对某些人有效，而对另一些人无效呢？

对于这个问题，可以从以下两个方面加以回答。首先，这与人的特质似乎没有直接关系。不过，新近的研究表明，它与人的注意力——全神贯注身外之物的能力——有关。近来，随着大脑扫描技术的问世，有证据表明，它与某种生理机制有关。对于那些很容易被催眠的人来说，前脑区域产生的“自上而下”的神经过程操控着大脑感官知觉区域产生的“自下而上”的神经过程。而对于那些不容易被催眠的人来说，结果则恰恰相反。但直到最近几年，它才作为动机心理学中的一个术语引起人们的足够重视；该术语指的是在催眠师发出进入某种更改过的意识状态的暗示之后，受试者所产生的听命状态或能力缺失，包括症状的突然消失等。梅斯梅尔医生假如知道这一切的话，可能会因自己的理论受到如此排斥而大为光火，也可能幸甚至哉，因为他的治疗主张经证明仍然是有效的。

第二节 相颅者：加尔

其他物理主义者采取了完全不同的措施——抚摸并测量头骨，因为他们相信，头骨分布的细节与一个人的性格特征及心理能力直接相关。

外部生理特征与心理特征相互关联这一观念源远流长。面相学，即通过分析面部的形状和大小，对面部特征和心理能力进行解释，在古希腊时期就已存在。18 世纪晚期，在瑞士神学家和神秘主义者约翰·卡斯帕·拉瓦特尔的作品影响下，这种相面术重新流行起来。拉瓦特尔四卷本的《面相学札记》，旨在宣传“面相科学”。自 1775 年至 1810 年，该书先后再版 55 次。达尔文后来说过：“我差点就耽搁了‘小猎犬号’的历史性旅程，因为船长就是拉瓦特尔的弟子，他不相信‘一个长有像我这种鼻子的人有足够的毅力和决心完成这样的航行’。”

面相学对心理学没有产生多少影响，可它却为一种相关的理论——颅相学——铺平了道路，而颅相学对心理学的确产生过重大影响。颅相学认为，头骨的轮廓取决于大脑特定区域的发育，因此可以指示人的性格及心理能力。

这种理论的最主要倡导者是弗朗茨·约瑟夫·加尔（1758—1828）。加尔出生于德国，在维也纳接受过培训，并于1785年在该市取得医学学位，是医生和神经生理学家。加尔鼠头鼠脑，五官塌陷，很难取悦于人——但他的许多有名气的患者显然并不在乎他的相貌。加尔是习惯的叛逆者，不相信权威，热衷于激烈争辩，沉醉于乱搞女人，且非常贪婪，甚至在进行科学演示时还收入场费，这在当时是有悖于常规的。

尽管如此，他仍然是一流的大脑解剖学家。通过解剖，他第一次向人们展示：大脑的两个半球是由一些乳白色的物质所组成的茎（接管）连接起来的；脊椎的纤维在与下脑连接时是交叉的（这使得身体一侧的感觉传达至另一侧的脑部）；一个物种所具有的皮质——大脑表层的灰色物质——越多，其智力水平也就越高。

加尔所做的一切是对神经科学的巨大贡献，到今天仍是如此。然而，这些发现使教会的权威人士和皇帝弗朗茨一世大为不快，因为它们将更高的智力过程归结为更加发达的大脑，而没有归结为非物质的灵魂或意识。1802年，皇帝禁止加尔做更多的讲演，理由是，这些讲演将导致物质主义、不道德行为和无神论。他几度请求皇帝取消禁令，但始终徒劳无功。因此他于1807年离开维也纳，来到巴黎。在这里，他的思想显然也没有得到拿破仑的支持，更没有受到法国学院派的回应，但他仍然固执己见，终生不渝。

加尔对大脑结构及其与智力的关系等知识所做出的贡献，本应使其在心理学史上占据令人尊敬的席位，但他的颅相学理论所取得的声誉远远超过了他对心理学的贡献，因而后世在评判他时，通常将他与这个理论相提并论。

当加尔第一次意识到人类智力超过动物智力的原因是人类的大脑皮质发育得更完全时，他突然想到，人类在智力和性格方面的可测性差异，也极有可能是人与人之间皮质发育的不同所致。如果是这样，就可以解释侵扰他多年的困惑。不管是小学阶段还是大学阶段，有一个问题总是让他感到苦恼。他发现，一些同学虽然没有他聪明，但成绩却更好，因为他们更善于记忆——而且，令人感到神秘的是，他们都长着很大的头颅，眼睛鼓出。加尔猜想，这一定意味着，眼睛后面的皮质区可能就是大脑的记忆区，记忆力旺盛者，一定是该区域的发育非常特别，以至于使眼睛外突。

果真如此的话，是否就意味着更高级的才能取决于大脑皮质的某个特定区域或器官呢？比如说，为什么不可以存在某个专门生成"好战"或"仁慈"等的器官呢？加尔记起苏格兰联想主义者托马斯·里德所提出的几十个大脑功能区，也许每一种功能都位于某个特定的皮质区，凡具有某种超常功能者，极有可能是其大脑在这一区域发育特别。

他无法打开人的头颅检测这一理论正确与否，能够做到这一点的人造 X 射线在当时还没有问世。但加尔还是慢慢推出了一个简便的假想。正如善记忆者眼球外突一样，任何发育特别者，其相应区域的颅骨肯定也会外突。而且，说来奇怪，在他开始寻找证据时，他发现证据到处都是。下面一段文字可告诉我们他是如何发现"贪取型器官"的：

以前，我在家里使用很多役童和仆从，他们经常彼此

> 责难，说对方偷窃某某东西。其中一些人特别厌恶偷窃，宁可饿死也不接受他人偷来的面包或水果，而那些偷窃者却嘲笑这种行为，认为他们很傻。检查其头颅时，我惊讶地发现，大部分积习已久的小偷颅骨突起，从狡猾区几乎一直延伸至眼睑根部[1]，而这个区域平坦者往往讨厌偷窃。

加尔及其同事，一位名叫约翰·克里斯托夫·施普尔茨海姆的年轻医生，一起检查了几百名病人、朋友、犯人、精神病院的患者和其他人的头颅，并画出一张标有 27 个功能区域的颅骨图（后经施普尔茨海姆扩大为 37 个区域），每个区域代表一个支撑该功能的器官或皮质，凡颅骨特征突出者，其相应部位的功能就高于常人（加尔画有一幅图像，画面上他双手伸开，抚摸一个模型人头，手指灵巧地摸着一些包块）。经加尔和施普尔茨海姆认定的区域主要有好色区（后脑勺下方）、仁慈区（前额上方正中间）、好斗区（耳后）、威严区（头顶前部）、愉快区（前额中间靠两边处）等。

加尔在 1810 年至 1819 年间，出版了一系列卷帙浩繁的著作，用以描述他的发现。施普尔茨海姆参与了前两卷的写作，后来就忙于自己的事了——他长得很帅，有干劲且很迷人，在欧洲和美国成为非常成功的讲演者和颅相学倡导者。通过加尔的著作和自我推销，以及施普尔茨海姆的公关活动，颅相学火了起来，而且在几乎一个世纪的时间内长盛不衰。有一阵子，仅在英国一地就成立了 29 个颅相学协会，出版数种颅相学会刊。在纽约市，颅相学“诊所”在百老汇一带如雨后春笋般冒出，颅相学大师在美国各地巡回摸诊。在颅相学的巅峰时代，它甚至成为寻常百姓的日常谈资，众多人在颅

1 即耳朵上方和前面。

相中寻找人生两难境地的答案。更令人吃惊的是，许多杰出人士和严肃学者也相信它，他们中包括黑格尔、巴尔扎克、勃朗特姐妹、乔治·艾略特、沃尔特·惠特曼等。

然而，颅相学从一开始就遭到科学界的坚决反击，而且反击得不无道理。一个原因是，加尔虽然收集并提供了大量证据，但它们几乎无一例外都是符合其理论的证据。他应该随机抽取样本，并显示这些包块与所谈及的超常特征之间存在某种联系，而正常或特征不那么超常者头上没有这样的包块。另一个原因是，当颅骨突出者没有所预测的特征（如好斗）时，加尔就用异常问题被大脑中其他部分的“平衡运动”所抵消这一理由进行辩解。加尔界定了如此之多的功能，当然可以“证明”其所选择的任何一种功能。大部分科学家认为，他的这些证明毫无价值。

对颅相学的确切否定来自实验室。皮埃尔·弗卢朗（1794—1867）是一位非常聪明的法国生理学家。他对加尔草率的方法极为惊骇，因而决定以实验证明是否某种特别的生理功能就位于某个特定的大脑区域之内。他是一位技术高明的外科大夫，给鸟、兔和狗的头颅做过许多手术，甚至切掉一些区域，然后使它们恢复健康，并观察它们的行为是否因为缺少这些区域而受影响。

当然，他不能够测验如记忆等人类功能，但他可以测试加尔本人所界定的与人脑的特定部位相关联的其他功能，如好色器官。照加尔的说法，该功能位于小脑（大脑最原始部分，即头颅靠后的基座部）。弗卢朗在一系列手术中切除掉狗脑里越来越多的小脑之后，狗却慢慢地失去其有序运动的能力。其结果是，它本想向右转时，却转向左边，想向前走时，却开始后退。此试验证明，小脑的功能是有目的的移动，与好色并无关系。

同理，弗卢朗发现，不断地切除动物的大脑皮质会减少它们对感觉刺激的反应和启动行动的能力。小小的损伤并不造成严重后果，只是降低其对视觉刺激的总体反应能力和总体活动水平，而根据颅相学的理论，却是应该产生恶果的。大脑皮质切除得越多，动物则越显得呆滞，直至所有的反应能力和自我启动能力全部丧失。一只完全去除皮质的小鸟不再飞翔，除非把它抛入空中。弗卢朗的结论是，感觉、判断、意愿和记忆全部分布在大脑的皮质里。尽管他在大脑里面发现了总的功能分区——皮质和小脑的确用途不同——但每种具体的功能似乎是各区域均摊的。

就这样，加尔的伪科学理论导致了对大脑功能分区的实验研究。另外，他的理论尽管在所有的细节上都是错误的，但还是躲过了弗卢朗的攻击，因为后来的神经生理学家仍然按照弗卢朗的方法继续实验，他们辨别出大脑的一些特别区域，认为这些区域对视觉感知、听觉感知和运动控制具有控制作用。弗卢朗认为记忆和思维分布在整个皮质，这一看法是正确的，可一些较低的心理过程，甚至一些高级的心理过程，也的确是分区域的。

较高级的功能在大脑的某些局部得到执行，最典型的例子是语言。1861 年，巴黎比塞特精神病院一位 51 岁的病人莱沃尔涅被转到外科诊室，因为他的右腿出现了坏疽。外科医生是一位名叫保尔·布罗卡的年轻人。他向病人询问病情，可这位病人只是喃喃地发出一个毫无意义的声音“坦（tan）”，他只能通过手势和“坦、坦”进行交流。如果弄不清楚他的手势，你就只好生气地对天大喊。布罗卡终于弄清楚了，“坦”是他在医院的名字。他于 21 年前来到这家精神病院时，已经失去语言能力。但他在智力上仍是正常的，只是几年之后，他的右腿和右臂开始瘫痪。

坦进入手术室后的第六天离开人世。布罗卡尸检时发现，他的大脑左侧中间偏前的地方，一块鸡蛋大小的区域严重受损，受损部位的中心几乎没有任何组织，而在它的边缘，一些剩余组织也已萎缩。根据莱沃尔涅的病历，布罗卡下结论说，损伤最早发生在这个中心区域，当时它已完全破坏了莱沃尔涅的语言能力；后来，损伤扩散导致他瘫痪。显然，大脑左半球这一较小的前端环状区，应该是语言功能的区域。自此以后，这个区域就叫作布罗卡区。

十余年后，一位名叫卡尔·韦尼克的德国医生以类似的方式发现，有些病人讲话流畅，但总爱使用一些很怪的字眼，而且不理解人们对他所说的话。这些人的损伤发生在左半球内布罗卡区后面几厘米远的地方。真相很快大白于天下，布罗卡区主管的是语法（语言的结构），而现在被称为韦尼克区的另一个区域，则主管语义（词语的意义）。这两个区域在正常的语言交流中都是必需的。布罗卡区的损伤将使病人说话能力受损，但不影响理解；韦尼克区的损伤则使病人能够说话，但说出的话往往毫无意义，而且病人不能正确地理解语言。

此后，两位德国生理学家，古斯塔夫·弗里奇和爱德华·希齐格，辨别出大脑皮质的一个特别区域，即运动控制点，是从左中脑伸向右中脑上面的一个长条形组织。其他调查者也分别查出负责视觉、触觉和听觉的区域。到19世纪末，弗卢朗认为不存在功能分区的看法看起来是错误的，而加尔的观点则相当正确，不过在细节上是完全错误的。但到20世纪之后，进一步的研究显示，两种理论都是正确的。许多功能位于人脑某些特定的区域，而学习、智力、记忆、推理、决策和其他一些高级精神活动，则发生在大脑的前叶。

弗卢朗本人总结出所有科学真理的反复否定过程："La science n'est pas, elle devient."（科学不是原本就有的，它是慢慢变成的。）

心理学之所以慢慢变成如今这个样子，部分是因为加尔。他所发现的大脑结构经受住了时间的考验，他的颅相学的荒唐理论导致了人类对大脑功能分区化的实验研究，他对皮质作为智力基础的强调，也使心理学迈出了更大的一步，其功劳远超过形而上学，也比此前任何时候都更接近于实验科学。人们应该记住他，不要总对他曾涉足伪科学而抱有成见。

第三节 机械论者

给大脑绘制分区图只是用生理学的方法解释心理学现象这场崭新的、大规模的运动中的一个部分。德谟克利特及部分先哲都曾提出过一些猜测，认为有一些生理现象是感知和想法的基础。然而，多少世纪以来，大部分生理－心理学家只是用可见的高级思维过程，比如联想、理智和意志等来论述精神现象。他们不知道有关神经系统和大脑的生理学，因而忽视了这些过程是否是由生理现象构成的这一问题。

然而，一切如我们所见，随着物理学和化学在 17 世纪的出现，一些大胆的原始心理学家开始提出一些对心理过程的机械解释。他们缺乏实际的观察数据，因而只能推想空洞的神经里流动着“动物精神”（笛卡尔），神经里流动着原子（霍布斯），神经与“震子”一起震动（哈特利）。法国哲学家朱利安·德·拉·梅特里甚至还出过一本专著，书名叫作《人是机器》（1748）。

在 18 世纪和 19 世纪早期，生理学家在神经系统方面的几项重大发现，使他们得以利用实际观察到的物理和化学现象，来解释一些低层次的心理学过程，如感觉、反射和由意志控制的运动等。这些发现有：

——1730 年左右，英国植物学家和化学家斯蒂芬·黑尔斯砍掉一只青蛙的头，然后挤捏青蛙，青蛙的腿动弹了几下。接着，他砍断青蛙的脊椎，青蛙的腿便不再动弹。黑尔斯因此确立了反射与有意识行动之间的差别，并把反射的中心确定在脊椎而不是大脑上。

——1791年，意大利生理学家路易吉·伽尔瓦尼用一只铜钩钩住青蛙的腿，使一部分脊椎与之仍然相连。当他用莱顿瓶向里面放电时，青蛙的腿踢腾了几下。伽尔瓦尼得出结论说，在肌肉和大脑里面生成的“动物电流”是通过神经传导的，而且负责运动。

——直到19世纪早期，生理学家才提出，神经系统就像一张连续不断的网络。在这个世纪的早些年里，当植物组织由细胞构成这个观点得到确立之后，德国生理学家西奥多·施旺把这个观点推进一步说，动物组织也是由细胞构成的。他区分出一种神经细胞，很快，其他一些人也演示出，大脑细胞由细胞核和长长的分支组成，它们伸展开来，并与其他大脑细胞的分支相连接。

——按照笛卡尔的动物精神理论，冲动能以任何方向在神经里面流动。而按照神经活动的电流模式，电流却只能顺着一个方向流动。1811年到1822年间，为支持后者的思想，英国解剖学家查尔斯·贝尔和法国生理学家弗朗索瓦·马让迪各自切断不同的动物神经，观察哪些功能会受到影响。两人的实验都显示出，神经系统分感觉神经和运动神经两种。在感觉神经中，电流在里面起传导作用，电流由外向里流动，流动方向是脊椎和大脑；在运动神经中，电流由里向外流动，自大脑和脊椎流向肌肉和器官。

所有这些发现，加上我们已经掌握的有关光和色彩的物理学原理，产生出19世纪生理学在感觉器官和感知研究方面的大爆炸。在思维如何感知周围世界这一问题上，新产生的心理学与贝克莱的神学幻想和休谟的怀疑主义完全不同。在一开始，它还只能解释一些低层次的心理学过程，然而，大部分新心理学的学者希望，较高层次的心理过程在最终也将以类似的方法得到解释。德国生理学家埃米尔·杜布瓦-雷蒙于1842年写信给一位朋友说，他和一位同事已庄严宣誓，一定要演示下面这一信条的真理所在：

> 除活跃在有机体中的一些常见的物理及化学力量之外，并不存在其他任何力量。如出现此时不能以这些力量解释的情况，人们要么通过物理和数学方式寻找具体的办法或采取自己的行动方式，要么假设存在新的力量，而这种力量与物质当中天生的化学-物理力量具有同等地位，并能还原为引力和斥力。

尽管新心理学出现于几个国家，但发展最快的还是德国。按照英国著名心理学史学家莱斯利·斯宾塞·赫恩肖的说法，在德国的一些大学里，“科学心理学已经诞生”。

他说，这算不得奇怪。在1870年前后，德国仍然是由许多小的王国、公国和自治城市构成的联合体，它们在不同的地方建立了一些超过欧洲任何国家的大学。另外，经过19世纪早期的教育与社会改革之后，德国大学已可为科学家和学者们提供非常精良的实验装备，供他们进行物理、化学、生理学和其他学科的研究使用。

在这种氛围下，即使康德传统中的哲学家和心理学家也抛弃了康德认定的心理学不可能成为一门实验科学的断言。其他人慢慢相信，即便是不可见的、高级水平上的精神功能——尽管只能通过受试者对刺激的反应观察到——也是可以通过实验进行有效检测的。

然而，我们首先还是拜访一下这些机械主义者——因为他们为数太多，只能拜望少数几位，这几位的作品非常重要，也足以代表这一运动中的更多机械主义者。

第四节 特别的神经能量：穆勒

约翰尼斯·穆勒（1801—1858）始学哲学，后来挣脱哲学，成为首位现代生理学大家，之后又转回哲学，以回答游离于他的生理学之外的问题。然而，哲学心理学的时代已然过去，虽然他的生理学作品对心理学产生过相当大的影响，但其哲学著作却大多被束之高阁。

穆勒出生于科布伦茨的一个中产阶级家庭，天赋极高，精力充沛，雄心勃勃。他生就一副拜伦式面孔——卷发秀头，嘴唇性感，一双眼睛极具穿透力。21岁在柏林拿到医学学位后，他将年轻人对谢林的准神秘自然哲学的狂热搁置一边，转而主攻生理学和解剖学，不久即有许多惊人发现。波恩大学在其年仅24岁时即授予他特派教授[1]头衔，29岁时又授予他全日制教授职位。

穆勒20岁出头即狂热地迷恋活体解剖和动物实验。到25岁时，他已完成两大本视觉生理学著作，但自身也开始受到躁郁症折磨。26岁时，成为教授的他终于娶了恋爱已久的未婚妻，但躁郁症更加严重，使其有五个月既不能工作，也无法从事研究。39岁时，当后来者在生理学研究中超越他时，他又一次受到躁郁症的打击。该病症对他的第三次打击是在其47岁时，起因是他与1848年的大革命的理念不合。1858年，即他57岁时，该病症第四次袭来，最终导致他以自杀方式离世。

穆勒在生理心理学方面的几乎所有成就都是在他的早年取得的。32岁时，他转入柏林大学，此时，他已无意再做那些被自己称作“切割快乐”的动物实验，转而研究起动物学和比较解剖学。他不再相

1 “特派教授”一词指的是无薪或低薪的职位，其主要价值是头衔带来的荣誉感。有时，学生们参加特派教授的讲座是需要付费的。

信实验可以解决生命的终极问题。他的里程碑式著作——《生理学手册》——尽管充满自己和他人的实验发现，但其中也包含许多关于灵魂的哲学讨论，而这些则是一个世纪之前的谈论话题。在这部著作中，他东拉西扯，说什么灵魂是工作中的大脑和神经系统，是临时寄存于人体的某种“生命活力”。

在穆勒有关神经系统的大量发现中，许多都有利于生理心理学的确立，其中有一项还产生了巨大影响。早期的生理心理学家认为，任何感觉神经都可以传导任何种类的感觉数据至大脑，正如一根管子可以传送任何装入里面的物质一样。但有许多问题他们无法解释，比如，为什么光学神经只传递视觉图像至大脑，而听觉神经只传导声音呢？穆勒则提出一套令人信服的理论。他认为，每种感觉系统的神经只传递一种数据，或如他所言的“一种特别能量或特质”：光学神经总是，而且也只传递光线感觉；听觉神经总是，也只传递声音感觉；其他的感觉神经总是，也只传递各自的感觉。

穆勒是在对动物进行一系列的解剖研究后得出上述结论的。他甚至还在自己身上做一些虽小但却起决定作用的实验。例如，当按压紧闭的双眼时，压力不会引起声音、味觉或口感，只会闪出光线。他如此表达自己的理论：

> 声音的感觉是听觉神经的特别“能量”或“特质”，光线或色彩的感觉是光神经的能量，其他各路神经亦是如此。每种感觉的神经好像只能产生某种决定性的感觉，而不能产生符合其他感觉器官的感觉。根据生理学的许多经过检验的事实来说，没有哪一种可以支持一种感觉神经可以承担另一种感觉神经的功能这一想法。盲人的触觉在今天看来还不能被称作观察，手指和腹部产生视觉只能是寓

言故事。虽有例子说明这样的事情的确发生过，但无不是骗人的把戏。

这些话在威廉·詹姆斯的口里更加刺耳："若把视神经的外端末梢接到耳朵上，再把听神经接到眼睛上，我们就该听到闪电，看见雷声了。"

穆勒虽说口头上十分肯定这一点，但他仍存疑问：感觉神经具有的这种专业性是每套神经独特的品性所致呢，还是这些神经所经过的大脑的某个区域所为？视觉冲动传递至大脑某个区域时可能是以视觉形式翻译它们的，而听觉神经则有可能是作为声音传递过去的。"现在尚不清楚，"他在《生理学手册》里说，"每根感觉神经的独特'能量'的基本起因，到底是位于神经之中呢，还是位于与之连接的大脑或脊椎的某些部件里？"在弗卢朗认为大脑各部分一致的观点仍主宰生理学的时期，穆勒的选择是"特定的神经能量"。

他的一些学生在19世纪末继续持他所产生的怀疑思想，因为他本人确曾诚实地承认过自己的不确定性。他们指出，所有的神经传递具有同样的特征，而且，大脑中神经末梢的位置决定传递所创造的经验类型。

然而，穆勒的生理学为长期以来困惑生理学家和原始心理学家的一个问题提供了答案：我们周围世界里的现实是如何成为我们意识中的感觉的？感觉如何工作的详细图景开始显露出来。这个过程开始于对眼球的光学特性或耳朵的听觉机制的研究（在这两个方面，穆勒曾进行过详细的研究），继而转向对传递来自感觉器官的刺激的那些神经的研究，最后对接受并解释这些神经冲动的大脑区域进行研究。

古人认为，任何感知到的东西的最小复制品都会通过空气和神经传递到大脑里面，穆勒则指出，传递到大脑里面的都是神经冲动，我们的感觉不是周围事物的复制品，而是与它们相类似或同形的东西。

一切如他所言：

> 感官感觉到的物体不过是由神经诱导出来的特殊状态，它们或由神经本身产生，或由与感觉有关的大脑的某些部件引起。神经通过外部原因在它们自身产生的变化，如客体条件的改变，而让大脑感知客体的存在。

然而，我们如何知道大脑对传递来的刺激所产生的反应一定对应于现实呢？这个问题一直折磨着哲学家和生理学家们，但对穆勒来说，解决起来易如反掌。我们的神经状态以合适和规则的方式对应于物体，比如，虹膜上的图像理所当然是对外部世界的忠实反映，也是视觉神经传递到大脑中的刺激。其他感官和它们所传递的信息也是如此。

于是，穆勒解开了由贝克莱和休谟提出来的认识论之谜，并将康德认定的不可检测范围转变为可检测和可观察的现实。虽然他的理论在细节上也有错误，但他的“特定能量”在更深远的意义上说，是完全正确的。

第五节 最小可觉差：韦伯

19 世纪 30 年代，在莱比锡大学，一位长着胡须的年轻生理学教授正在进行一项与穆勒完全不同的研究。他的名字叫恩斯特·海因里希·韦伯（1795—1878）。他不用手术刀，也不切开青蛙大腿，更不锯开兔子的头颅。反过来，他用健康、完整无损的人类志愿者进行实验——大学生、城里人、朋友，还使用一些平凡的工具，如药房的小砝码、灯、笔和毛衣织针。

毛衣织针？

我们先来看看韦伯平凡的一天吧。他用炭粉涂黑针尖，让针垂直下落在一位俯卧在桌上的年轻人的裸背上，在上面留下一个很小的黑点。现在，韦伯请他用一根同样涂黑的针尖指出原来那个黑点所在的位置。年轻人照着做了，却指在一个离原点几厘米远的地方。韦伯仔细测量两点之间的距离，并在笔记本上记录下来。他在该年轻人的背、胸脯、臂和脸等不同地方一次又一次地反复进行这项实验。

一年之后，他打开一把圆规，并在一位蒙上眼睛的男人的身体的不同位置把两只圆规脚撑开按下，使两只脚均接触身体。当圆规的两只脚张得很开时，志愿者知道接触到的是两个点。而当韦伯将圆规脚拉得近一些时，受试者就难以说清接触到他身上的到底是一只圆规脚还是两只圆规脚。两只圆规脚继续移动，在一个临界距离上，受试者把两只圆规脚感觉成一只。韦伯发现，这个临界的距离，会根据身体的不同部位而有所变化。在舌尖上，该距离不到1/8厘米；在脸上，为1.2厘米；而在背部，不同位置距离不等，最大为6厘米——敏感度差异竟达50倍，这戏剧性地说明每个部位神经末梢的相对数量具有相当大的差异。

韦伯对感觉系统敏感度进行的全部实验相对都很简单，但在心理学史上却至关重要。当大部分机械主义者还在忙于进行反射和神经传递方面的工作时，韦伯却已经在观察整个感觉系统了：不仅是器官及其相应的神经反应，还有意识对它们进行的解释。更大程度上说，他进行的实验应当是心理学史上最早的真正实验，也就是说，他每次只改变一个变量——在两点临界值测试中，测试的是身体的面积——并观察该面积在第二个变量中引发多少变化——两只圆规脚落点之间的临界距离。

要想知道韦伯在 19 世纪 30 年代所进行的这项实验何等重要，我们不妨回顾一下这一时期。詹姆斯·穆勒正绕着办公桌倡导过于简单的联想主义；约翰·弗里德里希·赫尔巴特正坐在格丁根大学康德的教席上亦步亦趋地重复康德的主张，即心理学不可能成为一门实验科学；约翰·克里斯托夫·施普尔茨海姆则处于一生中声名最显赫的阶段，对一群热切的支持者说，颅相学家可以根据一个人头骨的形状，准确地判断出他的性格来。

韦伯出生于萨克森省的维滕贝格，兄弟三人都成为杰出的科学家，一度还一起工作过。威廉是位物理学家，帮助韦伯进行过触觉研究；爱德华是生理学家，与韦伯一起发现了迷走神经中令人困惑的作用，因为在刺激迷走神经时，心脏跳动的节拍会缓慢下来。

和其他众多生理机械论者一样，韦伯也接受过医学培训，并在生理学和解剖学研究中找到了自己的专业。在事业早期，韦伯醉心于确定在身体不同部位引发碰触感所需要的最低触觉刺激，不过很快就转向研究更复杂也更有趣的感觉灵敏度问题。多年以前，瑞士数学家丹尼尔·伯努利曾宣布一项敏锐的心理学发现：如果穷人与富人同时得到 1 法郎，穷人会比富人感觉更走运一些。结论是，产生获得感的金钱数量取决于一个人的经济地位。这个结论使韦伯形成一个类似的推断：我们在两个刺激之间能够觉察到的最小差别——比如，两个砝码——并不是一个客观的、固定的量，而是主观的，且随物体的重量而变化的量。

为检测这一假想，韦伯请志愿者先拿起一个砝码，再拿起第二个，之后说哪一个更重一些。他利用重量不同的一系列砝码成功地确定出最微小的差别——“最小可觉差”——也即他的受试者可以感觉到的最微弱区别。如他正确猜测到的一样，最小可觉差并不是一个具体不变的重量。第一个砝码的重量越大，受试者能够感觉到的差别越大；第一个砝码的重量越轻，他们的敏感度也就越高。他报告说："最小可觉差即是两个以约 39 : 40 的比率摆在一起的重物，即是说，其中一个比另一个重 1/40。"如果第一个重物重 1 克，则第二个重物的最小可觉差为 1/40 克；如果第一个重物为 10 克，则第二个重物的最小可觉差为 1/4 克。

韦伯进而对其他感觉系统进行了类似的实验，分别决定了除却其他因素以外下列度量之间的最小可觉差：两条线的长度、两个物体的温度、两个光源的亮度、两个声音的音高等。在每一种情况下，韦伯都发现，最小可觉差的大小随标准单位刺激（第二个刺激与之进行比较的那一个）的程度变化而变化，而且，两种刺激之间的比率是一个常数。有趣的是，最小可觉差与标准之间的比率，在不同的感觉系统中有较大的差别。视觉最为敏感，可区别光线强度的 1/60；对疼痛的最小可觉差为 1/30，对声音的为 1/10，对嗅觉的为 1/4，对味觉的为 1/3。韦伯以一个简单的公式总结了这个规律：

$$\frac{\delta\ (R)}{R} = k$$

该公式的意思是，在任何感觉系统中，最小可觉差 $\delta\ (R)$ 和标准刺激强度 R 之间的比率是一个常数 k。该公式被称为韦伯定律，是感知方面最早的定律，反映了生理与心理世界之间准确计量的相互关系。这是实验心理学家自此以后一直在苦苦寻找的那种概括的原型。

第六节 神经生理学家：赫尔曼·冯·亥姆霍兹

1845年，一群年轻的生理学家组织起一个协会，即柏林物理学会。他们以物理原理解释所有的自然现象，包括神经及心理过程。这群年轻人大多是穆勒的学生，其中一位叫杜布瓦－雷蒙，此前曾提出过一个机械论教条："有机体内只存在常见的物理－化学力量。"

杜布瓦－雷蒙给这个学会带来一位新朋友，他就是赫尔曼·冯·亥姆霍兹（1821—1894），一位在波茨坦附近驻扎的军团里的外科大夫。这位害羞、不苟言笑的年轻人前额宽阔，眼睛大而有神，但就个性与地位来说，他怎么也不可能成为该学会最激进理论的旗手。然而，仅仅几年之后，他偏偏就是了。他在神经传导、色彩、视觉、听力和空间感等方面所进行的研究，不但清晰地显示出支撑精神功能的神经过程是物质的，而且可通过实验进行测试。

亥姆霍兹从不认为自己是心理学家，因为他的主要兴趣在物理学上。尽管他将职业生涯的最初20年大多奉献给了生理学，但他在这一时期的目标，却是要用感觉器官和神经系统的物理学术语来解释感知现象。在此过程中，他的努力对实验心理学产生了巨大影响。讽刺的是，在他那个时代，其最著名的科学成就竟然是检眼镜的发明。这个小东西总共仅花费了他八天时间，且他自己也认为不值一提。然而，正是有了这个小玩意儿，医生们才得以第一次真正地察看活体视网膜。

亥姆霍兹一跃而成为其所处时代中名列前茅的科学家——他所取得的成就使其赢得了贵族称号（他名字中的"冯"字即由此而来）——但比起他最崇拜的科学家，争强好胜、阴沉和隐遁的艾萨克·牛顿来，他完全是另一种人。他对其他科学家或同事们既客气又慷慨，在个人生活上，表现为一位极为正常的中产阶级教授，生活平淡如水。他的父亲是波茨坦一所专业学校的哲学和文学老师，薪水很低。他从父亲那里继承了古典文学和哲学的深厚根基，经过医学培训后，他在穆勒的指导下完成了学业论文，入伍后成为一支军团的外科医生，在那里服役了五年。他在接到第一份学术职位时娶妻，生育两个孩子后成为鳏夫，再婚，又生了三子。他的职业生涯一路攀升，任教的大学越来越好，职位越来越高，学术成果越来越多，社会地位也扶摇直上。他从未卷入过名誉权纷争，且只加入过一次学术争论。根据记录，他的业余爱好是古典音乐和登山。

亥姆霍兹在部队服役时即开始其研究生涯。当时处在和平期，他拥有较多的空闲时间，因此，他在营房里搭起一间实验室，从事青蛙解剖实验，目的是支持一种机械主义的行为观点。他测量出青蛙产生的能量和热量，并设法以青蛙摄取的食物的氧化量进行解释。在今天看来，这件事情毫无新鲜感，但在 1845 年，许多生理学家都是“活力论者”，他们相信，生命的过程部分地受到由非物质和不可感知的“生命活力”的控制，这种活力后来被翻版为灵魂（认为其存在于所有的生物之中）。

亥姆霍兹坚决反对这种准神秘化观点。他以自己对青蛙的实验数据和学到的物理知识为依据，写出了一篇题为《力的守恒》的论文，并于 1847 年提交给柏林物理学会。他的论点是，所有的机器都遵守能量守恒的法则，因此，永恒的运动是不可能的。有机物的运动过程亦然。由于没有能量来源，生命活力违反这条法则，因而是不存在的。简短地说，他将生理学建立在牛顿力学的基础上。这篇论文为他赢得了声望，普鲁士政府不再要求他服兵役，转而让他在柏林艺术科学院任解剖学讲师，一年以后，又指派他担任柯尼斯堡大学的生理学教授。余下的二十多年里，亥姆霍兹将大部分时间投入到对感觉和感知生理学的研究中。（而那之后，他在柏林大学主要研究物理学。）

他的第一个历史性研究成果是测量神经冲动在神经纤维上的传递速度。他的老师穆勒跟同时代的大部分生理学家一样，采纳了伽尔瓦尼的神经冲动电质说，认为神经系统类似于一卷连续的电线，电流以极高的速度在里面流动——根据一种猜测，其速度几近光速。然而，亥姆霍兹的朋友杜布瓦－雷蒙早已从化学上分析过神经纤维，认为这些冲动不一定是电流，而是电化学形式。果真如此的话，其速度则会相对较慢。

亥姆霍兹在柯尼斯堡大学的实验室里着手测量青蛙运动神经的冲动速度。当时还没有瞬时计（第一台瞬时计尚处在开发过程中），他创造性地把一台检流计绑在青蛙腿上（将其运动神经搭在上面），一根在旋转鼓上画直线的指针可以显示电流通过神经上半端到青蛙腿踢蹬之间的时间差。在测试刺激与足肌之间的距离之后，亥姆霍兹即可计算出神经冲动的速度。实验证明，这个速度相当缓慢，约为每秒 30 米。

他还测量了人类受试者神经冲动的速度。他请来志愿者，在他们的脚趾或大腿上施放微弱的电流，要求他们在感到电流时，立即举手示意。这些实验得出的数字为每秒 50—100 米不等。然而，亥姆霍兹认为，这些数字没有从青蛙腿上得出的数字准确可靠。有关人体测试的某些结果总是具有较大的可变性。

他于 1850 年发表了实验结果，却不为人接受，因为它们令人难以置信。生理学家们仍然相信，在神经系统里面流动的，要么是非物质的活力，要么是电流，而亥姆霍兹的数据支持的却是不同理论，也就是说，神经冲动是由复杂的粒子运动构成的。另外，他的发现与常识相悖。我们的手指或脚趾只要碰上就有感觉产生。只要我们产生移动手指或脚趾的想法，它们就会立即付诸行动。

然而，事实证明，他的证据无法反驳。经过初期抵触后，他的理论最终赢得了广泛的认同。即使他一生没有做过任何其他事情，仅这一点就可使其在心理学史上永垂不朽，因为这个发现所铺平的道路，如埃德温·波林所言，“是实验心理学今后所有的工作都必须走的，如精神活动及反应时间的测时法……它使灵魂回到时间里，它把无法说清的东西测量出来，它于自然科学的劳作中切实地捕捉到了思维活动的关键动因”。

我们在此稍作迂回，观看18年之后所出现的亥姆霍兹研究的一个重要旁支：较高级思维速度的首次测试。

这是一位名叫弗兰西斯科斯·孔奈尼亚斯·唐德斯（1818—1889）的荷兰眼科医生，在亥姆霍兹所做研究的启发下进行的一次尝试。他没有任何心理学背景，然而他认为，因为神经冲动需要时间传递，所以较高级的精神活动应该也需要时间。他提出假设，刺激与有意识的反应之间发生的延迟，一部分是因为神经传递，另一部分则是因为思维过程所占的时间。

唐德斯于1868年设计并进行了一次实验，以检测他的假设，并测量工作中的精神活动。他让受试者对一个毫无意义的词汇做出反应，如“ki”，并要求说出这个词的人以越快越好的速度重复它。在旋转鼓上记录轨迹的指针会对两个“ki”的振动做出反应而发生抖动，两个抖动之间的距离则代表时间延迟的长度。

在最简单的情形下，受试者知道将会听到什么样的声音，也知道如何做出正确的反应。刺激与反应之间的延迟因此就是简单的反应时间。然而，如果受试者需要进行某种思考活动，又会怎样呢？如果实验者发出几个声音中的任何一个，如“ki”“ko”“ku”，受试者需要尽快模仿这些声音，结果又会怎样？如果此次反应比简单反应所花的时间更长，唐德斯认为，测量出的这个时间差异就应该是两种精神活动——辨别（在听到的声音中）和选择（选择正确的反应）——的时间差异。

唐德斯还想到把两种精神活动分开并分别测量的办法。他告诉受试者，他们可能听到“ki”“ko”或“ku”，可要模仿的只能是“ki”，对其他声音则保持沉默。因为不需要重复“ko”或“ku”，他们就得辨别这些声音，而不选择反应。从辨别加选择的时间里减去辨别的时间，唐德斯认为，得到的应该就是选择时间。

结果令人吃惊。平均而言，辨别比纯粹的反应时间多出 39 毫秒，而辨别加选择时间比纯粹的反应时间又多出 75 毫秒。因此，选择要花去的时间为 36 毫秒。

唐德斯乐观地创造出了一系列更为复杂的过程。他认为，每种精神活动所花费的时间都会增加其他活动已经花费的时间，且每种活动时间都可通过减法测量出来。结果未能如愿。实践证明，时间差异并不可靠，因为时间并不总是随活动递增。于是，后期心理学家大大改善了唐德斯的方法。

然而，毫无疑问的是，唐德斯向我们展示了认知活动的反应过程所花费时间的一部分是由该活动占去的。更重要的是，他发现了一种通过测量时间来研究看不见的心理过程的方法。近日有人对他的努力大加赞誉，赞辞曰：“在唐德斯发现测量较高级精神活动的方法之后，一个新的时代开启了。”

让我们再次回望 1852 年的亥姆霍兹。在确定神经冲动的传递速度并发明检眼镜之后，他开始对色觉产生兴趣。自从牛顿于 1672 年发现太阳的白光是所有可视色光的混合之后，生理学家和心理学家都争相尝试察看眼睛和思维是如何感知色彩的。最令人困惑的是，当所有色彩的光混合在一起时，我们看到的是白色；而当两种互补色，比如红色的某个色调与一种蓝绿色光线混合在一起时，同样也是白色。同理，我们看见纯橘红色光线时会看见橘红，而当红色和黄色光线混合在一起时，也会产生橘红。

作为物理学家，亥姆霍兹知道，三种特定的色彩——特别是红、蓝和黄——按合适的比例混合在一起时，可以产生其他任何色彩。它们都是原色[1]。他推想，这就意味着人类视力能够检测出这三种色彩。他进一步提出假说，视网膜一定有三种不同的接受细胞，每种细胞配有一种对某种原色非常敏感的化学物质。他依据穆勒的特定神经能量的理论推想，从每个感受器伸向大脑的神经不仅传递视觉信息，而且传递特别的色彩信息。

一位名叫托马斯·扬的英国科学家曾于1802年提出过类似的理论，可他没有实验证据，因而被人们忽略了。但亥姆霍兹不同，他收集到大量证据，其中包括：当不同色彩的光线混合在一起时，我们所体验到的色彩；当紧盯某种浓重的色彩一阵后，我们所看到的互补色的后像；存在于一些人畜中的色盲现象；某种大脑损伤对色觉产生的影响；等等。他慷慨地承认扬的发现在先，因而，他对色觉的说法自此后就被称作扬－亥姆霍兹理论（或三色理论）。

三色理论是一项了不起的成就。它是一种可检测的、有关意识如何感知色彩的机械论解释。亥姆霍兹一步步地从外部世界到大脑的接受区域建构了一根因果现象的链条，从而结束了哲学家和生理学家的许多猜想。它的形式虽然过于复杂，但至今仍然在色觉理论中居于支配地位，彻底推翻了每一种感受器中的神经携带不同种类的能量这一观点。

1　所谓原色，指红、蓝和黄，更准确地说，应该是洋红、蓝绿和黄色。颜料吸收光线，也反射光线，因此，把它们混合在一起的结果，与把光线混合在一起的结果不一样。

至于由德谟克利特、贝克莱、休谟及其他人就感知而提出来的一个深刻而令人困惑的问题——我们看见的是否就是外部世界的真正映象——亥姆霍兹比穆勒更趋向于机械主义，认为这个问题毫无意义，大可不必给予考虑。

> 在我看来，除了实际的真理之外，谈论我们思想中其他的真实性，均没有意义。我们对事物的概念只有符号，也即事物的自然信号。我们学会如何使用这些符号，以调整自己的运动，改善自己的行为。如果知道如何正确地阅读这些符号，我们就可借助它们调节自己的行动，从而带来所需要的结果。也就是说，所预期的新的感知就会来临……因此，询问我们所看到的朱红［硫化汞］是不是真正的红色，或是不是我们的感官错觉，是没有任何意义的。红的感觉就是正常的眼对朱红反射出来的光线的正常反应……但认为从朱红上反射出来的光波具有某种长度，则另当别论。如果不考虑人类眼睛的特别本质，这个说法是完全正确的。

这位机械主义的生理学家就这样摇身一变，成了心理学哲学家。他也值得人们如此看待。

亥姆霍兹的色觉研究，只是他在许多年里对视觉感知全面探索的一部分。他的研究成果，即《生理光学手册》（1867），长达50万字。书中除了阐述自己的研究成果之外，还概括了前人在这方面进行的所有研究。在此后的好几代人中，该书一直是关于眼睛的光学和神经特性的权威论著。他还就听力写过一部类似著作，只是稍薄一些而已。

在《生理光学手册》中，亥姆霍兹主要讨论了视觉的物理学和生理学过程，并就其生理学的过程进行了敏锐观察，认为思维可以借助这些生理学过程，对来自视觉神经的信息进行解读。他在感觉（任何颜色的光线对视网膜的刺激及因之而来的视觉神经冲动）和知觉（心理根据接收到的冲动形成的有意义的解读）之间做了非常有价值的区分，而此前的心理学家们一直搞不清楚这个问题。对于其他感觉系统的信号输入，他也做出了同样的区分。

这种区分对亥姆霍兹的认识论至关重要。他同意康德的观点，认为感觉是由认识来解释并赋予意义的，然而，他不同意康德所认为的认识天生具有提供这些意义的“范畴”和“直觉”的观点。反过来，他宣称，认识在尝试与错误中学会了解读感觉，也就是说，认识在不断地了解哪些视觉反应会产生预期结果，哪些不会。

空间感即为再好不过的例子。康德认为，认识天生就能凭直觉感受到空间关系。亥姆霍兹争辩说，我们是通过无意识推理来认知空间的。在孩童时期，我们一点点地得知，如大小、方向和色彩强度等视觉线索，与物体的远近、上下左右方位等大有关系。通过经验，我们慢慢对空间关系形成正确的判断。（观察过 3 个月的婴儿试图抓住一个物体的父母，大都清楚这个过程。）

英国的实证主义－联想主义者们也曾发表过相似的言论，但他们同样缺乏实际的证据以证明自己的观点。可作为彻底的实验科学家，亥姆霍兹却通过研究搜集了许多证据。

他还突然想到，如果颠倒抵达受试者大脑的空间感——他的理论如果正确的话——则受试者应该能够适应这种倒错的视觉，并学会正确地解读它。于是，他做出一副带棱的眼镜，使物体出现在实际位置的右边。当戴着这种眼镜的受试者试图碰触面前的物体时，结果却错过了，因为他们的手伸向的不是实际的位置。

接下来，他让受试者戴着眼镜继续拿取物体，然后碰触实际位置上的物体，他们开始有意识地朝从眼镜中看到的物体的左边伸手。几分钟后，他们都能很快且毫不犹豫地按照物体的实际位置拿取物体，因为他们已经做出了知觉上的调适，他们的心理也已重新解读了从视觉神经传递过来的信息，从而做出了对现实相对关系的正确判断。

但当他们摘下眼镜再去拿取物体时，竟又拿不到了，他们的手都伸向实际物体的左边。这就说明，正常的空间感需要一段时间进行复原。

亥姆霍兹赞同康德关于某种先天能力，即解读因果关系的能力的观点。对于其余部分，他则坚持认为，几乎所有的知识和思想都是心理对感觉经验解读的结果，而这些解读，特别是与空间感有关的知觉，在很大程度上都是无意识参照的结果。

这一观点受到当时心理学界的强烈反对。大多数心理学家认为，心理天生能够解读知觉。他们用天生论解释的一个关键功能是：来自眼睛的两个图像可以合并起来，形成一个单一的三维图像。有些人认为，视网膜上的每个点都接受了同样多的信息，正如另一个视网膜上相应的点一样。两根视觉神经因此可以把图像合并起来，从而形成一个图像。一位反对亥姆霍兹观点的学者认为，每个视网膜都有天生的“标志”，可以区别高度、方向及深度，因而可以使神经系统在信号到达大脑之前将图像合并起来。

亥姆霍兹驳斥了这种看法。他写道，先天论是“一种不必要的假说”，它依赖无法证明的假设，而且对经验主义理论中可被证实的事实没有做出任何贡献。他找到一条最强有力的证据，用以证实经验完全可使我们将成对的图像作为一个单一的图像进行感知。这个证据就是立体镜。该仪器于 1833 年由查尔斯·惠斯通发明。通过这个仪器，观察者看到的不是两个完全相同的图像，而是两个从稍稍不同的角度取来的不同图像。这些图像投射在视网膜上，无法形成点对点的匹配。然而，如果一个新的观察者在立体镜面前看一阵子之后，他或她就能突然看到一个单一的图像——三维的图像。两种并非等同的图像的合并，形成一个与任何一个图像都全然不同的图像，这是发生在大脑里的经验导致的结果。

然而，亥姆霍兹并没有完全击败反对者，先天论仍以一种或另一种伪装存活下来，包括格式塔心理学，晚近一些的基因心理学，对气质的研究，以及更近一些的进化心理学。不过，自亥姆霍兹时代以后，心理学的主流大都是实证主义和实验性的。他自认为不是心理学家，但人们吃惊地发现，他对心理学所产生的深远影响，远远超过了他对物理学和生理学所做的贡献。

第七节 心理物理学家：费希纳

在通情达理、正常而年轻的亥姆霍兹开始就神经及心理现象积累大量证据以证明自己的机械主义观点时，莱比锡大学里一位富于幻想且多少有点神经质的中年教授也在努力工作着。他要证明的是，宇宙内所有的人、动物和植物都是由物质和灵魂构成的。他叫古斯塔夫·西奥多·费希纳（1801—1887）。虽然未能达到这个目的，但他在收集数据以显示刺激（物质世界）和感觉（心理或灵魂世界）之间的数学关系时——他认为这种关系可以证明他的泛心灵哲学——发展出了一套研究方法。这套方法自此以后一直为实验心理学家所沿用，以此促进费希纳试图推翻的物质心理学。

费希纳出生于德国东南部的一个村镇，父亲是该村镇的牧师。正如其儿子一样，这位父亲把宗教信仰与坚定不移的科学观结合起来，使用上帝的语言布道。他的一些行为使村里人大惑不解，譬如，他在教堂的尖顶上安装一枚避雷针，而在当时情况下，这种小心谨慎是对上帝信心不足的表现。难道上帝连自己也保护不了吗？

费希纳在莱比锡大学学习医学，但在1822年拿到学位后，他的兴趣迅速转移至物理学和数学方面。毕业之后，他主要以翻译为生，将用法语写成的一系列物理学及化学手册译成德文——几年之内共译九千多页。之后，从1824年起，他开始在大学里讲授物理学，并致力于电流研究，写出了许多专业文章。他的不停劳作使其在物理学上获得声誉，但也为此付出相当代价：剧烈的头疼，并一度失去控制，无法思考。这种病症导致他不停地在鸡毛蒜皮的小事上兜圈子。

他在30岁出头即飞黄腾达，爱情事业双丰收——于1833年结婚，1834年获得全职教授职位——但其身体状况却持续恶化。“我无法入睡，身心疲惫，不能思考，有一度我已觉得活着没有意思了。”他后来评述这一时期的生活时说。他去温泉浴场寻求治疗，但收效甚微。之后，他试图通过研究后像转移自己的注意力，这使他首次进入心理学研究领域。在研究过程中，他往往戴着太阳镜长时间地观测太阳。他对后像的研究得到了认可——亥姆霍兹曾使用过他的数据——但这样的观察又结出恶果，费希纳不久即患上了严重的恐光症，情绪全线崩溃。

费希纳几乎失明了。为了避光，他躲进暗室里，忍受着疼痛、压抑、无法排遣的无聊和严重的消化道疾病的折磨。（他从大学退休，尽管只教过几年书，但仍得到一笔养老金。）在为期3年的养病期间，他各方面都处于人生的最低点。他把自己的房子漆成黑色，无论白天晚上都待在里面，什么人也不愿见。各种泻药、蒸汽治疗、催眠术、休克治疗都无济于事。他仍旧莫名其妙地反复忙碌于一些琐事，同时受到另外两种感觉的折磨：一方面，他因为感到自己已接近这个世界的秘密而喜悦；另一方面，又为能否科学地证明这些秘密的正确性而担心。

不过，他还是慢慢地好转了起来。又过了一些日子，他可以在光线下看东西，也乐于与人讲话了。此后几个月里，他开始走到花园里散步。花儿看上去更加明亮，色彩更加鲜艳，他在这些东西上感知到一种内在的光芒。他立即抓住了新的视觉所附加的意义。

> 我毫不怀疑我已发现了花朵的灵魂，并以我极其奇怪、似乎受到魔力驱使的情绪在想：这是躲藏在这个世界的隔板之后的花园。整个地球和它的球体本身只是这个花园周围的一道篱笆，是为了挡住仍然在外面等待的人们。

费希纳不久即写出一本书，详细讨论了植物的精神生活。在余下的几年里，他施尽各种办法宣传自己的泛灵论，即意识与物质在世界上同时存在。

正是这种神秘的信仰使费希纳致力于他具有历史意义的实验心理学研究。1850 年 10 月 22 日的早晨，他躺在床上，思考如何向机械主义者证明心理和肉体其实只是一个统一体的两个方面时，一道灵光闪过了他的脑海：如果他设法显示在刺激的力量与其产生的感觉强度之间存在某种数学关系，那么他就可以证明灵与肉的统一。

或许对于费希纳来说事情是这样的，整个推理的逻辑也许可以避开非神秘主义。不过，他在这里倒是提出了一个非常有效且极其重要的问题，即心理感知外部世界的准确性：刺激的强度与其所产生的感觉之间是否存在前后一致的数学关系？从直觉上来说，可能是这样的：光线越亮，我们越觉得明亮。然而，如果你让光的亮度翻一倍，感觉的强度是否也会强一倍，或存在某种别的、好像是真实的关系呢？

费希纳接受过物理学和数学的训练，他的感觉是，当刺激的强度增大时，应该有更大的差别（绝对值上的差别）以在感觉上产生一定程度的增强。从数学上来说，刺激强度的几何式增强会导致感觉强度的算术型增强。其解释如下：按照传递到耳朵里的能量，滚雷的声音应该比日常谈话的声音响好多倍，但按分贝——分贝指人耳可分辨的最小响度差别——计算，它只不过响两倍而已。

为了通过实验确证他的直觉，费希纳必须解决一个看上去无法解决的问题。他可轻易地测量出刺激强度，但感觉是主观的，无法测量。然而，他推想，尽管无法直接观察和测量感觉，但可以将感受性作为指引，间接地做到这一点。也就是说，他可以确定感觉者刚能察觉到的、任何水平上最微小的刺激力量的增大。由于“刚能察觉到”在任何水平上都意味着同一个东西，因而可以视作感觉的一个测量单位，他可以用它与产生这种意识所必需的刺激的增加进行比较。

费希纳后来说道，他并不是从韦伯那里得到这一灵感的，尽管韦伯此前曾做过自己的老师，且早几年前就已发表了“最小可觉差”的研究成果。但他立刻意识到，自己正在使用并推广韦伯定律。韦伯已经发现，两项刚刚能够注意到的差别刺激之间的比率是一个常数，不管这种刺激的大小如何。费希纳的说法是，尽管两项刺激之间的绝对差别随着刺激强度的增大而增大，可感觉者对一种刚能察觉到的差别的感觉仍旧保持一样。

费希纳后来写道，想象一下，你用太阳镜看天空，并在刚能察觉到的天空背景上挑出一片云去审视。然后，你戴上一副更黑的眼镜：云彩没有消失，仍处在刚能察觉到的临界点上。这是因为，尽管强度的绝对水平在透过黑镜片的过滤之后降低很多，但云彩与天空之间的对比强度仍然没有改变。

为表达刺激强度与感觉强度之间的关系，费希纳以数学方法变换了韦伯定律，对它进行整合，使其成为：

$$S=k\log R$$

该等式的意思是说，感觉强度的逐步增大是刺激强度翻倍的结果（乘以某个比率或系数）。费希纳想把这份荣誉归还给他以前的老师，便把这个公式依然称作韦伯定律——是他本人给韦伯的公式和他自己的公式命名的——但后来的心理学家依然按照这些公式各自的归属，把修改后的公式叫作“费希纳定律”。

费希纳将随后的九年花费在辛苦的实验工作中，收集了大量能够确证这个定律的数据。尽管他的性格中有一些神秘主义者和诗人的气质，但一进实验室，他就会变成一位痴迷研究、严格缜密的人。他不知疲倦地让受试者举起重物、注视光源、聆听各种杂音和音调、观察色彩样本等，然后说出它们在感觉上的异同。这些年中，他对每种刺激的强度都进行了范围广泛的实验，使用到测量这些判断的三种方法。仅在这些方法中的一种里，他便列出 24，576 种判断的表格和计算结果。他将第一次系统地探索物理和心理学王国之间的数量关系视作一种新的科学专业，给其命名为“心理物理学”。

在他使用过的三种实验测量方法当中，有两种是他从前人那里借来并加以完善的，第三种则纯粹是他自己的发明。直到此时为止，还没有人使用过这种极仔细、能准确控制和测量的方法来探索心理学上的反应。因而，他的方法很快便得到了广泛的接受，即使在今天的心理学实验里，也还被反复使用。

第一种是极限法，费希纳叫它“最小可觉差法”。为确定一个刺激的临界值，实验者重复地对受试者施以相同性质的刺激，从最低的量逐渐加大强度，直到受试者可感受到刺激为止。为确定最小可觉差，实验者提供一个“标准”刺激和一个“比较”刺激，以最小幅度增大两种之间的差别，直到受试者可感觉到为止。

第二种是常量刺激法，费希纳叫它“正误情况法”。实验者重复地对受试者施以相同性质的刺激——在临界值上的单个刺激或成对的类似的刺激。受试者回答“有”（意思是说，他感受到，或两个刺激有所不同）或“没有”（表示他没有感觉到，或两个刺激没有不同）。受试者的回答产生平均值，而这些平均值则指明，在任何指定的刺激水平或两个刺激之间的差别上，受试者对这些刺激或两个刺激之间的差别的感觉是可能的。

第三种方法，即费希纳本人的创造性贡献，叫调节法，他称之为“平均错误法”。实验者或受试者调节比较刺激，直到它好像（对受试者来说）与标准刺激相等。结果总会存在正负误差，不管误差多么微小。将每一次误差都记录下来，而后在多次试验过后，算出误差的平均值，它即是最小可觉差的尺度。这个方法确立了一个有用的原则，即测量数据变量和集中趋势一样可以提供有效的信息。

1860年，费希纳出版了两卷本的《心理物理学纲要》，把他的研究成果公布于众。此时，他已59岁，而在这把年纪，科学家极少拿得出有创见的东西，但《心理物理学纲要》的确富于创见，因而几乎是立即产生了巨大影响。大家对此书产生了浓厚而广泛的兴趣——不是对他所信奉的泛灵论，而是对他的实验和定量研究方法论。波林在论及费希纳的成败时说道：“他攻击的是机械主义的铜墙铁壁，却也因为测量出感觉而备受赞美。”确切地说，有些心理学家认为，心理物理学的方法论是一个可怕的话题。多年以后，伟大的威廉·詹姆斯写道：

> 如果像他这样可敬的老人一直用他的怪诞想法将这门

科学永久禁锢，如果在一个充满引人注目的成果的世界里迫使未来的学者们在这片繁杂的田地里耕耘，那么不仅得去研究他的作品，而且得去研究那些反对者的更枯燥的作品，那可真是一件要命的事。

然而，许多人并不这样看。尽管对费希纳认为的最小可觉差都是相等的这个假想的有效性存在激烈争论，但人们大多认为，他的方法是一个天才的突破。对刺激和反应两者之间的关系进行定量研究的时机已经成熟，许多心理学家几乎立即着手利用费希纳的三个方法进行研究，因其将肉体的生理结构与其所引起的主观经验巧妙地连接在了一起。（费希纳本人此后尽管仍在写文章为其心理物理学辩护，但其余生大部分时间都献给了美学、超自然现象、统计学和泛心灵哲学等研究。）

后来的心理学家们已经在他的每一个发现里都找到了错误，甚至将其批驳得一无是处，但他的方法不仅仍然有用，而且一直被认为是感觉测量中最基本的方法。波林总结了费希纳相互矛盾的成就：

没有费希纳……也许仍然会有实验心理学……然而，这个实验主体将毫无科学的生机，这是因为，如果测量不能成为科学的工具之一，我们便很难认为某个课题是科学的。考虑到他所做的一切及他做这一切时所处的时代，正是费希纳将实验计量心理学这门学问从其原来的途径导入正轨。人们也许可以称他为“实验心理学之父”，抑或可把这个称号送给冯特。这都没有关系。重要的是，费希纳播下了肥沃的思想之种，它生长起来，并带来了丰硕的果实。

第五章 捷足先登者：冯特

第一节 恰逢盛世

根据大部分权威的说法，心理学诞生于1879年12月的某一天。此前的一切，从泰勒斯到费希纳，不过是其祖先的进化史。

心理学的诞生是一件悄无声息的琐事，未曾有过一丝张扬。这一天，在莱比锡大学一栋叫作孔维特（招待所或寄宿之处）的破旧建筑里，一名中年教授和两名年轻人在三楼的一个小房间里装配实验装备。他们在桌子上安装了一台千分秒表（铜制的、像座钟一样的机械装置，上面悬挂着一个重物和两个圆盘）、发声器（一个金属架，上面升起一只长臂，一只球将从臂上掉在一个平台上）、报务员的发报键盘、电池及一个变阻器。然后，他们把五件东西用电线连接起来。这套电路还没有今天电气培训的初学者所使用的东西复杂。

中年男人是47岁的威廉·冯特（1832—1920）教授。他长着长脸，胡须浓密，衣着简朴。两个年轻人则是他的学生：马克斯·弗里德里希，德国人；G.斯坦利·霍尔，美国人。这套设备是为弗里德里希设置的，他要用这套东西收集博士论文所需要的数据。他的博士论文题目是《知觉的长度》——受试者从感知球落在平台上到其按动发报键之间的时间。没有记载写明那天是谁负责让球落下，谁坐在发报键面前。然而，随着那只球“砰”的一声落在平台上，随着发报键“嗒”的一响，随着千分秒表记录下所耗费的时间，现代心理学的时代正式到来了。

当然，人们可以反对这个说法，认为现代心理学开始于 19 世纪 30 年代，即韦伯进行最小可觉差的研究之时；或开始于 19 世纪 50 年代，即亥姆霍兹对神经传递的速度进行测量与费希纳进行第一次心理物理学实验之时；或开始于 1868 年，即唐德斯进行反应时间的研究时。甚至如罗伯特·沃森所说，它应开始于 1875 年，因为在这一年，莱比锡大学批准冯特使用位于孔维特楼的房间存放和演示他的设备，而同年，哈佛大学在劳伦斯楼里辟出一个房间供威廉·詹姆斯做实验。

但多数权威认可的则是1879年，且理由十分充分。因为在这一年，孔维特楼的房间里进行了心理学的第一次实验，冯特自此管这间屋子叫“私人研究所”（在德国大学里，正规组建的实验室才叫研究所）。几年之后，这个地方则成为未来心理学家的朝圣之地，不但得到大规模扩建，且被指定为这所大学正式的心理学研究所。

在很大程度上，也正因为这个研究所，冯特才被认定为现代心理学的奠基人之一，而且是其主要奠基人。正是在这里，他进行了自己的心理学研究，并以他的实验方法和理论培训了许多研究生。他从这里输送许多新的心理学骨干——他亲自指导近两百名博士的论文答辩——到欧美的各所大学。另外，他还写出一系列学术论文和卷帙浩繁的专著，从而使心理学在科学领域中占据一个特定席位。他可称得上是第一位名副其实的心理学家，而不只是对心理学感兴趣的生理学家、物理学家或哲学家。

也许最为重要的是，冯特把对有意识的心理过程的研究还给了心理学。从古希腊哲学家到英国联想主义者，这些有意识的心理过程一直是心理学的核心问题，因为联想主义者和他们的前辈一样，习惯通过传统的内省方法探索问题。在设法使心理学变成一门科学时，德国机械主义者已极力排斥了内省法，理由是：内省是主观的，只能处理难以察觉的现象。他们认为，解决心理学问题的科学方法，只能是处理神经反应的生理方面，而且，按照其中一位心理学家的说法，它只能是“没有灵魂的心理学”。

确实，早在冯特的实验室进行第一次实验之前，费希纳和唐德斯就都曾利用实验方法测量过某些神经反应。然而，完整地开发出这些方法，并使其为后世两代心理学家所利用的却是冯特，倡导心理过程可用实验方法进行研究的也是他。事实上，早在1862年，他就开始思考这个观点，并在《对感官知觉理论的贡献》的序言中陈述道：

> 实验方法最终将在心理学中起重要作用，尽管这一点目前还未被人们全盘认识。常见的观点是，感觉和感知是实验法唯一可利用的领域……［但是］显而易见，这是一种偏见。一旦灵魂被视作一种自然现象，心理学也被看作一门自然科学，实验的方法就一定能在这门科学中得到更广泛的应用。

他将心理学与化学进行比较。正如化学家不但可通过实验得知一种物质受其他物质的影响，且可通过实验得知其本身的化学性质一样。

> 心理学家走的也是同一条道路……如果说实验只能确定［刺激］对心灵产生的作用，那就大错而特错了。

心灵对外部影响的反应行为可以确定，而且，我们可通过变更外部影响得出一些定律，诸如此类的心灵生活将受制于这些定律。简单地说，对我们而言，感觉刺激只是实验工具。在继续研究心灵现象的过程中，通过在感觉刺激里制造多重变化，我们就可应用这个原则，因为它是实验法的精髓；一切如弗朗西斯·培根所言，“我们改变了现象产生的环境”。

早在冯特钻进实验室里做第一次实验之前，他就已致力于将生理学和心理过程联结起来，并因此闻名遐迩。他的观点甚至传至美国，威廉·詹姆斯于1867年在给友人的信中曾经写道：

在我看来，心理学变成一门科学的时代已经到来，某些测量已在神经的生理变化与意识的面貌[以感觉感知的形式]之间展开……亥姆霍兹和海德堡大学一个名叫冯特的人都在进行这项工作，而我希望……今年夏天去拜会他们。

（这年夏天他未能拜会冯特，不过，多年后他去了，而那时，他自己已成为心理学界的领袖人物。）

一些不喜欢“伟人”史观的现代史学家可能会说，心理学这门新科学不是由冯特创立的。它的创立，不仅得益于19世纪中期总体的社会和知识状况，而且得益于行为学和社会科学的发展状态。达尔文的《物种起源》（及后来的《人和动物的感情表达》）中的动物心理学，奥古斯特·孔德的社会学研究，人类学家就生命、语言和无文字民族的观念等所做的越来越多的研究报告，以及其他一些相关因素，无不努力地创造出一种氛围。在这种氛围下，人类的本质是有可能得到科学研究的。

的确，如果在德尔图良或阿奎纳，甚或笛卡尔的时代，是不可能产生这么一个冯特及实验心理学的。没有电池，没有发报键，也没有千分秒表，极少有人将人类行为视作可以通过实验加以研究的一组现象。可是，在任何知识领域，就算是时间和地点恰到好处，脱颖而出的也绝不会是几百、几千人，而只能是少数几个佼佼者，甚至只能是一个：一个伽利略，一个牛顿，一个达尔文，是他们启发了数以千计的才识上不及他们的男女，而这些后来者向杰出前辈学习并将其事业推向前进。也只有一个冯特，他的天才和驱动力，变成了欧美新心理学的导航灯。

可在今天，他似乎是一个奇怪而矛盾的人物。尽管他长期拥有崇高的声望和影响力，但除了心理学家和学者外，他的名字几乎鲜为人知。大部分外行可以轻易说出弗洛伊德、巴甫洛夫和皮亚杰，却不晓得冯特是何许人也。甚至那些的确了解其历史地位的人，也无法同意他的主要观点。从他的理论体系中，不同的学者可以总结出不同的冯特。心理学家们一度认为冯特心理学的范围过窄，但这种看法显然是短见。一些史学家近日重估了他的工作，宣称他是眼光远大、胸怀宽广的心理学家。在某种程度上说，他难以被理解的原因极有可能在于他身上拥有太多19世纪德国学者的品性：无所不晓、顽固、专横，且自认为一贯正确——他的理念及人格，在今天来说都让人难以理解。

第二节 首位心理学家是如何炼成的?

冯特身上的一切无不令人吃惊，其出身也不例外。在童年和青年时代，他既没有活力，又缺乏才气，看上去完全不像有一丁点儿出息的人，更不用说会成为科学界和高等教育界的巨人。事实上，他看上去像只呆鸟。

冯特于1832年出生于曼海姆附近的内卡劳，该地位于德国的西南部。他的家庭也算是书香门第，他父亲是村里的路德教会牧师，而他的祖上也非无能之辈，出过大学校长、医生和学者等。在许多年里，冯特一直没有显露才气，对学习更是不感兴趣。在孩提时代，他唯一的好友是个弱智男孩。他是个习惯性的白日梦者，一到课堂上就神情恍惚。读一年级时，一日其父来到学校，见他心不在焉，盛怒之下竟当着同学的面连扇他几记耳光。此事冯特终生未忘，但当时似乎并未改变他什么。13岁时，他前往布鲁赫萨尔的天主教专业学校就读，继续在课堂上做白日梦，时常被老师扇耳光，甚至有老师当众对其进行讽刺挖苦，尽管这些同学多是农家子弟，且读书亦不比他专心。然而，所有惩罚都无济于事，那一年他学业未成，颜面尽失。

父母只好转送冯特去海德堡读大学预科。这里的学习氛围有所好转，他也慢慢控制住走神的毛病，安然度过大学预科的几年时光，不过成绩一般。毕业时，他不知道自己想做什么。此时，父亲过世，母亲只有少量养老金，他不得不思虑谋份工作，以维持体面生活。他决定选择医学，并考上了图宾根大学。之后，他瞒着母亲继续在外无所事事地晃荡了整整一年。

年终时回到家里，他惊讶地发现家中已几乎无钱供他读完余下的三年。他决定痛改前非，于这年秋天到海德堡大学继续学业。他一头扎进学习中，在三年时间内完成全部学业，并于1855年，在医学全国会考中获得第一名的骄人成绩。

但在学习过程中，他发现临床实践没有丝毫吸引力，而理科课程反倒饶有趣味。1855年，他拿到硕士学位，来到柏林大学，跟约翰尼斯·穆勒和埃米尔·杜布瓦－雷蒙学习一年，于1857年出任海德堡大学的生理学讲师。次年，已经声名显赫的赫尔曼·亥姆霍兹来到该校，建立一所生理学研究院，冯特适时地申请做其实验室助手，谋得这份工作。正是这份工作加强了他对生理心理学的兴趣。

此时，他正值20多岁，精力充沛，尚未婚娶，完全成了工作狂。除实验室工作之外，他一边讲课，一边编教科书赚钱，同时致力于对感官知觉理论的研究，开始就该课题起草一部鸿篇巨制，即《对感官知觉理论的贡献》。该书出版于1862年，在书中，年仅30岁的冯特向德高望重的哲学家和机械主义生理学家提出挑战。他说，心理学只有建立在实验结果的基础上才能成为一门科学，心理是可以通过实验手段进行探索的。

1864年，冯特晋升为副教授。他辞去亥姆霍兹助手的工作，专心致力于自己的研究。他无法再进亥姆霍兹的实验室，只好在家中自建一个，收集并自己动手制作必要的仪器，进行自己的心理学实验。他继续教授实验生理学课程，但在其讲稿里已出现越来越多的心理学素材。将近不惑之年时，冯特抛开工作转而追求一位女郎，并与她订婚。由于手头拮据，他们只得推迟婚期。

亥姆霍兹于1871年离开海德堡大学。从逻辑上说，冯特最适合坐他的位子。恼人的是，尽管该大学将亥姆霍兹的大部分职责增派给他，但只授予他一个特派教授的头衔，薪水也只有亥姆霍兹的1/4。这一提升使他和未婚妻得以成婚，但婚后他比以往更刻苦地工作，专心撰写《生理心理学原理》一书，指望该书能使其离开海德堡大学。

他真的做到了。在第一部分里——该书分两个部分，分别出版于 1873 年和 1874 年——冯特不谦虚地写道："本人在此奉献给公众的作品，是想划出一门科学的界线。"这部著作带给了他所希望的东西——苏黎世大学的教授教席。一年之后，他又在莱比锡大学得到了更好的教职。

冯特于 1875 年来到莱比锡大学，设法获得孔维特楼的房间来存放物品和进行演示。四年之后，他将之改造为自己的私人研究院。他的讲座十分受欢迎，个人名声和实验室的名气也吸引了许多助手来到莱比锡。1883 年，大学不但增加了他的薪水，且给他的实验室以正规的研究所称号，使之名正言顺。同时，大学又增拨给他额外的空房，让他将实验室扩建成拥有七个房间的套间。

他本人却很少待在实验室里，转而将大部分时间放在授课、管理研究所上，同时致力于写作并修改心理学方面的著述，后来又写出很多逻辑学、伦理学和哲学等方面的著作。他把每一天都安排得井井有条，就像伊曼努尔·康德似的。他利用上午的大部分时间写作，然后进行一个小时咨询，下午要去实验室，散会儿步，同时思考下面讲课的内容，把课讲完，然后再去趟实验室。他的晚上是安静的，除音乐会外，他并不热衷于公众生活，也几乎从不旅行。不过，他和妻子经常招待高年级的学生，且在大多数星期日里，让他的助手们来家用餐。

在家里，冯特虽然仍旧端着架子，但总体上是亲切和蔼的，而在学校，他则有板有眼，一股书卷气，言行举止宛如一个大人物，他也自视为大人物。授课时——他的课在大学里最受欢迎——他会一直候在外面，直到大家全体落座，助手们也全体到位，且都在前排坐定。然后，他会突然将门打开，一步跨进，一袭黑袍，充满学究气。他目不斜视，径直沿过道迈向讲台，在讲台上摆弄一会儿粉笔和纸张，而后手撑讲台，面对期待他的听众滔滔不绝地展开讲述。

他讲课从不看讲稿，总是滔滔不绝，激情澎湃。虽然艰涩沉闷，语焉不详，但他也时常会以稳重的学术方式逗乐子。比如，他这样描述狗的精神能量：

> 我曾花费大量时间测试家中的那条贵宾犬，观察它能否肯定地表现出普遍的经验概念。我教它将一扇开着的门关上，并要它在听到我“关门”的命令时，用前爪按通常的方式关门。开始时，它在我书房里一扇特定的房门上学会了这招。有一天，我希望它在书房的另一扇门上重复这个动作，它却吃惊地看着我，什么也不肯做。我煞费苦心地又一次教会它在改变了的环境下重复这一把戏。自此之后，它可以毫不犹豫地听从命令，遇到像这样的两扇门时都能够关上……［然而，尽管］某些特别概念的联想已发展成真正的相似联想，但仍没有迹象表明，在它的意识里存在概念形成的主要特征——某个特定的物体可替代性地代表一整类物体范畴的意识。当我命令它关上一扇向外打开的门时，它只是简单地做着同一动作：打开房门，也就是说，它并不去关上它。虽然我不耐烦地重复“关门”的命令，它仍无动于衷。不过，它显然也因为自己未能完成任务而沮丧不已。

这就是冯特最为和蔼的言辞。即使最佩服冯特的一位弟子，爱德华·铁钦纳，也觉得自己的老师“毫无幽默感，不屈不挠，极具进取心”。由于博学，他总是自视为权威。威廉·詹姆斯不无挖苦地写给一位朋友：

> 因为这个世界上必须得有教授，冯特即成为最值得称赞和永不可能被过分敬仰的那种人。他不是天才，而是教授——那种［在自己专业内］无所不知、无所不言的那一类人。

对于他的毕业生，冯特都乐于给予帮助，对他们关怀备至，充满慈爱——但也十分专横。在学年开始时，他常命令研究生班上的学生到研究所集合，他们要在他面前站成一列，由他宣读该年度他必须看着完成的一些研究项目，并把第一个课题安排给站在队列边上的第一个学生，第二个课题交给第二个学生，以此类推。按照雷蒙德·范彻的说法：

> 没有人胆敢对这些分配提出异议。学生们很有责任心地去完成每一个任务——这些任务在大部分情况下即成为他们的博士论题……［冯特］指导这些将要发表的报告的写作。尽管有时他容许学生们在这些报告里表达自己的观点，但他却常常拿蓝笔在上面大肆批评。他的最后一批美国学生中的一个在报告里说："在强烈捍卫学术观点的基本原则方面，冯特表现出的是众所周知的德国人的品性。我的论文约有 1/3 的内容未能支持冯特的同化作用观点，因此惨遭删除。"

公平而论，我们还是要说，晚年的冯特已经变得心地柔顺、慈祥可亲了。他喜欢在书房里招待年轻的客人和听课者，回忆自己年轻时代的趣闻逸事。他教课、写作，还指导心理学研究，直到 1917

年于 85 岁高龄退休为止。此后直到 1920 年，即他 88 岁时，他还一直忙于著述，直到临死前第八天仍在奋笔疾书。

第三节 孔维特楼里的怪事

我们如果在想象中参观冯特实验室，不管是早期的单间还是后来的套间，观察他们进行的实验，就会觉得这些实验实在稀松平常，充其量不过是一些不足为道的神经现象。我们通常认为的、人类心理学中更为关键的领域，如学习、思考、语言技巧、情感和人际关系等，他们一点也未涉及。

我们可以看见冯特的学生，偶尔还会碰到冯特本人，花费数小时的时间聆听节拍器。他们以各种速度开动节拍器，从极低到极高不等，有时在几拍之后即停下来，有时却连开好几分钟。听节拍器的人每次都要仔细检查他们的感觉，然后报告出他们的意识反应。他们发现，有些条件是愉快的，有些则不愉快。快节拍引人激动，慢节拍则使人放松。在每一声“嗒”的后面，他们都会体验到莫名其妙的紧张感，之后又是说不清楚的放松感。

这种看上去无足轻重的练习却是一项严肃的事业，它在培训冯特所称的“内省”。他用这个词表示与自苏格拉底到休谟以来的哲学家们经常进行的内省十分不同的东西，就他们的思想和感觉进行思考。冯特式的内省是准确的，同时也是有局限性和受控制的，它限于冯特称作心理生活之“要素”的东西，即由声音、光线、颜色和其他刺激引发的直接和简单的感知及感情。实验者提供这些刺激，并观察受试者的视觉反应。当受试者将注意力集中于感觉和感情时，刺激就会在他[1]身上形成。

我们看见正在实验室里进行的许多实验，多少都跟这个实验室里进行的第一次实验，即马克斯·弗里德里希的实验差不多。一小时接着一小时，一天接着一天，观察者让球落到平台上，激起一阵刺耳的噪音，同时合上启动千分秒表的触点。受试者一听到噪音，立即按下发报键，使千分秒表停顿下来。这些实验通常以两种形式进行。在第一种形式里，受试者得到的指令是，在清楚地感到自己听到响声时，立即按发报键；第二种形式是，他被告知，声音响后即按发报键。在第一种情况下，指令集中在他对自己感觉的注意上面；在第二种情况下，注意力则在声音本身。

不经意的旁观者兴许不会在这两种情况下看到任何差别，但研究者经过多次实验和千分秒表检测之后发现：第一种反应因涉及人在紧跟着的有意识的自发反应后对声音的感知，因而通常要花费约2/10秒的时间；而第二种情况则主要涉及纯粹的肌肉或反射反应，只花费约1/10秒的时间。

这些发现好像只是心理学研究中的琐碎之举，但在两种实验形式中，还有比时间长度更有意义的其他差别。受试者已经学会了内省，他们报告说，当其注意力集中于听到声音的意识上时，他们体会到一种虽有波动却十分清晰的心理图像，这个图像就是他们准备好去听声音时所产生的那种轻微、波动的紧张感。当听到响声时，他们会产生极其轻微的惊讶感，并产生非常强烈的去按发报键的冲动。在另一方面，在这个实验的反射形式里，他们体验到的却是对即将听到的声音的微妙的心理图像，相当程度的紧张感，以及球落下时所产生的相当强烈的惊讶感，和下意识产生的按下发报键的冲动。

---

1 我在这里使用“他”，因为冯特已经许多年没有女研究生了。

因此，这个实验不仅可以测量有意识的意愿和反射意愿之间的时差，而且还能辨识意识的过程。这个过程发生在这个简单行动的自我意识之下。

尽管研究者的焦点集中在有意识的心理过程上，但他们看到的只是这些过程的基本构件。几年以前，冯特曾大胆地宣布，实验可以探索心理世界，可现在，他感到他们只能对感觉、感知或感情——意识的基本材料——及它们之间的联系等方面这么做。他说，较高级的意识过程，包括复杂的思想，“过于变化不定，因而不适合做客观观察的主体”。他说，语言、概念形成和其他一些高级认知功能只有通过观察，特别是对人群的普遍倾向进行观察，才能进行研究。

冯特对科学的心理学实验的定义是，在这种实验中，首先施加一个已知、受控制的生理刺激——他所说的“前导变量”——而后观察并测量受试者的反应。这类事情亥姆霍兹和其他人也都做过，但他们大都局限于对受试者视觉反应的观察。冯特的巨大贡献在于，他利用了自己的内省法以获取有关受试者有意识的内心反应的计量信息。不过，他把这些局限于一些最简单的感情状态。

在这个实验室的头 20 年里，研究者进行过约 100 种主要的实验性研究和不可计数的小实验。许多实验都涉及感觉和感知，且基本上与韦伯、亥姆霍兹和费希纳的传统吻合。这个实验室最有创意和最重要的发现来自它对“心理测时法”的研究，即测量某些特别的心理过程和过程之间相互作用所需要的时间。

其他一些研究则引入一系列复杂过程，以便激发和测量各种心理过程。比如，如果引入几种可能的刺激和反应——刺激也许以四种不同色彩之一的形式出现，每种都要求不同种类的反应——实验者就可以把探索的范围扩大，把辨别和选择都包括进去。

其他研究则涉及感觉和统觉之间的界限。一个值得注意的例子是，实验者将一组信件装在旋转鼓的孔眼里很快闪过；受试者“感知”它们（在意识的边缘看到它们，但没有时间辨识它们），但在下一次旋转时，则会对已经看到的东西产生“统觉”（有意识地记住并辨识）。主要的发现是注意力宽度的大小：大部分受试者在看到它们但没有时间去辨识之后，可产生统觉，完全识别出 4–6 封信或信封上的某些单词。

小部分研究探索了联想——不是英国联想主义者所讨论的那种高水平联想，而是联想的基本建构模块。在一个典型的研究中，助手会念出单音节词汇，受试者要在听辨出每个词时立即按下一个键，通过此种办法可测到“统觉时间”。然后，助手会说出一些类似词汇，受试者则在每个词唤起一个相关念头时按键。这会花费较长时间。从总时间里减去统觉时间，将得出冯特所谓的“联想时间”，即意识找到一个与听到或辨识出来的词相关联的词所需要的时间。这个时间在一般人身上平均为 3/4 秒。

与冯特同时代的一位英国物理学家开尔文爵士常说：“当你能测量出你正在说的话，并能用数字表达出来时，你就了解了其中一些东西；可是，当你无法测量它，也不能用数字表达它时，你的知识则属于贫乏和不令人满意的那种。”冯特实验室里收集到的那些数据肯定符合这个知识标准，至少涉及了心理过程的基本构件。

第四节 冯特心理学

冯特对自己的评价绝不仅限于一位实验科学家。在著作和文章里，冯特自认为是心理学的系统组织者及总体规划的建筑师。然而，他的系统总是难以详述，而对其主要特征的总结也千差万别，莫衷一是。

按照波林的说法，其中一个原因是，冯特的系统是一种分类方案，无法通过实验证明或反驳。它不是一种可检测的庞大理论的自然发展，而是有秩序的教育计划，是一些基于中期理论的课题，其中有许多不能用在莱比锡实验室使用的方法进行探索。

冯特系统的一个更大的障碍在于，他不断地修改它，并向里面添东西，因此，它不是一件东西，而是许多东西。的确，在他那个时代，评论家们很难在其系统的任何部分找到毛病，因为往往还没来得及找到毛病，冯特要么就在新版本中做了更改，要么转到其他题目上了。威廉·詹姆斯虽然赞扬冯特的实验工作，但也抱怨说，他作品和观点的庞杂，使他成为一位无法与之辩驳的理论家。

> 当［其他一些心理学家］把他的一些观点批驳得体无完肤时，他已在写另外一本主题完全不同的书了。如果像切蠕虫一样把他断成几截，他的每一节都会自行蠕动起来。在他的大脑延髓里并不存在生命结，因此，你不可能一下子把他整死。

然而，即使不能在冯特的心理学中找到中心主题，列举一些反复出现的散题也还是可能的。

一个主题是他的心理平行观点。尽管冯特经常被标上二元论者的标签，但他从不相信任何叫作心理的东西能独立存在于人体之外。他的确说过，心理的现象与神经系统的过程是平行的，但他认为，前者基于实际神经现象的合并。

另一个主题是，他认为心理学是一门科学。最初，他提倡它是，或可能是一种 Naturwissenschaft（自然科学）；可后来又说，基本上是 Geisteswissenschaft（精神科学——并非指非物质灵魂意义上的精神，而是指更高级的智能活动）。他说，只有来自直接经验的实验研究才是自然科学，其他的都是精神科学。他就个人和社会心理学及相关社会科学写下许多长篇大论，但在写作中，他从未承认或说明，严格的实验方法是可以在这些领域里得到发展的。

冯特心理学中最接近中心的论题是，有意识的心理过程由基本的元素——直接经验的感觉或情感——构成。在早期作品中，冯特说过，这些元素自动结合生成心理过程，有点像化学元素形成化合物一样。但不久他又说，用化学做比并不准确，因为这种结合生成的化合过程不是作为化学过程而发生的，而是作为注意力、意愿和创造力而发生的。

尽管直接经验有其因果关系的规则——特定刺激引起特定基本经验——心理生命仍有其自身的因果关系：思维扩展，一个接一个的概念，都有具体规则。冯特给这些规则一一命名，但这些名字基本上都是他对联想、判断、创造性和记忆的重新改造。

他的另一个心理学主题，尤其是后期著作的主题是，“意愿的行为”对所有有意识的行动和心理活动都是必不可少的，这些心理活动是一个愿意积极地以某种方式思想、说话和行动的感觉代表的结果。在他看来，哪怕简单的、非思想的动作也都是意愿性的，尽管他称这些动作是“冲动性的”。来自更复杂的精神活动的动作都是意愿性的和自愿的。尽管这一理论在今天的心理学中已销声匿迹，但冯特本人在这方面的努力为的是超越机械主义心理学的自动论，以建立一个更完整的模型。

总的来说，冯特的心理学比人们普遍认为的要宽泛得多，所包含的内容也广泛得多。不过话又说回来，他是非常严格而自我局限的，因而遗漏或阻挠过许多今天已被接受为心理学基本组成部分的研究领域：

——他毫无例外地反对任何形式的心理学实际用途。他最有才干的一位学生恩斯特·梅依曼转向教育心理学时，冯特认为他是背叛自己，转向敌营。

——他同样反对除自己规定的内省法以外的其他任何形式。他猛烈地抨击其他研究者——维尔茨堡学派的成员——的工作。关于这个学派，我们下面还要详说。该学派要受试者在实验期间讲出所想到的任何东西。这种方法，冯特认为是“假”实验，既不是实验式的，也不是内省式的。

——儿童心理学刚一出现，他就提出反对意见，因为这些研究的条件不能得到足够的控制，因而其结果也不是真正的心理学。

——他认为动物心理学是一个适用于反思、理论研究和非正规实验（比如那些用他的贵宾犬做的实验）的课题，但他不允许在自己的实验室里用动物做实验，因为这样的实验无法获得可供内省的数据。

——他摒弃同时代法国心理学家的工作，因为法国心理学在很大程度上依赖催眠法和暗示法，而这种方法又缺乏严格的内省，因而他认为也不是心理学的实验。

——最后，他特别反感威廉·詹姆斯的心理学，而后者的心理学却更完整，更有洞察力，更有个人特色。读完詹姆斯受全世界心理学界普遍欢迎的《心理学原理》一书后，冯特酸溜溜地说：“这是文学，它非常优美，但不是心理学。”

第五节 难以言说的变迁

在威廉·冯特的一生中，最奇特的莫过于他对心理学的影响——既出乎意料地广泛，又十分有限。

影响广泛的是：

——他是这一领域的博学之士和总体规划的决策人，为这片学术领土划分了疆界，定义它为一门新的科学。

——他培养出许多人才，他们后来大多成为德国和美国在这门科学最初几十年里最伟大的心理学家。

——他把生理心理学开始阶段最有特色的方法论引入实验心理学。他的实验室及其实验方法是后半个世纪中许多实验室的典范。

——通过他厚厚的、权威性的教科书，冯特影响了整整两代美国心理学家和他们的学生。在20世纪初期，美国心理学的学生大多可把他们的历史渊源追溯到冯特身上。

十分有限的是，冯特的观点在当代心理学理论中影响甚微，主要原因是：

——冯特就心理学几乎每个可以想象到的领域都写过书，包括按照自己的实验方法无法通过检验的许多主题，比如心理因果关系、催眠术和通灵术。其结果是，一些年轻的心理学家将其视为某种类型的二元论者和玄学者，因而，对一些可进行科学调查的心理现象采用更强烈的实证主义标准加以看待。他们的观点将体现在行为主义中，而行为主义认为，内省，即使是冯特式的内省，都是非科学的和无价值的。

——其他心理学家反对冯特心理学，认为其过于狭隘和生硬。他们将注意力转至带有实际应用目的的研究领域，包括儿童心理学、教育心理学、心理测试和临床心理学等。所有这些领域，虽超出冯特心理学的界限，却成长和发达起来。

——在冯特晚年，一些新的心理学流派相继出现，对他的心理学系统进行拨乱反正。这些学派的共同特点是，实验心理学不应局限于基本的直接经验，而应探索更高级的心理活动。

比如记忆。在柏林大学，赫尔曼·艾宾浩斯发明了调查记忆活动的方法。该方法排除了主观和个人以前的经验影响。他发明了2300个没有任何意义的音节——由一个元音间隔开的两个辅音所组成的无意义组合，比如bap、tox、muk、rif等，并用这些音节进行一系列的记忆实验。

比如，他会读出一串音节，并尽量记忆。通过调整条件——清单长度、阅读速度和次数——他很有激情地探索这些课题，如条目数量与其被记忆的速度怎样相关（记忆难度的增幅远超清单长度的增幅），遗忘与学习和记起之间的时间间隔怎样相关，重复与复习对学习和遗忘所产生的影响等。

艾宾浩斯专注于研究，承担了无法想象的劳动量。有一次，为确定重复次数如何影响记忆的保持，他整整背诵了420个16音节，每个音节背诵34次，总共14，280次——这是心理学的极限，他因之使自己横穿过学术研究之城中的所有壁垒。他的方法听上去耸人听闻，但极为成功。从此，它成为实验心理学的标准。（近几十年来，他从研究中得出的一些预测日益无足轻重，人们对记忆的研究重点已从无意义的内容转向有意义的内容了。）

格丁根大学的乔治·埃利亚斯·穆勒在艾宾浩斯的方法里加入内省法，以检查统计结果背后的心理活动。穆勒发现，无意义音节的记忆不仅与清单的长度、重复次数及类似因素有关，且在很大程度上受到受试者积极使用自己方法的影响，比如对它们分组、分节奏记忆等，有的受试者甚至有意识地在这些无意义音节上施加一些意义。简而言之，学习不是一个消极的过程，而是积极和创造性的过程。这些发现有助于心理学从莱比锡大学所强加的局限中解脱出来。

还有一些心理学家，包括冯特的学生，发展出更激进的实验研究方法。奥斯瓦尔德·屈尔佩尽管在冯特的指导下完成学位，并跟随他做过八年助手，但他渐渐觉得，不仅记忆，其他许多思想过程，都可在实验室里加以研究。1896年，他在维尔茨堡大学成立了一个逻辑实验室。该实验室很快产生影响，地位仅次于冯特实验室，他和他的学生们进而形成了维尔茨堡学派。他们最富特色的贡献在于使用“系统实验内省法”，受试者不仅要报告自己的感觉和感情，而且要报告在对其进行心理测试期间自己的所有想法。

屈尔佩利用这个方法测试唐德斯的假想，即复杂的心理活动是由简单的活动组成的。结果是，在反应时间实验中心理步骤的相加，经常改变思想过程在叠加中的质性，从而导致反应时间不同于所涉及的步骤简单相加后所得出的时间。

维尔茨堡学派中其他人的工作——卡尔·马尔贝、纳齐斯·阿赫和卡尔·布勒——使这个学派的名字与人类思想的实验研究等同起来。在典型的维尔茨堡实验中，受试者也许会得到作为刺激用的一个词，然后被要求产生一个更复杂的相关词，或一个更具体的相关词。比如，如果刺激用的词是“鸟”，则处于“较上位”的词（更综合）可能是“动物”，“较下位”的词（更具体）可能是“金丝雀”。之后，受试者要重述一下执行任务的几秒钟内脑子里所想的所有事情——他对刺激词的辨识、对这项任务的反应、由刺激词所唤起的心理图像、对合适词的搜寻和合适词的样子等。他们将这些回顾活动写下来进行分析，并找出其中的线索，以了解记忆机制。（近几年，这个方法被人工智能专家们采用，以创造“专家系统”的计算机程序，即通过计算机语言复制人类专家推理的步骤，模拟人类解决问题的活动，如医疗诊断。）

维尔茨堡学派成员们的另一项奇妙发现是，受试者有时在内省中找不到心理图像的痕迹。比如，增加或减少数字，或判断一句话是否正确，可能不会涉及图像。研究者们把这个现象叫作“无图像思维”，与冯特理论不一样的是，它表明有些思维过程不是由基本感觉或统觉构成的。

一位名叫亨利·瓦特的研究者也属于维尔茨堡学派。他为这个学派贡献了另一个有价值的发现。他发现，在把刺激词告诉受试者之前，如果把任务告诉他——也许是“找一个综合词”，内省则会显示，受试者并没有去找该词，该词却自己显现出来。此前，瓦特曾发现“确定倾向”，或叫“心理定式”，即思维通过无意识的方法为完成一项任务而做出的心理准备。

维尔茨堡学派根据这些和其他一些方法扩大了实验心理学，其步伐远远超出冯特划定的范围，并使心理学朝着更完整的方向前进。

到20世纪20年代，冯特心理学渐渐退出历史舞台。鲁迪·T.本杰明教授是这个领域的历史大家，他的总结如下：

> 最终，冯特心理学及其同时代的心理学都为一些更新的心理学方法所替代。然而，这种心理学系统的一部分仍存活在现代心理学中……我们还能记住他的主要原因是，他看到了心理学作为一门科学出现的希望，并在19世纪迈开大步，确立了这门新科学的主要原则。

他又说道，最近的研究发现，冯特具有“深刻的理解和广泛的兴趣（例如，他在文化、法律、艺术、语言、历史和宗教方面的论著）”，而这方面一直为大众所忽略。

无论如何，波林对冯特的评价似乎是无懈可击的。这个评论最早作于75年前，并于1950年得到重申。

> 是艾宾浩斯，而不是冯特……在研究如何学习上闪出

了天才的火花。有关情绪、思维、意志、智力和性格这些大问题都应得到成功的解决，但冯特实验室尚未准备好解决它们。然而，我们不应该轻视这份遗产，因为，我们正是在它的帮助下，才得以把握时机，向前赶超。

第六章 我行我素的心理学家：威廉·詹姆斯

第一节 “这不是科学”

一位在心理学这门新的科学领域出类拔萃，却又不承认它是一门科学的教授，应该归入哪一类呢？他赞扬实验心理学家们的发现成果，却又憎恨实验，能不做的尽量不做。他被公认为所处时代（19世纪晚期）中美国最伟大的心理学家，却从未上过心理学课，甚至矢口否认自己是心理学家。

他就是心理学领域的怪杰威廉·詹姆斯。

在写给一位诗人朋友的信中，他不无嘲讽地评价德国机械主义者的新心理学说：“科学现在可以确认的唯一心灵，就是一只砍掉了头的青蛙，这只青蛙的抽搐和扭动表达的是比你们这些怯懦的诗人曾梦想到的更深刻的真理。”在给其兄弟、小说家亨利·詹姆斯的信中，他将心理学视作一个“讨厌的小课题”，凡是人们想知道的，它一概不研究。在完成其权威性的大部头《心理学原理》后不到两年，他又写道：

> 听到人们骄傲地谈论“新心理学”，看到人们编写“心理学史”，我感到莫名其妙，因为这个词所涵盖的真实元

素和力量在这里根本就不存在，连一点清晰的影子也找不到。这不过是一连串粗糙的事实，一些闲言碎语和不同意见的争执，或仅是停留在描述水平上的小小分类和综合，或是一种认为我们具有思想状态且我们的大脑决定这些状态的强烈偏见：但它毫无规律可言，不像物理学那样给我们显示出定律来，也拿不出一条命题以推断出一个结果。这不是科学，只是对一门科学的希望。

毋庸讳言，这位冷嘲热讽的叛逆者并非是对心理学发泄不满，而是对它抱着极大的期望。他看到的是，它的发展目标是发现每一种生理的“大脑状态”与其相应的心理状态之间的联系，对这种联系的真正理解将是“科学的成就，在这样的成就面前，以前所有的成就都将相形见绌”。然而，他认为心理学还没有准备好实现这个目标，它的状态就像伽利略宣布运动定律之前的物理学，拉瓦锡宣布质量守恒定律以前的化学一样。在心理学的“伽利略”和“拉瓦锡”出现以前，它能做的最好的事情是解释有意识的心理生活的定律，而且“这一天必将来临”。

第二节 可爱的天才

詹姆斯的言论非正式且不招摇，但却告诉我们，我们看到的将是一个与冯特完全不一样的人。这也正是他们之间心存芥蒂的原因。詹姆斯个子矮小，身材瘦弱，蓝色的眼睛，脸上有少许胡须，倒也眉清目秀，还有一个贵族般的前额。他喜欢穿非正式的衣服，比如诺福克夹克、浅色衬衣，系宽松的领带，而这些和他教授的身份格格不入。他为人友善，风度迷人，喜欢外出，经常和学生们漫步哈佛校园，兴致勃勃地与他们谈话，这使教授们浑身起鸡皮疙瘩。他授课时既活泼又幽默，有时甚至使学生不得不打断他，请他严肃一点。

虽然他的脸上总是挂着微笑，看上去颇为孩子气，甚至有点顽皮，但他的性格却很复杂：非常坚强，但却时不时地非常脆弱；工作勤奋，喜欢交际，心情开朗，有时却受阵发性抑郁的侵扰；对学生非常友善，对家庭充满爱心，可又容易感到厌倦，且易怒，喜欢对一些像校对之类的琐事吹毛求疵。对此他曾写道：“别再让我校对了！我会原封不动地退回去，再也不跟你说话。”尽管他有绅士风范，也极有教养，但有时却十分刻毒，比如前面引用的他对冯特的评价。但这些刻毒之语通常只出现在私人信件里，而在公开著作里，即使在批评别人时，他也是谦逊有加，客套有余。

他在著述时，行文流畅，轻松写意，富有亲切感，这是同时代的其他心理学家——特别是德国人——在梦里也做不到的。论及一个人的众多社会人格的不同规则，他写道：“总体上说你不能撒谎，但当问及你与某位女士的关系时，你完全可以随心所欲地撒谎。你必须接受对手的挑战，但对手如果比你差，你大可一笑置之，以示轻蔑。”为阐明人们对不喜欢的课题往往很难集中注意力，他举出下面一例（可能是他自己的例子）：

> 人们会抓住各种借口逃避手头上不想做的事，不管这些无意中到手的借口是何等琐屑和与己无关。比如，我认识一个人，他宁愿去拨火，剔除地上的污渍，清理桌面，翻报纸，翻看视野中的任何一本书，修理指甲；简而言之，就是磨磨蹭蹭地浪费掉整个上午的时间，而这一切都不是事先计划好的。他所做的这一切，为的只是中午时分他不得不上实在不喜欢的形式逻辑学课程，因为按照预定计划，

整个上午他唯一应做的事，就是为这门课做准备。除此之外，
别无他事！

有时，詹姆斯会用一些幽默的故事和笑话冲淡自己作品的严肃性。在描写亥姆霍兹和冯特对一位错误应用他们的无意识参考原则的教授作何感想时，詹姆斯写道："很自然，（他们）对他的感觉就像故事里那位水手对那匹马的感觉一样，当那匹马把蹄子伸进马镫时，水手说：'如果你上马，我只得下马了。'"

詹姆斯有时相当敏感，且富有同情心。当盲人作家海伦·凯勒还是小女孩时，他就买过一个估计她会喜欢的小礼物送给她，而事实上她永远也没有忘记这个礼物——一根鸵鸟羽毛。

难怪哲学家阿尔弗雷德·诺斯·怀特海对他的总结是："那个威廉·詹姆斯，真是个可爱的天才。"

1842 年，威廉·詹姆斯出生于纽约，家境富裕。无论从哪个角度，他都应该成为纨绔子弟，或至少成为业余的花花公子。

威廉·詹姆斯的祖父是苏格兰－爱尔兰商人，从爱尔兰来到美国。精明强干的他发起伊利湖运河的开掘，从中赚了几百万美元。这个结果使他的儿子亨利（威廉的父亲）得以坐享其成，不再为生存奔波。亨利读完两年的教会学校，实在忍受不住呆板的长老会教条，坚决辍学。然而，这个学业上不求上进的儿子却对宗教和哲学极感兴趣，且兴趣终生未减退。33 岁时，他遭遇一次严重的情感危机。晚餐后，他闲坐着呆看火堆。突然，一股莫名的恐惧感从心底油然而生，将他彻底笼罩。"一股完全失去理智且可怜的恐惧，完全没有任何来由。"他后来说。这种感觉虽仅持续约十秒钟，却对他触动颇大，并在此后两年里，阵发性地使他陷入莫名的焦虑之中。他采用一切办法，

包括求医、旅行等，全都无济于事。最后，他在瑞典神秘主义者伊曼纽·斯维登堡的哲学里寻到了解救办法，因为斯维登堡本人也曾受到这种焦虑的打击。

恢复健康后，亨利将一部分时间花在写作上，就神学和社会改革等问题发表看法（他认为自己是一位“哲学家和真理的追求者”），同时致力于对几个孩子的教育。他对美国学校颇有成见，因而时不时带家人赴欧漫游——威廉·詹姆斯是五个孩子中的长子——让他们增长见识，接受欧洲文化熏陶。然后，他再把孩子们带回纽约华盛顿广场的家中，以保持与美国文化的接触。

这种独特的教育方式使孩子们受益匪浅。威廉·詹姆斯在美国、英国、法国、瑞士和德国都读过书，还受过私人教育。他随家人去过许多名城的博物馆和画廊，能用五种语言与他人交流。梭罗、爱默生、格里利、霍桑、卡莱尔、丁尼生和约翰·穆勒等名家都是他家常客，他深受他们的影响。在父亲的影响下，他阅读广泛，有着扎实的哲学基础。亨利·詹姆斯并不是严厉的工头或墨守成规的学究。相反，就他那个时代而言，他随意得不同寻常，还是位可亲可爱的父亲，不但允许孩子们在餐桌上随便谈论任何话题，且允许他们去剧院。

然而，这位过于和蔼与放任的父亲并非对孩子千依百顺。17岁时，威廉·詹姆斯希望成为一名画家，可亨利·詹姆斯却希望这个孩子能在科学或哲学上有所建树，所以怎么都不同意，并执拗地带着全家再赴欧洲，在那里待了整整一年以冲淡此事。后来，由于威廉再三坚持，亨利终于勉强让其师从纽波特的一位画家。半年后，威廉可能觉得自己实在缺乏这方面的天赋，也可能觉得这样做过于对不住父亲，于是决定遵从父愿，入哈佛学习化学。

但繁琐的实验室工作再次使他失去耐心。不久，他转向生理学，因为穆勒、亥姆霍兹和杜布瓦－雷蒙在欧洲做的开拓性工作使这门学科生机勃勃。然而没过多久，家庭的经济状况出现危机，威廉意识到自己迟早得谋生计，于是他转入哈佛医学院学医，希望将来能当医生。但医学同样唤不起他的热情，苦恼的威廉于是花去近一年时间师从哈佛大学的博物学家路易斯·阿加西斯学自然史。两人一道远赴亚马孙河流域，希望这门学科能成为他的最爱。结果却没有，因为他不喜欢收集标本。

后来，他回到医学院，在这里又遭受各种疾病——腰疼、视力欠佳、消化不良、阵发性自杀冲动等——的折磨，而所有或大部分疾病，均出自他对未来的担忧。为了寻找解脱办法，他再赴法国和德国，在那里度过两年时间，一边忍受折磨，一边跟从亥姆霍兹和其他著名的生理学家学习，对这门新的心理学科渐渐熟悉。

之后，他又回到美国，于 27 岁那年完成医学院的全部课程。由于身体原因，他并没有行医，而将大部分时间花在对心理学的研究之上。这一年，他前途未卜，心情沮丧，再加上自己关于心理的观点与这个世界的神秘主义和精神追求格格不入——包括和他父亲的，因而郁郁寡欢。1870 年 28 岁时，他经历了与父亲极为相似的情感危机。多年之后，他在《宗教经验种种》一书中，通过一位匿名的法国人之口，描述了这次体验。

> 有天晚上，我在夜色中到一家成衣店购买衣服。突然，一阵可怕的恐惧感向我袭来，且事先没有任何预警，就像从黑暗中突然冒出来一样。这个感觉就是对自己存在的害怕。同时，在我脑海里出现一个癫痫病人的形象，此前我曾在疯人院里看见过他，一个一头黑发的青年人，皮肤发绿，完全是个傻子，整天坐在凳子上，或坐在墙上的架板上，

双手抱膝。这个形象就是我自己，我心想。我害怕得发抖。此后，对我而言，这个世界完全变了。每天早晨我从梦中醒来，这种可怕的感觉就会从心底冒出来，一种我此前从未意识到的人生如朝露之感，一种自那天后我再也没有体验过的感觉。

威廉在成熟后曾解释过他父亲的危机，认为是对其暴君般的父亲（即威廉的爷爷）长期敌对且受到压抑的情绪的总爆发，可威廉从没有暗示过自己的危机根源。雅克·巴尔赞曾提出假设："人们完全可以合理地猜想，这是无法忍受的压力所造成的，因为他无法反叛一个从未对他施暴、心中只有慈爱的父亲。"

这次打击使詹姆斯在后来几个月里神情沮丧。在此期间，德国生理学家对世界的机械主义看法对他产生颇大的影响，而这种观点在科学上又与其父一向反对的加尔文的决定论不谋而合。詹姆斯认为，如果机械主义真实地反映了心理，那么他的所有思想、欲望和意志，只不过是一些自然粒子间相互影响的结果，而所有这一切，都是事先早已决定的，他无法控制自己的行动，就像精神病院的那个癫痫病人一样。

同其父亲一样，他也是通过阅读从这种压抑中得到解脱的。不过，他读的不是斯维登堡的书，而是法国哲学家查尔斯·勒努维耶论自由意志的一篇文章。詹姆斯在日记里写道：

[我]看不出为什么他的自由意志——"思想持续的原因是，在我可能产生其他思想时，我选择这样"——需要作为幻觉的定义。不管怎样，我会暂时——直到明年——认为它不是幻觉。我的第一个自由意志行动将是相信自由

意志。我要随我的意志再进一步，不仅以这个意志行动，
且要相信它，相信我自己的真实性和创造力。

他相信自由意志的意愿果真起作用，他开始慢慢恢复了。不过，他的一生从没有强壮过，而且他总是时不时产生短暂的压抑情绪。在接下来的两年里，他阅读了大量的生理学和生理心理学著作，大脑一直保持清醒状态。1872 年，他已年近 30 岁，但经济上并没有完全独立，且对未来毫无打算。就在此时，哈佛大学校长，即他的邻居——詹姆斯一家曾在剑桥生活过一段时间——查尔斯·埃利奥特，邀请他去哈佛大学教授生理学。他接受了这个职位。在此后的 35 年中，他一直留在那里。

但他不再是生理学教授。三年后，他开始教授生理心理学，并在劳伦斯·黑尔楼中的一个小型实验室里向学生们演示。他继续杂乱无章地博览群书，渐次形成自己玄妙的心理学概念，并在接下来的三年里，写出大量文章和书评，极力鼓吹他的理念。出版商亨利·霍尔特与他签约，让其就这门新的科学心理学写一部教科书。詹姆斯答应下来，但说需要两年。结果他食言了，因为他写这本书整整花了 12 年，直到 1890 年才结稿。大大出乎出版商的预料，该书出版后大获成功，很快成为畅销书。

詹姆斯开始写这本书那年，即 1878 年，在某种程度上是一个里程碑。这一年他 36 岁，走进了婚姻的殿堂。尽管他相信自由意志，但在择偶时，他似乎无法支配自己的自由意志。在这之前的两年，他父亲到波士顿激进者俱乐部开会，回来后向大家宣布，他为威廉物色了一个未婚妻。她叫艾丽斯·吉本斯，是波士顿的小学教师，也是个小有名气的钢琴家。尽管威廉拖着两条腿不大情愿地去相亲，然而，一旦走了第一步，他也只有继续走下去。经过一段马拉松般

的求爱过程，艾丽斯最终成为他忠实、坚强的妻子和帮手，并为他生养了五个孩子，充当他的抄写员和智慧伴侣。她欣赏他的天才，理解他的情感，容忍他的反复无常。他们的关系有时剑拔弩张，尤其在威廉每次长期外出旅行之前——他需要分居一阵——但就总体而言，他们仍是互敬互爱、彼此忠诚的夫妻。

婚后，詹姆斯的神经质与生理上的症状奇迹般地完全康复，这使他对生活的态度大为改观，全身爆发出一股此前从未体验过的热情和能量。是的，他终于成为一个经济独立、有身份地位的男人，有家有室，收入不菲，并可以自由自在地追逐自己的目标。两年后，哈佛对他的特别兴趣和才华称赞有加，晋升他为哲学系副教授（比起生理学系来说，他对心理学的观点在这个系里似乎更合适），并于 1889 年再次更改他的头衔，晋升他为心理学教授。

第三节 美国心理学之父

在詹姆斯于 1875 年教授心理学前，美国大学里还没有心理学教授。当时，大学教授的课程中，与心理学有关的是颅相学和苏格兰心理生理学。它们是联想主义的分支，主要用以为宗教进行辩护。詹姆斯本人从没有上过新心理学课程，因为当时并没有这样的课可上。对此他嘲弄地说：“我听过的第一次心理学讲座，主讲人是我自己。”

但在短短的 20 年之内，20 多所美国大学开设了心理学课程，三种心理学杂志在美国创刊，一个专业性心理学协会成立。心理学这么快进入花季，主要有三个原因：许多大学校长希望效法德国心理学机构的成功，冯特训练出来的心理学家纷纷回到美国，比上述两点更重要的就是詹姆斯的影响。他通过教学，通过他十几篇极受欢迎的文章及一部杰作——《心理学原理》，将这些影响扩散出去。

詹姆斯将实验心理学引进美国。如果说他没有早于冯特，也至少是与后者同时向学生进行实验演示的。可笑的是，詹姆斯一方面极端强调实验的价值，另一方面却觉得这种做法十分无聊，且在学术上太过局限。他通常只花两小时进行实验。他告诉朋友说："我天生不喜欢实验工作。"在谈到莱比锡大学实验室的工作风格时，他再次说道："一想到心理物理学实验和所有那些充斥着铜质仪器、代数公式的心理学，我就从心底对这门学科充满恐惧。"

然而，他相信实验心理学，且让他的学生进行广泛的实验。他们让青蛙飞速旋转，以探索内耳的功能；他们对聋哑人也做同样的实验，以检测詹姆斯的假设，即由于他们的半圆形耳道已经受损，他们对眩晕的敏感度就应比正常人略少（他是对的）；他们在青蛙腿上进行反射实验，在人类受试者身上进行反应时间和神经传递速度的实验；他们还进行催眠和自动写作实验，其实验范畴远远超出冯特的生理心理学。

詹姆斯不喜欢做实验，然而，当证明或驳斥一个理论的最好办法唯有进行实验时，他不得不硬着头皮做这些工作。譬如，在写作《心理学原理》一书中有关记忆力的一章时，他希望测试一下"官能"心理学家们仍然坚信的一个古代信仰，即记忆和肌肉一样，是可以通过练习强化的，而且，记忆某个东西不仅可改善对被忆材料的记忆力，且可增强记忆任何事物的能力。詹姆斯对此表示怀疑，于是迫使自己成为受试者。在8天内，他背下维克多·雨果《萨堤尔》一诗的158行，每行平均花费约50秒。然后，他开始背诵弥尔顿的《失乐园》。在38天内，他每天花20分钟进行背诵，直到背完整部诗篇（共798行）。如果练习可以增强记忆力的理论正确无误，那么，这么长时间的努力应该极大地增强他的记忆力。他又回到《萨堤尔》

一诗，并背诵了它的158行——发现每行背诵的时间竟比第一次背诵时多花7秒。这个实验证明，练习并没有增强他的记忆力，反而对其有所减缓，或至少是暂时有所减缓。他让几位助手重复这个实验，结果大致相同。一项在两千多年的时间内被广泛接受，且到今天为止仍有许多外行人坚信不疑的理论，被这些实验彻底驳倒。

詹姆斯的实验对其心理学思想来说，只是一个来源，且是一个很不起眼的来源。他的大部分思想源于所阅读的有关哲学和生理心理学领域的书籍。他在1882年到1883年间远赴欧洲，半年多内访问了许多大学，参加实验活动，听各种讲座，还与几十位著名的心理学家和其他科学家进行交流。他与他们定期通信，收集许多对不正常思维和正常思维在催眠、药物或压力情形下进行的临床研究材料和报告。

他通过内省方式得到许多见解和推想，这个极为不同的来源与冯特及其学生所说的内省法差异很大。在詹姆斯看来，通过冯特内省法捕捉和分离思维过程中的单个元素，是注定失败的。

> 正如一片雪花落在温暖的手中就不再是一片雪花，而只是一滴水一样，我们没有从词汇意义上抓住正在结束的关系的感觉，而是发现，我们抓到的只是某种实际的东西，通常是我们发出的最后一个单词，它以静态方式传入我们耳中，而其功能、趋向，尤其是其在句中的意义，却消失得无影无踪。在此情形下，内省分析法事实上就像是抓住某个旋转的东西以感受其运动，或试图飞快地打开煤气灯，以观看什么是黑暗一样。

不过，他觉得，自然主义者的内省法，即按照我们思想和感觉的实际样子来观察它们，可以告诉我们许多有关精神生活的东西。对詹姆斯来说，这是最重要的调查方法，他将其定义为“搜寻我们自己的脑海并报告在那里的发现”。（他在指有意识的心理活动的内省。当时，他自己和其他心理学家都不知道，我们的心理活动有许多发生在意识之外。）

这样的内省法需要精神集中和实践，因为内在状态一个接一个挨得很近，还经常混在一起，很难分开。然而，詹姆斯认为是可行的，他将之比作感官的感知。正如人们通过实践可以对外在事物进行察觉，或仔细观察，或命名，或分类一样，人们同样可以通过内在事件（内省）达到同样的目的。

确切来说，当时，还存在“这一点是否可行”这个经典问题。有意识的思维可以观察外在物体，但它如何观察自身呢？是否有第二个意识以观察第一个意识？我们如何知道这个第二意识的存在？我们能观察它吗？如何观察它？詹姆斯对这些复杂的问题亦有应对：内省实际上就是立即回忆；有意识的思维会回看，并报告它刚刚体验过的事物。

他承认内省非常困难，且易出错。当感觉飞速发生时，谁能保证它的精确顺序呢？当感觉大同小异时，谁能保证它们之间的比较强度呢？如果两者都瞬间发生，谁能说哪一个占的时间更长呢？谁能把像愤怒这种复杂感情中的所有成分一一列举出来呢？

然而，他又说，某种内省式报告的有效性可以通过至少六种已验证的实验方法来测试和检验。比如，简单心理活动的时间长度可通过内省法进行估计，再通过反应时间实验进行验证。又如，一个人可以同时记忆多少数字或字母的内省报告，也可通过统觉实验加以验证。

虽然有关更为复杂和微妙的心理状态的内省报告也许不可能通

过实验方法进行验证，但詹姆斯相信，由于这些动作是可以通过内省观察的，因此，任何对此直截了当的叙述都可以被认为是实实在在的。在任何情况下，“内省观察都是我们必须依靠的首选最优方法”。

詹姆斯心理学思想的另一个来源——也可能是最重要的来源——是个人的和非科学的来源：他对人类行为的自然的、认知的和聪明的解释，主要建立在他自己的经验和理解之上。他的主要见解大都来自心理分析，杰出的心理学家欧内斯特·希尔加德在其权威性的《美国心理学》一书中如是说：

> 进行心理分析就是回忆日常观察，然后提供一个对相关经验和行为的看似有道理的解释。一旦表达出来，这样的解释看似很有道理，以至于详细的证明也显得无关紧要，或至少烦琐得不值一试。莎士比亚就是这样一位心理分析者，而他从未打算去当一个心理学家。在心理学家中，詹姆斯是超群的心理分析者。其结果是，他鼓励了一种彻头彻尾、热心，且无意于任何细枝末节的心理学。它坚强且生机勃勃地面对心理学上最令人困惑的难题。

经过12年的研究、内省、心理分析和写作，詹姆斯终于完成《心理学原理》这部庞大的著述。此书对他来说一直是个不可忍受的负担，可以说工程庞大——共两卷，近1400页——且完全不适合当教科书用。因而，他又在接下来的两年里，从中改编出一本简写的教科书来（全本被称为“詹姆斯”，简写本则被称为“吉米”）。

《心理学原理》发表后即产生轰动效应，对美国的心理学产生了深远影响。大约60年后，哈佛大学哲学教授拉尔夫·巴顿·佩里再次提到它：“心理学中没有哪一本著作获得过如此热烈的欢迎……

其他任何著作都没有赢得过如此经久不衰的名声。”

到1892年詹姆斯完成简写本时，他已在心理学领域里教授并写作了17年，对它已经有些厌倦。从那时起，他开始把创造才能转到其他事情上：教育（他讲授心理学在课堂里的应用，并于1899年出版《对教师讲心理学》）、不同种类宗教体验的实践结果（1902年出版《宗教经验种种》）和哲学（1907年出版《实用主义》，此书使其成为美国著名的思想家）。

他继续写作一大批公众文章，将他在《心理学原理》中所提出的思想再度宣传一番，使其保持与心理学同步发展。1894年，他提醒人们注意一个当时还不太引人注目的维也纳医生——西格蒙德·弗洛伊德。1909年，在弗洛伊德踏上一生中唯一一次美国之旅时，詹姆斯抱病前往克拉克大学会见这位年轻人，并听他讲课。

作为一个一向反抗传统的人，詹姆斯情愿探索在可接受的科学范畴之外的心理学形式。他对唯灵论和灵魂现象产生浓烈兴趣，认为这些东西是非正常心理学的延伸。他紧跟灵魂研究者的步伐，参加降神会，并于1884年发起成立美国灵魂研究协会。他曾与一位垂死的朋友订下契约，两人相约在其死后不要走远，就坐在屋外与其对话，结果并没有对话发生。詹姆斯对这类主题抱着开放态度，同时一丝不苟地强调科学证据。在晚年生活里，他总结道：“我发现自己相信这些接连不断的灵魂现象报告中所说的‘某种东西’，尽管我从未掌握任何确切的证据……从理论上讲，我与开始时相比没有迈出任何一步。”

自1898年起，詹姆斯由于个人原因而产生出对死后世界的兴趣。那年他56岁，在阿迪朗达克山爬山时劳累过度，从而引发了慢性心脏病。他的身体状况不断恶化，1907年不得不从哈佛退休。在接下来的三年时间里，他写出了自己在哲学方面最为重要的两本书。

1910 年，詹姆斯离开人世，享年 68 岁。约翰·杜威对他的评论是："大家一致公认，他是美国最伟大的心理学家。若不是人们一味毫无道理地对发生在德国的人和事大唱赞歌，我认为，他也是任何国家里最为伟大的心理学家——在其所处的时代，或在任何时代。"

第四节 卓越心理分析家的概念

詹姆斯对心理学领域的每个话题都发表过宏论，这在他所在的时代已众所周知，但他最重要的影响仍旧在于下述几个概念：

功能主义

这个标签通常适用于詹姆斯心理学。与新心理学家不一样，詹姆斯认为，较高级的心理过程是因其适应价值在进化过程中随年龄增长形成的，而新心理学家们却认为，较高级的心理过程是通过简单元素在个体身上积累而成的。达尔文的《物种起源》（1859）出版时，詹姆斯年仅 17 岁；在《人类的由来》（1871）问世时，他 29 岁，因而这两本书对他的思想形成均产生过较大影响。在他看来，显而易见的是，心理的复杂过程之所以产生进化，是因为它们保有生命的功能。而要理解这些过程，人们必须弄清楚它们究竟执行什么功能。

功能主义是个举手可得的标签，且非常准确，但它只适用于詹姆斯心理学的某些部分。他没有实际的系统，且有意避免使自己的思想形成有机的系统，因为他意识到心理学形成宏大理论的时机尚未到来。如拉尔夫·巴顿·佩里所言，詹姆斯是一位探险者，而不是一个制图人。在《心理学原理》中，他提供了有关每一个心理学现象的材料和理论，从最简单的感觉到推理，但并未强行将一切东西归结到某个统一的框架之中。

然而，他的确拥有自己鲜明的观点。德国生理心理学家认为，心理状态只不过是大脑和神经系统的生理状态，詹姆斯却说，这是“目前心理学状态下无正当理由的妄断”。他认为精神生活是真实的，而生理学所谓的人的意识只不过是对外部刺激的生理反应的观点是不值得信赖和争辩的：

> 所有的人都会毫不犹豫地相信，他们能感觉到自己在思考，他们能将作为内在活动或激情的心理状态从其他可通过认知活动进行处理的物体中区分出来。我认为，这个信仰是心理学所有基本条件中最为基本的。我会抛弃任何对其确定性的奇怪质疑，不认为它是太过形而上的。

因此，心理学的合适主题应该是，对我们日常生活中都能意识到的、在有机体中产生作用的“意识状态”的内省分析。（我们将绕开詹姆斯就生理心理学在《心理学原理》中所发表的言论，因为在这些章节中，除一些清新、诗意的散文以外，没有什么东西明确地属于詹姆斯。）

心理的本质

尽管詹姆斯排斥生理心理学中的物质主义，但他却无法接受古典二元论的替代品，即认为心理是与肉体平行或不依靠肉体而单独存在的某种独立体的观点。这不仅完全不能被证明，且费希纳、唐德斯及其他人都已指明，引起心理状态的是某些对刺激的生理反应。

詹姆斯考察了就灵肉问题而提出的每种主要办法，最后认定了知觉二元论。他认为，既存在外在世界，也存在我们对这个世界的感知；既存在物质的世界，也存在一套与之相联系的心理形态。后者不仅是由外部事物引起的大脑状态，而且是一种心理状态，可以彼此产生影响。在这个心理王国里，它们遵循自己的因果法则。

不管心理形态的最终本质是什么，詹姆斯认为，心理学家都应把灵肉问题搁在一边。心理学还远没有准备好或厘清生理状态与心理状态之间的联系，而其在目前应关心的问题是，描述并解释如推理、注意力、意志、想象、记忆和感觉等活动过程。从詹姆斯的时代开始，他这个观点已经渗透到心理学的各个流派里，如人格及个体差别的研究、教育心理学、异常心理学、儿童发展研究、社会心理学等，其影响波及除实验心理学之外的所有领域。在此后的几十年里，实验心理学的大部分学者则变成行为主义者和反心理主义者。

意识流

詹姆斯利用内省分析作为其探索有意识心理的主要方法。他强调说，这种方法感觉到的直接现实就是复杂意识思维不可言喻的流动。

> 大部分书籍都从感觉开始，将之视为最简单的心理事实，接着是感觉的合成，由低级向高级逐层构筑。此书却抛弃了经验主义的调查方法。没有谁依靠简单感觉本身来拥有简单感觉。从我们出生那天起，意识就是许多物体和关系的集合。心理学自一开始就有权假设的唯一事情，即思维本身。那么，对于我们这些心理学家来说，第一个事实是，某种类型的思维在持续进行着。这里我用思维一词来不加区别地表示任何形式的意识。如果我们能用英语说

"（思维）想"，就像我们说"（天）下雨了"，或"（外面）刮风了"[1]，我们说的是最简单的、假设成分最少的事实。我们不能这么说，所以，我们必须简单地说，思维在持续进行着。

詹姆斯认为意识不是一个物体，而是一个过程或功能。正如呼吸是肺的功能一样，传递有意识的心理活动则是大脑所做的事情。它为什么要做呢？"为使一个神经系统不至于变得过于复杂而无法进行自我调整。"意识允许有机体考虑事物在过去、现在和将来的状态，而且，因为有了由此而来的预测能力，它可以事先计划并调整行动，以适应环境需要。意识是"为目标而战的斗士，但如果没有现在，其中的很多目标根本算不得目标，只是在为现在而战"，最主要的目标是生存，这就是它的功能。

就进一步的内省而言，我们可以注意到，意识是有某些特征的。在詹姆斯提出的五种特征中，最有趣的是——因为它与传统的亚里士多德思维概念相矛盾——每个人的意识都是一个连续统一体，而不是一系列相关联的经验或思想。

那么，意识在自我展现时并非砍碎的粉屑。像"链"或"串"这类的词并不适合描述它刚刚出现的样子。它不是被连接上去的某种东西，它会流动，用"河流"或"小溪"比喻它们倒很贴切。因此，当本书再次描述它们时，我们权且叫它思想、意识或主观生活之流。

1　此三者，英语原文分别为 it thinks，it rains，it blows。——编注

虽然我们的思想或知觉的对象也许看来是不同的和分开的，但我们对它们的意识本身却是连续的流，它们就像是浮在溪流上的东西一样。

思想流的概念（或按更为人知的说法，叫意识流）在心理学家中引起巨大反响，并在研究和临床工作中起着非常实用和重要的作用。它还被许多作家立即借去，写出大量意识流小说。他们中有马塞尔·普鲁斯特、詹姆斯·乔伊斯、弗吉尼亚·伍尔夫和格特鲁德·斯泰因（斯泰因曾在哈佛师从詹姆斯）。

自我

即使意识的间歇，比如梦，也不能中断该流的连续性。醒来时，我们不难连接我们的意识流，连接过去和现在的我。这一点得益于意识的另一个主要特征：它的个人属性。思想不仅仅是思想，它们是我的思想，或是你的思想。将一种意识从其他意识里区别开的是个体的自我。自我还告诉人们，无论何时何日，我仍旧是刚才的我，仍旧是一天前的我，仍旧是十年前的我，或者仍旧是此生之前的我。

自从心理学诞生以后，思想家们一直处心积虑地解决这样一些问题：有谁或什么知道我就是我，或知道我的所有经验都发生在同一个我身上？解释自我或连续身份这一感觉的究竟是什么物质或实体？谁是观察者或控制者？詹姆斯把这些问题称作“心理学必须面对的难题中最使人困惑的”。

经典的答案是灵魂或超验的自我。但在 18 世纪，休谟和康德都曾表明，我们不可能对这样一个自我产生经验式的知识。哲学家们也许还可以就此思辨下去，但心理学家们却不能观察与研究它。因此，

19 世纪的实验心理学家们干脆避而不谈自我，英国的联想主义者也抛弃这个问题，认为它不过是一些倏忽而过的思想之链。

然而，詹姆斯感到，“对明确的自我原则的信仰”是“人类常识”中最基本的部分。他还找到了将有意义——且可研究——的自我概念归还给心理学的办法。我们都可意识到我们的个体，我们将某些事情视作我或我的。与这些事情相关联的感觉与行为却是可以进行调查的，这就构成了“经验自我”。

经验自我分几部分：物质自我（我们的身体、衣服、所有物、家人、家庭），社会自我或我们（我们是谁，我们如何与生活中不同的人物相处——这一点涉及社会心理学，几十年后成为心理学的一个专业），再就是精神自我（即个人的内心或主观存在，包括他整个心灵功能或性格集合）。所有这些都能通过内省和观察的办法加以探索，不管怎么说，经验自我都是可以研究的。

但这些仍旧未能完全解决一个令人困惑的难题：用什么来解释这种我、自我与身份的感觉，即确证我就是刚才那个我？詹姆斯将这种思想视作“纯粹自我”，一个完全主观的现象，并提出，它对连续个人身份的感知来自意识流的连续性：“在感觉（特别是肉体感觉）这个连续统一体中各部分的相似性……构成我们所能感觉到的那个真实、可证明的‘个性身份’。”

詹姆斯认为，既然如此，心理学就不需要假设一个观察者或灵魂来观察这个了解一切的心理，并保持身份的感觉：“在表达如其所是的、实际而主观的意识现象时，无论如何是不需要（灵魂）的。”他在简写本中把这个有力的结论说得更加斩钉截铁：

> 意识的状态就是心理学完成其工作所需要的全部东西。形而上学或神学也许能证明灵魂的存在，可对于心理学来

说，对于这个统一体的实质原理的假设完全是多余的。

意志

同时代的一些人认为，詹姆斯对心理学最有价值的贡献在于他的意志理论，即引导自愿活动的意识过程。

詹姆斯在《心理学原理》中对意志的大部分讨论集中于神经生理学方面，处理的是意志如何生成神经冲动，冲动如何产生所需要的肌肉运动等问题。但他所致力解决的一个更有趣的问题是，我们是如何从一开始就想到自愿采取一个行动的。关键的因素，按照他的观点，是提供有关我们在获取理解结局能力方面的信息和经验。

> 我们总是希望去感觉、拥有并完成我们尚未感觉、拥有和完成的东西。如果伴随这个欲望还有一种感觉，即获取是不可能的，我们就只有希望了。然而，如果我们相信这个目标是在我们能力范围之内的，就会产生意愿，即所欲求的感觉、拥有或完成应该是真实的。于是，无论是在立即产生的意愿中，还是在某些先决条件形成后，这种感觉也就迅速变真实了。

我们如何感觉所欲求的目标是在我们能力范围之内呢？

通过经验，通过我们对自己的不同行动将达到什么效果的了解："提供各种可能的、不同运动的想法，是意志生活的第一个先决条件，而这些想法是由经验根据其非自愿行为残留在记忆里的。"婴儿试图抓住一个玩具，因而手足做出无数随意的运动，他们迟早会将想要的玩具弄到手里，并最终对适当的活动产生意愿的能力。再进行一个类比，成人积累了不同行动及其可能后果的大量想法。通过对适当行为产生意愿，通过获取所欲求的结果，我们得以行走、谈话、进食，或进行无数的其他活动。

在大部分时间里，我们毫不犹豫地对日常行动产生意愿，因为我们感到它们与我们想做的事情并不冲突。可在有些时候，我们脑海里会存在一些互相冲突的想法：我们想做甲，也想做乙，但两者是互相矛盾的。在这种情况下，由什么来决定我们的行动意愿呢？詹姆斯的答案是：我们将彼此相冲突的可能性进行比较，最终决定只留一个，将其余可能性全部放弃，只让这一个变成现实。当做好这个决定后，意愿又继续下去了。或者，人们也可以这么说，选择放弃哪一个想法，重视哪一个想法，其本身即是意愿行为。

詹姆斯以自己的亲身经历进行例证。在一个寒冷的早晨，他百无聊赖地躺在床上。他知道，如果不起床他将会迟到多久，也将会有好多事放在那里没人干，然而他不喜欢起床将带给他的那种感觉，宁愿选择继续留在床上的这种感觉。最后，他有意禁止所有的想法，只考虑那天必须做的事情。结果呢，这个思想成为他的注意力中心，于是，他采取合适的行动，马上坐起身来，跳下床去。“意愿的基本成就，简单地说，在其最为‘自主’时，就是注意另一个不同的对象，并让它在意识面前保持足够长的时间……注意力的努力因而成为意愿的基本现象。”

有时候做决策迅速而简单，有时候却需要很长时间，要经过考虑、推理和决策。不管过程如何，在任何情况下，意识都是行为的原因，是因果关系中的干扰者，而不是对外界影响的被动式自发反应。自主的行动暗示着意愿的脱离。

詹姆斯本人，如我们所知，在其情绪危机中非常相信自由意志。该信仰曾帮他渡过了难关。但他最终仍将科学心理学的基本信条与这个信仰调和起来：所有的行为都是，或最终都将是可以解释的，每一种行为都有其原因所在。如果每一种行为都是可确定原因的结果，我们如何才能拥有从好几种可能的未来中选择一个并非完全确定的未来的自由呢？我们在决定做或不做什么时，不管事情多么琐屑无聊，或多么关系重大，都能体验到某种类似自由意志的东西。

詹姆斯的回答很坦率："我自己的信仰是，自由意志这个问题，从严格的心理学立场上来说是不可解决的。"这位心理学家希望建立一门科学，而科学是一种固定关系形成的系统，但自由意志不是固定、可计算的关系，它超越了科学，因而最好留给玄学家们进行冥想。心理学就是心理学，不管自由意志是否真实。

可他又坚持说，相信自由意志就实用主义而言是有意义的，也是有必要的。他的注意力从心理学转移出来后，发展的便是实用主义哲学，可该哲学的种子却在《心理学原理》之中。詹姆斯的实用主义哲学并不是一些粗暴的评论所断言的那样，说什么"真理就是有用的东西"。不过，他的确认为，如果我们将问题的不同解决方案进行比较，我们就会选择其中一个并采取行动。相信决定论将使我们消极和无能；相信自由意志则可使我们考虑各种选择，进行计划，并按计划实施行动。因此，后者是实用和现实的。

> 大脑是各种可能性而不是确定性的工具。然而，意识有自己的目的，也知道它将导致什么样的可能性，或避开什么可能性。如果赋予其因果的功效，意识将强化有利的可能性，压抑不利或不相关的可能性……如果［意识］是有用的，它必定是通过其因果功效来实现这一点的，且自主理论必须屈从于常识理论。

这些观察虽然很有道理，也经久不衰，但詹姆斯就意愿问题的某些讨论，在今天听来既奇怪，又落伍。在讨论嗜酒者或吸毒者“不健康的意愿”“夸大的冲动”，或在讨论瘫痪者“受阻的意愿”时，人们可以听到他对罹病者深深的关心——同时也是说教性的指责。

> 没有哪一部分［人］比无望的失败者更能理解人生的金光大道和独木桥之间的差别。他们中有感伤者、酗酒者、阴谋者、流浪者等，他们的生活是知识与行动之间的长期矛盾，他们对理论完全明白，但从未使自己软弱的性格坚强起来。

詹姆斯的意志心理学在许多年里构成美国心理学的重要特征，但在行为主义的长期统治下——从约 1920 年到 1960 年——这个话题在美国心理学中销声匿迹了。在后者的决定论系统中，任何由有机体本身启动的行为都是站不住脚的。自此之后，意志论再未卷土重来，至少未能以该名义卷土重来，在许多现代心理学教科书中，我们甚至找不到该词的索引条目。

然而，詹姆斯心理学中有关意志的论述在事实上却构成现代心理学主流的组件，诸如有目的的行为、意向性、决策、自我控制、选择、自我功效等等。

现代心理学家，特别是临床心理学家大都相信，行为是或终将是可以解释的，同时人类在某种程度上也可以指导自己的行为。如果心理学家未能回答上述两个概念如何能够同时正确，那么，他们就会在詹姆斯这里找到解决办法：如果相信我们不能影响自己的行为，将导致灾难性后果；如果相信我们能够影响自己的行为，则会产生有益的结果。

无意识

詹姆斯心理学关心的几乎全是有意识的心理生活，在《心理学原理》的某些部分，人们会得出这个印象，即根本不存在无意识的精神状态。大脑里发生的任何事，根据定义都是有意识的。但在许多地方，詹姆斯却对这一问题发表过不同看法。

在谈论自愿行动时，他小心翼翼地区分了我们有意识命令的肌肉运动和其他运动——大部分随意运动——之间的差别。这些运动得到长期的执行和进行，能够立即和自动跟随心理的选择，就好像自发的选择一样。我们谈话、爬楼、脱掉或穿上衣服，根本就不考虑所需要的身体运动："心理学中一个普遍原则是，意识会放弃所有不再有利用价值的过程。"在许多熟悉的活动中，实际上我们在不思考所要求的运动时做得更好。

> 我们投出或抓住东西，射击或砍下某物时，意识受触觉和肌肉的影响越小，视觉效果越具专一性，则动作的效果越好。盯住你瞄准的地方，你的手就能抓到它；想着你的手，反而会错过它。

因此，詹姆斯预测了现代的学习研究。这些研究证明，通过实践，更复杂的自发动作，比如弹钢琴、开车或打网球，都是"熟能生巧的"，因而在意识发出总的命令之后，其中大部分动作都可以很快在无意识中完成。

他还注意到，在不注意体验时，我们也许会对这些东西不太注意，尽管它们对我们的感官会产生正常影响："我们醒着时，对习惯性噪音等毫无感觉，这足以证明，我们可以不去注意我们仍然感觉到的东西。"

詹姆斯非常清楚无意识在非正常心理等特殊现象中的作用，比如，他引用过法国心理学家阿尔弗雷德·比奈所报告的一些患有歇斯底里症的盲人的例子："比奈先生发现，病人的手无意识地写下他们的眼睛正无效地努力'看见'的东西。"但由于詹姆斯的注意力主要集中在有意识的心理生活上，他不能想象完全无意识的知识。他感到，不管是什么形式，在什么地方，所有知识都是有意识的。在这一点上，他非常赞成同时代的另一位法国人——皮埃尔·让内——的思想，后者认为，这些似是而非的无意识知识都是分裂人格的结果，主要的人格没有意识到的东西，却是分裂的第二人格"意识到"的东西。

詹姆斯以同样的方式解释催眠状态下的某些方面，特别是催眠后的暗示。在这些情形之下，病人在恍惚状态中接受一些指令，醒来后便执行这些指令，但仍对按照指令所做的事情一无所知。分裂人格的假设既糟糕又有限，且经不起实证检验，可至少在无意识作为一种现实被普遍接受之前，詹姆斯即表达出这个观点，承认某些精神状态是发生在主要意识之外的。

在《心理学原理》出版后的许多年里，詹姆斯扩大了他的无意识观点，并依靠这个扩充来解释梦境、自动写作、魔鬼附体和《宗教经验种种》中报告的许多神秘体验。而此时，弗洛伊德已经开始发表有关无意识的观点。与当时刚开始发表有关无意识的观点的弗洛伊德不同的是，詹姆斯并不认为无意识是动机来源，或是思维从意识中驱除不能为社会所容忍的性愿望的方法。早在1896年，詹姆斯就讲到过弗洛伊德的发现有可能起到减轻歇斯底里症状的作用。1909年，在克拉克大学听过弗洛伊德讲演之后，他又说道："我希望弗洛伊德及其弟子们能把他们的思想运用到极致……他们一定会对人类本性的理解投下一线曙光。"

情绪

与此前所述的伟大理论相比，詹姆斯所提出的一个并不起眼的理论却越来越著名，越来越引起人们关注。这就是他的情绪理论，既简单又具有革命性。詹姆斯认为，我们感觉到的情绪，并不是引起诸如心跳过速或掌心盗汗等肉体症状的那些东西。这些生理症状不过是神经系统对外部刺激所产生的反应。我们叫作情绪的东西，是我们对这些生理症状的感知。

这个说法非常有趣，也非常有说服力，因而值得我们在此大段引用。

> 我们的自然思维方法……通常是某个事实的心理感知激发出某种叫作情绪的心理效果，而后者的心理状态又引起肉体的表达。我的理论正好相反，对引起刺激的事实的感觉直接导致肉体的变化，我们对这些变化的感觉则是情绪。常识告诉我们，我们失去财产，就会痛苦或哭泣；我们遇见熊，就会害怕并逃走；我们受到对手的侮辱，就会生气并反击。此处有待辩护的假设认为，这一顺序不对，一个心理状态并非直接由另一个心理状态引发，肉体的表现必须首先考虑，因而，更为合理的表述应是：我们感到难过，因为我们在哭泣；我们感到愤怒，因为我们在反击；我们感到害怕，因为我们在发抖。

他的这一理论建立在内省的基础之上。人们只需仔细审视内心，就会知道，人们的情绪是从生理表达中发展而来的。

> 如果没有随感知而来的身体状态，那么，感知在形式

> 上就会成为纯粹认知型，变得苍白无力，毫无色彩，缺乏情感的温暖。例如，我们也许会看见熊，并想着最好逃走；我们也许会受到侮辱，并认为应该奋起反击，但我们并非在实际上感到害怕或愤怒。

几乎同时，丹麦生理学家卡尔·朗格提出了同样的理论。对此，詹姆斯给予承认。尽管他和朗格并没有在这个理论上进行合作，但它很快就被确认为詹姆斯-朗格理论，并在今天的教科书中以此名受到讨论。

但这个理论却路途坎坷，它产生后立即引起争议和研究，最终被认定在许多方面是错误的。哈佛生理学家沃尔特·坎农在1927年指出，不同的情绪伴随总体上相同的生理反应，生理反应不一定具体到能解释不同情绪的程度。比如，愤怒和害怕都伴有心跳加速和血压升高。另外，坎农认为，内脏反应时间较慢，但情绪反应却是快捷的。坎农的结论是，情绪刺激会激发丘脑（更新的研究已精确地指出下丘脑和边缘系统），信息从大脑兵分两路向外发出：一路直达自动的神经系统，引起内脏变化；一路直达大脑皮质，在这里生成情绪的主观感觉。

虽然如此，詹姆斯-朗格理论仍受到心理学家的极大关注。它在假定情绪有生理成因方面是正确的，虽然最近和更复杂的解释都基于对动物和人类的生理学研究，这些研究的证据表明，唤醒的刺激激发了大脑中自发的神经活动，同时向身体和意识发送信号。其他证据则表明，情绪的体验基于体验和情境的生理觉醒和认知评估的共同结果。该理论虽有缺陷，但也有它的实用价值。如果达到对刺激的生理反应的可控程度，我们就可控制相关情绪。我们从1数到10以控制愤怒，吹口哨以保持乐观与勇敢，跑步或打网球以驱除烦恼。许多现代心理医生教导病人进行放松锻炼，以减少焦虑或害怕的心理，教导他们用自信的态度练习站立、行走和谈话，以获得自信。心理学家保罗・艾克曼及其在加利福尼亚大学医学院的同事最近指出，当志愿者有意做出一些与某些情绪相关的面部表情时，如惊奇、讨厌、悲伤、愤怒、害怕和幸福，这些表情会影响其心跳和皮肤温度，并诱发少量相关情绪。情绪的生理表达能引起某种程度的情绪。总体而言，詹姆斯－朗格理论有一部分内容是正确的。

第五节 詹姆斯的矛盾

大凡读过詹姆斯心理学作品的人一定会感到困惑：詹姆斯总是清晰明白且很有说服力地表达一个观点，但与此同时，他也会以同样的态度表达这个话题的相反方面。詹姆斯经常自相矛盾，无法自圆其说，但我们并不能因此说他头脑混乱，因为他在学术问题上涉猎太宽泛，无法使自己局限在某个封闭或连续的思想体系中。

几十年前的一位著名心理学研究者和理论家，戈登・奥尔波特，对詹姆斯变色龙般的性情如是总结：

> 仅在《心理学原理》一书中，我们就能找到非常明显、使人迷惑、公然的矛盾之处。比如，他既是一位实证主义者，又是一位现象主义者。每周的二、四、六，他会倒向行为主义和实证主义，但在每周的一、三、五，他好像更有才气，能写出意识流、宗教体验的种类和战争道德等重大论题。

然而，奥尔波特却认为，这种前后不一致是一种美德。谈到詹姆斯“高产的矛盾之处”，他认为，一个问题的两个方面常常能揭开问题的盖子，有助于后人的进一步研究。

这种矛盾的结果是，詹姆斯的理论尽管对心理学影响颇大，却支离破碎；尽管流传甚广，却无法处在主流地位。詹姆斯避免创立任何系统，没有形成任何学派，很少培训研究生，也少有追随者。令人吃惊的是，他思想的相当一部分，现在越来越成为主流心理学的组成部分，特别是在美国。詹姆斯在实验室方法和方法论方面不如冯特，可他的心理学内涵却极其丰富，具有现实主义色彩和实用主义用途，因而从整体上超过了冯特的系统。一切如雷蒙德·范彻所说：

> 詹姆斯将心理学从一种深奥难解和抽象的科学——其内省式方法论的难度使一些学生避之不及——转变成为一门直接谈论个人兴趣和关注的学科。詹姆斯将心理学描述为一个“烦人的小课题”，它排除了人想要知道的一切，而他自己的心理学课本却根本不符合这一描述。

在主流之外，詹姆斯还在两个方面影响了心理学，而这两个方面都很实用。其一，他建议将心理学原理应用到教学中去，如今，这个建议已成为教育心理学的核心；其二，在1909年担任“美国国家精神卫生委员会”高级执行委员期间，詹姆斯竭力促成洛克菲勒基金会和其他财团投资数百万美元，用于开展精神卫生运动，开办精神病医院，并对精神卫生领域的从业人员进行培训。

美国心理学会于1977年庆祝学会成立75周年，在开幕式上，讲演人大卫·克雷奇宣称，威廉·詹姆斯是“培养我们的父亲”。在谈到过去的3/4个世纪的时间里，心理学界为解决詹姆斯所提问题做出的努力时，克雷奇说道：“就算我把一切收获和成就全部加起来，再乘以希望这个系数，所得总和仍不足以作为丰硕的贡品供奉在詹姆斯脚下。”

第七章 精神的探索者：西格蒙德·弗洛伊德

第一节 关于弗洛伊德

在心理学编年史上，没有哪位人物能像西格蒙德·弗洛伊德（1856—1939）一样，其理论既备受吹捧，又惨遭诋毁，其人格既受到尊崇，又遭遇贬斥。他既被视作伟大的科学家、令人尊敬的学派领袖，同时又被斥责为骗子。然而，不管是其崇拜者还是其批评者，有一点认知是相同的，即弗洛伊德对心理学、心理治疗，以及西方社会的人认识自己的方式等方面所产生的影响，比科学史上任何一个人物都大。至于其他人，他们似乎都是在谈论不同的人和知识体系。

1959年，社会学家和弗洛伊德研究者菲利普·里夫发表言论说，“这个人的伟大之处毋庸置疑，从而使他的思想更加伟大”，而他的写作“可能是20世纪被汇编成著作的最重要的思想体系”。然而几年之后，著名学者兼人文学教授埃里克·赫勒在《泰晤士报文艺增刊》中撰文宣称，“弗洛伊德是我们这个时代被吹捧得太过的人物之一。”同时，诺贝尔生理学或医学奖得主彼得·梅达瓦爵士，也将精神分析理论视为“20世纪最使人瞠目结舌的知识欺诈”。

而政治学家保罗·罗森认为，弗洛伊德“毫无疑问是历史上最伟大的心理学家之一”，而且是“一位伟大的思想家”。神学家保罗·蒂利希也认为他是“所有精神分析学家中最有深度的一位”。同时，一位名叫E. M.桑顿的英国学者却收集到一些证据，照她自己的话说，它们足以证明“（弗洛伊德的）重要假说，即‘无意识’并不存在，他的理论不仅毫无根据，而且荒唐可笑”，并说他的理论体系有可能是在可卡因作用下编造出来的，因而判定他是一个“虚伪且缺乏信仰的预言家”。

弗洛伊德的崇拜者，包括他最近的传记作者、历史学家彼得·盖伊在内，都将他视为大无畏的人，称他是真理的勇敢卫士。诋毁他的人却视他为精神病患者和野心勃勃的人，称他通过发表耸人听闻的理论哗众取宠。在1993年和1994年出版的《纽约书评》上，弗雷德里克·克鲁斯教授发表了两篇炮轰弗洛伊德的文章，篇幅很长。后来，他在其他著作中也极尽谩骂讽刺之能事。他因此名声大噪，成为批评弗洛伊德的最恶毒、最尖刻的人。他说，作为一种疗法，精神分析“十分失败”“毫无用处”；作为科学知识的实证研究法，精神分析“很有缺陷”，这是因为实验者认为，只要通过与病人对话，就可以得到他们预期的研究成果。弗洛伊德本人对“病人的痛苦漠不关心”，而对于病人来说，治疗几乎没有什么效果，甚至适得其反；更有甚者，弗洛伊德会为了“搞定”某些特殊病人，“强迫他们接受某些匆忙得出的结论”。诸如此类，不一而足。

心理学史学家大多把一长串富有影响的发现归功于弗洛伊德，其中最为引人注目的是动态无意识。科学史学家弗兰克·索罗维却指出，弗洛伊德的概念在很大程度上是对已存在于神经学和生物学中的一些思想的“创造性转述”。学者亨利·埃伦伯格也颇费心机地提出，弗洛伊德对动态无意识的发现，不过是将前辈或同代人早已提出的概念明确化并赋予清晰的外壳而已。

弗洛伊德则认为（他的大部分传记作者也这么认为）自己是个

局外人，是一个在仇视犹太人的维也纳被孤立的犹太人，一个一生都在与保守医学勇敢斗争并希望自己的发现能造福人类的犹太人。贬低他的人却宣称，他通过夸大自己周围的排犹氛围，企图使自己看起来像是一个勇敢战斗的英雄，而且无论怎么说，他的许多思想来自他的朋友威廉·弗利斯，只是他将之据为己有。

真可谓众说纷纭，我们该相信哪一说呢？

换言之，我们对一个自身矛盾百出的人又能说什么呢？他就人性所阐发的理论异常激烈，堪称强硬的无神论者，而且除早年外，他在政治上一直是保守派。在性欲问题上他一直采取极为自由的学术态度，但其自身却是礼仪与节欲的模范。他宣称自己已通过有名的自我精神分析解除了精神烦恼，可终其一生他都遭受各种神经症的困扰，包括偏头疼、泌尿系统及肠道症状等。他对电话有着几乎病态的厌烦，在经历极度紧张的个性压抑时，他总是感觉自己像要晕倒似的。而且，他对雪茄近乎病态地痴迷（一天抽 20 支，即使在上颚因此癌变后也依然如此）。他不喜欢维也纳，从未融入当地轻松随便的咖啡馆社交圈，可又下不了决心彻底离开那里，寻找更适合自己的地方。直到 1938 年纳粹占领奥地利，他才不得不搬到伦敦。

有时，他是个不顾一切的自我主义者，自比哥白尼和达尔文，并对一位他晚期作品的赞赏者说："这是我写得最糟的书，一部老朽的书。真正的弗洛伊德是个了不起的人。"而在另一些时候，他又显得极其谦逊。在其晚年的《自传性研究》一文中，他写道：

> 回顾一生所做的这些琐碎工作，我可以说的是，我不过开了许多头，也提出许多建议。将来有一天，它们中可能衍生出什么，不过我自己无法确定衍生出的这个"什么"是多还是少。然而，我可以表达一个希望，即我打开了一

条通道，沿着这条通道，我们的知识将长驱直入。

他生活在一个充满爱心的大家庭里，周围尽是忠实的信徒，但他有许多年都在与几个自己最亲密的朋友和追随者进行争斗。在古稀之年，他悲哀地写道：

> 我并不指望许多人的爱。我没有逗他们高兴，没有为他们提供舒适的生活，也没有给他们熏陶。我也没在意这些。我只想探索、解开一些谜团，只想揭示一点真相。

照片中的弗洛伊德总是一本正经，表情凝重——穿戴得无可挑剔，头发梳理得整整齐齐，忧郁而不苟言笑——然而，他自己的作品及熟悉他的人所写的回忆录却证明，他是一个极其机智的人，喜欢讲有趣的故事并在故事里不时穿插他的一些心理学观点。下例选自他对幽默的研究《玩笑及其与无意识的关系》：

> [医生]如果问一个年轻病人他是否经历过手淫，得到的回答一定是："O, na, nie!"[德语："呵，不，绝对没有这回事！"——可在德语中，onanie的意思原本就是"手淫"。]

还有一个长点的幽默故事，弗洛伊德喜欢讲，讲得也不错。

> 沙申[犹太媒人]站在他推荐的姑娘一边，替她平息那位年轻男子的不满。
>
> ——"我不喜欢岳母，"后者说，"她是个不讨人喜

欢的蠢货。”

——“但不管怎么说，你并不是去娶岳母，你要娶的是她的女儿。”

——“是啊，可她已经不年轻了，而且严格来说，她长得也并不美。”

——“没关系。如果她既不年轻，也不美，那就正好属于对您忠实的那一类。”

——“再说她也没有多少钱。”

——“谁在谈钱？你是不是要跟钱结婚？你要娶的毕竟是老婆啊。”

——“可她还是驼背。”

——“哎呀，你到底想要什么？难道她连一点缺点都不能有吗？”

显然，真实的弗洛伊德至少不是这么简单的。下面请大家走进他的世界。

第二节 准神经科学家

关于弗洛伊德，有一点是非常明显也毋庸置疑的：与同时代大多数有名望的心理学家相比，他总是游离于自身文化主流之外的极远处，从背景上说，他最没希望成为学术界泰斗。

1856 年，弗洛伊德生于摩拉维亚（当时属于奥匈帝国）的小镇弗赖贝格，父亲是沿街叫卖羊毛、布匹、兽皮和未加工食品的犹太小贩。在孩提时代，他从未听说过科学这类事，更谈不上现代心理学了。他的祖先中也没有哪位上过大学，甚至连读过预科学校的也没有。不管从哪个角度讲，他都应该像他父亲雅各布一样，做个小商小贩。

在他早年的岁月里，他与他中年的父亲——一个曾结过婚并养过另一个家庭的人——和年轻的母亲共同生活在一间租来的公寓里。没过多久，妹妹的出生使这个家庭更拥挤。弗洛伊德 4 岁时，他家搬到维也纳，父亲的生意也渐渐好转。但从总体上说，由于人丁兴旺——后增加到七个孩子——这个家庭的大部分岁月是在艰辛中度过的。

这也是弗洛伊德终生都对金钱而焦虑的原因。他的社会地位也不堪一提。到 19 世纪 60 年代为止，尽管帝国的法律改革已使犹太人获得解放，他们不仅可以搬出贫民窟，而且可以进入预科学校并上大学，但就根本而言，他们仍然属于游离于社会之外的流浪者，社会禁止他们从事大部分职业，更不准他们进入高级公职阶层。

弗洛伊德更是双重局外人。他的父亲早已抛弃祖辈的犹太教信仰，成为拥有自由思想的人。他之所以走到这一步，可能与他一心想进入非犹太社会的强烈愿望有关。尽管弗洛伊德一向以犹太人自居，而且也与犹太人保持来往，但就自己而言，他曾对一位清教徒说过，他是一个“没有上帝可言的犹太人”，不属于任何宗教团体，也不参加犹太社区的任何活动。我们由此不难推断他后来所提出的并想从心理学中寻求解答的问题，这些问题是他年轻时代杰出的心理学家，如亥姆霍兹、冯特和詹姆斯等，不会去问的。这些心理学家不约而同提出的问题是：“心理是如何运作的？”弗洛伊德的问题却是：“我是什么，又是什么使我成为现在的我？”但只有在他努力很多年试图成为亥姆霍兹式的心理学家之后，他才会这样问。

弗洛伊德出生后，一位农妇对他母亲预言说，这个孩子将成为了不起的人物。在他的童年时代，他的父母时常对他讲起此事。不知是出于这个原因或其他原因，幼年时他就雄心勃勃，学习刻苦，在预科学校的七年中一直是班上第一名。法律和医学当时都对犹太人开放。在预科学校的最后几年，他读到一篇歌德的论自然的文章，于是决定终生投身科学。1873年，他考上维也纳大学医学院。在那里，他受尽同班排犹同学的排斥，或许正因为这些，他脱颖而出。

但他迅速发现，医学对他并没有什么智力上的吸引力，单从实际讲，他也觉得前景黯淡。在学医的中途，他开始受到恩斯特·布吕克的强烈影响。布吕克是生理学教授，与埃米尔·杜布瓦－雷蒙共同成为柏林物理学会的发起人，是当时统领整整一代心理学者的机械生理学派的核心人物。弗洛伊德对布吕克的生理心理学讲演印象深刻，同时深受他的狂热和长者风度的吸引。布吕克比弗洛伊德年长近40岁，看起来就像他的父亲。这位老人当然也对这位绝顶聪明的学生有强烈的兴趣，不久即成为弗洛伊德科学上的师长和生活中的慈父。弗洛伊德后来说，布吕克“在我一生中的重要程度胜过任何人”。对于一位花费近50年时间才形成一门与布吕克完全不同的主观内省心理学的伟人来说，这句话绝非一般。

弗洛伊德对内省法的关注还是后来的事。作为一位严肃认真、勤奋好学的医学院学生，他还没有时间或兴趣研究内视式心理学。当时，他确实为生理心理学深深吸引，甚至决定推迟自己的医学研究，从而使自己全身心地投入到布吕克的生理学研究院里。在这里，人们想象中那个总躲在一张躺椅后倾听精神病人唠叨的人，却把六年里的大部分时间花在实验室的工作台上，解剖鱼类和龙虾，追寻它们的神经通路，并透过显微镜观察神经细胞。

他醉心于学术上的生理心理学，希望成为一名生理学家，终生进行纯粹的研究。但布吕克建议他不要这样。弗洛伊德没有钱——他依旧住在家里，靠父亲养活——当时，从事纯科学研究对一个没有额外进项的人来说几乎是不可能的，除非他有望在学术上取得很高的地位。这对于一个犹太人来说是不可能的。于是，弗洛伊德放弃了这个梦想，极不情愿地完成医学课程并于 1881 年拿到医学硕士学位。

他继续待在这个研究院里，但第二年，他邂逅并爱上了他妹妹的朋友，一位名叫玛莎·伯奈斯的迷人姑娘，不久即向她求婚。她也为这位肤色黝黑的帅气医生所吸引，心甘情愿地接受了他的求爱。但结婚还是遥远的事，因为此时的弗洛伊德无力娶妻生子。对他来说，能够自食其力的最可行办法是开设一家私人诊所，但要做到这一点，他需要在一个他可以忍受的专业中获得一定的临床经验和培训。神经病学是离神经科学最近的专业，因此，他离开布吕克的研究院，投身于维也纳总医院，师从当时世界最负声望的脑解剖学家西奥多·梅内特。在接下来的三年时间里，他迅速成为诊断不同类型脑损伤和脑疾病的专家。（在此期间，几乎所有的人都知道，弗洛伊德进行了为期不长的可卡因试验。他不但亲自服用可卡因，且在医学圈里鼓吹它的止痛和抗抑郁作用。后来，当一位好友嗜毒成瘾后，他才意识到它的毁灭性效果，从此弃而不用。但此时，他在维也纳医学圈里的地位也受到质疑。）

在总医院刻苦工作的几年，他既孤独又沮丧，玛莎·伯奈斯和母亲生活在汉堡，在一段相当长的时间内，弗洛伊德只能偶尔看到未婚妻，只是后来才在一起小住一阵。他们主要靠鸿雁传书，几乎每天一封。他总是在情意绵绵、充满爱意的长篇情书里展望自己的美好前景，幻想自己成为西格蒙德·弗洛伊德博士、私家诊所的神经学家，财源滚滚而来，并幸福地与心爱的玛莎喜结连理，生儿育女。偶尔他也在信中透露自己内心的狂乱（例如，“一直以来，我感到无所适从，接着是没完没了的情绪低落，一天接一天，像是一种反复发作的疾病，却找不到明显的原因”）。但我们从中看不出任何预示他日后探索自己的灵魂以诠释其内在压抑的根源所在，也看不出任何蛛丝马迹以预兆出：以探索人内在精神为主的心理学会将神经学从他的内心与生活里驱赶出去。

第三节 催眠医师

弗洛伊德步入自己独特的职业生涯，源于与约瑟夫·布罗伊尔之间的友谊与合作。后者是成功的医生和生理学家，比弗洛伊德年长 14 岁，弗洛伊德通过布吕克与他相识。虽然年龄和地位相差悬殊，但布罗伊尔和弗洛伊德仍然成为莫逆之交。弗洛伊德是布罗伊尔家的常客。他还经常去总医院获取医学经验并和布罗伊尔谈论病例，这样，他们的友谊日益加深。

1882 年 11 月，布罗伊尔告诉弗洛伊德，他的一个病人，一位年轻妇女，患有歇斯底里症，他已经为她治疗一年半了。这个在历史上因安娜·欧（假名）个案研究出名的女人，就是贝尔塔·帕彭海姆，一个过分受宠的犹太富人的女儿，玛莎·伯奈斯的朋友之一。受这个病案吸引，弗洛伊德让布罗伊尔详细介绍了她的病情，并在数年后与布罗伊尔一起撰写了一份报告。这份报告就是精神分析学的第一份个案报告，虽然实际上它不过是一粒种子，但精神分析学就是从这里生根发芽并茁壮成长起来的。

21 岁的贝尔塔·帕彭海姆是个聪明漂亮的姑娘，她深深迷恋自己的父亲，并在他生病期间竭尽全力地照料他，直到自己因严重的歇斯底里症而病倒在床。她失去胃口，肌肉无力，右臂麻痹，一旦紧张就剧烈咳嗽。两个月后，随着父亲的仙去，她的病情更趋恶化。她在幻觉中总是遭遇黑蛇和骷髅，语言产生障碍（有时，她不能讲母语德语，但能用英、法或意大利语交流），即使渴得要死也不能喝水，同时还伴有阵发性“失神”，或恍若梦中的时空错觉，她称其为“时间消失”。

布罗伊尔告诉弗洛伊德，他一直定期为她看病，但总是无能为力。然而有一次，他碰巧撞上一种很奇怪的方法。在产生失神时，她常会呢喃一些从一长串思想中突然冒出来的词语，而布罗伊尔发现，若给她稍加催眠，他就可以让她以这些词语为起点，重现她内心深处所发生的场景和幻想的故事——奇怪的是，催眠过后的几小时内她的精神不再错乱了。第二天，她也许会进入另一种失神，布罗伊尔又可以通过催眠驱走这种失神。她把它叫作“谈话疗法”，有时叫“扫烟囱”。

布罗伊尔告诉弗洛伊德，谈话疗法比暂时使其脱离精神错乱的意义要大得多。如果他能让她在催眠状态下回忆起某种特殊症状最早发生在何时并以何种方式出现，这种症状就会消失。例如有一次，她追忆起自己为什么不能喝水时，突然想起从前某时曾见一只小狗在水杯里喝水，并因此产生恶心的感觉。醒来后，她竟然可以喝水了。此后，这个症状再也没出现过。同样，谈话疗法还使她摆脱了右臂麻痹的苦恼，因为她突然想起，一次照顾父亲时，她那只胳膊垂在椅背后变麻了。就在此时，她梦见一条黑蛇向她接近，而自己却无法用胳膊赶走它。

通过谈话疗法，布罗伊尔一个接一个攻下她的病症，控制了她所有的病情。然而，一天晚上，他发现她又一次陷入错乱，四肢因腹部的剧烈痉挛而抽搐不已。他问她是怎么回事。“布罗伊尔医生的孩子要生了！”她叫道。他惊愕地意识到，她正在经历一次癔症性怀孕，这一癔症来自对他的幻想。于是，他毅然将她托付给一个同事，自己与妻子一起外出旅行，从此再没过问过贝尔塔的病案。

事实上，贝尔塔并没有从谈话疗法的宣泄中康复过来，只是暂时性消除症状而已。这使弗洛伊德多年后发现：病人不仅需要回忆引发各个症状的事件，而且要找出隐藏在这些事件背后的意义。他将发现，在大多数情况下，这些症状背后都隐含性欲的成分，就像“布医生的孩子”中隐含的那样。然而布罗伊尔对性欲这个话题深感不安。尽管在歇斯底里的怀孕情节发生时，他已经“掌握了那个钥匙”（弗洛伊德多年后给一个朋友写道），但“他把钥匙扔掉了……［并］因为传统的恐惧而选择逃避”。

（贝尔塔・帕彭海姆在精神病院又待了一段时间，并最终在那里治好病，走上一条成功的事业之路。她先在一家孤儿院当监护人，后来成为一家专为未婚母亲和少年妓女服务的机构的负责人，再后来成为长期保护“濒危少女”运动的领袖人物。她没有结婚，也没有有记载的爱情生活。她掩饰在歇斯底里之下的性错乱虽然没有得到根治，却得到了升华——后来弗洛伊德对这个过程进行了详细说明——在为失足女子服务的高尚工作中得到升华。）

1886 年，在布罗伊尔向他讲述上述病案之后的第四年，31 岁的弗洛伊德终于开了自己的诊所并在那一年娶了玛莎，以精神病和脑病专家身份开始其个人的职业生涯，用当时通行的疗法治疗精神病与脑病。由于病人较少，当布罗伊尔推荐歇斯底里病人给他时，他也乐于收治。他为这个课题进行过专门学习，并从布罗伊尔的神经学研究所得到一小笔资助，前往巴黎小住几月，在那里接受让・马丁・夏尔科的指导。夏尔科是名噪一时的神经病理学家，又是萨尔佩特里尔医院的院长。除此之外，夏尔科还是歇斯底里现象的发现者，同时也是技术高超的催眠师，但只在向学生展示病人的病情时才去引发歇斯底里。他相信，歇斯底里虽有可能源出于某种创伤性事件，如铁路上发生的事故等，但从根本上讲，是一种由遗传导致的神经系统衰弱症。他认为，这种病只会恶化，无法根治。

在夏尔科观点的影响下，弗洛伊德在处理自己的歇斯底里病人时也如法炮制，就像精神病的确是由神经错乱引起的一样。他多半使用电击疗法，这在当时非常流行。他把电极接到患者身体的敏感部位，而后释放出轻微电流，使身体产生微颤或肌肉抽动。他用这种方法取得一些初期疗效，但对催眠术的熟识使他对此持怀疑态度，认为疗效的产生不是因为电流的刺激，而是暗示——他向病人保证，这种疗法可以驱除病症——的结果。

想到这里，他开始更直接地使用催眠暗示。不过当时这种方法并不被维也纳医学界认可，他们甚至认为它属于江湖骗术。弗洛伊德知道，法国南希学派的成员大多是我们在前面提到过的医学催眠大师奥古斯特·利埃博的信徒，他们利用催眠暗示法对歇斯底里症患者进行治疗。他们总是让病人进入催眠状态，然后告诉他们说，当他们醒来时，所有病症都会消失。

弗洛伊德采用这种疗法并取得了不错的效果。1887 年 12 月，他写信给当年认识并结下深厚友谊的柏林耳鼻喉科专家威廉·弗利斯："在最近几周，我一头扎进催眠术中，得到各种各样的结果，成就虽小，倒也特别。"

然而好景不长，他很快就悲哀地发现，病人只是部分且暂时地解除了症状。于是他决定换个方式，用布罗伊尔治疗贝尔塔的办法进行催眠。在此后几年里，弗洛伊德催眠歇斯底里症患者，然后要其回忆并讲述第一次引发病症的创伤性事件。这种治疗对有些病人来说结果相当满意，但总体上令人失望，因为病情好转要么是暂时的，要么是一种病症马上被另一种替代。另外，对于许多无法催眠的病人来说，这种治疗方法根本不起作用。

尽管局限很大，他还是和布罗伊尔在五六年时间里研讨了一系列病案——贝尔塔及弗洛伊德的近期病人——渐次形成他们的歇斯底里理论。与夏尔科完全不同的是，这套理论从整体上讲完全是心理学上的。他们的结论是，“歇斯底里症受回忆影响”——对痛苦的情感体验的回忆——它们可能出于某种原因而被排除在意识之外。只要这些回忆处于遗忘状态，与此相关联的情感就会“纠缠”或扭结在一起，从而转换成某种生理能量，表现为某种形式的病理症状。当记忆通过催眠恢复时，情感可被感知并表达出来，从而引起症状的消失。

这是布罗伊尔和弗洛伊德于 1893 年发表的一篇短文及两人出版于 1895 年的鸿篇巨制——《对歇斯底里的研究》——的要点。这些文章报告了布罗伊尔的一个病案和弗洛伊德的四个病案，提出了他们的歇斯底里理论，并讨论了消除病症的方法，即催眠宣泄及由弗洛伊德所发现的一种更好的方法，后者可以一次性根治歇斯底里症，使患者不是得到暂时的解脱，而是得到实际的治疗。

第四节 精神分析的发明

在科学进程中，所有的历史和社会学记载都不足以解释精神分析学的突现，也不足以解释它在无意识心理过程中的种种发现。

19 世纪末，在维也纳和其他几个欧洲主要城市长大的医学人员大多接受医学培训，并接受生理心理学传统的浸润，只有弗洛伊德一人继续从事神经科学实践，然后使用治疗歇斯底里症的催眠术，最终创立了精神分析学。他的思想演变部分是受到当时社会条件和科学知识的滋养，但部分出自他的天才和自身问题，这些问题使他对其他人身上的类似问题很敏感。

弗洛伊德迈向创立精神分析学的第一小步并不是预先设计的，而是他对其中一个病人的需要所做出的反应。她就是男爵夫人范妮·莫泽，一个他在《对歇斯底里的研究》一书中称为弗劳·埃米·冯·恩的40岁寡妇。1889年，她求医于弗洛伊德，当时她的症状是面部抽搐，幻想自己遇到扭动的蛇和死鼠，噩梦中总有猫头鹰和可怕的野兽，嘴里不断发出嘘声或扑扑声，并因此经常中断交谈，害怕社交，讨厌陌生人。

弗洛伊德使用宣泄式的布罗伊尔方法，一段时间后治好了她的许多症状——她是第一位接受他的这种疗法的患者——中间他也使用了南希派的后催眠暗示法，一如他在《对歇斯底里的研究》一书中所言：

> 从整体上说，这种疗法颇为成功，但疗效并不长久。病人在新的创伤影响下，以类似方式再次病倒的隐患并未根除。任何希望治愈类似歇斯底里症状的人士，都必须比我更进一步，更深入地研究这种复杂现象。

然而，他从化名艾米·冯·N.夫人的40岁寡妇范妮·范泽男爵夫人身上得到异常重要的启示。在她回忆引发某些症状的创伤性事件时，她常百无聊赖地唠叨个不停，说出的东西往往风马牛不相及。有一天，弗洛伊德问她为何胃疼，引起的原因是什么，她的回答是——当然非常勉强——她也不知道。弗洛伊德请她第二天再想，她却带着明显的抱怨口气说他不应该问这问那，应该由她把想说的东西说出来。

这一点使他茅塞顿开。弗洛伊德感到，这是一个重要的请求，应该让她完全按自己的意愿讲述下去。她开始谈到丈夫的死亡，并从这里东扯西拉，最终讲到夫家亲戚和一个“意图不明的记者”对她的诽谤，大意是她毒死了自己的丈夫。虽然这些唠叨与她的胃疼毫无瓜葛，但却使弗洛伊德想到她与人隔绝、不爱交际及讨厌陌生人的原因。他意识到，尽管让病人想到哪儿说到哪儿听起来乏味，但为了发现隐藏的真相，这倒是比追问和探究更有效的路径。这种做法最终使他悟出一种极其重要的治疗和研究方法，即自由联想法。

弗洛伊德也意识到，对那些催而不眠的患者，这个方法可以大派用场。他请这些病人——不久即让所有病人——躺在诊所躺椅上[1]，闭上眼睛，集中精力回想，想什么说什么。然而他们脑海里常常一片空白，什么也想不起来，或想起的也都不相干。个中原因是，弗洛伊德注意到，大凡很难想起的记忆，多是病人力图忘掉的东西，因为它们涉及的多是羞耻、自责、精神痛苦，即实际伤害。不愿回忆创伤性情节的病人，大都是在无意识地保护自己免受痛苦的折磨。

弗洛伊德把这种不能回顾痛苦记忆的现象称作“抗力”，并发明了一种打破这种抗力的方法，在1892年首次使用。当时患者是一个少妇，她不接受催眠，也回忆不出任何有用的细节。他用手按她的前额，向她保证，这一按一定能唤起她的回忆。事实的确如此，她开始回想起事情，第一件事是一个晚上，当时她刚从一个朋友的聚会回来，站在父亲病床边。从这里开始，她继续想下去，慢慢地，东一句西一句，但大都是相关思想片断。过一会儿她想起来，她当时非常内疚，因为父亲躺在病床上奄奄一息，她却在外面寻开心。终于，经过相当艰苦的努力后，弗洛伊德使她认识到其中一个症状——腿疼——的原因，这是她掩饰因为寻欢作乐而产生内疚的方

1　弗洛伊德认为，躺椅有助于病人全神贯注于所思所想，而不在意分析师，但他承认，这种做法部分也出于个体动机，因为“我无法忍受患者在长达八小时或更长时间里盯着我”。

式。后来，她不仅完全恢复了，还结了婚。

这个过程的关键，并不是弗洛伊德用手所做到的事，而是病人同意去做。对此，他后来解释道：

> 我［向病人］保证，只要他额头上有压力，他就可以感到眼前产生一个画面，或在他思想里，将闪现一个突然的念头。我请他把这个画面或念头告诉我，不管它是什么。他不该把这个画面或念头压在心底，因为他有可能认为它不是所需的东西，或不是正确的东西，或太令人不快，他不愿意讲出来。不要对它做出批评，也不要因为情感上的原因不愿说，或觉得它不重要，不值一提。只有以这种方式，我们才能找到需要的东西，而且能万无一失地找到它。

由此产生的想法极少来自尘封的痛苦记忆，多半来自联想链中的某个环节。然而，如果加以追溯，它就会慢慢导向某个致病的念头及其隐藏意义。在《对歇斯底里的研究》一书中，弗洛伊德把这一过程称为“分析”。次年，即 1896 年，他开始称其为“精神分析”。

弗洛伊德迅速得出结论，认为掌压技巧——暗示的另一种形式——并不值得推荐，因为它使人想起催眠，而且，在病人试图集中精力回忆时，医师在现场便显得过于突兀。到 1900 年，他开始抛弃这个方法，此后他便完全依靠口头暗示。

到 1900 年为止，他基本的治疗方法是让病人在躺椅上放松，医师重复一些暗示，让病人知道自由联想将得出有用的念头，病人同意说出任何联想，没有任何保留或自我封闭，即在病人的记忆和思想中引出无意识的联想。经证明，这种方法不仅可用于治疗歇斯底里症，也可用于治疗其他精神疾病。弗洛伊德用此法治病数十年，但其基本内涵，旨在通过仔细探讨心理动态无意识状态获取治疗的内省洞察力，却是在他首次放弃催眠术治疗病人之后的十多年里确立的。

当然除此之外，还有许多精神分析技巧，大多隐晦复杂。我们主要关注心理学的发展而不是精神病治疗，因此不必停留在精神分析治疗法的细节，或弗洛伊德追随者发明的其他治疗方法。他们对他的原理和治疗方法存在分歧。但我们必须注意另外两种由弗洛伊德发展而来的精神分析因素，因为它们不仅对治疗病人举足轻重，而且对他将精神分析视作一种调查方法也有十分重要的意义。他通过这种调查方法得出了一生中的几个最主要的心理学发现。

第一是移情现象，弗洛伊德在《对歇斯底里的研究》一书中曾对其简要定义，而五年后，即 1900 年，一次失败的治疗使他决定更深地探讨这一概念。当时，他开始治疗一个 18 岁的姑娘，在他的研究病案报告中，他称她为多娜。他与她一道将她的歇斯底里症结追溯至她的邻居 K 先生与她之间的性亲近，接着到她对这位先生的矛盾心理：她一方面感到恶心，另一方面又为他的性感所吸引。然而，多娜在三个月后突然中断治疗，而此时实际上她已有明显好转。这使弗洛伊德大为困惑，他冥思苦想，仔细思索她逃避治疗的理由。他重新审视她做的一个梦，果然从中找到了她逃避治疗的理由：类同于她在 K 先生家受到性侵犯时的逃避，他发现，由于自己烟瘾大，呼吸中带有很重的烟味，她便情不自禁地想到 K 先生，后者也是瘾君子。他还发现，也许她已经开始将她对 K 先生的矛盾感觉转移至他身上，而他竟然忽略了这一点，没有给她适当建议以解决这一问题。他得出结论说：

我早该听这个警告。我早该对她说："听我说，你已把对K先生的感情转移到我身上。你是否注意到什么使你怀疑我怀有与K先生相类似（不管是公开的还是以某种升华的形式产生）的恶意？或者，我身上有什么触动了你，或你了解到我身上有什么东西引起了你的幻想，就像在K先生身上曾发生过的情形？"

他认为，如果他这么说，就可能让多娜解除对他的感情，继续留下来治疗，同时有助于进一步探索她的内心世界，寻找更多的记忆。

他总结道，绝不能回避移情的作用。就目前而言，如何对付它还是个艰巨任务，但它是打破抗力进而揭示无意识奥秘的必要步骤：

只有解决移情作用，病人才有可能最终相信在精神分析期间建立的各种联系行之有效……[在治疗中]病人所有倾向，包括一些充满敌意的想法，都已得到激发。接着，它们便进入意识，被用以解释精神分析……移情看似是精神分析医师的最大障碍，然而，如果它的每次出现都能得到体察并向病人解释，它就会变成最强大的盟友。

就治疗角度而言，对移情的分析是一种矫正的经历，它将暴露并修复创伤。弗洛伊德如果及时采取行动，多娜也许就能看出，他（其他许多人也应如此）与K先生不一样，值得信赖，而且她不必害怕他们对她的感觉，也不必担心她对他们的感觉。从心理学角度而言，对移情的分析既是一种研究方法，又是一种可以佐证的假设，可推想不可解释的行为背后的无意识动机。

分析技巧的第二个要素是释梦，这也是后来弗洛伊德从事心理学研究的主要方法。尽管他当时未能看出多娜的梦是向他移情的重要迹象，但五年来他一直在利用病人的梦来获取无意识的素材，而且收效甚大。后来，他将对梦的解释称作“通往探索精神生活中的无意识状态的成功之路”。

弗洛伊德远不是第一个对梦饶有兴趣的心理学家。在《梦的解析》一书中，他列举出115例就此话题展开的讨论。然而，大多数心理学家将梦视作低级荒唐和无意义的思想，认为其来源不是心理过程，而是某些干扰睡眠的肉体过程。弗洛伊德则认为，无意识不仅是清醒状态之外的某些想法和回忆，而且是被强制遗忘的痛苦感情与事件的沉积。他认为，梦是在具有保护性的清醒自我休息时呈现在大脑里的重要隐蔽材料。

他假设道，梦可以满足一些愿望，梦的基本作用是让我们继续睡眠，否则我们就会醒来。有些梦满足简单的肉体需要。弗洛伊德在《梦的解析》中说，任何时候，只要他吃的东西过咸，晚上一定会感到口渴，梦中也大口喝水。他还引证了一位年轻的医生同人的梦。这位同人喜欢睡懒觉，一天早晨，女房东在门外喊他：“起床啦，佩皮先生！该去医院啦！”但那天早晨佩皮特别不想起床，于是梦见自己是个在医院卧床的病人。通过这一点，他似乎对自己说：“我已经在医院了，没必要再到那儿去。”于是倒头又睡。

然而，许多梦要满足的愿望会复杂得多，也深奥得多。通常是，深藏在无意识里的某些愿望，在睡眠的轻松状态下威胁要挣脱封锁、闯入意识。如果它们的努力成功，就会产生压抑，而这种压抑足以唤醒睡眠者。为保护睡眠，弗洛伊德假设道，无意识的思维将隐藏有可能造成干扰的某些因素，并将其转换成相对不那么刺激的因素。梦的确是非常神秘的，因为它好像要讲述什么，而实际上却不是那么回事。通过自由联想，我们能回想梦的内容，或许能识别躲在意识背后的真实内容，从而刺探我们的无意识世界。

弗洛伊德这个观点来自他对自己一个梦的分析。1895 年 7 月，他梦到自己正在治疗一个名叫爱玛的少妇。梦很复杂，弗洛伊德对它的分析也很长（达 11 页）。简单来说，他在一个大厅里遇见她；客人们正纷纷赶来；她告诉他，她的喉咙、胃和腹部都在疼痛；他担心自己未能仔细诊治，有可能疏忽或轻视她的一些身体症状；通过其他许多细节，他后来发现，他的朋友奥托，一位年轻医生，曾用一支不清洁的注射器给艾玛打针，这也正是她的病根所在。

通过自由联想，弗洛伊德进一步追寻该梦的破碎情节背后的真实意义。弗洛伊德想起来，此前一天，他曾见过朋友奥斯卡·莱，一位儿科医生。莱认识艾玛，对他说："她好多了，可还没有彻底康复。"弗洛伊德觉得有点生气，因为他把这句话视作对他的间接批评，可能认为他在艾玛的治疗上只取得部分成功。在梦中，弗洛伊德将奥斯卡转变成奥托，以掩盖这个事实，再把艾玛剩下的精神症状变成生理症状，让奥托负责——奥托跟自己不一样，他自己总是对针头之类的东西十分仔细。下面是弗洛伊德的结论：

> 事实上，奥托的话使我非常生气，他说，艾玛的病并没有完全治好，于是，我就在梦中报复他，把责任全推到他头上。梦把我应对艾玛负的责任推掉，称她有待康复是其他因素造成的……梦代表事物的一种特别状态，即按照我所希望的样子表现出的状态。因此，它的内容是某种愿望的满足，动机则是某个愿望。

通过对自己不高尚动机的残酷自查，弗洛伊德发现了一个无与伦比的技巧。在接下来的五年里，他接连分析了1000多个患者的梦境，并在《梦的解析》一书中报告说，这种方法是精神分析治疗和无意识思维研究中最有用的工具之一。

用精神分析法实现研究目的一直受到众人责难，大家认为它在方法论上不可靠。自由联想可引导病人和分析师对梦进行解释，但人们如何才能证明这个解释就一定正确呢？在少数情况下，人们也许能找到证据，即从梦的符号中演绎出来的创伤的确在现实中发生过。然而，在大多数情况下，如在弗洛伊德的艾玛之梦中，就找不出足够的客观证据以证明他对梦的解析是梦的真正含意。

凡在治疗中解释了自己所做的梦的人都知道，在这个解释过程中，肯定能出现某个震动，并使其产生顿悟，产生某种对情感的真实感觉。最终结局是，梦的解析可能会因解析者自己的反应而显得非常真实——“啊，是这样，是真的，因为我感到它就像真的一样！”——这种反应能促使他或她捕捉到引起梦境的症结所在。

就弗洛伊德而言，自由联想和梦的解析不但导引他走向顿悟之类的经验，并使他免于犯一个非常严重的科学错误。在从事心理治疗的早期，他推测，性欲障碍可能是大部分精神疾病的根基。他这种认识可能是从《时代精神》杂志上得来的。尽管当时维也纳社会在性欲问题上仍持虚伪的道学态度，但在医学及科学圈子里，性却成为大家关注的中心。理查德·冯·克拉夫特-埃宾博士发表了一篇相当长的文章以报告性差异，人类学家也纷纷报告世界各地不同民族的性习俗。

但所有这些著作，几乎无一例外是关于成人性欲的。在他们看来，儿童天真、纯洁，不可能受到性欲或性经验污染。然而，弗洛伊德却不断从病人那里听到其费尽心力地回忆童年性觉悟。令人吃惊的是，他们大都受过成人的性骚扰，其经验范围从被猥亵到被强奸不等。歇斯底里是解脱的一个出口，重度精神病、恐惧和偏执等是另外一些出口。这些有罪的成人多是保姆、管家妇、家仆、教师、兄长等，令人震惊的是，在一些女性患者中，是父亲。

弗洛伊德大为震惊，同时认为自己有了一个重大发现。1896 年，在进行过五六年催眠治疗和分析之后，他提出并在一篇文章里论述了自己的引诱理论，同时在大人物理查德·冯·克拉夫特－埃宾主持的当地精神病暨神经学协会的会议上进行宣讲。大家对演讲的反应平淡如水，克拉夫特－埃宾告诉他，"听起来就像一篇科幻故事"。在讲座之后的几周甚至几个月里，弗洛伊德感到自己在医学界受到排挤，甚至陷入孤立，推荐来的病人数量也急剧减少。尽管他一度坚信自己的发现，但最终连自己也极不情愿地怀疑起这一理论来。

问题之一是，他自己在治疗那些曾挖掘出童年性骚扰的患者时，并没有取得完全成功。事实上，有些他认为已经开始好转的患者，却在彻底根除病因前放弃治疗。另一问题是，他发现越来越难以置信的是，父亲对女儿的性倒错行为已达到普遍程度。由于在无意识中并没有显现出无可争辩的真实性，这些有关诱惑的回忆也许实际上出于虚构。这个想法令人沮丧。如果是这样，他所认定的重大发现及"数千年来困惑的解决方案"有可能是谬误。

此时，弗洛伊德已经有能力让全家搬到了伯格斯 19 号一个更为宽敞的公寓里，享受十分安宁的生活，每年还要举家出游一次意大利。然而，生活中还是有许多其他因素使他感到压抑和焦躁。1896 年，他的父亲辞世。这件事对他的影响远比预期要大，他甚至感到自己"被连根拔起"。他与布罗伊尔之间的友谊也宣告终结，因为后者虽然对他的一生帮助甚多，但无法接受他越来越激进的精神病理论与治疗方法。十多年来，他在大学里一直担任神经病理学讲师，这个职位虽然没有工资，却受到敬仰。但扫兴的是，他一直未能被评为更受人敬仰的教授，而这一职位将对他的事业大有助益。所有这些原因使弗洛伊德的精神症状不断加剧，这些症状特别表现在对钱感到焦虑，挥之不去的还有对心脏病的恐惧和对死亡的困惑。对旅行的恐惧使他根本不可能参观罗马，而这个地方他又非常想去，因而只要想到这儿，他心里就会产生无法解释的恐惧感。

1897 年夏天，41 岁的弗洛伊德开始对自己进行精神分析，试图理解并解决自己的精神病因。从某种程度上讲，他在分析自己的一些梦时已经开始这样做了，只是现在更详细、更卖力、更成体系。笛卡尔、康德和詹姆斯——甚或苏格拉底——都曾检查过他们各自的思想，然而，只有弗洛伊德想到去揭开自己无意识的奥秘。

自我分析在字面上似乎是个矛盾。一个人怎能同时既做引导者又被引导，既做分析者又被分析呢？他又怎能既做病人又做治疗者，作为病人的自己怎样同时将感觉传给作为分析者的自己进行分析呢？然而，谁也没有接受过类似培训，或有资格做弗洛伊德的分析师，于是他只好自导自演。但在某种程度上，他还是邀请威廉·弗利斯充当他的代理分析师，因为他对后者有很强的依赖感。弗利斯虽是位耳鼻喉科专家，却有多方面兴趣，其中包括心理学，甚至一度发展过自己的心理学理论，有些理论还相当不错，带有某种神秘和荒诞的色彩。弗洛伊德定期且频繁地给弗利斯写信，将自己在研究和自我分析中发生的一切告诉他，并时不时与他会面，弗洛伊德称之为“会晤”。会晤时，两人一聚就是两三天，就他或弗利斯的工作和理论激烈讨论。弗利斯写给弗洛伊德的回信失传了，他们在会晤中的谈话也没有任何记录，但大家相信，弗利斯在弗洛伊德的自我分析中出力不少，至少说，弗洛伊德在将自我分析的结果告诉给一位可信赖的友人前，思路肯定是清楚的。

一连数年，弗洛伊德每天都抽出一定时间用自由联想法对晚上所做的梦进行审查，以寻找隐藏的回忆、早期的经历，以及隐藏在日常愿望、情感、口误和短暂失忆等现象背后的动机。他要了解自己，并通过对自己的理解来理解整个人类共通的心理现象。“这种分析比任何其他分析都难，”他在这一过程早期对弗利斯说，“但我相信，这件事值得一做，而且也是我工作中的一个必经过程。”

他曾不止一次地认为自己已精神崩溃，结果却是绝处逢生；他也曾不止一次地发现自己走入死胡同，结果却是柳暗花明——最后，他终于成功了。一切如他后来在一封信中所说：

> 在内心深处，我作为第三方正亲身经历我在病人身上看到过的所有的事——一天又一天，我陷入情绪的谷底，因为这天的梦境、幻想或情绪我一点都不理解，但在其他日子里，当一束亮光把连贯的东西带入画面中时，此前消失的一切又作为眼前的铺垫显露出来。

难怪这个工作很难做，因为他在挖掘自己的“粪堆”，即他所说，那些令人难堪或使人产生内疚感并因此被尘封的记忆。比如，童年时他曾十分嫉妒一个弟弟（他在摇篮期的夭折给弗洛伊德心中留下永恒的内疚感），他对父亲怀有既恨又爱的矛盾感情，特别是在他两岁半时，他看到了赤裸的母亲并产生性冲动。

欧内斯特·琼斯在他为弗洛伊德写的那部纪念碑式的传记中说，这次自我分析并没有产生奇效，弗洛伊德的精神症状和对弗利斯的依赖，实际上早在那些干扰性材料浮出水面前一年左右已十分明显。但到 1899 年时，弗洛伊德的症状大有好转，感觉比四五年前正常多了。到 1900 年，这一任务大体上已经完成，但在之后的人生岁月中，他仍坚持用每天的最后半小时分析自己的情绪和体验。

弗洛伊德的大多数研究者认为，这次自我分析虽然不尽完善，却收效巨大，不但对他个人有益，而且结出一个硕果，那就是，弗洛伊德通过这一方式顿悟了他对人类本质问题的一系列理论，或确证了他与病人在一起时体会到的一些理论。

这些理论中最重要的一个就是，儿童即使在早年也存在非常强的性感觉。他们特别容易受到父亲或母亲的性吸引，通常是父母中有别于自己性别的那一个。然而儿童感觉到，他们的欲望和幻想在父母和其他成人眼中非常邪恶，于是他们不得不将其深埋进无意识之下，竭力忘掉自己曾有过冲动或欲望。

弗洛伊德终于理解，为什么那么多病人都说自己儿童时期受过引诱。他们揭示出的“记忆”多是一些儿童期幻想，而不是事实上的引诱。他原本就在正确的道路上，只是没有前进到接近精神真相的地步。杰弗里·梅森，一位精神分析的背叛者和弗洛伊德的尖锐批评者宣称，弗洛伊德放弃引诱理论，是因为它冒犯了他的医生同行们并对他的事业不利。事实上，弗洛伊德的同时代人发现，他新近发现的儿童性欲和乱伦欲理论，将远比他早先的引诱理论吓人。然而弗洛伊德，尽管他对金钱有所顾忌，有孤立感，一心想得到公众认可，但他还是觉得要公布真实情况。他也这么做了，一部分发表于 1900 年，其余发表于 1905 年。

到 1900 年为止，他的成就远不止发明新的心理治疗法和发现儿童性欲。他还研究出一系列非常重要的人类心理学理论，不管是正常还是非正常的心理现象，都在他的理论范围内。在吸取其他心理学家的最新发现和观点（法国心理学家皮埃尔·让内甚至可以起诉弗洛伊德剽窃其所谓的“无意识”观点）的同时，弗洛伊德在著作中更多地加入自己的创意，这些创意大多来自他通过某种形式对自己及其病人思想的探索。就这一点而言，在心理学史上可以说前无古人。

第五节 动力心理学：早期论述

这些理论使弗洛伊德声名大振，同时也深刻影响了西方文化，使其完全使用心理学术语描述心理过程。弗洛伊德曾为机械生理学的门徒之一，这种理论认为，所有精神现象都可使用，或以后可使用生理学术语进行解释。直到弗洛伊德完全放弃这一观点后，他才有了自己的重大发现。

在转入催眠疗法和精神分析法之后，弗洛伊德曾一度依附于生理学的某些理论。1895 年，他与布罗伊尔从生理学角度对歇斯底里症进行探讨，两人合作出版《对歇斯底里的研究》。同一年他还起草了长达八页的"科学心理学项目"草案。在这份草案里，他雄心勃勃地打算利用大脑中发生的生理学现象解释人类的心理过程。虽然这些"项目"包含他一系列刚刚萌芽的心理学理论，但解释术语仍没脱开物理学概念，如运动法则、神经元中的神经激发数量、能量的惯性或释放、释放通道及能量守恒原则等。

弗洛伊德将草案送给弗利斯，自己却对其吹毛求疵，没写完就将其扔在一旁。他发现，神经科学还没前进到可使用这种方法的程度。和威廉·詹姆斯一样，他觉得，心理学目前只能以心理学方法去对付思想和感情之类的现象。在寄出项目草案之前，弗洛伊德写信给弗利斯："我对自己把这个东西草拟出来时的心理状态不再理解……它好像纯粹是胡言乱语。"几年后，他又说：

> 我一点也不想让心理学悬在空中，不给它一点有机基础。然而，除去这种确信［即此处应存在这个基础］之外，

> 不论是理论上还是治疗方法上，我都一筹莫展，只好假装自己面对的仅仅是一些心理学因素。

他虽然放弃了寻找某个统一理论的努力，却不再回到此前的传统二元论上。这种二元论认为，心理是与肉体分开的不同物质。他经常使用的是 Seele 一词，在其作品的标准版本中，他将该词译为“灵魂”，但它在德语中却有许多意思。精神分析家布鲁诺·贝特尔海姆以极有说服力的口吻争辩道，弗洛伊德的本意是指“精神”，即个人精神和感情方面，或简单说来，它指的是思维和情感的整体机制。弗洛伊德终生坚信，思维的任何方面都不可能脱离大脑独立存在，而且存在于神经元中的物理过程是思维现象的素材。同样，作为科学家，他是个彻底的决定论者，相信每种精神活动都有其根源，自由意志只不过是错觉。

于是，弗洛伊德不再致力于在生理学基础上建立某种有关人类精神活动的理论。此后，他便取得长足进步。在仅仅五年的时间内，他发明了一种全新的心理疗法，首创若干有关人类心理学的革命性理论。在后来许多年里，他不断扩充、修正和增补这些理论。即使 1900 年后他什么都没做，他对心理学的贡献也是全方位的。他就意识问题所阐明的理论，散见于这个时期所写的各种文章里，主要内容如下：

动力无意识

弗洛伊德之前的心理学家进行的几乎所有研究和理论上的归纳，无不旨在解决意识的心理过程，如感知、记忆、判断和学习等。弗洛伊德对心理学和西方文化所做的贡献在于，他提出一整套关于无意识和它在人类行为中具有关键作用的理论。欧内斯特·琼斯认为，一般说来，这是他对科学做出的最大贡献。

确切地说，弗洛伊德并不像人们常说的那样发现了无意识。其实当时，思想家们考虑这个问题已经有两个世纪了，从理性主义者莱布尼茨，到19世纪的催眠大师，从浪漫主义诗人和哲学家到亥姆霍兹，再到维尔茨堡学派的所有成员及威廉·詹姆斯。总的来说，所有这些人，不过是把无意识看作某种形式的存储器，即一个等待调用的经验和信息仓库。弗洛伊德则把这个相对不活跃但又容易进入的精神区域叫作“前意识”，认为它与无意识完全不同。

许多线索显示，在弗洛伊德的前辈及同辈人，尤其是催眠大师们的作品中，无意识在人的精神生活中起了积极的作用，更有人甚至在描述它时用了“动态学”一词。基于自己的临床经验和自我分析，弗洛伊德吸纳和转换了这些思想。

他认为，意识在功能上有三种层次，即意识、前意识和无意识。最后一种是意识王国中最大也最有影响的部分。它远非某种处于非活跃状态的材料库，而是一个极其活跃的区域。在它的疆界内，强有力的原始驱动力及受到禁锢的欲望以伪装或改变的形态不断对有意识的思维造成压力，促成和决定我们的大部分行为。

这一点在弗洛伊德的临床工作中已经非常明显。他认为精神病人的思维和行为在分析前完全受控于他们不了解也无法掌握的力量。精神分析的目的，是给病人的“自我”以“自行决断的自由”。这并不暗示某种自由意志，而是要人洞察自己的无意识动机，并使自己处在某种可由有意识的思想做出选择的状态。

弗洛伊德慢慢相信，对精神病人适用的东西，对正常人同样适用。然而，后者却以另外一种形式发展，即他们隐藏在意识之外的不为人接受的欲望，被转变为某种可让人接受的行为方式。因此，健康行为，如同病态行为一样，很大程度上都受到无意识力量的促进和诱导。

初级过程及次级过程

在弗洛伊德看来，无意识领域不仅仅是我们用来隔离思维中原初和不成熟部分无法忍受的思想和欲望的地方。他把发生在其里面的心理过程称作“初级过程”，它们通过行动实现无约束的愿望，但在行动受到现实力量制约时，则通过梦或类似儿童期诱惑的幻想来实现。无意识的内容虽然不来自现实世界，却是促使我们行动的“精神现实”。

随着年龄的增加，我们渐渐知道，我们并不能按照那些不受控制的初级过程支配自己的行动。我们开始学会哪些欲望在现实世界里可被接受、可以实现，而哪些却不能。我们的思维操作方式，开始按“次级过程”进行，即我们的思想、认知和解决问题的精神活动，需要寻求那些可满足社会所接受的欲求的办法，并实现它们。

快乐原则

许多哲学家和心理学家发现，人类行为在很大程度上表现为趋乐避苦。弗洛伊德将这种认知归入他的无意识理论，但重心有所改变。他认为，整个心理机制的基本促进动力来自未满足的愿望或未平息的激动，抑或一种平息由此产生的未满足感（不快）的愿望，从而消解紧张，得到快乐。起初，弗洛伊德将之称为“非快乐原则”，但后来将其命名为“快乐原则”。该标签即成为心理学词汇的一部分。

“快乐和非快乐原则在弗洛伊德心理学中属于最基本的概念，”

琼斯说道，“它自动调节情感贯注的过程。”“情感贯注”是弗洛伊德作品中的重要术语。该词是弗洛伊德标准版作品的译者詹姆斯·斯特雷奇根据他所用的德语词汇 Besetzung 翻译过来的，德语原意是“全神贯注”或“充满”，弗洛伊德用其表示“精神能量的负荷”，或按照后来的说法，是“情感投入”。

饥饿是典型的愿望。当初级思维过程（想象、梦见食物）的画饼充饥达不到平息非快乐的效果时，次级思维过程开始启动，情感贯注或心理能量被转移到现实世界的活动中，如购买食物、烹调等。这些活动不久即可排除饥饿感，带来快乐。

因此，初级过程按快乐原则行事，次级过程则按现实原则行事。弗洛伊德后来进一步补充道：

> 用现实原则替代快乐原则，并不意味着可去除快乐原则，只意味着对它的保护。由于其结果［希望的结果］的不确定性，暂时的快乐最终遭到抛弃，从而使思维顺着这一新路径在不久后获得确定的快乐。

性欲：俄狄浦斯情结

直到 1900 年后，弗洛伊德关于性欲的思想才具雏形，并在他的理论体系里显出独特地位。然而，众所周知，早在 1900 年之前，他已坚信性欲的驱动力是最强大的力量之一，甚至存在于儿童时代，并在正常人格或精神病人格的形成过程中起举足轻重的作用。

他认为，该驱动力的最重要方面是，在儿童时期，它通常因初级过程而导向异性父母。众所周知，弗洛伊德把这一驱动力叫作俄狄浦斯情结，因为在希腊神话中，这个名叫俄狄浦斯的年轻人在不知情的情况下误杀亲父，娶下生母。在男孩心中，这种恋母的性意识导致其仇视父亲，视其为情敌，甚至还伴有摆脱掉他的恶意愿望。然而，通过现实的次级思维过程，男孩认识到，他的父亲远比他强，在这场争斗中必赢无疑，而且，这种俄狄浦斯式的愿望还包含某种巨大的危险。

这种愿望与恐惧的冲突最终导致男孩产生一种无法忍受的焦虑感。到 1910 年，弗洛伊德将这种感觉最终称作“俄狄浦斯情结”，但在 19 世纪 90 年代末，在写给弗利斯的信件当中，他已将之类比为俄狄浦斯神话，并在 1900 年《梦的解析》中，正式以简单的形式公开论及这一理论。他认为，俄狄浦斯情结是人类经验中不可避免的一部分：“把最初的性冲动导向我们的母亲，并把最初的仇恨和我们最开始的谋杀愿望导向我们的父亲，也许”——后来把“也许”砍掉——“就是我们所有男人的命运。我们的梦告诉我们，事情就是这样。”后来，他又以此类推出一套关于女孩的理论。

抑制

为排遣俄狄浦斯情结造成的焦虑，孩子们只好抑制自己的俄狄浦斯愿望，把它们藏进无意识里。抑制是最重要也是最基本的思维机制，是心灵自我防范的基本方式，可避免因担心初级愿望可能会在现实世界里受到伤害而产生的高度焦虑感所引起的冲突。琼斯说：“肯定地说，它可被认为是弗洛伊德最重要和最富于创造性的贡献之一。”

在接下来的许多年里，弗洛伊德会把俄狄浦斯情结及其通过抑制解决问题的理论扩展开，使其成为儿童成长理论中的核心。

恒常性原则

虽然弗洛伊德不再用生理学术语解释心理过程，但他仍然相信，亥姆霍兹的能量守恒原则——任何封闭系统中的能量总和为常数——也可应用到精神现象中。他在和布罗伊尔合著的《对歇斯底里的研究》中这样写道："有机体内存在某种使大脑内部的兴奋保持为常量的倾向。"

当某些事件引发过多兴奋时，比如，发生某件令我们生气的事后，我们倾向于以一种或另一种方式来消解这种愤怒，以保持正常的兴奋平衡。至于如何做到这一点，则是次级思维过程管束——有时表现为突破——初级思维过程的结果。布罗伊尔和弗洛伊德举例说："当俾斯麦必须在国王面前抑制愤怒时，他往往事后将一个昂贵的花瓶摔到地上进行发泄。"

恒常性原则是弗洛伊德心理学的基本信条，也是他解释精神病和其他现象——尤其是转移——的基本部分。由于精神激发保持为常量，因此，如果它在一个想法中受到削减，就会在另一个相关的想法中增补回来，得到"转移"。如我们所知，弗洛伊德使用这一概念来解释精神症状和梦想，两者都是愿望在不许可的情况下将其蓄积的能量转移至某项允许的活动中去的结果。此后，他把这一概念应用到对"升华"的解释中去，即以积极的方式将未能实现或受到压抑的愿望中的能量用以从事建设性的活动。例如，敌意的冲动可重新导入为获取成功而进行的努力。弗洛伊德善于找到合适的办法或文学中的例子来说明问题，在这里引用的是海涅想象上帝解释创世过程的一首诗：

创世之冲动，

起源在病魔；
创世之中得康复，
创世之中得健硕。

第六节 成功

1900 年，尽管已完成自我分析，年届 44 岁的弗洛伊德却大为气馁与沮丧。他原本对《梦的解析》抱着极高的期望，希望这部他自认为最重要的著作能大获成功，一如他后来所说：“这样的洞见降临在一个人的命运当中，一生也只有一次。”然而，这本书出版之后，即 1899 年 12 月，只得到几句恭维，在维也纳得到的评价模棱两可，在其他地方也反应平平，而且在商业上它也遭到惨败，六年时间里只卖出 351 本。

弗洛伊德比以前更感到受冷落。原指望此书能有益于他的门诊业务，没想到却是于事无补，他继续遭受着对贫穷的恐惧的折磨。他与布罗伊尔的友谊早已结束，而且他发现，他对弗利斯作为密友、支持者、合作人和偶像的亲密和依赖性的信任也在崩塌之中。在自我分析期间，他曾仔细分析过他对弗利斯近乎崇拜的感情，发现里面隐藏着某种近乎精神病的倾向，甚至有一种隐藏的、含有同性恋成分的因素。

当自我分析使弗洛伊德从对弗利斯的情感依赖中解脱出来时，后者恼羞成怒。在 1900 年 8 月的一次会议上，他们彼此疯狂攻击，弗利斯对弗洛伊德说，他甚至怀疑弗洛伊德的精神分析究竟有没有价值。此后，他们再没有碰过面，通信往来的热情也逐渐消失。几年后，他们的友谊完全终结，因为弗利斯谴责弗洛伊德把他尚未出版的普遍内在双性论透露给哲学家奥托・魏宁格（此后，奥托・魏宁格将之用于自己的作品中），且并没点明这是弗利斯的观点。

在私人生活中，弗洛伊德一定也感到某种程度的孤立。尽管他与玛莎的关系一直保持良好，但却失去了婚前那种热切与亲密，他已不再与她谈论自己的观点。他37岁时，就已中止与玛莎的夫妻生活，目的是让她在生完孩子后好好“恢复”。此后，虽然他们之间的性生活有所恢复，但1900年他却告诉弗利斯，他感到自己性冷淡。

但从这一年起，弗洛伊德的生活开始有所好转。1902年，他终于被聘为维也纳大学的教授。在他后来的职业生涯中，他以弗洛伊德教授之名扬名天下。这项荣誉来得委实晚了些，但无论是名分上还是实际上都是雪中送炭，使他受益匪浅。

同年，维也纳一位名叫威廉·斯特克尔的医生因患阳痿，经弗洛伊德诊治并痊愈。他建议弗洛伊德每周开一次例行晚间会议，凡志同道合者都可参加。弗洛伊德喜欢这个主意，于是向其他三位医生发出邀请。1902年秋天，这五位医生将自己的团体称为“星期三心理学会”，开始在弗洛伊德办公室内定期碰面。会上，一位成员提交论文，几个人就着咖啡、茶点，对该论文及相关心理学理论和疗法展开讨论。在最初的几年里，其中一位成员的说法是：“屋子里有种宗教奠基时的气氛。弗洛伊德是一位新先知，他使当时心理学调查中的许多流行方法显得肤浅。”

这个团体慢慢成长起来，早期成员包括奥托·兰克、阿尔弗雷德·阿德勒、桑多尔·费伦齐和欧内斯特·琼斯。他们后来都在心理学运动中举足轻重。到1906年，该团体已有17名成员，两年后，这个不断成长的团体改名为“维也纳精神分析学会”，不过已经生出分歧，成员间争吵不断。这一时期，欧洲和美国也冒出许多类似的学会，到1910年，在纽伦堡的一次大会上，国际精神分析协会宣告成立。

弗洛伊德的教授地位和组建星期三心理学会的工作，使他的门诊业务和收入都有增长。他已能单独开出一个办公套间，与他宽敞的住宅完全分开。他开始收藏古罗马和古希腊小型雕像及其他古董，并把它们摆在视线所及的桌子上，他自己则坐在病人躺椅靠头那边的后面。他还有钱到远方享受奢华的假期。他习惯于努力工作九个月，而后休三个月暑假。在假期前半段，他与全家——玛莎、他们的六个孩子、玛莎未嫁的妹妹明娜等——一起来到山区的度假胜地。尽管他在照片里显得神情严肃，甚至目光可惧——有人说他的眼神具有穿透力，还说他气度不凡——可在私人生活中他却热情、豁达、放荡并不拘小节，他度假时常背一个背包，穿着远足衣和长靴，带着大一点的孩子在森林里行走，还带他们爬山、找蘑菇、钓鱼等。

几个星期后，他会离开家人，独自来到意大利，享受他的自我分析成果，因为这种分析使他得以游览罗马。玛莎没跟他走。弗洛伊德是个保守的维也纳中产阶级家长，他妻子则是家庭主妇，她唯一的人生目标是服务于“我们亲爱的家长”。她使家庭保持安宁与秩序，并使弗洛伊德从烦琐的俗务中解脱出来。她替他整理衣物，甚至为他挤牙膏。如果没有她这么得力的支持，像弗洛伊德这么喜欢工作的伟人是不可能取得如此多成就的。他每天的看病时间已经长达八九个小时，晚上和周末还要写很多东西。别的不说，单是他一生中的心理学作品，便有 23 卷之多。

弗洛伊德在 20 世纪的头几年完成了长短不等的许多著述，其中两部特别重要，一部使他声名大噪，另一部却令他臭名昭彰。

第一部是发表于 1901 年的《日常生活心理病理学》，谈论的是诸如遗忘、口误和做事笨手笨脚等话题。弗洛伊德认为，所有这些不只是一般的小毛病，而是有着非常重要的无意识原因。尽管该书的目的非常严肃，然而满篇都是从弗洛伊德自己的生活、病人的生活和报刊及其他来源收集到的逗笑材料。有个例子弗洛伊德特别喜欢，在他后来其他作品中也多次引用。内容是，奥地利国会众议院议长心里清楚一次特别召集的会议将产生不出任何好结果，因而希望它早一点结束。这种心理因素的直接结果是，会议刚刚开始时，他就大声宣布："先生们，我看到大多数合法席位的出席者已经到场，因此我宣布，会议到此结束！"《日常生活心理病理学》成为弗洛伊德一生中最畅销的书，在他活着时，已再版 11 次并译成 12 种语言。

第二部则是《性学三论》，出版于 1905 年。这部著作在将性描述为人类行为中最根本的力量方面，比以往作品都走得更远。第一篇主要论述性错乱行为，认为这些行为是不全面或扭曲成长的后果。第二篇主要论述婴儿性欲，进一步扩展了弗洛伊德早年在这一课题上所持的观点，坚持认为，所有人天生即有倒错的潜能，只是在健康成长中，这种倒错的欲望受到严格控制而已。第三篇文章则讲述青春期性欲和因解剖学差别形成的男女性人格的差异。

《性学三论》里许多暴露性细节以及有关儿童性欲的理论，触怒了欧美中产阶级中拘谨保守的小镇居民们。弗洛伊德被称为思想肮脏的泛性论者、维也纳的浪荡子，他写的书被定性为色情作品，是对儿童纯洁本性的玷污。1955 年琼斯说道："该书的出版使他声名狼藉，指责之声至今未消，尤其是在没有受过教育的人群中。在他们看来，该书是对儿童天真无邪的诽谤。"

然而，该书同样引起了极大关注。在心理学界和精神病学界，人们广泛讨论此书，它被再版多次，并译成九种语言。詹姆斯·斯特雷奇认为，该书与《梦的解析》是弗洛伊德"对人类知识领域最重要和最具开创性的贡献"。

三年后，弗洛伊德受邀在一次心理学大会上当主讲人。该项活动是克拉克大学 20 周年校庆活动的一部分。这次邀请可以说是国际社会对他个人及其工作的第一次肯定。他欣然接受邀请，来到美国马萨诸塞州伍斯特市，同行的还有两位同事，桑多尔·费伦齐和卡尔·荣格。在这次大会上，他面对一群由心理学和精神病学界核心人物组成的听众宣读了五篇论文，论题涉及精神分析学的历史、主要理论、治疗方法等。一些听众觉得他所提供的材料有点偏激（著名医师韦尔·米切尔说弗洛伊德是个“肮脏可恶的家伙”；一位加拿大校长认为，弗洛伊德好像在提倡“回归野蛮状态”），但给大多数听众，包括威廉·詹姆斯在内，都留下了非常深刻的印象。他的演讲在各家日报和《国家报》的讨论中受到好评，并发表在《美国心理学杂志》上。所有这些使弗洛伊德的思想在更广范围内得到传扬。大会后，弗洛伊德名声大振。

但这一切并未给他带来宁静。弗洛伊德是个骄傲、敏感、倔强的自我中心主义者。和其他许多伟大的开拓者一样，他一头扎入这个他开创的运动中，并试图控制它内部因理论和治疗方法产生的各种纷争。他似乎已经感到，维也纳精神分析学会不应实行民主，而应分出层次。对一个生活在专制国家的人来说，这种态度并不奇怪。但这一观点也许具有合理之处，因为一个拥有很多发现的人肯定希望保护它们，使其免遭扭曲和玷污。在理论和实践上争斗并由此产生裂痕，一直是精神分析学运动中反复出现的模式。

从某种角度来看，这个模式也许还是其开创者的人格特征在一个机构中的反映。弗洛伊德曾是布罗伊尔及弗利斯的密友，可后来，他们的友谊暗淡下来，而且，在别人创立一套与自己完全不同的理论时，彼此间都是恶语相向，甚至老死不相往来。在后来许多年里，弗洛伊德与最亲密的门徒和同事间也都出现了类似的裂痕。

阿尔弗雷德·阿德勒开始意识到，影响儿童成长的最主要因素，与他或她在家庭中的位置有关，也与父母的育儿方式不无瓜葛。如果这些位置和方式具有造成病态的倾向，它们就会在儿童身上形成自卑情结，从而导致希望进行补偿的行为。弗洛伊德就性欲在性格形成和精神病发作中所起的作用等所持的观点，阿德勒不敢苟同。阿德勒认为，明显的例子是，女性性格的形成并不是由于阴茎的缺失，而是由于对男性社会地位和特权的嫉妒，而且，男孩在约 5 岁时所产生的冲突，并不在于俄狄浦斯情结，而在于他对竞争的渴望和在竞争中无能为力的感觉。弗洛伊德竭尽全力地试图用自己的理论诠释阿德勒的理论，结果并不成功。在长期论争后，阿德勒终于与他的几个门徒一道，于 1911 年退出维也纳精神分析学会，组建了自己的派别。

瑞士精神病学家和心理学家卡尔·荣格则对弗洛伊德有关精神病的性欲起源的重要理论持有异议。他认为，精神病是当前适应不良的具体表现，而不是由婴儿期或儿童期创伤所引起的紊乱。荣格还坚信宗教和神秘主义的信条，相信所有人共有的“集体无意识”等精神现象。这些学说是他与弗洛伊德产生争论的根源。荣格曾是弗洛伊德最热忱的信徒，但也慢慢远离弗洛伊德，并在 1914 年从弗洛伊德的团体中正式分裂出来，形成自己的学派。

奥托·兰克在许多年里一直是弗洛伊德的忠实信徒和亲密助手，但也慢慢形成了自己的理论，认为焦虑的主要根源是出生的创伤，男性的性渴望是希望重返子宫的欲望。弗洛伊德希望用自己的观点来调和兰克的观点，但未成功，两人关系趋向紧张，于 1926 年最终决裂。

有一次，在弗洛伊德的家庭餐桌上，谈到他无法团结门徒这一话题时，弗洛伊德的姑姑一语道破天机：“西格蒙德，你的问题在于你根本不了解别人。”

所有这些令人压抑的打击，第一次世界大战的掠夺与混乱等，使他的业务量急剧下降，而战后通胀则把他前半生所有积蓄席卷一空。然而，令人惊奇的是，在这些令人不快的日子里，弗洛伊德还像以前一样高产。

他继续通过对病人进行的临床诊疗发展自己的精神分析理论，并通过信函和国际会议与同行们交流思想。不过，他再没与任何人进行过像和布罗伊尔或弗利斯那样的合作，只是不间断地通过文章、病案史和著述丰富自己的精神分析理论。

当然，弗洛伊德心理学只是人类心理学的一部分，弗洛伊德自己也这么看。这门学问并不关心那些似乎被称为进化和文化最高成就的有意识学习过程、推理过程、解决问题的方法及创造性等东西，对行为主义理论、严格按外部探索方法解决心理学研究等问题也只字不提。至于20世纪20年代风行于美国多所大学心理学系的东西，弗洛伊德在一个脚注中甚至认为，它们完全不值得考虑。

弗洛伊德心理学过去是，现在仍是完全内视式的，它似乎超越了时间，与发生在他周围的众多事物形成鲜明对照。电能、内燃机、汽车和飞机、电话和无线电等，无一不在剧烈地改变着人们的日常生活和社会模式；战争和革命摧毁帝国，催生出新的民主和独裁政体；等级结构和家庭生活的维多利亚式基础正分崩离析，从中产生更为广泛的选举权、社会流动性、女权和离婚现象。对于所有这一切，弗洛伊德全都置若罔闻，一味专注于原初和永恒的内在真理：性欲及其他本能，它们与外界要求之间的冲突，儿童期事件及其对人们的人格和情感所造成的影响，等等。

然而，也许正是这些社会变化的加速，传统的解体及令人困惑的一系列社会选择的突现，才使弗洛伊德的心理学更令人着迷，尤其在美国（除学术界和行为主义者的圈子之外），因为在这个快速变化的时代，在这个重视物质利益和实用科学的时代，弗洛伊德心理学陈述的却是人性中不变的一些方面，强调的是人性中的精神现象——欲求、挫折、良心、道德价值。面对一种强调个人主义和乐观精神的文化，它指明行为中的个人禀性，提出对应理论和疗法，支持人性可改变自身而向善的永恒希望。

不管出自什么原因，作为一种疗法和心理学，精神分析学获得了成功，弗洛伊德本人的名声也自 1909 年起扶摇直上，并在两次世界大战之间到达顶峰，因为那时他的名字已家喻户晓。当然，真正读过他著作的人为数不多，但每一位饱学之士都应知道弗洛伊德是谁。

就对现代思想的影响而论，人们常将他与爱因斯坦相提并论，许多著名学者纷纷给他写信，或寻机与他接近。媒体巨头也试图利用他的名字和声誉。1924 年，在审理利奥波德和洛布谋杀案时，《芝加哥论坛报》的出版人罗伯特·麦考密克上校出资 2.5 万美元邀请弗洛伊德到芝加哥对两位年轻的谋杀犯进行分析，但遭到弗洛伊德拒绝。电影制作人塞缪尔·戈德温马上提出给弗洛伊德 10 万美元，请他帮忙制作一些描述历史上著名爱情故事的电影，弗洛伊德的答复让自己的名字上了《纽约时报》的头版头条："弗洛伊德婉拒戈德温，维也纳精神分析大师面对电影合作的飞来巨款毫不动心。"显然，弗洛伊德对这些显赫声名兴趣不大，但在 1930 年被授予歌德奖时，他却宣称这是自己"作为一个公民的人生高峰"。

1923 年，在弗洛伊德 67 岁时，他的上颚因抽雪茄而生癌变，他不得不到医院让外科医生为自己动手术。这是他一生中的第一次手术，在此后 16 年中，这样的手术他共经历了 30 次，医生们不厌其烦地为他切除那些癌变组织。他不得不在口腔里装上一个很大的支架以分隔口腔和鼻腔，这使他无论是谈话还是进食都很困难。他还得定期忍受巨大疼痛将支架取下，清洗受到感染的创面。

他的晚年因纳粹德国的崛起而蒙上阴影。自 1933 年起，他的书开始遭到纳粹焚烧。眼看纳粹运动就要席卷奥地利，朋友和家人极力劝告他离开那里，但他坚决不从。接着，德国占领奥地利，纳粹收缴了他的护照。直到此时，年届 82 岁、身老体弱的弗洛伊德才意识到危险逼近，同意在身体许可的情况下离开故土。

可能是由于富兰克林·德拉诺·罗斯福总统和其派驻法国的大使蒲立德等人的干预，纳粹不得不将他放行。这年晚些时候，忠实的玛莎与他一道侨居伦敦。此时，他的癌症已经无法再做手术，但弗洛伊德仍在意识清醒时坚持写作，甚至坚持诊治一些病人。

最后，由于实在无法忍受的剧痛，他请医生给自己注射过量吗啡，从而永远结束了痛苦。1939 年 9 月 23 日，他与世长辞，而此时离第二次世界大战爆发仅有三个星期。

第七节 动力心理学：发展及修正

自 1900 年到 1923 年，弗洛伊德发展和修正了他的一系列心理学理论。然而自此以后，一切如他所言：“我对心理学再没有决定性贡献了。”在 1923 年到 1939 年间，他写出三部大作，但它们讨论的全是心理学以外的内容，因此不是本书关注的议题[1]。

他还写出一些论文，以完善精神分析及治疗的思想，但基本内容仍无改变。事实上，弗洛伊德对治疗方法并无兴趣，只把它当作一种途径，以达到两个目的——其一是谋生，其二更重要，是探索

1 这三部大作是：出版于 1927 年的《一个幻觉的未来》，主要讲宗教的起源；出版于 1930 年的《文明及其不满》，主要讲人类对形成社会的欲望的控制；出版于 1939 年的《摩西与一神教》，主要讲一神教的起源。

人性并对思维科学有所贡献。“精神分析学，”他在晚年说道，“最初不过是一些解释病理精神现象的方法……（后来）才发展为一门探讨正常精神生活的心理学。”

作为探索精神生活的一种方法，精神分析疗法以极细微的方式来看待世界。弗洛伊德一生中最伟大也最大胆的理论都是从极细微的小事上得出的——病人梦中的一个图形或名字、一个口误、一个玩笑、一个奇怪的病症、儿童时代某个场景的回忆、某种面部表情等。在一次有关“闪失”（小毛病、小过失）的讲座中，弗洛伊德对听众说，他知道听众大都觉得这些太琐碎，不值得研究。然而，他以无法比拟的迷人风度解释道，这些都是追踪隐藏的心理真相的线索。

> 进行［精神分析］观察的材料，通常是不足挂齿的小事。其他科学往往对它们不屑一顾，认为它们不过是现象世界的残渣废铁……［然而］世界上不总是存在一些只在某些条件下或某段时间内以极隐晦的方式表现出来的要事吗？……比如说，如果你是年轻人，难道不是通过一些小事来判断你是否已赢得某位少女的芳心吗？难道你一直傻等着爱的直接表达或热烈拥抱吗？一个不为外人察觉的流盼难道不够吗？轻微的动作、多一秒的温柔抚摸，不就足够吗？再比如，如果你是位追捕凶犯的侦探，你指望在作案现场找到背后贴着凶手住址的照片吗？如果你能在那里发现案犯的蛛丝马迹，不也很满足吗？

正因为他对病人和无数细微琐事的高度重视，弗洛伊德才能将自己创立的心理学体系中的一些主要因素串起来。他对自己早期发现所做的主要扩展和修正如下：

儿童期性欲

弗洛伊德早就将性欲视作儿童期的重要力量，但真正作为问题提出来，却是 1905 年以后的事。这一年，他在《性学三论》里强调，性的驱动力甚至存在于婴儿期。他在这个方向的努力可能受弗利斯影响，因为后者在儿童期性欲上的观点比他极端得多。不过，使弗洛伊德信服这一点的却是他临床工作时积累下来的证据以及从医学文献中得到的确认性观察。他的结论是："儿童自小就具有性本能和性活动，性与生俱来。"

然而，弗洛伊德所指的婴儿期和儿童期性欲，是一种比成人性欲更宽泛和普遍的冲动。尽管弗洛伊德将之称作性欲或利必多，但他实际上指的却是追求任何意义上肉体快感的普遍欲望。按照弗洛伊德的说法，婴儿是多重倒错的。刚开始嘴唇是其主要快感带，最初通过吮吸，然后通过衔咬和进食获取快感。在 1 岁半到 3 岁时，肛门区成为主要快感来源，因为他或她已开始控制并意识到粪便的排泄或保留。而在 3 岁至 6 岁期间，他们往往通过生殖器的自我刺激来获取快感。

然而，对于这些原始的快感满足，父母往往通过施加影响进行抑制，影响手段通常是排泄训练，或对手淫行为进行严格禁止与惩罚。就这样，这种原始的多重性欲本能变得越来越窄，逐渐被导向成年期与性伙伴的生殖器性欲之上。

不适当的育儿方式——过分强调进食或排泄训练，或对禁忌性冲动不加禁止——将阻碍儿童在生殖器性欲方向的发展。孩子会在成长早期固定起来，表现为成年生活中的性偏离（例如，喜欢口交或肛交），但更常见的是，它会形成性格特征。例如，在口唇期过度沉溺的孩子，可能会在成年期喜欢吃、喝和抽烟。在口唇期没有得到满足或满足度不够的孩子，则可能成长得非常消极，往往在依靠别人中产生自我价值感。同样，在肛门期内没能调节过来的儿童，可能会在成年生活中形成“肛门特征”——强迫性洁癖、吝啬（守物）和倔强。

性欲发展的后期阶段

儿童期最关键的心理学事件，发生于他们成长过程中的阴茎期（弗洛伊德用该词指代两个性别），即 3 岁到 6 岁期间。儿童性欲主要靠自淫满足，对两种性别的幼儿都能产生相当的影响。但在阴茎期内，儿童已通过许多线索得知哪种人可提供更合适的性满足。他们的最理想模型——最近、最易得手的——当是异性父母。

这一点，弗洛伊德早年曾说过，将直接导致俄狄浦斯情结的出现。他将之描述为一个关键阶段。现在再往前一步，他推想，解决该问题的办法对于性格成长至关重要。弗洛伊德的理论是，与父亲的对抗使男孩开始担心起来，他担心强大的父亲为了战胜他而将他阉割（而不是杀害）。出于对这一恐惧的反应，他不仅压抑住自己对母亲的性感觉，代之以亲情，而且慢慢将针对父亲的敌意和反叛转变为对他的认同，并承认他在生活中所扮演的角色。

就女孩而言，情况稍有不同。按照弗洛伊德在女性成长这一问题上所持的观点，在意识到自己没有阴茎时，她便想象自己的阴茎已被阉割。她遭受到“阴茎嫉妒”的痛苦，并由此对母亲产生敌意（在她的想象中，母亲允许自己在出生时没有阴茎或阴茎被阉割掉）。同时，她梦想通过与父亲生孩子来弥补这个缺失。可这个梦想经证明不能实现，于是她只好放弃，转而认同母亲，并解除引起自己焦虑感的敌意。由于没有阴茎，她对伤害的恐惧也远比男孩少。她对父亲的俄狄浦斯感觉也没有像男孩对母亲的感觉那样得到完全彻底的压抑，这就限制了她的性格成长。在她整个一生中，自己已被割除阴茎的感觉，对她的性格形成、人生目标、道德感和自我价值观等，都将产生强大的负面影响。一切如盖伊所言：“到 20 世纪 20 年代，弗洛伊德好像已经采纳这个观点，即女孩是没有成功的男孩，成人妇女是遭到阉割的男人。”[1]

男孩和女孩在约 5 岁时，大都经过性欲压抑过程，而后进入人生的“潜伏期”。在此期间，他们在很大程度上解除了性本能引起的担心和焦虑，并将自己的注意力和精力转入上学和成长中。然而，受到压抑的性冲动只是被封锁起来，并没有得到根除。它们一直尝试冲出封锁，并以梦的形式找到间接和隐蔽的出口。在某些没有完全解决好俄狄浦斯情结的儿童身上，它们则以病态形式得到淋漓尽致的表现。

最后在孩子 12 岁时，青春期的荷尔蒙变化再次唤醒沉睡的性冲动，被压抑的感情开始以社会可容忍的形式向外宣泄，宣泄对象通常是家庭之外的异性。在儿童成长期的最后阶段，即生殖器阶段，性渴望转变成目标之爱——性欲和感情欲望以可接受的方式在对另一个人的爱中得到满足，这个人通常是与受禁性爱对象相似的人，即父母当中与自己性别相异的那个。

弗洛伊德的心理性欲发展理论，通常被狭隘地局限在性欲望和性行为方面。但实际上，它要解决的却是非常重大的问题：孩子气

1 近几十年来，人们已经认识到弗洛伊德女性心理学理论的狭隘性和文化约束性。且在过去的几十年中，女性性格和地位也发生很大变化，他的理论基本上被证明是错误的。即使弗洛伊德自己也承认，他对女性心理学的理解是“不完全和片断的”。他还说：“一个从未搞清的问题，一个对女性心灵已探究 30 年的我也未能回答的问题是，‘女人需要什么？’”

与成熟之间，本能欲望与社会规范之间，愿望与现实之间基本的和不可避免的冲突。这些问题的有效解决无论对性格发展还是对社会生活都有至关重要的意义。

精神的结构

弗洛伊德初时认为，精神是由无意识、前意识和意识组成的。但当他创立心理性欲发展理论时，他发现这种想法作为理论太简单了。他改而将其描述成由本我、自我和超我组成的三重精神状态。这些不是任何物质上或形而上学意义上的概念，只是服务于不同功能的一组或一串心理过程的名称。

在新生儿中，所有心理过程都是本我过程，全部处于无意识和初级状态。本我是不可以任何类似逻辑推理之类的东西来理喻的。它是一只大锅，装满满足初级欲望的一切本能要求，而这些初级欲望大都与自我保存（饥饿、渴望之类）、性欲和进取有关。本我的要求按快乐原则进行，追求的是紧张感的释放，对社会规则或寻找释放行为的现实后果置之不理。

在本我控制行动的情况下，社会生活是不可能存在的，因此，培养孩子和社会化旨在控制本我的力量，将其导向可接受的行为。其中一部分可通过对有意识的思维进行培训和教育加以实现，因为它可以理解、推理并按次级思维的原则发挥作用。这就是自我，或是自身，它在孩子成长的过程中逐渐成长，与本我区别开来。自我并没有与本我决然隔离，而是以某种方式与本我重合或融合。本我往往进入自我，并形成诸如俄狄浦斯情结之类焦虑中的思想和感情，但总被自我的压抑推回去，推至本我的最遥远角落，并被牢牢封锁，使其再也无法回到意识中。

其他很多冲动，对比而言都是由自我有意识地控制起来的。孩子慢慢懂得，他有许多事情不能做。他不可以取走他人的财物，不可以没有正当理由就打击别人，也不可以当众手淫。我们教育孩子们懂得，这样的行为是不可接受的，并可能招致恶果。在培训他们时，我们部分通过奖惩手段进行，就像训练动物一般，但更多的是，我们在抚育他们成长时往往告诉他们哪一些是正确的行为以及为什么。于是，接受教训的自我慢慢学会了自我批评和自我控制。

然而，自我当中有很多不是有意识的。它的很多过程是前意识的——没有被压抑，也没有成为注意力的中心。例如，我们常常在意识之外完成许多活动，持续思考收集到的信息，思考实现目标的方式，但没有有意识地思考这件事。当主意在脑海里油然而生时，就好像来自虚无中似的，这是因为我们一直在想着它。同样，前意识会操纵我们早已娴熟的技巧，让有意识的思维在其他地方自由使用其有限的注意力。训练有素的音乐家的手指，在他读乐谱时便能自动弹奏出正确的旋律，他不需要就此思考。

与之相反，负责监视和督促自我的超我却是无意识的，且对管理社会行为至关重要。它在自我中作为俄狄浦斯情结的后果继续发展，而在此时，已与同一性别的父母产生认同的孩子会接受父母的训谕和信仰，并使其成为自己的一部分。通过认同，诸如“你不能”“你应该”等命令很快转变为“我不能”与“我应该”。第一道命令与俄狄浦斯情结直接相关，但同一机制也把所有的道德价值转变成内在化和自我谨记的信条。这些东西集合形成自我理想，或超我，即我们平常所说的良心。道德话题是由自我在意识范围内所强调的，超我则唤起一种强烈的“应该”和“不应该”感觉。一个在救生艇上漂浮的人，他的自我可能认为，将食物和水递给一个行将死去的同伴是浪费，甚至可能导致两人同时死亡。超我则可能胜过自我，坚持与同伴分享剩下的东西。

弗洛伊德在较早前坚持认为，超我在女孩身上的发展与在男孩身上非常接近。后来，如前所述，他慢慢认识到，女孩子没有阉割焦虑，她的俄狄浦斯危机感也没有男孩那么强烈。因此，在她们一生中，超我和道德感也少于男孩。（奇怪的是，表达这篇家长式观点的论文，却是在他要求下，由他最喜欢的女儿、精神分析师安娜·弗洛伊德，在 1925 年国际精神分析大会上宣读的。）

个人行为就是精神中三个层面互相作用的结果。本我寻找欲望的直接满足，自我使用现实原则的思维压抑这种冲动，并寻找满足的可接受方式，而超我则通过已融入无意识中的父辈教诲实施控制。当本我的力量强大到自我和超我无法控制时，此人的行为要么呈现病态，要么就去犯罪。当超我太强，超出自我时，此人就会充满负罪感、挫折感，或表现得道貌岸然和乐于迫害他人。而在健康人身上，自我会控制整个系统，寻找让本我得到充分满足的各种方法，且并不招惹从愤怒的超我那里汹汹而来的负罪感。

本能理论

弗洛伊德心目中的“本能”（instinct），与生物学家的本能概念并不一样。后者指以代码形式编入基因之中的具体行为形式，如蜘蛛结网、鸟儿筑巢等。他所指的是他用德语词 Instinkt 所表达的形式，而在其著作的标准版中被译成“本能”的往往是 Trieb, 它有“冲动”“变动的力量”或“驱动力”之意。

在早期著作中，弗洛伊德曾假定，与嘴唇、肛门和性器官相关的性本能构成心理能力的总和。但他后来对“重复的强迫性冲动”（进行重复自我打击或痛苦行为的趋向）的研究，加上第一次世界大战中一些可怕的事件，大大扩展了他的思路。他逐渐相信，在人的意识里还有一种毁灭本能。当这种本能向外导出时，它就以侵略的形式出现。如果受阻，它则被锁在内心，向纵深发展，如在重复的强迫性冲动中表现出来的那样。

他由此逐渐形成二重本能理论：一是生存本能，或“厄洛斯”（希腊神话中的爱神），由所有的生存保护冲动构成，其中包含性驱力；二是死亡本能，或“达纳特斯”（希腊神话中的死神），由所有导向敌意、虐待狂和侵略的冲动构成——他甚至小心翼翼地提出，还有一种导向自我死亡的神秘冲动。一般来说，最后一种本能冲动在表现中要比生存冲动弱得多，也难得多。但在弗洛伊德看来，对于受虐狂现象和其他一些与快乐原则相左的行为来说，这也许是唯一可能提供的解释方法。

焦虑症状和自卫

弗洛伊德的原初想法是，精神性焦虑及其症状——与人们面对现实危险时所产生的真实焦虑感相区别——是从压抑下去的性本能中受阻的力量里产生的：没有释放出去的性紧张会产生焦虑。但在收集大量临床数据之后，他开始做出更复杂的解释，并在此基础之上，总结出俄狄浦斯情结及其解决办法的理论，再进一步将这一理论扩展开来，用以解释其他精神性焦虑形式。作为幻想或大胆行动而进入意识的本能欲望会形成对伤害的预见，它将导致儿童产生不可忍受的焦虑感，而自我为了保护自己，往往压抑这种本能欲望，使这种焦虑消失。

然而，精神怎样才能宣泄这种憋足了劲的能量，怎样才能消解未得到满足的本能需要所制造出的令人不快的紧张感呢？它又怎样阻止这种紧张感突破重围进入意识呢？只有一个解决办法——弗洛伊德在精神病人身上看到的有缺陷和病源性的办法——这就是病症的形成。

> 受到压抑的不利影响会从本能冲动中产生一个病症……本能冲动于是冲破压抑，找到了替代物，可这是一个逊色不少、转移并受到禁止的替代物，已无法将其识别为一种满足。当替代性的冲动实现时，绝没有快感可言，反过来，它的实现却有某种强迫性冲动的性质。

他举出最著名的一个病案，即小汉斯病案。这个孩子在俄狄浦斯阶段产生一种使他不能上街的恐惧感。他害怕马（当时街上到处是马），认为马会咬他。弗洛伊德认为，他不能够外出的原因，是因为“自我施加的一道限制，以避免激起焦虑的病症”。但害怕被马咬的恐惧从何而来呢？经过分析，他追踪到了小汉斯的俄狄浦斯欲望，即想干掉父亲的愿望和害怕父亲伤害他的相应结果。他未能找到健康的办法来解决这一问题，于是将其转移至马身上（有意义的是，他的父亲以前总是扮马让他骑），并将这种阉割恐惧转变成害怕被马咬。

简单地说，不被允许的愿望，如果被压抑下来，又以不当的方式加以处理，就会变成精神病症。这个病症对患者来说是沉重的，但其代价并没有它所释放出来的焦虑大。

> 广场恐惧症可能是患者在大街上受到焦虑袭击所造成的。这种情况在他行走在大街上时可能反复发作。然后，他会进一步发展广场恐惧症的病症；这也可能被描述为一种禁忌，一种自我功能的限制。通过这种限制，他就可避

开焦虑的袭击。如果可能的话，我们对病症的原因加以干扰，譬如使用迷恋，就可能看到它的转化。如果我们阻止一位病人，不让他完成自己的洗涤仪式，他就会陷入无法忍受的焦虑中，显然，他是一直靠这种症状让自己得到保护的。

因此，压抑是针对所有容易产生焦虑的愿望、记忆或感觉的基本防卫方法，也是心理结构的基石。它是在无意识的情况下发挥作用的。一个孩子可能压抑了希望自己弟妹死去的愿望而不自知。如果有人暗示出这点，他就会做出嘲笑或愤怒的反应。（压抑是不同的精神动作，是对一个不能得到许可的欲望的有意识控制，一个人可能希望自己避开这个欲望的实现，但这种做法无法去除焦虑。）

在俄狄浦斯冲突中，压抑可能导致精神病的发作，但通常它并不发作，因为精神找到了替代方式以处理受压抑的材料。它通过其他一系列防卫措施来实现这一点——在这里，一切又是在无意识中进行的——并将不能接受的东西变成可以接受的东西。

弗洛伊德说道，有“很多办法（或如我们所说的机制）可让自我发挥其防卫性作用”。他列举出一些例子，并建议读者参阅其女儿安娜·弗洛伊德针对防卫机制所提出的更为详尽的处理办法。在他所列举的和安娜讨论过的常见防卫性办法中，以下这些最为常见：

否认——这是相对原始的防卫办法，一个人只是简单地不接受或不承认容易产生焦虑的现实。一位伺候行将过世的丈夫的女人，可能会告诉自己，丈夫很快会恢复过来（尽管这与所有证据相悖），或她可能说，“我希望让他尽量多活一些日子”，可实际上，她在无意识里却希望这一切早点过去。一位吸烟的人可能相信，所有证明吸烟与癌症有关的证据都可能是错误的，或者他会想，自己家族中还没有哪个人因吸烟殒命。

合理化——这是更复杂的否认版本。一个人本来出于某种动机从事某事，却找到另一动机以说明其行为的公正性。一个小气的人可能会说，“时势未定，我只不过是在小心行事而已”。一位受尽折磨的女人自信心很差，依赖性太强，无法独立生活，但却认为，她之所以与虐待她的情人或丈夫生活在一起，是因为她爱他。

反应形成——这一步走得较远，通过夸大与展示，让所有人都看见与压抑下去的特征相反的特征。一个压抑同性恋愿望的人可能会以异常的形式表现自己，如对同性恋者实施人身攻击等。本来可能纵欲的人可能会洗心革面，或成为性爱艺术和性爱文学的死敌。

转移——把压抑起来的感情导向某种可接受的替代物。一个对父亲过分依恋的女人可能选择一个与父亲年龄差不多的男人做丈夫。一个掩藏对专制父亲深刻仇恨的男人可能会成为长期反叛者，一生与任何形式的专制者争斗不息。

理智化——通过对某个不被允许的欲望、某种痛苦的失落等产生外在的理智兴趣来避开焦虑。一个压抑了施虐狂冲动的人可能会成为专门研究施虐狂或迫害者的社会科学家。弗洛伊德的同代人哈夫洛克·埃利斯虽然一辈子不能进行性生活，却写出大量有关正常和异常性行为的学术作品。

投射——一种很常见的防卫机制，指一个人将自己不可接受的冲动归因于那些冲动的目标。否认自己有种族仇恨的人相信，是自己被其他种族的人恨，或把自己否认有的某种冲动归因于他人，如三 K 党就是这种情况。三 K 党徒认为黑人是邪恶的并在性行为上很野蛮。

升华——防卫机制中最亲社会的一种。通过升华，超我和自我可以把本能需要转变成某种有社会价值的活动。绘画是儿童时期希望糊屎或用手玩屎的冲动的升华，写作或表演是表现自我冲动的升华，外科手术是希望伤害别人的冲动的升华，而大多数运动项目（包括像国际象棋这类非运动型智力游戏）则是侵略性冲动的可接受且富有乐趣的升华。

第八节 它科学吗?

自弗洛伊德开始发表他的思想以来，其精神分析学一直受到人们的猛烈攻击。几十年来，人们从各种立场抨击他。最初是一些医生和心理学家，说他肮脏、变态。到 20 世纪 30 年代，纳粹分子宣称他是犹太的垃圾，四处焚烧他的书籍。

所有这些外在攻击都无法使精神分析学消失。多年以来，真正对精神分析学说形成威胁考验的是来自科学界的内部攻击：总有心理学家和科学哲学家宣称，精神分析学不是科学。他们的主要论据是，精神分析研究不能被实验证明，精神分析师无法建立一种情境，即他或她可在其中控制变量，通过个案处理衡量这个变量的影响力并在此基础上建立因果联系。

然而，实验并不是科学探索的唯一方式，人们也可以通过观察进行推理。在一大堆数据中得出一个模式，科学家就可假想其成因，然后通过查看更多例子来检验这种假想。如果例子与推想相符，则假想可以得到加强。否则，假想将被削弱。精神分析正是建立在这个方法之上。

哲学家阿道夫·格林鲍姆却不这么看。他认为，按这种方法收集的证据非常脆弱。一方面，披露某种模式的观察材料将会产生“共同的污染物”——分析者的影响。例如，分析师在提供某种行为片断的解释后，病人可能会按部就班地得出一个确认性记忆（极有可能在事实上是杜撰的）。另一方面，当应用自由联想法来探索像神经症状、梦想和小毛病等十分不同的领域时，数据之间的一致性可能是使用同一种方法对不同现象进行探索的结果，而不是所发现结果之间真正意义上的共存。

格林鲍姆认为，这不一定就得出结论说，精神分析是不能证实的。反之，他向我们指出，不论是从流行病学的角度，还是从实验的角度，对这种理论的检验应从设计良好的临床外研究中得出。

实际上大家已做出许多努力以实现该目标。一些人进行实验，让志愿者感受刺激。按照弗洛伊德的理论，这些刺激应产生某种特定结果。另一些人则依据测试，对某些性格特征进行测量。他们认为，在这些特征中应具有某种心理动力学联系，他们完全可以在其中搜寻统计学上的互动性以支持这种假设。还有一些人采用发展的方法，观察并测量儿童在成长期间的性格特征和行为，以确定性格成长是按弗洛伊德的理论进行，或者还有其他解释。

到目前为止，已经积累了大量此类研究结果。它们在方法论的完整性上差异很大，范围也大不相同，既测试总的理论，也测试具体子项。这使我们很难衡量所积累的材料，但一部分学者仍奋力在做。

处理这些研究的其中一种观点是由心理学家西摩·费希尔和罗杰·P. 格林伯格提出的，他们的方法是，应更多注重结果，而非方法论的完善与否。费希尔和格林伯格指出，至少弗洛伊德的下列理论拥有足够根据：口唇和肛门期特征的概念；男性同性恋的病源论（弗洛伊德指出，一个敌意的、排斥性的父亲和一位亲密的、有约束力的母亲将会激发俄狄浦斯式的敌对状况，使儿童无法选择女性伙伴）；偏执狂的起源，是对同性恋冲动的防卫措施；俄狄浦斯理论的诸多方面；视梦为心理学张力出口的大多数梦幻理论。

他们认为下列命题是错误的，其中有：梦是隐蔽的无意识愿望，宣称精神分析学在治疗精神病方面优于其他治疗方法，俄狄浦斯理论的个别部分，弗洛伊德关于女性的大部分观点。

他们的总结如下：

> 当我们将总的检测结果叠加起来，并将消极部分从积极部分中抵消时，我们发现，弗洛伊德这一路走得相当不错。然而，与所有理论家一样，他也证明，在这漫长的探索过程中，他所取得的成功并非完美无缺。他的许多议题的确无懈可击，但在某些重大观念上他也存在谬误。如果我们只考虑他关于男性的理论体系，甚或，如果我们只考虑他的理论推想……那么他的正确率将无与伦比。

保罗·克兰在后来的研究中表述得更为详尽。1981年，他出版《弗洛伊德理论中的事实与幻想》，对弗洛伊德的思想体系做出比费希尔和格林伯格更深的研究。按照克兰的说法，他的研究更有区别性，因为他的研究只在非常可靠的方法论指导下得出结论。他并不想就弗洛伊德关于死亡本能和快乐原则的宏大理论发表高论，因为它们“是形而上的心理学”——基本属于哲学的讨论，因而无法检验。克兰发现，弗洛伊德理论体系中有不少于16种概念可得到检验。他的总结如下：

客观证据证明，精神活动被划分为自我、超我和本我三重层次。发展理论得到支持，因为口唇期和肛门期性欲［指婴儿口唇快感中涉及性欲的成分］、俄狄浦斯和阉割情结总是出现。进一步说，在成人性格模式中，拥有口唇和肛门性格者随处可见。似乎毫无疑问的是，防卫机制压抑经常使用，其他防卫机制也司空见惯。性象征已被证明是梦中或梦外均存在的现象……［总体上说］在弗洛伊德的所有学说中，对精神分析理论至关重要的概念大都得到支持。

第九节 衰微与复兴

然而，就在好评日益增多，业界给予肯定之际，弗洛伊德心理学的声望与影响，尤其是精神分析理论的普及性——确切地说，它一直都因耗资不菲而受到局限——均呈下滑趋势。

纵贯 20 世纪 60 年代、70 年代和 80 年代的行为科学的大力发展及社会变化在方方面面的累积，从总体上削弱了弗洛伊德理论的地位，冲淡了杰出人物对分析疗法的热望。

在这几十年里，世界各地发生的一系列社会运动与抗议活动使公众的注意力转向更宽泛、更外在的事物。妇女解放运动使弗洛伊德针对女性的理论饱受冲击，而同性恋革命的代言人更是大肆攻击弗洛伊德针对同性恋的某些观念。

在学术心理学中，新的和以经验为基础的研究都证明，儿童发展过程中受到的很多影响与弗洛伊德的论断并不完全一致。在临床心理学中，出现了大量更简单且更实际的精神分析和非分析疗法的变种。在 20 世纪 50 年代和 60 年代，镇静剂和抗精神病药物开始让众多深度抑郁和轻度精神分裂患者走出精神病院，而且在精神病院外，药物治疗似乎比以领悟为目的的谈话疗法更有效、更迅速。

有些精神分析机构曾尝试让精神分析成为医学中的一个专业[1]，但美国精神病学会在其《诊断和统计手册》第三版（1980）和第四版（1994）中或是拒斥，或是大幅修改了弗洛伊德精神疾病的诊断内容。正如前面提到的那样，到了20世纪80年代和90年代，出现了一些对弗洛伊德的科学方法论和他本身个性的犀利言论攻击（但通常也是有倾向性的）。

无怪乎1993年11月29日出版的《时代》杂志将弗洛伊德肖像作为封面，并发出惊世骇俗之问："弗洛伊德死了吗？"这个问题的答案显而易见。

但这并非全貌。

弗洛伊德理论尽管遭到各种有效和无效的攻击，但其许多思想已经永远渗入并改变了西方文化。"世界史就是世界判断史。"席勒如是说。将这句话用在弗洛伊德身上，更是恰如其分。无论如何对他的人格进行攻击，对他的理论进行哲学争辩，对他的理论正确与否煞费苦心地加以验证，人们都永远无法抹去弗洛伊德及其不同凡响的思想对心理学和西方文明的重大影响。今天，不管是弗洛伊德的敌人还是他的崇拜者，在这一点上毫无异议：他的概念已渗入西方文化，产生许多不同的精神分析疗法，更重要的是，这深刻影响了艺术家、作家、立法者、教师、父母、广告商和大多数有文化者，使他们重新考虑人性和他们自身。一切如费希尔和格林伯格所言："弗洛伊德理论现已成为我们文化实质的基础部分。"从许多客观标准来说，的确如此。然而，我们只是凭直觉感到事情应该如此。我们

1　一个个人记录：20世纪50年代初我就有自杀倾向的患者这一问题采访精神病专家卡尔·门宁格博士，当发现他穿着白大褂时，我非常震惊。

只需稍加思考即可看出，我们是多么频繁、多么自然地引用弗洛伊德的心理学术语：不同物体的性象征，许多幽默中隐藏（或半藏半露）的敌意，小错误和小毛病中的无意识原因，冒险和自我毁灭行为中的隐秘动机，同性恋倾向中父母所扮演的角色，在日常生活中努力寻找某些人所说或所做而我们却难以明白的事物的“真实”原因，等等。这样的思维方法遍及我们的日常生活。

这些想法及类似信念，都基于一个更伟大的理论：动态无意识的存在。弗洛伊德在晚年对一个崇拜者说：“我不是一个伟人——我只是得出了一个伟大的发现。”

他的伟大发现向人类展示了一个此前无人涉足的思维领域，在扩大现代心理学视野的同时，也改变了它的方向。英国心理学史学家 L. S. 赫恩肖说道：

> [弗洛伊德]让心理学家直面人类的全部疑难问题。这些疑难，自古以来的伟大思想家、艺术家和作家们都曾探索过，但总被学术流派排挤在外而未曾解决。它们包括爱和恨、幸福和悲伤，包括社会不满和暴力，包括日常生活中的细枝末节，包括宗教信仰上的宏伟构架，也包括家庭生活里琐碎又悲伤的紧张感。

雷蒙德·范彻说得更明白：

> 他对无意识精神因素的重要性和普遍性的展示如此有效，以至于这个革命性的思想今天已几乎成为想当然的定论。我们这个时代中最好的艺术和文学都在描述人类作为自我冲突的物种的矛盾，他们受制于某种自己无法清醒控

制的力量，甚至对自己的身份也无法确认。虽然弗洛伊德的心理学中仍有许多具体方面需进一步检测和推敲，但毫无疑问的是，这种人性观点已经触动了一根反应强烈的琴弦。西格蒙德·弗洛伊德跻身于为数不多的几个人中，他们的工作不只影响了一个专业领域，而且改变了整个文化气候。

许多心理学家和心理医生都认为，和范彻在1979年所说的一样，这种思潮的核心部分如今仍然存在。正如芝加哥大学哲学家和心理医学家乔纳森·利尔所言，弗洛伊德的名声仰赖的是人生“充满冲突”的“核心思想”，而这种冲突并不会以真面目示人，因为它源于人们情不自禁积极表达的期望和直觉，因为我们无法容忍在意识层面上承认其存在。

然而，另一些人虽然尊重弗洛伊德心理学的某些核心概念，但担心随着精神分析的衰落，这些概念也存在被遗忘的危险。例如，对于我们能否继承弗洛伊德和精神分析的深远思想，艾利·扎雷兹基并不乐观。“当精神分析衰落时，这些思想还能继续存在吗？随着全球化加速，公共和隐私之间的边界是否已达到崩溃的边缘？计算机化使信息交流的心理学意义不断弱化，这是否也让内心体验荡然无存？我们对种族、国家和性别的重新认知是否会妨碍个体去理解自身独一无二的个性呢？”

尽管前景暗淡，但最近确实出现了一些惊人的发展：人们在疗法和心理学方面对精神分析的兴趣重新被唤起。（2006年3月27日的《新闻周刊》封面醒目地宣告将发布一篇深入研究的长文，上面印有弗洛伊德的肖像和该文章标题——《弗洛伊德没有死！》。）

这种复兴局面从某种程度上反映出人们对现代和大幅改造后的

心理疗法重拾兴趣。美国精神分析学会在过去六年（2000 年至 2006 年）中有所扩大，目前在册成员人数已增至 34，001 名，而一个名为全国精神分析推进协会的复兴团体也有近 1500 名成员。

更为重要的是，当代神经科学已证明弗洛伊德心理学的正确性。早在 1905 年，弗洛伊德就幻想有一天用物理方法解释心理学的可能性。这一点今日已成为现实。开普敦大学的马克·索尔姆斯教授在《科学美国人》杂志上发表专论，说道：

> 多年来，弗洛伊德有关自我、身份和压抑的欲望等概念一直主导着治愈精神疾病的尝试。随着人们对大脑化学的进一步理解，这种模式逐步被生物学方面的解释所替代，后者认为，思考问题从神经活动中产生。然而，当人们试图整合各种神经学发现时，形成的思维化学框架反而证明弗洛伊德在 20 世纪初所描绘的景象完全合理。越来越多的科学家都急切地想把神经科学与心理治疗学结合为一种统一的理论。

索尔姆斯列出了有关神经科学证明弗洛伊德思想的证据，其中包括：

——神经科学已证明，对形成意识记忆至关重要的主要大脑结构在生命的最初两年并不起作用，这与弗洛伊德所称的婴儿健忘症概念一致。弗洛伊德认为，并不是因为我们忘记了最初的记忆，我们只是不能有意识地回忆起它们。索尔姆斯写道：“事情已经越来越明显，精神活动中很大一部分都是无意识动机的。”

——神经科学家已查明应当为某些不合理恐惧症负责的无意识记忆系统。纽约大学的约瑟夫 · 勒杜证明，在意识皮质下有一个神经通路，能绕开海马体，而海马体的作用是生成有意识记忆。这个通路可向生成恐惧反应的原初脑结构发送感知信息。结果是：当前事件往往会触发对过往重要事件的无意识回忆，从而形成不合理的有意识恐惧。

——尽管我们的许多行为都是无意识驱动的，但这并不能证明弗洛伊德的断言，即我们会主动抑制不愉快的信息。但支持抑制概念的神经学案例研究正在慢慢增加。加州大学圣迭戈分校的韦拉亚努尔·拉马钱德兰报告的一项研究非常有名。在这项研究中，一名妇女左臂因脑卒中而瘫痪，而她在长达八天的时间中一直在无意识地忽视这一缺陷，直到拉马钱德兰人为地刺激了她的右半脑。但在刺激的效果消失后，她又认为自己的手臂是完全正常的，甚至忘记自己曾在访谈中承认自己左臂瘫痪。拉马钱德兰写道："这些观察的重要理论意义在于，记忆确实可以选择性地受到抑制。这名患者第一次说服我相信抑制现象在现实中存在，而这种现象正是构成经典精神分析理论的基石。"

——梦是有意义的，但许多反弗洛伊德者在释梦时通常不会从弗洛伊德的意义方面加以解释。虽然一些梦是由脑化学推动的，且反映出随机的皮质活动，但脑部扫描和其他证据表明，梦是由以前脑的直觉－情感中枢为核心的结构网络生成的。由此产生的许多理论与弗洛伊德的理论如出一辙。索尔姆斯和其他研究者还发现，当前叶深层的某些纤维（因事故或脑手术）受损时，梦境会完全停止——这一症状与有动机行为的普遍减少相符。

索尔姆斯的结论是："显然，弗洛伊德对思想组成的描述所扮演的角色，必定会与达尔文的进化论在分子遗传学中的角色相似——它所形成的是一种模板，新发现的细节可连贯地排在这种模板上。让人满意的是，我们可以在弗洛伊德奠定的基础上发展，而不是一切重新开始。”

最后，我们不得不对弗洛伊德的自谦之辞——他不是一个伟人，只是得出了一个伟大的发现——表示一点不同意见：只有伟人才能得出伟大的发现！

第八章 测量者

第一节 “何时想数，就数吧”：弗朗西斯·高尔顿

1884 年，在伦敦国际健康展上，展厅里只有一张 10 米 ×2 米的小展台，上面庄重地标着“人体测量实验室”。展台里面有三位服务人员，长桌上摆着一些简单的仪器，其中有一个摆锤和一个反应键，一个手柄和一个转盘，一台可用来比较小色块的光度计，还有一根长管子，在助手向这根管子里吹气时，它可以发出哨音，音调可通过操作管子终端一根有刻度的杆上的螺丝进行调节，直到参观者再也听不到为止。参观者只需花费三便士，就可以测试和测量 13 项特征：反应时间、视力和听力灵敏度、色彩分辨力、判断长度的能力、拉力和拧力、吹气的力量、身高、体重、臂长、呼吸力量和肺活量。

人们为什么愿意花三便士获取这些数据就很难说了，但展览期间，共有 9337 名观众真的为此付过钱。也许，这项活动本身就值得奖励。这是一个精确测量的时代，精确测量正成为科学的标志，享有极高的威望。人们无论对什么都要测量一番，即使脑海中没有明确目标。

如果说，到人体测量实验室参观的人们在心里根本没有明确目标可言，它的经营者倒是有。他就是弗朗西斯·高尔顿，一位矮个

子的秃顶男人，他鬓角花白，有一双具有穿透力的蓝色眼睛和突出的鼻梁及狭长的嘴巴。所有这些赋予他一种大块头男人也要嫉妒的权威风度。

高尔顿是一位业余心理学家。在他看来，人与人之间的智力差别很大程度上由遗传决定，因此，社会应给最聪明的人生育奖励，以推进人类进化。可如何才能辨别出他们呢？他相信，若干遗传的生理特征或能力，特别是感官灵敏度和反应时间，都与智力相关，因而是辨识这些人的标准。（他这样想是源自自己的两项观察结果：其一，反应迟钝者感官分辨度较差；其二，对感觉敏感度有要求的工作，比如钢琴调音、品酒或羊毛分拣，通常由男性承担。他想当然地认为，男人应比女人聪明。）

高尔顿的遗传应和了他的智力观。一方面，他是著名医生和植物学家伊拉斯谟·达尔文的曾孙（另一曾孙查尔斯·达尔文是高尔顿的堂兄）；另一方面，他还是非常成功的银行家的孙子和儿子。而且他还有额外依据。他早先收集了大量杰出男人的家谱，从而证明“杰出”——他认为它等同于智力——大都呈家族性。

高尔顿自己花钱在展厅中搭建“人体测量实验室”，其目的是测量与智力相关的生理特征并收集结果。这样他就开创了一种心理学研究的新形式，它既不同于冯特在莱比锡大学进行的实验法，也不同于詹姆斯在哈佛实践的内省法，更不同于弗洛伊德在维也纳与布罗伊尔商讨并在不久后在自己办公室采用的谈话疗法。

不管大家对高尔顿的观点作何感想，他本人倒不是一个无所事事、无聊至极的维多利亚沙文主义者，而是拥有超凡智力与天赋的科学家，热情、好奇，对工作专注。他是真正的博学者，成功的发明家，备受赞誉的地理学家，权威的游记作家和气象学家。他研究出第一个鉴别指纹的实用方法，并第一次对孪生子进行研究，以梳理遗传和环境的影响。他还发明了关联分析法，这是心理学和其他科学最有价值的研究工具之一。

抛开这一切不说，高尔顿还是第一位开展智力测验的人，借此他还开创了一种心理学研究的全新模式和新领域：个体差异。其他心理学家，特别是冯特派心理学家，寻找的大多是通用心理学原则，比如，对声音产生反射时，无意识反应和有意识反应各需要多长时间。高尔顿寻找的却是个体特征（比如反应时间）之间的差异及这些差异与他们的其他特征和能力之间的关系。

高尔顿对个体间差异的兴趣反映出他所处时代心理学在英国的地位。与德国大学不一样的是，英国大学并不支持心理学，既不建立心理学实验室，也不设心理学系。对这个领域感兴趣的人不是将之视作生理学或心理疗法下的专业，而是全凭自己兴趣，将之视作个人爱好。如果是在德国的大学，高尔顿也许就被导入生理心理学的研究领域，但在英国，他所能做的只是随心所欲地寻求是什么使其成为天才人物，并探索社会如何才能增加像他这样的天才的数量。

1822 年，高尔顿出生于伯明翰，远远年长于冯特、詹姆斯和弗洛伊德，但他对心理学的贡献大多是在其中晚年做出的，因而从这个角度来看，他与前面几位几乎就是同时代人。高尔顿天生聪慧。他出生于一个中产阶级知识分子家庭，是家里七个孩子中最小的一个，2 岁半开始阅读，5 岁即可阅读任何英语文本，并懂得拉丁文及法文，还能解决最基本的算术难题。6 岁时，他到当地一所小学就读，却瞧不起其他孩子，因为他们从未听说过《伊利亚特》。到 7 岁左右，他打发时间的主要方式是阅读莎士比亚和蒲柏的作品。

这颗极有希望的新星在寄宿学校里却显得十分黯淡，因为这里提倡的是死记硬背，而自然的好奇心和独立精神往往遭到鞭打、布道和惩罚性课外作业的压制。在转到剑桥学习后，他仍然未能混好：时刻处在出人头地的压力之下，忍受考试和学习成绩不如人的压抑。到大学三年级时，他的成绩依旧未能在班上名列前茅，而且也看不到成为尖子生（数学成绩特别好的荣誉生）的希望。他慢慢患上心悸、头晕、走神等毛病。“脑中好像有台榨油机在转，”他说道，“我无法排遣这些念头，有时连书都看不进去，甚至看到有字的纸都烦。”在精神崩溃的痛苦中，他离开学校，回家休养。后来，他决定不再竞争荣誉生，只做一个普通生。这种心态使他重返学校并完成学业。不过，终其一生，他对考试和学习成绩的名次都耿耿于怀。

从剑桥毕业后，高尔顿完成了医学培训（此前就已开始）。父亲于 1844 年过世时给他留下一笔丰厚的遗产，于是，他在 22 岁那年放弃行医，像乡绅一样生活了几年，整天骑马、打猎、赴宴和旅行。然而，享乐生活怎么也满足不了他无法平静的大脑。在 27 岁时，他在咨询皇家地理学会后，自费到非洲西南部腹地探险了两年。他带回大量制图信息，填补了原来地图上的空白，因而在 31 岁时，他被这个学会授予金奖，并作为杰出探险者受到表彰。

同一年，即 1853 年，他结婚了，同时也稍稍修改了自己的旅行计划，只在游记中过一把冒险的瘾，偶尔也帮别人安排一些大型探险活动。但这些活动无法满足他，于是他转向了发明，开发出一系列实用装置，包括印刷发报器（电传打字机的前身）、改进的油灯、撬锁装置、旋转蒸汽机和潜望镜。潜望镜的发明使他可以在拥挤的地方越过高个子而拓展视野。

在不惑之年，为迎接新的挑战，他开始研究气象学。他很快想出用最新研制出的发报器同时收集不同地方的天气数据，再把这些数据标在一张图上，以察看是否有明显的重要模式。他在这么做时，还把具有同样气压的点用线条连接起来，而后突然发现，它们可以用来描述几近环形的低压区和高压区（气旋和反气旋），其在地表的运动则是预测天气的基础。

大约与此同时，高尔顿终于接触到他一生中最感兴趣的领域：智力的遗传性。1859 年，查尔斯·达尔文出版了划时代的《物种起源》，这使高尔顿受到巨大震撼。达尔文的基本假设之一是，在任何物种的成员之中，都有少量遗传的变化或差异，进化是通过物竞天择、适者生存的原则发生的。尽管《物种起源》针对的主要是动物，但高尔顿仍把它的结论应用于人类。他推想，人类的进化极可能也是通过自然选择最优秀的心智，并将他们的天生心理优越性传给后代而发生的。

这与高尔顿在剑桥时期得到的印象相一致，即许多人之所以能够赢得荣誉和高分，是因为他们的父亲和父亲的父亲都是成功者。于是，高尔顿设想并着手进行一个虽不繁重却极有价值的研究项目：查阅和统计在过去 40 年内在剑桥古典知识和数学课程上获得高分的人及其家庭背景。如其所料，高分果然一直由某些家庭的子女获得，比例极不均衡。他于 1865 年发表结果，从那时起，他便将自己的工作重心转移至对人类心理能力遗传本质的研究上，并探寻如何通过选择性繁殖改良人种。高尔顿一定感到命运对他开了残酷玩笑，因为他和妻子未能生出一个孩子。按照弗洛伊德主义来看，他对这个课题的执着是对其不能生育的补偿。

尽管高尔顿在剑桥大学一直未能拿到数学荣誉，但其研究方法却有着数学特质。和古希腊虽有语音障碍却矢志成为演说家的雄辩家狄摩西尼一样，高尔顿将自己的弱点变成了最大的长处。他研究智力，或研究任何使其感兴趣的问题的方法，就是找出某种能计量的东西，并通过计量计算出比例，再得出平均值，最后得到结论。在非洲，他测量了许多当地妇女（保持着明智的距离），并拿这些数字与英国妇女比较，结果发现这些数字是不同的。回到家后，他记录下在他所到过的城市里遇到的女人的外貌数据，以美、中、丑为衡量标准，结果发现，美女在伦敦最多，在阿伯丁最少。在科学会议上，他以 50 名听众为样本，统计他们每分钟所发生的坐立不安次数，结果发现，当讲演引起听众的兴致时，坐立不安次数减少一半。

1869 年，高尔顿出版《遗传天赋》一书。这是他的第一部，也是论心理能力遗传四部大作中最有影响力的著作。该书旨在选择一系列杰出人物，调查这些人的家庭，比较这些家庭与一般家庭的才智差别。他的超常心理能力的评价标准，在此是指其在公众中的声望。

> 我将社会及职业生涯看作不间断的检验。人们所从事的一切都是为了赢得别人的好感，为了在自己的职业里获取成功。他们取得的成功与对他们总体上优越之处的普遍估计成比例。

为测量这种声望（及因之而来的心理能力）出现的频繁程度，他计算了 1868 年和更早时间《伦敦时报》上的讣文，结果发现，在超过中年的每 100 万人中，有资格刊登讣文的只有 250 人，也就是 1/4000。

然后，他又着手在名门望族中——如自宗教改革以来的英国法官、过去几百年来的首相和著名军事首领、文学人物、科学家、诗人、画家、音乐家和新教神职人员的家庭——选出拔尖人士，他计算出，这些人在人群中的比例要远远少于 1/4000，他的估计是 1/100 万。如果天才是遗传的，他将在他们的亲戚中发现比 1/100 万甚至 1/4000 高得多的杰出人物出现率。

高尔顿根据“平均值的偏差率”来估计天才人物的稀少性。这一定律是19世纪初某些数学家推算出来的，可用来计算天文观测和赌牌游戏中数字或牌型的误差分布率，也同样适用于人类特质的可变性。1835年，比利时天文学家阿道夫·凯特勒在研究了法国兵员的信息后宣布说，过高的不多，过矮的也不多，大部分身高介于两者之间，达到或接近平均值的占绝大多数。这个数据，如果在图形上表示出来，就将是一个钟形曲线，大部分人处在中间位置。从中间开始，越向两边，人越少。人类特征的“正态分布曲线”概念在今天看来已毫不稀奇，但在凯特勒的时代，居然可以成为一个发现。

高尔顿推想，有关身高的实际情况，在人体的其他特征中也应表现出来，如脑重、神经纤维的数量、感官灵敏度等，统称起来，就是心理能力。果真如此，一个人的心理能力也应该遵守这个正态分布曲线。他把人类的智力曲线16等分——8个在平均值以上，8个在平均值以下——然后，根据曲线形状计算每段的人口比例。他说，把数值最高的两段加起来估算，每100万人中有248个杰出人物，这高度符合1/4000的杰出人物讣文比例。但在曲线两端，人数变得更少，每100万人中只有1个拔尖人士。而且他希望证明的是，这些人天生如此，而不是造就或自我塑造的结果。

> 我不能容忍这一假设……婴儿生下来时大都差不多，孩子之间、成人之间造成差别的唯一原因是稳步的教育和道德培养。对于天生平等这样的观点，我极力反对。幼儿园、中小学和大学的经验，再加上职业生涯的体验，都是相反的佐证。

高尔顿感到确定的是，在一个“进步的”社会里（他的术语），比如维多利亚时代的英国，天生能力一定会得到成功的嘉奖：“如果一个人有很高的智力水平，有愿意工作的急迫心情，还有工作的力量，我无法理解这样的人怎么可能受到压抑……［相反，］他一定能听到公众的欢呼。”

高尔顿在宗谱研究上付出的辛勤劳动所得出的硕果是，他发现在其抽样调查的286位法官中，约有1/9是另一位法官的父亲、儿子或兄弟。另外，在这些法官的亲戚中，还有很多人是主教、将军、小说家、诗人和医生。在这些家庭里，杰出人物的出现概率比在普通家庭里的出现概率高好几百倍。杰出人物其他方面的特征亦如此。

他总结了杰出人物所有范畴的数据，报告说，有31%的人父辈杰出，41%的人兄弟杰出，48%的人子女杰出。另外，杰出人物与其亲戚的关系越近，该亲戚出名的可能性也就越大。高尔顿非常高兴，因为他已经彻底证明了自己所提的假设——“人类天生的能力来自遗传，与整个有机世界的自然特性受到同样的约束”。

现代心理学家可以指出高尔顿方法论中具有许多天真的缺点，尤其是没能指出杰出人物成长的环境，如果大部分人是在极其有利的环境中成长起来的，通过这些数据也许就会得出环境和遗传具有同等重要的影响力这样的结果。不过，无论高尔顿的方法中存在何种局限，他已经确立智力中的遗传性，认为它是心理学研究中的一个有效课题。自此之后，情况也的确如此。

高尔顿的名声也因此有了污点，因为他根据自己的发现及从历史上发掘出来的信息，正式提出一项社会政策，即“优生学”。自1869年出版有关遗传天才的第一部书开始，到1911年逝世为止，他一直认为，如果鼓励并奖励优秀人种的繁殖，社会就一定能得到改善并进步。

> ［优生学是］改善血统的科学，它……充分肯定了各种影响力的作用，而这些影响力倾向于以不同程度将更好的发展机会施予更合适的种族或血统，而不是施予那些不那么合适的种族。

高尔顿的观点在纳粹分子手中得到可怕的发挥。纳粹鼓励纯种雅利安人大量繁殖，并认为犹太人、吉卜赛人和其他一些人种是劣质人种，应被根除。按照传记作家们的说法，高尔顿本人看上去温文尔雅，谈吐不俗，显然不是种族灭绝论的倡导者。但就处理种族问题而言，高尔顿所说的某些话已离种族灭绝论者不远了。

> 我不认为等级制度的蛮横会妨碍有天赋的社会阶层，他们有能力仁慈地对待其他同胞，只要这些同胞维持独身生活。如果有人接二连三地生出道德感、智力和生理素质都很差的孩子，我相信，终将有一天，这些人将被视为国家的敌人，许多仁慈之举也将被收回。

人们也许会认为，持这种见解者，即认为自己所属种族之外的种族都是下等人者，一定是种族歧视分子，但高尔顿不是。他估计出黑人的平均智力比英国人低两个级别，但同时认为英国人比古希腊人的智力水平也低两个级别。他还说，他非常想调查一下意大利人和犹太人："他们似乎拥有很多高智商的家族。"

高尔顿的优生学思想并没有成为现代心理学的任何部分，不过，这些想法却使他创立了一些在这个领域里非常有价值的研究方法。心理特征遗传学家族研究只是其中一例。另一例，也是更有用的一例，是《遗传天赋》所惹起的评论，这些评论指出了环境对智力的影响。瑞士植物学家阿方斯·康多尔列出许多统计数据，证明伟大的科学家大都来自气候温和、宗教宽容、政体民主和拥有健康商业兴趣的国家——这些都是环境的影响。

这一点激发了高尔顿的灵感，使他想到应该区分一下遗传和环境在杰出成就中的影响，特别是在科学领域。1874 年，在《科学的英国人》中，他非常公平地提出该问题，陈述了基因及环境对成长的影响，其表达简明扼要：

> 短语“天性和教养”是词汇的恰当合奏，因为它把性格所构成的无数元素分散在两个不同名目下。天性是人与生俱来的一切，教养是他出生后受到的所有影响。两者的区别非常清楚：一种使婴儿成为其本来的样子，包括其潜在的生长功能和意识；另一种则提供其生长的环境，天性的倾向可在其中得到加强或阻碍，或再造出全新的倾向。

为了解天性和教养在科学成就上产生的作用，高尔顿发明出另一种研究工具：自我问卷。他设计出一套问卷，让受试者回答有关民族、宗教、社会和政治背景、性格特征的问题，甚至还有头发的颜色、帽子的大小等问题，再将问卷分发给皇家学会的 200 名会员。其中一些关键问题是：“您的科学品味看上去有多少是天生的？它们是在您成人之后受某些事件的激发而形成的吗？如果是，是哪些事件呢？”

尽管问卷长得“惊人”——高尔顿自己也后悔——大部分受试者还是完成并寄回了问卷（这是历史上第一份此类问卷，今天的研究者们也许不会得到这么积极的配合）。高尔顿将反馈列入表中后发现，一方面，大部分反馈者相信他们对科学的兴趣是天生的；另一方面，大部分反馈者对教育是否有助于他们这一问题侃侃而谈。因此，高尔顿认为，必须承认环境因素，特别是教育，它可以加强或阻碍科学天资的发展，而科学天资的遗传则不一定将其引向成功。但他又认为，遗传的才智是科学成就中最基本的因素，这一点不可抹杀。

一段时间之后，随着研究方法的不断发展，人们发现，高尔顿的问卷和他对数据的分析存在严重错误。其一是，问卷中的许多问题，特别是有关受试者成功因素的问题，只能得出主观答案；其二是，高尔顿没有将问卷交给那些尚未成名的科学家和非科学家们；其三是，他没有办法（虽然后来又发明一个）用数学方式衡量各因素之间的关系，因而也就无法评判这些因素是出于偶然还是出于必然。尽管如此，高尔顿使用的问卷和数据分析法仍被列为极其重要的发明之一，此后一直成为心理学研究中不可或缺的工具。

接下来的十年，已届中年的高尔顿更勤奋，全身心地致力于对个人心理差异的研究。1883年，他出版了一部杂文集——《人类才能及其发展的探索》，集中探讨了约30个不同课题。该书是科学与思辨、数据和猜想、统计与传闻的奇妙结合，其中一些课题原本想传达科学的意义，结果却变成维多利亚时代男子的偏见集。比如，在论及“性格”一章里，高尔顿在没有任何证据的情况下妄断：“妇女性格中有个十分明显的特征，那就是，反复无常，扭捏作态，不像男人那样直截了当。”他的这一观点是在进化论基础上推理出来的：追求配偶时，如果没有雌性的犹豫和雄性的竞争，“种族可能会因为没有性选择而降低水平，而做爱之前拖泥带水的前戏正好为性的选择提供了机会”。

尽管如此，《人类才能及其发展的探索》一书中仍有相当一部分是富有创见的科学研究成果。其中之一论及了唤起表象的能力。高尔顿发现，不是科学家的人大都借助非常鲜明的表象来思考问题，而大多数科学家却借助纯粹抽象的用语进行思考。因而，他推想，唤起鲜明表象的能力有可能妨碍高度概括和抽象的形象思维能力。在另一项研究中，他报告了自己发明的词汇联想测试。他草拟出一个由 75 个作为刺激因素的单词构成的词汇表，自己一个接一个地查看这些单词，再将联想到的两三个单词写在旁边。他得到的结果大多无关紧要，譬如，重复测试时，他总是得到相同的联想词。但这一研究的真正价值在于，多数联想词与他自己的切身经验密切相关，别人根本不可能产生与他同样的联想。由此开始，词汇联想测试很快成为研究个体间性格差异的主要手段。

值得注意的另一项研究来自高尔顿的又一创新。在苦苦思索如何演示天性和教养对意识和性格的影响时，他想到一个绝妙主意：追踪“儿时非常相像但分开养大或儿时不太相像但一起养大”的双胞胎的后期发展情况。他知道，双胞胎有两种：一种在生理上几乎一模一样，另一种则与普通兄弟姐妹差不多。如果双胞胎原来极其相像，但经过生活磨炼后变得不太相像，则可能是后天教养使然；如果两个原来不怎么相像，但在一起哺育后，仍保持其不太相像的特征，则可能是天性使然。

这是个非常了不起的假设，只是高尔顿证明它的方法过于肤浅。他给认识的双胞胎或其亲戚寄去问卷，同时请他们将其他双胞胎的名字告诉他。他一共找到 94 个例子，其中 80 个极相像（也许一模一样），35 个提供了足够的有用细节。

他对双胞胎的研究报告在很大程度上由逸闻趣事构成，报告讲到一些爱跟人开玩笑的双胞胎，或由于校长分不清哪个应受处罚而同时处罚了两人，还讲到有时弟弟会去追求哥哥的女朋友，等等。

但当高尔顿对档案材料进行归类，希望找到后来性格产生变化的双胞胎时，他发现，对一些双胞胎来说，“肉体和意识的相似至死保持不变，无论生活环境如何不同”。其他双胞胎则显出差异，在这种情况下，几乎无一例外的是因为双胞胎其中一个受到疾病或事故的影响。相比较而言，儿童时期不相像的双胞胎（可能是异卵双胞胎），哪怕在一起以同样的方法哺养长大，在此后的人生道路上仍然保持非相似性。

高尔顿没有留出谨慎空间，他武断宣布：“这个结论没有例外。在教养差别超不过同一国家和同一社会阶层的人群中所发现的共性里，天性极大地优于教养。”按照现代观点来看，这一研究过于简单化，也不精确，远远构不成结论。但值得注意的是，它依然开了先河。此后，双胞胎研究方法不仅成为重要的研究策略，而且也是评估遗传和环境对智力、性格特征和其他心理学特征影响的几乎最有决定性的方法。

最后，高尔顿还在《人类才能及其发展的探索》中讨论过一系列心理测试，以便快速简单地辨别智力较高的人，从而部分构成他通过优生学改善人类的宏大梦想。在《人类才能及其发展的探索》发表后的第二年，他开始在国际健康展览会上尝试这些试验。展览会闭幕后，他得到南肯辛顿博物馆的许可，在那儿继续进行为期几年的试验。

这一时期，他发明出一系列全新的心理测试方法，其中有：一根铁棒，上面刻有不同距离，以测试人类估计长度的能力；一块转盘，以测试判断垂直度的能力；一套重物以测试重量；一套瓶子，里面装着不同香料，用以测试味觉。

此时，高尔顿已年届六旬。这个年龄已远超出科学家们做出重大贡献的阶段，而他却在此时大放异彩。他将毕生精力都耗费在测量上。在人体测量实验室里所进行的每一种测量，他都能得出一个钟形的概率曲线，但高尔顿感到，如果他能发现不同测量结果之间的相互关系，或许可以从中收集到其他重要信息。有些关系非常明显——比如，个子较高者往往更重——但其他几组测量结果中的关系又如何呢？它们当中有哪些会起变化且变化度相同呢？只有了解哪些数据具有相互关系，哪些数据没有相互关系，他才能设计出一套理想的测试以表明智力的差别情况。

在对遗传天才的研究过程中，其中一个奇怪发现使高尔顿开始考虑这个问题：杰出父母的孩子一般来说不那么杰出。比如，从生理特征上来说，父母个子很高的孩子往往没有父母那么高，不过仍高于平均值，而父母很矮的孩子也不那么矮，不过也矮于平均值。这种倾向，高尔顿称之为“回归中庸”（后来，该词变成“回归平均值”）。他希望知道，这种倾向在表明遗传能力上有什么意义，又如何才能以数学方式表达它。从表面上看，它似乎是一个纯粹的智力之谜，但结果是，解决这一问题的方法将会成为心理学和其他学科最有价值的研究工具之一。

高尔顿对这一问题苦思冥想，然后对300余名已成年的孩子的身高确定一个“散点方案”。首先，他画出一个网格表，水平尺度是孩子的身高，垂直尺度是父母的身高（实际上是“中亲值”——每对父母的平均身高）。然后，在每个网格里（特定孩子的身高与特定中亲值之间的交叉点），他填上符合这一条件的孩子数量。这张散点图[1]如图1所示：

1　本图中的衡量标准“英寸”是英美制长度单位，1英寸合2.54厘米。成年子女身高项的“偏差”，指距所有受测成年子女身高平均值的偏差；中亲值项的“偏差”，指距中亲值平均值的偏差。——编注

中亲值		成年子女身高与其距 68.25 英寸的偏差									
身高 / 英寸	偏差 / 英寸	64	65	66	67	68	69	70	71	72	73
		−4	−3	−2	−1	0	1	2	3	4	
72							1	2	2	2	1
	3										
71					2	4	5	5	4	3	1
	2										
70		1	2	3	5	8	9	9	8	5	3
	1										
69		2	3	6	10	12	12	2	10	6	3
	0										
68		3	7	11	13	14	13	10	7	3	1
	−1										
67		3	6	8	11	11	8	6	3	1	
	−2										
66		2	3	4	6	4	3	2			

图 1 成年子女身高偏差散点图

有一段时间，该图对他没有任何启示。然而，有一天早晨，他一边等车一边看这张图表时，突然发现了数字间的规律。如果他画一条线，将任何一组几乎相等的值连接起来，这条线将描出一个倾斜的椭圆，其中心点则是散点图的中心点（中亲值的平均值和孩子身高平均值的交点）。当他这样做，并跨过椭圆画出线条，将其水平方向的两个切点连接起来，和将其垂直方向的两个切点连接起来时，水平切点的连线在每个水平栏上经过该栏中孩子的平均身高值，垂直切点的连线在每个垂直栏上经过该栏中中亲值的平均值。该图表如图 2 所示：

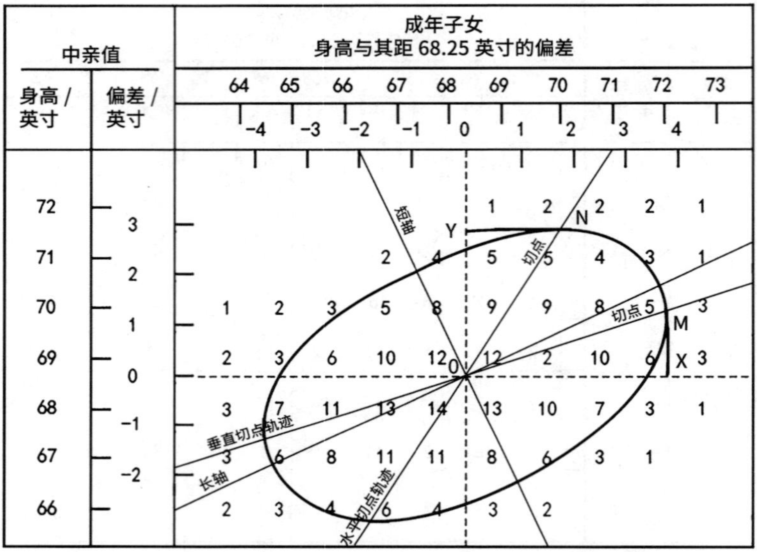

图 2 成年子女身高偏差规律图

这个椭圆和跨过椭圆的线条显示出他一直在寻找的关系。对于任意给定的中亲值（水平切点轨迹），孩子们身高的平均值与所有受测的孩子的身高平均值间的偏差只有中亲值与平均值间偏差的 2/3，换句话说，孩子们已经向平均值“回归”了 1/3。反过来说，对于任意给定的孩子身高值（垂直切点轨迹），其中亲值的平均值更加接近所有受测中亲值的平均值（也就是说，异常孩子的父母没有孩子那么异常）。

高尔顿终于发现了“回归线”这一分析工具。如果孩子们的身高与中亲值一样，两条回归线就会重合；如果孩子们的身高与中亲值无关，则回归线彼此垂直。结果是，两条线相当接近，这就意味着，在同一情况下两个变量之间的关系——它们的相关性——约在完全等同与不相关之间。

这件事发生在1886年。十年之后，高尔顿的学生，后来也是他的传记作家，英国生物统计学家卡尔·皮尔逊研究出不需建立散点图就能计算“关系系数”的数学平均值——他称之为r，代表回归。对于任意两组数据，它都将显示一个相关的关系，从1（完美的一对一协变关系）到0（没有任何关系），再到-1（完全相反的关系）。

到今天为止，皮尔逊法一直是评估相关性的标准方法。在父母与孩子的关系中，r系数是0.47（与高尔顿的第一次计算结果稍有不同），也就是说，孩子们离人口的平均值约是父母的一半远。

高尔顿发现了相关性分析，其重要性无论怎么强调都不算过分。它意味着，无论什么时候，当两个变量朝同一方向（或向反方向）改变时，即使程度不同，它们也都是相关的，而相关强度则指示出它们之间关系的意义差别。关系越紧密，偶然性的可能性就越小，其连接的因果关系也就越强。一个变量可能是另一个变量的原因（或原因之一），反之亦然，或是其他原因共同发生和相关的效果。在任一情况下，紧密的联系往往暗示对研究中某个现象的解释。在这些数字中，如果没有答案，至少也存在一些线索。（即使很强的相关，当然也可能是“伪造的”——其他因素的人为结果。比如，在男人中，秃头程度与婚姻时间长短相关——这并不是因为其中一个因素与另一个因素有什么关系，而是因为年岁与这两个因素都有关。后来的分析技巧已能筛选出这些误导性的相关。）

心理学家乔治·米勒在评估高尔顿这一发现成果的价值时写道：

> 协变关系是一个核心概念，对基因学和心理学如此，对所有科学探索都同样重要。科学家寻求的是各种现象的原因，他发现的一切都是先决条件和必然条件之间的相

关……高尔顿的洞见对现代社会及行为科学广大延展地带一直以来都至关重要，而且还会继续扮演关键角色，无论工程师还是自然科学工作者，都将从中受益无穷。

从这一点上，加上他在方法论上所做出的其他重要贡献，人们不难明白，尽管高尔顿不是深刻的思想家，但雷蒙德·范彻仍旧高度地评价了他："对现代心理学来说，没有多少人产生过他那么大的影响。"

第二节 高尔顿的矛盾

高尔顿的研究成果矛盾重重。尽管他在方法论上的许多发明在现代心理学研究中影响深远，但他的名字对大部分心理学家来说并无意义，对一般公众来说更是闻所未闻。他长期致力于大学氛围之外的研究工作，没有创立任何心理学学派，没指导过博士论文，更没有多少弟子传承其衣钵。此外，他的贡献多在研究方法上，而不是启发性的理论，而这个世界只记得后者，无视一个现实存在——真正有创见的研究方法经常是伟大思想的产道。

更大的矛盾还不在这里。测量个体智力的差别是高尔顿一生所致力的目标。尽管这种测试在世纪之初即对西方社会产生巨大影响，但这种影响却不是经由他的研究方法获取的。高尔顿想到过，也发起过心理测试，但他的名字并未与今天所使用的任何测试方法有所关联，在过去的 80 年间也未曾关联。除心理学史以外，如果说有人记得他，也不是在心理测试领域，而是将他视作优生学的开创者。

在大不列颠，高尔顿是研究个体差异"新心理学"的创立者，但几乎没有任何英国心理学家自视为高尔顿学派。在 19 世纪末，英国实验心理学家纷纷赶赴德国学习或接受培训，将冯特的研究步骤及理论带回英国。他们采纳了高尔顿的某些思想和方法论上的创新，但无不认为自己属于冯特学派。这是因为，德国的新心理学是大学系统的产物，因而是“纯”科学，在英国享有至高无上的声望，而高尔顿的思想和方法论创新，充其量不过是一位天才的业余学者摆弄出的产品，且只服务于实践目的。

高尔顿的影响在美国最大，但同样不是以心理学流派的形式出现。在 19 世纪与 20 世纪之交，美国心理学家大多为结构主义者（冯特式），对个体差别的测量不感兴趣。到 1905 年，功能主义（詹姆斯学派）处于控制地位。他们尽管与高尔顿的许多观点保持一致，却将自己定义在远大于他的心理学范畴，认为自己是更高级别的理论学派。美国心理学者中最出名的人物，如约翰·杜威、詹姆斯·罗兰·安吉尔、乔治·H. 米德、詹姆斯·麦基恩·卡特尔、爱德华·李·桑代克和罗伯特·S. 伍德沃思等，都跟詹姆斯一样，将自己的理论建立在对心理最适者及其社会等同者的选择进化论上，即力争上游的愿望之上。没有哪一个称自己为高尔顿主义者，但他们却共享一个实用主义世界观，即共同认为高尔顿的测量方法最具价值，因为它对人类个体间差别的判定切实可行。

人体测量最热情的倡导者是詹姆斯·麦基恩·卡特尔。他出生于宾夕法尼亚的伊斯顿市，在拉斐特学院接受教育，并于 1883 年留学莱比锡，师从冯特三年。他的主要研究兴趣是反应时间，但他是个极端独立的人，敢于就一些关键方法向冯特挑战。卡特尔怀疑，并不是所有的人都能真正以冯特提出的方法进行内省，也就是将反应时间分成感觉、选择等。结果，卡特尔尽管是冯特的实验室助手，却只能在自己的住处进行测试，因为冯特不允许在他的实验室里从事任何不按他的内省法进行的实验。

卡特尔对他测试过的人所产生的不同反应时间大感兴趣，并于1885年发表论文对此进行论述，视其为“特别兴趣”。次年，在获取博士学位后，他来到伦敦，拜见了高尔顿。两人相差40岁，却大有相见恨晚之意。他对高尔顿的工作方法印象深刻——多年之后，卡特尔称后者为“我所认识的最伟大人物”——在此后的两年里，他在南肯辛顿博物馆的人体测量实验室里为高尔顿效力，并很快掌握了这里所进行的所有测验。

1888年，年仅28岁的卡特尔被任命为宾夕法尼亚大学的心理学教授（也许是世界上第一位获此头衔的人。到此时为止，甚至连詹姆斯在哈佛也未被授予过这样的头衔，他获得心理学教授的头衔是在卡特尔获衔后的第二年）。卡特尔收集到一套测试题，约50多个，其中有来自高尔顿的，有来自费希纳、冯特和其他人的。他将其中10项测验交给学生去测量智力的个体差异。他指出，如高尔顿所说，通过这些测量得出的主要生理特征可能与智力相关：握力、臂膀运动的速度、对声音的反应时间、重量上的可识别差异、对字母的记忆容量五种特征。1890年，他在《意识》杂志上发表了一篇论文，名叫《心理测试和测量》，其中描述了这项工作。该文第一次使用心理测试这一术语，从而掀起了心理测试运动。

1891年，卡特尔来到哥伦比亚大学，担任这里的心理学教授兼心理学系主任。在这里，他将心理测试的范围进一步扩大，每年都让50名新生志愿者进行测试。他的终极目标是证明这些测试可以通过显示测试结果与学生成绩之间的关系测出智力差异。为达此目的，他收集到近十年的测试数据和学生成绩。同时，有人将同一种智力测试方法在1893年的芝加哥世界博览会上展示出来，展示者是美国心理学会的领导者之一——约瑟夫·贾斯特罗，展示的是一座与高尔顿的人体测量实验室相似的实验室。到访的心理学家们毫不例外地大感兴趣并对此印象深刻。在19世纪90年代，这样的测试渐渐风行于欧美的许多实验室里。

及至1901年，卡特尔已经收集到足够多的数据，可以进行确定的研究了。他的学生之一——克拉克·威斯勒，对这些数据进行了高尔顿－皮尔逊式的相关性分析。他的发现使卡特尔既吃惊又沮丧：学生成绩与任何一项人体测验结果均无明显相关性。如果说成绩与学术地位可以指示智力水平，人体测试则难以达到。另外，这些测试之间相关性极差，看上去它们所测量的显然并不是同一特征，绝不像事先所假定的那样可测出智力。于是困惑再次出现：正是高尔顿的其中一个发现——相关性分析——宣告他的智力测验方法无效。

但这并不是卡特尔或心理测试的末日。毫不气馁的卡特尔开发出其他一系列测试，特别是在价值评判方面。同时，他还编了两份科学杂志，创立了心理学公司，并把心理学应用引入商业领域，成为心理学界一位忙碌、讲求实际、善于经营的代表人物。

高尔顿利用人体测量方法进行心理测验的活动很快告一段落。然而，另一种不同的智力测试方法几乎马上就取而代之，最终使个体差异研究成为美国心理学中影响最大的一个领域。到1917年为止，在美国心理学会的会议上，近一半研究报告是关于个体差异的。高尔顿对心理测试的评估几乎控制了美国心理学界，智力测试成为主要方法，通过它们，遗传主义观点开始影响学校所开设的课程，甚至影响军事训练中给士兵们分派何种任务及这个国家的移民政策等。

最后一个矛盾是，所有这些结果，没有哪一项是开发了智力测试并排除了高尔顿法的那个人——阿尔弗雷德·比奈所想看到的。比奈的测试比高尔顿的方法技高一筹，但高尔顿的观点则令他自叹弗如。

第三节 走近心理年龄：阿尔弗雷德·比奈

每个学过心理学导论课程的本科生都知道阿尔弗雷德·比奈（1857—1911），但他并不是伟大的心理学家。他没有明确表达任何重要的原理，没有任何杰出的发现，也算不上一位有号召力的师长。然而，他却产生过一个简单而富于创意的念头，并根据该念头，与合作者西奥多·西蒙研究出一种心理测试，深刻影响了千百万人的生活方式。

1857 年，比奈出生于法国的尼斯，父亲是医生，母亲具有艺术天赋。他尚在年幼时父母离异，他随母亲长大。可能出于这个在当时尚不多见的原因，也可能因为他是家中唯一的孩子，也或许出于他的天性，长大之后他成了一个相当内向的人，不喜欢结交朋友，喜欢独自工作和学习。

为寻找适合自己的职业，比奈走了好几段弯路。在学生时代，他曾拿到法律学位，可又认为科学更有趣，转而学医。他有固定收入，不需要自己谋生，因而放弃学医，转而研究心理学，因为他在多年前已深深迷恋这门学科。在走向这门学科时，他采取了不明智之举，不是接受正规培训，而是埋头于图书馆浩如烟海的书籍之中（在这里，他博览群书，也阅读了高尔顿的《遗传天赋》）。

这种自学方式应该是得不到结果的。但在 1883 年，他的一位同学——约瑟夫·巴宾斯基（发现婴儿反射，并以自己的名字命名），将其介绍给查尔斯·弗雷——萨尔佩特里尔医院的员工，后者再将比奈介绍给自己的院长——让·马丁·夏尔科。虽然比奈没有医学学位，也没有心理学学位，但夏尔科对他的智力、知识和对催眠的兴趣印象颇深，于是让其在萨尔佩特里尔医院从事神经学和催眠法研究。

比奈在这里颇有成果地工作了几年，但又走了不少弯路。他与弗雷做了一些催眠实验，但控制得均不理想。然而，他们却想象自己已发现歇斯底里病症的新现象，并把这个发现公之于世。他们宣称，通过使用磁铁，他们可以使催眠状态下的病人转移其正在进行的任何行动，比如举臂，可使其由举左臂转移至举右臂。更令人吃惊的是，他们宣称，已能通过使用磁铁改变病人的情绪或感觉，比如，将对蛇的恐惧转变为对蛇的喜爱。

即使在梅斯梅尔的时代，这种戏法也令人生疑，因而这一报告一经宣布即遭到批评。奥古斯特·利埃博及其弟子，催眠术中的南希学派，都认为这是通过暗示达到的效果，他们在非歇斯底里受试者身上通过暗示也能达到同样效果，而且根本用不着磁铁。因这项测试结果而使自己的名声大打折扣的比奈只得公开宣称，这些结果的确是无意间从实验者的暗示中得来的，因而不具有任何价值。后来，他常对人说："告诉我你要找什么，我就可以告诉你你想找到的东西。"这句简洁的话在心理学家中成为著名的"实验者期望效果"。

这次不快的经历迫使比奈退出医院，也中断与其他心理学家的接触。在约两年的孤独生活里，他就恐怖、谋杀和心理疾病等主题写过几部戏剧，还兴高采烈地花费大量时间观察自己的两个孩子——马德莱娜和艾丽斯的思维过程。当时，两个孩子一个4岁半，另一个2岁半。为研究该年龄段的思维本质，他设计出一系列简单测试：在一项测试中，他请孩子们说出某些日常用品的用途；在另一项测试中，他让孩子们判断两叠硬币或两堆豆子中哪一叠或哪一堆数量更多一些；在第三项测试中，他从一堆物品里当着孩子的面拿走一些，然后一件一件还原，再问他们还有多少没有归还。当两个小姑娘长大时，他给出难题让她们解答，以此来研究推理过程的成长。他将这些研究成果发表在三篇论文里，它们不但为发展心理学家让·皮亚杰未来的成就埋下伏笔，而且也是比奈迈向成名的第一步。

朝此方向迈出的另一步是，在35岁时，他又重返职场。1892年，在一个火车站的站台上，他巧遇亨利·博尼——巴黎大学生理心理学实验室主任，并与他就催眠术进行了友好争辩。结果是，博尼邀请比奈当其助手，并在两年后退休时，让比奈接替了自己的职位。在实验室里，他开始进行自己的研究，指导出许多学生，并于37岁那年获得姗姗来迟的博士学位。尽管该学位的方向是自然科学，而不是心理学，但由于所处地位和发表作品的影响，此时，比奈已成为法国心理学界的知名人士。再加上他的络腮胡须、夹鼻眼镜和一头艺术地散在前额上的卷发，他看上去也确有那么一股学究气。然而，他的最大愿望，即成为一名心理学教授，却从未实现。对于该机构的成员来说，他在催眠法上的恶名、所受的不正规教育及博士学位的错位，都使他处于不利地位。

除此之外，他又新发展出一种奇怪的热情：他想证明智力直接与大脑体积相关，并可通过测颅法（头颅测量）进行测量。他读过保罗·布罗卡的书，并深为他（也许还有高尔顿）的观点所折服。比奈回顾了以前的测颅研究，并对自己的颅部进行测量，于1898年和1901年先后发表九篇论文，以论述在这一问题上的发现。这些论文全部发表在《心理学年刊》上。该杂志是他创办的，也由他做编辑。

他再次走入歧途。在这一系列活动的初期，他宣布说，大脑尺寸与智力相关是“毋庸置疑的”事实。后来，他请老师将自己认为的班上智力最佳的学生和智力最差的学生挑选出来，他一一对其头颅进行测量，结果发现，头颅大小的差别几乎没有任何意义。他迅速对这些学生进行重新测量，并对得出的数据进行反思，而后得出结论说，大脑尺寸的确存在有规律的差别，但差别的程度非常微小，而且，这些差别只存在于每组最聪明和最不聪明的五个学生之中。

于是，他放弃了将测颅法当作测量智力的方法。

到此时为止，人们很难想象得出，已届中年的比奈会很快取得一个相当具有学术内涵的成就，而且该项成就对全世界影响巨大。

他仍然保持对智力测量的兴趣，只是又回到过去在研究其女儿思维过程时所用的方法中。他认为，智力不像高尔顿所想的那样，指感觉和运动能力，而是认知能力的综合体现。比奈与实验室的一位同事——维克多·亨利，开始在巴黎的一些儿童身上进行实验，并发明一系列测试方法以测验他们的能力——记忆测试（对词汇、音乐符号、颜色和数字的记忆）、词汇联想测试、句法完形测试等。他们的发现说明，如果知道如何评价这些数据，这一系列相关测试就可测出智力。

一系列有利事件进一步刺激比奈从事他的这项研究。1881 年，法国实行强制性儿童普及教育。作为一个专业组织，比奈身为成员之一的儿童心理学研究自由协会于 1889 年敦促公共教育部，要其设法帮助那些智力迟钝、难以跟上正常课程进度的儿童，使他们得以入校学习。1904 年，公共教育部指定成立一个委员会，要其研究这一问题，比奈亦为成员之一。该委员会一致认为，可以通过考试，确定哪些是智力迟钝的儿童，并将其放在特殊的班级或学校里，让他们在那里接受合适的教育。至于如何考试，委员会未置一词。

比奈及此前在测颅研究中的同事西奥多·西蒙自觉承担了这份工作，试图编制出一份考题来。他们首先汇集了大量试题，有些来自早期萨尔佩特里尔医院的研究题目，有些来自比奈和亨利在巴黎大学实验室的实验项目，还有一些是他们自己设计的。然后，他们来到一些小学，让 3—12 岁的学生试做这些试题。这些学生中，有老师认为一般的，有被认为是中下等的。他们还测试了在萨尔佩特里尔医院住院的智障儿童，他们大多是白痴、低能或弱智。

比奈和西蒙煞费苦心地指导几百名儿童进行这些考试，然后删去或修改一些不合适的题目，最后形成著名的“智力测定表”。1905年，他们在《心理学年刊》里将该表描述为“一系列越来越难的测试题，开始于可观察到的最低智力水平，结束于普通的智力水平。系列中的每组试题对应于某种不同的智力水平”。

到此为止，它还构不成智力测验，因为它没有给出评分方法。它只是做出第一次尝试，告诉人们可以通过什么方法来设计智力测验。这套试题的前30道题极其容易。实验者将一根点着的火柴在受试者面前来回晃动，察看其是否存在与视力相关的头与眼的谐调。后面的测试难度递进，其中包括判断能力，如：判断哪条线更长；重复三个数字；重复一个有15个单词的句子；凭记忆重描展示过的图案；从一张折叠一层或数层的纸里剪下一部分后，说出展开的纸张图案看上去会是什么样的；等等。最后还有最难的问题，即确定一些抽象术语的意义，如“尊敬”与“喜爱”、“疲倦”与“悲伤”有何差别。在每个年龄段内，正常的孩子都可以在某个程度上令人满意地回答问题并完成任务；年龄越大，他们能够顺利进行下去的题目就越多。这个量表实际上的确是一种不错的测量工具。

在测定孩子们是正常还是智力迟钝时，比奈与西蒙萌生了一个了不起的想法：智力迟钝儿童的智力与正常儿童的智力相比，并不是不同的智力，而是没有完全发育到该年龄段的应有水平，他们以小于自己的儿童的方式回答这些问题。因此，智力可用这种方式确定：测量某个孩子的表现是否与其所在年龄段正常孩子的平均能力相符。一切如比奈和西蒙所言：

> 我们将能由此知道……一个［孩子］被认定是正常的表现是否高于其他孩子的平均水平，或是否在这个水平之下。如果能够理解正常人智力发育的正常过程，我们就能

确定一个人超前或落后多少年。一句话，我们将能确定出
白痴、低能和弱智对应这个表的哪个等级。

按照年龄确定智力，汇集一套可测量孩子心理年龄的认知试题，就此替代了高尔顿的人体测量法，从而构成智力测验运动的基础。

比奈和西蒙在发表该项成果后，进一步考虑这些发现的缺点及他人提出的批评意见，先后于1908年、1911年对这套测定法进行了大量修改。这些修改包括给出一定的评分信息——某一年龄的孩子应回答的问题或完成任务的标准（如果该年龄组60%—90%的孩子都能通过某项测试，比奈和西蒙就认为该项测试适合该年龄组的正常儿童）。1911年修改后的测定表上包含下列项目：

3岁：指鼻子、眼睛和嘴。
　　重复两位数字。
　　列举图画中的物体。
　　说出自己的姓氏。
　　重复一个由六个音节组成的句子。
6岁：区别早晨和晚上。
　　通过用途定义一个词。（例如：“叉子是用来吃东西的。”）
　　照样子画一个钻石形状。
　　数出13便士。
　　在图画中指出画得丑和画得好看的脸。
9岁：从20苏中找出零钱。（苏为法国旧币名）
　　以高于用途的形式来定义词汇。（例如：“叉子是一种进餐的工具。”）

分出九种钱币的价值。

按顺序报出月份的名字来。

回答简单的“综合问题”。（例如，问：“错过火车后怎么办？”答：“等下一趟车。”）

12 岁：对抗暗示。（让孩子看四对不同长度的线条，然后问每对中哪一根长些；最后一对线条的长度是一样的。）

用三个给定的词汇组成一个句子。

三分钟内说出 60 个单词。

给三个抽象词定义（慈善、公正、善良）。

根据一个错乱的句子，说出它的意义。

1908 年的测定表包括对 13 岁儿童进行测试，1911 年的测定表包括对成年人进行测试。如以后的研究人员所指出的一样，智力在发育到成人早期后，就停止了。

1908 年和 1911 年的修改版是第一份功能性智力测试，根据课堂表现和标准（里面有代表每一年龄段正常反应水平的分数）进行确认。心理学家们第一次可以确定，一个孩子的智力发育水平比正常水平超前或落后多少年。比奈和西蒙说，如果孩子的智力年龄比他或她的自然年龄晚 2—3 年，该孩子就可能需要特别教育。他们还按智力年龄确定了三种迟钝等级：白痴，2 岁或以下的智力年龄；低能，2—7 岁的智力年龄；弱智，7 岁以上的智力年龄，但比他或她的自然年龄要晚许多。

这些评级中的弱点是，它们是固定的智力年龄，而几乎所有的智力迟钝儿童都将继续发育，尽管速度比正常发育略慢一些。一个 4 岁的孩子，如果其智力年龄只有 2 岁，他就是白痴；到 8 岁或 10 岁时，尽管他仍是白痴，但其智力年龄可能已达 4 岁或 5 岁的水平。

德国一位名叫威廉·施特恩的心理学家于 1912 年解决了这一问题。他说，如果用孩子的心理年龄除以自然年龄，结果将是他的“心理商数”（其马上又被命名为“智力商数”，或“智商”），该比率可以表达孩子相对的心理迟钝或超前的程度。一个四岁的孩子如果只有 2 岁的心理年龄，其智商是 50（比率乘以 100，以省去小数点的麻烦）。如果在 10 岁时，他仍然只有 5 岁的心理年龄，则其智商仍是 50。同样，一个 5 岁的孩子如果有 8 岁的心理年龄，或一个 10 岁的孩子有 16 岁的心理年龄，则其智商为 160，属于天才智商。因此，智商是一个非常有用的办法，不但可以表示测试结果，而且可以提供预测孩子发育潜力的基础。

比奈和西蒙在选择测试材料时，尝试测量的是天生智力——天赋能力——而不是后天死记硬背的学习，但比奈并不是高尔顿那样执着的遗传论者。他明确宣称，该测定表丝毫没有涉及这个孩子的过去或将来，而只是对其目前状况的一种评估。比奈提请人们注意，对于这些测试结果，如果生硬地进行解释，则可能给一些孩子贴上错误的标签，或彻底毁灭这些孩子的生活，因为他们在特别的帮助或培训下，有可能提高智力水平。在后来的作品中，他还骄傲地引用了一些例子。在他创办的一所实验学校里，有许多智力低于正常水平的孩子在特殊班级里学习后，智力水平已大大提高了。

1908 年的测定表是一个巨大成功。到 1914 年，大约有 250 多篇文章和书籍评论或运用这一成果。到 1916 年为止，1908 年版或 1911 年版的测定表在美国、加拿大、英国、澳大利亚、新西兰、南非、德国、瑞士、意大利、俄国和中国的大部分地区得到广泛应用，并被译成日语和土耳其语。在工业社会里显然需要这样一个测量标准。1910 年，心理学家亨利·H. 戈达德将此标准介绍给美国的心理学家，并于1916年写道，毫不夸张地说，“整个世界都在谈论比奈－西蒙标准”，它不过是个开始。

比奈死于1911年，享年54岁，未能活到目睹自己胜利的那一天。然而，即使真的活到这一天，他也可能会悲伤地发现，这个标准虽为许多国家所采用，但在法国却不受欢迎，更不被采用。直到20世纪20年代，法国才开始使用这项标准，而且是一位法国社会工作者从美国带来的。直到1971年，比奈本人才开始在法国受人尊敬，有人在他对智力迟钝儿童进行教育实验的那所学校里举行仪式，以纪念他和西蒙。

第四节 测试旋风

美国对智力测试采用最快，热情最高，理由也最充分。美国的社会结构呈流动型，对复杂技术工人的需求迅速攀升，包括行为不良者、穷人和罪犯在内的下层阶级人数众多，大量没有受过良好教育以及看上去呈半原始人状态的移民蜂拥而至，因而，领导者急需一种可评估他人智力能力的科学方法，以从混乱中理出秩序。

虽然比奈相信，智力有缺陷的人，特别是接近正常智力年龄值的人，其智力可通过特殊培训加以提高，但美国的智力测试倡导者大都接受高尔顿的观点，认为遗传是智力发育中的决定性因素，因而，人的智力不可改变。他们通过智力测试，使社会将其成员分配至适合其天生能力的学校和工种上，并确定出哪些人具有生理缺陷，应限制其生育。

亨利·H.戈达德（1866—1957）是持此观点的领袖人物之一。戈达德总是富有生气与活力。他曾在克拉克大学心理学系接受培训，当时的系主任是G.斯坦利·霍尔（冯特的早期弟子），一位坚定的遗传论者。戈达德吸收了他的遗传学观点，并于1906年成为新泽西瓦恩兰研究基地——弱智儿童培训学校——的校长。身边发生的一切使他更加坚定了对遗传的信念。许多弱智儿童不仅行为迟钝，且其缺陷看上去是先天的。戈达德甚至假设，智力缺陷是某种退行性基因引起的。

不过，他的确看出，瓦恩兰的孩子们的缺陷并非处在同一程度。为确定什么样的训练适合每个孩子，他需要一种测试个体心智能力水平的方法。他起先试图使用卡特尔的人体测量试验，但没有成功。后来去法国旅行时，他听人介绍了1908年版的比奈－西蒙标准，立即认识到它的价值，将它迅速译成英语。除将一些法国文化方面的参照改成美式的外，他几乎没做任何修改。

戈达德是第一个使用比奈－西蒙标准进行大规模测试的人。他设法让培训学校的400名儿童和新泽西公共学校的2000名儿童参加测试，结果显示，智力得分在低能儿童中差距极大。令人吃惊的是，在公立学校的学生中，也是如此，且其中有相当多的学生被测试为低于其年龄的正常水平。

这促使他开展一项活动，即在公共学校进行智力测试，以确定低于正常水平的学生，并将其分流至特殊班级。他还开始给一些教师讲课，宣传比奈－西蒙标准的用法，并向全美同行散发数千份宣传资料。在此后的六年，比奈－西蒙标准在许多公立学校里开始使用，效果极其显著，大部分教师都要根据这一标准来决定对学生的教育方法。它还被广泛应用于许多机构、教养院、少年管理机构及治安法庭，以确定智力缺陷者，改善对被管制者或犯人的处理办法。

戈达德认为，低智商是一个严重的社会问题，必须花大力气加以解决。白痴和弱智对社会不是威胁，因为他们通常不会繁衍后代，但“高级缺陷者”或痴愚者（该词是戈达德发明的）却很有可能，他们也许会成为不适应社会的人或罪犯，且有可能成为反社会者。他还从另一个角度看待这个问题，认为大多数罪犯，大部分为嗜酒者和妓女，还有“那些无能力使自己适应环境，不能信守社会传统或按感官需要行动者”，都在遗传水平和心理能力上低人一等。

他这些认识一方面来自比奈－西蒙标准，另一方面来自他对美国内战时期一位士兵后代的研究。一位名叫马丁·卡里卡克（化名）的士兵先与一个弱智酒吧女生下一子，后又娶了贵格会的女人，并与她生下几个孩子。戈达德追踪卡里卡克与这两位女人的几百名后裔，直到20世纪初为止。戈达德的报告是，与酒吧女所生的大部分后代都与弱智、不道德或犯罪相关，而贵格会女人这边，几乎所有后代都是社会上正派诚实的人。

我们现在知道，这项研究漏洞百出。别的不说，他所追踪的大部分家庭都没有或没能力进行测试，大部分例证中的智力问题等，都是以貌取人或道听途说。另外，戈达德认为，两边孩子们的生长环境大致相同，可现存信息（比如两边孩子的成活率）却清楚地显示出相反的情况。然而，在当时（1912年）及后来的许多年里，卡里卡克一家被许多心理学家和普通读者看作智慧能力的基因遗传性——戈达德实际上谈到的是“好血缘”和“坏血缘”——及其社会后果的有力证据。

戈达德得出的比奈－西蒙数据及其关于卡里卡克一家的发现，导致其采取了远比高尔顿严重许多的极端立场：“非常清楚，不应该允许弱智者结婚或为人父母。要使这项规定得到实行，显然要依靠这个社会中的有识之士的强制力。”为实现这一目标，戈达德作为专家与证人两次出席美国委员会听证会，倡导对弱智者实行绝育措施，其中一次会议甚至将绝育范围延伸到贫民、罪犯、癫痫病患者、精神病人和先天残疾者。

立法者对戈达德和其他心理学家的申述印象颇深。到1931年，全美有27个州颁布法令，强化执行优生绝育法，成千上万名心理和社会能力“有缺陷者”在接下来的30年内全都被实施了绝育手术——仅在加利福尼亚一地，绝育者就有近万人。然而到了20世纪60年代，一方面由于人们认识到对不适于生存者强行绝育是一种纳粹式的暴行，另一方面由于对心理和社会能力缺陷的环境解释渐渐占据主导地位，一些州的立法机构开始呼吁新的法规，对智力迟钝者实施自愿基础上的绝育。

戈达德在移民问题上也同样呼吁采用比奈－西蒙标准。从19世纪与20世纪之交开始，移民就持续不断地涌向美国，且移民者大多是文盲和社会能力较低者。这种现象在美国引起普遍关注，人们担心这个国家将因有过多的心理和社会能力“有缺陷者”而出现问题。此前，国会已通过一项法令，禁止精神病人和白痴进入美国。在每天的数千名申请者中，被移民官员拒签者约1/10，但仍有少量白痴通过其他渠道悄悄迁入。1913年，美国移民局请戈达德研究埃利斯岛上的甄别手续，拿出一个方案。戈达德和几位助手挑出一些看似智力有缺陷者，通过翻译让他们进行比奈－西蒙标准测试。大部分人的得分都在有缺陷范围之内，这一点毫不奇怪。疲劳、害怕、缺乏教育，再加上翻译障碍，这一切足以使他们通不过测试。一周之后，戈达德建议移民官员采用更为简单的、以比奈－西蒙测试为基础的“心理学方法”。1913年，拒签明显低能移民者的比例增加了350%。到了1914年，又在此基础上剧增50%。

1914年，戈达德继续留在埃利斯岛工作数月，从到达的移民中抽取的样本可看出，犹太人、匈牙利人、意大利人和俄国人中，有4/5属于低能者。戈达德开始对这个结果产生怀疑。他再次检查这些数据，对答案进行思考，并把数字指标再次降低，但通过率仍然只有 40%—50%。这些发现，加上其他持同样想法的心理学家们所提供的证据，使国会于 1924 年起草出一个更为严厉的控制移民法案，对东欧和南欧的配额减少至北欧和西欧配额的 1/5。

斯坦福大学的心理学教授刘易斯·M. 特曼虽接受戈达德翻译的比奈－西蒙标准，但发现其中存在一些错误，并且觉得自己可以纠正这些错误，使标准更准确。跟戈达德及大多数认同智力遗传观点的人一样，特曼相信，社会需要这么一种标准，科学也需要。他虽然坚持遗传论观点，但始终认为，只有当非常完善的智力测试法进入广泛应用之后，遗传和环境的相对影响才能弄清楚。于是，他大刀阔斧地对比奈－西蒙标准进行修改，修改后的标准亦即斯坦福－比奈标准。

特曼本人却没有任何理由来相信智力遗传论。他是印第安纳一个农户的儿子，兄妹 14 人，他是第 12 个。在其家族成员或其旁系亲戚的祖辈当中，几乎没人就任过高级职位或读过大学。然而，在他 10 岁时，一个沿途叫卖的书贩子在卖给特曼家一本相颅术的书之后，摸着他的头，说他是旷世奇才。这件事可能使特曼执着地相信遗传论，他后来的发展也证明了这点。尽管经济压力很大，但他还是设法从乡村学校读到正规学校，再读到大学，最终拿到奖学金，就读于克拉克大学，并于 1905 年在这里获得心理学博士学位。此时，他变成了一个彻头彻尾的遗传论者，对高尔顿法钦佩不已。

在斯坦福大学，他在教育系任职没几年，就成为该系主任。在其漫长而不凡的职业生涯中，特曼领导该系，使之成为具有领先地位的研究生院和研究中心。他对天才儿童进行了长期的卓有成效的研究，并对新婚时甜蜜心情的心理学因素进行过古典式探索。然而，他在心理学上成名的主要原因，或对心理学的主要贡献和对美国生活产生的最大影响，却是斯坦福－比奈标准的制定。

在试用比奈－西蒙标准的过程中，特曼认为，即使1911年版的比奈－西蒙标准，也缺少高级水平的心理试题，且其高级和低级阶段的许多试题顺序倒错，也没有严格定义和解释试题的正确步骤。在8位同事和许多公立学校教师的帮助下，他用旧法进行试验，然后又设计出40道新题（从该套题目中抽取27道题，再从别的来源选取9道，将它们添加到最终的测试中），让1700名正常儿童、200名智力迟钝儿童和杰出儿童及400名成人参与测试。最后的标准，即斯坦福－比奈标准，共由90道题构成，适用于3—5岁儿童的题目需时30分钟，年龄越大，测试题目需时越长，成人答题则需一到一个半小时。

任何年龄组的孩子做每套题的成绩都将与其对另一些试题的成绩进行比较，对于一个年龄组的孩子而言过于容易的试题则被转移至更小的年龄组，过难的则移到后面。为平衡整个标准，特曼又在较高和较低年龄段内附加一些试题。测试结果将与教师对这些孩子的智力评判进行比较，比较方法采用皮尔逊的相关性方法，整体的相关系数达到0.48或稍高一些，于是该标准宣布有效。在评估这些孩子的智力时，若不是老师们有时会忽略同一个班孩子的年龄差异，其相关系数可能还要再高一些。

这次修改的最大价值是，整个标准比比奈－西蒙或戈达德－比奈－西蒙标准更“标准一些”。也就是说，分数以结果为标准，这些结果则是基于大量正常儿童、智力迟钝儿童、优秀儿童以及成人的标准样本得出的。在此基础上，一个孩子或成人若得100分，则智力一般；若得130分或更高，则比99%的人略聪明一些；若只得70分或更低，则比99%的人略笨一些。特曼把智力分数分成以下级别：

140分及以上：近乎天才或就是天才

120—140 分：很高智力

110—120 分：较高智力

90—110 分：正常或平均智力

80—90 分：较木讷，但还不能被判定为低能

70—80 分：接近有缺陷，有时被分为木讷型，经常被视为低能儿

低于 70 分：肯定是低能儿

特曼文质彬彬，心地善良，对这套新标准的使用表达了自己的良好愿望：

> 在汲取智力测试所赐的教训后，我们就不该再因工作效率不高而去责备那些智力有缺陷的工人们，不该因学习成绩上不去而惩罚那些智力欠佳的孩子们，更不该囚禁或吊死那些智力有缺陷的罪犯，因为他们缺乏掌握社会行为一般法则的智力。

如果说斯坦福－比奈标准没能使这些恳请变成现实的话，幸运的是，它也没能使特曼将其用作优生办法的想法变成现实。

> 可以放心地预测，在不久的将来，智力测试将会把成千上万的……高等级低能儿置于社会的看管和保护下，并最终结出一个美丽的硕果，即低能者不再继续繁衍，从而有效杜绝大规模的犯罪、赤贫和工业上的低效率。

出版于 1916 年的斯坦福－比奈标准立即成为，并在后来 20 多

年里一直是测量智力的标准试题。后来它也成为一系列学校、预科学校、大学及各种机构里针对低能者的测试办法。但其影响远不止于此，它还在更广的范围和更深刻的意义上产生了巨大影响。斯坦福－比奈标准测试法（以及后来的 1937 年版）也成为后来风起云涌的几乎所有智商测定法的标准。比奈、西蒙和特曼所认定的构成智力主要元素的一些特点，成为后来几乎所有智力测验的元素。它们包括记忆力、语言理解力、词汇量大小、眼手协调能力、对熟悉事物的知识、判断不合理事物的能力、思维联想的速度与丰富性以及其他能力。

按照斯坦福－比奈标准元素进行的一项接踵而至的测试，在智力测试领域里掀起一场空前的革命。

几乎所有的比奈标准版——后增加到十几种之多——都是由一位心理学家或受过培训的专业人员一次性对一个人进行测试。然而，如果采用集体测试，即受试者自己阅读问题，然后在多重选择题中选择答案，或在表格上做一些合适的标记，操作起来就会更快、更简单，也更便宜。

心理测量上的这项突破的导火线是美国卷入第一次世界大战。伍德罗·威尔逊总统于 1917 年 4 月 6 日签署参战宣言，两周后，美国心理学会指定一个专业委员会，专门研究心理学可以为战争提供哪些服务。该委员会提出一份报告，该门专业可为战争做出的最实用贡献是设计一套心理学测试方法，从而快速地将其应用于大批军事人员，筛除掉智力不健全者，并按军事人员的能力分类，从中挑选出最适合进行特种培训和承担重大责任的人。

于是一组心理学家——其中有特曼、戈达德和哈佛教授罗伯特·耶基斯——汇集在瓦恩兰，开始设计这套试题。8 月，耶基斯被任命为陆军少校，受命执行该项计划。他召集约40名心理学家，在两个月内拿出一套“陆军阿尔法方案”，即书面智力测试题，还有“陆军贝塔方案”，即为应召士兵中40%的文盲士兵设计的图片测试题（贝塔卷要求助手将试题大声念出来）。从今天来看，广泛使用的阿尔法方案看上去像是一个奇怪的混合物，是科学常识、民间智慧和道德观念的总汇，如下例所示：

1. 如果植物因缺雨水而快旱死，你应该

——给它们浇水。

——征求花匠的意见。

——在旁边施肥。

8. 宁可战斗而不逃跑，因为

——懦夫常被打死。

——战死更光荣。

——如果逃跑，可能背后挨子弹。

11. 回声的起因是

——声波的反射。

——空气中有电子。

——空气中有湿气。

耶基斯的小组开始在四个军营中进行测试。几个星期后，军医总监决定在全军范围内实施该方案。到战争结束时，即1918年11月，共有170万人接受测试，耶基斯手下约300名心理学家给每个人打分，并为他们推荐合适的军队职务。尽管耶基斯的心理学队伍遇到不少职业军官的抵制和不配合，但这些测试结果却使近8000人因为不适合岗位遭到撤换，约一万名低智力者被分配至劳动营或从事类似的服务工作。更重要的是，阿尔法方案开始成为一项重要的选拔标准，在整个战争期间，被提拔为军官的20万人中，有2/3受到该测试的影响。

然而，陆军测试计划在军内的影响远没有它在军外大。它使美国更加意识到心理学的实际用途，特别是从心理测量中得出的用途。（詹姆斯·麦基恩·卡特尔认为，战争将心理学推上了“作战图”；斯坦利·霍尔则宣布，战争为心理学指出了一种无法估量的方向，使其朝着实际而不是朝纯科学大踏步前进。）

特别是阿尔法方案，它导致智力测试呈现爆炸性扩张，很快成为一项数以百万美元计的产业。战争结束数年之后，一系列只用铅笔和纸就可做出的阿尔法式智力测试题被推广至全国的学校管理者。最成功的一套试题出现于1923年，是特曼、耶基斯和三位合作者在国家研究委员会的赞助下推出的。他们鼓吹这套方案是“军用测试法应用于学校需要的直接成果”。到20世纪20年代末，约700万美国学生接受这些测试。另一项巨大的成功是由耶基斯的同事卡尔·C.布里格姆根据军队模式开发出来的“学业资质测试”，大中小学、军事机构、各种机关协会及不同的行业领域也十分流行此类测试。

大量统计证据增加了智力测试广泛应用的动力。统计证明，这些测试不仅能测试一系列个体心理资质，而且也能测出先天心理能力的总体核心或总体智力。英国心理学家和统计学家查尔斯·斯皮尔曼向人们展示，心理能力大都是互为关联的（比如，词汇量大的人，在算术和其他子项的测试中通常也得分较高）。他进一步指出，天生的总体智力，他称之为g，是所有具体能力的基础。即使部分知识测试有赖于学习，但相关性关系暗示着某种先天学习能力的存在。

这就为在学校进行的智力测试提供了另外的依据。20世纪30年代，美国和英国都在学校教育过程的早期对学生进行分类，以使一部分学生学习知识面更为宽泛的课程，为进入高等学院做准备，同时使另一部分学生学习知识面较窄的职业性或技术性课程，为其从事蓝领阶层的工种做准备。在美国，人们管其叫“分轨”（tracking），在英国则叫“分流”（streaming）。

测试的发展不局限于智力测试。在20世纪30年代，人们还开发出其他许多标准，以测试人们的音乐、机械、图形、言语及一系列职业方面的天资。尽管有人早在20世纪30年代就对智力测试大肆攻击，但比奈的心理能力测试法却为心理学研究打开了一扇通向广阔天地的大门，而美国的陆军阿尔法方案更将比奈的繁重和昂贵的测试变得既实用又廉价，使其成为心理学领域的流水生产线。

第五节 智商论战

智力测验并非无可置疑。从1921年起，在耶基斯根据陆军测试方案的结果编纂出一篇庞杂的报告之后，智力测试就开始受到人们攻击。攻击者认为，该测试方案测试的不是天生的智力水平，而是后天对知识和文化的学习，因而，对处于主导地位的白人中产阶级有利，而对低层阶级和移民则带有偏见。

他们认为，阿尔法方案测试的不是天生的智力水平，而是后天对知识和文化的学习。例如，下面这个问题就带有明显的文化偏见：

套阀式发动机用于

—— 帕卡德

—— 斯特恩斯

—— 洛齐尔

—— 皮尔斯银箭

同样，贝塔方案也并非不带偏见。例如，要求识字不多的受试者完成一些没画完的图形，如在一张脸上补嘴巴等，这还说得过去。但另一些画图方案使许多社会底层的人或移民们显得愚蠢，如给灯泡加上钨丝、给网球场加网等。

这种抨击当然有理，至少在斯坦福－比奈标准测试中是这样的。该标准测试中的许多或大部分题目，测试的是遗传能力和后天所学知识或技能的组合。对于一个没机会获取知识或技能的人来说，他或她根本不可能给出令人满意的答案，不论其天生的智力、能力如何。

比如，在12岁的水平上，斯坦福－比奈法问到“慈善”和“公正”两词的定义。如果一个来自西南农村棚屋地区的墨西哥裔美国孩子回答得不正确，是他天生存在智力缺陷呢，还是这个孩子未能学到美国白人中产阶级中这些概念的意义呢？再比如，在八岁水平的斯坦福－比奈标准测试中，有这么一道题：“如果你把别人的东西弄坏，应该怎么做呢？”如果这个八岁的孩子生活在城市的贫民窟里，在这里孩子们需要拼命挣扎才能生存下去，那么他或她的答案反映出的是其天生智力水平呢，还是贫民窟的传统或种族文化中的习俗呢？

比奈留下一个悬而未决的问题，即按照他的标准测试出来的结果，心理发育到什么程度才是遗传或经验所致？但特曼在《智力测试》（斯坦福－比奈标准测试的说明手册）中说道，尽管存在上述反证，智力在很大程度上还是遗传所致。如果分数很差，则表明有智力缺陷，而这种缺陷是基因与种族的特质。

> ［低智力］在西南部的西班牙－印第安和墨西哥家族及黑人中相当普遍。他们的木讷看上去似乎与种族相关，或至少来自其家族遗传……笔者预测……人们将会发现，

种族间可能存在巨大的智力差别，这些差别绝非任何形式的心理培养所能消弭的。

1922年，一位受人尊敬且博学的专栏作家沃尔特·李普曼在《新共和》杂志上发起一场批判运动，批评特曼、耶基斯及其他宣称智力测试能测量天生心理能力的人。李普曼评判了这一课题，认为智力测试从过去到现在，给一些孩子，特别是一些穷人家的孩子，贴上低人一等的永久标签，从而使其服务于抱有偏见且有权有势的阶层。

他和其他持相同观点的人士列举出非常充足的证据以反对陆军的阿尔法测试法，其激烈程度甚至超过他们对斯坦福－比奈标准的反对。他们还批评了耶基斯以阿尔法方案为模型的测试法可测量天生智力的观点，认为阿尔法问题中的许多答案要求的显然是后天所学知识，而不是先天智力。斯蒂芬·杰伊·古尔德在其辩论性著作《人类的误测》一书中，将这一点表述得淋漓尽致。他在书中引述了以下例子：

1. 华盛顿与亚当斯相比，就像第一与……相比。

2. 克罗斯克是

——专利药

——抗感染药

——牙膏

——食品

3. 非洲黑人腿的数量是

——2

——4

——6

——8

4. 克里斯蒂·马修森成名的原因是

——作家

——艺术家

——垒球手

——喜剧演员

同样，要求识字不多的受试者完成一些没有画完的图形同样不公平。这一点前面已经提到。

结果，对全部人口的智商的评估出现了偏差，并直接影响了移民政策。的确，陆军测试方案的结果，正如耶基斯在1921年的报告中所表述的那样，反映的是一个人口由于较差的基因血统的增加而正在智力下降的社会。按照阿尔法和贝塔方案，美国白人男子的平均心理年龄只有13岁，仅仅略高于低能儿，尽管特曼后来将该年龄拔高至16岁。古尔德认为，这些令人万分惊讶的数据增强了美国的排外心理、种族仇恨和精英治国思想。

> 新的数字已达到令优生主义者嘲笑的地步，因为他们早已预测了这样的后果，认为如果对低能儿和贫穷者的生育不加控制，如果黑人的血液通过种族通婚得到广泛传播，如果放任大量南欧及东欧移民渣滓进入国内，就将导致国民智力不断下降。

耶基斯还支持戈达德在埃利斯岛上的数据。他的报告说，阿尔法及贝塔方案显示，南欧及东欧的斯拉夫人种在智力上逊于北欧和西欧人种。正是这些“发现”促成了1924年移民法的出笼。

随着智商论战的升温，智力测试于20世纪30年代开始在心理学家中降温。到20世纪40年代，降温的速度开始提升，同时，总体智力的观点也逐渐消退。利用先进的统计方法而形成的新的研究方法，在心理特征的所有因素或特征簇中已找到特别的相关性，从而使斯皮尔曼的g（general intelligence）的意义或实用性蒙上阴影。尽管如此，测量一系列心理能力并得出称作智力的综合分数的测试方法，由教育工作者、商业机构负责人和其他人继续使用。

到20世纪60年代，随着反对的声浪越来越高，一场围绕智商测试的旷日持久的战争拉开序幕。根据本书作者1999年的一项研究：

> 少数激进组织及其白人支持者［通过民权运动］成功地促使几个大城市的校董事会停止在公立学校进行智商测试。尽管大规模的示威抗议活动于20世纪70年代末日渐式微，然而通过法律诉讼和向立法者施压从而停止智商测试的努力却从未间断。
>
> 而且他们的努力大获全胜。到20世纪90年代，加州所有学校以及其他州的很多学校都明文禁止对那些学习成绩欠佳的黑人学生和西班牙裔学生进行标准化的智商和能力测试。另外，没被明文禁止做类似测试的学校管理者们，在响应要求给孩子做智商测试的家长时，也是唯恐避之不及……从全国来看，1/3乃至半数以上的公立学校停止对幼儿园至12岁的孩子组织智商测试。根据对东部各州进行的一项调查，在那些组织过智商测试的学校中，半数学校并

未依据测试结果调整课程，以做到所谓的因材施教。

一些心理学家甚至走到了否认智力存在的地步。比如，纽约大学的马丁·多伊奇教授曾强调："智力是一个非常方便的用词，可以解释某些行为，但我怀疑，事实上，这种东西本身并不存在。"另有一些心理学家和教育工作者倾向于波林早先的认识，认为人们讲不出智力是什么，智力不过是智力测试所测出来的东西。

为了应对社会对智商测试的批评，心理学家大卫·韦克斯勒（David Wechsler）于1958年推出两个智力测试表，即《韦克斯勒儿童智力量表》（Wechsler Intelligence Scale for Children，WISC）和《韦克斯勒成人智力量表》（Wechsler Adult Intelligence Scale，WAIS）。这两个测试均由两大部分组成。一部分是语言能力测试，如词汇、理解等；另一部分是行为能力测试，由非语言任务组成，如调整图片顺序，使之成为一个完整的故事，或找出一幅图中缺少的要素等。几十年来，研究人员对上述两种测试方法和斯坦福－比奈标准测试法都进行了不断改进，优化操作方式和解读方式，以期更加准确地测量出来自不同语言背景、不同文化背景受试者的能力。

尽管人们长期以来对智力测验说东道西，但最新版本的WISC和WAIS依旧得到广泛的应用，而且不无道理。

一方面，这些测试的确可以相当准确地预测出孩子们在学校的表现如何，使教育者知道哪些孩子应予特别关注，或应施以何种强化教育。

另一方面，对一些同卵双胞胎和异卵双胞胎，特别是那些出生不久即被分在不同家庭抚养的双胞胎，最近进行的复杂统计表明，心理能力很大程度上具有遗传性。这一研究结果远比古尔德所能确立的证据有力，因此，智力测试除能测试后天所学之外，的确也能测出先天能力。

图 3 清楚地表明了遗传与环境对智商的影响：

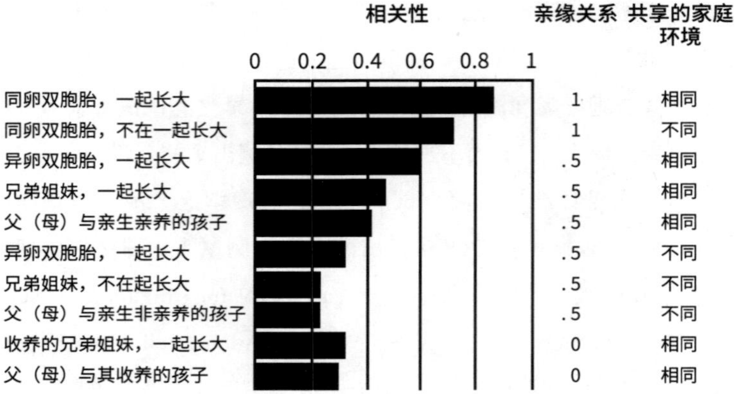

图 3 智商与遗传的关系

每一道线条都清楚地表明相关人员的智商关系。例如，最上面的线条表明，如果同卵双胞胎同处抚养，由于遗传和环境都一样，那么，他们智商的关联数将大于 0.8。用非专业术语来说，他们的智商将是相同的，或大致一样。相反，对于异处抚养的兄弟姐妹来说，尽管基因相同，但由于环境不同，其智商有可能大不一样。（这类数据常被贴上“遗传性”的错误标签，但实际上二者完全不是一回事。“遗传性”指的是，在某一指定特征中，人们之间差异的范围有多少来自基因。回顾大量有关智力遗传性的研究可以得出如下结论：接近一半的智商差异由基因构成导致。至于基因构成是如何与文化相互作用的以及二者分别对个体造成了多大影响，则是一个复杂的课题，直到现在才得以使用创新且富于启发性的方法进行研究——这也将成为当代心理学的一个可以预见的方向。）

这里有一个非常奇怪的原因，使得测试设计者不得不对智商测试进行反复修订。那就是，在西方国家，每隔十年，人的智商就会提高 3%。按 50 年前的标准，今天人们的平均智商值应为 115。为此，评分标准要不断修订，使其均值保持在 100。对于今天人们的智商值为何会不断提高这个问题，解释颇多。一是日常生活中挑战越来越多，这使得人们不得不去增强应对能力；二是充足的营养使人们的身高增加，也许，大脑也随之更加发达；三是也许人们的智商根本没有提高，只是应对测试的逻辑能力提高了。时至今日，这个问题一直没有一个令人信服的明确答案。

对智力的深入研究给智商测试构成更大的挑战。除前面提到的 g 理论以外，近年来，还出现了形形色色的理论，对智力进行各种各样的区分。其中，最著名的要数耶鲁大学的罗伯特·斯滕伯格和哈佛大学的霍华德·加德纳的理论。斯滕伯格把智力区分为分析型智力（如解字谜的能力）、创新型智力（即解决问题的能力）以及应用型智力（即处理日常事务的能力）。加德纳的理论更为复杂，他把智力分为八种类型，并举例力证。这八种智力有的源自西方社会，有的源自其他社会。为简明起见，这里仅把他提出的八种智力列举如下：

——数学逻辑智力

——语言智力

——博物智力

——音乐智力

——空间智力

——肢体动觉智力

——人际智力

——内省智力

他的论证很有说服力。的确，大家都知道，有些人在某些方面非常有天赋，而在另一方面或另一些领域则表现平平，甚至不尽如人意。

尽管标准智商测试遭遇很多挑战和反对，然而，它依旧是“心理学最伟大的成就之一”。这是美国心理学会网络出版物《心理学观察》的编委艾蒂安·本森对智商测试的评价，“它的确是该领域使用最广、历时最久的一大发明”。那些炮轰智商测试的人，其偏见随着时间推移慢慢减少了。自20世纪70年代开始，该领域开发了全新的测试手段，收集了最新的数据，并找到了最新的解读方法。

智商测试除人们熟知的功能以外,还被广泛用于精神病学研究。心理学家一直想知道，智商超群的人其大脑构造是否与常人有所不同。美国国家精神健康研究所通过磁振造影对大脑进行扫描。这一研究历时17年，结果表明，智力超群的儿童在成长过程中大脑皮质比其他儿童要厚一些;随着年龄的增长,大脑皮质会慢慢变薄,最终,比常人的都要薄。加州大学洛杉矶分校的脑部造影专家保罗·M.汤普森因此说道：“这是人类历史上第一次有人证明，智力超群的儿童的大脑发育与常人不同。”显然，智力超群的儿童的大脑在不断重新“布线”，在神经细胞间搭建有用的网络，慢慢将多余“枝蔓”剔除，因而，孩提时代智力出众，成年以后，仍智力超群。因此，我们这里要说的是，如果没有智商测试，那么有关儿童大脑发育的所有数据都将毫无用处。

关于智商的争议潮起潮落，一波三折。政治蒙蔽科学，科学又为政治所用。这场争斗至今仍在继续，目前还看不到终止的迹象。不过，从早期智力测试中直接传承下来的正统版本，现今已得到很大修改，比早期更贴近“文化公平”。在学校、机构、军事、工业和其他领域里，这些测试仍得到广泛应用。

不管人们给它起什么名字，也不管人们对智力测试的观点如何，事实是，心理测试非常有用，也对社会（尽管没有按戈达德和特曼心目中的方法）有益，且始终是心理学对现代美国和其他发达国家的社会生活所做出的主要贡献之一。

第九章 行为主义者

第一节 老问题，新答案

到 19 世纪 90 年代，在经历了约 24 个世纪的艰难探索之后，人类对自己心理的运作方式似乎才有所理解。冯特和詹姆斯的信徒们以不同方式对自己有意识的感觉和思想进行内省式检查，弗洛伊德正在洞察自己及其病人那幽暗的无意识深处，比奈也做好了测量儿童智力成长的准备。

与此同时，为什么总有一定数量的心理学家和生理学家以捉弄那些根本无法说出内心体验的动物们为乐，并称其为心理学探索呢？

给小鸡吃两种毛毛虫，假定其中一种苦些（我们说假设，是因为研究者本人从未尝过这些毛虫），这何以提高对人类意识的理解呢？或把一些玉米泡在奎宁里，另一些泡在糖水里，涂上不同颜色，而后扔在小鸡面前。小鸡啄食两种颜色的玉米后，马上学会不去啄食泡过奎宁的玉米，只去啄食泡过糖水的玉米。但这跟人类的学习有关联吗？

将一只饥肠辘辘的猫放进一个用木条做的“迷箱”里，它只有踩上踏板后才能打开门逃到外面。此事与心理学的一些重大问题有何关系呢？研究者把猫放在木条箱里，闩上门，在箱外挂一鱼片。

猫看到鱼片，味觉大受刺激后，将鼻子挤进缝隙里，把爪子也伸进去，而后折回来，在笼子边四处乱挠约两分半钟，直到它碰巧踩到踏板，使门向下滑开。猫从里面蹿出吃掉鱼片，然后又被放进去重新试验。第二次它干得好些（40 秒逃出），第三次差些（90 秒逃出）。在经过约 20 次反复试验之后，它可以立即开门。无疑，它增长了见识——猫的见识。但这与人类有何关系呢？

将一只狗关进笼子里，启动节拍器，持续 15 秒钟，而后将肉末放在笼子里的碗中。不断重复这一过程，最后，只要节拍器敲响，唾液就会从狗的嘴里滴下，即使碗里并没有放置肉末。这个现象是如何启发人类理解自身意识的呢？许多心理学家第一次听说这一实验时，认为它不过是某种类型的联想，可以解释一些动物的简单行为方式，但实验者并不这么看。他相信自己发现的这一原理甚至可以解释最高级且最复杂的人类行为方式。

这些实验和许多类似实验隶属于一个更为大胆的尝试。这个尝试开始于 19 世纪初，旨在回答——实际上是从人们的谈论中消除——心理学上最复杂也最无法追踪的问题，即与心理本质相关的问题。其中有：

——在我们体内存在一种物质，它在我们醒时能够看见、感觉和思考，熟睡时又暂时消失（如果做梦，它似乎可以离开身体，跑到其他地方），而在死去的瞬间，它则永久消失。这种东西究竟是什么？它是否等同于灵魂，或是灵魂的一部分？或者，它是否就是某种不属于物质的东西？

——在任意一种情况下，不是物质的存在——甚至不是气体，不是影子——对其所依存的物质的肉体又能产生何等影响？它是如何感觉到肉体的感觉的呢？

——肉体死去后，它能独立存在吗？——如果能够，它存在于何处？而且，由于死后不再与感觉器官和神经产生任何连接，它又如何感知其寄住的处所呢？

所有这些，只不过是哲学家、神学家和原始心理学家们长久以来百思不得其解的有关心理本质、心理状态和思维过程等许多问题中的一部分。然而，他们对这些问题的解决方案，总是引发更多困惑。

这些问题还存在另一个完全不同的答案，尽管大部分哲学家和心理学家一直厌恶它。这就是：心理是一个错觉；我们的肉体根本不存在某种有形的自我；我们的心理经验，包括意识，对自我存在的感觉，以及思维，都只是一些生理事件，它们发生在神经系统内，是神经系统对刺激做出的生理反应。

在过去的若干世纪里，一些唯物主义哲学家曾以模糊和不能令人信服的用词提到这一点。随着物理和生理科学的发展，这个假说变得越来越具体，越来越有道理。到 19 世纪后半叶，亥姆霍兹和其他生理学家已把一些简单的感觉与感觉神经里的电化学现象相联系，冯特的门徒也开始从感觉和感知的基本构成中建构一套完整的心理学体系。

到 19 世纪末，对心理主义（认为心理是单独存在物）的反对已得到另一种来源不同的支持——动物心理学。动物心理学源于达尔文的进化论。达尔文认为，人类和其他物种存在内在关联。起初，一些生物学家和心理学家假定动物的思维过程与我们同样简单。到 19 世纪 80 年代，英国生物学家乔治・罗马尼斯通过类比内省法对动物心理学进行探讨，他假定说，在任何一种给定情境中，如果自己是动物，应该怎么做。但在 1894 年，动物学家康韦・劳埃德・摩根——就是将两种毛虫喂给小鸡吃并用两种颜色的玉米给小鸡喂食的研究者——利用奥卡姆的威廉[1]的剃刀把这一方法剥离得体无完肤。

> 在任何情况下，如果能用较低心理程度的表演结果对一个行为进行解释，我们就不能将其解释为更高心理能力的表演。

摩根认为，即使宠物狗玩的一些复杂游戏，也可用反射和简单联想学习等术语进行解释，因而没有必要假定动物中存在某种更高级的精神功能。

出生在德国的生物学家雅克·勒布走得更远。他于19世纪90年代在美国教书时，就已通过非常广泛的证据证明，许多动物行为是由“趋性”构成的，他用这个词来描述蠕虫、昆虫及更高级动物因刺激而自然产生的所有反应。按照他的观点，许多或大部分动物行为是由这样的趋性构成的，动物只不过是由刺激驱动的自动机。

越来越多的心理学家开始明白这些看法的含义：如果人类与动物有涉，如果动物行为可不用心理主义概念进行解释，那么，人类行为的一部分——或许整个人类行为——也将如此，对心理的本质和运作方式等无法追踪的问题的回答也可能变得异常简单：心理并不存在，即使存在，也可忽略不计，因为它既无法观察，又与解释行为毫无瓜葛。

心理学真正的主题是行为——明显可见、无可争辩的动作——而不是记忆、推理、意志和其他无法看到的、由心理主义心理学家想象出来的过程。完全客观和严密科学的心理学的真正对象，不是就不可观察的功能进行的猜想和假设，而是一系列从可观察现象中

---

1 此人是14世纪的一位方济各会修士，曾说过“如无必要，勿增实体”，即“奥卡姆剃刀原理。

得出的规律，比如猫从笼中逃出等。

这是19世纪90年代和20世纪早期许多心理学家所思考的问题，而在此时，“行为主义”（behaviorism）一词还远未造出，其学说的信条更未成型。

第二节 行为主义原理的两大发现者：桑代克和巴甫洛夫

上述动物实验列举了两种不同的行为原理：自然学习原理（小鸡在某种特定的颜色与有甜味的玉米粒之间产生联想，猫在踩上踏板与逃脱和食物之间产生联想）和条件反射原理（狗在听到节拍器的声音时产生唾液，是与人为形成的唾液反射相联系的刺激结果）。这些原理是由两位有不同背景、教养和性格的人发现的，一位是聪明绝顶、专心致志的心理学家；另一位是生理学家，平生瞧不起心理学，甚至怀疑它是否可称为一门科学。

第一位叫爱德华·李·桑代克（1874—1949）。他是心理学家，但兴趣广泛，一些史学家把他归入功能主义者，另一些把他归为行为主义者，而他自认为不属于任何一类。自从他来到哥伦比亚大学师范学院工作后，终其一生（除一年之外），他都在这里从事心理学研究，共出版50本著作，发表450篇论文，主要讨论教育心理学、学习理论、测试和测量、工业心理学、语言获取和社会心理学等。他还编出一些不同凡响的资料，比如，一本教师手册，里面有学生常规阅读时常会碰到的两万个单词；一份美国宜居城市排名；一本颇受欢迎的字典。然而，我们对桑代克的兴趣主要集中在他研究生时期所做的工作上。那时，他颇有一副行为主义者的样子，尽管后来步入他途。

桑代克出生于马萨诸塞，是一位循道宗牧师的儿子。孩提时代，他相貌一般，孤独，害羞，只有在学习中才能找到乐趣。他的天赋极高，中学时代成绩一直名列第一或第二。1895 年他从卫斯理大学毕业时，获得该校 50 年来最高的平均成绩。他认为大学的基础心理学课程非常无聊，詹姆斯的《心理学原理》教程倒是有趣。他考入哈佛大学读研，计划学习英语、哲学和心理学，但听过詹姆斯两次讲座后，就完全陷入最后一门学科。

尽管对詹姆斯非常尊敬，但他选取的研究方向却远离詹姆斯的特色 ：鸡的直觉及智力行为。在后来的生活中，他说，当初的动机只是“为满足获取学分和毕业文凭的需要……显然对动物没有特别兴趣”。也许吧，但确凿无疑的是，作为一个腼腆的人（当时的实际情况），他可能觉得与动物打交道比与人交往更容易一些。詹姆斯同意了他的选题，于是，桑代克买下一群小鸡，因实验室太小，他就把鸡关在自己房间里，直到愤怒的房东勒令他把小鸡弄走为止。他把麻烦告诉詹姆斯，詹姆斯让他将鸡养在自己家中的地下室里，其行为已远远超出了作为教授的责任。

在那里，桑代克用厚厚的书本堆成一个迷宫，其中有三条死路，第四条路却可通往邻近的出口，那里有食物、水和其他鸡。他把一只鸡放入迷宫，让它在迷宫里转来转去，急得咯咯直叫，直到碰巧找到出口为止。他把这只鸡一次又一次地放回去实验，小鸡竟然慢慢学会在最短的时间内找到出口。显然，这里并没有多少智力行为，一切都非常简单。照桑代克的说法是：

> 鸡在面对孤独和封死的墙时，其反应方式与在类似自然环境中可使其逃脱的行为差不多。其中一些行为可引导它走向成功，因之而来的快乐则使它记住这些动作，同时

忘却那些没有导致快乐的行为。

这些话里埋藏着行为主义理论的种子。

次年，桑代克追求一位年轻姑娘未果，思来想去，觉得还是远离剑桥为妥。他转到哥伦比亚大学完成博士学位，指导教授是詹姆斯·麦基恩·卡特尔，当时正致力于人体智力测量。尽管桑代克后来也研究过智力测试，但为完成博士论文，他只得继续自己的动物学习研究。他用水果箱和蔬菜箱做出 15 个样式不同的迷箱，在大学内一幢旧楼的阁楼里对猫（与几只狗）进行研究，主要观察其逃脱的能力。

他的猫在一些箱子里可通过较简单的行为逃脱，如踩上踏板，按下按钮，或拉一个绳圈等。但在另外一些箱子中，要想逃脱就得进行多重动作，如先拉一个绳圈，然后移动一根棍子。在其中一项实验中，只要猫舔或抓一下自己，桑代克就把门松开。在狂热的驱使下——他决心花五年时间攀上该行业的巅峰——他工作得非常勤奋，仅用不到一年的时间，就取得大量研究成果，业内权威部门也几乎立即承认了这些发现的重要性。1898 年 1 月，纽约科学院邀请他在学术会议上报告自己的研究成果。同年 6 月，《科学》杂志发表他就自己研究所写的论文。他的毕业论文不久也成为该年《心理学评论》的专题。同年 12 月，美国心理学会邀请他在年度会议上作专题报告。

桑代克的发现虽然简单，其意义却非常重要。首先，猫没有通过推理或洞察就学会了逃跑；更重要的是，它们经过尝试与失败，慢慢排除了无用的动作，并在合适的动作与欲求的目标之间建立联系。如果要猫观摩另一只有经验的猫如何逃跑，或由桑代克抓着它的爪子松开箱子的门，它就什么也学不会。如果逃脱只需要一种反应，所有的猫都能学会，但当逃脱需要两种反应时，半数以上的猫就怎么也学不会了。

根据这些情况，桑代克形成了自己的“联结主义”理论，并由两大学习定律表达出来。

第一是效果律。迷箱是刺激物，可激发一系列反应。大部分效果都是“阻挠式刺激”（无法逃出或得到食物），只有一个是“满足式刺激”，可使它逃脱并得到食物。阻挠式刺激和满足式刺激可有选择地“印入”（桑代克后来的说法是“强化”）某些刺激反应联系，减弱或消除其他联系。因而，任何动作的效果都可决定其是否能成为对一个给定刺激的反应。

第二是练习律。如果其他条件不变，则“一个反应会根据其与当时情景相联结的次数及该联结的强度和历经时间长度的比例，与一个刺激产生更为强烈的联结”。

桑代克的专题论文立即影响了心理学的思想。它赋予旧的联想主义哲学概念以全新的以研究为基础的意义，令人信服地证实了康韦·劳埃德·摩根的著名论断，即一个行为若可用较低智力功能进行解释的话，就没必要假定它的高级功能。在接下来的半个世纪里，他所创立的动物实验方法成为大多数学者研究的模式。

后来的研究者（包括桑代克本人）对效果律进行过修订，并极大地完善了练习律。两条定律于是成为动物及人类的行为主义心理学基础。人类的行为虽然远比猫的行为复杂，但行为主义者认为，两者可用相同原理进行解释。桑代克认为，差别仅在于“人类大脑里‘细胞结构的数量、精度和复杂性’构成它所产生联想的‘数量、精度和复杂性’”。他甚至认为，人类文化发展缓慢的原因是，和动物一样，人类是通过试错法进行学习的，成功只是碰巧。

伊万·巴甫洛夫（1849—1936）则属于另一类科学家。他首先是个实验生理学家，在职业生涯的前半部分，他主要对消化进行研究。正是由于工作上的原因，他才注意到狗的垂涎这一奇怪现象。在职业生涯的后半部分，他将精力集中于对条件反射的研究。自始至终，他一直认为条件制约是生理现象，而非心理过程，尽管制约规律已成为行为主义不可缺少的规则，就像学习律和效果律一样。他对心理学的偏见如此之大，竟然威胁说，他要开枪击毙胆敢在其实验室里使用心理学术语的人。他在弥留之际仍声称，自己并不是心理学家，而是一位研究大脑反射的生理学家。

巴甫洛夫出生在俄国中部一个农庄里，父亲是当地东正教牧师，母亲则是一个牧师的女儿，巴甫洛夫的远大前程则是承袭家族传统。没过多久，沙皇亚历山大二世颁布法令，家庭贫穷但有天赋的孩子可以免费上学。巴甫洛夫两个条件全都符合，于是得以接受小学和中学教育。在中学阶段，巴甫洛夫开始接触达尔文的《物种起源》和俄国生理学家伊万·谢切诺夫的《大脑反射》，他的人生经历了一段类似转教的过程。最后，他放弃当牧师的计划，辍学来到圣彼得堡大学（同样也是因为沙皇的慷慨）专攻自然科学。谢切诺夫是那里的生理学教授。

1875 年，巴甫洛夫以优异成绩毕业于该校，继续研究医学，但其目标是从事研究，而不是实践。他不得不靠当助手的微薄薪水养活自己，1881 年后，还要养活妻子。当时在俄国，年轻科学家的机会远少于西方国家，因而，尽管巴甫洛夫拥有出众的才能，在生理学研究中也有令人瞩目的成就，但在其一生的许多年里，他的家人一直过着捉襟见肘的生活。

然而，他过度执着于自己的工作，根本无暇顾及日常生存的窘迫。他是不食人间烟火的知识分子的代表。订婚之后，他没有花钱为未婚妻买一件奢侈品，只为她买过一样实用的东西——一双鞋，让她旅行时穿。然而，未婚妻到达目的地并打开行李箱时，发现里面只有一只鞋。她写信诘问，他的回答是："别找了。我将其视作一件可以记起你的信物放在桌上了。"结婚后，虽然他们几乎生活在贫困之中，但他仍旧经常忘领月薪，总是妻子提醒方才拿回。一年冬天，由于无钱购买燃料，一群养在家中供其研究蜕变现象的蝴蝶死于寒冷。妻子小声嘟哝，抱怨生计，巴甫洛夫恼怒地说："滚开，我正心烦呢。蝴蝶都死光了，你却在这里抱怨这些愚不可及的小事。"

但在实验室里，巴甫洛夫却非常实际，几乎是个完美主义者，做事有条不紊。他希望助手全都按自己的标准做事，稍不到位，就要惩罚或开除，且不问原因。在革命期间，实验室中的一名雇员迟到了。巴甫洛夫对其严加责问，迟到者解释说，街上巷战，他差点连命都丢了。巴甫洛夫震怒地回答，这构不成理由，对科学的贡献应该超过其他一切动机。按照常规，巴甫洛夫当即将其解雇。

巴甫洛夫的成功姗姗来迟。1891 年，在巴甫洛夫 42 岁时，他终于被圣彼得堡军事科学院任命为教授，几年后，又被圣彼得堡大学聘为教授。有了这些扎实的基础，他开始组建实验医学研究所，并在该所度过其人生的后 40 年。

在 19 世纪 90 年代，他的主要工作是研究消化系统，通过外科手术切开实验狗的胃部，在里面植入一根带管的小囊。这使他得以观察胃的反射（狗在开始进食时胃液的分泌），而又不受食物对胃液的污染。他的发现使其获得 1904 年的诺贝尔医学奖。1907 年，他成为俄国科学院院士，或称全职研究员，到达俄国科学界的巅峰。

在 1897 年至 1900 年间，在对胃的反射研究中，巴甫洛夫注意到一种奇怪而又令人烦心的现象：狗在不被喂食时，也会分泌出胃液和唾液。比如，正式的喂食时间还没到，只要看见喂养者或听到其传来的声音，狗就会分泌胃液与唾液。起初，巴甫洛夫认为它非常烦人，因其可能影响消化分泌物的数据。后来他想，一定有什么原因可以解释狗为何在没有食物时也在嘴或胃里产生分泌物。显而易见的解释是，狗“意识”到将到进餐时间，于是自动产生分泌物。然而，一向反对心理学的巴甫洛夫根本不相信这些主观猜想。

巴甫洛夫极不情愿研究此事，但最后还是决定了解一下，因为在他看来，这完全是一种生理学现象——看或听见喂食者的刺激在狗大脑里产生一种反射，该反射引起“精神性分泌”。1902年，他开始研究这种与腺体反应没有固定联系的刺激在什么时候以什么方式引起这种反应。终其一生，他都在研究这一现象。

巴甫洛夫虽是外科专家，却没有为这项研究创造过一只胃囊。由于狗一看到喂食者即产生胃液与唾液，他只需在唾液腺体上做一只简单的小囊，并将其挂在高处，导入一个收集和记录的装置就可以了。狗在接受培训后可以站在桌子上一动不动，因为这样可以得到奖赏、抚弄和喂食。为了逗人高兴，它往往不等人命令就自己跳到桌子上，极有耐心地站在上面，脖子上松松地挂着套圈，连接在一些检测装置上。套圈很有必要，因为它可用来防止检测装置、连接小囊与收容器和记录筒的橡皮管被损坏。狗面对一扇带窗的墙，前面有一只喂食桶，食物可通过机械装置倒进该桶。

食物一到狗的嘴里，其唾液即自动溢出。由于这是一种不需要培训的反射，巴甫洛夫将食物称作“非条件刺激”，将这种唾液反应叫作“非条件反射”。然而，他所研究的是中性的刺激与同样的反射之间的联系。最典型的模式是，为了不对狗产生信号作用，实验者在不被狗看到的地方发出响声。响声可通过摇铃或按蜂鸣器产生，且能引起食物倒向喂食桶，倾倒的时间差为5—30秒。起初，铃声或蜂鸣器声只会引起一般反射——狗竖起耳朵——但不出现唾液反射。但在几轮实验后，仅这种声音就可使狗的唾液自动溢出。

按巴甫洛夫的说法，声音已变成引起唾液反应的“条件刺激”，唾液反应则已成为声音的“条件反射”。

巴甫洛夫及其助手们变换出各种形式继续这个实验。他们常不用声音，只使灯光闪动，或在窗外转动一个物体，或操纵某个可碰触到狗的仪器，或拉动狗的套圈的某个部位，或变换中性刺激与喂食之间的时间差等。在所有情况下，中性刺激都可变成条件刺激，只是其难易程度略有不同。中性气体（非食物气味）需 20 多次才能成为条件刺激，在狗的视力所及之处转动物体仅需要五次，高声的蜂鸣器仅一次就够了。

心理学家可能将这种条件形成过程称作联想学习，但巴甫洛夫却用生理学术语解释它。他向导师谢切诺夫和第一个提出反射学说的笛卡尔表示谢意，并指出，非条件反射，比如，将食物放进嘴里时出现的唾液反应，是大脑反应，是存在于脊柱或下脑中枢中的感觉和运动神经之间的直接连接。相比较而言，条件反射，比如，听到铃声或其他中性刺激的声音时出现的唾液现象，是条件过程在大脑皮质里建立新的反射通道的结果。

巴甫洛夫以详尽的细节阐述了他的局部大脑反射理论，以支持其就条件形成所获得的发现。但在除苏联之外的其他地方，这个学说在很大程度上遭到人们的忽视，在美国甚至遭到心理学家卡尔·拉什利的全盘否定。拉什利切除了老鼠不同部位和不同量的大脑皮质，再让其学习迷宫走法，发现老鼠学习能力的缺失与任一具体的皮质区的损坏没有关系，只与切除掉的总量产生关系。

然而，巴甫洛夫的生理学理论丝毫没有影响人们对其实验数据和条件反射法则的欢迎程度，大家都认为这是对心理学知识的极大贡献。除此之外，他还有以下一些值得一提的发现。

时序: 刺激的顺序至关重要。只有在中性刺激先于非条件反射时，它才能成为条件反射，才能激发反射。在一次实验中，一位助手先喂食，隔5—10秒之后再按响高音蜂鸣器，试了374次，蜂鸣器仍不能单独引发唾液分泌。但当他在喂食前按响蜂鸣器时，只训练一次即可形成条件反射。

反射消失：与非条件反射对非条件刺激不一样，条件刺激与条件反射之间的联系不是永恒的。如果条件刺激重复出现而没有跟上强化手段（食物），则唾液分泌反应减弱，直至消失。

概括：如果给一只狗发出跟条件刺激类似但多少有些不同的刺激——比如某种比食物刺激的音调稍高或稍低的音调——狗也会分泌唾液，但其分泌强度略差于条件刺激。音调间的差别，或任何条件刺激与相关刺激间的差别越大，反应的强度越小。因此，狗实际上是从其经验中做出概括，并期望类似的经验能得出类似的结果。

区分：狗在形成反射条件，如听到一个给定的音调，或听到另一个低几个音符的音调时，就产生唾液。如果第一个音调总有食物跟上，而第二个音调总没有食物跟上，则狗慢慢会在听到第二种音调时停止分泌唾液。狗已学会在两种刺激间进行“区分”——英美心理学家则使用 discriminate 一词，两者意思相同。

实验性神经官能症：为确定狗的区分能力的局限，巴甫洛夫无意间促成了狗的某种类似精神病的东西。在一次具有历史意义的实验中，一只狗学会了区分屏幕上用灯光打出来的图形。如果是圆形，后面紧跟食物，如果是细长的椭圆形，后面则没有食物。当狗看到圆时产生分泌物，而在看到椭圆时不产生分泌物的关系被确立后，助手们开始改变椭圆的外形，使其越来越像圆形。狗不断地学习在圆和越来越圆的椭圆之间进行区分，直到椭圆的轴率为7∶8。助手接着再试更圆的椭圆，使其轴率变成8∶9。对此，巴甫洛夫后来写道：

> 此前一直非常安静的狗开始在其所站的位置上尖叫起来，四下扭动，用牙齿咬掉对皮肤进行机械刺激的仪器，甚至把连接动物室与观察室的管子也咬破了。这种行为是它以前从未有过的。[后来，]只要被牵到实验室，这只狗就狂吠不止，这与它平常的习惯正好相反。简单而言，它表现出急性神经官能症所有的症状。

在长时间休息和小心治疗后，这只狗终于恢复到以前的状态，可以忍受一些比较容易区分的实验。

巴甫洛夫相信，他已经找到了动物和人类学习的基本单元。他说，所有学习得来的行为，不管是在学校里还是在外面获得的，“只不过是一长串的条件反射”，其获得、保持和消失均受到他和他助手们所发现的一些定律的控制。他的思想深刻影响了俄国与其后的苏联 20 世纪初期至 20 世纪 50 年代的心理学，但在西方，许多年里它一直鲜为人知，即使巴甫洛夫于 1904 年在诺贝尔获奖致辞上已经提及条件反射。

罗伯特·耶基斯（后来主持美国陆军阿尔法与贝塔方案的开发）及其同事从德国杂志上得知了巴甫洛夫的工作后，与他建立起通信联系，并在《心理学日报》上发表了一篇简短描述其方法和主要发现的文章。他们强调他研究方法的有用之处，但未能预测条件反射概念对美国心理学可能产生的影响。

然而，到 1916 年时，约翰·B. 华生——我们稍后要谈到他——开始详述巴甫洛夫的条件反射理论如何大大拓展了心理学中的行为主义理论。几年以后，他称条件反射为行为主义理论与方法论的“拱门的基石”。1926 年，巴甫洛夫的著作《条件反射》以英文出版。自此之后，行为主义心理学家们很快汲取他的思想，借用他的研究方法。从 20 世纪 20 年代开始，就巴甫洛夫条件反射所发表的论文以几何级数出现在心理学和医学杂志上，到 1943 年，总数已近千篇。1951 年，哥伦比亚大学的亨利·加勒特教授总结了巴甫洛夫思想对控制心理学领域长达 30 年之久的行为主义实验心理学所产生的影响：

> 在实验心理学中，也许没有哪一个课题在花费的时间和精力上能超过对条件反射的研究。动物、儿童和成人所获取的条件反射，不同反射条件形成的相对容易程度，反射消失和重现，学校教育与条件反射形成的容易程度之间的关系……［已全部］置于实验的考验之下……许多心理学家希望——严格的客观主义者坚信——条件反射将证明自己是所有习惯形成的单元或因素。

第三节 行为主义先生：约翰·B. 华生

在向美国心理学家兜售行为主义的过程中，约翰斯·霍普金斯大学的约翰·B. 华生（1878—1958）是位天才的叫卖者，在向同事们推销自己和自己的思想时，不仅热情洋溢，而且极有手腕，因而很快就发起一场声势浩大的行为主义运动，自己也到达职业巅峰。之后，他因为桃色事件而被逐出学术圈，但几乎马上就在一家大型广告公司谋到心理顾问的职位，而且收入颇丰。

像小说里所描写的旅行推销员一样，华生总是表现出极强的自信心，以富有煽动性和坚定不移的口吻宣扬自己的观点，而且终生是个沉溺于女色的人。但在私下里，他却是个没有安全感、害怕黑暗且情感冷淡的人。他在人堆里显得平易近人，善于社交，然而，只要论及深层感情，他就会离开房间，忙活其他杂务。他对动物很有感情，对人却从未表达过爱心。他从未吻或抱过自己的孩子，睡觉时只与孩子们握手告别。在其第二任妻子不幸去世后，他从未在两个孩子面前提及这位他似乎非常在乎的女人。其中一个孩子后来痛苦地回忆："好像她从未存在过。"我们由此不难看出他终生排斥内省和自我启示的缘故。他总是倾向于只研究外部行动的心理学，在选择实验对象时，宁愿选择老鼠而不愿选择人。

华生的成功故事可与霍雷肖·阿尔杰的任何一部传奇相媲美。他于 1878 年出生在南卡罗来纳州的格林维尔市附近，父亲是一位名声不佳、性情暴躁的小农场主，母亲则是虔诚的浸礼会教友。华生在两种完全不同的成人模式中备受折磨，因而显得既无能又懒惰。在他 13 岁那年，父亲弃家出走，与另一个女人私奔他乡，母亲只好卖掉农场，举家搬到格林维尔市。在那里，华生的乡下生活习惯时常受到同学的嘲弄，父亲的出走也使他情绪低落，因而成绩一路走低。"我既懒，"他后来回忆，"又不听话，而且，就我记忆所及，从未有哪一门课程及格过。"和离家出走的父亲一样，他有暴力倾向，经常与朋友玩拳击，直打到有人倒在地上血流满面为止。他还特别喜欢玩"揍黑鬼"（打黑人）游戏，他曾被逮捕过两次，一次是因为种族争斗，另一次是因为在市区内鸣枪。

尽管举手投足都像一个农夫，但他还是下定决心，争取出人头地。他鼓起勇气，请求面见格林维尔市一家小规模的浸礼会机构——福尔曼学院——的院长。院长见了他，对他的印象也不错，他因而得以入校学习。他打算修习浸礼会牧师专业——这是他母亲的愿望——但他一向具有反叛精神，因而不久即放弃宗教。他与同学总是处不到一起，但当他长成一个特别英俊的小伙子时——他棱角分明，下巴坚挺，一头黑发波浪起伏——就开始了一生的风流韵事。不过，他对待自己的抱负极其严肃，学习认真，成绩非常出色。他特别喜欢包含心理学科目内容的哲学课程。

毕业后，华生在一所只有一间教室的学校里任教一年。接着，他最喜欢的哲学教授乔治·穆尔调至芝加哥大学任教，敦促他去那里读研究生。华生又一次冒昧地直奔上层。他先给这所大学的校长威廉·雷尼·哈珀写了封果敢的自荐信，告诉他自己虽然贫穷，但学习态度认真，恳求他要么免除学费，要么等他以后还清学费。接着，他又劝说费尔马学院的院长写信对其特别举荐。哈珀校长将他录取——学费如何解决至今不详——华生于是兴冲冲地上路了。他带着自己挣来的 50 美元只身来到芝加哥，从此，他得自谋生路（母亲已去世，父亲踪影全无），而他已成竹在胸了。

开始时他选取哲学作为专业，但马上意识到自己真正关心的是心理学，于是转系。他学习非常刻苦，同时打几份零工养活自己：在寄宿区当侍应生，在心理学系当管楼人，在实验室里照管老鼠。他一度因焦虑和失眠而精神崩溃，不得不花一个月时间去乡下疗养。若是别人，经过这次经历，也许会开始寻找自我，并对内省心理学产生兴趣，但华生却在 1901 年与 1902 年间的冬季致力于其博士论文的研究，方向是幼鼠的大脑发展水平与认知迷箱和开门取食有何关系。他这么做的部分原因是赶时髦（桑代克已于四年前宣布其迷箱发现），部分原因是其与自己志趣相投。

在芝加哥，我开始思考后来提出的某些观点。我从未打算将人类当作研究对象，我也不喜欢充当研究对象。我不喜欢给受试者下达那些乏味和虚假的指令。我总是感到不舒服，表现也不自然。与动物相处则不然。我感到，在研究它们时，我是在脚踏实地地走近生物学。这个想法表现得越来越突出：其他学生利用观察受试者发现的东西，我为何不能从观察动物的行为中找到呢？

华生在芝加哥的工作做得非常出色，因而在其毕业时，系里让他留校任实验心理学的助教，两年后，将他升为讲师，又两年，晋升他为副教授。又过了一年，他在30岁时被授予约翰斯·霍普金斯大学心理学教授职称，且得到一份在当时（1908年）非常可观的年薪——3500美元。

他的青云直上虽可归功于他精心构建的人脉关系，但更大程度上却是因为他在动物学习方面做的杰出实验。他教会老鼠走出汉普顿迷宫的微缩模型，该模型按亨利八世建于伦敦郊外的皇家行宫仿制。开始时，老鼠们需要半个多小时才能找到出口，但经过30次尝试后，它们可在10秒钟内直奔出口。它们是通过什么办法知道路线的呢？为找出原因，华生先拿走它们的第一个感觉线索，接着再拿走第二个，想以此法查出究竟哪一个提示是认知迷宫的关键。他蒙上其中一些经过培训的老鼠的眼睛，它们的表现立即大打折扣，但旋即又恢复至以前的水平。他冲洗迷宫里的道路，以去掉味觉线索，但经过培训的老鼠同样和以前一样干得非常出色。他用外科手术破坏一些未经培训的老鼠的嗅觉，可它们和未受损的老鼠一样稳健地学会了走出迷宫。华生得出结论说，动觉线索，即肌肉的感觉，是学习过程的关键因素。

通过这些研究，通过了解桑代克和其他客观主义者所从事的工作，华生否定所有关于隐形心理过程的猜想，形成一种全新的、完全以可观察行为为基础的心理学。在1908年和1912年（1912年，他与詹姆斯·R. 安吉尔分别提出"行为主义者"一词）的心理学大会上，他率先提出这些观点，并于1913年写出一篇文章，发表在《心理学评论》上。这篇文章常被人称作"行为主义宣言"，它正式揭开了心理学史上行为主义时代的序幕。

这篇“行为主义者眼中的心理学”宣言一开始就宣布它与所有研究心理过程的心理学学派脱离关系：

> 行为主义者眼中的心理学是自然科学中一种完全客观的、实验性的分支。它的理论目标是预示并控制行为。内省并不构成其方法论中的必需部分，其数据的科学价值也不依赖于人们是否乐意以意识的术语进行解释。

他用三句话宣布了三条革命性的原则：第一，心理学的内容应该是行为，而不是意识；第二，其方法应该是客观的，而不是内省的；第三，其目标应该是“预测并控制行为”，而不是对精神现象的基本理解。

华生严厉地指出，心理学之所以一直未能成为不可辩驳的自然科学，是因为它关心的只是一些看不见的、主观的和无法准确定义的意识过程。他抛弃了古希腊哲学家、中世纪学者、理性主义者和经验主义者，以及诸如康德、休谟、冯特、詹姆斯和弗洛伊德等一批伟人的心理分析。在他看来，这些人全都误入歧途。

> 心理学必须抛弃所有意识指向性的时代已经到来，它已大可不必将心理状态当作观察对象以寻求发展。在有关意识元素、意识内容的本质等思辨中，我们已受到太多羁绊……作为一个实验学者，我感到我们的前提和因这些前提而生的问题的类型是有问题的。

正如一些智者所言：“心理学先在达尔文那里失去灵魂，后在华生这里失去思想。”

他对内省式研究方法的攻击，建立在该方法无法得出客观数据这一基础之上。这种方法经常使人们就一些主观和无法确定的话题进行无休止的争辩，如感觉的数目、强度或某人报告的某种体验等，因而，必须判定这种方法本身有缺陷，有碍进步。

华生还大刀阔斧地摒弃了所有对灵肉二元论的讨论，不管其是用形而上术语，还是现代术语。这些概念，这些“经时间考验的、哲学思辨的遗产”，不管是作为值得研究的心理学的向导，还是作为解决问题的方法，都一无用处。他说，他宁愿让自己的学生永远不知道这些假说。

为替代他视为垃圾的这些心理学方法，他提出一种全新的、全然没有“意识”“精神状态”和“心理”等术语的方法。该方法的唯一主题是行为。基于所有有机体都有适应环境、某些刺激可引导其做出必要反应等事实，心理学所要研究的应是刺激与反应之间的联系，也就是得到回报的反应得到学习、未得到回报的反应得不到学习的各种方法。既然意识被忽略不计，该项研究的绝大部分即可在动物身上进行。的确，“人和动物的行为必须在同一平面上加以考虑，它们同样是行为研究中不可缺少的部分”。

华生的宣言实际上并没有它看起来那么具有原创性，因为它所提出的思想在过去15年里一直处于萌芽状态，但他提出的方式非常大胆、有力且清晰。简单来说，他是在推销。华生的思想并未在一夜之间扫平整个战场，但在后来几年中，行为主义一直成为会议上的重要话题，对心理学家的思想产生了结构上的影响。到20世纪20年代，它开始统治心理学，并在此后40年间，成为美国心理学中的主导模式和欧洲心理学的重要模式。

大众传媒对华生一生所做的评述是，该宣言像弹射机一样将华生一把推上 1915 年美国心理学会主席的宝座。然而，社会心理学家弗朗茨·扎梅尔松经过认真回顾后认为，更令人信服的是，他之所以被选中，一则因为他作为《心理学评论》的编辑经常抛头露面，二则因为他与提名委员会的三位成员熟识且关系不错，三则因为他是新一代真正的实验心理学的代表人物。

不管原因何在，他毕竟飞黄腾达了。但他知道，他还没有提出一个具体的方法使行为主义者从事研究工作。在就任美国心理学会主席一职的演说词里，他提出这个问题。他也拿出解决方案：条件反射法。他虽然对巴甫洛夫所做的工作知之甚少（仅知大致轮廓），却将其作为一个模式提出来，认为行为主义者的实验对象不仅可以是动物，而且可以是人类。他提请人们注意，他的学生卡尔·拉什利（曾反对过巴甫洛夫的生理学理论）已经做成一只可移动小囊，可植入人的面颊底下。他用这只可移动囊已成功测量出人类志愿者非条件形成和条件形成下的唾液反射。

华生本人也开始致力于研究人类的条件反射，毫不奇怪的是，他的实验对象不是成年人，而是婴儿。约翰斯·霍普金斯大学菲律普斯精神病门诊医院的负责人、精神病学家阿道夫·迈耶邀请他在那里建立实验室，于是，华生自 1916 年起开始观察婴儿，从出生到一周岁。这些研究受到“一战”的干扰，但在 1918 年晚些时候，他又将其恢复。

华生首先希望发现婴儿具有哪些非条件反射，即什么样的刺激可在没有任何学习过程的情况下引起反射。根据门诊的一些简单实验，他得出结论说，人类只有少数本能反射，其中有吸吮、伸手和抓取（在一张著名照片中，华生抓着一根棍棒，一个新生儿的一只手臂像小猴子一样吊在上面）。他还发现，婴儿对某些刺激有三种天生的情感反应：在听到很响的声音或被从高处抛下时感到恐惧（呼吸急促，抿紧嘴唇，然后哭叫），头、手运动被强行限制时感到愤怒（身体僵直，手臂扑打，屏住呼吸，面部涨红），在受到爱抚、摇动、轻拍等类似动作时感到爱（咯咯发笑，呢喃自语或微笑）。

然而，在他看来，既然所有这些构成先天人类反应总量——后来的研究则得出不同结果——他的更大目标则是揭示，条件反射是如何构成其他所有人类行为和情感反应的。他起步于解释巴甫洛夫关于情感反应的一个假定。

> 当激发情感的物体与不激发情感的物体同时刺激受试者时，后者（经常只需一次此类联合刺激）也可引起与前者同样的情感反应。

为检验这一假说，华生与其学生之一——罗莎莉·雷纳——于1919年和1920年之交进行了一次心理学史上最著名的实验，尝试对其报告中叫作艾伯特的11个月大的婴儿进行恐惧条件反应实验。

在艾伯特年仅9个月大时，他们将一只白鼠放在他身边，但他一点也不害怕。然而，当用锤子在其脑后敲打铁棒时，他却一脸恐惧的反应。两个月后，他已将此事淡忘，于是，他们又开始对他重复这些实验。他们将一只老鼠放在艾伯特面前，他伸出左手抓它，就在手碰到老鼠时，他的脑后又响起了敲铁棒的声音，他吓得猛地一跳，扑倒在床上，脸深深地埋在被子里。再次尝试时，艾伯特用右手去抓，也是在快要抓住时，敲铁棒的声音又在身后响起。这一次，艾伯特跳起来扑倒在地，哭叫起来。

华生和雷纳推迟一周做进一步的实验，“以免过度刺激孩子”，他们写道。这个说法非常奇怪，因为他们的目的就是刺激他，而且在继续实验时也的确过度刺激他了。这样的配套实验又进行了五到六次，他们把老鼠放在艾伯特身边，同时在他身后敲铁棒，于是艾伯特形成了对老鼠的完全恐惧式条件反射。

> 老鼠一出现，婴儿就开始哭。同时，他几乎是立即向左侧转身，歪倒在那里，撑起四肢快速爬动，一直爬到实验台的边缘，实验员用好大劲儿才将他抱住。

更进一步的实验显示，艾伯特对其他毛茸茸的东西全都产生了恐惧感：兔子、狗、海豹皮大衣、棉绒，还有华生扮圣诞老人时所戴的面罩。一个多月后，他们又对艾伯特进行实验，一切如华生和雷纳满怀喜悦地在报告中所解说的那样，他哭了起来，对老鼠和其他一系列展现在眼前的毛茸茸的刺激物感到害怕，尽管已没有任何敲铁棒的声音。

令人惊讶的是——按照今天的研究标准来看——华生和雷纳并没有采取任何消除艾伯特条件反射的措施，这个孩子在完成最后的实验后就离开了门诊医院。他们在报告中的确提到，“假如有机会，我们可能尝试几种［消除条件反射的］办法”，而且他们也确曾做过消除反射的提纲。然而，他们嘲笑说，20 年后，某些弗洛伊德主义精神分析师可能会从艾伯特身上得出一个虚假的记忆，说他约在 3 岁时曾想玩弄母亲的阴毛，结果被狠狠训斥了一顿。

华生没有为他对艾伯特的所作所为付出任何代价，却因合作期间所做的另一件事付出高昂代价。实验期间，他爱上了年轻美丽的罗莎莉·雷纳，并与她发生了性关系。人们经常看到他们在城里出双入对，他也经常离家外出，并在不经意中将罗莎莉写给他的一封热情洋溢的情书留在口袋里，结果被妻子玛丽发现了。他以前曾有过不忠行为，玛丽也对他的一些风流韵事有所耳闻，但都忍下了。

不过这一次不同，她感到这已威胁到她的婚姻，于是决定采取行动。

她想出一个捉奸的办法，希望以此迫使丈夫放弃罗莎莉，否则他将会因桃色事件而被取消教授的头衔。一天晚上，华生夫妇来到罗莎莉父母家中进餐。席间玛丽谎称头疼，便到罗莎莉的床上休息。她来到房间，关上房门，对房间展开大搜索，找到并偷走了华生写给她的情书，里面是华生极富表现力的情话，甚至还有明确的做爱描述。

然而，当她面对华生并威胁他要把此事张扬出去时，华生却不愿与罗莎莉分手。玛丽决定起诉离婚，而且，可能是她，也可能是她兄弟，还把这些信寄给大学校长弗兰克·古德诺（此前她曾把信借给她的兄弟看过，后者将它们全部复印下来）。那时，该校还不允许教授发生这样的性丑闻。于是，1920 年 9 月，古德诺将华生召到办公室里，要求他正式辞职。华生激烈地为自己辩解，但已无济于事，只好服从。他离开办公室后回到家里，打好行李包直奔纽约。他在心理学上令人炫目的职业生涯就这样突然而永久地结束了，但他掀起的一场心理学运动却正在风起云涌。

华生后来娶了罗莎莉，并与她生下两个儿子。他在纽约重新找到工作，出任杰·沃尔特·汤普逊广告代理公司的常驻心理学家。这份工作后来给他带来了丰厚的收入。他在这里将自己的心理学知识和推销技术成功地结合，为公司设计出一些最为成功的广告策划，包括除臭剂、冷霜、骆驼香烟和其他产品。他的业绩包括：为旁氏冷霜和雪花膏设计的促销活动，其中用到来自西班牙女王和罗马尼亚女王的推荐材料；帮助强生公司说服母亲们，告诉她们婴儿在每次换过尿布后至关重要的是换上新的爽身粉；帮助麦氏咖啡，使“咖啡小憩”成为美国办公室、工厂和家庭的习惯之一。

在被驱逐出学术界后的头十年里，他依然就行为主义理论和儿童教育问题写书、写文章（他提倡严格的行为主义方法，禁用任何情绪和感情）。但他没再进行过心理学研究，在这个领域也不再起领导作用，尽管他在著述中所表达出来的更为广泛的行为主义思想被其以前的同事们一一采纳，从而汇入行为主义思想的大河。

他的思想也受到大众的欢迎。华生心理学把几乎所有的人类行为归结为刺激－反应条件形成，对高尔顿主义的遗传学观点进行过简单有力的反驳，因而受到自由主义者和平等主义者的广泛欢迎。这真是个嘲讽，因为华生在政治上非常保守。在他广受欢迎的著作中，他听上去像是救世主一样：行为主义将科学地对待性格的发展，从而创造一个更加美好的世界。1925 年，他在《行为主义》一书中说出了可能是他最为著名也经常被引用的一段话：

> 给我一打身体发育良好的健康婴儿，将他们放在我自己的独特世界里长大，我担保他们中的任何一个都可成为我所选择的任何类型的专家——医生、律师、艺术家、商业巨贾，甚至乞丐和大盗，不管他的天赋、倾向、能力、职业和祖辈的种族如何。

从 1930 年起，华生与心理学切断联系，只在广告中应用一些心理学原理。他和罗莎莉在康涅狄格买房置地，过上了农场主般的生活。然而，这样的生活刚过几年，家中就发生了悲剧：罗莎莉感染痢疾后久治不愈，30 多岁便一命归西。58 岁的华生心痛欲裂。他继续在广告公司上班（新转到威廉·埃斯迪代理公司），可他真正的兴趣却是在自己的农场里闲逛。他一生中总是有女人相伴，但再也没有走向婚姻。随着年事增高，他对自己开始抱着无所谓的态度，衣着随便，身体发胖，不再愿意与人相处。

1957 年，在华生年近八旬时，美国心理学会发给他一个通知，说要给他颁发一个金奖，奖励他对心理学所做的巨大贡献。他深感震惊，也非常高兴，便与儿子们一起去纽约领奖。然而在最后一刻，他害怕自己经过近 40 年的流放打击，可能在仪式上失控痛哭，因而只让儿子代其出席了仪式。颁奖词是：

> 致约翰 · B. 华生，他的工作是构成现代心理学形式和实质的决定因素之一。他发动了心理学思想上的一场革命，他的作品是多条延续不断的、富有成果的研究路线的起点。

这是个相当高的评价。事实上，华生在许多问题上要么过于简单化，要么说得过头，致使其他行为主义者不得不在后来对其修修补补。今天，几乎没有谁持有他的极端环境论思想，也没有谁建议在对孩子保留感情的同时，通过极端严厉的行为主义规则培养他们。他视作理论系统基石的巴甫洛夫条件反射理论经证明并不是唯一重要的理论系统，因为后来的行为主义者又给它增加了一种模式，叫“操作性条件反射”。最为重要的是，就在华生接受金奖的同时，人们发现，S-R 单元链（一系列互相联系的条件刺激－反应链）不管有多长，也不足以解释多重和复杂的行为种类。

尽管如此，华生依旧是主导美国心理学近半个世纪的激进理论和实践的第一位也是最重要的一位代言人。雷蒙德 · 范彻在其所著的《心理学开拓者》一书中写道，尽管行为主义的许多发展没有华生可能也会发生，但是，“他明显加速了事件的发生，并给客观心理学运动带来一种有可能缺失的活力与威力”。

华生病逝于 1958 年，也就是他接受金奖的次年。他至死坚信，他发动的这场革命，即这个在美国心理学界执牛耳达半个世纪的学派，一定会成为心理学的未来，但他错了。我们后面很快会谈到这一点。

第四节 行为主义的凯旋

行为主义在经历启动初期的缓慢发展后，在 20 世纪 20 年代得到众多心理学家的青睐，特别是在美国，它很快成为主导性观点，且在不久后成为几乎唯一可以接受的观点，至少在学术界是这样。

行为主义之所以大受欢迎，是因为它宣称自己是最早的真正科学的心理学。直到 19 世纪，心理学坚持的一直是哲学思辨，而不是科学实验。在 19 世纪，新心理学的继承者们曾致力于将心理学变成一门自然科学，但只走到用生理学术语解释一些简单的反射和感知的地步。甚至达到这一点，也要依托于不可实证的内省法。

相对而言，行为主义者宣称，他们可以完全依靠可见、可测的现象来建构一门心理学。他们认为，这些彼此互有因果关系的刺激－反应现象是动物和人类行为全部集结在一起的基本单元。这样一门心理学以类似于化学或物理学中具体而不变的反应为基础，按照华生的话说，它能使心理学家们“在知道刺激的前提下预测应有反应——或在看到反应发生的情况下，指明引起这种反应的刺激”。

大多数心理学家认可行为主义的另一个原因是，由于他们只需集中精力于一些可见的行为，因而可以完全不理会哲学家和心理学家们在过去超过 24 个世纪里所提出的有关思维等不可追踪现象的所有难题。行为主义者认为，我们不可能知道思维里面所发生的事情，且就解释行为的目的而言，也完全不需要知道它们。他们常把思维比作一只黑箱子，里面装着未知电路。如果我们知道在按动箱子的某个按钮时，箱子就会发出一种特别的信号或动作，则里面究竟是什么东西无关紧要。“我们根本不应该讨论思维里面有什么东西，因为所有关于心理过程的讨论，都等同于相信存在某种控制大脑机械的无形东西——机器里的幽灵”，英国行为主义哲学家吉尔伯特·赖尔爵士曾这样嘲笑它。（一位反行为主义者的嘲弄同样引人注目：“仅提一下‘心理主义’一词就可能冒犯行为主义者的感情，好像面对一大群儒雅之士提到‘手淫’一词一样令人愤怒。”）

再说，行为主义的成功还有深刻的社会及文化原因。它很对 20 世纪某些人的口味，尤其是在美国，因为它非常实用，不追寻根本解释，只寻找可投入使用的常识。

至少有一位行为主义史学家曾把它的兴起与美国的城市化和工业化联系在一起，他就是大卫·巴坎。他认为，社会发展引发人们想要了解身边这些无法理解和令人烦忧的陌生现象，而行为主义者向人们保证可以全面满足这一需求。

巴坎还提到行为主义走红的另外两个社会原因。其一，第一次世界大战唤起人们对德国心理学的敌意，行为主义正好成为符合时尚且极易找到的替代品；其二，行为主义适合美国特有的反知识分子习气。它让人们知道，即使对心理主义心理学的精要全然不知也毫无关系，因为精神现象要么是错觉，要么不可知，人们大可不必花费时间和精力研究它。

20 世纪 20 年代至 60 年代，行为主义（或其更为复杂的翻版，新行为主义）成为美国心理学中的统治力量，并将其模式传播至心理学世界的其他地方。不过仍有心理学家抱着陈旧的思想不放，还有一些人，其中包括弗洛伊德主义者、智力测试开发者、儿童发展心理学家和格式塔心理学家等，则将重点放在人类的心理过程上。但在大多数大学里，这些人大都不得不调整自己的工作和术语，使其适应行为主义的范式。行为主义史学家格里高利·金布尔稍带夸张地说："在20世纪50年代的美国心理学中，出版有关心理、意识、意志甚或精力的作品都要冒着被挤出局（本行业）的风险。"这是因为，只要使用这些术语，就表明其依旧是唯心主义者，依旧相信过时、主观和神秘的概念。

其结果是，20世纪20年代至60年代的几十年间所进行的大部分心理学研究所面对的，都是一些极为精细、客观得无可置疑但又没有太大启发意义的课题。我们从《心理学日报》和《美国心理学杂志》发表于1935年的内容中抽出一些代表性题目如下：

> 饥饿对鸡啄食反应的影响
>
> 老鼠在迷宫阵中第一次与第二次探索的比较
>
> 利用经过迷宫训练的老鼠研究吗啡及相关物质对中枢神经系统的影响
>
> 动物在迷宫中的辨识错误
>
> 皮肤电生理反应阻力计电路问世

即使以人类为实验的课题，一些论文题目和方法也受到行为主义教条的限制。1935年《美国心理学杂志》中的一些典型论题如下所示：

> 作为伴随行为生理变化指标的人类混合唾液中pH值的可信度
>
> 对不同自发控制程度下的肌肉反应状况的比较
>
> 通过实验进行高阶反应的消除
>
> 与明确的情感表达相关的皮肤电流反射

手指双向运动中时间关系的过度补偿

这些文章的作者和类似研究者并非真正对鸡的啄食行为或人类唾液中的 pH 值感兴趣，而是对学习——获取不同刺激所产生的行为反应——感兴趣。在行为主义时代，学习是美国心理学的中心议题，其假定是，几乎所有的行为都可用刺激 – 反应学习原理加以解释。同样重要的另一个假定是，这些原理同样适用于其他有知觉的动物，就像化合价原理适用于化合物中所有元素一样。人们从鸡、猫、狗，尤其是老鼠身上得知的东西，亦可适用于人类。

老鼠是人们最喜欢使用的实验动物，因为它们比较便宜，体积小、容易控制，成熟也快。于是，无以计数的老鼠被用于这项研究，它们穿越迷宫、操纵杠杆或按动按钮获取食物，它们跃向不同颜色的门或按下一根棍子以断开使它们的爪子跳动不停的电流，当然还要完成其他许多任务。这些实验并非徒劳，全部目的只在发现一条通用的行为定律。以下是几个例子：

——把一只老鼠放在一个简单迷宫的入口，其中有六个选择点（每个选择均呈 T 型，有一个分支是死胡同，另一分支则可继续下去），结束处有个目标盒子。老鼠开始一边嗅着探索，一边小步跑动，它走入死胡同，折回身来，往另一边再跑；对错各三次后，它到达了目标盒了——于是被提出来稍事休息，而后放回原处。至第七次时，它在目标处发现了饲料。老鼠嗅着饲料，然后一口吞下。另一只老鼠进行了同样的训练，可没有任何饲料奖励，即使跑到最后也没有得到奖励。

两只老鼠在一周内每天进行同样的训练。到周末时，第一只老鼠完全掌握了路线，在迷宫里面直行，一点错误也不会出；第二只老鼠仍跟以前一样总是犯错误。但最后，当第二只老鼠也在跑道终端得到食物后，令人奇怪的现象发生了，再试时它竟一点错误也不出。它在一天之内便学会了第一只老鼠在一周内才学到的东西。这个实验证明了两个原理：奖励产生学习，这可从第一只老鼠的情况中看出；如果缺乏奖励，可能产生潜在学习，这一点可通过第二只老鼠的行为得知。（在某种意义上，虽没有奖励但一旦某项奖励与“正确的”行为发生联系，学习便立即被激活。）

这与人类的行为之间有什么关系呢？任何老师都能告诉你。学习绘画或任何其他技巧的孩子可能进步较小，但在老师鼓励或赞扬后，成绩会突然间突飞猛进。类似的情况还有，飞行新手在着陆时可能要跌跌撞撞地练上十几次，最后才半偶然地“走一次运”，并得到教练表扬。从此以后，他似乎找到了感觉，每次都能顺利降落。

——几只老鼠被放进一只简单的T型迷宫的起始箱中，一次放一只。在右手分支末端是一道白色的门，门后有奶酪；在左手分支末端是一道黑色的门，门后有一道金属栅板，将给老鼠爪子轻微但不舒服的电击。等它们完全学会后，实验人员改变情形，将白色的门和食物放在左边的分支里，黑色的门和电栅板放在右边的分支里。老鼠向右转并遭到电击，立即改成向左转。

魔术师般的实验者再次把一切倒转过来，老鼠们马上就明白了。它们明白奖励和处罚是与门的颜色而不是方向相关的。实验又一次证明巴甫洛夫的区分定律，即在具有两种提示的情况下，它们会趋向于有奖励的提示。

这一点适用于人类吗？当然。园艺新手可能只收获一小堆西红柿，而他邻居在阳光更足的地方种植另外一个品种，并且大获丰收。这个新手第二年试种邻居的品种，还是运气不佳。他立即认识到，日照时间一定是关键因素，于是锯掉一些树，让更多阳光照进来，他成功了。

——另有一种T型迷宫，老鼠们学会在里面向右转。这一次，选择左边分支时没有惩罚，但也没有奖励。一些老鼠幸运一些，它们每次选中右边分支都能得到奖励。另一些则不那么幸运，每四次才能发现一次食物。结果是，比起运气好的老鼠来，运气不好的老鼠学会选择右边的速度要慢得多。实验显示，学习中的部分强化没有持续生效。

然而，实验者把情况又做了改变。两组老鼠在两个分支里都得不到奖励。情况如何呢？怪事发生了，此前幸运的老鼠很快就忘记了前面所形成的条件反射，于是开始改变它们的选择，而此前每四次才得到一次奖励的老鼠在长时间里仍持续不断地选择右边。实验显示了部分的强化效应：动物所期望的越多，情形变化对其打击越大；如果期望不高，学习得来的行为在发生变化时就稳定一些。

人类的类比：一位工作相当出色的员工每年都有大笔加薪，这一年，公司收益较差，他的加薪也就不多。失去动力后，他吃午餐的时间变长，下午5点准时下班，还不时请病假。而一位不那么出色的员工只偶尔获得了一次高于生活成本上涨幅度的加薪，效益差时只能得到一瓶可乐，但他对工作的责任心却没受任何影响，因为他的期望值不高，认为奖励的减少并不是整个系统发生变化的结果。

第五节　两大新行为主义者：赫尔和斯金纳

如上述实验所示，行为主义者大大扩展了行为主义的学说与方法论，使之远远超出华生的模式。华生曾用简单的术语将行为描述成“由给定刺激产生的条状和非条状肌肉及腺体的变化”。后来，人们将此观点称作“肌肉抽动心理学”。他的信徒们一度坚持这一观点，如其中的沃尔特·亨特于1928年所写：“所有行为似乎均为肌肉和腺体活动的简单组合，只是复杂程度不一而已。”

然而，要想说出行为的复杂形式的意义，就有必要观察其完整无缺的形式，如《特性与意义》一书所述。筑巢的鸟不仅仅是一个对若干刺激采取若干反射的有机体，而且是一只鸟在筑巢——一种带有目的性的复杂行为。如行为主义者埃德温·霍尔特于1931年所言，行为是“有机体正在做的事”——觅食、示爱等——是一个有机的整体，而不只是一系列构成整体特性的反射，也不只是“一个算术和，只与加减关系相关”。

但霍尔特不愿将目的归于动物本身，因为这将意味着它会受到心理的影响，即它会向前预测目标，然后努力实现这一目标。反之，他将复杂行为的目的性归结于刺激－反应单元组合的过程：动物每一步骤中的寻找与回避，集合为刺激－反应单元，这种集合方式表现为目的性行为。这种表述过于模糊，且无法让人信服，但它已是任何正统的行为主义者所能走到的最远处。

作为一个新行为主义者，耶鲁大学的克拉克·L.赫尔（1884—1952）做出了更重要的努力，将行为主义大大推进一步，使其成为一门可按牛顿物理学模式进行定量分析的严密科学。赫尔原打算去做一名采矿工程师，但小儿麻痹症使其下肢残疾，于是转投心理学，因为这门科学并不涉及繁重的体力活动。由于受到工程学方面的培训，他竟能发展出一种行为主义微积分。一切如其在自传中所述：

> 1930年左右，［我］得出相当肯定的结论，即心理学是一门真正的自然科学，其基本法则是可以通过少量普通方程式加以定量描述的。个体的所有复杂行为最终都能从（1）初级法则（2）行为发生所处的条件中推论出次级法则。作为整体的群组行为，即严格意义上同量的社会行为，

也可按类似方法从相同的初级方程推论出定量法则。

赫尔的中心思想是个非常熟悉的概念：行为由一连串相连接的习惯构成，每一种习惯都是经强化形成的刺激 – 反应的连接。这是桑代克效果定律的翻版。赫尔成就中较新的东西是，他假定出一系列因素，认为每种因素都加强、限制或禁止这类习惯的形成。同时，他还列出一些方程，人们可以据此计算出这些因素中每一项的精确效果。

这些因素包括：动物驱动力的水平（饥饿的老鼠觅食的驱动力远大于吃饱的老鼠），强化力（以诸如"5 克标准食物"之类的术语表达），先刺激后强化的次数，每次强化后达成的"需求减少"程度，因疲劳和两次尝试之间的时间长度而产生的"驱动力减少"的程度(驱动力因需求而增加)，等等。埃德温·波林后来以极巧妙的用词说道，这是一套极蠢笨的学说。

以下是该学说的一个例子。通过下列方程式，人们可以计算出一种被强化的行为的任何给定数量的重复次数可在何种程度上增强这种习得性习惯的强度：

$$ {}_{S}^{N}H_{R}=M-Me^{-iN} $$

该方程式的意思是，习得性习惯的强度取决于强化尝试的次数（N），取决于某具体动作中神经冲动的输入与输出关系（${}_{S}H_{R}$），也取决于该特定习惯中的最大生理强度（M）减去……好了，它就这样继续下去。

赫尔最大的初衷是希望按自然科学的模式来建立一套新的行为主义心理学，从而使其获得知识地位。他的认知微积分在 20 世纪 30 年代似乎仍旧支离破碎，但在其《行为的原理》（1943）一书中已经形成系统，并受到时人的尊崇，影响颇大。在 20 世纪 40 年代末与整个 20 世纪 50 年代，数千篇硕士论文和博士论文都是以他的一个或多个假定为基础的，他也因此成为心理学研究文献中被引用次数最多的心理学家和认知心理学领域的领袖人物。

然而，到 20 世纪 60 年代，赫尔学说的笨拙及行为主义地位的衰落，使他的名字和成就迅速淡出人们的视野。到 1970 年，他已很少被提及，而到今天，实际上很少有人再研究他的理论。赫尔于 1952 年辞世时，一定认为自己在科学上获得了不朽的地位。孰料，他只是一个研究次要历史领域时才略值一提的人物，年轻一代的心理学家及心理学圈子之外的人对他已知之甚少。

B. F. 斯金纳（1904—1990）是新行为主义运动的另一位领袖人物，与赫尔有着截然不同的命运，他始终保持着世界著名心理学家的地位，直到他于 86 岁高龄辞世为止。即使今天，他的思想仍旧在心理学研究、教育和心理治疗中被广泛应用。

那么，在人类寻求自我理解的探索中，莫非他就是贡献最大的人之一？

远非如此。

人类的自我理解，至少这么多世纪以来哲学家和心理学家们所寻求的那种自我理解，根本不在斯金纳的目标或贡献之列。斯金纳在其漫长的一生中一直坚守的就是行为主义观点。他一直认为，诸如心理、思维、记忆和推理等“主观实体”根本就不存在，只是“语言的构成物和人类在语言发展过程中不幸落入的语法陷阱”，“是其本身无法解释的注解性东西”。斯金纳的目标不是去了解人类的精神，而是去确定外部原因如何引发行为这一现象。他对自己的观点坚信不疑。在一部较短的自传中——一部三卷本自传——他赫然写道：“（行为主义）可能需要澄清，但已不再需要争辩。”

斯金纳并没有为心理学的理论大厦增砖添瓦。他认为，他并不需要有关学习的理论，并宣称自己没有理论。他真正相信的理论，可用一句话概括：我们所做和所是的一切都是由奖励和惩罚的历史所决定的。他通过研究，形成这一理论的细节，即此前我们已描述过的部分强化效应之类的原理，只和引起行为发生和消失的环境相关。

那么，什么原因使他如此出名呢？

和华生一样，斯金纳是一个天生的争议人物、煽动家和杰出的宣传者。他第一次在电视上露面时，就搬出一个原由蒙田提出的两难问题："如果你非得做出选择的话，是烧死自己的孩子呢，还是烧掉书籍？"然后他说，他本人情愿烧掉自己的孩子，因为他通过工作对未来做出的贡献，将远大于通过自己的基因做出的贡献。可以预料的是，他激起了众怒——并获得了更多上电视的邀请。

而在另一些时间里，他似乎喜欢拿思想深沉的人在谈论和理解人类行为时所使用的术语取乐：

> 行为……仍归因于人类本性，还有一种广义的"个人差别心理学"，人们在这里用性格特征、潜力和能力等术语比较和描述人类。几乎每个关心人类的人……都以这种前科学的方式谈论人类行为。

斯金纳一向嘲笑对人的内心世界的理解：

> 我们大可不必努力去探究人格、心理状态、感觉、性格特征、计划、目的、意图或其他一些存在于一个自主的人身上的权益究竟是什么，以继续对行为进行所谓真正的科学分析……思想就是行为，错误在于人们将行为分配到

心理中了。

他说，我们需要或能够知道的，是行为的外部起因和该行为的可观察结果，它们将得出“有机体作为一个行为系统的完整图像”。

与此观点相一致的是，他是个严格的决定论者：“我们之所以成为现在的我们，是由我们的历史决定的。我们热衷于相信自己是可以选择的，是可以行动的……［可］我绝不相信人是自由的或是可负责的。”“自主的人”是个错觉，好人是因为有条件使其成为好人，好的社会也奠基于“行为工程”之上，即通过积极的强化措施对行为施以科学控制。

斯金纳性格机敏，善于表演，能讨公众的欢心。他说话明白流畅，以自我为中心，但从不为此脸红，而且长相迷人。为展示他的条件反射技巧，他教会一只鸽子在玩具钢琴上弹奏曲子，并教一对鸽子玩某种网球，两只鸽子用嘴巴将球推来推去。数百万人在电视纪录片中看到他的表演，他们都认为斯金纳是个了不起的人，至少是位动物专家。他写出一本乌托邦式小说——《瓦尔登湖第二》，以表达其对严格受到科学控制的理想社会的展望。在这部小说里，他展现出一幅小型社会的图景，孩子们出生后全部通过奖励（积极的强化）式条件反射训练形成合作精神和社交能力；在这里，所有的行为都受到控制，所有的控制都服务于整体的利益和幸福。这部小说虽然对话平淡，情节做作，但还是成为极受推崇的畅销书，长年受到大学生的喜爱，销量已逾 200 万册。

斯金纳在公众中的声望远高于他在同行中的地位。作为斯金纳的崇拜者之一，心理学家诺曼·古特曼几年前曾在《美国心理学家》杂志上撰文道：

> ［斯金纳］是一个神话中的领袖人物……科学英雄、普罗米修斯式的播火者、技艺高超的大师……敢于打破偶像崇拜，不畏权威。他使我们的思想得到解放，彻底挣脱古代的局限。

斯金纳于 1904 年出生在宾夕法尼亚一个邻近铁道的小镇，父亲是律师。在儿童时期，他有制作复杂小玩意的癖好。后来，在成为心理学家后，他还发明并建造出动物实验用的许多富有成效的装置。在中学和大学期间，他立志当一名作家，并在大学毕业后花一年时间在格林尼治村练习写作。尽管他仔细观察了周围千奇百怪的人类行为，但过后却发现自己对所看到的一切写不出个所以然来。他灰心至极，决定放弃当作家的打算。

不久他就找到另一种能使他更实际地理解人类行为的途径。阅读中，他偶尔读到华生和巴甫洛夫等人的思想，决定将自己的未来献给科学，以科学方法探索人类行为，尤其是条件反射。“我对自己在文学上的失败耿耿于怀，”1977 年他对一位采访者说道，“而且我确信，作家们从未真正理解什么。正是这个原因，我才转向心理学领域。”

他来到哈佛大学，但此地却是内省式心理学的天下，而他已不再对那些被他称为“内幕消息”的东西感兴趣，于是他迅速转向，致力于用老鼠做行为主义研究。在自传里，斯金纳带着快乐的心情回忆道，他庆幸自己曾是个类似坏小子的人：“他们也许以为，心理学里面的某种东西正盯着我哩，可事实是，我想干什么就干什么，随心所欲。”斯金纳没有听取教授的训导，而是成为一名越来越彻底的行为主义者。在进行博士论文答辩时，人们请他列举出对行为主义的反对意见，他一条也不列举。

斯金纳利用自己的机械制作能力做出一只迷箱。这种迷箱在桑代克迷箱的基础上做了许多改进。自此之后，这种类型的迷箱开始流行，并被称为斯金纳箱。其基本的样式——它有许多变种——是一只笼子，大得足以让一只白鼠舒服地生活在里面。一面箱壁上有一根横杆，恰好装在一只小食盘和喷水口上方。老鼠在笼子里爬来爬去，当碰巧将前爪伸在横杆上并压下时，一粒饲料就会自动落在食盘里。笼子外面连接的设备则画出一条线，一分钟一分钟地显示压下横杆的累积次数，从而自动记录老鼠的行为。这种迷箱远比桑代克的迷箱有效，也更容易收集数据，因为实验人不需要盯着老鼠，也不需要在它压下横杆时递送饲料，只需看看记录就可以了。

该箱还能表示出更为客观的行为获得或消除的数据，因而大大超越了当时任何人所能收集到的数据。老鼠将决定，且必须由它决定，此次按下横杆和下次按下横杆的时间间隔长度。斯金纳关于学习原理的发现就是建立在反应频率这一基础之上，即动物行为按强化的程度发生改变的频率，它不会受到实验者行为的干扰。

另外，斯金纳还可以调节这只箱子，使其按照各种方式来模拟现实世界里强化或没有强化行为的种种环境。比如，他可以研究当动物定期受到奖励时如何学会反应；已学会的反应如何在奖励突然中断时消失；当奖励按定期间隔间歇性投放（比如每按动四下投放一次）时，它是怎样影响学习和反应消除的；当奖励不定期投放时会产生什么影响；按压横杆得出混合结果时（比如一次奖励加一次电击）会有什么影响；等等。在每种情况下，这些数据得出的曲线都会显示行为在各种情况下的获得和消除频率。

斯金纳从这些曲线里形成若干原理，使人们对老鼠及人类的行为有了更多理解。一个例子是，他发现部分强化能产生一个重要的变化效果。当食物偶尔或不定期投放时，老鼠经过有计划的训练后，会连续不断地按压横杆，即使投放饲料的装置已完全关闭。它们学到的行为比那些在定期间歇投放式强化中训练出的老鼠更不容易消除。有人将这种现象比作在赌场玩老虎机的赌徒行为：老鼠和赌徒都无法预测出下一次强化奖赏什么时间到来，但已习惯于偶尔得到一些奖励，他们大多会坚持不断地试下去，期望在下一次尝试中得到奖励。

然而，斯金纳最重要的贡献却是他的“操作性条件反射”。仅此一点，他就值得在心理学的荣誉大厅里享有一把永久的交椅。

在“经典的”（巴甫洛夫式）条件反射中，动物对食物的非条件反应（分泌唾液）被改为对此前属于中性刺激（节拍器或铃铛的声音）的条件反射，行为改变的关键因素是新的刺激。

在“工具型”（桑代克式）条件反射中，行为变化的关键因素是反应，而不是刺激。中性的反应——在随机性获取食物过程中碰巧踩在踏板上——受到食物奖励，发展成为学习得来的行为，从而达到此前没有的目的。

斯金纳的操作性条件反射是工具型条件反射的重要发展。动物为任何目的而进行的任何随机活动，都可被看作以某种方式对环境的“操作”。因此，按斯金纳的说法，也可以是一个“操作动作”，奖励这项活动就产生了操作性条件反射。通过对一系列小型随机活动的一次次奖励，实验者便可“塑造”动物的行为，直到它采取不是其本来的或非自然技能的行动。

由下例我们可以看出，斯金纳是如何“塑造”鸽子的行为的。

在一只斯金纳式箱子里，他在与箱壁齐平的地方放置了一块彩色的塑料圆盘，希望鸽子来啄那只盘子。

> 我们首先在鸽子从箱子里的任何地点朝该点［即盘子］

> 的方向稍稍转动身体时给它喂食，增加其类似行为的频率。然后，我们只在它朝此方向移动时实施奖励。这又一次在没有产生新单元的情况下改变了行为的一般分配方式。接着，我们继续在它越来越靠近该点时进行奖励，然后只在它的头朝该点轻轻移动时奖励，最后，只在它的头实际上接触到该点时才予以奖励。
>
> 按照这一方法，我们便可建立一套复杂的操作动作，而这套动作在这种有机体的全部技能里是永远不可能出现的。通过强化一系列连续的靠近动作，我们可以在很短的时间内使一个罕见反应以非常高的概率出现……从箱子任何一点向该点转动，向其走近，抬起头来，并啄动该点等全套动作，看起来就像是天生行为的功能单元，但它是由一个连续的区别性强化过程在无区别性的行为中建立起来的。

（其他实验者利用斯金纳的技巧创造出奇特得多的行为。有人教会兔子捡起一枚硬币，含在口里，再扔进一只猪形存钱罐里。还有人教会一头名叫普里西拉的猪打开电视，捡起脏衣服并扔进一只大篮子里，还会用吸尘器吸地。）

斯金纳将对鸽子的操作训练比作孩子学习说话、唱歌、玩游戏和在一定时间内学会的一切成年行为。在他看来，所有这一切都是通过操作性条件反射用简单行为的细小连接点组合一长串一长串的行为。人们不妨把这种看法称作人类的模型建造观——等同于一个由从无数没有意义的小单位中得出的操作性条件反射组合成的没有思想的机器人。

斯金纳在相当长的时间内多少受到心理学机构的冷落，但后来还是渐渐吸引了一些信徒——其结果足以导致四本斯金纳行为主义研究日记和学说的出版，并在美国心理学会里专门设立一个斯金纳式研究部（第 25 分会：行为实验分析分会）。最近几年，在每年的社会科学出版物里，斯金纳的名字和工作被引用几百次之多（尽管远远不及弗洛伊德）。

然而，斯金纳的主要影响不在主流心理学之内，而在之外。

1953 年，在一次去女儿所在的学校参观时，斯金纳突然想到，一些与他教鸽子弹钢琴等类似的操作性技巧，可能生成比传统方法更有效的教学法。复杂的课题可按逻辑顺序细分为简单的步骤，先问学生一些问题，并立即告诉他们其答案是否正确。这里两种原理将起作用：学生答对的知识是一种有力的行为强化（奖励），而即时强化的效果好于延迟强化。其结果是我们熟知的“编序教学法”。

然而，一名教师不能同时给一个教室的学生提供强化，因此必须编写出一套全新的教科书，在里面一对一对地列出一些问题和答案，每个问题都向对课题的总体把握迈出一小步，每个问题都让学生通过立刻找到答案来奖励自己。斯金纳还通过比较方法发明了一种教学机器，可用于可操作自学。这种机械模型当时红极一时，后来便不再使用了。不过，今天以计算机为基础的即时强化式自学法得到快速发展，在学校、商业机构、养老院等处被广泛应用。

在许多年里，编序学习运动对教学法产生很大影响，通过操作性条件反射进行教学的课程和备课材料比比皆是。美国相当多的中学和大学，以及十几个国家的许多学校，都在使用这种方法。然而，教育者们最后认识到，编序教学的细分法只能提供人类所需知识的一部分，他们还需要完整和有层次的思想结构。而且，以后的研究将会显示，在人类中，延迟强化经常能收到比立即强化好得多的结果，思考别人的反应可能学到比立即反应或得到答案等更多的知识。再说，观察他人的行为，尽管对猫不一定有效，但对人却不失为一种非常有效的学习方式，且它并不牵涉立即强化。无论如何，就总体上说，斯金纳关于立即强化的教条经证明是非常管用的，不但受到大多数教师的欢迎，而且已被融进许多教程和中学教科书中。

斯金纳对精神和情感疾病治疗的影响也不小。他曾想到，通过对病人从病态行为向正常行为的些微转化进行奖励，说不定可重新塑造病人行为。他和两位研究生从20世纪40年代初开始进行实验尝试，后来将其称为行为修正法。他们在波士顿附近的州立医院搭起一些按压横杆台，如果病人按照有序的方式操作机器，就能得到糖果或香烟作为奖励。一旦实现这个目标，治疗师就给他们一些象征性奖励，以奖励精神病人的合适行为，比如自愿进食、自我整饬、协助进行房间整理等工作。这些象征性奖励还可换取糖果、香烟或某些特权，如选择进餐的隔间、与医生交谈或看电视等。

在深度偏执的精神病人中奖励期望得到的行为往往能够奏效。一位患抑郁症的妇女不愿吃饭，可能有饿死的危险。但她喜欢被探访，也喜欢在房间里摆上电视机、收音机、书籍、杂志及鲜花等。治疗师将她移至一间没有这些东西的病房里，并把一份便餐摆在她面前，她只要吃下任何一点东西，即会给她的房间恢复某件物品。治疗师慢慢对她实施奖励，最后她也吃得越来越多，进餐情况大有好转，还增加了一些体重，两个星期后病愈出院了。18个月后随访，发现她已经过着正常人的生活。

行为修正运动传播至许多精神病院和感化院。精神病学家和心理学家们现在认为，它只对一些病情严重的精神病人起作用，是对其他疗法的有益补充，不过，就时间和员工精力来说，这种方式非常昂贵。行为修正法还被许多心理治疗者用以治疗那些并不严重的问题，如吸烟、肥胖、害羞、抽搐和语言障碍等。它是行为治疗法领域中的具体技巧，大部分基于巴甫洛夫的条件反射理论，而非斯金纳的行为修正法。

斯金纳最有名的作品《瓦尔登湖第二》并没有重塑美国社会，一点也没有，不过，它无疑对数以百万计读者的思想和社会概念产生过影响。只有一次，有人的确尝试按照《瓦尔登湖第二》里的内容创建一个乌托邦，这就是弗吉尼亚州路易莎的“双橡树公社”，由八个人建立于1967年的一个社区。经过多年风雨之后，它的人口已增长至81人。虽然仍按《瓦尔登湖第二》的模式进行管理，但公社社员们早已放弃对定义理想行为的努力，也不再通过斯金纳强化法塑造彼此的行为。

斯金纳有时也刻意贬低自己对世界的影响。“总体来看”，他说道，“我对别人的影响远不如我对老鼠和鸽子——或作为研究对象的人——的影响巨大。”

这话可能不是当真的。斯金纳的真正意思是下面一段话：“我从未在任何时候对［我的工作的］重要性产生过怀疑。”而且，他还带着极有特色的乖张语气说道：“当它开始引起注意时，我对它的影响是忧虑多于高兴。我的档案里有很多笔记谈到这个事实，即对于所谓的荣誉，我感到非常害怕，或大为不快。我常常放弃那些可能占用我的工作时间或过度强化其具体方面的荣誉。”

第六节 失势与衰落

在行为主义研究累积的过程中，除该学科中最执着的追求者外，人人都很清楚的是，老鼠和其他实验动物经常以该套理论无法解释的方式行动。

首要的是，它们的行为常常不符合所谓的通用条件反射原理。“鸽子、老鼠、猴子，哪个是哪个？这无关紧要。”斯金纳曾这么写道。

然而，这的确非常重要。研究者们可轻易地教会鸽子去啄一块圆片或开启食物门的钥匙，但他们发现，根本不可能让这种鸟类扇动翅膀取食。他们可轻松地教会老鼠压下挡杆取食，但要让猫也这么做，便得花费天大的力气。给老鼠喝一种发酸的蓝色的水，然后再吃一种使其恶心的药物，它便会避开发酸的水，但愿意喝蓝色的水。对鹌鹑进行类似实验，它则会避开蓝色的水，但愿意喝发酸的水。这些经过比较得来的成果迫使行为主义者承认，每个物种都有自己的“电路”原理，使它们轻易通过本能学会一些知识，学会另一些知识则要费力得多，而有些知识它们是根本不可能学会的。学习的原理并不是放之四海而皆准的。

行为主义心理学的一个更严重的错误在于，实验动物的行为并不经常遵循清晰明白的反应率曲线。例如，许多研究者发现，在开始对一种动物进行反应消除时，它对刺激的反应强度可能远大于其在长期强化训练中所产生的反应。一直通过按动横杆取一颗饲料的老鼠，如果发现没有饲料，它会一次又一次更用力地按动横杆，而按照严格的行为主义学说，奖励的缺失应使它的反应强度减弱，而不是增强。

当然，人类亦是如此。当一台自动售货机不再出货时，客户会更用力地推拉几下，或敲打或踢几脚。他之所以这么做，要么是发泄一下，要么是以为哪个地方卡住了，需要踢一脚。行为主义学说根本不关注内在过程，尤其是对问题的思考，但若干行为主义者注意到，他们的老鼠有时在行事时，看似就目标问题经过了基本的思考过程。

著名研究人员爱德华·蔡斯·托尔曼与赫尔生活在同一个时代，而且也是 20 世纪 30 年代和 40 年代一个著名的新行为主义者。他观察到，老鼠在跑过几次迷宫之后，会在某个地方停下来，左看看，右看看，而后决定是往前走还是往回跑。他于 1938 年就任美国心理学会主席，在致词中说，非常清楚的是，老鼠的大脑里一直在进行“替代性试错法”。“从人类的角度来看，”他说，“老鼠似乎也在‘三思而后行’。”

这是托尔曼在老鼠的许多行为中找出的部分例子。他认为，这些行为只能解释为，老鼠的大脑里肯定在发生某种过程。几年前，他还和同事制作了一个简单的迷宫，里面有三条通向目标盒的路径。最短的一条从起始处直奔目标盒；第二条稍长一些，向左转弯，然后在正中间接入最短的直路；第三条最长，向右转一个很长的弯，在靠近目标盒的地方接入最短的直路。经过一系列实验后，老鼠按行为主义的理论所预测的那样试了三条路，并学会选择最短的那条直路，因为这是最容易建立的习惯。

然后，托尔曼在直路的中途设立一道障碍，老鼠只能通过最长的那条路才能取到食物。按照行为主义理论，当老鼠顺直路跑下去，在发现障碍时应绕回来再试下一个最容易建立起习惯的路径——中等长度的那条——但它却立即选择了最长的那条。对托尔曼来说，这可能意味着，老鼠已在脑海里对整个迷宫有了某种思维全图，“意识到”障碍物可能已挡住所有的路径，除了最长的那条。

托尔曼进行过许多类似实验，其中有相当一部分实验非常复杂。他的发现令他惊喜，因为几乎所有的实验都支持他自己的观点，即“老鼠的大脑里已建立起类似于该环境地图的东西”。他说，标准的行为主义理论只提供迷宫学习的部分解释，“我们同意……穿迷宫的老鼠经受着刺激，作为这些刺激的结果，它最终导向实际发生的反应。但我们感到，其中的大脑活动更为复杂，更有模式，且从实用主义的角度来看，比刺激－反应式心理学家所说的自主能力更大”。

这些研究导致托尔曼推敲出一种他称作“目标性行为主义”的

学说。它的基本意思是，老鼠的行为并不像自动机，因为它们并非完全按照自己所体验的刺激次数和种类形成习惯。一切似乎是，它们还受到自己的期盼、认为某事可在某情况下导致某种结果的知识、目标和其他内在过程或状态的影响。正如一位正统的行为主义者所嘲笑的那样，托尔曼的老鼠已“陷入了沉思”。

托尔曼将这种内部因素称作“干扰变量”（它们会干扰刺激－反应过程），并坚持认为，它们与行为主义是兼容的，因而并行不悖。“对于行为主义者来说，”他写道，“‘心理过程’应该得到承认，且应按照其所导向的行为术语进行定义。[它们]是看不见的，可都是推断出的行为的决定因素……行为和这些推断出来的决定因素都是客观的，是已定义的存在类型。”这些话的确是在为行为主义尽忠，不管承不承认，托尔曼已经破了行为主义的大堤并放入一股意识的细流，它会适时地变成洪水。

如果奖励和重复只能部分地解释老鼠的行为，则其对人类行为的决定因素和工作机理的解释更是有限。拿记忆来说，行为主义者以纯粹数学的术语描述它：尝试和强化的次数越多，奖励越多，刺激和反应的时间越接近，刺激产生反应的可能性也就越大。如果刺激是诸如“5之后是什么”这类问题，反应就是“6”。如果刺激是“你的电话号码是多少”，答案就是一串七位的数字（包括区号在内有十位）。第一位数字是对问题的反应，也是产生第二位数字这一反应的刺激，等等，其方式是一串联想。

即使在行为主义的高涨期，心理学家们也都知道，人类的记忆要远比这复杂。一方面，我们可以“吞下”一些信息，比如，我们把区号视为一个记忆单元，而不是视作一系列互有连接的反应。另一方面，我们拥有不同种类的记忆：我们可暂时记住某些电话号码——我们查出号码，暂时记住，拨完号后马上忘记——同时，我们还可以长期记忆某些东西（我们把认为需要的东西当作知识长期堆积在仓库里）。某些东西需要无数次的重复和奖励才能固定在记忆里（许多人似乎一直记不住自己的社会保险号码，即使记过数十次），另一些东西（在某家饭馆进餐时付的钱非常多，孩子说的第一句话等）只需经历一次就能永存在记忆里。

人类记忆的这些特点和其他许多特点，并不能用行为主义狭隘和古板的公式进行解释。

在整个行为主义时代，一些心理学家持续不断地以更宽泛、更深刻的方法探索人类的记忆。不仅如此，他们还探索行为主义未曾注意到的一些心理现象，如感觉、动机、性格特征、推理、解决问题、创造力、儿童发展、人际关系，以及遗传倾向和经验之间的内在作用。

久而久之，就这些话题而收集起来的数据，和这些数据提出后不能用行为主义理论回答的问题，为托马斯·库恩在对科学革命的著名分析中所表达的新理论铺平了道路。这就是被他称为“范式转移”的东西，即向新的理论做相对且突然的转移。新理论囊括了所积累的大量数据，并使这些按目前学说很难解释的数据产生意义——如果这些数据具有意义的话。

同时，其他领域的研究也开始为思维的工作机制带来曙光。人类学研究告诉我们文字产生之前的人类是如何思考的；心理语言学告诉我们人类是如何获取并使用语言的；计算机科学则给我们指明一套全新的认识思维的方法——思维一步步地向前推进，就像一道计算机程序。

到 20 世纪 60 年代，所有这些影响开始汇集为一种思维和行为的新观点，被称作“认知科学”，即一种否认超自然存在且建立在实验方法上的心理主义，通过它人们可对心理过程进行合理的推断。

随着认知科学的出现，行为主义很快失去其在心理学中唯我独尊的地位，不再像其宣称的那样，是足以解释所有行为的唯一方法。

杜克大学的格列高利·金布尔用行为主义总结了心理学家们的觉醒：

> 虽然古典学说以简单的学习理论形成并经过其检验，但在这一切背后，总有一种假定，即这些理论可应用到所有行为中……学习的大部分基本法则已被发现，余留的只是些无足轻重的问题，它们不过是把主要的理论家们区分开而已……［然而，］到20世纪中期，显而易见的是，一切如赫尔等人所认为的那样，古典的学习理论已在范围上受到局限，我们的科学认知范围仍维持在前伽利略时代，而不是后牛顿时代。

奇怪的是，在行为主义日薄西山时，作为其支流的行为疗法却大行其道，合乎情理地成为某些心理疾病的灵丹妙药，尤其成为对付恐惧症等的成功疗法。

行为疗法的正确之处在于，虽然用途有限，但非常管用，这一点倒与其祖宗——行为主义理论——很像。行为疗法的很多发现都已付诸实践，如味觉改变等。为了阻止郊狼吃羊，研究人员弄来有毒的羊肉，用羊皮包着，放在羊圈周围。郊狼吃了后，呕吐不止，马上对羊肉产生了反感，进而对羊产生反感。同样，我们也使用很多调节机制，帮助癌症患者调节食欲。癌症患者在经历痛苦的化疗后，会对食物产生反感，即通常所说的厌食。最简单的方法是延长化疗和吃饭之间的时间。行为矫正法常常用于弱智群体、精神病人和在押囚犯的心理治疗。他们若有上乘的表现，就会得到奖励。次级强化法在工作场所非常有用，比如，对按时上班的员工进行适当的奖励等。对于患有恐惧症的人，比如，非常怕蛇的人，想到蛇、看到蛇、最终玩弄蛇的逐步调节法可以成功治疗他们。

一般而言，尽管人们对行为主义的遗产不以为然，然而，它在心理学的很多领域都是必不可少的，如严谨的实验和仔细定义的变量等。行为分析作为一个研究和应用领域继续吸引着很多心理学家。除了4500名行为分析协会的会员以外，还有超过5000名心理学家是地方协会的成员。他们之所以对此感兴趣，主要是把它作为研究其他领域的一个手段。美国心理学会第25分会在20世纪70年代初达到顶峰，会员超过1600人。不过，在过去几年间，人数迅速下降，现有会员600多人，约占美国心理学会总人数的7%。

不管怎样，如今行为分析领域的研究似乎更趋向认知主义。随便翻翻《行为的实验分析》等杂志，浏览一下其中的题目就会认同上述观点。下面是2006年1月刊出的一些文章的题目：

> 先前选择对当前选择的影响
>
> 在变量间隔增强后对刺激消失的抵抗：强化刺激率和数量
>
> 二阶时间表使用杂波的标志性强化刺激：单价的含义

下面节选了其中一段文章，从中可以看出当今行为主义者所从事的研究。

> 老鼠通过用鼻子戳一个发光键获得食物颗粒的强化刺激。用不同的可变时间间隔做同一个训练——从平均间隔16分钟到0.25分钟——实验1检验对刺激消失的抵抗性。即对于每一个时间表而言，老鼠获得连续的基线期，然后是刺激消失期（即没有刺激强化）。对刺激消失的抵抗性（根据基线的反应率减弱）与基线中获得的强化率负相关，这

种关系类同于间断－强化－消失效应。但这些变量之间会出现正相关——当消失单位被作为训练中生效的平均交互刺激强化间隔时（即在消失期间作为忽略的刺激加强）……

现在，让我们重新回到心理学领域吧。

第十章 格式塔学派

第一节 可视错觉与新的心理学

1910年仲夏，一列火车在德国中部飞驰而过，一位名叫马克斯·韦特海默（1880—1943）的年轻心理学家远眺窗外的风景。电线杆、房舍和山顶尽管静止不动，但看起来却似乎与火车一起飞速行驶。

为什么呢？

这个疑团使他联想到另一种运动错觉——频闪仪制造的错觉。频闪仪的基本原理与电影差不多，是一种当时刚开始流行的玩意儿。不管是电影还是频闪仪，都是在人眼前快速展示一系列以瞬间为间隔拍摄下来的照片，或展示一些变化极小的图片，以此制造连续运动的印象。

几十年来，这种现象广为人知，却从未有人给过令人满意的解释。托马斯·爱迪生和19世纪90年代发明电影的其他人，大都满足于获取这一效果，却无心理睬它的成因。然而，就是在这列火车上，韦特海默突然在直觉上意识到答案所在。此时，他刚刚在维尔茨堡获得博士学位，那里的少数心理学家根本不理睬冯特原则，一味追求通过内省法探索有意识的思维。他突然意识到，运动错觉的成因可能并不发生在许多心理学家所认为的视网膜上，而是发生在心理层面，极有可能是某种高级的精神活动在连续的图片之间提供过渡，从而产生运动感知。他立刻失去对窗外移动风景的兴趣，将心思转移至这一问题上来。

当时，韦特海默正在维也纳大学就阅读恐惧症进行研究，此刻正赶往莱茵兰度假。这一想法使他激动异常，于是他急不可待地在法兰克福跳下列车，前去拜谒弗里德里希·舒曼教授，一位感知方面的专家。韦特海默去维尔茨堡之前，曾与舒曼一同在柏林大学求学，舒曼最近转到了法兰克福大学。

进城后，韦特海默去玩具店买来一台频闪仪，在旅馆里把玩了一整天（频闪仪为一种科学仪器，用于观测移动部件的减速或静止状态，常用于机械中。但在19世纪和20世纪初，它特指一种流行玩具，可以产生连续运动的印象）。这只频闪仪中有马和小孩的图片，如果控制好速度，就可以看见马在行走，还可以看见小孩在走路。韦特海默用纸片代替那些画面，并在纸片的两个位置上画一些彼此平行的线条。他发现，用一种速度转时，他先看到一根线条，然后才在另外的位置看到另一些线条。用另一种速度转时，两根线条则平行出现。再换一种速度转，有一根线条从一个位置移动至另一个位置。就这样，他开始了一次具有历史意义的实验，一种全新的心理学理论即将产生。

第二天，韦特海默打电话给法兰克福大学的舒曼，将自己观察到的现象及对该现象的猜测的解释讲给他听，征询他的看法。舒曼解释不出所以然来，但同意让韦特海默使用他的实验室和设备，包括他亲自设计的新型速读训练器。有了它，使用者可调节装有幻灯片的轮子的速度，将一个视觉刺激在瞬间展现给观看者，还可使用在不同位置装有幻灯片和三棱镜的轮子让观看者看到不同位置的图片。速读训练器可精确地加以控制，而频闪仪只是粗浅地演示。

韦特海默需要一些志愿者充当实验的受试者，舒曼便把他介绍给自己的助手之一——沃尔夫冈·克勒，克勒又介绍了另一位助手库尔特·科夫卡。他们两个比韦特海默年轻（他30岁，克勒28岁，科夫卡24岁），但三人都对神经心理学中的新心理学派和冯特的门徒们所忽视的高级精神现象极有兴趣。他们立即着手工作，此后成为终生的朋友和同事。

韦特海默还没有成婚，他有一份额外收入——他的父亲是布拉格一所红火的商业学校的校长——因而可以随心所欲地支配时间。于是，他放弃了自己的度假计划，在法兰克福一待就是半年。他让克勒、科夫卡和科夫卡的妻子充当受试人，进行了一系列实验。

按照在旅馆里所做的初期实验模式，韦特海默的基本实验是轮流投影一根三厘米长的水平线条和另一根在它下面约两厘米长的线条。在投影速率较低时，他的受试者（他们在很长时间后才知道他想干什么）先看到一根线，然后是另一根线；速率较高时，两根线可同时看到；速率中等时，一根线平滑地向下面的线条移动，然后又返回。

为变些花样，韦特海默使用了一根竖直线条和一根水平线条。速度刚好时，他的受试者可看到一条线以90度的角度来回运动。在另一个变换中，他使用了许多灯。如果速度恰好达到临界点，那么看起来就像是只有一盏灯在移动。他还使用了多根线条，并将之涂成不同的色彩，设计成不同的形状。在每种情况下，它们都能制造出运动的错觉。即使他将正在进行的事情告诉三位受试人，他们也无法对此视而不见。在其他许多种变换中，韦特海默都力图排除此类现象是由眼睛运动或视网膜余像而引起的可能。

他得出的结论是，这种错觉是一种“精神状态”，他将之称为Φ现象。他说，Φ这个字母，“表明的是存在于a或b的感知之外的某种东西”，它来自于大脑的“心理短路”。他认为，Φ现象来自大脑的“心理短路”，短路的地方就位于受神经冲动刺激的两个区域之间，而神经冲动又来自由a和b刺激的视网膜区。

这个生理学意义上的假定在他以后的研究中并不突出，突出的是韦特海默的理论，即运动错觉的发生不是在感觉水平上，不是在视网膜区，而是在感知中，在心理层面。在这里，由外面进入的、互不关联的感觉被视作一种组织起来、具有自身意义的整体。韦特海默将这种总体感觉叫作格式塔（Gestalt），这是一个德语词汇，原意为外形、形状或配置，他在这里用以表示被作为有意义的整体而感知到的一组感觉。

看起来，他花费数月所进行的工作似乎只是解释了一个小小的错觉。但实际上，他和同事已埋下了心理学中格式塔学派的种子，它将形成一个运动，该运动将极大地丰富和扩大德国和美国的心理学内容[1]。

第二节 思维的再发现

韦特海默的理论是，思维赋予进入大脑的感觉以结构和意义。这一认识显然走出了统治德国达半个世纪，统治美国整整一代人的反心理主义心理学。他的理论也走出了1910年的时代精神。当时，自然科技正在迅速改变人们的生活与思想。电灯正在快速改变城市甚或遥远乡镇的夜生活，汽车也正在改变各个国家的习惯，飞机已可以进行长距离飞行(路易斯·布莱里奥已飞越英吉利海峡),玛丽·居

1 格式塔心理学常与格式塔疗法混淆。前者是一种心理学理论；后者是一种心理治疗技术，它借鉴了前者的一些关键概念，但二者含义大不相同，后者还汲取了精神分析学和存在主义的理论。

里刚刚分离出镭和钋，卢瑟福正在致力于其原子结构理论，齐柏林客运服务开始起步，李·德福雷斯特的晶体管也刚刚申请到专利。新的心理学与这些发展相辅相成，心理主义心理学则比以前更为形而上，更不科学，因而更像明日黄花。

许多年来，一些心理学家认为冯特的心理学空洞狭隘，因为它不能解决情感、思维、学习和创造等复杂的人类体验问题——人类生活中最重要的方面。詹姆斯、高尔顿、比奈、弗洛伊德和维尔茨堡学派的成员们，尽管关注点不同，但他们都对只用较高级心理过程才能解释的现象感兴趣，而且一直对这些现象进行研究。

此外，其他研究者也不断地提出证据，证明感知与视网膜或其他感官接收到的感觉不一致，认为感知是心理对这些感觉中数据的解释。

远在 1890 年，奥地利心理学家克里斯蒂安·冯·埃伦费尔斯就已指出，当乐曲变调时，所有的音符都已改变，可我们听到的却是同一个旋律。他解释道，我们在整体各部分的相互关系中识别出同一性——他称其为乐曲里的“格式塔性”或“形态品性”，是由心理而不是耳朵捕捉到的关键特质。

1897 年，对心理学感兴趣的医生厄恩斯特·马赫说道，当我们从不同角度观察一个圆圈时，它总是圆的，但在镜头上观察时，它却是椭圆的。当我们从不同的角度观察一张桌子时，视网膜上的图像改变了，可我们在内心体会到的、见过的桌子的经验并未改变。心理在解读感觉时将按自己所知道的目标形状进行描述。

1906 年，维托里奥·贝努西进行了著名的穆勒－里尔错觉实验。实验中，两条线（如图 4 所示的平行线条）在长度上看起来有所不同，而实际上它们是等长的。

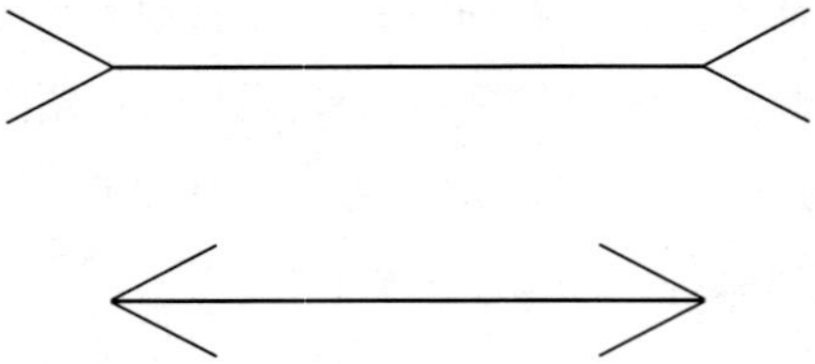

图 4　穆勒－里尔错觉实验

他发现，即使告诉受试者专注于平行的线条，他们还是无法使自己忽视整个图形。他们可以减少错觉，但不能消除错觉。

当韦特海默在法兰克福进行第一次实验时，格丁根的心理学家戴维·卡茨正在探索“亮度常态”和“色彩常态”。他发现，在观察阴影中的东西时，我们会感到它具有与在明亮处等同的亮度和色彩，尽管客观上，它的确要暗一些，色彩也大不一样。我们对它的观察，也就是说，是在一个已知情形中进行的。

韦特海默、科夫卡和克勒在接受培训时早已熟知了这些发现与概念，并在柏林受过卡尔·施通普夫的影响，后者从哲学中借来现象学说，并将之植入心理学中（在现象心理学中，主要的研究材料是日常生活中的经验，而不是基本的感觉和感情）。韦特海默和科夫卡也曾在维尔茨堡做过研究，不过，当时的研究重心是思维过程。此后，三人都进行过包括较高级精神功能的研究：韦特海默研究过有阅读障碍、思维迟钝的孩子和病人的思维能力，科夫卡的博士论文是格式塔式节奏形态，克勒研究的则是声响心理学。

然而，这样一个志趣截然不同的三人小组，乍看起来，还达不到彻底击败冯特心理学的知识水平。

在布拉格长大的韦特海默是犹太人，长相颇具孩子气，头顶略秃，蓄一脸毛茸茸、元帅般的俾斯麦式大胡子，但骨子里有股诗人气质，他有音乐天赋，个性热情、幽默、乐观。他富有煽动力，当然也有口才，脑子里总是闪现出新的念头。然而，他并不善于控制自己的思想，并将它们写在纸上。对他来说，写作是件可怕的事。

柏林人科夫卡只能算半个犹太人。他个子矮小，身体瘦弱，瘦长的脸上写满严肃，性格内向敏感，且极易动摇。无法解释的是，尽管这些特点使他的课死气沉沉，但却让他受到女学生的喜爱。尽管他在讲台上浑身不自在，但在写字台上却游刃有余，不断炮制出一系列格式塔心理学的学术报告。

克勒则出生于爱沙尼亚，是非犹太人。他在德国的沃尔芬比特尔长大成人，脸上呈现出好斗的表情，又短又硬的头发在中间分开。他是三人组中最刻苦的实验者，后来到一所研究院工作，成为一个强有力的管理者。他高傲、古板、为人正派，对于结交十年的朋友，他才肯使用“你”来替代“您”，但在写作中，他却总是让人感到放松且着迷。

然而，三人性格及爱好的差异却能互相取长补短，从而结出出人意料的硕果。格式塔心理学史的一位研究者认为，韦特海默是“智慧之父、思想家和革新者”，科夫卡是“该组的销售者”，而克勒则是“内勤人员，干实事者”。

但三人中只有一人在心理学机构里占一席之地。多年来，韦特海默一直是讲师，后来才成为柏林大学的特聘教授，因为他总是受到反犹主义的迫害，且只出版过有限的作品。直到 1929 年，即他 49 岁时才终于被评为全职教授（在法兰克福），但四年后由于纳粹夺得政权，他不得不匆匆出逃，移民到美国，在一所新学校教授社会研究，再没有在心理学领域坐上交椅。

在德国，科夫卡最高荣升至吉森大学的特聘教授。他在美国开过系列讲座，并于 1927 年获得史密斯学院的全职教授头衔——此地并不是心理学研究中心——他余生都待在这里。

在德国谋得较高地位的只有克勒一人。他经过多年的教学实践并在加那利群岛从事了六年多实验工作后，在1921年，即他34岁时，被任命为柏林大学心理学研究院院长——德国心理学机构的最高职位——并将该院变为格式塔心理学的研究中心。他在任14年，1935年，纳粹要插手研究院，他经过一番勇敢而徒劳的抵抗后辞职来到美国，在斯沃斯莫尔学院度过余生。

然而，远在克勒升上柏林大学的高位之前，三位年轻人只用了十年时间即击溃冯特心理学的防线，确立了他们自己新心理主义的合法地位——这种新的心理学是关于大脑的，但总是以演示和实验证据为基础，而不是单凭理性主义的争辩和形而上的推想。

尽管当时他们只发表了为数不多的文章（部分原因是受一战的干扰），但足以证明，格式塔理论所提供的是一个远比早期感知或更高级精神功能等认知心理学合理的解释。他们的证据强大有力，理由坚实充分，因而到1921年，格式塔心理学已开始取代冯特心理学，这一点我们可由克勒得到任命一事中看出端倪。

到20世纪30年代中期，格式塔心理学成为德国心理学的主要力量，也成为其他国家不断成长中的心理学流派。但它对美国心理学的影响非常有限，且大多发生在1927年至1935年间，也即三人全部来美国之后。尽管三人均没有在美国心理学机构中担任要职，但他们的思想已渐渐渗入心理学领域，并发展壮大，直逼行为主义的藩篱。

第三节 格式塔定律

从一开始起，韦特海默就认定格式塔理论并不仅限于对感知的解释。他相信，它将能证明自己是学习、动机和思维的关键。

他的这些认识并非完全建立在格式塔理论先驱者们所提供的零

星证据之上，而是建立在自己的一些早期研究之上。在法兰克福就运动错觉进行研究后不久，他受到维也纳精神研究院儿童诊所主任医师的邀请，到那里寻找针对聋哑儿童的教育方法。他的实验方法之一是，由自己搭建一座简单的桥，桥上有三块木板。他让一名聋哑儿童观看建桥与拆桥的全过程，然后让他试着搭建。通常情况下，在犯过一两次小错后，孩子将学会并成功搭建几座不同形状和不同大小的桥。在韦特海默看来，孩子的思维并没有建立在对演示中所使用物品的数目和大小的感知之上，而是建立在对某个稳定结构——格式塔——的感知之上，按这种方式，两个同样长短的长条物被水平定位在两个终端上。

韦特海默还阅读人类学就原始部族的数字思维所做的报告，并于 1912 年就此问题写下一篇论文。他得知，一些讲南太平洋语言的人拥有不同的方法计算水果、钱、动物和人数，每种方法都代表适合于该项目的格式塔。他还发现，凡缺少抽象的编组和定序方法的民族，往往使用自然的编组法作为数字思维方式。一个原始人在搭建棚屋时可能不去计算所需的支柱数，但他根本不需计数就能知道整个棚屋的框架将呈现什么样子，并据此推断出所需要的支柱数量。（韦特海默只写下少数几个他所采用的实验，但大部分例子都被记载在科夫卡的《格式塔心理学原理》一书中。）

这些数据，外加他在法兰克福所做的实验，使韦特海默于 1913 年在一系列讲座中勾画出一种全新的心理学轮廓，其中心论点是，我们的精神表现主要是由格式塔而不是由一系列相关感觉和印象构成的，后者是冯特心理学的门徒及联想主义者所坚持的观点。他认为，所谓格式塔，并不是相关联想物的累积，而是某种整体架构，且该架构并不等同于各部分相加之和。知识的获取经常是在确定中心或确定结构的过程中得来的，因而只将事物看作一个有序的整体。

尽管韦特海默认为格式塔理论是整个心理学的基础，但他的大部分研究，包括早年所有格式塔心理学家的半数研究，都是在处理感知问题。在十几年中，三位著名的格式塔心理学家发现了一系列感知原理，或称作“格式塔定律”。韦特海默总结了自己和他人的一些观点，在 1923 年他所发表的为数有限的几篇论文中对若干主要定律一一命名，并进行讨论。随着时间的推移，韦特海默与同事和学生们一道，又发现其他一些定律（最终，定下名字的定律多达 114 条）。其中，最重要的是下列几条：

邻近律：在观察一系列类似物体时，我们倾向于以彼此间距离较近的组或集对它们进行感知。韦特海默的简单演示如图 5 所示：

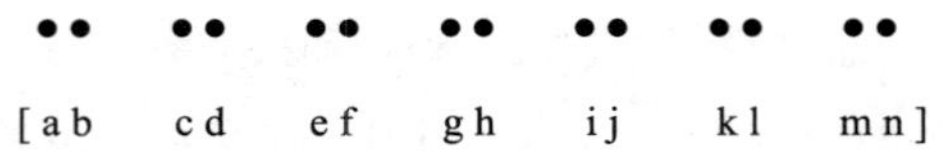

图 5　邻近律：简单的例子

他发现，给人们看一排黑点时，他们会自发地将彼此间距离最近的黑点结对来看（ab/cd/……），但实际上，完全也可将其看作一对对分隔较远的黑点，而每对之间相距很近（a/bc/de/……），然而，没有人以这种方式去看，且大多数人无法使自己这样看。还有一个更具说服力的例子（见图 6）：

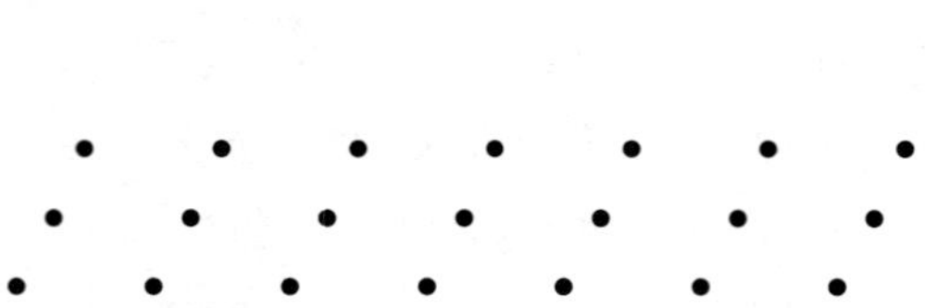

图 6　邻近律：较极端的例子

在这里，我们看见由每列三个距离较近的黑点构成的点阵，每列黑点以竖直方向稍向右倾斜。人们一般不会以另一种结构来看它，或就算以另一种结构去看，也非常吃力，即由三个彼此分隔较远的黑点构成的点阵，每列以竖直方向向左大幅倾斜。

相似律：当相似和不相似的物体放在一起时，我们总把相似的物体看作一组（如图7）：

○ ○ ● ● ○ ○ ● ● ○ ○ ● ● ○ ○ ● ● ○ ○ ● ●

图7 相似律：简单的例子

相似因素在实际上可以克服就近因素。在图8的左图框里，我们倾向于看见四组距离较近的物体；在右边的图框里，我们倾向于看见两组分布在各处但相似的物体：

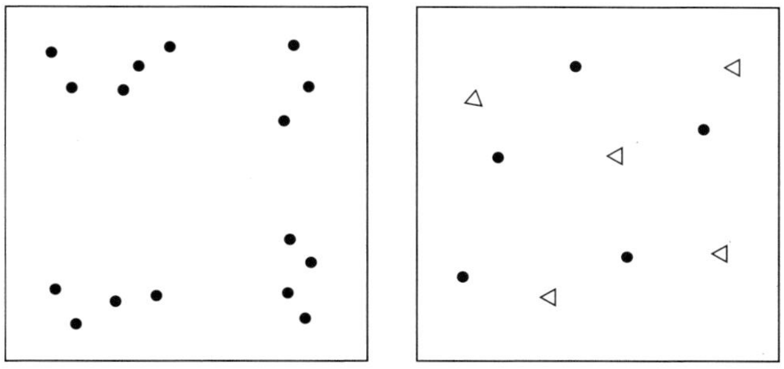

图8 相似律：较复杂的例子

连续律或方向律：在许多模式中，我们倾向于看见一些有内在连续性或方向性的线条，我们可据此在令人迷惑的背景中找出有意义的形状，如平常玩的“藏图”游戏。这样的线条或形状就是一个“非常不错的格式塔”——具有内部连贯性或内部必然性。

以图 9 为例，我们只能强迫自己将其视为两个弯曲的、有尖角的图形，即 AB 和 CD，但我们倾向于看到的是更自然的格式塔形态，即两条相交曲线 AC 和 BD。

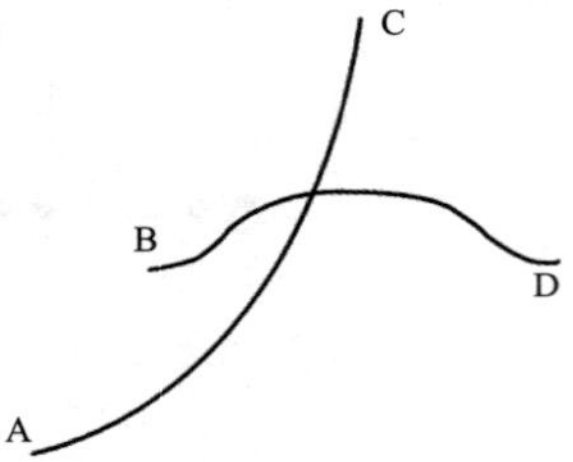

图 9 连续律：两条曲线还是两个有尖角的图形？

连续性因素可构成相当惊人的力量。考虑一下图 10 的图形：

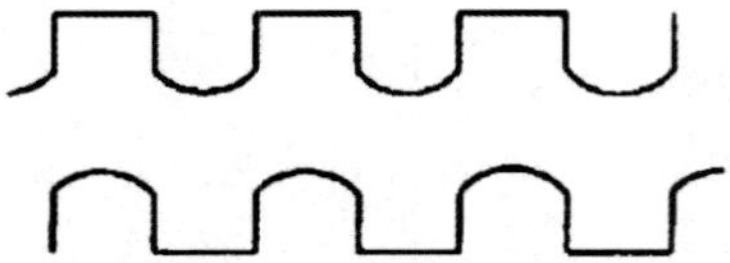

图 10 两个图形，易于区分

再看图 11，上面两个图形合并在一起就成这样：

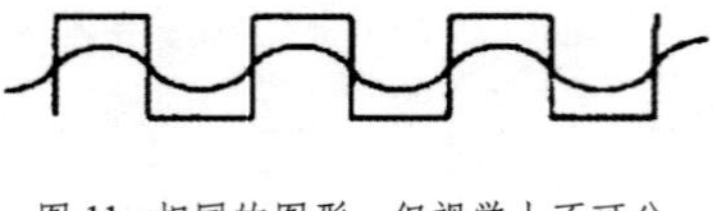

图 11 相同的图形，但视觉上不可分

在合并后的图中，几乎不能再看出原来的图形，因为连续的波纹线已控制整个图形。

求简律：相关的英文词是 pregnancy（怀孕），但该词并不能传达韦特海默的意思，因为他所要表达的是“看见最简单形状的倾向”。正如自然法则使肥皂泡采取最简单的可能形状一样，思维也倾向于在复杂的模式中看见最简单的格式塔。如图 12 所示：

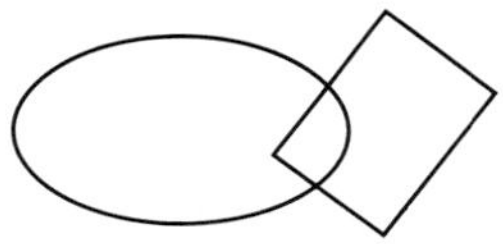

图 12 求简律：我们只看见最简单的形状

该图可解释为一个被直角切去右边的椭圆相接于一个被弧形切除一角的长方形。然而，这并不是我们所看到的。我们看到的要简单得多，即一个完整的椭圆和一个完整的长方形互相重叠，仅此而已。

闭合律：这是求简律的一个特别并重要的案例。我们在看一个熟悉或连贯性的模式时，如果某个部分失去了，我们则会把它补上，并以最简单和最优秀的格式塔对它进行感知。比如，在图 13 中，我们总是倾向于把它看作一颗五角星，而不是五个构成此图的 V 形。

图 13　闭合律：我们会把缺失的部分补上去

20 世纪 20 年代，格式塔心理学家库尔特·勒温注意到，侍者能非常容易地记住尚未付款客户的账单细节，然而，一旦付过之后，他就会立刻将其忘记。这使他想到，这是记忆和动机领域的一个闭合案例。只要交易未完成，它就没有闭合，因而可以引起张力，保持记忆。一旦闭合完成，张力和记忆就会消失。

勒温的学生，一位名叫布卢马·泽伊加尔尼克的俄国心理学家，用一个非常著名的实验验证了老师的推测。她给志愿者分配一些简单任务——做泥人、解决算术问题等一连串工作——让他们完成某些任务，却又打断他们，不使其完成另外一些任务。几个小时以后，她要求他们回忆所做的工作，结果发现，他们能清楚地记忆尚未完成的任务，其记忆效果是已完成任务的两倍左右。这个试验证实了勒温的推测，同时，也使泽伊加尔尼克小有名气。即使在今天，在提到动机问题时，心理学家们仍然不会忘记“泽伊加尔尼克效应”。

图形-背景感知：注意某物时，我们一般不注意或很少注意它的背景。我们看的是一张脸，而不是脸后面的房间或风景。1915 年，格丁根大学心理学家埃德加·鲁宾深入探讨了“图形-背景”现象，即大脑将注意力集中于有意义的图案而忽略其他数据的能力。他使用了许多测试图案，其中一个，即所谓的鲁宾瓶（见图 14），几乎人人皆知。

图 14 鲁宾瓶：是陶器还是侧面像？

如果看到瓶子，你就看不到背景。如果看到背景——两个人脸的剪影——你就看不见瓶子。同时，你可按自己的意愿选择所看的种类，在这里，意愿明显存在，不管新心理学家和行为学家如何认为。

尺寸恒定律：一个已知尺寸的物体，拿到远处去的话，会给视网膜留下较小的图像，但我们感知到的却是它的真实大小。我们是怎样做到这一点的呢？联想主义者认为，我们是从经验中得来的，远处的物体看起来要小一些、暗一些，因为我们把这些线索与距离联想在一起。格式塔学者却发现这个解释过于简单，与新的证据相冲突。对雏鸡加以训练，使它们只啄大颗饲料。在该习惯完全形成后，把较大颗粒的饲料放在远处，使其看起来小于近处的较小颗粒。但小鸡仍毫不犹豫地直奔远处的大粒饲料。对 11 个月大的女婴进行训练（通过奖励办法），使她在两个并列的盒子中选择较大的盒子。在较大的盒子被移至足够远的地方，使其在视网膜上的图像大小只有较小盒子面积的 1/15，可女婴还是选择远处的那只大盒子。

我们感到，远处的物体与它们在近处时大小相同，因为大脑用相互关系——如邻近的已知物体或可透视的特性——来组织了这些数据。图 15 中的两图摘自一本相对较新的认知教科书，可对此进行说明。

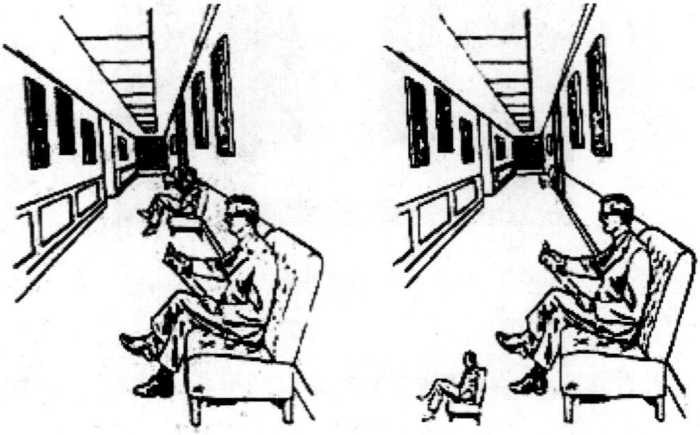

图 15 透视可提供物体大小的线索

在图 15 左图中，远处的人与他身边物体及与走道的相互关系可使我们将他视作与近处的人一样大小。然而，在视网膜上，远处那个人的图像却要小许多，如图 15 右图所示。

第四节 够不到的香蕉及其他问题

萨尔顿是生活在猩猩研究中心的一只雄性猩猩。它整个上午什么也没有吃，饿极了。饲养员领它来到一个房间，天花板上吊着一串香蕉，但它够不到。萨尔顿朝着香蕉又蹦又跳，仍然够不着。接着，它开始在屋子里打转，发出不满的吼声。在离香蕉不远的地方，它发现一根较短的木棍和一只很大的木箱。它拿起棍子，试图打下香蕉，可依旧够不着。有一阵子，它来回跳个不停，极为愤怒，突然，它直奔箱子，把它拖到香蕉底下，爬上去，轻轻一跳就拿到了奖品。

几天后的情形是一样的，只有一点，就是那串香蕉挂得更高，而且不再有棍子了。所不同的是，屋内有两只箱子，一只比另一只稍大一些。萨尔顿明白该做什么，或自认为明白该做什么。它把大箱子搬到香蕉底下，爬上去，蹲下来，似乎要跳起来。但它看看上面，并没有跳，因为香蕉挂得太高了。它跳下来，抓住小箱子，拖住它满屋子乱转，同时愤怒地吼叫，踢打墙壁。显然，它抓住第二只箱子，并没有想到要将其叠放在第一只箱子上面，只是拿它出气。

然而，它猛然停止叫喊，将较小的箱子直拖到另一只箱子一边，稍一用力，就将其堆放在大箱子之上，然后爬上箱子，解决了香蕉难题。一直站在一边进行观察的沃尔夫冈·克勒将这一切尽数记载下来，由衷地表示高兴。

在 1914 年至 1920 年间，克勒做了一系列实验对猩猩的智力进行研究。他对猩猩的实验几乎与巴甫洛夫对狗的实验和华生对小艾伯特的实验同样著名。克勒的发现不仅在于其自身的价值，而且在于它们直接导引出格式塔心理学家对人类解决问题的类似研究，并获得一系列重大发现。

解决问题的思维本质在过去的 24 个世纪里一直吸引着许多哲学家和心理学家，但在德国，这一课题早已过时。就跟所有高级心理过程一样，它已处在由生理心理学家和冯特学派所规定的科学心理学的疆界之外。在美国，尽管威廉·詹姆斯和约翰·杜威对解决问题已有论述，但桑代克用猫进行的迷箱实验却已引导许多心理学家得出这样的结果，即解决问题不过是试错法的产物，并不是有意识的计划。对于人类，情况也是如此。

受到斯宾诺莎长年熏陶并对其佩服得五体投地的韦特海默，却持有完全不同的观点：相信具有思维的心理的力量。他还对伽利略及其他伟大的发现者印象深刻，坚信他们的突破来自于对问题的全新观点，这种观点造成了一种顿悟。

为说明这样的感知力如何能产生解决方法，韦特海默举出著名数学家卡尔·高斯的一段轶事。故事说，当高斯 6 岁时，他的老师问班上同学，谁能最先算出 1+2+3+4+5+6+7+8+9+10 的总和。小高斯在几秒钟内就举手。“你怎样这么快就算出来的呢？”老师问。高斯说：“如果我按 1 加 2 加 3 这样算下去当然浪费时间，但是，1 加 10 等于 11，2 加 9 等于 11，3 加 8 等于 11，等等，因而共有 5 个 11，答案是 55。”他从中看出的是一个结构，因而很快就得出解决问题的方法。

韦特海默觉得推理和解决问题饶有趣味，并在晚年写出一本《生产性思维》（1945），站在格式塔心理学的立场对这一话题进行总体讨论。但就这一问题进行大量实验工作的，却是由克勒领头的其他格式塔学者。

克勒在与韦特海默进行完运动的错觉实验后，在法兰克福一住又是三年，于 26 岁时被任命为普鲁士科学院设在特内里费的猩猩研究站站长。特内里费位于非洲西北海岸的加那利群岛，是西班牙属地。克勒于 1913 年整装出发，万万没想到的是，此后发生的世界大战和德国战后的混乱竟将他困在岛上长达六年之久。

但他也将这段时间运用得恰到好处。他曾被韦特海默的思想深深打动，后来回忆说：“我的感觉是，他的工作可能会使当时算不得什么的心理学发生翻天覆地的变化，并使其成为关于人类的基本问题的十分活跃的研究科目。”

在特内里费岛的日子里，这些思想时常出现在他脑海里。尽管他对灵长类动物的研究未能正式使用格式塔心理学术语加以描述，但却极有力地证实了格式塔理论极其适合解决问题。他不断地进行调查研究，旷日持久地反复变换，多年来不断重复这个实验。他的行为使一些英国情报人员认为他是德国间谍，因为没有哪位科学家肯花费如此漫长的时间来研究猩猩如何拿取够不着的香蕉。（罗纳德·利是纽约州立大学奥尔巴尼分校的心理学家，他花费近15年时间取证调查克勒是否是一名德国间谍。他从特内里费岛年迈的居民中收集到大量的闲言碎语和谣言，但在德国和该岛上他未能找到任何支持这种说法的证据。利认为，克勒极有可能是间谍，但其他学者对此心存疑惑。）

克勒设置了许多不同的难题让猩猩解决。最简单的是绕道问题，猩猩得通过转弯抹角的路径获取香蕉，这对猩猩不成问题。复杂一些的是使用工具，即猩猩得使用工具才能获取挂在高处的香蕉，如棍子，猩猩可用它打下香蕉；再如梯子，它们可将其靠在墙边（它们似乎永远想不出如何将梯子稳固地架好，只是将其竖着靠在墙边）和箱子上。

有的猩猩需要较长时间才可看出箱子是用来获取香蕉的，但它们从未很好地使用过箱子。有的猩猩总是做些徒劳无益的事情，如把箱子码放在离香蕉很远的地方，或码放的水平过差，待它们爬上去时，箱子往往翻倒在地。另一些猩猩显然要聪明一些，做得也很出色，它们学会以更安全的方式码放箱子，甚至能码放两只以上的箱子以取到香蕉。雌猩猩格兰德甚至在需要时可使用四只箱子，虽然在码放它们时颇费周折。

猩猩似乎能时不时地突然在某个节骨眼儿上想出解决问题的方法。克勒解释说，这是猩猩在脑海里对形势的重塑。他将这种突然的发现叫作“顿悟”，定义其为“某种相对于整个问题的布局而出现的完美解决方法”。显然，这是与桑代克的猫试错学习法完全不同的方法。

克勒认为，猫在不同情况下可能会展示出一定的顿悟能力，但迷箱却是它们无法用智力加以解决的问题，因为里面包含它们看不出来的机械因素。然而他肯定，在简单动物身上没有顿悟思维。他搭起一道与墙成直角的篱笆，再加一道篱笆与外侧的一端成直角，形成一个L形。他把一只鸡放进L形篱笆里，再把饲料放在L形篱笆的外面，鸡则沿着L形篱笆的内侧来回奔跑，却不知暂时离开饲料，绕过障碍以获取食物。但一只狗却能很快地识别整个形势，知道绕过障碍即可轻易获取食物。再将一个刚满周岁的女婴放在L形篱笆里面，并在篱笆对面放一个她最喜欢的玩具小人，她在开始时会透过篱笆取玩具，够不到时就会乐呵呵地摇晃着身子绕过障碍取它。

就猩猩而言，最显著的顿悟例子则是由另外的问题诱发出来的。克勒常把一只猩猩放在笼子里，再把香蕉放在笼子外面它够不到的地方。他在笼子里放一些棍子。猩猩可能在相当长的时间里不知道用棍子够取食物，但可能在突然之间，它会想到这一点。一个叫谢果的雌猩猩先用手尝试抓取香蕉，半个小时后，它失去了信心，干脆躺下。但当另外几只猩猩出现在笼外时，它一下子跳将起来，抓住一根棍子，猛地把香蕉拨到跟前。显然，其他猩猩接近食物对它起了促进作用，从而诱发出它的顿悟力。

在另一个棍子难题中，猩猩想出解决方法的方式更加突然。克勒记录道：

> 仅凭手边的短棍子，萨尔顿是拿不到放在外面的食物的。不过，在栅栏外面还有一根稍长的棍子。[它]用手

抓不到这根长棍，但它可用手中的短棍将长棍拨弄过来。萨尔顿尝试用稍短些的棍子直接拨弄食物，但没有成功。它撕咬栅栏上的一根铁丝，仍然是徒劳的。然后，它打量四周（这些测试中总有较长的停顿时间，动物们此时会仔细察看整个可见区域）。突然，它又一次拿起棍子，直接走到放长棍子的铁栅栏跟前，用这根辅助短棍拨动那根长棍，抓到手里，再走到目标所在的栅栏跟前，用长棍迅速地获取食物。

在更复杂的问题中，即使利用可到手的两根棍子都取不到香蕉，但两根棍子中，其中一根略细于另一根，可插到另一根里以增加长度。即使聪明的萨尔顿也无法立即看出这一方法。它花费约一个小时尝试拿到食物，但怎么也不管用。克勒用一根手指戳了戳一根棍子的末端，给它暗示，但萨尔顿仍未能明白。接着：

萨尔顿以不同的姿势蹲在箱子上，箱子离铁栅栏还有点距离。接着，它爬起来，捡起两根棍子，拿在手上随便把玩。玩着玩着，它突然意识到自己的两只手上都拿着棍子，并且使两根棍子在一条直线上。它把较细的棍子插入较粗的里面，当下跳跃起来，一路直奔过去，来到铁栅栏前，用这根加长一倍的棍子拨到了香蕉。

克勒最重要的发现之一对认知心理学具有极大的意义，那就是，顿悟式学习不一定依靠奖励，就像桑代克对猫进行的刺激－反应实验中所验证的那样。当然，猩猩一直在寻找奖励，但其认知的结果并不是奖励带来的，因为它们在吃到食物前就已解决问题。

另一项重要发现是，当动物得到某种顿悟时，它们不仅知道解决问题的方法，而且还能概括并把稍加改变的方法应用到其他不同的情形之中。按照心理学术语来说，顿悟式学习能进行“积极传递”。按照一般人的说法，猩猩已学会应付各项考试。

1917年，克勒在专论中报告了自己的发现，在1921年又出版《猩猩的智力》。他的专论与专著使心理学界大受震动，且震动界面并不限于对动物解决问题能力的独到研究。克勒的观察为格式塔心理学利用同一方式研究人类解决问题的能力铺好了道路。

1928年，哥伦比亚大学师范学院的一位心理学家利用克勒式方法对一些1岁半至4岁不等的孩子进行实验。孩子们最希望得到的不是香蕉，而是玩具。她把这些玩具放在孩子们拿不到的地方，要么在围栏外，要么放在某个架板上。在围栏实验中，她放了棍子及用以爬到架板上的椅子和箱子。有时，孩子们立刻看出了解决方法，有时转悠半天后才看出来。该过程与猩猩大脑里发生的过程惊人的相似，不过，一点也不令人奇怪的是，即使这些远未成熟的孩子，其解决问题的能力也要远远高于成熟的猩猩。

类似的实验还包括年龄更小的八个孩子，他们的年龄从8个月到13个月不等。这些实验是稍晚的卡尔·邓克尔做出的。他是一位年轻的德国心理学家，曾在柏林与韦特海默和克勒一起做过研究。他使用的方法更加简单。孩子们围绕桌子坐着，桌上摆满伸手够不到的可爱玩具，不过他们手上有根棍子。只有两个孩子立即想到了解决办法，另外五个孩子只是拿棍子玩耍，在有意或无意之间将棍子伸到玩具跟前时，突然顿悟到可用棍子达到目的。最小的孩子一直未能解决好这一难题。

邓克尔最重要的研究进行于1926年至1935年之间，主要研究成人受试者解决问题的能力。他的方法之一是提出一个问题，让受试者在解决问题时将思考的过程念出来。邓克尔把所说的话记录下来，然后分析其“协议”或文字记录，以期发现受试者是如何看待这一问题并找到解决办法的。他的两个问题之一是：

假定一个人患了胃癌，又无法动手术，但可用足够剂量的射线杀死有机组织。他可通过什么步骤达到既利用射线消除癌细胞又不伤害肿瘤旁边的正常组织的目的呢？

一个典型的受试者的建议（这里已进行大幅删节和简略）如下所示：

从食道里输送射线。

动手术使肿瘤暴露。

这么做时他应降低射线剂量；例如——这有用吗？——等找到肿瘤时再把射线开到最大剂量。

要么射线进入身体，要么肿瘤暴露出来。也许人们可以改变肿瘤的位置——但如何这么做呢？通过压力？不行。

射线剂量得可以调节。

对健康组织照射时，应把射线剂量调至弱位。

我只看到两种可能性：要么保护身体，要么使射线无害。

［实验者：人们怎样才能在进行中降低射线剂量呢？（如各位前面所言）］

总得想法转变射线的方向，消散它……分散它，停！让一束宽且弱的光通过透镜，这样的话，肿瘤就能处在焦点位置，受到剂量最大的辐射。

这个建议和其他建议显示，当面对这个问题时，人们能使用一系列不同的启发式（探索式）技巧，通常使用机械式或日常启发方法，如以问题中最紧急也最明显的特征为基础进行随机的可能性尝试。这些启发方法通常得出较差的解决办法，或根本是一筹莫展。在上述建议中，通过食管输送射线或通过手术使肿瘤暴露，应属此类。

在多次走入死胡同之后，许多受试者开始考虑更具实效的功能性疗法（另一些人已开始这么干），试图识别出问题的关键性质。比如，他们开始自问基本目标是什么，并在此时（也只有在此时）开始寻求具体解决方法。在上述建议中，受试者开始考虑以这种方式解决问题，因而说道："应该逐渐降低射线剂量。"接着，他又回到第一种思维之中（也许人们可以改变肿瘤的位置），但在实验者以更基础的方法对他进行提醒后，他便突然将自己的理解转变成可行的解决办法。机械性启发就如同小鸡沿着篱笆转来转去，功能性启发则等同于以更广泛的眼光来观察局势，并找出虽不直接却切实可行的接近目标的方法。

邓克尔的其他主要研究方法是把受试者带入一个房间，房间里面堆满一大堆乱七八糟的东西，桌上也摆着一些材料。他请受试者完成一项任务，而这些材料或物体里面根本没有一样东西适合这项任务。该实验旨在测试受试者在什么情况下考虑使用一种或多种可能得到的东西用于其他的可能用途，又在什么情况下不能进行这样的重组。

例如，在一种情况下，他要求受试者将三根小蜡烛安装在门上齐眼高的地方，准备进行"视力实验"。桌上有蜡烛、不干胶、纸夹、几张纸、绳索、铅笔和其他一些东西，也包括一些关键物品：三只空的纸牌盒子。每位受试者在里面乱翻一阵后，都重新构造出自己对这些东西的认识，并看出纸盒可以贴到门上，然后用它作为平台，再把蜡烛放上去。

这一问题的另一个变换是，三只盒子都装有东西，一只装有小蜡烛，第二只装有不干胶，第三只装有火柴。这一次，只有不到一半的受试者解决了问题，因为他们看到这些盒子已有用途，因而很难看出盒子还能派上其他用场。邓克尔把这种解决问题中出现的常见但很严重的障碍叫作“功能性黏滞”，解决问题者如果认定某物体具有专门用途，就很难看出它的其他用途。

这是一个非常值得注意的发现，因为它解释了为什么一些最熟悉自己所从事行当的人最不可能在自己领域里找到解决问题的新办法。教育创造出专业知识，同时也创造出功能性黏滞。一位专家看自己手中的工具时，看到的是各工具的专业用途。一个生手尽管可能出些不着边际甚至荒诞不经的馊主意，但也往往能提出极有创见的观察方法。毫不奇怪，科学家们往往在早年提出其最有创见和最重要的见解。

许多人认为邓克尔是 20 世纪 30 年代格式塔心理学者中最有天赋的一个。如果不是英年早逝的话，在寻求解决问题的道路上他也许会走得更远。他是一位政治自由主义者，1935 年从德国逃到英国，1938 年又到美国的斯沃斯莫尔教书。1940 年，37 岁的邓克尔因为战争的爆发而深感压抑，自杀身亡。

由克勒、邓克尔和其他格式塔心理学者所进行的对解决问题方法的研究，看似简单，意义却十分深远。他们展示出，人类（在某种程度上也包括动物）的问题解决能力并不限于试错法，也不限于条件反射法。它经常包括一些较高层次的思维，并从中产生出新的视野、思维和解决方法。对于问题解决能力的研究是格式塔心理学家将心理恢复至心理学所关心的中心位置的最重要的方法之一。

第五节 学习

许多世纪以来，对如何获取知识的研究一直是心理哲学家和心理学家最关心的问题之一。但随着生理心理学家和冯特的到来，关于它的大部分论题及其他过时的心理主义话题都被束之文化的高阁。

生理学家和冯特的门徒们就学习所发表的少数言论，充其量不过是对联想主义的贩卖。他们认为，学习不过是对零散经验的连接。行为主义者虽然认为学习是其研究的主题，但却只把学习看成是在刺激－反应条件下的无意识认知。他们计算强化实验的次数与已成习惯的强度之间的关系，却忽视了人类学习中涉及的诸多较高层次的精神活动。

格式塔心理学的贡献之一，也许是其最大贡献，是将意义和思想恢复到学习中。尽管格式塔运动只在德国有过瞬间的辉煌，且没有替代美国的行为主义学说，但它却使认知传统重放光辉，并对其进行了一系列革新，为20世纪60年代的认知革命铺平了道路。

科研人员对鸡的思维而非人的思维进行研究之后，得到了能证明联想主义和刺激－反应学习理论存在严重不足的首个有力证据。克勒在特内里费岛时，曾对四只鸡进行过长期但极具启发意义的实验。他让其中两只鸡啄食散落在一张浅灰色纸板上的米粒，当发现其啄食另一张深灰色纸板上的米粒时即将其赶走。同时，让另外两只鸡接受相反的训练。大家都知道鸡特别蠢，但经过400—600次实验之后，前两只鸡就只啄浅灰色纸板上的米粒，后两只鸡则只啄深灰色纸板上的米粒了。

接着，克勒改变了这两种情形，令训练鸡学会吃食的那张纸板的背景颜色保持不变，但将另一张纸的色调调换。对前两只鸡，调换成更浅的灰色，对后两只鸡，则换成更深的灰色。联想主义者和条件反射主义者可能得出预测，由于鸡已学会将吃食与某种特别的灰度联系在一起，因而，它们应继续这么做。但在 70% 的实验中，这些鸡都在新的背景上啄米，而不是在旧的背景之上。那对经过训练、只在较浅背景上啄食的鸡大多只选择新的、颜色更浅的背景。而那对学会在较深背景上吃食的鸡则大多选择新的、颜色更深的背景。格式塔学说提供的答案是：鸡已学会不将食物与某种特别的颜色联系起来，而是与某种特别的关系联系起来——在第一种情况下，是较浅颜色的背景，在第二种情况下，是较深颜色的背景。

克勒在一只猩猩和一个 3 岁幼童身上重复这个实验。他们俩各得到两只箱子，一只是暗色，一只是亮色。当猩猩受试时，亮色箱子里放着食物。当孩子受试时，亮色箱子里放着糖果。猩猩和孩子都知道亮色的箱子里有奖品。克勒拿走暗色的箱子，各用一只比盛放奖品的箱子颜色更亮的新箱子替代。这次，他在两只箱子里均放入奖品，除颜色不同外，没有其他激励因素供受试者选择。结果，猩猩和孩子通常选择的都是新箱子，即颜色更亮的那只。

行为主义学者和冯特的门徒都知道，动物只要经过训练，就可在两种不同颜色的东西中选择一种，可他们不愿相信的是，动物所学的不是两种颜色，而是两种颜色之间的关系。对于这些“元素主义”心理学家们而言，关系并不能成为基本的心理学事实。韦特海默的学生所罗门·阿什一语道破：“这个前提足以抹杀经验的无穷证据。”

克勒的实验最后表明，颜色之间的关系其实是动物们学会的基本事实，因为它们会在不同情形下应用同一原理。阿什认为，这个例证应是普遍的定律，在学习几乎任何东西时，动物和人类都是以相互关系进行感知的，这些关系包括，此物堆在彼物之上，居于两者之间，大于彼物，小于彼物，早于彼物，晚于彼物等。关系是感知、学习和记忆的关键。这个事实此前被排除在心理学之外，现在又被格式塔学者们重拾。

韦特海默、克勒、科夫卡和他们的许多学生都对学习问题进行了探索，可宣扬该观点的许多功绩大多归在科夫卡名下。这位害羞、不自信、其貌不扬的小个子男人性格古怪，嗓门巨大，但当他坐在桌前论述事实和学说时，却总是心旷神怡，游刃有余，文笔既有大师气度，又尖刻泼辣。

科夫卡本人并没有进行过值得注意的认知研究。他的几乎所有实验都是关于深层感知、色彩和运动的。然而，由于他的英语很好，《心理学快报》的编辑罗伯特·奥格登（曾随科夫卡在维尔茨堡学习过）邀请他用英语讲解格式塔心理学。这件事发生在 1921 年。此后，科夫卡就成为整个运动的非正式代言人。格式塔心理学的研究发现和有关学习的思想之所以为该行业所知，大多是因为他的报道文章和两本著述。

在其中一本名叫《思维的成长》的著作（该书德文版出版于 1921 年，英文版出版于 1924 年）中，科夫卡用格式塔心理学的眼光回顾了关于精神成长研究的发展现状。在他提供的许多新思想和新解释中，有两点特别突出。

其一，本能行为并不是一串由某种刺激通过机械原理所激发的条件反射，而是一组或一种反射模式——由动物强加在自己行为上的格式塔——旨在实现某个特别目标。小鸡在某些它“知道”可食的东西上啄食，但该动作是趋向目标的本能，受饥饿驱动，绝不是看见食物后产生的机械和自动反应。小鸡在吃饱后并不啄食，尽管它看见食物，也存在反射。

其二，科夫卡反对行为主义的教条，即所有学习都是一连串由奖品创造的联想所构成的。他反驳道，许多学习发生在奖品出现之前，是通过在思维里进行组织和重新组织完成的。他的证据是克勒对猩猩与小孩就解决问题的能力所做的研究。但他承认，组织过程的准确原因还不太清楚。

14 年后，在《格式塔心理学原理》一书中，科夫卡勇敢地尝试以格式塔心理学的观点来回顾所有现存的心理学知识，提出一种理论以解释思维的组织和重组。这个理论最早由克勒提出，他使之更为精确化。其理论是，大脑固有的“心理物理力量”——神经能量场——跟自然界其他力场一样发生作用，总在寻找最简单或最合适的形态（可见于肥皂泡或磁力线中）。因此，思维倾向于以“好的格式塔”形态建构或重构所得信息。

然而，这些好的格式塔形态是对外部世界的真实反映吗？科夫卡对这个古老的问题表示了明确的肯定态度。他拿出由韦特海默提出并由克勒发展而来的理论，即我们对这个世界的想法与这个世界本身是同构的；思想是大脑活动的结果，它们与所代表的外部事物在结构上具有一定相似性。如果我们看到两只分开的灯，就会有两处分开的脑刺激。如果我们看到运动，则在大脑里相应产生一个被唤醒的场运动。思维的内容并非某种与外部世界完全不同的东西，而是外部世界的神经图像。

与物质世界完全不同的现象——思想——是如何代表那个世界的呢？现在，这个传统问题终于有了答案，或在科夫卡和他的同事们看来，这个问题好像得到了解决。但在 20 世纪 50 年代，卡尔·拉什利及其他神经生理学家进行了一系列实验，旨在干扰同构理论中假定存在的电子场。他们在一些动物的视觉皮质中植入云母片，在另一些动物的大脑皮质里植入银箔，从而使模拟被感知的外部世界的那些不同电势发生短路。动物们的视觉经验在两种情况下没有发生不同反应。这些实验有力地击溃了同构说和力场学说。

然而，如果不把力场学说看成生理现实，而只视作一种有见解的比喻，它就具有真正的价值。它所表达的意思是，我们按照某种与力场的运行相似的方式，对经验进行编组、分类和重组，并让我们的思维内容保持最简单和最有意义的构成。作为一种指导性意象，在描述我们感知、理解、存储和利用信息的方式时，它比联想主义理论、条件反射学说，或任何早期认识论学说都更贴切。力场学说并不是最高真理，但它比早期的理论更接近真理，也是未来更接近真理的某些学说的基础。

记忆是认识的一个方面，格式塔心理学为此提供了特别有用也特别有见解的思想。

其一是由科夫卡详细提供的假说，即记忆的生理学基础是中枢神经系统中形成的“痕迹”——由经验促发的永久性神经变异。这是个大胆的猜想。几十年后，神经生理学者们将会渐渐发现构成痕迹的细胞和分子的实际变化。

另一极具创意的猜想是关于记忆的心理学基础。科夫卡认为，事先埋下来的记忆痕迹会影响新经验被感知和记忆的方式。联想主义者则不这样看。在联想主义者看来，新经验只是增加到旧经验上而已。科夫卡却认为，新经验与痕迹相互作用，痕迹与新经验也相互作用，其方式在生命早期是思维所不具有的，而且，这种相互作用构成精神发展的原因所在。不久，这一思想被瑞士儿童心理学家让·皮亚杰所收集到的大量观察数据证实。

科夫卡用大量的实验证据证明，记忆不仅是把经验黏在一起或聚集在一起——如联想学说所言，而是通过有意义的联系将它们组织起来。他所出示的证据中，包括艾宾浩斯和他的门徒所做的一些实验。实验说明，学习一串没有意义的音节比学习一串通过意义连接起来的词语要困难得多。科夫卡举出一条简单而有说服力的例证，即如果项目之间每种联系只是一种联想，则下面两行应该同样容易记忆：

pud sol dap rus mik nom

A thing of beauty is a joy forever

科夫卡的评论是："联想理论解释不通的地方是，为什么学习和记忆第一行没有学习和记忆第二行那么容易。这个困难，如我所知，是联想主义者从未明确提出的。"

跟格式塔心理学的其他许多例子一样，由上述两行单词演示出来的真理好像非常明显，这使人们想知道为什么它需要被重新发现。在从无知到认知的进程中，心理学还没有进入稳定阶段，其进程更像是某个探索者在一片未知的土地上探索。它的目标仍在远处，它试着不同的山谷与河道，绕着大弯，当发现前路太难走时还得折回来另寻出路。冯特的弟子和行为主义者向着远处的目标迈出了重要的几步，但人们发现他们走入的是死胡同。格式塔心理学者所做的是把心理学扳回到稍稍正确的路线上。

波林在其权威性的心理学史中用另外一个比喻解说了这点："看起来好像是这样的，正统学说沿着感官分析这条笔直而狭窄的通道走向迷途，通向生活的是现象学那敞开的大门和宽敞的大道。"

格式塔心理学家既不是第一批也不是唯一一批发现此路的人，但正是他们用一种极其令人信服的方式宣布了这一发现，从而被列入科学心理学的宏大结构中。

第六节 失败与成功

在德国，如我们所见，格式塔心理学在 20 世纪 20 年代成为领导学派。但在其三位创立者及他们的学生相继离开德国后，格式塔心理学于 20 世纪 30 年代中期几乎销声匿迹。在美国，1922 年，科夫卡开始发表介绍性文章，之后，格式塔心理学渐渐引起人们的兴趣，甚至激起相当的热情。科夫卡和克勒分别受到邀请，到美国几乎所有重要的研究中心，要么开讲座，要么开研讨会。1925年，克勒成为克拉克大学的访问学者，哈佛授予他访问教授的头衔，但被他婉言谢绝。

然而，当时在美国大行其道的是行为主义学说，行为主义已经成为美国心理学中最具影响力的学派，根本不给格式塔思想任何发展空间。部分行为主义学者甚至认为，格式塔学说在某种意义上是一种倒退，使心理学倒退至一种已失去辉煌且并不科学的先天论之中。如果先天论指向的是对先天观念的信仰，上述看法是完全不合事实的。如果说先天论认定思维根据其本质将某种秩序强加给经验，上述看法倒是无可厚非。格式塔理论在某种程度上是康德先验论的现代翻版。

几十年后，格式塔心理学的这一中心信条得到众多研究形式的强力确证。比如，对语言获取能力的研究证明，儿童感觉到句子中的语法结构，并开始按语法结构说话，这些活动均发生在其被教授语法之前。值得注意的是，对一些没有学习过任何手势语言的聋哑儿童的研究发现，到3—4岁时，他们会使用一串手势——准句子——进行交流，这些手势的作用、动作和对象之间具有明显差别，与书面语言毫无二致。

行为主义对格式塔心理学的抵触也遭到反击，科夫卡、克勒和韦特海默均对行为主义学说（和其他心理学）不屑一顾，并将自己的学说视作唯一有效的理论。他们的态度冒犯了美国的大多数心理学家，心理学家迈克尔·索科尔回顾说：

> 美国心理学家们对格式塔学者的态度尤其反感……最近，“官气”一词就是专门用以形容当时的大多数德国大学教授的。整个格式塔运动在某种程度上代表着对传统德

国大学文化的反叛，但在另一方面，在更深一层，格式塔学者又有着德国学者的特点。

结果是，到20世纪30年代末，格式塔心理学虽已在美国心理学界扎根发芽，但仍处于二流地位。跟结构主义、功能主义、弗洛伊德主义和其他许多流派一样，格式塔学者在美国这片由行为主义主导的疆域里，一直处于少数派地位。然而，他们对心理学的发展所做出的贡献，却远超出其人数和地位的影响。

韦特海默热情但没有耐心，因而并不是个好老师，他在社会研究新学院里有少数信徒，但没能组建相关的研究机构。然而，按照其杰出学生亚伯拉罕·S. 鲁琴斯的说法，在美国的十年中，他始终是行为主义者眼中一个“引人注目且令人不安的人物”。

科夫卡枯燥无味，古板教条，却颇受他任教的史密斯学院的女生的青睐。然而，由于这所学院只注重本科教育，在这几年中他只指导过一位博士。不过，他仍然通过写作对心理学界产生了广泛的影响，尤其是他编撰出百科全书式的《格式塔心理学原理》一书。1941年，他因心脏病突发与世长辞，享年55岁。若不是英年早逝，他无疑能写出更具影响力的专著。

在三人中，尽管同样拥有德国人的古板，但克勒仍是在传统学术圈子里混得最好的一个。他在斯沃斯莫尔创立了一个心理学研究中心及一份奖学金，吸引来众多一流的博士生，其中有戴维·克雷奇、理查德·克拉奇菲尔德、雅各布·纳奇米亚斯和乌尔里克·奈塞尔。克勒于1958年退休，但一直积极从事研究工作，直到九年后他年届80岁为止。退休后，他得到美国心理学界的最高颂扬，并被选为美国心理学会主席。这是对他的个人成就和格式塔运动对心理学的贡献的最大承认。

一个令人困惑的现象是，到20世纪中叶，尽管格式塔运动已失去地位并销声匿迹，但它的一些重要概念却渐渐汇入心理学的主流。的确，这些概念至今仍占据重要地位，尽管现在许多格式塔概念在心理学教科书中不受重视。

格式塔心理学的基础教义，即整体——格式塔——比它的部分之和重要，并主宰我们的认知力，完全经受住了时间与实验的双重考验。在最近一次实验中，心理学家戴维·纳冯就观察者识别大字母与小字母的时间差进行了测量，其方式如下（见图 16）：

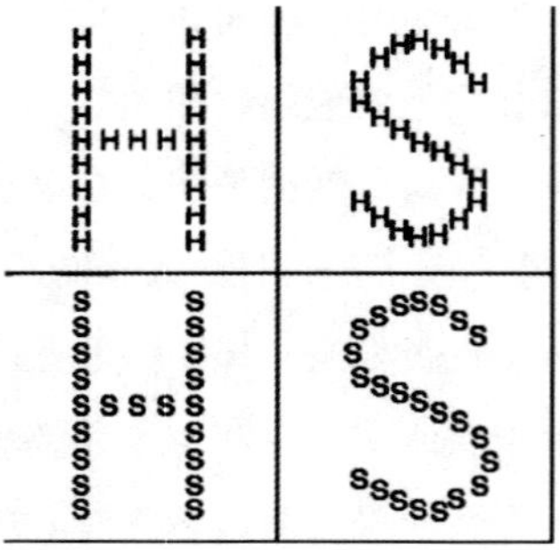

图 16 “林先于树效应”：识别小字母的时间长于识别由它们所组成的大字母的时间

在这里，观察者能迅速说出由小字母所构成的大字母，而无视小字母与大字母是否结构相同。相比较而言，如果小字母与它们所组成的大字母结构不同时，识别它们的时间更长一些。显然，整体总是比组成它的部分容易识别。

格式塔理论在如下三个领域仍见踪影：

感知：研究和理论继续朝着格式塔心理学家们指明的道路前进。机械主义心理学认为，在局部刺激与局部感觉之间存在点对点的对应，对视网膜每个点施加的每种刺激都会形成一个对应的感觉，每种感觉都由一个刺激产生。然而，这种纯粹的神经学解释并不能解释明显的运动、视觉错误、色彩常态、尺寸判断以及其他许多现象，只有认知学说才能将之解释清楚。现代感知理论早已超越了格式塔心理学，不过是朝着同一个方向。

解惑：以奖品为基础，通过试错法来解决问题的模式，用于解释一些简单动物的行为是令人满意的。不过，在对具有较高智力的动物和人类的解决问题行为进行研究时，还得顺着克勒、邓克尔和韦特海默指引的方向前进。近几年来，人们引进了信息程序理论中更新也更精确的模式。它们与格式塔解决问题的学说并不冲突，可提供详细的、一步一步的推理和探寻方法，而这些方法正是格式塔心理学用“重新构造”这些模糊的术语所描述过的。

记忆：艾宾浩斯及其弟子用无意义的音节揭示了某些记忆原则，但只限于无意义的狭窄范围之内。格式塔心理学恢复了一个视野，人们可在其中对记忆的广泛领域——意义的网——进行调查。我们可将新材料植入该网中，并通过该网对所需求的信息进行定位和调用。近期就记忆问题所做的研究已远远超过格式塔的解释，但仍沿着同一方向。

更重要的是，格式塔学者把意识和意义重新带给心理学。他们并没有损毁冯特的信徒或行为主义者的发现，只是极大地扩大了科学心理学的范围和规模。他们重新确立了思维的地位及其所拥有的过程——按照科夫卡的说法，其中包括意义、重要性和价值。如他所说：

> 我们并不是被迫从心理学和普遍意义的科学中废弃诸如意义和价值这些概念，相反，我们必须利用这些概念以

更全面地理解思维和这个世界。

1950年，已成为遥远流派的格式塔心理学慢慢失去影响，对此，埃德温·波林用迄今仍无人超越的文笔对它的命运小结如下：

> 学派可以没落，也可因成功而消亡。有时，盛极必衰。[格式塔心理学]开创了许多重要的研究领域，但把它继续标榜为格式塔心理学已不再有益。格式塔心理学的巅峰已经过去，现在已是盛极而衰，消匿在心理学的海洋里了。

40年后，对于格式塔心理学的这种评价再次得到欧文·洛克和斯蒂芬·帕尔默两位感知研究人员的肯定。他们借用认知科学的术语修订、拓展了格式塔心理学的感知理论。

> [格式塔学派]所阐述的主要感知现象给人以非常深刻的印象。此外，在研究学习、思维和社会心理学的性质方面，格式塔心理学也胜于行为科学。尽管现代心理学家依然采用行为科学的方法，然而，行为科学的理论早已遭人摒弃，取而代之的是与格式塔心理学相一致的认知方法。他们所提出的有关感知组织、洞察力、学习以及人类理性方面的理论问题，至今仍然是最深刻、最复杂的。如今，人们对神经网络模型所表现出来的极大兴趣充分表明，格式塔理论非常活跃，而且，其在心理学历史中的作用得到了充分肯定。

第三部分　专业化与集大成

SPECIALIZATION AND SYNTHESIS

简介 心理学的裂变与心理学诸学科的融合

我们已经走了很远。

我们目睹哲学大师们在心理问题上由形而上的思辨和空想前进至对某些心理过程的准科学理解。最终，在生理学的帮助之下，我们得以将心理学从哲学中抽取出来，并将之确立为一门独立的科学。

我们还看到，跟任何一门不成熟的科学一样，心理学作为一个独立的知识领域在最初几十年里并未形成真正统一的理论，只不过是就某种特定的现象提出某些特别的理论而已。这些理论出自几个伟大的先贤——冯特、詹姆斯、弗洛伊德、华生、韦特海默等——尽管伟大，他们中却没有哪一个能被称为“心理学领域的牛顿”。

但他们的追随者显然不这么认为。科学心理学的最初几十年是“流派的时代”——20 世纪 30 年代至少有七个流派——每一流派的门徒都宣称其所在流派的理论可以成就一门连贯的学科，能够从后亥姆霍兹时代积累而来的大量混乱的研究结果和微型理论中脱颖而出。然而到了 20 世纪中叶，许多心理学家开始意识到，现存的任何理论均没有也不可能成为统一的心理学范式。例如，无论是冯特的理论还是行为主义，都未能就解决问题或做决策之类的问题提供有用的见解，弗洛伊德的理论无法解释知觉过程或学习等问题，格式塔理论则无法阐明儿童发展问题。1963 年，任职于斯坦福大学的内维特·桑福德说："通用心理学遇到的最大障碍是，人们如此吹捧、追逐的'普遍'法则根本谈不上普遍。相反的是，它们往往十分特殊。"

这意味着，心理学远未发展到足以产生一套放之四海而皆准的理论的程度。然而，它的另一层意思可能截然不同：心理学根本不是一门类似物理学、化学或生物学等的学科，而是一系列科学领域的集合，它们尽管彼此相连，但又差异巨大，根本形不成某种单一的理论框架。20 世纪 80 年代，就心理学的境况进行总结时，杰出的发展心理学家威廉·克森与他的同事埃米莉·D. 卡恩在《美国科学家》中写道：

> 人们从内心深处坚信（对于我们中的一些人来说，最多不过是怀疑），心理学不易受统一的本体论和认识论前提影响，但易受由特定的内容、方法或功能性过程产生的定义影响……这类观点中的极端看法是，心理学没有核心问题。我们必须承认心理学一如人类的大脑，既广泛又丰富，而不是将知觉或学习或问题解决奉为心理学领域的万能模型。

流派的时代结束后，心理学几十年的故事似乎证明，上述信念（或怀疑）是正确的。新的理论不断涌现，但它们充其量不过适合心理学的某一具体领域，不能涵盖心理学的整体，甚至不能涵盖其中的一大部分。没有人能建立能在心理学的整个疆土上称王的流派，事实上，心理学领域分崩离析，形成许多自治的专业分支。截至 1990 年，美国心理学会已承认 58 个心理学领域，该学会 45 个"部门"（会员制小组）代表着这些领域，这也是心理学的裂变结果。这种情况仍在持续：如今，美国心理学会承认的心理学领域超过70个，并有了56个部门。

美国心理科学协会会长迈克尔·加扎尼加在一篇文章中回忆道，当利昂·费斯廷格放弃心理学、投身考古学时总结了该学科所面临的问题。费斯廷格说道："我发现，越研究越没有出路。"

今天，加扎尼加在文章中写道："心理学的每个分支都背负这个诅咒，人类所探索的每个领域都是这样。我们"分裂""滴定"，成为某个领域的专家。然后，我们将这块领地保护起来，似乎它就是生活本身。我们不赞同整合科学，认为它无足轻重。"事实上，加扎尼加本人从达特茅斯学院迁到了加州大学圣巴巴拉分校。如今，他在那里领导一个跨学科的研究所，吸引着"来自哲学、生物学、心理学、人类学、计算机科学和人文学科的研究员……目的是更好地对心理进行理解"。

概括起来说，这就是发生在心理学领域的事。随着行为主义的衰落，心理学裂变为多个专业。然而，在最近的几十年里，尤其是最近20年中，惊人且宝贵的回潮出现了。在其他行为科学，加上神经生物学、计算机科学的发展的压力之下，许多大学的心理学系和特别机构纷纷推出了跨学科研究项目，目的是对人的心理有一个更全面、更深入的认识。"分裂"正遭到知识融合的反击。

与之相应的是，从这里开始，我们不再讲述按单一时间顺序发生的故事，而要逐一察看，在心理学的六大领域中，在心理治疗中，究竟发生了什么。我们将看到并欣赏促进着又威胁着心理学研究的专业化，以及各领域结合后所产生的合力，正是这股合力使心理学成为一门格外令人兴奋的、给人启迪的学科，一门真正研究心理的学科。沿着这条路走下去，会不会出现新的宏大理论，会不会出现一个有关心理的统一的理论，或者只会出现几个连锁的理论，目前尚不得而知。

在本书的最后两章，我们将简要介绍当代心理学的一些其他领域，我们不可能详述，那样读者和作者都会精疲力竭。

第十一章 人格心理学家

第一节 “他人有心，予忖度之”

对于心理学家来说，人格的本质和起源一直具有至高无上的意义。对他们来说，理解人类本质的核心问题是：人与人之间的人格和行为为什么会出现差异？对外行来说，这个问题也饶有趣味。他们最关注的、在日常生活中极具重要性的问题是：如何对他人的人格做出最优判断，如何知道该对他人有什么样的期望？

显然，言辞并不是可靠的信息源。在所有现存物种中，人类最善于撒谎，也常撒谎。我们也不能根据他人的姿态或表情做出判断，因为人们可以弄虚作假，某些人还伪装得挺好。甚至他人的行为也不是总能显露真情，因为人类可以行骗，不到最后关头绝不暴露真正的自我。然而，不管他人是谁——是我们打算托付终身者，是可能买下我们房屋的人——能够很好地判断他或她到底是怎样一个人，又倾向于怎样为人处世，是最有价值的。

鉴于这些原因，在整个有记录的历史中，人格研究一直是哲学家和普通人最感兴趣的话题，也是过去 70 年中现代心理学最重要的领域之一。

已知最早的人格评价活动依靠的是伪科学——占星术。从公元前10世纪开始，巴比伦的占星士已可根据行星位置来预测战争和自然灾害。到公元前5世纪时，希腊的占星士们能够依据这些数据解释人格并预测求占者的未来。在科学的幼稚年代，具有吸引力的一个观点是，一个人出生时行星所处的位置将影响他的人格和命运。奇怪的是，即使现在，这种观点仍然具有顽强的生命力，尽管现代天文学和行为科学已证明这种观点纯属无稽之谈。

前面提及的相面术是另外一种号称可以侦察人格中的隐秘地带的假把戏。跟占星术不一样的是，面部特质反映人的内心这一说法，在心理学上并非无稽之谈。我们的表情当然能够反映我们的真实感受。但希波克拉底、毕达哥拉斯及其他相面师均没有意识到这层关系，相反，他们只是在特定的面相特质与性格特征之间编纂出一长串不真实的关系。甚至伟大的亚里士多德也断言："天庭（前额）巨大者愚笨呆滞，天庭偏小者用情不专；天庭宽阔者易于激动，天庭突出者心直口快。"

和占星术一样，相面术也持续过相当长的时间。老于世故的古罗马人非常相信相面术。西塞罗曾断言："面相乃心灵的图像。"尤利乌斯·恺撒也说过："我并不太害怕那些肥头大耳、油光满面的家伙，但面色苍白的瘦猴子就不得不防。"（恺撒的观点被莎士比亚表现得再明白不过："让我的身边围满肥仔/天庭滑润的男人让我安眠/那个卡修斯身若瘦猴，表情贪婪/定是心计多端/这样的人危险难缠。"）耶稣的真容一直无人知晓（古罗马陵墓里出现的最早"画像"，是在他死后两三百年才画出来的），但从公元2世纪到现在，他展示给人的面相一直是优雅的、清秀的。相面术的传统代代延续，我们当中许多人在遇到陌生人时，总喜欢根据面相猜测其人格。

根据可见特质来推测人格的另一种方法是颅相学，就是解读头骨形状的伪科学，在19世纪曾风行一时。虽然颅相学在20世纪已销声匿迹，但许多人仍相信，前额饱满突出者肯定有智谋且敏感，前额扁平窄小者多半愚蠢而寡情。

将人格与生理特征联系起来的最有名的理论，是盖伦的气质体液说。他认为，黏液过多者冷静镇定，黄胆过多者性急易躁，黑胆过多者沉闷抑郁，多血者乐观自信。这一教条一直延续至18世纪，其后继者用营养潮流、螯合作用、蒸汽浴和其他准科学的把戏修正体内的化学结构，达到强健身心的目的。

与此相对的是一种听起来非常现代的方法，由三个世纪以前的德国哲学家兼法学家，哈雷大学奠基人克里斯蒂安·托马修斯（1655—1728）提出。托马修斯想出一个办法，即给不同的人格特质打分，以测量人格。他的方法虽然粗糙，但明显预示了目前被称作“评定量表”的人格评估技术的出现。他为自己的书所取的名字也值得注意——《严谨科学的新发现：对于群体，对于从日常谈话中洞悉他人内心秘密（不管其是否乐意）来说都极端重要》。照现代人的口味来说，书名毫无疑问是长了点儿，但就刷新认知而言，它与现代教人如何成功的畅销书是一样的。

多少世纪以来，有关人格的讨论经常围绕心理学中最基本、争辩也最多的一个话题展开：人性是由内在因素决定的呢，还是由外在因素决定的？我们的思想和行为究竟是内心力量的产物，还是环境刺激的结果？

柏拉图及其弟子坚持认为，思想的内容在出生前就已存在，因而只需记住即可；毕达哥拉斯和德谟克利特则反驳说，所有的知识均源于知觉。一场争论由此而起，并于17世纪和18世纪达到如火如荼的地步。笛卡尔和其他理性主义者认为，大脑里的思想是天生的。洛克等经验主义者却认为，新生儿的头脑形同一张白板，经验在上面留下信息。

当心理学成为一门科学后，遗传论者——高尔顿、戈达德、特曼等——都拿出调查数据以支持自己的观点，而行为主义者——巴甫洛夫、华生、斯金纳等——则提供实验证据以支持自己的观点。这场争论一直持续至今，“本性论者”（用当代术语叫“先天论者”）用内在的（本性的）力量来解释人格与行为，“情境论者”或“环境论者”则用个人经历的情境对人格与行为进行解释。

两种观点在儿童养育、教育方法、心理治疗、针对少数群体的公众政策、对罪犯的处理、妇女及同性恋者的状况和权利、移民政策，以及许多其他个体与社会议题上，均得出相反结论。相应地，最近几十年来，这一问题一直在人格心理学中处于支配的地位。人们渴求一个决定性的科学答案。我们下面就来看看两大阵营的研究者和理论家们都悟到了什么，他们是否得出了答案。

第二节 人格的基础单元

20 世纪初期，对人格理论的最大贡献是精神分析学家做出的。弗洛伊德对成人人格做出了解释，认为成人人格是自我致力于控制本能内驱力并引导它变成可被接受的行为的结果。阿德勒则对社会力量对人格产生的影响更感兴趣，比如，在家中排行中间的孩子容易产生自卑感。荣格对人格的描述是，它在很大程度上是由果敢与被动、内向性与外向性等互为对立的内在倾向的交互作用，以及经验与“集体无意识”（与生俱来的、非习得的、祖辈相传的概念、神话和符号）间的冲突塑造的。

动力心理学的概念虽然如此这般地提示了人格的发展，但并没有给心理学家们提供能使人格像智力一样被快速、准确地测量的方法。精神分析所揭示的人格特征只在许多甚至上百次临床会话后才能得出，即使这样，此种方法也只是得出印象上的评估，绝非定量测量。在人格测量界赫赫有名的雷蒙德·卡特尔认为，临床方法“充其量不过是一种勘察”，而心理学需要的是“定量的分类学”。

最早出现的分类学是第一次世界大战的产物。1917年，美国介入这场冲突，著名实验心理学家、哥伦比亚大学教授罗伯特·伍德沃思（1869—1962）受命设计一种快速简易的方法以辨别受情绪困扰的新兵。他于紧急中拼凑出了“个人数据清单”，这是最早一批人格测试问卷中的一种。这是一种问卷法，向受试者询问一些并不精妙的、关于症状的问题，如“你是否梦游过？”“站在高处时是否想往下跳？”等。将承认的症状的数目加在一起，就可得出总分。

作为人格评估手段，个人数据清单既原始又有限，只能收集到受试者所提供的上述类型的信息或错误信息，且这些信息仅仅是关于神经症状的。然而，“从表面上看，它的确有效”——人们直观地感到，这些问题的确能将正常人和神经质的人区分开。事实上，后来进行的一项实验证明，这种测验确实有效，被诊断为神经质的人平均得出36个令人不快的答案（“是”），正常人仅有十个。

伍德沃思的开拓为后来者设定了模式。战后，许多心理学家设计出类似的其他问卷法，让受试者进行自我评估。没过多久，这些问卷很快就超越症状，开始涉及总体的人格特质问题。早期最著名的测试是1931年由心理学家罗伯特·本罗伊特设计的，共提出125个问题，将答案按四个特质计分：支配倾向、自足、内向及神经质。比如，如果受试者对“你是否常常感到可怜？”的回答是“？”（“不知道”或“说不出”），则他或她在内向上将得3分，在支配倾向上得1分，在神经质上得0分，在自足上得0分。这些分数只不过是些基于知识的推测——本罗伊特没有实验证据能证明每个答案与四个特质之间的关系——但美国迅速席卷起一股心理测试热。在整个 20 世纪 30 年代，100 多万份本罗伊特人格问卷和大量类似的测试问卷被出售并使用。

到此时为止，人格研究成为心理学的独特领域，由特质理论主导。该理论是常识观念的科学翻版，认为每个人在特定情境中都有一套可识别的特征和惯常的行为模式。特质可描述既定人格的要素，但对背后的心理动力学结构或此种人格是如何形成的只字未提。本罗伊特问卷和其他早期人格测试问卷，都致力于测试要素中的一部分。

1928 年和 1929 年，一项重要的研究似乎推翻了特质理论。休·哈茨霍恩神父是协和神学院的圣职教员，马克·梅是心理学家，也曾供职于协和神学院。他们研究了成人行动的有效性，比如童子军运动可以培养儿童的道德行为。哈茨霍恩和梅让若干儿童做书面测试，以察看他们对欺骗、偷盗和撒谎的态度。然后，他们让孩子参与诸如集体游戏和给自己打分等活动，孩子们可在活动中作弊、偷窃或撒谎，看似神不知鬼不觉，实际上研究者们对孩子们的行为了如指掌。

结果令人不安。孩子们在书面测试中所说的话与实际行为之间关系甚少，在一种情形下的诚实度与在另一种情形下的诚实度之间一贯性极低。哈茨霍恩和梅得出结论说，即使特质是存在的，也并不引起个体在不同环境中做出相似行为。

> ［我们］确信存在某些共同因素，它们倾向于使人与人之间产生不同……然而，我们的论点在于，这种共同因素并不是独立于个人所处的情况运作的内在实体，而是情境的因变量。

这与日常生活中的经验互相矛盾。我们都能感觉出，在所认识的人中，有的诚实，有的不诚实；有的保守，有的开放；有的谨小慎微，有的草率鲁莽。哈佛大学心理学系执掌牛耳的戈登·奥尔波特（1897—1967）出来救急。他进行了一系列研究，还出版了一部专著——《人格：一种心理学的解释》（1937）。态度谦和、工作勤奋的奥尔波特带有文弱书生的特质，他的研究兴趣非常广泛，包括偏见、交流和价值观等，但其毕生所关注的中心问题却是人格研究，尤其是特质理论研究。也因为他的个性，他最终成为反驳哈茨霍恩－梅的情境论的理想人物，反驳所用的武器是常识性的本性论中的科学证据。

奥尔波特是印第安纳州一个乡村医生的孩子，且是四个孩子中最小的一个。其父所在的家族在几代人之前由英格兰迁居至此，母亲则是德国人和苏格兰人的后裔。奥尔波特的幼年生活，如他多年后所回忆的那样，“只有朴素的、新教式的虔诚和勤奋”。在他生活的那个地区，没有医疗设施，奥尔波特家里常年住着病人和护士，奥尔波特自小就开始分担家中的工作，如照应门诊室、洗瓶子和照顾病人等。他承继了父亲的人道主义观念和价值观，在后来的岁月里，他经常引用父亲的座右铭：“如果每个人都尽最大努力工作，只取家中所需的最低经济回报，那么，财富就刚好够用。”

在哈佛，奥尔波特除进行自己的研究外，还抽时间从事许多志愿性的社会服务工作，从而满足自己帮助困难者的深层需要，就像他在自传性随笔中所说的那样，“使我产生一种有竞争力的感觉（以抵消广义上的自卑感）”。当他确信“若想有效地做好社会服务工作，人们必须对人类的人格有成熟的概念”时，他的两大兴趣，即心理学研究和社会服务工作，融为一体了。

对于奥尔波特来说，人格研究总是常识意义上的事情。他对意识和容易接近的研究对象感兴趣，对无意识的模糊的深奥之处则不感兴趣。他经常谈到与弗洛伊德的唯一一次见面，这次会面对他影响深远。当时 22 岁的奥尔波特是个莽撞的青年，在访问维也纳时，他给弗洛伊德写信说自己就在城里，很想见他。弗洛伊德慷慨地接待了他，但只是一声不响地坐在那里，等他先开口。奥尔波特试图打开话匣子，于是说，在他乘电车来弗洛伊德办公室的路上，他听到一个4岁的小孩告诉母亲说，他想躲避“脏东西”；这个小孩对“脏东西”表现出真实的恐惧。奥尔波特描述说，那位母亲是个衣着笔挺的强势主妇。他认为，显而易见，孩子对“脏东西”的恐惧心理与母亲大有关联。然而，如他所回忆：“弗洛伊德用他那仁慈的、治病救人式的眼神看着我说：‘那个男孩是你本人吗？’”奥尔波特目瞪口呆，只好转换话题。“这次经验告诉我，”他后来回忆说，“深层心理学研究尽管有种种好处，但容易陷得太深，心理学家在杀入无意识的世界之前，最好先搞清楚显性动机。”（他对行为主义也没有好感。他认为，行为主义把人描述为纯粹的“反应”机体——只对外部刺激做出反应——而事实上，人类是“前摄的”，在很大程度上是受自己的目标、目的、意图、方案和道德价值观驱动的。）

在研究生阶段，奥尔波特就开始自行设计人格特质书面测试。他和哥哥——心理学家弗洛伊德·奥尔波特，创造了一种远比本罗伊特法及其他早期测试法客观的测试法。为测量被他们叫作“支配－顺从”的东西，他们不问受试者感到自己是支配性的还是顺从性的，而是问其在涉及某种特质维度时，在具体情境下会有怎样的行为。例如：

有人在排队时企图插到你前面。你已经等了好一阵，不能再等了。假设这位插队者与你性别相同，你常会：

——规劝这位插队者

——对插队者怒目而视或与旁边的人用清晰可闻的声音议论这位插队者

——决定不再等，径直走开

——什么也不干

对一批自愿受试者进行测试后，奥尔波特得出结论说，对任何一个具有挑战性的情境做出支配性或顺从性反应的人，在其他类似情境里多半会做出同样的反应。“大多数人，”他们写道，“若处在高位支配性至低位顺从性的连续统一体中，都倾向于始终占据一个给定的位置。”对他们来说，这似乎已确立了特质的真实性，以及在相似情境中做出相似反应的真实性。一切如奥尔波特后来所言：

> 如果可证明一种行动通常与另一种行动有关，那就证明两种行动之下有种东西，即某种特质……即某种神经心理学上的结构，它具有使许多刺激在功能上等效的能力，还可启动并指导适应和表达行为的等效（意义前后一致）形式。

既然如此，为何接受哈茨霍恩和梅测试的孩子们表现得前后不一致呢？奥尔波特从格式塔理论中找到了答案。每个人的特质都集合在某种层峰结构的独特配置中：在顶层是其主要人格或首要特质，下面是少量中心特质，即个人生活中的日常焦点（奥尔波特称之为我们在写推荐信时有可能提到的品质），最下层是一大批次要特质，每种次要特质均由少数特定刺激引起。因此，一个人的行为在具体方式上有可能不一致，但在较大层面上仍保持一致——奥尔波特喜欢称其为“相容”。

例如，他说，如果你观察到某人先是慢行，后又见其匆匆忙忙地拿着一本书回到图书馆，你可能判断他不具一贯性，因为在一种情境下他轻松自在，而在另一种情境下他又疾步如飞。然而，这些只是次要级别的特质行为。另一个更重要的特质是弹性。如果你请他在黑板上写较大的字，又请他在纸上写较小的字，他也这么做了，你可能认为他富于变化——他也的确如此，如在走路时一样。他在两种活动中的行为均显示出可塑性，因而也是相容的，尽管不具一贯性。

奥尔波特也用此观点回答了下面这一问题：为什么一个人常常会表现出互不兼容的特质，或在不同情境中表现得不具一贯性？瞬时的心境或“状态”经常构成似乎不具一贯性的东西，让人忧虑的情境有可能令任何人进入暂时焦虑状态，即使他平素静若止水。

奥尔波特在后来的许多年里不断修正自己的人格理论，但他始终认为，特质是人格中基本且相对稳定的单位。他的特质研究在他所处的时代为他赢得了声誉。尽管出现了遗传、神经、文化、社会及其他影响人格的因素，但许多心理学家仍然认为，人格心理学几乎就是特质研究的同义词。如果他知道这一点，肯定会非常高兴。

第三节 人格测量

特质既不是可见物体，也不是具体动作，而是个人的某些特性，因而，摆在研究者面前的中心问题是如何测量它们。

首先，他们要明确自己打算测量的是什么。早期的人格研究者选择少量直觉上非常明显的特质，比如内向、支配性和自足。但不久，他们就放开眼界，将许多其他东西拿进来一并加以测量，从而使整个领域很快变成一团乱麻。

因为这里有着太多的可能性。工作勤奋的奥尔波特和一位同事曾数过字典中专指人类不同行为或品质的词条，总数竟达 1.8 万之多。

并非所有的词条都指特质：有些是观察者对他人的反应，而不是那人的特质（“令人敬佩”“讨厌”等）；有些只指一时的状态，而不是长期的特质（“局促不安”“心烦意乱”等）；有些只是比喻（“活灵活现”“多产的”等），但还是有 4000—5000 个词条是表示特质的。经过近 70 年的研究，研究人员认为以上词条中的很大一部分并没有价值，并将它们剔除了，但发表于 2001 年的一份相对简明的评论性文章，还是列出了 41 个主题，它们仅是有意义的人格特质或人格表现中的“一部分”，其中包括：

> 延迟满足的能力、加工社会信息的能力、进攻性、亲和性、行为抑制、粗心大意、强制行为、从众、严谨性、犯罪行为、好奇心、注意力分散、酒后驾驶、表达能力、外向、恐惧、冲动性、勤奋、易激怒、工作满足感、领导能力、情绪化、自恋、神经质、开放性、政治态度、宗教态度、躁动、自信、自我控制、自我管理、害羞、社交能力、社会潜能、社会责任、虐待配偶、服从性、滥用药物、感觉被他人虐待或欺骗的倾向、发脾气的倾向、冒险或避险的倾向。

在奥尔波特的清单中，有几百个词条已通过各种方法被探索，这些方法从利用主观印象到在实验室进行实验，从进行精神分析到使用行为数据不等。主要的方法如下所示：

个人材料和史料：在信件、回忆录、自传、日记等材料中，存在大量关于受试者人格的信息，当然也有错误信息，因为写给他人阅读的自我描述所表现的，肯定是经过伪装的自我，而非赤裸裸的现实。（佩皮斯的日记里含有大量放荡、淫秽的段落和无耻的想法，他是写给自己看的，而且是用密码写成的。）那些著名的人格分析，都是基于个人材料的，但口味和理论却在每一代都有所不同，同样的原始资料可能产生出作者的不同形象。基于这些原始资料的人格分析有时是非常优秀的文学作品，但鲜有符合科学标准的。

面谈: 这也许是最常用的人格评估方法，但也是效率最低的一种。一些就业面试的面试官、大学入学考试的考官和精神治疗医师可以通过与受试者的谈话得出大量有关他的信息，但另一些就未必可以。研究证明，即使是几名有经验的面试官，对同一个人也可能给出完全不同的评价。另外，面试虽可得出描述和解释，但并不是特质的定量性测量。面试比较适合辨别一个人是否有明显的精神或情绪障碍。对于正常人来说，它的最大用处是被当作个人资料、态度、回忆及其他细节的信息源，可阐明以其他方法收集的关于此人的更客观的数据。

由观察者评定： 研究者经常请某人的朋友或熟人来评定他或她的若干具体特质。为求得准确结果，研究者会让接受询问者在量表上评定每个特质。量表从0—5或0—10不等——基本上是托马修斯在1692年提到的方法。但该方法仍有许多问题：评定者各有自己的风格（有的避免极端，有的喜欢走极端），受试者在不同时间对同一个问题的回答不同，评定还受到“光环效应”的影响（在某种特质上得分高的受试者，在其他特质上也倾向得高分）。

那么，总的说来，大家认为，定级的办法既不可靠，也非有效（所谓可靠，即每次测试均得出相同结果；所谓有效，即测出的正好就是要测试的东西）。但在某些情况下，评定法却是有效且可靠的。著名特质心理学研究者雷蒙德·卡特尔就据此进行研究。他大多采用评定者在多种情况下对受试者长期（可能的话，以一年为限）观察所得出的数据，且一次只采集一种特质的得分，以避免光环效应。

这个前提大大改善了评定的可靠性和有效性，但又使整个方法极为昂贵，也极费时间，且只能在人口相对固定、彼此能常见面的机构中进行。

问卷法：目前最通用的人格评估工具。如我们所见，这种方法扩展得很快，超出了简单自我评估的范围，成为准客观的技巧，比如，提供现实生活情形，征询受试者在这些情境中最可能的行为方式。其他的早期测试继续关注受试者的态度和感觉，而不关注可能的行为，不过，措辞的方式使受试者难以像在“个人数据清单”中那样美化自我形象。大多数问卷要求在“是 / 不是”或“正确 / 错误”中做出选择，但也有部分问题包含“不知道”之类的中间答案。

心理学家斯塔克·哈撒韦和精神病学家 J.C. 麦金利均为明尼苏达大学教授，20 世纪 30 年代两人合作设计出著名的明尼苏达多项人格调查表（Minnesota Multiphasic Personality Inventory，MMPI）即包含中间答案。该调查表中有 550 句话，其中包括：

> 大部分时间里我是快乐的。
> 我喜欢社交性的聚会，只是因为想与人相处。
> 显然，我缺乏自信心。
> 我认为自己口碑不好。

受试者针对每个问题回答“是”“不是”或“？”（不确定）。这些问题被归入十个量表，可测定疑病症、抑郁症、癔症、精神病态、男性化－女性化、偏执狂、精神衰弱、精神分裂症、轻躁狂、社会内向。这些名字给人一种印象，即 MMPI 主要关心的是精神疾病；它的确能检测出精神疾病，但同样也能检测出正常的人格。比如，那些对“大部分时间里我是快乐的”和同一个量表里的大部分其他问题均回答

“不是”的人，可被认为是精明、心存戒备和容易烦恼的人。那些对“我喜欢社交性的聚会，只是因为想与人相处”和相关问题回答“是”的人，可被评定为善于社交、引人注目和有雄心者，而那些回答“不是”的人则被认为是谦逊、害羞和不爱出风头的人。

这些解释不是以直觉或常识为基础，而是建立在经验的证据之上。在设计 MMPI 时，哈撒韦和麦金利将一大批问题拿到因神经官能症或心理疾病住院的人身上测试，再用同样的问题向来探病的正常人提问，然后将可以区分两类人群的问题保留下来，用来组成 MMPI。比如，面对一些问题，抑郁者和不抑郁者给出的答案不同，MMPI 中的抑郁量表即由这些问题组成。

尽管在超过半个世纪的时间里，MMPI 是使用最广泛的人格问卷，但它也有自己的局限和错误。比如，问卷非常冗长。再比如，许多受试者认为，其中许多项目直露得令人尴尬，如果回答得诚实，就给人不安的感觉（如“坏字眼，通常是可怕的字眼，总是出现在我的脑海里，且挥之不去”“我受到同一性别者的强烈吸引”等）。另外，其他项目明显是针对病理的，正常人在受试时会觉得可笑或觉得受辱。前一阵子，幽默专家阿特·布赫瓦尔德嘲笑 MMPI 问卷，认为它应该再加上一些问题，如：

> 领带过宽是有病的征兆。
> 我年轻时，常喜欢嘲弄蔬菜。
> 我使用过多的皮鞋光亮剂。

1949 年，一群人格心理学家得到洛克菲勒基金会的一笔款项，计划在加州大学伯克利分校建立一个新的研究机构——人格评估与研究学院[1]。它最初的宗旨是研究出一种更好的人格评估方法。在过去 40 年中，它的确设计了大量的研究方法和新的心理测试方法，其中最知名、使用最广泛且至今使用不衰的就是加州心理测验（California Psychological Inventory，CPI）。这个问卷完成于该组织成立后的头两年。

CPI 是该学院研究员、伯克利教授哈里森·高夫博士的研究成果，他一直致力于使用适合正常人的材料去改善 MMPI。他收集了 1000 个问题作为原始材料，其中部分来自 MMPI，其余的由他和同事们共同编写而成。在助手和同事的帮助下，他开始对这些项目进行测试，受试者起初是 80 名研究生，接着是医学院的 80 名高年级学生。在接下来的几年中，共有 1.3 万人接受了这项测试，其中有男有女，且年龄不同，社会经济地位不同。为评估这些项目的有效性，或评估这些问题所引出答案的有效性，高夫和他的同事们让受试者的朋友们为受试者作评定，然后以此为样本，将评定结果与受试者自己的答案进行对比，再剔除一些不可信的东西。

最后的 CPI 定稿包括 480 项（1987 年版中有 462 项），比如：

人们常常对我期望过多。

我连坐下来放松一下都非常难。

我喜欢聚会，喜欢社交活动。

受试者根据每句话回答“是”或“不是”，这些答案可得出支配性、

1　现在它被称为人格与社会研究学院，它的研究目标已经变得更加广泛。

自我接纳、自我控制、共情等 15 个人格特质的分数[1]。每个量表，不管是销售情况、其他语种的翻译情况（36种语言，包括阿拉伯语、汉语、罗马尼亚语和乌尔都语），还是在超过 2000 个词条的文献目录中，在评估专家的重要性评估中，都名列前茅，尽管它问世已有几十年之久。

其他许多人格测试所提供的答案远比 MMPI 或 CPI 广泛，下面举出三个例子：

1. 大多数美国警察待人真的十分友善（圈出表示你同意或不同意程度的数字）。

-3	-2	-1	0	1	2	3
完全不同意						非常赞同

2. 坠入情网的麻烦远大于它的价值（在最适合你感觉的地方做记号）。

从未	很少	有时	经常	总是

3. 我对别人的愤怒一般是（在最能描述你的地方做记号）。

非常弱	低于一般人	中等	高于一般人	非常强烈

1　CPI 最新版本里有 28 个量表，可检测支配性、进取能力、社交能力、社交风度、自我接纳、独立性、共情能力、责任心、社会化、自我控制、好印象、同众性、适意感、宽容性、服从水平、独立成就、智力效率、心理感受性、灵活性、超脱性、规范偏好、自我实现、管理潜力、工作倾向、焦虑程度，还包括三种检测男性化－女性化的指标。

与“是－否”式反馈相比，用上述反馈标准能获得有关态度与感觉的更精确的测量结果。

在过去的许多年里，心理学家们设计出成百套人格问卷，并由研究机构和商业出版机构出版，其中一些的确代表着优异的科学实践，另一些却不是，但在商业上都很成功。例如，CPI 的销售数字——其中包括指南书、可重复使用的测试册子、答题卡等其他项目——尽管仍处于保密状态，但估计相当惊人。

投射测验：从 20 世纪 30 年代早期开始，越来越多的心理学家开始接受精神分析理论，认为无意识过程是人格的主要决定因素，与戈登·奥尔波特一样，他们找出许多检测方法，用以测量这些过程及由此产生的特质。最可行的办法是给受试者提供一些模棱两可的刺激——模糊或暗示性的图形或图画——再请他或她来描述它们。一般来说，他们的回答往往能揭示他们的部分或全部无意识幻想、恐惧、期望和动机。

这些测试中最有名的是多年前——约 1912 年至 1922 年间——由瑞士精神病学家赫尔曼·罗夏设计的。他创造出若干墨迹图案，请病人说出每个图案看起来像什么。经过多年实验，他把这种测试的内容减少至十种墨迹图案，有黑白的，有彩色的。

进行罗夏测试时，测试者往往将一张卡片出示给受试者，再问他该图案可能是什么或让人想起什么，并将回答写下来。所有的卡片展示完毕后，测试者给答卷评分。打分需要仔细培训，还要查看手册。评分的依据是：受试者是对整个墨迹还是只对部分墨迹做出反应？墨迹的哪一部分受到重视？回答是针对墨迹呢还是其背景？图 17 是几个与此类测试相似的图案（原罗夏图案不允许复制），还有对典型反应所做出的解释[1]。

反应	墨迹	解释的实质
它是一只蝴蝶，有翅膀、触须和脚。		按此方式观察整个墨迹，可认定受试者具有组织和联络能力。
它是部分鸡腿。		只看到部分图形，可认定受试者只对具体东西感兴趣。
它可能是一张脸。		只用该图案的极小部分或最不寻常处，显示受试者学究气十足。
它看起来像是一个旋转的陀螺。		此方式颠倒图案的人通常爱抬杠，消极且固执。

图 17　罗夏型墨迹与典型解释

20 世纪 30 年代，罗夏测试法在美国的心理学家中极受欢迎，并得到广泛使用。此后几十年中，它一直是临床心理学博士论文中使用最多的论题，研究论文数以千计，可最终的结论总是含糊不清。有的认为它的解释既可靠又有效，有的并不这么认为。然而，不管怎么说，它仍是临床心理学家和精神病学家们使用最广泛的测试法

1　如果是真实的罗夏测试，每张卡片上只有一个图案。

之一。

另一种有名的投射测验是主题统觉测验（Thematic Apperception Test, TAT），由心理学家亨利·默里及其助手克里斯蒂安娜·摩根开创。

默里气宇轩昂，但内心深处却受某个魔鬼驱使，在经历一段曲折的旅程后才找到自我。他先学历史，后接受医学培训，专攻外科，后来又用五年时间从事生化研究。在向前摸索的过程中，他曾到苏黎世拜访荣格，并在荣格身边待了三周，在此期间他每天参加讲习会，周末参加心理治疗。如他所说，在“爆炸性的体验当中”，他“获得了新生”。他摆脱了久治不愈的口吃，并对心理学产生了浓厚的兴趣，转而学习它，成为一位精神分析学家，最后找到了使命所在，成为哈佛心理诊所的精神分析研究员。他与奥尔波特进行过短暂合作，但自此之后，他在人格分析中所持的心理动力学观点使他们，按照奥尔波特的说法，“处于友好的分离状态”。

默里对人格研究所做出的最有意义的贡献，是他和其他 20 多位心理学家耗时三年所进行的临床研究项目。他们深入研究了 51 个处于大学学龄阶段的人的人格特质，他们将评估技术分类，这些评估技术包括促膝谈心、挫折测试（如玩根本不可能取胜的拼字游戏）等，或在实验者说出如“出轨”“同性恋”等挑衅性词语时，测试受试者手指的抖动；还有投射测验，在投射测验中，TAT 法最能说明问题。

在实施默里和摩根于 1935 年为该研究项目开发的 TAT 法时，测试者让受试者观看 19 张黑白图片，图片所描述的事情或其原因他们并不知情。测试者要求他们为每张图片编一个故事，每个故事约五分钟，可凭感觉自由发挥。对这些故事进行的心理学解释，在很大程度上依赖一张由项目研究小组编制的、列着 35 条人格“需要”或动机的清单，这些需要包括获取成就、支配性、秩序及成为他人救星等。

在描述TAT开发过程的报告中，默里和摩根还印制数张图片作为范例。在一张图片中，有一位面朝左的中年妇女的侧影，她身边靠近观察者的地方，一位穿戴整齐的年轻男士稍稍背向她，头稍下垂，眉头略皱（只有这些描述，该测验的出版人不允许复制这些图片）。默里和摩根说，下面这个故事，是一位受试者根据上述图片编写的。

> 母亲和孩子幸福地生活着。她没有丈夫，儿子是她的唯一支柱。但这个孩子交上了坏朋友，并作为从犯参与集体抢劫活动。事情败露后，他被判刑五年。该图片表现他与母亲告别的场景。母亲非常伤心，并为他感到羞耻。孩子也深感羞耻。他关注的似乎不是步入监牢，而是此事给母亲造成的伤害。
>
> 这孩子（故事还在继续）因为表现好而出狱；他的母亲去世了；他坠入爱河，但很快又犯罪；他再度被关进监狱；出狱时，他已是老人，他的余生在忏悔与潦倒中度过。

默里和摩根在解释这个故事时说，讲故事者感到的是外部的不良影响可支配人的行为。故事还显示出几种深层的需要，其中有供养（母亲）、获取金钱和自我贬低。默里和摩根说，这个例子说明了TAT的特别价值。

> 本测试所依据的事实众所周知：当某人解释内容模糊的社会情境时，很容易像他关注某种现象时一样暴露出自己的人格来。他完全倾心于解释那个客观的现象，变得非常天真，根本没有意识到自己，也没有想到别人正在审视他。就这样，他不那么警惕了……受试者暴露出自己内心深处的

幻想，但他完全没有觉察。

尽管 TAT 法有其价值，但使用起来相当麻烦。一些人能讲出冗长的故事并给出大量信息，而另一些人却无话可说，也给不出什么信息。尽管如此，事实证明，它仍是一种可靠且有效的工具，可用来检测人格特质，在某种程度上还具有预测力。1952 年，测试者对 57 位 30 岁左右的哈佛毕业生进行 TAT 测试，并在 15 年后对他们进行跟踪研究，结果发现，在 1952 年的测试中显示出较高亲密动机的人，在婚姻、工作及其他需要互动的领域里，适应度明显更好。尽管 TAT 受到过尖锐的批评，且不像罗夏测试法那样应用广泛，但多年来它一直被人运用，并引发出许多类似的测试。

近几十年来，大量投射测验相继出现，有许多至今长盛不衰，其中包括以下四种方法：布莱基测试法，即一套关于一只小狗的图片故事（小孩子为每张图片编一个故事）；词汇联想法（在一些测试中，受试者在听到或读到一个词时，将闪入脑海的第一个词说出来；在另一些测试中，受试者用给定的词造句）；完成句子法（“但愿我母亲……”“最烦我的一件事是……”等）；图画测试法（有一种是这样的，要求受试者画一幢房子、一棵树和一个人。用心理动力学分析画面，例如，死树暗示情感空洞，树叶很多表示有活力，尖尖的树冠暗示攻击性）。

行为取样或操作测验：在这类评估中，一位经过培训的心理学家在特定情形下观察某人，测量或评定其行为。观察者通过单向镜观察孩子们在教室里一起完成某个项目，玩耍或对人为刺激做出反应，如听到从隔壁教室里传来的呼救声。或者，这位不会被受试者看到的观察者也可观察一群人在特定情境下的表现，如他们试图解决某个需要合作的问题时会怎样做。

在另一种形式的操作测验中，心理学家与某人面对面，让他或她进入困难或压抑的情境里，再根据他或她由此产生的行为，对其进行评定。第二次世界大战中，参训的空军飞行员候选人就经过了一系列测试，其中之一是，受试者要捏住一根在管子里的、很细的金属棒（只要碰上管子，灯就亮一次），同时测试者会说一些令人不快或吓唬人的话，甚或突然在他旁边大吼一声。

也是在第二次世界大战期间，战略服务处将一些特工候选人送到一个与世隔绝的地方连续测试三天。在那里，他们除接受常规面试和完成问卷以外，还要面对一系列的困难任务：在没有任何指导的情况下搭一座木屋、丈量一堵高墙、渡过一条溪流、喝酒之后仍保持头脑清醒，等等。心理学家对他们的领导能力、抗压能力和抗挫折能力等进行评定。这些方法听起来不错，但小组成员们在最后的报告中承认，他们几乎没有收到反馈，因此丝毫不清楚所做评估的准确度有多高，用处有多大。不管怎么说，对于评估人格来说，这种方法成本太高，难以实施，对于普通用途来说要求也过高[1]。

人们还设计出更实用的操作测验。然而，大部分测验都要求测试者的参与，且必须在实验室里进行，因而不适合在学校、工厂、诊所、公共场所及军队中作大规模的人格测试之用。

下面列出几例：

——受试者要用铅笔在纸上走四道印制的迷宫，每道用时不得超过 15 秒，且不能让铅笔轨迹碰到迷宫边缘。如果成功，说明该人有决断力。

——受试者按正常方法大声念一篇故事，然后倒过来念。费时差距越大，受试者死板和不灵活的可能性也越大。

1　伯克利人格评估与研究学院最初的宗旨是进一步开发并测试战略服务处的评估方法。这一目标后来被放弃。

——一组受试者就一个有争议的话题表示态度，测试者私下告知每一个受试者，他或她的观点与大多数人不同（出于测试目的，不一定是事实）。一会儿之后，受试者再度接受测试，他或她对该话题态度的改变程度，可用以测试其对从众压力或适应性压力的易感性。

——受试者坐在椅子里等待一件计划好的事件发生，可该事件却推迟发生。他或她并不知情的是，这把椅子是一个“小动作记录器”，可将所发生的所有动作记录下来。动作过多的人往往是容易紧张或容易受挫者。

这只是一小部分例证。想拿学位的研究生或追求适销产品的心理学家还编制出其他数以百计的测试法。他们在开发这些产品时，也许还有一些非物质的动机：为使结果值得信赖，这些测试的真正目的不能被受试者知道，因此，编制测试法还有某种做游戏或设计恶作剧的意味。也许情况是这样的，编制这些测试法的心理学家发现这样做非常有趣。

第四节 乱中求序

在人格研究历程的早期，显而易见的是，就特质问题收集到的大量数据只不过是一些原始素材。有关一个人的一系列杂乱特质分数，并不能合成关于他或她的人格的整体图像，而且，从大量受试者样本中得出的分数被编在一起，并不能解释整体意义上的人格。

奥尔波特指出了这个问题：“似乎已经很清楚，我们在人格和动机中所寻找的那些单位是相当复杂的结构，而不是分子式的。”然而，特质测量却是分子式的，MMPI 可产生 26 种特质的分数，如何在类似这样的大量测量结果中发现结构，是很难说的，更别说要在从一连串不同测试中收集的数以百计的得分中做到这一点了。

一些心理学家提议，要做到乱中求序，办法是把一些相关联的特质合并成更大的趋向或综合征，如“总体行为”“幸福感”及“情感稳定性”等，或使之变成心理动力学上的综合征，如进攻性与口唇或肛门趋向。其他人建议把人格特质归类为双范畴或类型，比如，荣格将人群分成外向和内向两大类。

但所有这些词语都模棱两可。研究者需要强有力的证据，以证明特质是以非常清晰、可辨识的形式串联在一起的。收集这种证据的办法的确存在。高尔顿早已发现相互关系分析法，即一种检测互变量的统计法（测量一个变量——如特质——增加或减少时，另一个变量的增减程度）。接着，英国心理学家和统计学家查尔斯·斯皮尔曼又设计出更复杂的方法，即因素分析法，可同时测量整个变量组中各个变量的相互关系——这正是弄懂特质数据所需要的。这个方法非常复杂，但其基本概念非常简单。如果一组特质共同变化，即某一特质的高分或低分伴随着另一特质的高分或低分，那就有理由假定，它们一定都受到某种潜在总体趋势或因素的影响。

在20世纪40年代，一位名叫汉斯·艾森克（1916—1997）的德裔英国心理学家将复杂的因素分析应用到人格分析中。汉斯虽然不是犹太人，但在德国沦于纳粹统治后，他迅速离开自己的国家，成为一名英国公民。艾森克采纳荣格的两分法类型理论，他假定，若干特质，如死板和害羞，会在内向的人身上有强烈的相关性，而相反的特质，却可能在外向的人身上有强烈的相关性。此外，他又增加了新的两分法类型理论，即神经质的尺度，一个极端是高度稳定的人格，另一极端是高度不稳定的人格。在这里，他期望一些特质能够彼此关联。

利用MMPI和他自己设计的一套人格测试法所得出的特质数

据，他将自己的假设应用到统计测试中，结果发现这些假设是正确的：在他认为在内向者和外向者身上应该成串出现的一些特质当中，的确存在关联；而在他认为在神经质患者和心智正常的人身上应成串出现的一些特质中，也存在可比较的关联。将这四种因素划分出来时，他发现，它们与盖伦古老的体液理论四质说有惊人的相似之处。一向喜欢唱反调的艾森克谨小慎微地看待这种巧合：

> 按自己的意愿曲解史籍非常容易，尤其是用现代内涵来解释古代术语。然而，在早期思想家的理论与更现代的［由其他人和艾森克自己所做的］研究当中，似乎的确存在某种相似性。

警示之后，他画出了如图 18 所示的草图：

图 18　艾森克四重人格表

尽管这种巧合令人激动，但大多数MMPI使用者发现艾森克四重类型理论太过笼统，并希望能从测试产生的众多分数里归纳出更具体和详细的诊断。英国心理学家雷蒙德·卡特尔（1905—1998）经过几十年的不懈努力，用不同的方式利用因素分析法，终于使上述诊断成为可能。卡特尔比艾森克更小心谨慎，也更讲究方法。他没有像艾森克一样始于某个假设的结论，而是用因素分析法主导研究方法。他在大量变量中计算相关性，将那些明显有相关性的变量列出来，再给它们编上因素名称。这是一项繁重的任务，即使在计算机帮助下亦不轻松。比如，要把100种变量之间可能存在的相互关系计算出来，就得计算4950种关系。

举一个卡特尔工作中的例子：在早期阶段，他发现，强烈的承认一般错误的倾向与高度的同意倾向有点关系，这两种倾向都与情绪化、易烦恼、高度严苛和其他一些特质相关，且与诸如心率较快之类的生理症状不无关系。对卡特尔来说，这些“表面特质”的相互关系网络暗示其下还有一个“根源特质”，他把这一特质命名为“焦虑感”。

这一研究听起来严谨，远离现实生活。但就卡特尔而言，尽管他彬彬有礼，富有贵族气质，却并不是枯燥无味的书呆子。他的父亲是英国的工程师，他认为——也许是受父亲职业的影响——自然科学才是他应该致力的领域，于是他在伦敦大学攻读化学和物理。但他阅读兴趣广泛，对当时（20世纪20年代）发生在知识界和政界的热门活动极为关注。这些活动最终使他顿悟。

> 我开始觉得实验室里的凳子过小，而世界广大无边。然而，像在车站里看着火车开走，并知道那些火车并不是自己要乘的车的人一样，我放弃了政党和某些宗教团体所

> 提出的济世大法，并开始认识到，若要超越人性中的非理性成分，就得研究心理本身的运行机制……从这一刻起，也就是在我获得理学学位的几个月前，我猛然意识到，心理学是我终生的兴趣所在。

卡特尔一头扎入心理学的研究生学习中，拜在该大学的斯皮尔曼教授门下，专攻因素分析。不幸的是，在他拿到博士学位时，心理学在英国的高等学府仅有很小一块立足之地。在此后的 15 年里，他不得不通过在中学当心理学教师和临床医生谋生。他为此付出了惨重代价——繁重的工作和紧巴巴的收入使他的第一次婚姻触礁——但也收获颇丰：这段生活在很大程度上增加了他对人格复杂性和丰富性的理解。不过，他的真正目标是进行他所相信的那种因素分析研究：

> 在我看来非常明显的是，正如约翰·斯图亚特·穆勒所言，结构和因果关系的唯一证据在于协变，而且，这种由斯皮尔曼创造的相互关系和因素分析的新工具，现在可以发挥长处，应用至广泛的前沿——人格结构和寻找行为的动力之源这一难题。

卡特尔于 1937 年来到美国，在几所知名的大学担任过短暂教职，幸福地再婚，并开始进行人格特质的因素分析。1945 年，他成为伊利诺伊大学人格评估实验室主任，研究工作也因此加速。他在这里工作了 27 年，然后又到夏威夷大学继续工作。他一直向前，研究越来越高级的因素分析，得出层次越来越高的人格因素。

在研究工作的早期，他设法将 171 种表面特质归类为 62 个串。

但他发现，这些串有互相重叠的地方——彼此相关——于是后来将这些串合并为35个。再后来，他和其他人——在自传中，他慷慨地列出约80位助手的名字——将这项研究又推进一步，最终得出结论说，16种根本性的特质或因素“足以涵盖目前在日常用语和心理学文献中发现的所有个体人格差异（即表面特质）。它们在总体人格方面没有遗漏任何重要方面”。

16种人格因素中的每一种都是两极的。比如，情感稳定性，从一端的“受感情左右”到另一端的“情绪稳定”；疑虑，从一端的“信任”到另一端的“多疑”。按照手册里列出的步骤，测试人员可得出一位受试者或某类受试者的人格轮廓。轮廓间的差别非常明显，且有启发性。我们在此例举出三种职业人员的人格轮廓（见图19），这些轮廓成为职业咨询的重要工具。

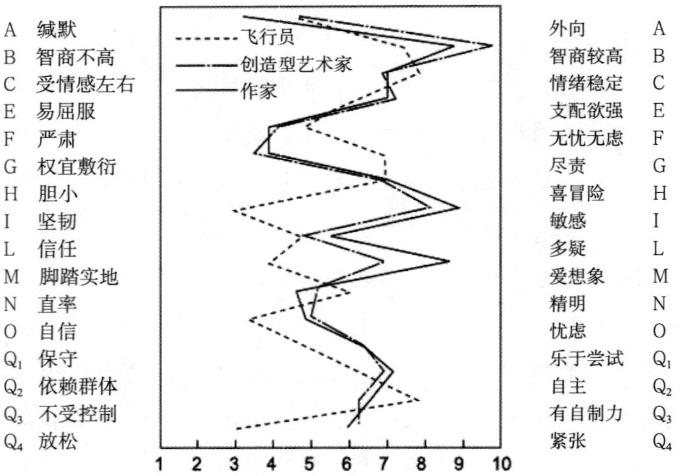

图19　卡特尔16因素法得出的三种职业人员的人格轮廓

一段时间以来，卡特尔16种人格问卷一直得到广泛应用。近年来，它在很大程度上被不那么复杂的分析法替代，这些新方法中有许多是它在知识上的衍生。

第五节 习得性人格

注意这里的用词，不是“训练”，而是“习得”。

和心理动力学理论或特质理论皆不一样的是，行为主义理论认为人格不过是一套习得的（受制约的）对刺激的反应。心理动力学和特质理论以不同的方式把人格看作可决定行为的、连贯性的个人特性，行为主义者不屑一顾，认为这些说法是“神秘主义”，不应在科学心理学中享有任何位置。斯金纳以其一向不留情面的风格将人格或自我叫作“一种阐释性的虚构……一种策略，表示反应系统在功能上的统一”。他说，特质只是一组相似反应，会在不同情境下导向相似的强化。它不引发行为，只是一套相似的条件反应的标签。

可严格的行为主义观点在解释众多人类行为时总不免捉襟见肘，甚至在解释一些动物的行为时也无法自圆其说。尽管托尔曼是一个行为主义者，但他看到，他的老鼠面对迷宫中的左右选择点时，表现得就好像它们在记忆、权衡信息，然后做出决定。甚至在20世纪中叶之前，他和其他行为主义者就在尝试将内部的心理过程囊括进刺激－反应模式之中。

耶鲁大学的两位科学家在此方面颇有建树，一位是社会学家约翰·多拉德，另一位是心理学家尼尔·米勒。他们在20世纪40年代合作研究出一套“社会学习”理论，作为对行为主义的扩展。在一定条件下，他们说，老鼠表现得与桑代克的实验相反，它们会彼此模仿，显然不是通过刺激－反应式的条件反射进行学习，而是通过认知过程。多拉德和米勒认为，人类的很多学习带有社会性，不但发生在构成动机的内驱力和需要中，还发生在高级的认知过程中。

从20世纪50年代开始，其他行为主义者继续进行社会学习理论的研究，特别是其中的认知方面。在所有版本的理论中，一个重要的概念是，人类的人格和行为不仅形成于得到回报的动作，而且形成于个人的预测或期盼。这些预测或期盼基于他们的观察，即某些具体的行为方式将得到一定的回报。尽管这个观点比严格意义上的行为主义更具认知性，但它并不等同于特质理论和动态心理学理论，原因在于，它仍将经验和情境——外部的影响——视作人格和行为的主要决定因素。

但在20世纪50年代，朱利安·罗特（1916—2014）对人格的社会学习观点进行了特质式的修正。他当时35岁左右，是俄亥俄州立大学教授。罗特既是心理治疗师，也是实验主义者。尽管他在实验室里是一位行为主义者，但作为一位治疗师，经验却让他更尊重认知的过程和情感，而这一点是天天与老鼠打交道的研究者们常常缺乏的。跟大多数临床医生一样，罗特发现，病人的基本人生态度通常产生于一些关键性的经历，而这些经历有好有坏。若按行为主义的术语对其进行重塑，那就是，当某个特别的行为得到或没有得到回报时，人们会对某种情境或行为能否产生回报形成“总体期望”。一个经过认真学习而得高分、得奖并自我感觉良好的学生，可能会形成这样的预测，即在其他情境下如果同样努力，也能得到相应的回报。而一个经过认真学习但没有得到高分，也没有得到与之相联系的任何好处的学生，可能会形成这样一种看法，即总的来说，努力也是白搭。

罗特和他的研究生们进行了一系列的实验来显示这些总体期望所产生的普遍影响。在一项典型研究中，他或他的合作者会告诉志愿者——该大学的男女本科生——他们接受的是超感实验（这是掩盖真正目的的幌子）。实验者举起一张卡片，卡片背对志愿者，上面是一个方形或一个圆圈，让志愿者猜测是哪个，而后由实验者评判对错。进行一组十次实验后，他让志愿者预测在下一组十次实验中能猜对几个。一些学生通常预测说，他们将猜得更差，因为，如后来在问卷和面试中所显示的，他们自认为是凭运气猜中的。其他人则预测，他们将猜得更好，因为他们将正确的猜测归因于自己在超感方面的技能，他们预测，技能会随着练习而提升。

约在同时，罗特督导一位接受培训的心理治疗医师 E. 杰里·费里士。费里士有位二十几岁的单身病人，他总是抱怨自己没有社交生活。费里士敦促他参加一个免费校园舞会，他去了，而且有几个女孩跟他跳了舞。但他告诉费里士："这次完全是撞大运——这样的事再不可能发生。"当费里士向罗特报告此事时，一直萦绕在后者脑海里的一个念头突然明朗化。30 年后，当他回忆起那个时刻时，他说：

> 我意识到，在我们的实验中，总有受试者和这位病人一样，他们即使成功，也不能产生期望。我和我的研究生先前进行过各种实验，对受试者的成功与否进行操纵——我们在超感系列实验中和在角度匹配实验中都是这么做的。在角度匹配实验中，我们能控制可能"正确"或"错误"的反应的数量，因为角度非常接近，看起来差不多，志愿者完全相信我们所说的一切。有些志愿者，不管我们在大多数情况下告诉他是对是错，他们总认为自己在下一轮实验中会表现得更糟。另一些人，不管我们告诉他什么，他总认为自己下次会干得更好。
>
> 就在此时，我把自己工作的两个方面——作为执业医

生和科学家——合并起来，得出假设说，一些人感到发生在自己身上的事情是由一种或另一种外部力量决定的，另一些人则感到，发生在自己身上的事情是自己的努力加技巧的结果。我和费里士于是编制出一套测试法，用以测量一种程度——任何个体认为是否得到回报是自己的行为结果，还是与自己的行为毫无关系。

罗特将这一重要态度——他一生中最重要的发现——称作“控制点”（locus of control）。他和费里士为测量它而设计的测试，即内外控量表(Internal-External Locus of Control Scale，简称“I-E 量表”)，由 29 个项目构成，其中每个项目都由两句话构成，凡接受该项测试的人都要说出每对陈述句中哪句最适合自己。

下面是一些典型的项目：

2. a. 人生不幸多为运气不佳所致。

b. 人生不幸多为自己犯错所致。

4. a. 从长远意义上看，人总会得到应得的尊敬。

b. 不幸的是，不管多么努力，人的价值经常遭到埋没。

11. a. 成功是努力工作的结果，与运气无关。

b. 得到一份好工作主要依靠合适的地方与合适的时机。

25. a. 我常感到对发生在自己身上的事无能为力。

b. 我几乎不相信运气在我的生活中起过什么作用。

选择 2a、4b、11b 和 25a 表明，受试者感到他或她对事情无能为力；选择其他选项则表明受试者感到自己可以主宰生活。在外部控制点得高分者倾向于将成功和失败归结为命运、运气或他人的力量，在内部控制点得高分者倾向于将成功和失败归结为自己的智力、勤奋或其他人格特质。控制点是影响人格和行为诸多方面的总体态度，因此与奥尔波特方案中的“中心特质”和卡特尔方案中的“根源特质”相似。

控制点概念和 I-E 量表在人格心理学家中引起很大反响。自从 1966 年该量表出现后，约有 2000 多份研究报告使用该量表。在此后的至少 20 年中，它都是很受欢迎的人格测试法之一。后来，它在很大程度上被其他更复杂的测试法所代替，但控制点理论仍是人格评估的主题。许多使用 I-E 量表的研究体现了控制点期待是如何影响行为的。比如，在小学里，内在型的学生的平均成绩将高于外在型的学生。“无助的”孩子（外在型）在某次包含困难问题的考试中考砸后，将表现得越来越差，而“能把握自己的”孩子（内在型）将更努力，也会做得更好。在一些实验中，志愿者将面对困境，内在型的人多半寻找有用信息，而外在型的人大多依靠他人帮助。在患结核病的住院病人中，内在型的人对其病情的知情度更高，向医生提问的次数更多。内在型的人刷牙、用牙线洁齿的次数比外在型的人多。与外在型的人相比，内在型的人坐汽车时更易系上安全带，他们接种疫苗，参加体育锻炼，进行有效的生育控制。

在消极的方面，一些研究发现，内在型的人比外在型的人更不可能同情需要帮助的人，因为内在型的人相信，这些人咎由自取。而且，内在型的人在成功时虽然感到自豪，却可能在失败时感到羞耻或负疚。相比较而言，外在型的人对于成功与失败的感觉则不那么强烈。（有些研究认为，拥有正常健康人格的人会在内在型和外在型之间寻求平衡，往往用某种自我保护的方式来解释自己的生活。社会心理学家弗里茨·海德曾说，他们会告诉自己，“好事是我努力的结果，坏事是外力强加于我的”。）

社会学习理论和控制点研究使人格理论和临床心理学研究取得了一些引人注意的进展。其中一个是，越来越多的人认识到，不仅是无意识的态度和想法，有意识的态度和想法也能在很大程度上解释一个人的特质和行为。被心理学家乔治·凯利称为“个人建构”的东西是人格和行为的重要决定因素。它包括个体对自己能力和人格的一系列有意识的想法、不同情境下人们对我们行为的预测、他人可能对我们做出怎样的反应、他们说的话是什么意思等等。

以此观点为基础的研究活动已有了有趣的发现。1978 年，爱德华·琼斯和史蒂文·伯格拉斯进行了一项有关自我保护策略的实验室演示，他们称其为“自我设障”。自我设障者面对一个可能失败的情境时，会做出一些安排，让别人以为失败是由不可控的力量造成的，以此保护自尊。一位中等水平的网球手也许只选择水平明显比他高的人做对手，这样一来，即使输球也算不了什么。一个面临期末考试的学生，可能不去学习，而是突然背上许多校园杂务，这样，如果考不好的话，也能找到自我辩解的理由。自我设障者为了保护自己而打败自己。

控制点理论有个特别值得注意的副产品，它可以解释一种叫作“习得性无助”的失能现象。大家知道，绝望和消极的人，即便拥有足够的能力和资源，也无法努力解决问题。许多临床医师对这种消极情形的成因进行过猜测，而在 1967 年，宾夕法尼亚大学的 21 岁的研究生马丁·塞利格曼突发奇想，经过多年的努力，这个想法成为对上述消极性的有价值的理解。

塞利格曼第一次来到教授的实验室，发现教授及其研究生助手异常苦恼。他们的实验犬总是不按指令行动。他们对狗同时使用音调和电击两种条件刺激，直至它们能将音调与电击联系起来。然后，这些狗被关在一个“穿梭箱”里，即一个大笼子，里面被一排矮隔栏分成两段，它们在这里只接受音调实验。当狗被放进这样的箱子，且在一个隔间里受到电击，而在另一边不受电击时，狗很快学会翻过隔栏以逃避电击。实验的目的在于查明它们在听到声音而不被电击时是否也会做出同样的举动。然而，狗听到声音后，仍旧蹲着不动，呜咽着。没人能理解这种现象，但年轻的塞利格曼突然产生了一个想法。当听到声音并被电击时，狗无法逃避电击，它们已经知道无论自己干什么都无济于事。现在它们虽然处于一个能够逃脱电击的情形，但仍像以前一样行事，似乎不管自己干什么，都没有用。

塞利格曼进行了一系列创造习得性无助的实验。他的合作者起初是一位名叫史蒂文·梅尔的同学，后来是同事布鲁斯·奥弗米亚。他们所做的一项核心实验是，把狗一次一只地放进笼子里，将它们拴上，使其无法逃脱。然后，他们通过金属地板对狗爪子施以电击。接下来，他们将这些狗及其他几只没有经过电击处理的狗关在一个穿梭箱里，关狗的那一端有一只灯不时打开，之后十秒内会有一次电击。所有的狗都很快将灯光与即将到来的电击联系起来。当电灯打开时，没有经过电击处理的狗狂躁地爬来爬去，并很快发现可跳过隔栏跑到笼子的另一端以逃脱电击，而那些曾遭到不可避免的电击的狗，只是待在原地，听任电击的折磨，根本不去做任何努力逃避。它们已形成预测，即不管做什么，终究难逃被电击的下场。它们已习得了无助感。

这个实验似乎可以解释人类和狗身上的习得性无助现象。然而，奥弗米亚和塞利格曼继续深入探索。他们大胆假设，人类存在的抑郁感，可能更多是由于这种习得性无助——一种无可奈何的感觉或看法，而不是因为真的无法应对问题或伤心事。这个理论立刻遭到心理学家和精神病学家的反驳，他们指出，有些人在遭到不幸时从不感到无助；有些人的确感到无助，可很快又会恢复至以前的状态；

有些人不仅在给定的情形里感到无助，而且在新的和不同的情形里同样产生这种感觉；有些人将不幸归咎于自己，有些人则把不幸归咎于他人。

塞利格曼与他的评论人之一，英国心理学家约翰·蒂斯代尔及另一位同事合作，着手寻找更好的办法以解释人类的抑郁感。他们提出一种新的假设，将习得性无助和控制点理论结合起来。当人类有了痛苦的经历时，他们不是将其归咎于外力，就是归咎于自己，而后者这种错误想法往往导致抑郁。这个小组通过一整套复杂的控制点问卷来验证这个假设。结果，所得信息支持这个假设。1978 年，他们的研究公之于世，引发了许多类似研究和确认性研究——在接下来的 20 年内，此类研究超过 300 种——受试者有狗，也有老鼠，人们通过实验确认并扩展了这一理论。

比如，有一例研究基于人格测试对一组孕妇进行评定，将其归类为内在型或外在型两种。他们发现，在内在型的人中，产后抑郁症发病率较高。这些妇女把这一时期的困难归咎于自己的个人特质；而那些外在型的妇女往往声称环境不好，她们虽也感到无助，但不会特别抑郁。

后来，塞利格曼进一步扩充其理论，形成他称为“解释风格”的东西，用以解释表现为总体乐观或总体悲观的人格中的基本方面。按塞利格曼自己的话说：

> 以一个糟糕的情形为例，如生意或恋爱失败。悲观主义者将它归咎于长期或永恒存在的原因，它们将影响自己所做的每一件事，而所有这些全是自己的过错。乐观主义者认为失败的原因是暂时的，且只限于目前这件事，并认为是环境不好、运气不佳或他人从中作梗所致。

> 乐观主义容易产生远高于悲观主义的成就。我们发现，乐观的人寿保险代理员的销售业绩要远远优于悲观的代理员，坚持做这个行当的时间也更长。乐观的奥运会级别的游泳运动员在被打败后会游得更快，悲观的游泳运动员在被打败后则游得更慢。乐观的职业棒球队和篮球队的成绩要好于悲观的球队，特别是在其被打败之后。

在这个基础上，塞利格曼发展了他自己独特的看待人格的方式：无助和悲观主义可以被习得（一如狗习得它一样）——但是反过来也一样，乐观主义也可以被习得，人可以习得心理技能，改变人生态度，积极自主地生活。“习得性乐观主义”成了他眼中的一种新学科——积极心理学——的基础，这种新学科旨在研究积极情绪、积极人格特征和能够获得这种情绪与人格的疗法。自2000年起，这个学科就成了塞利格曼的主要兴趣所在，他在宾夕法尼亚大学领导着一个培训和研究机构，机构的名字就叫“积极心理学中心”。

社会学习理论引发的另一个新见解是，男人和女人有着人格方面的差别。自古以来，表面上非常聪明的人就喜欢谈论这个话题，其中多半是男人，他们称赞自己的性别，诋毁另一种性别。他们上引柏拉图对女人的微词（柏拉图认为，自然赋予两性的东西是差不多的，但总的来说女人比男人要低等），下引亚历山大的克莱门特关于女人罪恶本质的长篇大论，还引用了切斯特菲尔德勋爵居高临下地对女人的心理和人格进行嘲笑的话：

> 女人只是长得体积稍大一点的孩子，她们只会说些笑话逗人，有时候略有一点智慧；但要得出什么站得住脚的、合理的推断，我一辈子还没有见过哪个女人具有这个能

> 力……有头脑的人只是跟她们逗乐，与她们玩耍，逗她们笑，奉承她们，就好像他在逗一个活蹦乱跳着往前奔跑的孩子。

传统上属于女性的特质——多愁善感、胆小、贪慕虚荣、善养育、敏感、善变等——一直被认为是与生俱来的。在心理学的早期，大多数心理学家，包括弗洛伊德在内，均相信是女性激素、生物禀赋和由这两者引发的特殊经验使女性拥有了这些特质。直到1936年，刘易斯·特曼和同事C.C.迈尔斯才以自己的实验为依据，发表了一篇大受欢迎、影响力强的研究报告《性别与人格》，就男女人格进行了论述。给受试者的打分方法建立在对性别差异的传统看法之上。例如，在这项测验的词语联想部分，如果受试者对tender（嫩、温柔）一词产生的联想是meat（肉），该答案被评为男性化；如果联想到kind（仁慈）、loving（温情），则被评为女性化。爱读侦探小说并喜欢化学，被评为男性化；爱读诗歌或喜欢戏剧则被评为女性化。

尽管在今天看来它很离奇，但在以上假设被质疑之前，特曼和迈尔斯测验法被使用了很多年。随着近几十年女性社会地位的改变，女性人格的许多方面变化也很大。另外，社会学习理论家和其他学者得出的大量研究结果，也对传统假设提出了挑战。在研究文献的几百个例子中，我们可以看到下面几个例子：

——女孩的确比男孩更怕老鼠、蛇和蜘蛛，这主要因为她们早就知道，由她们而非男孩来表达害怕更容易被容忍。

——女孩比男孩更自发地玩布娃娃，这个事实长期以来被认为是女孩天生更喜欢养东西、更喜欢帮助他人的证据。但女孩也总是收到布娃娃作为玩物，这是一种社会训练的形式。女孩更喜欢养育的特质至少部分是后天学来的。

——在小学里，女孩要比男孩更具同情心，我们可根据她们更愿意给生病住院的孩子写慰问信做出判断。但男孩乐于用一些被人视作具有阳刚之气的行为帮助他人。在成人阶段，女人比男人更乐于帮助一些闷闷不乐的人，但这主要发生在传统中认为需要女性援助的场合，如照顾受伤的孩子等。男性更乐于在需要冒险或需要力量的情形下帮助他人。总而言之，在助人时表现出来的性别差异，部分或主要归因于社会学习。

女权主义者一度极端地认为，在男女之间，几乎所有的人格和智力差别都是社会不平等、压力和条件作用的结果。但随着研究证据的积累，显而易见的是，特定的认知差别和人格差别的确受生物学影响。例如：

——妇女在体育运动、商业活动和实验室环境中已变得更有进取心了，但在社会生活中，她们中的大多数还是没有男人那么有进攻性。在家庭暴力、强奸、杀人以及一般犯罪中，犯案者大多数是男性。男子的这种进攻性在人生早期就已出现，远不是社会影响的结果。这些发现有力地说明，社会学习在很大程度上发挥了作用，它作用于生物学意义上的内置差异，并强化了这一差异。

——平均而言，女孩和妇女在口头表达能力方面略胜于男孩和男子，但在空间识别能力方面略逊一筹。口头表达能力上的差别出现在人生早期，而空间识别能力上的差别则出现在青春期之前，到了青春期，社会因素变得最有影响力。因此，两者都在某种程度上指向大脑的结构差异。最近一项关于大脑的回顾性研究提出了一些存在于女性大脑和男性大脑之间的微小差别——其中一个差别是，女性的左右脑之间的联系更加紧密，这可以解释女性在口头表达能力上的优势——但总的研究结论却是“几乎没有数据能将大脑结构差异与功能性的性别差异联系起来”。

——在感知非语言情绪暗示的意义方面，如姿势、身体动作、面部表情等，女人远胜于男人。在某种程度上，这可能是后天学习的技巧，但一些证据，如这些差异在儿童期就已显现，表明这些差异具有进化引起的生物预先倾向性。解读身体语言可能对女性的生存更重要。

——在最近一项费尽心力的数据调查当中，英国重要的神经内分泌学家梅利莎·海因斯报告说，巨大的差异存在于“核心性别认同”（感觉自己是男性还是女性）方面，但是在其他被深入研究的方面，差异相当小。她列举了三维旋转能力（对物体的图像进行心理旋转，以确认它们是否和其他物体一致）、数学能力、言语流畅性、空间知觉，甚至还有打闹的能力和身体进攻性。这些标准有的有利于男性，有的有利于女性，但是总体而言，与男女在身高上的平均差异相比，男女在以上方面的差异是较小的。无论如何，海因斯给出结论说：“巨大的差异存在于每种性别内部，每一种特征分布的顶部和底部附近，都既有男性，也有女性。”

结论是，尽管上述研究结果未能证明激进的女权主义者的观点，但许多传统观念，如“男女人格天生有别”等，也是站不住脚的。男女差异中的大多数现已归因于社会学习，或被认为是社会力量与生物因素相互作用的结果，但部分差异的确是天生的。纽约州立大学心理学家凯·多克斯对这方面的研究观点做出如下总结：

> 女权主义者所希望的，不一定就是科学家所看到的……在学术和大众层面上，“否认”性别差异存在的企图，已让位于认为差异的确存在的论点。然而，承认差异的存在不应制约我们对性与性别影响人类行为这一过程的探究。

凯·多克斯较为温和的结论并未平息长久以来的争论。在过去20多年里，许多论述男女人格差异的研究问世。有的研究认为，男女在人格方面的差异微乎其微；另一些研究则认为，男女在人格方面存在天壤之别；一些研究认为，上述差异是通过文化习得的；也有一些研究认为，这些差异大部分是与生俱来的。由于篇幅关系，没有必要对上述观点一一举例说明。然而，著名研究人员斯蒂芬·科斯林及其合作者罗伯特·罗森伯格新近得出的结论值得与读者分享：

> 总的来说，男女在人格方面的差异不是很大，尤其与同性之间的巨大差异相比，更可以忽略不计。例如，在社交焦虑、控制点、冲动、深思熟虑方面，男女之间似乎没有什么明显差异。
>
> 然而，一些一致性差异的确存在。女性在反映“社会联系”的特质中得分较高，“社会联系”关注关系的重要性，而男性的得分点则在个性和自主性方面。在与异性同伴相处时，女性更易动情，更喜欢照顾别人，也更善于发现对方的“口是心非”。
>
> 在神经质指数方面，男女有别，男性得分较低。而在发怒和进攻性方面，女性得分较低。
>
> 事实上，男女之间的确存在差异，但这并不等于告诉我们产生差异的原因是什么。究竟是文化因素在起作用，还是生物因素在起作用？尽管有证据表明，文化因素和环境因素塑造了性别差异，但是，我们必须注意，这些差异也确有其生物学上的解释。

这一说法很好地解释了一个关于心理学的普遍真理。随着故事的进展，这一点越来越清楚地呈现在我们面前：在某种程度上，针对许多心理现象的敌对或互不相容的理论，彼此攻讦已达2500多年，但随着知识的积累，人们最终发现，敌对的双方都是正确的。

第六节 身体、基因和人格

男女特质差异取决于生物因素，这种理论隶属一个更大的理论体系——人格先天论。该理论有两个相关版本，其一是，人格受个人身体特质的影响；其二是，人格取决于具体基因或某些基因的相互影响。

第一个版本几乎与心理学自身一样古老。盖伦的人格体液论是古代的形式之一。相面术是另一种形式，该理论认为人体的特征、外形常伴随着相关的人格特质。这一观念从古希腊传承至今，例证成千上万，其中有这么一个：在《坎特伯雷故事集》中，乔叟笔下的古板的教士（学者）“胖得别扭”而“中空”，多次再婚且俗不可耐的“巴思太太”脸盘“突出”而“赤红”；且“牙齿不齐”（齿间有缝，按相面术的说法，象征着胆大和纵欲）；粗俗的磨坊主矮胖，粗壮，骨架硕大，鼻大孔阔。

20世纪初，身体－人格理论一直戴着科学面罩。当时，在德国南部数所精神病院从业的德国精神病学家厄恩斯特·克雷奇默（1888—1964）宣称，他已发现病人的身体与其人格及精神状态之间存在联系。他认为，四肢短小、脸圆、矮胖的人容易受到情绪的影响，要么兴高采烈，要么极度沮丧，狂躁与抑郁交替发作；四肢修长、面容消瘦、身材苗条的人则内向、害羞、冷淡和反社会，是精神分裂症患者；而体态平衡、肌肉结实的人富有活力和进取心，性情达观，但有其他精神病症。

克雷奇默相信，身体外形和人格类型或精神状态都是由激素分泌造成的。他的理论发表在1921年的《体格与人格》杂志上，一时间引起大家的注意与好评，因为它似乎科学地支持了古代的传统。但其他科学家则指出这一理论中的漏洞。他们认为，大多数人无法干脆利落地归属于三个体型类别中的任何一个——矮胖者所具有的人格，瘦高的人常常也具有，而瘦高者往往表现为运动型。而且，克雷奇默的例证也有失偏颇。住院的精神分裂症患者的平均年龄要比狂躁抑郁病人年轻，仅此一点即可解释他在身体脂肪分布中找到的诸多差异。

然而，这种体型概念的确吸引人，且很快有了一位在科学上更严谨的拥护者——哈佛大学的医生兼心理学家威廉·H. 谢尔登（1898—1977）。克雷奇默的英文版论著出版后不久，谢尔登即开始“体型”（身体类型）研究，并在此后的几十年内收集了有关身体尺寸和正常人人格的大量数据。（在晚年，他还将自己的研究对象扩至精神病人和男性少年犯。）

作为一位研究人员，谢尔登可谓是鞠躬尽瘁：他拍摄了不少于4000幅男性大学生的裸体照片，记录下他们主要的身体尺寸。从大量的数据中，他得出结论说，共有三种基本的人体类型，和克雷奇默的观点差不多：内胚层体型者，即柔软、滚圆、丰满者；中胚层体型者，即硬朗、平阔、大骨架、肌肉丰富者；外胚层体型者，即高挑、瘦削、颅骨巨大者。他认为，这些类型代表着细胞中的三层的某一层的具体发育，它们早在胚胎阶段就已有所区别：从内胚层中将生出消化道和内脏器官，从中胚层中将生出骨骼和肌肉，从外胚层中将生出神经系统。

为显示人格特质与这些体型的相互关系，谢尔登对他的200名受试者进行了人格测验，并在数年中通过面谈和行为观察积累了大量其他特质数据。他发现，正如自己所料，每种典型的人格类型都有与之相联系的体型。矮小滚圆的内胚层体型者通常爱交际，放得开，健谈，且喜欢奢侈的生活；匀称的中胚层体型者则精力旺盛，果断，勇敢无畏，乐观向上，喜欢运动；而高挑瘦削的外胚层体型者则内向，害羞，智商较高，善于自制，不善交际。谢尔登推断道，在胚胎发育时，决定哪种体型占上风的是基因，因此，决定一个人将表现出何种人格模式的也是基因。

他的主要作品发表于20世纪40年代，在当时引起较大的社会反响和学术兴趣。但大多数心理学家发现，谢尔登的类型学仍很肤浅，且研究方法也存在错误：他对受试者的社会经济背景不加关注。穷人家的孩子很难成为肥胖、乐天的内胚层体型者，有钱人家的孩子也很难成为害羞、聪明的外胚层体型者。心理学家们对这种极高的相关度也颇为怀疑—— +0.79 至 +0.83——这是谢尔登所报告的三种体型和与之相关的人格类型之间的相关度。达到此种相关度在心理学上极为罕见，因为大多数现象往往是由多重因素造成的，这不能不使人们想到，他的研究在设计上存在基础性漏洞。确实存在漏洞。在此引用权威人士加德纳·林齐的话：

> 要全面研讨为什么能观察到如此多的协同变化，就必须考虑多方面因素，但对于大多数心理学家来说，对这一问题的解释似乎是谢尔登本人在执行两套标准。其结果是，人们可以推论，谢尔登在这个领域里所持有的先入为主的看法或期盼在暗中导致其以一贯的方式来评定体格和气质，根本不管实际情况如何。

支持谢尔登观点的人后来寻求各种方式弥补他在这方面的不足，

他们让评定者根据照片进行体型评定，这些评定者不认识照片中的人；并让另一些评定者根据问卷数据而不是面试，对受试者的人格做出评估。这些研究证实了谢尔登在体型和人格之间所建立的联系，但相关性要低许多。然而，即使这些数据也不一定能在体型和人格之间建立起直接的联系。这种联系可能是间接的和社会性的，因为人们期望肌肉发达的中胚层体型者成为领导人，软弱瘦小的外胚层体型者往往避开身体竞争，转而依靠大脑。因此，孩子们感到人们希望其成为何种人后，会相应地朝这方面努力。

体型理论得到大家的关注，并在20世纪50年代引发大量研究，但该理论也受到了尖锐的批评，它所持的遗传论观点有悖于当时占主流地位的自由主义精神，因此，它的影响日渐消退。到20世纪60年代，按美国著名心理学史专家欧内斯特·希尔加德的说法，它几乎退出了历史舞台。然而，强有力的证据仍不断出现，这些证据支持人格天生论，或至少能证明某种预先倾向性。

到20世纪40年代，纽约大学医学中心的精神病专家亚历山大·托马斯和斯特拉·切斯开始在婴儿和小孩中进行个体气质差异的研究（“气质”是人格的一部分，是一个人面对刺激和不同情形时具有特色的情绪反应方式）。托马斯和切斯收集婴儿从出生时起的行为数据。这些数据部分来自个人观察，部分来自对孩子父母的征询，如婴儿第一次洗澡或吃第一口麦片时的反应。他们发现了所有生过不止一个孩子的妈妈都有所体会的证据，即婴儿从出生的第一个小时起，气质就有所不同。

经过几年研究，托马斯和切斯详细说明了在人生之初就已显现的九种区别。一些婴儿比另一些婴儿更活泼；一些婴儿进食、睡眠和排泄较有规律，另一些则不规律或无法预测；一些婴儿喜欢任何新鲜玩意儿（他们狼吞虎咽地吃下第一匙新食物），另一些则不然（他们将食物吐出）；一些婴儿能很快适应变化，另一些则对计划的改变闷闷不乐；一些婴儿对刺激的反应强烈，不是大笑就是哭叫，另一些要么微笑要么小声啼哭；一些婴儿总是乐呵呵的，另一些则郁郁寡欢；一些婴儿好似对所有的地点、声音和触碰都很警觉，另一些只对某些刺激产生反应，对其他刺激则置之不理；一些婴儿在不舒适时较易被转移注意力，另一些则专注于此；一些婴儿有良好的注意力，可以抱着一个玩具玩很久，另一些的注意力总是快速从一个活动转到另一个活动。

总的来说，托马斯和切斯发现，约有 2/3 的婴儿在生命早期表现出明显的禀性。2/5 的婴儿是“轻松型”（平和、易哄），1/10 是“困难型”（易怒、难哄），1/6 是“慢热型”（略显挑剔或忧虑，但能适应环境）。

在托马斯和切斯观察部分孩子长大成人时，他们惊讶地发现，在婴儿、儿童及少年阶段总体保持不变的是孩子们从小养成的禀性。后来，更细节性的发现引导他们得出更合理的结论：基本气质中的一些或很多方面也会变化，但经常伴随着重大变故，如严重事故或疾病，或环境变化，如父母中有一个去世，或家庭经济状况发生巨变等。如果没有这些事件或环境变化，生命早期的气质很可能就是成年后的气质。

行为遗传学在研究中得出了更有力的证据，证明人格中有部分是先天的。这个曾经稍稍游离出心理学主流的专业现在变得愈发重要了，它主要研究遗传对心理特征的影响。它的探究方法是由高尔顿发起的，主要是察看人与人之间的相关度到何种程度时会有相似的心理能力、人格和成就。人体内有 25，000 到 30，000 个基因，堂（或表）亲的基因有 1/8 相同，同胞兄弟的基因有一半相同，双胞胎则全部相同。如果遗传对心理发展产生影响，则两个人的遗传关系越近，在心理上越相似。

过去半个世纪以来所进行的浩如烟海的研究证明，情况正是如此。有些研究还证明，遗传关系越近，精神状况越相似。有人还发现，一般智力水平和特定心理能力也是这样的。一些遗传学家和心理学家还发现，遗传关系越近，个人之间的人格也越相似。

有些人格研究主要对同胞兄弟或双胞胎的特质中存在的相互关系进行分析。结果同样是，双胞胎比同胞兄弟更相像。尽管如此，如果他们在同一个家庭长大，这样的证据还是不足为凭，因为他们在成长过程中受到同样或近似的环境影响（双胞胎尤其如此，因为父母对他们一视同仁）。因而，最好的数据——也是最难获取的数据，因为例子极其稀少——应来自一出生或出生不久即被分开，在不同的地区、不同的家庭中长大的双胞胎。在这样的情况下，至少环境是不同的。

譬如说吉姆·刘易斯和吉姆·斯宾格这对双胞胎吧。1940 年他们出生，刚足月就被分开，分别在俄亥俄州相距约 70 公里的两个家庭长大。在 1979 年以前，他们谁也不知道对方的存在，而当时他们已 39 岁。这一年他们相会了，但并不是巧遇，因为他们一直被明尼苏达大学的明尼苏达双胞胎与收养研究中心主任托马斯·布沙尔教授追踪，后者一直致力于研究被分开养育的同胞兄弟和双胞胎兄弟。除服饰之外，吉姆·刘易斯和吉姆·斯宾格在身体上是没有区别的。几乎所有的双胞胎都是这样。尽管这样的相似已令人惊奇，但令人惊奇的还远不止于此。两个男人都娶了名叫贝蒂的女人，都嗜好 SALEM 这个牌子的香烟，都喜欢开雪佛兰车，都咬指甲，都为自己所养的狗起名为托伊。

这听起来像是某个作家为超级市场的小报所杜撰的故事。这样的小报总是充斥着荒诞不经的怪事，比如某婴儿由八旬老者所生等。

然而，这个故事并不是杜撰的。当然，这些巧合可能归因于这对双胞胎生活在同一地区，也可能纯属巧合。但我们不能否认的是心理测试所列举的证据。布沙尔和他的研究小组对这对双胞胎进行了一系列人格测试，发现他们的反应和特质分数几乎相等。

自 1979 年至 1990 年，布沙尔和他的研究人员对分开养育的近 80 对同卵双胞胎和 33 对异卵双胞胎（从约 8000 宗案卷中抽取出的）进行了跟踪调查，并对每对双胞胎进行长约 50 小时的密集测试和面谈。为达到比较目的，他们还对一些在一起长大的同卵、异卵双胞胎进行同样的测试和面谈。对从不同组别的双胞胎身上得到的相关性进行统计分析后，研究小组得出结论，人格中约有 50% 的差异由遗传所致。（他们对其他心理学变量进行了报告，包括一般智力、语言能力、社会态度、同性恋状况、药物滥用及宗教兴趣等，结果同样令人吃惊。）

然而，行为遗传学的其他研究者却得出更为谨慎的估计。得克萨斯大学奥斯汀分校的约翰·C. 里林最近对一系列双胞胎案例进行研究并发现，从整体上说，有证据证明在造成人格差异的因素中，遗传因素占 40%。还有一些研究者主要比较被收养的孩子与其养母和生母的关系。他们发现，只有 25% 的差异可归结到遗传中去（不过，有趣的是，收养的孩子在人格上与生母更像，而不是与养母更像）。

为了明确这一问题，布沙尔和一位名叫马特·麦格的同事在 2003 年综合性地回顾了布沙尔和其他研究人员有关双胞胎、家庭、收养的研究。经过复杂的数学分析，他们积累了许多证据，“遗传对人格特质差异的影响从 40%—55% 不等”，“共同（共享）的家庭对人格特质几乎没有影响”。非共享的家庭，即不同的环境，在很大程度上造成了人格差异，但这一因素很难鉴别。

这些数字并不是说，任何人的人格中都有 40%—55% 由遗传决定。所谓差异，是指在某一特质或某一组特质中，人与人之间的差异幅度。例如，布沙尔中心的数据表明，如果一组成人的身高从1.2米至2.1米不等，该差别范围中的90%是由遗传而来的，10%是由环境造成的。同样，双胞胎研究意味着，在一群人中，人格差异幅度的40%到55%是遗传所致。这也许可以解释美国人的人格差异为什么远大于人口基因同质的国家，如日本。

行为遗传学的发现在理论层面上是一种新的理解，但并没有引起大多数人格心理学家的兴趣，其原因是，行为遗传学并不研究与人格相关的感情和社会关系，以及测试和影响它们的方法。更糟糕的是，它打消了人类的一种希望，即心理学可以改善人类生命的质量。它向人们指出，由于人格的起源具有遗传性，因而它并不受社会、疗法或任何其他可控环境因素的影响。因此，大多数心理学家，包括人格研究心理学家，认为行为遗传学有科学价值，但没有实践意义。他们认为，真正重要的是人格差异的其他部分——人格可被影响的程度，不管是变坏还是变好。

第七节 人格研究前沿的最新报道

人格研究不再是心理学最显著的领域，这并不是因为它已缩小规模，而是因为其他更新的领域已得到扩展，并成为注意力的焦点。此外，如同在其他成熟的科学领域中一样，许多人格研究者制造了大量过于专门化的细节研究。值得欣慰的是，仍有一些人致力于广泛的和激动人心的研究。

这一领域最新也最有趣的发展是研究人格对中晚年普遍产生的"幸福感"（普通意义上的满足感）的影响。保罗·T.科斯塔和罗伯特·R.麦克雷与参加巴尔的摩老龄化纵向研究的人一起从事这项研究。这是国家老龄化研究所的一个长期研究项目。他们发现，外向的人在社交能力、总体行为和“支配性”（类似于统治）中可得高分，且其中年生活及以后的生活要比内向的人更幸福。他们还发现，与神经质程度（通过长期焦虑、敌意、自我意识和冲动性等特质进行衡量）严重的人相比，神经质程度较轻的人更适应中老年生活的变化，前者更倾向于将中年问题看作危机，他们担心自己的健康，并因为退休而感到沮丧和失望，常常处于抑郁和绝望的边缘。

对于这些人格缺陷，人们该如何应对呢？科斯塔和麦克雷认为，心理疗法可以起到帮助作用，但作用有限，因为巴尔的摩的数据和其他研究结果指出，人格特质在成年生活中已相对稳定。但他们仍然认为，幸福感即使得到一点点改善都会使人受益无穷，完全可和重病患者的病情得到控制相提并论。

根据最近的许多研究结果，许多身体上的疾病起源于某种人格特质，或因其恶化。1975 年和 1980 年的两项重要研究结果均可提供调查数据，证明 A 型人格（有竞争性、进取心、敌意和紧迫感）的人容易患冠心病。对这一问题的许多后续研究非但没有否决上述结论，反而更加证实了它。

1988 年，马丁·塞利格曼及其同事克里斯托弗·彼得森、乔治·瓦利恩特等在更广范围内论证说，一个人的解释风格可影响他的健康。他们对哈佛毕业生进行了 35 年的纵向研究，从中得出的数据指出，习惯以悲观或消极态度对自己的生活进行解释的人比乐观者更容易罹病，期望寿命也更短。他们认为心理疗法，特别是短期的认知疗法，对悲观解释生活者大有益处。我们看到，塞利格曼继续发展了这一观念，他认为认知训练可将消极的解释风格转变为积极的风格，这对身体和心理健康均有益处，这一观点成为他现在的积极心理学体系中的核心。

汉斯·艾森克回顾了一系列人格和健康研究，包括自己所进行的研究，最后说道："戏剧性的结果……指明在某些人格和具体疾病之间存在非常直接的联系。"他还认为，许多医生将致癌因素与不会表达愤怒、恐惧或焦虑联系起来，还与绝望、无助和抑郁等感觉联系起来。他说，纵向研究显示，许多同样的特质也与心脏病有关。艾森克和一位名叫罗纳德·格罗萨斯－马迪塞的南斯拉夫心理学家以这些数据为基础，进行过一项预防医学的实验，得出结果如下：

> ［我们］试图用行为疗法教会一些易患癌症和心脏病的人以更情愿的方式表达自己的感情，教会他们如何应对压力，打消他们的情感依赖，让他们更加自立。换句话说，我们教他们过人格更为健康的生活。
>
> 我们将100个易患癌症的人分成两组：50人不接受这种疗法，另外50人接受这种疗法。13年后，45位接受过本疗法的人仍然活着，而在没有接受本疗法的一组中，活着的只有19人。
>
> 我们对92名易发心脏病者进行了类似实验，把他们分成疗法组和非疗法组。差别也很明显。13年后，接受本疗法的一组里有37人还活着，另一组活下来的只有17人。

令我们感到奇怪的是，为什么这样的实验没有人复制，也没有人效仿。

特质理论仍然是人格研究中具有指导意义的观点。它在不断地走向成熟，特质理论中的"大五模型"是主要的成熟形式。

多年以来，若干研究者一直试图在卡特尔的基础上，对因素结构进行更深入的研究，他们辨出比他的16因素组更全面也更基本的因素集合。30年前，部分研究者对卡特尔的相关数据再次进行研究，他们宣布说，可以找到五种超级因素的证据。此后的许多年里，当人们让其他被广泛使用的人格调查表经受统计学检验的时候，他们发现这五种超级因素以各种各样的形式存在着。到20世纪90年代，绝大多数人格心理学家同意，大五模型是人格中的基本尺度。从那时起，不同的研究者对因素的名字作过润色，但“大五”是现在的特质理论中的基础。

它们是：

——外倾性，该因素在一些人格调查表中被列在相关标签之下，如社交能力、活动能力和人际交往等。

——神经质，或按照其他研究术语说是情绪性、情绪稳定性和适应性。

——对经验的开放性，亦叫作询知智力、智力和“智评性”（这是个不必要的新词，幸好也没有引起注意）。

——宜人性，也叫受欢迎度、利他主义、信任、社会交际力等。

——责任心，也叫可靠性、超我力量、受约束的自律。

按照目前的看法，这五种因素是关键的、起支配作用的人格因素，这五条主干的分枝构成了人类人格的丰富性与多样性。尽管这些超级因素对视野只起模糊而不是聚焦的作用——请想象一下，用大五模型中的词语怎样描述哈姆雷特、麦克白夫人或李尔王吧——但它们的确为研究者和临床心理学家提供了一套得到验证的尺度，足以用来建构人格研究设计，并把由临床使用的不管哪一种人格测试中得出的数据组织起来。

此领域在另一方面的成熟是解决“一贯性矛盾”：尽管人们都有可测量的特质和可辨认的人格，但任何人在特定情形下的行为却丝毫不能指示他或她在其他情形中的行为方式。面对炮火不动声色的人可能会在与妻子的冲突中胆小如鼠；作为教会支柱的某位妇女，作为公司财务人员，却可能为情人窃取公司资金；模范丈夫和好爸爸可能在其他地方另养情人，或是隐蔽的公共卫生间里的同性恋者。

由于这些跨情形的不一致特性，一些心理学家多年来一直攻击特质理论是无效的。然而最近，更为准确的研究数据使人们得以更明智地解决这个问题：情形越相似，人的行为就越一致；情形越不同，人的行为差异就越大。著名人格研究者和曾经的特质理论批评者、哥伦比亚大学的沃尔特·米舍尔说道：

> 这些数据……并不意味着无法做出有用的预测，也并不意味着，不同的人在不同情形下不会以不同的方式依某些一贯性行事……条件或等效单元的特定种类得以更加小心的方式加以注意，它们似乎比传统的特质理论所假想的更狭窄，或更具局域性。

对一贯性和行为预测的论述给出了不一样的观点，但这却是个好消息：人格特质随着时间推移会发生变化，而且在大多数情况下，是朝好的方向发展。利用在大五模型基础上建立的六大因素变量进行的元分析（在 92 项研究中对 50,120 人进行了调查，汇集其平均变化）表明，一般而言，在人的中老年阶段，六大特质中有四大特质会朝好的方向发展。详见图 20（垂直维度测量的是 d 值，代表与“标准”的平均偏差）。

此领域的另一项新近发展平息了情境论和本性论之间的长期争斗。大多数心理学家现已倾向于两者相互影响的观点，即任何既定行为都是某情形与个人人格相互影响造成的。同样，人格是先天的还是习得的这一古老的争论也逐渐让位于相互影响说。一些心理学家仍认为，父母、同龄人、社会等级和其他环境因素是生成人格的唯一重要因素；另一些人似乎认为，我们的行为就像大多数动物的行为一样，在很大程度上是由基因决定的。然而，越来越多的心理学家倾向于认为，人在任何一个生命点的人格或行为，都是他或她的先天气质与后天经验相互影响的结果。

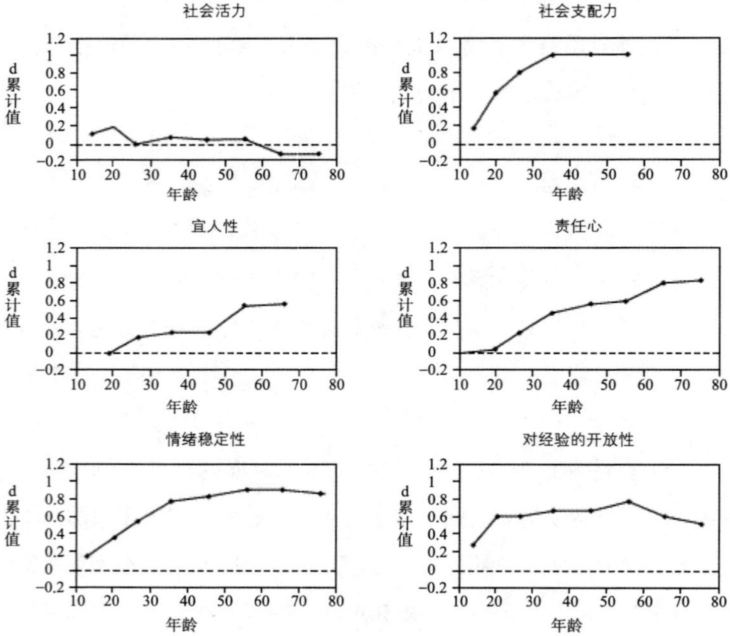

图 20 一生中，各个特质域的 d 累计值

这是一个复杂的概念。遗传影响和环境影响并不在人格之中简单地叠加，而是和在化合物中加入化学品一样，重新生成一种不同于任何原有化学品的东西，然后再产生后续反应。这就是发展心理学的核心概念，即我们接下去要谈到的心理学研究领域。

第十二章 发展心理学家

第一节 “橡树再大，也得从橡子中长出”

许多人在提到科学家时，眼前大多浮现出一幅幅这样的画面：身着围裙的化学家正把沸腾的液体倒入烧瓶里；细胞生物学家透过显微镜观察；身穿卡其布衣服的古生物学家用刷子刷着泥土，最后露出一块朽骨。但对于工作中的心理学家来说，没有人能想象出他们的形象。心理学是各门科学的综合，每一科都有每一科的场面。即使在心理学内部的具体领域也不尽相同。然而，在心理学的所有领域中，情形最复杂的莫过于发展心理学。比如：

——身着白色工作服的技术人员紧握一只闷闷不乐的实验老鼠的头，一位助手灵巧地翻开老鼠的左眼皮，在里面放上一块不透明的接触镜。

——一位已怀孕许多个月的年轻女性躺在桌上；在她的腹部上方几厘米的地方放着一台扩音器，播放着之前她亲自背诵的一首两分钟长的诗。

——一个 4 个月大的婴儿被支撑着坐在一台闪光灯前，一位研究人员暗中观察着婴儿的脸。闪光灯先是规律地闪了一段时间，然后闪的频率有所降低。

——8 个月大的男婴坐在微型舞台前，一位研究人员躲在舞台后，把一只玩具狗放在男婴看得见的地方。正当婴儿准备用手抓它时，研究人员却拉上帷幕，将狗遮掩起来。

——一位男士蹲在一个玩石子的 5 岁男孩面前，对他说："以前我常玩这些东西，可现在忘了如何玩。我想再玩一回，你教我规则，我跟你一起玩。"

——一位年轻的母亲跟只有 1 岁大的女儿蹲在地上。她突然假装受伤。"哎呀，哎哟！好痛啊！"她大叫起来，紧抱住自己的膝盖。小女儿伸出手来，好像要拍她的肩，然后突然大哭起来，把自己的脸埋在枕头里。

——在一间微型办公室里，一位心理学家手上拿着一张绿色的扑克牌，对坐在桌子对面的 10 岁女孩说："我手上这张牌要么是红色的，要么不是黄色的，这个说法对吗？"她立即回答说："不对。"后来，在同一天，他又让一位 14 岁的女孩子回答这个问题，她想了一会儿，然后说："对。"

——一位女研究员给一位学牙科的学生放一段录像。录像中，刚来到这座城市的哈林顿夫人第一次去看牙医。这位牙医说，她昂贵的假牙中有一些全坏了，根本没法修复；而且，她患有牙周炎，而以前的牙医对此根本没有采取措施。哈林顿夫人心烦起来，开始怀疑这位牙医的话。研究员停下录像，问学生说，假设他是这位牙医，遇到这种情况该怎么办。

在这些各种各样的活动中，这些人都有一个共同的目标：发现心理学的橡子究竟是如何长成心理学这棵参天巨橡的。尤其是：

——把不透明的接触镜放进老鼠眼睛后，实验人员训练老鼠走迷宫，然后在显微镜下观察其大脑。他们的目的是通过比较其左右视觉皮质，观察神经元上的树突数目因经验增多而增多的程度。（由于左眼被蒙住，右脑的视觉皮质在迷宫培训中就接收不到信息。）

——孕妇腹中胎儿的心跳会被监测，证实当同一首诗在孕妇腹部上方被陌生人诵读时，胎儿的心跳会加快。很明显，未出生的孩子可以辨识出母亲的声音。

——当闪光灯闪烁频率降低时，这个4个月大的婴儿会显得惊讶，说明在这个年龄的婴儿已可以意识到时间间隔的规律性。

——把帷幕拉上藏起玩具狗的研究人员，是要察看婴儿记忆力的发育情况。在本例中，他要测试的是婴儿对被藏起来的东西仍然存在这个事实的意识程度。

——那位请求孩子教他玩石子的男士是皮亚杰，时间在20世纪20年代。他想研究小孩子道德推理能力的发育情况。

——那位假装受伤的母亲正在与研究工作者们合作，以确定儿童共情行为出现的准确时间。

——那位就绿色扑克牌提出奇怪问题的研究工作者是在察看儿童逻辑推理能力的成长过程。

——那位请牙科学生回答如何处理上述情况的女研究员，正在调查在成人阶段道德推理能力的发育进程。

这些只是现代发展心理学家多种形式的活动和兴趣中的几个例子。他们的研究领域是所有科学中最广泛的，在某种程度上也是最典型的：他们研究的是我们是如何成为我们现在这个样子的，以及我们得以影响这一过程的方式。

在17世纪以前，人们对这个庞大课题并没有兴趣。那时，按照史学家菲利普·阿里耶斯的说法，在欧洲众多地区占据统治地位的观点是，孩子是成人的缩影，其特质、德行及恶行就是成人的微型化版本。在6岁前他们应得到关照，此后他们就要自我照料，衣着打扮均和成人一样，并和成人一道工作。如果冒犯权威或者做错了事，他们也得像成人一样受惩罚，甚至可能因偷窃而被处以绞刑。

对孩子态度的转变始于洛克。洛克认为，婴儿的思维就像一张白纸。但有关这张白纸如何变成成人思维，他的理论却显得极其幼稚：他认为儿童的成长发展仅仅是因为经验和联想的积累。

两个世纪以后，达尔文理论使几位心理学家受到启迪，从而提出了更复杂的想法。他们认为，进化过程是从最简单的同质生命形式向复杂和高级的区分形式发展；同理，心理发展在从婴儿期走向成熟期这一不可避免的向上过程中，也在从同质和简单的心理功能形式朝着复杂和专门化的方向发展。

今天，这种理论听起来有些幼稚。现代心理学家看问题的角度更加现实，他们认为，发展是随便朝某个方向进行的，甚至是极不好的方向。种族主义者、满口脏话的妓女、变态杀手、职业虐待狂、虐待儿童者、实行种族灭绝行动的宗教狂热分子等，都是发展导致的最终结果。此外，发展心理学家还认为，他们的课题还延伸至生命的后几十年，此时，心理功能已经衰退，老年疾病的痴呆发病率也越来越高。在处理一个范围如此广泛的领域时，他们用上了心理学几乎所有的专业知识。可想而知，他们认为自己的专业才是了解心理学知识最可靠的途径。一切如发展心理学家罗切尔·格尔曼所言："如果不观察事物的发展过程，我们就无法了解它的最终产物。"这一论断非常自信。我们来看一看实际情况吧。

第二节 宏论与妄谈

"目标宏大，但在处理细节时又过于琐碎，"哲学家阿尔弗雷德·诺思·怀特海说，"这是一门科学在发展早期的通病。"

发展心理学也不例外。在 19 世纪晚期和 20 世纪早期，该领域最显著的理论全都缺少具体的内容和确凿的数据，因而无法支持其武断和不切实际的概念。英国人乔治·罗马尼斯、俄国人伊万·谢切诺夫、美国人詹姆斯·马克·鲍德温和 G. 斯坦利·霍尔都以不同方式将儿童期的发展变化和从低等动物向人类进化的不同阶段联系在一起。但这种看上去非常聪明的比喻却只是自作聪明，绝不是实验结果。在这种理论之内，人们根本无法找到任何研究数据，它很快就被蓬勃兴起的数据大潮席卷而去。（只有精神分析理论从这一时期中存活了下来，但它跟这种进化式的理论完全不同的是，它不想包罗万象，它只研究性格结构和人格，至于智力和社会技能的成长过程，它要么涉猎甚少，要么只字不提。）

然而，霍尔却对发展心理学做出了影响深远的贡献，因为他将当时的“儿童研究运动”导向了实验和数据收集。他本人也是勤奋的研究者，多年来专门进行针对学童思维的问卷调查与研究并公布了他的研究数据。他这些工作，而不是鸿篇大论，为儿童心理学这一初生领域指明了发展方向。

到了 20 世纪 20 年代，儿童心理学——“发展心理学”一词 30 年后才开始流行——完全处于研究阶段，在很大程度上还没有形成理论。这也符合当时流行全美国的心理测试狂潮。比奈和特曼只是一味测量儿童每一岁的智力成就，并不解释心理如何以及为何变化。20 世纪 20 年代至 50 年代的发展心理学家将精力集中于确定标准，即婴儿的行为及心理能力每周应如何表现，儿童每月又应如何表现。在耶鲁大学，阿诺德·格塞尔编出许多精确的文字以描述儿童的人生阶段中每一个关键时刻的标准行为。在加州大学伯克利分校、耶鲁大学、哈佛大学等大学里，研究工作者发起了较大规模的纵向研究行动，对人们进行从婴儿到成人期的反复测试，以确定哪些因素对婴儿的日后发展起决定作用。

人们对发展理论缺乏兴趣的部分原因应归于行为主义者的统治地位。他们对后天学习的研究，我们已经知道，主要包括确定刺激和反应的相关性。如果行为主义发展理论可以成立的话，我们可用斯金纳的话进行表达：

> 行为的后果可“反馈”进有机体里。这么做时，它们可改变一种可能性，即产生后果的行为也许将再次发生……当行为的变化时间延长至更久时，我们就将这一独立的变量称为有机体的年龄。这种可能性的增加是年龄的一种功能，也就是我们常说的成熟。

值得欣慰的是，一种更为精妙复杂的通往发展心理学研究的路径，以及一个相应的更为深邃的理论行将改变整个领域。所有这些都来源于那个向5岁男孩讨教如何玩石子游戏的人。

第三节 巨人与巨论

大多数发展心理学家认为，让·皮亚杰（1896—1980）是20世纪最伟大的儿童心理学家。英国杰出的发展心理学家彼得·布赖恩特认为，如果没有皮亚杰，“儿童心理学只能是一门小儿科”。在20世纪20年代，当皮亚杰还是年轻人时，他的早期贡献就已给法国和瑞士的儿童心理学带来革命性的变化。30年以后，他的成熟思想也给美国带来了同样巨大的影响。他的研究何以如此影响巨大，部分是因为他的优美文笔和清晰思路，部分是因为他的杰出发现。当然，这些科学发现是来之不易的，他的理论就建构在这样的研究基础之上。

称其“来之不易”并不是瞎说。在青年时代，他比较清瘦，前额上留着刘海，到 80 岁时，他已一头白发，弯腰驼背，而且很胖。在这段时光中，他花了大部分时间来观察儿童玩耍，并参与其中。他给孩子们讲故事，也听他们自己讲。他向孩子们提出很多问题，诸如事物为什么是这个样子的（“走路时，为什么太阳跟着你走？”“做梦时，梦在哪儿，你怎么看见梦的？”）。他还编出许多谜语和难题让他们猜。通过这些活动，皮亚杰有了许多发现，哈佛发展心理学家杰罗姆·凯根认为它们是“令人惊讶的发现……大量有趣、经得起考验的现象，它们就存在于每个人眼皮底下，但并非每个人都具有发现它们的天才”。

比如，皮亚杰会让婴儿看一件玩具，然后用自己的贝雷帽盖住玩具。不满 9 个月的婴儿在玩具消失的瞬间就会忘记它的存在，但在约 9 个月大时，婴儿会意识到玩具仍在老地方，仍在贝雷帽下面。再如，皮亚杰常让孩子观察两只一模一样的广口瓶，里面盛着等量的水。然后，他将一只瓶子里的水倒入一个细长的容器里，再问孩子哪个容器里装的水多些。7 岁以下的孩子几乎总是说细长容器里的水多一些，但 7 岁或 7 岁以上的孩子却会认识到，虽然容器形状变了，但水量没有变。皮亚杰还有很多这样的发现，尽管后来有部分被人修正，但大多数还是站得住脚的。凯根认为，儿童心理学“从未拥有过如此坚实的事实”。

为解释这些发现，皮亚杰构筑了一套复杂的理论。该理论主要由他自己对认知过程的认识及其他来自生物学、物理学和哲学的概念构成（他还探索过弗洛伊德学说和格式塔心理学，但并未使用这些学说）。他传达的基本信息是，心理通过与环境的相互作用而经历一系列质变；心理不仅积累经验，而且因经验产生变化，并因此而产生更多全新的先进思维；我们认为，约 15 岁时的心理是符合人类特征的。从此，现代发展心理学正式诞生了。

能六十年如一日地与孩子们玩在一起，听他们讲话，同时拥有足以改变一门重要的心理学分支的才能的人，他是何许人也？答案令人不可思议：温和、庄重、慈祥、友善且热情。同事和朋友们亲切地称他“老板”，他从未招致恶意的诽谤，对工作上的批评，他总是给予温和的回应，因而至亲好友从未跟他翻过脸。皮亚杰晚年的部分照片可真实地反映他的为人：一脸和善，角质镜框眼镜中透射出聪慧而严肃的目光，飘逸的白发从终生不离的贝雷帽两侧拂下，微笑的嘴角含着烟斗。这一切无不使人感受到他的平易可亲。他身上可找出的唯一缺点是，严肃得有点儿过分，竟然对孩子们的玩笑和大笑置若罔闻。

他出生于瑞士的纳沙泰尔。和弗洛伊德不一样的是，他并不是外来者，因而大可不必艰难地寻求当地人的接受；他跟巴甫洛夫也不一样，从未体验过生活的艰辛；他也完全不同于詹姆斯，因为他从未经历过精神危机；也不同于韦特海默，因为他从未经历过顿悟。他相对平淡无奇的幼年生活唯一与众不同的是，他几乎没有童年——这可能也是他总喜欢跟孩子们泡在一起的原因。他父亲是一位一丝不苟、吹毛求疵的历史学教授，母亲则完全不同，过于神经质，还极度虔诚。父母的这种差异使这个家庭的生活总是波澜起伏，对此，幼年的让·皮亚杰只得硬着头皮适应。

> 我很早就放弃玩乐，致力于非常严肃的事务。之所以这样，除尽量模仿父亲以外，是为了在一个隐秘的、非虚构的世界里找到一个避难之所。的确，我总是憎恨任何对现实的违背，我只能将这种态度归因于母亲的精神状况。

没有神话故事，没有冒险经历，也没有给这个少年老成的孩子玩的游戏。在 7 岁时，他已开始在空闲时间研究鸟类、化石、海贝和内燃机械装置。不到 10 岁，他已写出一本有关当地鸟类的书。

然而，他成就大作的骄傲很快就烟消云散，因为父亲宣称那本书不过是一堆七拼八凑的大杂烩。因而，在10岁这年，皮亚杰“决定更严肃一点”。他在公园里看见一只部分白化的麻雀，于是写下一篇简要的科学报告，投至纳沙泰尔的一家博物杂志社。该杂志社编辑并不知道作者是个孩子，于是发表了他的报告。这个成功使皮亚杰鼓起勇气给纳沙泰尔自然博物馆的馆长写信，问其可否在闭馆后让他研究一下藏品。馆长不仅答应了他的要求，还邀请他当助手，帮其清理贝壳，为它们分类并贴标签。皮亚杰一周工作两次，坚持做了四年，从中学到充足的知识，在不足16岁时，就已在一些动物学杂志上发表了许多关于软体动物的科技文章。

大约就在此时，他跟他的教父一起过了一个长假。教父是个文人，他认为这个孩子的兴趣过于狭窄，因而让他接触哲学。于是，一个广大的世界呈现在皮亚杰眼前。他非常喜欢这门学问，尤其是认识论。到假期结束时，他决定“将自己的一生献给对知识进行生物学解释的事业”。然而，他仍然认为自己是一位博物学家，而不是心理学家。在纳沙泰尔大学，他学完本科后一直读了下去，22岁那年获得自然科学博士的头衔。

直到此时，他才转入自己真正感兴趣的领域，先在苏黎世两家心理学实验室短暂工作了一段时间，而后到巴黎索邦大学选学一些课程，再后被推荐给西奥多·西蒙（比奈的同事）。西蒙让他将一些测试5—8岁巴黎儿童推理能力的试卷标准化，皮亚杰一干就是两年——其间还做了许多其他工作。他所感兴趣的并不只是确定儿童以推理方式正确回答问题的年龄，而是他们为何在此前常犯相似的推理错误。他与孩子们一起谈话，向他们提出有关世界的问题，听他们解释，并请他们解开他出的谜题。所有这一切，随即成为他终生不渝的调查方法。他在自传中欣喜地说：“我终于找到了自己的研究领域。”

到这时为止，他决定为下一个五年——结果是将近60年——定一个目标，即发现“某种智力的胚胎学”。这里皮亚杰用的是暗喻，他认为，智力的成长不是由于神经系统的成熟，而是由于心理得到了经验，经验反过来使心理发生了变化。

从那时起，他开始担任一系列重要的学术和研究职务。在 20 多岁时，他已成为日内瓦卢梭研究院的研究主任，一当就是五年；然后，他在纳沙泰尔大学担任了五年的哲学教授；后重回日内瓦卢梭研究院，任联执院长，继而成为院长及该大学教授；再后来，他又到巴黎索邦大学当教授；从 1956 年起，他一直任日内瓦大学新成立的基因认知学研究中心主任。（“基因认知学”一词是他发明的，但这门学科专指智力发育，与基因学本身无关。）

无论是在工作岗位上，还是在人行道上，在公园里，抑或在自己的家中与三个孩子在一起——在卢梭研究院时他已娶了自己的女学生——皮亚杰总在进行没完没了的研究工作，注意力一会儿集中于这个年龄段，一会儿又移至另一个年龄段，直至拼出人类自生命之始的几周内至少年时期的心理发育的完整图景。他按部就班地撰写文章，有条不紊地发表著述（可惜这些著述大多写得过长），向这个世界提供大量惊人的发现及大量珍贵数据，并提出将儿童研究领域转变为发展心理学的理论。他蜚声国际，除斯金纳和弗洛伊德以外，他的文章成为迄今为止在心理学领域被引用最多的文献。许多著名大学纷纷授予他荣誉学位，美国心理学会也颁给他大奖，以奖励其对心理学做出的杰出贡献。

他的成就如此惊人，但他却从未接受过任何心理学方面的系统培训，也未获得过心理学的学位。

皮亚杰多年来不断扩充和修正自己的理论，但我们需要知道的是最终结果。

行为主义者认为，发育是制约和模仿的结果；遗传学家认为，发育是成熟的自然结果。皮亚杰对此一概否认。他认为，心理发育需要经验，也需要成熟，但发育是有机体与环境之间不断变化的相互作用的结果。在这种相互作用中，心理适应经验，然后以不同的方式与环境发生相互作用，再进一步适应，经历一系列质变，直至进入成年阶段。婴儿的消化系统最初只消化奶水，并在奶水的帮助下得到发育，而后才能消化固体食物。同样，智力最初也是一种简单的结构，只能吸收和利用简单的经验。但在经验的哺育之下，智力变得更加高级，更有能力，进而能处理复杂的事物。

4 个月大的婴儿意识不到皮亚杰的贝雷帽下的玩具，因为在这个心理发育年龄里，心理只有当前知觉，没有存储的图像，物体若看不见，即等于不存在。但在第一年的后半年里，婴儿有几次会偶尔发现，玩具就在贝雷帽底下，于是开始修改以前做出的看不见即不存在的反应。

在另一个典型实验中，尚不会数数的孩子会说，在一条线上排得很开的六粒扣子要多于紧紧挨在一条线上的六粒扣子。学会数数之后，他发现结果其实不然，于是，他的心理功能中处理类似知觉的方式发生了变化。

两个例子均说明了皮亚杰理论中两个至关重要的心理发育过程：同化与适应。孩子将数扣子的经验同化，也可以说是吸收。按照以前的经验，某东西若看上去大，实际上也果真大。然而，数扣子得出的新经验与这个假设并不一致，心理为恢复平衡，只好尽量适应（认知），以容下新的经验。从此时起，他开始以更适应现实的方式观察和解释事物。

皮亚杰曾讲述（以不符合其特色的简单文笔）过一位数学家朋友的故事。该故事可以恰当地说明新信息的同化是如何引发适应和新思维的：小时候，有一天他的朋友数小石子，把石子排成一排，从左向右数，数出十个。然后，为了看看从反方向数会怎样，他又从右向左数。他惊奇地发现，竟然还是十个。他将石子摆成一个圆圈再数，结果还是十个。他又从反方向数了一遍，仍是十个。他在这里发现了在数学中被称为可交换性的东西，也就是说，总和与顺序无关。

这样的心理发育过程并不是平滑和连续发生的。类似发现可交换性这类小小的变化，会时不时地导致向思维不同阶段的突然转换。人类心灵呈阶段性发育这一概念并不是皮亚杰始创的——其他心理学家早就提出过类似想法——然而，皮亚杰是第一个基于大量观察和实验证据辨认并描述诸阶段的人。皮亚杰理论中的四个主要阶段（还有许多较小的阶段）包括：

——感觉运动阶段（从出生至 18—24 个月）

——前运算阶段（18—24 个月至 7 岁）

——具体运算阶段（7—12 岁）

——形式运算阶段（12 岁及以上）

这些年龄划分只是就平均而言，皮亚杰非常清楚，个体之间仍是有差别的。但他说过，这一顺序不可能改变，且前一阶段是后一阶段的必要基础。

下面我们分阶段述说。

感觉运动阶段（从出生至 18—24个月）：最初，婴儿只能意识到部分感觉，但不能将之与外部物体联系起来，甚至无法将手的图像与手动的感觉联系起来。通过试误法，婴儿逐渐发现伸手抓玩具这一动作与所看到的物体之间存在关系。

即使其移动已变得更具目的性，也更准确，但他们仍搞不清楚周围的物体是什么样，更搞不清楚它们何以对自己的动作产生反应。因此，他们只好进行尝试：吮吸东西，摇动、击打、敲击或扔东西，并从中获取新知识，从而使自己更聪明、更有目的地行动。

孩子根据这些经验，在不断增强的记忆力的帮助下（部分由于大脑的成熟），开始存储心理图像。因而，他们在第一年的下半年里开始意识到，一件藏起来的物体仍然存在，尽管眼睛看不见它。皮亚杰将这一现象称作“客体永久性”的获取。

在该阶段结束时，孩子开始使用其存储的图像和信息来解决涉及客观物体的问题。他们开始思考可能发生的情况，而不是一味地玩弄物件。初为人父的皮亚杰非常自豪地报告说，他的女儿吕西安娜就曾经历过这样的思维过程。当时，她只有16个月大。在跟女儿一起玩耍时，他将一根表链放在空火柴盒里，并小心地露出一条细缝，然后把它交给她。吕西安娜没有发觉他打开和关上火柴盒的行为，也没有看到他把表链放到里面。她只有两种“方案”（已知的处理某些情形的办法）：把火柴盒子推翻，倒出里面的东西，或者把手指伸进去，把表链弄出来。她首先尝试的是第二个方案：把手指伸进去摸表链，但未能办到。接着她停了一下。在此期间，吕西安娜展现出一个令人奇怪的反应。

> 她仔细地看着这条小缝，接着，连续张开并合拢自己的嘴巴，起先轻轻张开嘴巴，而后张得越来越大……［然后］毫不犹豫地把手伸进盒子上的窄缝，不像刚才那样直接去摸表链，而是用力拉动盒子，将盒子的细缝开得更大一些。她成功地抓住了表链。

在这个时期，孩子们也开始思考如何实现所欲求的社交结果。皮亚杰再一次在报告中描述了对自己的孩子的观察：

在1岁4个月零12天时，雅克利娜在兴致勃勃地玩一个游戏时被强行抱走，然后被放在育婴栏里。她想要从里面爬出来，徒劳地哭叫着。接着，她清楚地表达了某种需求［也就是说，要上卫生间］，尽管在刚刚过去的10分钟里所发生的事情证明她根本没有这种需求。刚出育婴栏，她即指着那个游戏，想再玩！

这个孩子正在获取基本的想象或预测某些简单行动的结果，并在大脑里进行试误法试验的能力。因此，皮亚杰认为，智力发育的方式是“概念－符号，而不是纯粹的感官竞技”。

前运算阶段（18—24个月至7岁）：这个阶段，孩子能够快速获取图像、概念和词汇，并能更好地以符号方式谈论和思考外部事物。两岁的孩子会将一块积木扔在地板上，然后模仿卡车的声音，三岁的孩子能假装从一只空杯子里饮酒。最初，孩子学说话时总将事物及其名字看作同一个东西（两岁的孩子看见一只鸟就说：“鸟！”如果成人用到“鸟”这个词，孩子会问：“鸟在哪儿？”），但他最终明白，词汇只不过是个符号，跟所代表的东西并不是一码事。从那时开始，他或她能够谈论和思考不在场的事物及过去或未来的事件。

然而，孩子对这个世界的内在表达仍是原始的，缺少诸如因果、数量、时间、可逆转性、比较、视角等组织性概念。孩子不能执行涉及这些概念的心理运算，因此，仍处于“前运算”阶段（皮亚杰这里所谓的运算，是指任何可使信息为某种目的而发生转换的心理习惯。分类、细分、在整体中辨认局部、数数等，都是典型的运算）。这就是5岁的孩子认为分散的六粒扣子要多于紧紧聚成一串的六粒扣子的理由，这和他认为倒入细长容器的水要多于倒入宽大容器的水的理由是一样的。即使该孩子已学会数数，他在一段时间里也弄不清 2×3 为什么等于 3×2。如果让他观察一束鲜花，花束中大部分花是黄色的，然后再问他："是花多呢，还是黄色的花多？"他会说："黄色的花多。"

处于前运算阶段的孩子也是自我中心者（跟感觉运动阶段的孩子一样）。皮亚杰用此术语表示无法想象从另一角度观察事物时它所呈现的样子。他常让 4—6 岁的孩子观察三座山的模型，将一只小玩偶放在山上某个地方，再展示一组从不同角度拍摄的山的照片，然后问孩子们，哪一张照片显示玩偶正在看的方向。孩子们总是选择自己视角方向的照片。他同样报告说，前运算阶段的孩子不能想象其他人正在思考的问题，而且，说话时常常意识不到别人不明白他在说什么。

具体运算阶段（7—12岁）：约七岁时，孩子转移至完全不同和更有能力的新思维阶段，可执行像数数和分类这样的运算，也可理解并思考相互关系。前运算阶段的孩子知道"兄弟"一词，但不会知道兄弟是什么。他知道什么是"大"，但不知道两个都大的东西中哪一个更大。具体运算阶段的孩子则能顺利解决这两个问题。在心理上逆转一个过程是另一项运算。当一个孩子可以想象将水从细长容器倒回原瓶时，他就获得了逆转的概念，也因此而知道什么叫"守恒"，从而认识到，数量在外形发生变化时并不变化。

处于此阶段的孩子还会意识到，身外事物自有其发生的原因。前运算阶段的孩子会说，到晚上天就会黑，因为我们要睡觉了。具体运算阶段的孩子会说，天之所以要黑，是因为太阳下山了。他们能想象出，若从其他角度观察一个事物，将会产生不同的图像。他们还能知道其他人是如何思考和感觉的。因此，他们可以在心理上运算符号，好像这些符号就是其所指代的事物——然而，他们知道的只是代表实际事物和行为的符号，而不是抽象的概念或逻辑过程，因为逻辑推理还不在他们所能理解的范围之内。如果将三段式推理的前两项提供给他们，他们是无法总是得出正确的结论的。

如果一道难题出现多个变量,他们将不知道如何系统地进行下去。皮亚杰最富创见的测试之一是悬摆问题。他常常让孩子观察一个挂在绳子上的重物，然后让其观看如何更改绳子的长度、重物的重量，在不同的高度松开重物和怎样用不同的力量推动重物。然后，他请孩子计算哪个或哪些因素（长度、重量、高度和力量，单独地或协同地）影响悬摆晃动的频率。前运算阶段的孩子根本没有行动方案，只是随意尝试不同的方式，经常一次更改多个变量，观察多处出错，结论也不正确。具体运算阶段的孩子尽管更有方法，也更准确一些，但也常犯错,因其逻辑思维能力仍较差。一个10岁的男孩试着改变绳子的长度，之后得出正确的答案说，悬摆的绳索越长，摆动的速度就越慢。此后，他将100克的重物挂在长绳上摆动，然后又将50克的重物挂在短绳上摆动，比较两者的效果之后，他得出一个不正确的结论：在重物的重量加大时，摆动就变慢。

形式运算阶段（12岁及以上）：在发育的最后阶段，孩子们可以思考抽象的关系，如比率和可能性。他们已能掌握三段论推理，可处理代数问题，开始理解科学思想和方法论的要素。他们能形成假设，编制理论，并能系统地考虑谜语、神秘故事或科学问题中的可能性。他们可以非常有方法地大玩诸如“20个问题”之类的游戏，所有问题均是先从大处开始，而后逐步缩小可能性的领域。而在此阶段之前，他们的问题常常一会儿从大处跳至小处，一会儿又回到大处，或互相重叠，或一再重复。

更重要的是，他们不仅能思考具体的世界，而且能解决像可能性、或然性和不可能性等问题，以及诸如未来、公正、价值等抽象问题。皮亚杰及其合作伙伴巴贝尔·英海尔德指出：

> 该阶段的最新奇之处在于，通过对形式和内容的区分，受试者能就其不相信或暂不相信的论题进行正确的推理，也就是说，他认为这些论题完全是一种假设。他已能从一些仅仅是可能性的事实中得出必要的结论来。

杰罗姆·凯根认为，皮亚杰对少年全新认知能力的分析是“有关人类天性的所有理论中最富创见的概念”，也是“就少年行为向传统解释发出挑战的洞见”。至少说，它有助于我们理解少年自杀率升高的原因：少年已有能力思考所有假定情形，并知道在其已试尽所有可能性时，会对自己说（不管正确与否），他已尽了努力，也考察了解决问题的所有办法，但没有哪一个能奏效。同时，他已能感觉到在自己所相信的事物或他人教导其相信的事物中存在不一致的地方。这种能力有助于我们理解少年的反叛情绪、愤怒和焦虑。最常见也最易引发问题的不一致性有：对少年性生活问题的矛盾价值观（性生活既不道德又有风险，克制性生活则“令人苦恼”，极不正常），少年对与父母的关系的感受也充满矛盾（希望也非常渴望得到他们的支持，同时又希望独立）等[1]。

数十年来，在凯根等人为皮亚杰大唱赞歌的同时，皮亚杰的思想和发现一直得到他人的不断修改和修正。新皮亚杰主义、后皮亚杰主义和反皮亚杰主义的成千上万篇论文在各种刊物上发表，或在专题会上宣读。这些研究中虽也不乏有价值之作，但与这位巨人的研究相比，大多不值一提。艾萨克·牛顿曾假意谦逊道：“如果说我看得更远一些，那是因为我站在巨人的肩膀上。”修改和修正皮亚杰理论的心理学家

1　皮亚杰在早年曾研究过儿童的道德发育问题，但整个研究只处理前少年时期和儿童对规则、谎言及类似问题的态度。只是到其晚年，他在对认知发育进行认真研究时，才处理诸如道德、公正等问题。

们应该从心底里说，他们之所以看得更远，是因为全都站在这位巨人的肩膀上。

第四节 认知发展

在20世纪20年代，皮亚杰的早期出版物在欧洲和美国发动了一场对认知发展的现代研究热潮。在美国，这种热潮迅速消退了，因为行为主义此时已达到登峰造极的地步，其后继者对这种东西没有任何兴趣，将之看成是在心理主义的旧瓶里装新酒。但在20世纪60年代，当认知主义再次受到欢迎时，皮亚杰立即得到重新发掘，以他的方式所进行的智力发育研究再次成为热门项目。

然而，皮亚杰理论的清晰轮廓很快就变得模糊了，因为大批准博士生和心理学家在进行数以百计的皮亚杰式研究后，得到的发现不仅大大修改了原来的理论，且向其提出了挑战。在过去50年内，认知发展这一领域尽管仍受皮亚杰的影响，但已成长为一个过于繁茂、杂草丛生的花园，在花园外，文化心理学和进化心理学这两个相对较新的领域正在迅速成长，研究成果十分丰厚，且以显著区别于皮亚杰的方式拓展和修正了发展心理学。不过，我们权且把这两个领域放在一边，先来看看基于皮亚杰研究之上的花园里都发生了什么。这块杂草丛生的花园里生长着无数美好的东西：一些发现给人以启迪，使人愉悦；另一些则使观赏者大吃一惊。在这里，我们并不想追求完美，甚至不想找出代表性。我们只想随手采摘一些这几十年来研究所开出的鲜花和结出的硕果。

记忆力：一个不能说话的婴儿，譬如说新生儿，甚至连通过表情或手势表达认知都不可能，我们如何来研究他的记忆力呢？研究者想出许多聪明的办法。在1959年进行的一项实验中，他们对不到一个月大的婴儿进行训练，使其在听到某种特定声音时转动自己的头（他们在被碰触面部时转头，并得到奶瓶奖励）。一天之后，他们听到响声后仍转过头来。这种方法在不同年龄的婴儿身上试过之后，即可得出记忆力成长的数据。

在几个月大的婴儿中，用得最多的方法是观察他们的眼部运动。婴儿平躺着直视前方，在他的上方是一个展示区，实验者在这里放着两张大卡片，每张卡片上画着一个符号，比如一个圆圈、一只牛眼睛或者一张脸的速写。研究者记录下婴儿的目光会在两张卡片上各停留多久。由于婴儿观察新事物时用时要长于观察旧事物的时间，此方法可直接显示婴儿对所看到物体的记忆。

另一方法可见于 1979 年的一项实验。此方法需要将一个活动物吊在婴儿床上，受试者 2—4 个月不等。当婴儿踢腿时，研究者就让活动物自己动起来，婴儿很快学会踢东西，以便让活动物动起来。接着，在一周内不使其看到该活动物。结果是，他一看到活动物就开始踢腿。但如果间隔延长至两周，他就不踢了。这个办法使记忆力的成长得到了准确的测量。

这样的记忆力（识别力）与婴儿寻找遮掩物时更积极地得到利用的记忆力大不一样。如果 8 或 9 个月大的婴儿两次从两种类似的覆盖物下找回一个玩具，如果研究者再将玩具放在另一个覆盖物下——在婴儿看着时——除非允许他在几秒钟内寻找玩具，否则，婴儿会在原来找到玩具的地方翻找。他的记忆力仍在原始水平上发挥作用。可是几个月后，他就不再犯同样的错误了。这种进步是大脑中某些回路的成熟所致。大脑前皮质中某个特定区域受到破坏的猴子总是学不会在正确的覆盖物下寻找东西。

到 5 岁时，儿童可毫不费力地记住几千个单词，但他们听读后所能记住的最长数字却只有四位。到 6 岁或 7 岁时，他们可记住五位数字。到 9—12 岁时，他们可记住六位数字。这种能力的增加与其说来自成熟，不如说来自关于如何记忆数字的知识。到上学之前，孩子们还不会“排练”（重复或复习）信息，也不会使用相关的技巧。一年级孩子的父母常感奇怪的是，他们的孩子记不住当天在学校里发生的事情。但在学校里，孩子们慢慢学会了记忆技巧，很快就会知道如何想象在学校一天开始时自己在班上的情形，或回忆起学校里所发生事情的先后顺序。

自我感、竞争感：小孩子对自己世界的探索，是衡量其不断灵敏的自我感和不断成熟的竞争感的尺度。9 个月大时，孩子们会用嘴咬物件，或把东西砸得砰砰直响，或毫无目的地一次又一次转动物件。但在将满一岁时，他们开始探索这些物体的实际用途：试着从一个玩具杯里喝水，对玩具电话“说话”等。他们对探索新的领地产生兴趣，有时也喜欢爬到母亲看不见的地方。他们见到旋钮就拧，抓到转盘就拨；他们打开衣柜和壁柜，把所有的东西都拖出来。这些行为显示的是被许多发展心理学家叫作“能力获取”的东西。探索行为与行为主义的理论完全相反，不是受奖励行为的结果，而是自发和自我启动的结果。婴儿和孩子有调查自身对物件施加影响、干涉事件发展和扩大视野的能力的需要。

显示能力成长的另一项实验是，接近 2 岁的孩子在成功地搭起一座塔后，将最后一片积木插到正确位置，或给玩具娃娃穿好最后一件衣服时会发出微笑，即使没有他人在场。同时，孩子开始意识到失败及它对自己的意义。杰罗姆 · 凯根及其同事注意到，在 15 个月到 24 个月大的孩子中，如果成人展示了某种高级的游戏，然后告诉他们，该他们玩了。此时，婴儿往往显示出一种焦虑感。譬如说，让一个玩具娃娃用锅做菜，然后让两个玩具娃娃吃饭，或让三只动物散步，然后把它们藏在一块布下躲雨。面对这样一种遵守相对复杂的游戏规则的挑战，孩子们会烦躁、大哭，或者抱住母亲。凯根解释说，这种现象证明，孩子对不能记忆或不能当着成人的面完成游戏感到害怕；如果没有旁观者，孩子常会尝试着照示范进行游戏，或完成游戏的某一部分。

语言及思维：皮亚杰相信，语言在思维的发展过程中只起有限的作用，逻辑思维基本上是非语言的，是从行动中派生出来的——首先，做事的对象是身边的世界，而后，做事的对象是事物在脑海中的表象。苏联和美国的发展心理学家找到了相反的证据。尽管有些思维是非语言的，但语言是一套符号，可让孩子们得到超凡的自由来通过心理控制这个世界，并按相应方式对新的刺激产生行为，而不需要直接体验（很烫——别碰）。著名的发展心理学家杰罗姆·布鲁纳长期以来一直认为，语言是孩子的符号系统中最关键的一环，是“一种方法，不仅用以指代经验，而且用以转变经验”。

下面是一些研究证据，可以证明语言在思维中所起的作用：给幼儿园预备班的孩子们观看三个黑色方框，然后让他们选一个。如果选中最大的一个，就对他们实施奖励。等他们学会选择最大的时，再让他们观看新的方框，其中最小的一个与前面三个方框中最大的那个一样大。然后，又是选择最大的方框者得到奖励。由于孩子们没有心理符号来告诉他们“总是选择最大的”，所以他们不断选择前面得到奖励的那一块，当然也根本得不到奖励。然而，幼儿园里更大的孩子们却很快能选择“最大的一个”，不管其实际的尺寸有多大。

如果用语言来指导思想，则更复杂和更高级的问题也能解决。告诉一组 9—10 岁的孩子，他们可以一边解决复杂问题，一边说话；另一组孩子则没有得到这样的指令。这些复杂的难题涉及以最少的步骤将一些圆片从一个圈子里移至另一些圈子里。边做边说的那组孩子很快就有效地解决了问题，没有得到指令的一组则慢许多。有目的地使用语言使他们找到尝试一种或另一种方法的全新理由，因而有助于他们找到正确的答案。

语言获取：发展心理学家和心理语言学家（对语言获取和利用感兴趣的心理学家）在最近几十年里花费很多时间听孩子们讲话，以揣摩他们学习新词的速度有多快，寻找他们所犯的错误和纠正类型，等等。其中一项发现是，孩子们以相对一致的顺序发展或获取（词尾、动词形式、介词等的）新形式。在2—4岁时，他们的词汇量从几百个增至平均2600个（每月获取50多个新词）。他们先模仿听到的动词形式，然后对动词词根进行总结，合理地（但错误地）假设，语言在所有的地方都是符合规则和一致的（“I taked a cookie.”“I seed the birdie.”注意，这里的问题是taked与seed。前者应为took，后者应为saw），只是后来才慢慢学会使用不规则动词形式。他们顽固地执着于他们的语法错误，如下面这段由心理语言学家记录的对话。

孩子：Nobody don’t like me.（没有人不喜欢我。）

母亲：No, say, “Nobody likes me.”（不，应该说：“没有人喜欢我。”）

孩子：Nobody don’t like me.（没有人不喜欢我。）

（这样的交流重复八次）

母亲：No, now listen carefully; say, “Nobody likes me.”

（不，现在仔细听我说；应该说：“没有人喜欢我。”）

孩子：Oh! Nobody don’t *likes* me.（哦！没有人不喜欢我。）

他们在只有在发育到一定程度后才会纠正自己的错误。显然，他们获取了很多自己并不使用的语法元素，直到某个时候，他们在心里把自己说的话与某种存储的知识进行比较，然后看出两者之间的差异。

吉米（快 7 岁）：I figured something you might like out.（我想您可能喜欢某事到了。）

母亲：What did you say?（你说什么？）

吉米：I figured out something you might like.（我想到了您可能喜欢某事。）

对语言获取研究的最重大进步是孩子理解句法的方法。句法是词汇在句子里的排列顺序，主要表明词汇之间的关系，并由此决定句子的意义。1957 年，B.F. 斯金纳出版了一本名叫《言语行为》的书，其中他完全以操作性条件反射解释孩子的语言获取情况，当孩子正确使用词或句子时，父母或其他人会表示赞许，这种奖励会激励孩子下次也正确使用它。

然而，就在同一年，一个极其聪明的年轻心理语言学家诺姆·乔姆斯基在《句法结构》一书中提出了极为不同的分析。他强调说，"一定有一些基本过程在起作用，这些过程相当独立地来自从环境中得到的'反馈'"，大脑一定具有某种天生的能力，可以使语言产生意义。作为证据，他提出，孩子们会造出无数个他们从未听过的句子，这使通过条件反射进行模仿的说法难以对句法的形成进行解释。再说，孩子努力造出的句子虽然常常不合语法，但从未严重违反语法规则（从未造出反向的句子）。最重要的是，就算句子的意思模糊不清，孩子们仍能理解真正的意思；他们一定具有某种天生的能力来感受句子的"深层结构"，不管其"表层结构"如何表现。乔姆斯基举出一例：

John is easy to please.（约翰易于逗乐）

John is eager to please.（约翰急于逗乐）

两个句子的表层结构一样，但若你想以同样的句式解释这个句子，就只有一种具有意义：

It is easy to please John.（逗乐约翰是容易的）

It is eager to please John.（无意义）

没有哪个孩子会犯这样的错误，每个孩子都能理解深层结构。第一句里面的“约翰”是“逗乐”的“深层次宾语”，因此，解释的句子说得通。但第二句中的“约翰”是“逗乐”的“深层次主语”，因此，任何解释都只能采取“John is eager to please（somebody）”的形式。对深层次结构的理解不是从表层结构或单凭经验取得的，感受深层次结构的能力是天生的。（但乔姆斯基本人或任何心理语言学家都不曾说过语言本身也是天生的，只是说，孩子具有一种天生的资质，可辨认并解释句子的深层次结构。）

在最近对克里奥尔语——指现存的多种语言混合在一起演化而来的各种语言——的研究中，语言学家德里克·比克顿发现，在语法结构方面，形成于世界上不同地区的各种克里奥尔语之间的相似程度，要甚于和历史悠久的语言之间的相似程度。他还宣称，当生于皮钦语——一种非正式的初代克里奥尔语，这种语言缺乏一致的语法规则——家庭的孩子说皮钦语时，这种语言会变得更加成熟和符合语法。比克顿认为，这两个证据都证明了人脑具有内置的语法意识。

智力发育：研究者设计出许多实验方法，它们远好于皮亚杰的实验方法，虽大多单调乏味，却也不乏创造性。如前所述，这些方法的确对皮亚杰的方法进行了重大修正，有的甚至还推翻了他的部分研究。例如：

——4个月大婴儿的心率在某个物体消失或重现时会加快，这表明他已产生了惊讶感。这件事说明，与皮亚杰理论正好相反的是，婴儿期望物体继续存在。（但也可解释为，婴儿在物体消失后立即将其遗忘。）

——皮亚杰曾就“数字恒常”问题（即认识能力，比如，六个排得很近的物体跟排得很开的物体的数目是一样的）测试过孩子，结论是，除非孩子们达到约7岁时的具体运算阶段，否则将不能获得这一认识。但最近一些研究者利用不同的实验方法对之进行了修正，如罗切尔·格尔曼的“魔术”游戏。其方法是，实验人员把一块木板上的一组玩具老鼠偷偷拿走一只，或偷偷增加一只，这些动作都在用布盖着木板的时候进行。5岁甚或更小的孩子都能分辨出多少，而且还会说，增加或减少了一只。

——某些研究者就孩子们采纳他人观点这一问题发明出远比皮亚杰大山实验更自然的方法。他们不问物体从不同角度上看是什么样，而是让孩子们与不同的人谈话，讲出他们对玩具原理的理解。令人吃惊的是，4岁的小孩会使用较短的简单句子与2岁的孩子谈话，而与成人谈话时却使用较长和较复杂的句子。的确，最近有关“心理理论”的研究——孩子会基于自己的视角和经验意识到别人做事有他们自己的理由——显示，孩子在很早的时候就能意识到这一点在：在生命的第一年，他们开始理解其他人的意图，到了快满2岁的时候，他们已经可以熟练地做到这一点了。显然，学龄前儿童并不那么以自我为中心，能替他人着想，这一点和皮亚杰认定的有所不同。这个结论的证据不仅来自对儿童行为的观察，也有生理学方面的证据：根据2006年发表的一项研究，对大脑的功能性磁共振成像技术（fMRI brain scans，我们会在第十六章讨论到）表明，大脑左右颞顶的交界区和扣带回后部区域早在生命初期就能得到发育，使得孩子能够思考他人的想法和认识。

——皮亚杰认为，孩子在几年内慢慢获得对因果关系的理解。但研究者认为，他之所以得出这个结论，是因为他曾请孩子们解释过风和雨的成因、机器的工作原理等其他一些超出其理解能力范围的问题。如果请他们回答一些他们所熟悉的问题，其结果可能大不一样。在一次实验中，孩子们看着一个球顺着坡滚进一个大盒子里，不见了。此时，盒子里藏着的玩具娃娃突然跳出来。然后，人们拉开这只实际上由两部分构成的盒子，看到原先滚落进其中一部分的球显然不可能滚到盒子的另一部分里去，而另一部分的玩具娃娃却从里面跳了出来。这时，4—5 岁的孩子开始大笑起来，咿呀叫着，身体扭动着，大叫着说："这是在玩把戏，是吧？"显然，他们感到，这种事情照理是不可能发生的。

——若干心理学家以大量实验为基础，认为人类智力的成长并没有明显的界限，即不像皮亚杰所描述的样子。这些心理学家指出，智力的成长是重叠或逐渐变化的。有证据表明，有时孩子能在完全掌握其所在阶段的能力之前完成——或经过训练后完成——某些较高级的心理任务。心理发展步骤的顺序并非一成不变。而且，孩子经过训练后，有时可思考超过其所处阶段的问题。

——当心理学家利用皮亚杰设计的任务去研究其他文化中孩子智力的发展时，他们往往找不到形式运算阶段的任何迹象。晚年时皮亚杰开始思考，他所谓的"形式关系"过多地依赖于儿童所接受的科学教育，而非其自然的心理成长过程。这多少透着文化心理学的味道。这也是心理学新的领域之一，它修正和丰富了皮亚杰的发展理论。

文化心理学：文化心理学，又叫跨文化心理学，尽管是一个小的分支，却给发展心理学理论带来了更广更深的视角。众所周知，不同文化背景的人的所作所为与所思所想可能差别不大，也可能有天壤之别。然而，尽管我们都知道文化之间存在差异，但是，大部分心理学方面的研究都是美国大学本科生做的，代表性不是很强。所得出的结论可能适用于受试者，但不一定适用于来自其他国家的人。

相比而言，没有多少心理学家致力于这个新学科的研究，但它对发展心理学的贡献不可小觑。请看下列例证：

——研究表明，儿童认知能力的发展取决于其所在社会的价值取向。皮亚杰让儿童完成的任务，在他本人看来，是合适的，是很有价值的。然而，正如一位研究人员所指出的那样，如果让同一批孩子去织布，那么，他们在危地马拉的玛雅儿童面前将相形见绌，显得力不从心。

——很多美国人从未认真考虑过自己做过的梦，除非是在接受治疗时或就读于心理学系。然而，在许多美国以外的文化中，解梦是人们文化生活中的一个重要组成部分。例如，厄瓜多尔的印第安男人每天早上要坐在一起，分享前一晚的梦。“这对他们的生活非常重要，”一位研究人员这样写道，“他们认为，每个人的梦都不是为自己做的，而是为整个部落做的。”

下面几个例子说明了文化心理学对人类发展研究的影响：

——语言不同，思维就不同吗？显然不是。不过，到目前为止，还没有定论。

——文化是否影响自我意识的形成？显然是的。有证据表明，在一个像美国一样注重自我的文化中，成长和成熟中的个体会形成独立的自我意识，他由自己的思想、情感和行为所指引。相反，在强调集体主义的文化当中，人们把集体的权利和义务看得高于个人，往往会形成集体性的自我意识，受他人思想、情感和行为的影响。

——仅有 4.1% 的中国儿童和 10.3% 的日本儿童同普通的美国儿童一样不擅长数学，这是否与基因有关？抑或与文化有关？当研究人员询问亚洲和美国的学生、教师和父母用功重要还是聪明重要时，前者回答是用功，而后者回答则是聪明。显而易见，这是不同的文化信念造成的。

——即便是在美国，经济情况困难的人和经济情况正常的人的文化也不一样。研究表明，物质困难加上文化的影响会使人的工作记忆能力下降，在青春期，认知控制能力也相对较差。

阿兰娜·康纳·史奈博在接受美国心理科学协会的《观察家》采访时说："文化心理学家经过努力，发现了很多心理过程中的文化差异。这些差异很有意思，同时又引起很大争议，其中包括思考方式，动机，对时间、空间和色彩的看法，处事方式，情感经历，克己自律以及自我表达。"

进化心理学：这是一个相对年轻的领域。进化心理学界的著名人物得克萨斯大学奥斯汀分校的戴维·M. 巴斯这样说道："它绝对是一个革命性的新学科，是当代心理学和进化生物学原则的真正结合。"它出现在 20 世纪 80 年代晚期。当然，此前威廉·詹姆斯和其他功能主义者早就提出了这个理论。早期倡导者认为自然选择将某些行为植入人们的大脑。然而，新的进化心理学者则认为，自然选择植入人脑的是一些认知策略，使人的行为能很好地适应周边的环境。

利用欺骗达到某个目的就是"认知策略"的一个例子。包括巴斯和史蒂文·平克在内的很多理论家认为，人们之所以会欺骗，是因为会欺骗的祖先与当时不会欺骗的人相比具有很多优势，他们生存下来、传宗接代的概率更高。他们的子女遗传了这种能力，会欺骗的人的数量远远超出不会欺骗的人，最终，欺骗成了人类的共性。不过，请注意，欺骗不是遗传行为，而是一种认知策略，它可以以多种行为方式出现，包括撒谎。无论哪种形式都极富欺骗性，而且，因文化差异及所处环境的不同而有所不同。

"且慢！"读者诸君可能会这样说，"进化的证据源自化石。可是，你拿什么东西来证明史前人类的心理是如何运转的？你又拿什么来证明进化选择了认知能力，如欺骗的能力？"

进化心理学家认为，文化共性就是其中一个很好的证明。如果世界各地的人都表现出某种趋向或某种行为，这不大可能与文化传递有关，这极有可能是遗传所致。文化共性除了欺骗以外，还包括讲故事、饶舌、使用专有名词、通过相同的面部表情表达情感、跳舞、送礼、制药，等等。

另一个证据源自对进化心理学理论的实际验证。请看下面这个实验。首先，从人们早已认可的观察开始，如男性在择偶时，相比女性更注重外表长相。其次，做一个有关进化的假设，即女性的长相对男性祖先而言代表了她们的生育能力。最后，对这一假设加以证明。给男性一大堆腰臀比各异的女性的照片，让其从中挑选。结果证明，男性普遍青睐低腰臀比的女性。我们已经知道这种体型生育能力很强。男性的这种倾向极有可能是进化的选择。

再看一个例子：性嫉妒。尽管性嫉妒对男女来说都很普遍，但是，一旦发现对方肉体出轨，男性的反应要比女性强烈。进化心理学家认为，这与古代男性无法确认自己是否是孩子的亲生父亲有关，而古代女性则不存在这方面的担忧。

还有一种证明的途径，即对恐惧的验证。实验中，让一些受试者从鲜花和蘑菇等毫无威胁的画面中找出可怕的东西，如蜘蛛、蛇等，让另一些人从可怕的画面中找出不可怕的东西。第一组人很快便找到了蜘蛛和蛇，而第二组人找到鲜花和蘑菇的速度明显很慢。这种测试屡试不爽，即便画面再复杂，环境再嘈杂，干扰再多，也不会改变。正如巴斯所说的："似乎蜘蛛和蛇自己从画面中蹦了出来，跃入受试者的眼帘。"然而，当代生活中有很多东西和蛇一样危险（如插座），可是，我们并不会对其产生恐惧感，这是因为插座是近代的发明，还不足以引起人们对恐惧的先天反应。

人们不禁要问：为什么人类的谨慎和恐惧心理远比大胆和勇敢心

理更普遍？根据进化心理学家的看法，这是人类适应环境的结果。谨慎的祖先比大胆的祖先更容易幸存下来，并传宗接代。

为什么人类的行为要符合所在群体的信仰和规范？这是因为人类从内心深处需要稳定。由于不确定因素的存在，即便是在注重个体的文化当中，人们也希望自己成为群体中的一员。

为什么男性的空间能力要比女性强？这是因为在原始社会里男性要出去打猎，空间能力出众的人生存能力强，传宗接代的机会自然就增加了，而女性则不受这种选择力的影响。

为什么人类打心眼里需要自尊？进化心理学家认为原因很多。首先，自尊在一定程度上源自他人对自己的尊重。因此，能把人与集体紧密相连，从而提高集体生存能力的行为便成为进化的选择，并成为人类的特质。其次，自尊可以确保一个人的社会地位和社会安全感。过高或过低地评价自己都会减少其在社会中生存的机会。最后，自尊是择偶过程中一个非常有价值的机制，有了自尊就能确保自己的基因代代相传。没有自尊的人最终必然会遭到进化的淘汰。

人类就是这样一代一代进化的。有时，进化心理学家的话会让人觉得，该领域不仅可以让人对进化有个基本概念，同时，还可以了解传统心理学的方方面面。例如，戴维·巴斯就认为，“进化心理学是一场科学革命，为新千年的心理学奠定了基础…… 它是一个元理论，为了解心理机制提供了统一的方法”。哈佛大学的史蒂文·平克这样说道：“在对人类的研究中，在人类经验的主要领域，如美、母爱、亲属关系、道德、合作、性爱、暴力等，只有进化心理学才能提供一整套连贯的理论。”

诚然，还有其他一些理论有望成为统一的精神科学的元理论。这个在后面章节中将详细讨论。目前，我们离发展心理学有点远了。最后，在介绍完皮亚杰之后，让我们马上回到正题。

关于皮亚杰：很多发展心理学家虽然接受其有关智力发展的总体理论，但却认为他所提出的几个阶段从心理学的角度来看具有局限性，从文化的角度来看存在偏见。因而，出现了很多新理论，只是到目前为止还无法知道哪种理论能流行开来。然而，无论哪种理论最终能站得住脚，它必将在包容皮亚杰的基本概念的同时，远远超出皮亚杰理论的涵盖范围，就像爱因斯坦的理论包含且远远超过牛顿的物理学定律一样。

第五节 成熟

皮亚杰尽管接受过自然科学的培训，早年也曾决心对知识进行生物学上的解释，但其理论几乎完全是从认知的过程来解释发育的。他要么完全忽略了成熟自身的作用——人体的成熟过程将自动引起某些行为变化——要么认为成熟作用是理所当然的。然而，大多数现代发展心理学家认为，除非成熟在心理发育中所起的作用得到全部理解，否则，人们就无从知道行为在多大程度上由先天决定，而非通过同化和适应获取。

人们如何才能区分两种影响呢？从婴儿离开子宫的第一天起，他们就在学习，同时也在成熟。把每一过程的结果分离出来是至关重要的科学问题。的确，新生儿出生后即拥有极其重要的反射能力，而这一点与后天学习完全无关。比如，碰触他的脸后，他的头就会朝碰触的方向转动，好像在寻找他从不知道的乳头。再有，大多数父母都知道，如果你向只有 1—3 周的婴儿伸出舌头，他们也会反射性地伸出自己的舌头，这是一种称为“镜神经元”的组织产生的先天反应，这种神经元最近刚刚由脑部扫描发现，它位于大脑的前运动区。但从总体上来讲，行为的大部分变化，或新的行为方式，若不是从成熟中得来，便是从学习中得来，或两者兼而有之。

然而，自然偶尔也会碰巧提供将两者分开的机会。婴儿在3—4个月时就会喃喃自语，为说话做准备，但聋哑儿也喃喃自语，显然，他们并不是要模仿听到的声音，而是另有原因。喃喃自语显然是一种预设行为，与经验无关，应是指挥行为的神经中枢在到达某个发育阶段时自发产生的。正常儿童的喃喃自语将通过学习发生改变，越来越接近于所听到的语音语调；聋哑儿童的喃喃自语则会慢慢消失，因为他无法学习。

人们很难观察没有学习过程的行为发育，因而在这门专业发展的早期，一些发展心理学家便通过实验创造条件，从而也创造了历史。1932年，在纽约哥伦比亚长老教会医疗中心工作的默特尔·麦格劳说服布鲁克林市一户收入较低的人家借给她一对孪生男孩进行实验。此后的两年多里，约翰尼和吉米这对看上去一模一样的孪生子便在麦格劳的实验室里每天待八小时，每周待五天。约翰尼接受了高强度的身体技能训练；吉米被放在婴儿床上，不受任何打扰（也无人陪他玩，陪他的只有两个玩具）。约翰尼不到1岁时即能爬陡坡，可下水游泳，还会滑旱冰；吉米则一样也不会（但抓东西、坐和走路时，跟约翰尼一样敏捷）。麦格劳拍出的一组照片显示，约翰尼在21个月时即可大胆地从1.5米高的台子上用手吊着自己的身体落到一张垫子上。吉米则蹲在一个低得多的台子上，朝下望着，死也不肯往下跳。

到2岁时，麦格劳让吉米接受强度训练，看其能否赶上约翰尼。他从来没有完全做到这一点。一些看过资料的心理学家们认为，对约翰尼的训练仅使其在吉米面前临时性地稍占上风，但麦格劳并不同意这种观点。多年之后——类似这样的实验，即阻碍儿童发育的实验，慢慢被认定为不道德行为——她强调说，尽管吉米后来在多数方面均赶上约翰尼，然而，即使在进入成年期后，吉米在身体的灵活性方面还是不敌约翰尼。但这一点并不能证明什么，因为两个孩子只是孪生，并不是一模一样的。唯一保险的结论是，强度训练可让孩子提前获得身体技能，且这些技能当中的大多数是暂时的。

另一项更大胆的实验也开始于1932年，由当时弗吉尼亚大学的韦恩·丹尼斯主持。他从巴尔的摩的一个贫困女人手上得到一对仅5个星期大的孪生姐妹：德尔和雷伊。丹尼斯在妻子的帮助下，将两个女婴收养了约一年多时间。他的计划是剥夺其一切刺激和学习，而后观察哪些行为方式是与成熟一起自发产生的。在一本期刊上，丹尼斯报告了他的实验情况，且一点没有感到不安或内疚：

> 头6个月里，当着婴儿的面，我们一直挂着脸，不笑也不皱眉头。我们从不跟她们玩，从不抱她们，也不逗她们，除非这些行动是实验所必需的……为限制她们练习坐、立，婴儿几乎一直被仰放在育婴床上。

在11个月里，她们没有玩具可玩，也无法看见对方（育婴床中间隔一张帘子）。

丹尼斯说，结果显示，“婴儿在第一年里完全按照自己的意愿‘成长’”，跟正常抚养的同龄婴孩没有不同，这一点可从诸如婴儿大笑、啃自己的脚和听到声音后大哭等行为中看出来。不过，在诸如爬行、坐和站立这类行为中，她们远比其他同龄孩子落后。14个月后，丹尼斯让她们接受一段时间的训练，他报告说，她们很快就赶上了正常的孩子。但丹尼斯自己承认，雷伊直到第17个月，德尔直到第26个月才学会不用扶东西走路。

这对孪生女婴余下的童年生活在孤儿院和亲戚家中度过。尽管丹尼斯宣称已让她们长至正常标准，但这一点连他自己也不相信。他曾在伊朗的孤儿院里研究过一些孩子，发现他们中的大多数因受冷落或被人忽视而在 2 岁时出现发育迟缓问题，且这种迟缓一直持续至少年时代。只是他再未提到雷伊和德尔，不知道她们后来如何。也许，他根本就不想再了解她们。

这些实验在 70 年前已很少见，今天更不存在了。文明社会自获悉纳粹医生在集中营里进行“医学研究”之后，对人体实验的法律限制便严格起来。然而，发展心理学家并没有止步，而是用其他方法进行实验，实验对象之一便是动物。行为主义者通过了解老鼠的学习方法来了解人类的学习原理，发展心理学也照同样的办法来了解动物成熟的原理，并观察哪些原理可以应用到人类身上。

人所共知的一个例子是，人们认为，刚刚孵化出的小鹅会本能地追随母鹅，但奥地利动物学家、行为生物学奠基人和诺贝尔奖得主康拉德·洛伦茨却教会小鹅跟着他走。洛伦茨设法使自己成为小鹅出生后头几天里所看到的唯一活物。它们的本能是跟着活动的物体走，因此，小鹅只能跟着他走。当小鹅学到这一步后，即使看见母鹅也视若无睹了。洛伦茨的理论是，在成熟的“关键时期”过后，被跟随物体的图像会在小鹅的神经系统里固化。自然的本意是让母鹅成为受到跟随的对象，但没有料到行为生物学家过来插了一杠子。

美国人埃克哈德·赫斯制作了一只可移动、能呱呱叫的假母鸭，然后将一群小鸭放在它的周围。如果在小鸭刚孵化时就把假鸭子放在它们面前，有半数的小鸭子会跟着假鸭跑。小鸭孵化过后 13—16 个小时，如果再将其放在假鸭子跟前，则有 80% 的小鸭子跟在假鸭后面走。这种现象将类似本能的东西进一步复杂化：小鸭子的神经系统肯定能对一些移动的物体做出反应，但只有在成熟过程的某个特定时间点上，它们才能将特定目标“刻印”下来。

这些发现的结果使 20 世纪 70 年代的一些发展心理学家和儿科医

师慢慢相信，出生后的几个小时是母子联结关系最终形成的特定时间点。因而，他们规劝母亲们，在孩子刚出生后不要马上将其抱走清洗，而后放到育婴室的摇篮里；而应抱着婴儿，让他紧贴自己。后来进行的一系列实验证明，在这么做之后，母子的联结的确更为牢固，但得到最大程度联结的并不是婴儿，而是母亲本人。其他研究证明，婴儿对母亲（或父亲或其他主要看护人）的联结是在长达 4—5 个月的时间内发育而成的，其间充满数不尽的看护和情感表现。

对成熟的研究大多以身体技能和生理特质为中心，对心理成长关注不够。但对知觉发育的研究不再只是思考，而是在事实的根基之上，给心理学这一古老的中心问题提供了答案。这个问题是：知觉能力的发育，究竟有多少出于先天，有多少出于后天教育（发展心理学的术语是，有多少出于成熟，有多少出于学习）？

这项研究的注意力集中于婴儿早期，因为此时，知觉能力迅速成熟。研究目标是发现每一种新的知觉能力出现于何时，其假设是，当这种能力第一次出现时，它并不是来自后天学习，而是来自光学神经结构，特别是来自大脑皮质中接收和解释视觉信号的那一部分的成熟。

大多数结果来自对婴儿的观察。比如，观察婴儿何时开始凝视附近的物件。但这样的观察仍留下许多不解之谜。婴儿起初看到的究竟是什么？显然，他看到的没有多少，他们的眼睛经常是飘忽不定的，也不会跟随移动的物体。此外，母亲们大多知道，婴儿在吃奶时总是死盯着母亲。我们无法问婴儿他们看到了什么，那么，如何才能找到答案呢？

1961 年，心理学家罗伯特·范茨想出一个绝妙的主意。他设计出一个台子，让婴儿面朝天睡在底层。上方是展示区，实验者在这里放上两张大的卡片，每张卡片上有两个图案：一个白色圆圈，一个黄色圆圈；一只牛眼，一张面部素描。研究者（隐藏起来）从上面的小孔上偷窥，可观察到婴儿眼睛的移动和眼睛朝这对图案观察的时间。范茨发现，2 个月大的婴儿看牛眼的时间比看黄色圆圈的时间要长一倍，看面部素描的时间要比看牛眼的时间长一倍。显然，即使 2 个月大的婴儿也能区分主要的差别，且能使眼睛看向他认为更有趣的东西。

发展心理学家利用类似方法，在过去的几十年中得到大量婴儿视物及何时开始视物的数据，具体如下：在第一周里，婴儿可区别明暗图案；在第一个月里，他们开始慢慢地跟踪移动物；在第二个月里，他们开始感受深度，可协调两只眼睛的移动，还可区分光的色度；到第三个月时，他们的视线可从一个物体飘至另一物体，还可区分家庭成员；到第四个月时，他们可在不同的距离内凝视物体，可做越来越精细的区别（沿斜角看新鲜物体的时间，长于沿锐角看已熟识物体的时间），并开始认识到所观察物体的意义（看一张脸的正常素描的时间，要长于看一张描得模糊且位置不对的脸的时间）；在第四至第九个月中，他们已具有实体视觉，知道从不同角度看到的物体仍是同样的形状，其所获得的、在不同距离内观察事物的能力已接近成人。

在过去的 40 多年中，人们已对听觉的发育进行了大量的可比较研究，包括音高和音量区别的出现，在声音之间进行区分，以及对声音来源的辨认。

最近和当前的神经科学研究，已很清楚地了解到成熟和经验在大脑组织里是如何相互作用并引起发育变化的。对死婴大脑的显微检查显示，在婴儿出生的第一个月里，神经元生长出大量的树突（分支），相互之间形成连接（见图 21）。这一激增过程继续加剧，在生命的头两年里，大脑的尺寸将增大三倍，树突（分支）从神经元上开始呈巨量激增，然后彼此间发生联系。（据估计，老鼠的大脑在其生命的头一个月里每秒可形成约 25 万个突触，即神经细胞间的连接。在人脑里，生命的头几个月中，树突的形成率肯定要高许多倍。）

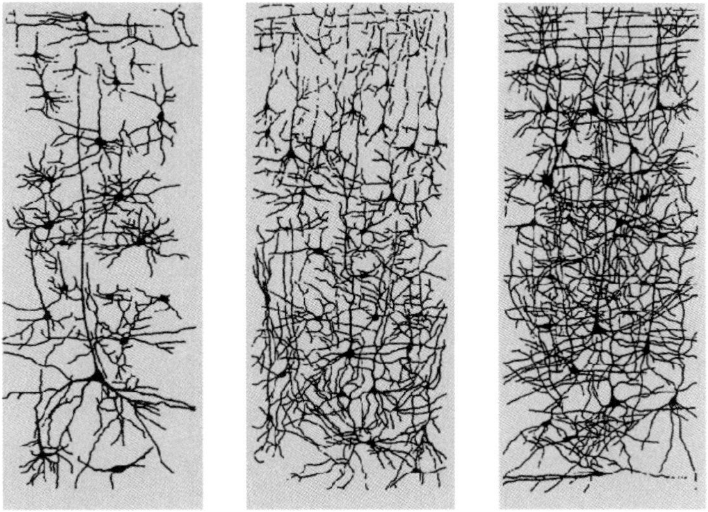

（a）新生儿　　（b）3个月大　　（c）6个月大

图21　大脑发育：这些视觉皮质的神经元图案展示的是婴儿从初生到6个月的大脑发育情况

一个人到12岁时，大脑中估计有近百万亿个突触。这些突触连接起来形成了大脑能力的线路图。有些突触连接是根据化学原则自动生成的，另一些则是在树突快速增长期间由经验刺激而成的。刺激缺少时，突触就会萎缩，因而无法形成所需要的突触。在黑暗中长大的老鼠，其视觉皮质中树突棘和突触连接远少于在光亮中长大的老鼠，即便此后将其置于光亮中，也无法获得正常的视觉。在光线频闪的环境下长大的幼猫只能在频闪的光线中才能看清事物，无法形成对移动敏感的皮质细胞；当它们长成大猫时，就会将这个世界看成是一连串静止的画面。小猴子的一只眼如果在关键时期总是闭着，该眼中的神经元就会赶不上另一只眼里神经元的增长幅度。因此，成熟可提供——在一定时间内——数倍的潜在神经通道；经验会在这些通道间做出自己的选择，并在那些为知觉所需要的线路上“接上真正的导线”。

自然为何这么做呢？既然我们可通过生活学习全部的东西——而且，不管在什么年岁，所有的学习都涉及新的突触连接——为什么知觉发育只在关键时期才成为可能，而不是在以后？显然，大脑发育遵循“使用或丢弃”这一能够有效、经济地利用资源的法则。生长中的神经元在髓鞘化中保存下来（髓鞘将神经元包裹在脂肪保护鞘中），那些被使用过的突触连接进一步髓鞘化，这使它们更具永久性。基本的经验总能在合适的时间内出现，它们可精确地调整大脑结构，从而提供更具体的感觉能力，而这一点是突触形成中的基因控制结果所无法实现的。

有了这些，“天性”和“教育”这些模糊的旧词终于有了全新而精确的含义。我们看到了心理的构建并非通过在天性上施加教育，而是通过两者的互动——影响与被影响。神秘的面纱已然揭开，奇迹就要发生了。

第六节 人格发展

发展心理学家完全不同于人格研究者，后者的主要兴趣在于测量，前者只关心自然进程。他们从新生儿出生的那一刻起即观察其人格发展，并试图找出形成发展的动力。他们也与精神分析者截然不同，发展心理学的理论以第一手证据为基础，而精神分析理论却以从成年病人那里听到的人格发展情况为基础。

发展心理学的部分证据给精神分析理论中有关母子依恋的概念增添了许多细节和意义。自 1952 年起，这种情况开始成为发展心理学的一个研究主题。在这一年，世界卫生组织出版了英国精神分析学家约翰·鲍尔比的《母亲照顾及心理卫生》一书。这位精神分析学家对在孤儿院里长大的孩子进行了大量研究，结果发现，孩子们之所以缺乏情感及人格发展，是由于缺乏母爱。

鲍尔比的理论是，婴儿先天就能以某种方式行动（哭、笑、发出声音、咕噜咕噜地叫等），旨在唤起注意以求生存，母亲的养育可在其发育的某个“敏感时期”在婴儿身上产生依恋心理。这种能在婴儿心里形成安全感的强烈的特殊联结，对于正常的人格发展来说至关重要。没有这一点，鲍尔比认为，孩子有可能形成“没有爱的人格”，从而形成陪伴其终生的心理疾病。

鲍尔比的观点引起了人们的极大兴趣与不快。在当时的美国，由于离婚率不断攀升，妇女解放运动又接踵而至，越来越多的妇女外出务工，孩子们大多由保姆照看。这种状态使一些儿童心理学家和发展心理学家开始质疑敏感时期是否真的那么具体、那么重要，母亲的作用是否真的像鲍尔比所说的那么不可替代。不过，他们中的大多数一致认为，在正常情况下，婴儿的确存在对母亲（或母亲的替代者）的依恋，这种情结是人格发展过程中的重要因素。

缺乏依恋对婴儿人格所造成的伤害，可由1956年在以色列进行的一项微笑研究实验中看出。这项研究将三种条件下抚养的婴儿放在一起进行比较：第一种条件下，婴儿在自己家里被抚养；第二种条件下，婴儿集体住在一个地方，由专业保姆抚养，但第一年里常由生母喂乳；第三种条件下，婴儿在孤儿院里被抚养。1个月大的婴儿在生人面前很少微笑，但随着时间的推移，他们的微笑越来越多，并在约4个月大时到达顶峰，然后，微笑行为开始递减。在这项研究中，当三组孩子都有4个月大时，他们经常在陌生的妇女面前微笑，但在18个月大时，在家中长大的孩子所给出的微笑反应只比4个月大时稍少些，在集居地长大的婴儿要少一半，而在孤儿院里长大的孩子很少微笑，甚至比不到1个月大时更少。

微笑只是依恋的副产品，而不是依恋是否存在的衡量标准。研究者们需要这样一个标准，因此，在20世纪60年代末，鲍尔比的前同事，已移居美国的玛丽·安斯沃思，设计出一个相对容易的标准，她称之为“陌生情境”。此后，这个设计成为依恋研究的主要标准。在“陌生情境”中，母婴均住在一个完全陌生的游乐室里，研究人员可通过单向玻璃观察他们，并通过八种不同的方法对他们进行测试。其中之一是，母亲暂时离开；另一种是，陌生人在母亲在场时来到房间里；还有一种是，母亲不在场时陌生人来到房间；等等。

8个月至2岁婴儿的典型情况是，在母亲离开时会大哭（分离焦虑），当她再回到房间时，婴儿迅速过来，紧紧依偎在母亲怀里。（当然也存在人格差异，如一些婴儿的焦虑度表现得比另一些婴儿严重，但就总体而言，陌生情境的发现带有一般性。）如果陌生人进入房间时不笑也不说话，7个月或8个月大的婴儿会看看母亲，一会儿后可能会哭起来（陌生人焦虑），而在其3个月或4个月大时，可能在陌生人到来时会笑起来。陌生人焦虑将在数月内消失，但分离焦虑持续加强，直至婴儿出生后第二年的早期，然后在当年逐渐减弱。

对两种反应的出现和消失存在多种解释，但大多认为，随着心理能力的增强，婴儿可以更好地评估不同的情境。当婴儿获取与其他陌生人在一起时愉快经验的回忆能力时，陌生人焦虑就会渐渐消失。分离焦虑要等到婴儿得以理解母亲会回来这一事实后才能消失。

安斯沃思的初衷是观察婴儿在离开母亲时会产生何种反应，结果是始料不及的，因为婴儿在母亲返回后的反应更有趣。部分婴儿看到母亲回来非常高兴，希望母亲能看自己并紧抱自己；另一部分却不理甚至回避她；更有甚者会表现得非常不安，如果母亲想抱他们，他们就又踢又打。安斯沃思将第一种现象（1周岁的婴儿中有70%有此现象）称作“安全式依恋”，将第二种（1周岁的婴儿中有20%有此现象）

称作“焦虑避免式依恋”，将第三种（1周岁的婴儿中有10%有此现象）称作“焦虑抵抗式依恋”。

深入研究过三种类型之后，安斯沃思和其他研究人员得出结论说，避免式依恋发生于母亲的情绪未完全表达之时，抵抗式依恋发生于母亲的回应与婴儿的需要不一致时。其他研究人员认为，避免式及抵抗式依恋是很多因素造成的，其中包括母亲的人格特质、缺乏表达、不愿做母亲的消极感情、对婴儿的厌恶及对婴儿哭声和需要的粗鲁反应。

部分心理学家认为这些分类和解释过于主观了，杰罗姆·凯根就是其中之一。

> 孩子的母亲若一向专注和关爱孩子，但同时又成功地培养了孩子的自制力和对害怕心理的控制能力，当母亲离开时，孩子则不可能大哭，在她返回房间时，孩子接近她的可能性也要小一些。但这样的孩子往往被分类为“避免式依恋”和“非安全式依恋”。相对照而言，如果孩子的母亲一向采取保护态度，从不让孩子“熬过去”，孩子则可能哭叫，并在母亲回到房间时朝她跑去。这样的孩子却被分类为“安全式依恋”。

在一次研究中，凯根发现，在表面上与婴儿没有产生安全式依恋的母亲一般来说在外的事务较多。心理学家可能认为这样的母亲不太注重教育，但她们也许因此而培养了孩子的自制能力，并使婴儿能够适应与母亲分开。使孩子过于依恋的母亲也许因过分保护孩子而阻碍其内在安全感的发展。

最近一次具有价值的研究也是利用“陌生情境”这一方法进行的，主要测试了113例1岁大的孩子对母亲的依恋情况，五年之后再评估他们的行为和心理健康程度。两者都通过问卷形式进行，一份发给他们的母亲，另一份发给他们的教师。在 1 岁时对母亲强烈依恋的男孩子中，只有 6% 的人出现精神病理迹象。而在不那么强烈地依恋母亲的男孩中间，有 40% 的人表现出精神病理迹象（出于不明的原因，女孩子尚未显示出早期依恋与后期精神病理迹象之间的联系）。研究小组于是小心地得出结论说，这些结果“部分地支持了这种假设：早期母婴依恋关系的性质预示其后婴儿社会 – 情绪功能的发挥”。

对情绪发展的大部分研究集中于生命的头两年，这样做可以说不无道理。按照新泽西医学及牙科大学儿童发育研究院的迈克尔·刘易斯及其同事的说法，主要情绪（喜悦、害怕、愤怒、悲伤、讨厌、惊讶等）在生命的第一个半年就已出现，次要或派生情绪（窘迫、共情、嫉妒）出现于第二年的下半年，其他次要情绪（骄傲、羞愧、内疚）也于此后相继出现。特拉华大学的卡罗尔·伊泽德及其同事、学生对婴儿的面部表情进行录像研究，也得出一些相关的成果。

在上一代人之前，发展心理学家一直未能整理出情绪发展理论，但今天，这样的理论他们已拥有数套。这些理论在不同的议题上侧重点有所不同，其中最重要的区别在于，情绪的发展是来自具体神经回路的成熟，还是来自情绪行为及其表现的后天学习。在两种观点中，大家都认为情绪是通过学习而产生的具体形式。但分歧在于，前一种观点认为，起决定作用的因素是成熟，后一种观点认为，起决定作用的因素是认知和培训。下面是双方观点的证据：

首先是成熟观，十几年前，美国国家精神卫生研究院的一组研究者通过对在家和在游戏小组的孩子分别进行观察，以确定孩子身上利他主义或关照别人的思想最早产生的时间。利他主义是以共情为基础的行为方式。该小组预计将在六岁孩子身上最早看到这种共情迹象，因为精神分析理论是这么预测的。然而，他们看到的却是，一些孩子——甚至提前至 3 岁——在看到其他孩子处在疼痛和不高兴状态时，会表现出哀伤情绪。研究小组尝试更小的甚至刚学会走路的孩子，他们让母亲在家里当着孩子的面装出痛苦的样子，或发出窒息般的咳嗽声。若干年前，小组成员之一卡罗琳·扎恩－瓦克斯勒博士告诉笔者，大家全都大吃一惊，因为他们发现："如果母亲发出哭声，即使一周岁的婴儿，也会表现出哀伤的样子。在 1 岁零几个月的孩子身上，我们还绝无差错地观察到他们对他人的关心表情。"这些反应几乎无处不在，且以可预测的形式在不同年岁中相对可预测的阶段中表现出来。"在我看来，"她说，"不管经验起什么作用，有机体的确已布好线路，倾向以共情的方式做出反应。"[1] 近年来，她被证明是非常正确的：大脑扫描 —— 我们稍后会谈到的一个主题 —— 提供了大量证据表明特定的大脑回路会对其他处于各类情绪状态下的人做出与他们大脑回路反应相似的反应，而这种产生共情的神经架构在婴儿的大脑中发育得非常早，很可能是早就布好了线路。

其次是认知－发展观，有人使用一种几十年前已使用过的奇怪方法进行实验。他们趁孩子不注意的时候在他们的鼻子上涂上口红，然后将其放在镜子前面。大多数 20 个月以前的孩子要么置之不理，要么用手抚摸镜子里出现口红的地方。大多数 20 个月或更大的孩子则会摸自己鼻子上的口红。这种反应表明了自我意识的出现，孩子已经意识到，镜中的图像就是自己。近来，迈克尔·刘易斯及几个同事利用镜中口红这一方法发现了窘迫产生的最早时间和原因。他们报告说，大多数抚摸涂口红的鼻子的孩子将会产生窘迫的表情（标志是：窘迫的微笑，扭头或不安地抚摸自己的身体），不摸鼻子的孩子却没有。他们的结论是：

1　迈克尔·刘易斯等人认为，共情出现的时间更晚一些，但真正的差别也许在于，共情究竟是取决于看见哀伤时表现出来的哀伤（早期的发育），还是取决于帮助他人的意图。

> 思考自我的能力——以前称作自我意识或参照性自我——是自我产生的最后特质之一，发生时间约在人生第二年的后半年……（且）也是形成诸如窘迫感之类自觉情绪的认知能力。

这样看来，对成熟观和认知－发展观来说，两者都有很好的证据。人们甚至怀疑，真理是否就是二者的混合物。

父母的教育方式一直影响着长期以来的重要研究课题——人格的发展。研究者们通过各种方法研究过这一问题——观察、问卷、实验、相关性分析——他们的发现往往受到媒体的关注，从而广为读书人所知。暂且抛开已成时尚的父母教育方式风潮不谈，我们在此简单地列出几个久经考验的发现。然而，千万要记住的是，基因倾向和外在影响对人格的发育均可构成重大影响，列于此处的父母行为与孩子人格之间的联系仅为相关关系，并不是铁定的。

纪律约束：施加权威（威胁与惩罚）和宣称不再爱孩子是外部控制形式，此举也许能收到服从的效果，但只在父母眼皮底下或其采取制裁措施之时。但通过诱导而进行的纪律约束（解释某种行为为何错误，其又是如何违反原则及使他人产生何种感觉等）可以引导孩子吸收父母的价值观，并使之成为他或她的标准的一部分，从而形成自我控制。

养育孩子的方式：权威（独断式）父母的孩子往往不善交际、缺少活力、社交能力平平、抱有偏见，如果是男孩子，则认知能力很差。父母如果比较宽容，孩子就会更有活力，积极向上，但社交和认知能力较差（就认知能力而言，男孩子尤其差）。如果父母威严（管理严格，但较为民主），其孩子往往具有自制力，比较独立、友善，社交和认知能力也不错。

榜样：父母常常是孩子行为和人格特质的榜样。进取型父母总是培养出进取心强的孩子，人格温和的父母则培养出人格温和的孩子。如果父母口是心非，言行不一，孩子就会模仿他们的行为，对他们的教导也置之不理。孩子们尤其喜欢模仿善于教育且人格坚强的父母，不爱模仿冷漠且软弱的父母。

长幼相互作用：父母如果经常与孩子谈话，孩子会养成更好的口头表达及社交能力，如果不经常谈话，孩子则反之。如果父母常跟孩子一道玩，孩子则往往能得到其他孩子的认同，也善于识别并诠释其他孩子的情绪和情感表情。父母和孩子相互作用的方式可成为孩子处理其他关系的参考。

性别－角色行为：虽然男孩与女孩之间的行为差别大多有其生物学基础，但很多性别类行为是从父母那里学来的。这种行为方式从出生时便开始形成，因为父母总是无意识地对男婴和女婴做出不同的反应，甚至直接告诉他或她应该如何。更为重要的是，婴儿往往认同同一性别的父母，并以其角色为模板。大男子主义的男人往往培养出大男子主义的男孩，爱招蜂引蝶的女人往往养出招惹是非的女儿，等等。孩子甚至倾向于模仿同性别父母，而非异性别父母的一些非性别特质。

我们还可察看其他十几种就养育方式和人格发展问题所得出的研究结果，但这里并不是久留之地，我们应该看一看孩子在走出家门后会如何发展。

第七节 社会性发展

“去找蚂蚁吧，你这条懒虫，向她讨教点聪明之道。”所罗门（或写作《箴言》的随便什么人）要我们效法蚂蚁，适时积累和贮存。但更值得我们注意的是蚂蚁的社会合作方式。自脱离幼虫状态后它们即完全社会化，其微小的神经系统在最初设定时，其程序即以合适的社会行为方式对同伴的化学信号和碰触产生自动反应，比如收集食物、做家务、防御搏击、喂养幼虫及母蚁等。相对照而言，人类约需 15—20 年才能变得相对社会化，且即使在此时，我们的行为依旧无法固定，甚至终生都要随着自己角色的演变而变化。

在半个多世纪里，发展心理学家一直在利用各种方法收集人类社会发展的证据。他们在膝盖上放上记录本，手握秒表，守在家里或幼儿园里，不厌其烦地观察蹒跚学步的孩子，或在操场和教室里观察学龄前儿童或小学生；他们访问父母，让他们填写数不清的问卷；他们记录并分析儿童的大量对话，将故事的开头告诉孩子们，让他们接着编下去；他们设计出成百上千种实验情形，以测量不同阶段的社会发育水平；他们计算血液中的激素与性别类行为之间的相关性。

从所有这些活动中（还有更多其他活动），他们有了大量发现。这些发现中有的支持发展的精神分析说，有的支持社会学习说，有的支持认知 - 发展说，更多的认为三种理论都成立，因而都应予以支持。

我们无须对它们一一分类，只需浏览一下其中的一些有趣发现。

话轮转换：社会行为中最早的几课是在家里学到的。婴儿在这里除学会信任他人之外，还学会了社会关系中至关重要的一课，即交流时要轮流进行。父母对婴儿说话，等婴儿用声音或微笑回答过之后，再接着说下去。婴儿感受这种模式，在刚学会走路或刚学会说话时，就已学会在与其他同样大小的婴儿交往时采取轮流模式。下列记录于 1975 年的对话中，13 个月大的伯尼一直看着 15 个月大的拉里对一个玩具喃喃自语。最终他“发言”了：

伯尼：哒……哒。

拉里：（一边继续看着，一边笑）

伯尼：哒。

拉里：（笑得更起劲了）

同样的顺序重复达五次之多。然后，拉里扭过头去，将玩具递给一个成人。伯尼跟在他身后。

伯尼：（挥着两只手盯着拉里）哒！

拉里：（回头望着伯尼，又大笑）

交替九次之后，伯尼最终放弃，左摇右晃地走开了。

游戏：发展心理学家 L. 阿兰·斯鲁夫和罗伯特·G. 库珀将游戏视作“实验室”，孩子们在这里学会新的技巧，巩固已掌握的技能。婴儿不会一起游戏，因为这一点需要情感与认知技巧，而这些技巧需要两到三年才能发展出来。将两个刚会走路的婴儿放在一起，他们通常只会彼此望着，看着对方玩，或挨在一起各玩各的。但 3 岁左右时，他们便开始一起玩（不一定玩同一种游戏）。到 5 岁时，他们能以合作的方式一起游戏。

在游戏中，刚学会走路的孩子和学龄前儿童都将学到自我控制的第一课。他们发现，如果过于霸道，旁观的大人将不能容忍，同时玩伴也会报复或不跟自己玩。他们开始学会分享，尽管要认识这一点得费相当力气。他们开始喜欢与其他玩伴一起游戏，到 4 岁时，这种习惯开始转变为以相互关系和承诺为标志的友谊。

到 3—4 岁时，他们开始学习游戏的规则，并在与更大的孩子们一起玩时了解正确与错误的基本要素：三次不行，你就得出局；发脾气也不给你更多机会，反而有可能将你开除出局。

约在同时，他们开始更善于撒谎和遮掩有可能泄露自己意图的面部表情，说话声调也更为成熟。有研究小组认为，这种行为通常是父母直接教育的结果。（“记住，虽然你心里想要的是玩具，但仍要感谢奶奶为你买来的毛衣。”）

角色扮演：斯鲁夫和库珀还将游戏称作“社会车间”，孩子们在这里独自或与其他孩子一起尝试规则。他们经常玩妈妈和爸爸、妈妈和宝贝、爸爸和宝贝、医生和病人及遇险者和营救者之类游戏。他们特别喜欢玩父母游戏，并让自己的父母充当孩子，要他们将东西吃光，或洗耳恭听，或洗手洗脸，或上床睡觉。不管人们以何种方式（精神分析、行为主义或认知论）来解释这种游戏，它总还是起到了孩子进入社会生活的培训作用。最新研究甚至发现，学龄前儿童所玩的游戏越具有社会想象力，孩子的社交能力就越强。老师们也是这样评判的。

社会竞争：社会竞争的要素包括：时刻准备遇到对手，有与对手讨价还价的能力，为他人所喜欢或接受。发展心理学家衡量受欢迎的方法是社会测验。他们询问某一特定游戏组的孩子，要他们回答在组内“特别喜欢”哪些孩子，“不特别喜欢”哪些孩子。将否定答案从肯定答案中减掉，然后把分数加起来，就可简单地得出每个孩子在组内受欢迎的程度。

自我与集体：在游戏组中，特别是在教室里，与其他孩子的亲密接触会刺激心理上的自我感觉发育（与刚会走路的婴儿在镜中感觉到的生理上的自我感觉不同）。到 8 岁时，孩子开始认识到，他们在内部和外部与其他孩子都不一样，而且在事实上，他们是独一无二的。

同时，他们开始对集体的规则极为注意，比如，游戏规则（选择哪一边，轮流进行，轮到击球时扔硬币以决定先后）和对集体的忠诚（向家长或老师“告发”同伴将受到排斥）。甚至在小学阶段，孩子在集体中穿什么流行衣服也极为重要。他们越是接近青春期，与集体保持一致的需要——穿衣品位、说话方式、音乐、俚语、性行为等——也越强烈。青春期同伴的范式与价值观，在不同的种群和社会、经济水平上具有很大差别，但保持一致的需要却无处不在。度过青春期的早期之后，这种现象将在整个青春期里慢慢消失。

性别类行为：50 年前很多人深信，在整个儿童期，特别是快接近青春期时，儿童会表现出符合其性别的行为。在 20 世纪 60 年代，随着女权运动的出现，许多人相信，很多性别类行为来自社会的后天教育（且能很快消失），而不是来自先天遗传。大部分类似行为也的确很快消失，但某些类似行为却得到保留，且如我们已看到的，还将持续下去。

部分原因可能源于生物学。来自 20 世纪 70 年代放射免疫学的研究显示，激素水平约在 7 岁时就呈上升状态——远早于第二性征和性别类行为的出现。而从 7 岁起，女孩子大多不再像男孩子那样玩粗鲁的游戏，也不再像男孩子那样弄得全身脏兮兮的；而在青春期之前，男孩子也大多不像女孩子那样注重衣着和发式，这些可能都并非巧合。

然而，大多数的研究证明，青春期前和青春期的性别类行为，似乎来自孩子对在社会上作为成人所可能占据位置的社会认知。即便是在 1990 年，大多数女孩对自身未来的预期仍不如男孩乐观。当年，有人对 3000 名四年级至十年级的男女生进行全国性的调查研究，结果发现：在小学阶段女孩的自尊感略少于男孩；但在初中阶段，男孩的自尊感只是稍有下降，而女孩的自尊感却急剧下降。这种不对称性一直持续至高中。但是，十年后，又有学者对高中之后的自尊展开研究，共有 48000 名年轻美国人成为研究对象，对这项研究的元分析显示，男性在全年龄段只显示出微弱的自尊优势，这一结果令研究团队中的四位女性学者感到吃惊。她们给出了一系列解释，不过这一现象很可能是因为女权运动对我们的社会造成了缓慢的影响。

共情及利他主义：在20世纪60年代，一些心理学家开始对“亲社会行为”——使社会生活成为可能的合作式行为——大感兴趣。这些人中不乏社会心理学家，但也有发展心理学家，因为后者为亲社会行为中的一种——利他主义——所深深吸引。大多亲社会行为是以自私为动机的——我们遇到红灯就会停下，我们交税，这些行为并不是出自对同胞的爱心，而是考虑自己的利益——但利他主义却是以对他人的关心为动机。发展心理学家大感兴趣的问题是，这样的行为是如何产生的，因为它通常与所有动机中最强烈的一个——自身利益——格格不入。

在过去的40年中，成百上千名发展心理学家就1200多种利他主义行为进行研究，使用了前面提及的多种实证方法。对“利他主义思想何以形成”这一问题的回答似乎是，它来自不同影响的相互渗透。这些影响包括：人脑构造导致的看到同类痛苦时引起的哀伤倾向，由父母的关爱而给孩子树立的榜样，文化价值观，儿童想象他人感受的能力的发展，社会经验（帮助他人会使施助者自认为是好人，并被别人视为好人），基于现实世界知识的判断（即知道帮或不帮处于痛苦中的人会产生什么样的结果）。

下面为几个显著的发现：

——在10个月大或1岁时，如上所述，看见母亲处于痛苦中的孩子会呜咽，或哭着爬走；而在孩子14个月时，可能会过来拍拍她、拥抱她，或亲吻她。

——超过18个月时，孩子会想办法安慰另一个在哭的孩子，或找成人帮忙。

——2—4岁时，孩子会问另一个受伤或处在痛苦中的孩子是否疼痛，并想办法安慰或寻求帮助，甚至能想办法阻止其他孩子受到此类伤害（比如，警告这里有什么样的危险等）。

——到 7 岁时，大部分孩子会帮助一个看上去受伤或有困难的陌生孩子。

——从 7 岁起，孩子们会越来越愿意将自己的钱或玩具送给贫穷的孩子，或帮助有困难的孩子，即使这种行为意味着该孩子得放弃自己想做的事情。

发展心理学家们从数据中看出一个模式。利他主义行为，看上去是在一系列的明显阶段，但究竟有多少阶段，或有哪些阶段，他们并没有形成一致的意见。一种观点认为有四个阶段；另一种观点认为有五个；而一个六阶段的模式也有了雏形，由利他主义研究专家、伯纳比市西蒙弗雷泽大学的丹尼斯 · L. 克雷布斯及同事弗兰克 · 范赫斯特伦提出。克雷布斯和范赫斯特伦的六阶段论是以如下几点为基础的：

（1）服从权威规定与个人安全需要。

（2）个人收益的最大化和补偿决定。

（3）认同角色和集体期盼，以及互惠和合作。

（4）社会责任感和遵循内在价值观的行为。

（5）尊重别人的权利，愿意为他人的利益而牺牲。

（6）尊重普遍的道德价值观，认同全人类。

道德发展：利他主义只是道德发展的结果之一。对道德方面的心理发展的研究兴趣始于 1908 年，当时，杰出的英国心理学家威廉 · 麦克杜格尔根据其对人类心理学的总体知识勾勒出一套道德发展理论。在 20 世纪 20 年代，皮亚杰开始实验调查，如观察孩子玩游戏，或给他们讲犯小错的故事并问他们对某种小错应施以何种惩罚较为合适，等等。（案例之一，一个男孩给父亲的墨水盒加墨水，不小心将墨水洒在桌布上。案例之二，一个男孩玩弄父亲的墨水盒，将墨水泼到桌布上。两种情况都是小孩将墨水洒在桌布上，但惩罚应一样吗？）

皮亚杰得出结论，道德行为，在游戏环境下，在4—12岁这一年龄段内将按三个阶段发育而成，即由对父母或较大孩子规定的规则毫无疑问地全盘接受，到最后认识到，规则是由人制定的，并可在双方同意的情况下做出修改。同样，判定行为（比如泼墨水）正确与否的基础，可根据该行为所造成的伤害与行为人的意图进行更改。

1932年，皮亚杰的《儿童道德判断》在英国出版。该书在美国触发了大量道德发展研究，但大多数这类研究不过是一些东拼西凑或吹毛求疵的东西。接下来的一次飞跃，即道德发展理论研究史上的里程碑——哈佛大学劳伦斯·科尔伯格的著作——出现在30年后。他发明了一种测量道德发展的新方法，并在25年内修订它，收集和分析大量数据，提出了一个六阶段的道德发展理论。该理论此后成为这一领域的经典之作和模式，其他人要么效法、改进，要么反对。

若不是发现自己的最爱是当一名道德发展心理学家的话，科尔伯格原本可以成为一个很好的牧师。他认真善思、热情幽默、健谈激情，对种族问题等其他道德生活极为关注。他不修边幅，属于知识型教授，宽松的衣服总是皱巴巴的，头发蓬乱；手提箱也严重磨损，总是装得满满的；眼镜推起来搁在额头上，然后就忘了。

他是一个商人的后代，1927年出生于布朗克斯维尔——纽约的一个富有郊区。他在安多弗的菲利普斯学院读书，第二次世界大战结束时毕业于该院。他没有继续读大学，而是在良心驱使下到一条商船上当水手，从而加入一项事业，将一船船的欧洲犹太难民从英国的封锁下偷运至巴勒斯坦。这次经历使科尔伯格对一个问题产生终生的兴趣，即一个人在不服从法律和法定权威时，在道德上却是有理的。这次经历还给他带来终身的疾病：被捕后被关在塞浦路斯的一个军营里，后来人虽逃脱，却未能逃过寄生性肠道感染的折磨。此后许多年里，这种病时不时地折磨他。

后来，科尔伯格在芝加哥大学拿到本科及研究生学位，他最喜欢的课程是心理学和哲学（特别是伦理学）。他阅读并极力推崇皮亚杰的《儿童道德判断》，但他从美国心理学的精神感觉到，道德发展的理论基础应是基于客观方法所得的数据，而不是皮亚杰的自然主义观察。因此，为完成博士论文，他创立出一套定级系统（后来将其变成一项测试），他的余生都在修改和使用这套系统，并从中形成自己关于道德发展阶段的认知－发展理论。这套测试题由九个道德上的两难问题构成，研究者一次向受试者提出一个。每个问题之后是一次面谈，谈话内容涉及一大堆道德问题。

举个例子（海因茨两难选择）：在一座欧洲小城里，一位妇女因某种特别的癌症而接近死亡。城里有位药剂师发明的新药可能救活她，但他是个奸商，索要的药费是其制造该药成本的十倍。这位妇女的丈夫海因茨只能借到一半的钱，因此只好请药剂师减价，但药剂师不肯。海因茨为救妻子的性命，想翻墙入室，将药偷出来。这样做应该吗？为什么应该，为什么不应该？他有责任或义务偷药吗？如果他不爱妻子，会为妻子偷药吗？如果要死的是陌生人，情形又会怎样？海因茨会为陌生人偷药吗？偷东西是犯法的，但这样做违反道德吗？诸如此类的问题共有 21 个。

科尔伯格的原始样本来自芝加哥地区有代表性的 72 名 10、13 和 16 岁男孩子，他每隔 2—5 年对他们测试一次，一直测试了 30 年。在第一次测试后，三个年龄组给出的不同答案使科尔伯格相信，道德感发展于明显不同的年龄段。后来，随着受试者年龄的增长，他惊奇地发现，他们在这些阶段上的进展正好符合他的预料。我们在此简要展示一下这种分段理论的最新形式及每个阶段对支持和反对海因茨偷药事件的典型回答，同时对科尔伯格的晦涩措辞也做了改动。

——第一阶段：天真的道德现实主义；行动基于规则，动机是避免惩罚。

支持者：如果妻子死了，你会有麻烦。

反对者：不该偷药，因为你会被抓进监狱。

——第二阶段：实用主义道德观；行动基于回报或利益的最大化、自身消极后果的最小化。

支持者：如果被抓，你可以将药还给他，刑期不会很长。如果刑满回家时妻子仍在，坐一阵子牢也算不了什么。

反对者：如果偷药，妻子可能在你还未入狱时就已死去这对你没有任何好处。

——第三阶段：社会共享观点；行动基于他人的赞同或反对与实际或想象中的内疚感。

支持者：如果偷药，没有人会认为你是坏人。然而，如果让妻子死了，在别人面前你就再也抬不起头来。

反对者：大家都会认为你是罪犯。偷药之后，在别人面前你就再也抬不起头。

——第四阶段：社会系统的道德感；行动基于是否会有正式的羞辱（不仅仅是反对）和对他人造成伤害后的罪恶感。

支持者：稍有荣誉感的人都不会让妻子就这样死去。如果不对妻子尽这份责任，你将永远感到内疚，会认为是你自己置妻子于死地的。

反对者：你已绝望得昏头了，根本想不到偷药是在干坏事。但等你入狱后，你会清醒过来。你会为自己的不诚实和触犯法律而感到有罪。

——第五阶段：人权及社会福利道德观；其视角是一种理性

的、有道德者的观点，他们认为价值和权利应存在于一个有道德的社会里。他们的行动基于保持对公众的尊重和对自尊感的尊重。

支持者：如果不偷药，你会失去别人对你的尊敬。如果你听任妻子死去，可能是出于害怕而不是出于理性。你会失去自尊，也可能失去他人对你的尊敬。

反对者：你会因违反法律而失去在公众面前的地位和尊敬。如果听任感情的操纵而没有长远的眼光，你会失去自尊。

——第六阶段：普遍道德原则；视角在于所有人都应对他人和自己采用的道德观。行动取决于公平、公正和对自己能否保持道德原则的考虑。

支持者：如果不偷药而听任妻子死去，过后你会责备自己。你不会因偷药受到任何责备，但如果依法行事，你就无法平息自己的良心。

反对者：如果偷药，你不会受到他人的责备，但会自责，因为你没有按照自己的良知和道德准则做事。

科尔伯格有许多热心的追随者和崇拜者，特别是在 20 世纪 60 年代和 70 年代。他对正义的强调和在第六阶段对法律的嘲弄使其成为民权分子、越战抗议者和妇女解放运动者的最爱。然而，他的测试和理论却受到大多数发展心理学家的多方面攻击。有人认为，证据表明，发展并不是一直向上且有序的（有的在不同发育期间呈跳跃式上升，有的则下降）。还有人认为，有道德的思想不一定产生有道德的行为，某些受试者在科尔伯格的尺度表上所处的位置要高于其实际行为（科尔伯格坚持认为，大多数研究显示，道德判断力与实际行为之间存在相关性）。科尔伯格在哈佛的助手卡罗尔·吉利根也提出反对意见，认为他的尺度更偏向男性：女人有可能通过关心和个人的关系来对道德两难问题做出反应，男人则有可能通过诸如正义和公平之类抽象概念进行表达。因此，女人有可能在科尔伯格的尺度表上得分较低，看起来让人觉得她们在道德发育上要低于男人。

科尔伯格毫无怨言地承受了所有的批评和攻击，有些批评甚至得到了他本人的认可（并据此进行修改），对于其他一些，他往往悄无声息地利用新获得的资料和论据进行反驳。他还放弃了曾花费其大量时间和精力去完成的两个梦想。其一是一项开拓工程，旨在通过对两难境地的讨论而将囚犯的道德思想提高到第四阶段；其二是试图用同样的办法解救问题少年（结果是令人鼓舞的，但该项工程只是在剑桥和纽约的几所学校里得到试验，一直未能发扬光大）。

随着这些不快和失望接踵而至的是，他的慢性寄生性肠道感染开始反复发作，他不得不时时忍受肠胃疼痛的折磨。在接近 60 岁时，科尔伯格感到极度抑郁，并与一位密友谈过自杀的道德两难问题。他对朋友说，如果一个人对他人负有很大的责任，他就应该坚持下去。但与病魔的争斗实在太痛苦了。1987 年 1 月 17 日，有人发现他的车泊靠在波士顿港的潮水里。三个月后，他的尸体被冲至洛根机场附近。在 1989 年 12 月 15 日的《哈佛公报》中，三位著名的心理学家（卡罗尔·吉利根是其中之一）在一篇写得极为感人的悼词中总结了他的贡献："他几乎是单枪匹马地将道德发展确立为发展心理学的中心议题。"他如果能听到这些会很高兴；更会令他欣慰的是，到了 20 世纪 90 年代后期，有超过 100 多种跨文化研究证实，科尔伯格提出的道德发展阶段理论似乎已具有一种文化普遍性。

科尔伯格的修正者们对他的总体理论并无异议，只想进行修正，使其适合他们自己的实验证据[1]。西蒙弗雷泽大学的丹尼斯·克雷布斯就是其中之一。克雷布斯非常赞赏科尔伯格，在哈佛也跟科尔伯格相熟，但最近他发表文章表明，在回答科尔伯格的两难问题时，不管其处在何种道德水平之上，总是要比处理自己的生活时高一个水平。

这项研究之所以引起人们的注意，是因为它不仅基于一项测试，而且基于现实生活中的实际情形，这一点使其迥异于大多数的道德发展研究。该研究的另一位作者凯西·登顿对酒吧、夜总会和一些联欢会进行调查，并请来饮酒者参与一项“饮酒对判断力的影响”的问卷。自愿受试者（她共找到40人）接受问询，并回答科尔伯格的两难问题，诸如酒后驾车的道德问题（酒后应继续驾车吗？若只是受到酒精影响，但并没有感到醉酒呢？如果你会特别小心呢？），然后进行酒量测定。后来，她又在大学里与这些人会面，请他们回答另外两个科尔伯格的两难问题，并问他们在第一次会面后是如何回答的。

登顿和克雷布斯发现，在大学所进行的道德发展测试上，人们得到的分数要高于其醉酒时的分数。事实上，第一次会面时体内的酒精浓度越高，所得的道德判断分数就越低。在清醒状态时，他们认为酒后驾车是不道德的，并说，他们本人不会这么做，但当喝醉后，他们往往采取不那么严格的道德标准。的确，除一个人之外，第一次会面之后，大家都是开车回家的，不管其醉到何种程度。

这仅是克雷布斯在现实生活中对道德发展进行测量的例子之一。在过去几年中，他和同事在评估人们的道德判断力时所使用的都是日常生活中的两难问题，而不是科尔伯格的两难问题。（两个例子：一个是生意上的两难问题——是否公开可能有损于销售的信息；一

1　进化心理学家戴维·巴斯完全绕过了科尔伯格，将道德情绪解释为我们的祖先所发展出的一种适应性机制，并将之遗传给了我们，会由环境和经验诱发。

个是亲社会的两难问题——一位学生有预约，再有几分钟就到时间了，他要去当一项心理研究的受试者，就在这时，他碰到另一位吸毒吸出问题、急需帮助的学生。）在几项研究中，志愿者还会被问到他们自己在生活当中碰到的两难选择。

在最近的时间里，克雷布斯一直进行道德推理和行为的研究，他最新的研究是用新达尔文主义解释道德的起源，包括利他主义的起源。人们为什么会花费大量的时间和精力来研究心理学中这样一个争议极多且不像心理测试、消费心理学、工业心理学那样可以产生实际回报的领域呢？集中精力于道德发展的发展心理学家有着各种动机。有的是20世纪60年代理想主义的学生，他们自此之后即与亲社会行为难分难舍；有的出于宗教观点对道德较有兴趣，但又觉得心理学方法更现实，更有成果；还有部分发展心理学研究者是纳粹大屠杀的幸存者，对于他们来说，对人性中人道的研究是非做不可的工作，同时也有疗伤作用。

还有像丹尼斯·克雷布斯这样的人，他的理由极其特别。1942年，他在温哥华出生，父亲是一位木匠，还发明过一种装置，可增强电吉他的特殊音响效果。克雷布斯在高中时是顶尖学生，还是班长。尽管又瘦又高，但却是得过奖的业余拳击爱好者。14岁时，他的全家搬到旧金山，因为父亲认为这里存在电子音乐生意的商机。这次搬家对年幼的克雷布斯来说具有灾难性的影响，因为他很快从一个上进心很强的小伙子变成了一个少年犯。一切如他自己所言：

> 我从一个我曾是少年模范的地方来到一种我无法理解的文化中，完全不适应这里的生活。人们耻笑我的一切——衣着、口音、行为等。作为一名优秀的拳击手，我很快卷入打架斗殴中，并因此名声大振。坏名声使我更爱打斗，

且大都以我的胜利告终。结果是，不久我即成为一个流氓团伙中的一员。

他开始逃学，打架，去商店偷东西。最终，他被警察抓住，第一次当了少年犯，接着是第二次，在少年管教所一关数月。他被保释后，有一阵子的确没有惹事。但在一天夜里，他睡不着觉，酗酒后开飞车，结果又被警察拦住。他离开警察局时破口骂出一大堆脏话，气得警察开警车鸣笛在后面追他。他撞在电线杆上，虽未受伤，但再次被关进监狱。他狂怒地拔掉窗上铁栅的锁，用床单拧成绳子溜了出去，一路来到俄勒冈。他躲藏在伐木工人的营地中，拼命地干活，并深入思考人生，制定出自己的奋斗计划。

我已度过了青春期，得换个活法。我决定回到温哥华，到不列颠哥伦比亚大学深造。我在伐木营地里干了半年，积攒下上学的费用。然后，我考进了大学。这时，我已20多岁，大出其他学生几岁，且总是背负沉重的落后感。因此，我学习非常认真，也十分刻苦，不但选修许多课程，而且还兼打零工。

我于1967年毕业，时年25岁，获得心理学荣誉学生的称号。我申请去哈佛读书，想在那里拿到博士学位。然而，在我被录取后，突然想到，我会一直活在恐惧中，因为我是一个逃犯，有人可能会告发我。因此，我决定自首。我回到旧金山，在那里自首了——考虑到我的成就，这件事在当地立即引起轩然大波，我上了报纸头条，电视节目还对我进行专访——结果，我得到了宽恕。

克雷布斯来到哈佛大学，在这里只用一年时间便获得硕士学位，又用两年时间获得博士头衔。这在当时简直是个了不起的成就。更令人瞩目的是，在追求学位的过程中，他一直在哈佛大学打零工，成为心理学和社会关系学入门课程的首席助教。1970 年他拿到博士学位，也即刻得到哈佛的任用，成为该校副教授和本科教学部主任，在那里待了四年。之后，他来到西蒙弗雷泽大学，从 1982 年起一直担任全职教授。65 岁时，他依然身材瘦弱，一头长发，面容年轻，没人想到他这样一位勤奋的学者，会有如此传奇的经历。

克雷布斯的履历表上罗列着一系列发表的作品，其中大部分与道德发展和利他主义有关。他淡淡地说："我对道德问题，尤其是对一种道德水平向另一种道德水平的发展问题，之所以大感兴趣，绝非出于偶然。"必须补充的一点是，他在多年坚持使用科尔伯格的研究方法后，最终选择了放弃，转而设计了一种相当不一样的模型来继续自己的学术研究，而且如前文所说，从达尔文主义的角度对道德发展问题做出了解释。

第八节 生命全程的发展

其实，发展心理学的最新潮流在四个世纪以前就已初现端倪。整个概念由所有外行心理学家中感觉力最为灵敏的威廉·莎士比亚提出。皮亚杰及其追随者认为，发展是青春期以前就已大部分完工的工作。与其大不相同的是，莎士比亚在《皆大欢喜》一剧中的著名独白"整个世界是个大舞台"里，却将人生描绘得并不那么理想化。在独白中，雅克提出了人生的"七个年纪"，开始于"婴儿，/ 在乳母的双臂中呓语吐奶"，终结于"重返童年，全然遗忘，/ 牙齿脱落，老眼昏花，食而无味，一无所有"。

早在 20 世纪 20 年代，一些心理学家就开始认为发展是人生持续不断的过程。此时，如前所述的几项重大实验刚刚起步，但其目标主要是衡量随年龄增长发生的变化，而非阐释这些变化的产生过程。1950 年，精神分析学家和发展心理学家埃里克·埃里克森（1902—1994）首次提出了终生发展详细过程的模型。该模型主要来自他对一些主要心理社会挑战的分析及这些挑战所带来的变化，而这些挑战是人生八大阶段中每一阶段都可能面对的。

埃里克森虽未得到高等院校的学位，但在 50 多年内，他一直是这个国家极受尊敬的发展心理学家之一，并在好几所著名大学担任过教授。他的父母是丹麦人，信新教的父亲在埃里克森尚未出生时即抛弃他的犹太裔母亲，他的母亲只好改嫁给一个德犹混血的儿科医生。这种状况使埃里克森“里外不是人”。在学校，他因是犹太人而受人耻笑；在犹太会堂，他又因自己生得金发碧眼而被视作犹太异教分子，饱受冷眼。这些经历让他对发育过程中如何努力争取认同产生强烈的兴趣。

在青年时代，埃里克森学习过艺术，当过几年画家。但到罗马旅行后，他站在米开朗琪罗的作品前，突然产生一种前所未有的自卑和焦虑感，于是他一路直奔维也纳，找到安娜·弗洛伊德，要其对自己进行精神分析。在排遣焦虑之后，他为自己树立了一个新目标：研究精神分析，成为一个业余分析师。

1933 年，纳粹在德国上台后，埃里克森偕妻子先移民丹麦，然后来到美国。他将精神分析付诸实践，先后在哈佛大学、耶鲁大学和芝加哥大学任教（最终回到哈佛大学），在加州大学伯克利分校参与一些纵向研究活动，并与人类学家合作调查过两种美国土著文化。从自己多种多样的经历中，他感到人类的发展是一项终生活动。在这些发展过程中，人会经历一系列心理斗争，每种斗争都体现出一个生命阶段的特点，也都会在新知识获取和人格发展中得到解决。

第一阶段即婴儿期，中心议题是基本的信任与不信任之间的冲突。在有爱心的父母面前，婴儿解决了这个危机，学会了互相依靠和相亲相爱，并得到了信任。第二阶段即儿童早期，其斗争焦点是孩子在自主需求与怀疑及羞耻感之间所感受到的矛盾心理。若让其在合适的指导下体验自由选择和自我控制，孩子会通过学习规则的重要性而解决危机，同时获取自我控制或意志。每一阶段都代表一种危机，每一阶段都会增加一些人格。久而久之，若每一阶段的过渡都很平稳的话，孩子就能使自己与社会达成更大程度的调和。

下面是埃里克森的终生发展观，每一阶段都比前一阶段更高一级。

阶段：冲突	**成功的解决方案**
1. 婴儿期：基本信任对基本不信任	信任
2. 儿童早期：自主对羞怯	意志力和独立
3. 游戏阶段：主动对内疚	目的
4. 上学阶段（6—10 岁左右）：勤奋对自卑	能力
5. 青春期：认同对角色混乱	自我感觉
6. 成年早期：亲密对孤独	爱
7. 成年中期：繁殖对停滞	关心别人，事业有成
8. 老年：自我整合对绝望	智慧，完整感足以抵挡生理退化

任何一个阶段如果不能平稳度过，正常的健康发展就会受阻。比如，一个没有人关心和爱护的婴儿也许永远不能学会信任别人。这是一种缺失，它会影响或扭曲以后的发展阶段。如果父母管束太严，一个少年也许就不能顺利通过第五阶段，不能获得独立的身份感，

结果就可能成为“长不大的孩子”，或产生逆反心理。

埃里克森的理论在发展心理学向生命周期观点的转变中起了非常巨大的作用。造成这种转变的另一个重要影响，是几十年来长盛不衰的纵向研究所提供的生命周期的大量数据。第三个影响是第二次世界大战后处于生育高峰期的人由儿童向青年及中年的过渡，以及随之而来的 65 岁以上人群的增大。这两种因素迫使社会科学工作者和立法者将注意力集中到中年及老年特点的改变及其相关问题上来。

其实，向生命周期观点的转向始于 20 世纪 50 年代，在 20 世纪 60 年代呈上升势头，在 20 世纪 70 年代形成绝对潮流。在这十年中，哥伦比亚大学洛杉矶医学院的罗杰·L. 古尔德通过几篇文章理出了成人生命阶段发展的理论。达特茅斯学院的精神分析师乔治·E. 瓦利恩特在《适应生命》一书中也做出了类似的梳理。耶鲁大学心理学家丹尼尔·J. 莱文森在《男人生命的四季》中如法炮制。流行作家盖尔·希伊把这些信息以畅销书《转折：成人生活可预测的危机》的形式传达给了大众。到 1980 年，尽管大部分发展心理学研究仍在处理生命早期的一些问题，但发展在整个生命中呈阶段形式进行的观点已深入人心，成为发展心理学的主导范式，也成为受过教育的人群中的共识观点。

完全不同于埃里克森，时下的生命周期发展理论为多元论，解决的是发展的所有方面，而不只是心理社会方面的问题。它逐一解释了阶段之间的变化，从人格、社会关系，到就生物影响角度而论的认知，与年龄相关的心理变化及社会与环境影响。这些变化与特定的年龄相关，也与那些可能在任何年龄所产生的事物相关。而且，埃里克森的乐观看法是，正常和健康的发育是向上发展的，而近几年所流行的全生命周期发展论的基调是实证主义，也即现实主义。它认为，成人阶段后的发展是一系列的变化，而不是一种向上的持续运动；它是对不断变化的现实的适应，而不是进步。

这并不是说，今天的全生命过程发展论是悲观的。说真的，它的有些发现还真令人振奋。举例如下：

青春期：有关青春期阶段的许多新资料涉及一些熟悉的话题，如性行为、社会发育、挣脱父母以获取自我解放、自尊和焦虑等。长期以来，人们一直认为青春期是一段激烈动荡的时期，但最新的几种研究却提出了相反意见，认为大部分处于青春期的人并非如此。一项研究报告认为，虽然 11% 的少年患有严重的周期性困惑，32% 的少年有间歇性、情景性困惑，但 57% 的人“在少年时代早期基本上在良好和健康的状态下发育”。虽然嗜酒、抽烟和性行为在少年时期有所增多，并已导致部分问题少年的出现，但一个研究小组认为，这些行为在更多情况下是“故意的、自我调节的，旨在应对发育的问题”。

成人危机：成人发展研究的核心一直集中于男女均需实现的紧张转换，特别是在 40—45 岁。这时，他们大多认为自己的事业已经到顶，梦想已褪去色彩，孩子们开始远离家庭，朝气蓬勃的身体也开始走下坡路。畅销书作家希伊称这种情况为“可预见的危机”，大部分研究者将这些痛苦和伤感称作“更年期”。

一个小组发现，只有少数男人有中年危机，大部分人要么兴旺发达，要么胡乱凑合。其他小组发现，成人人格并非一成不变、坚不可摧，也不像以前所认为的那样完全由儿童时期的经历所决定。许多成年人完全可以适应这种转换，并成功地转向新的生活环境。保尔·马森及其合著者在《心理发展：全生命周期的探索》一书中写道：“也许，对人格和老年最为重要的研究结果，就是重新认识到人格可在生命的任何时期得到改变。”另一个研究团队认为，大多数人确实会应对过去岁月里难以避免的挑战，尤其是当他们抱着“我能行”的态度时。

老龄化：老年人的发展变化早已成为两代人的研究领域，且至少在近20年中仍是一个主要领域。大部分研究集中于走下坡路时由生理能力变差、慢性病、心理功能减缓、退休、丧偶、朋友去世以及其他损失所带来的心理变化。对于这些变化，按照20世纪50年代晚期在堪萨斯城进行的老龄化研究的结果，一个广为接受的看法是，共同和有益的适应是“脱钩”——放弃有压力的角色以减轻压力，自愿退入“老龄化的亚文化圈”。然而，心理学家罗伯特·J.哈维格斯特及其同事对堪萨斯城的资料重新进行了分析，杜克大学也进行了一项为期25年的纵向老龄化研究，他们发现情况并非如此。一些人选择脱钩，另一些人是因为身体不好而被迫脱钩。但大部分老年人仍在坚持社会活动，并开始适应亲朋好友的故去。他们扩大接触范围，尤其扩大了与年轻人和家人的接触。他们表现得比那些脱钩的人更满足，心理也更健康。如今大多数人仍认为这是成功步入老年的象征，认为它涉及为自己选择最合适的目标，引导其向最为重要的领域努力，以及积极地寻求各种方法补偿时间流逝带来的损失。

在中年晚期以后，许多人抱怨记忆力减退。最新研究显示，大部分人在50岁以后，记忆力的确开始缓慢下降。尽管这种现象可能使某些人大感震惊，但这都是正常现象，并不是一定会得阿尔茨海默病（老年痴呆症）。这种变化非常轻微，只是在80岁后才有可能严重起来，且在大多数情况下，还可通过助记术和其他方法加以改善。

发展心理学也许看上去已完全成熟。它包容了人类的一生，对变化的原因也解释充分，具体实证了发育是呈阶段性进行的。

尽管如此，这个研究领域仍处于一种无序状态。阶段论也不止一种，主要理论多达十几种，次要理论更是多如牛毛。这些理论在某些方面意见一致，但在另一些地方却又彼此差异巨大。生命周期发展心理学实际上不是一种察看受试者的理论，而是一种方法，可同时容纳和综合不同的理论。也许，它永远也不能超出这个范畴。在本章中已说过多次，发展心理学的领域已广博到了极致，因而它一直在呼唤的是一连串的理论，而不是一种可涵盖一切的理论。

这并不是说我们在这里有意诋毁发展心理学，自然科学的王后——物理学，也有着同样的局限。许多物理学家相信，一定存在可以解释物理学中四种力（原子核内的强力、约束某些粒子的弱力、电磁力和引力）的单一理论，但这种理论至今未能形成，也许根本就不存在这样一种理论。或者，任何统一性的解释都在心理的视野之外,就像人眼无法看见无线电波一样。当心理学仍由哲学家思索时，任何理论看上去都能解释一切；但当其成为一门科学后，任何理论似乎都无法解释一切。显然，发展心理学也是如此。

第十三章 社会心理学家

第一节 无人区

问：在现代心理学中，什么领域忙碌且高产，但迄今仍没有确切身份，甚至没有一个被普遍接受的定义？

答：社会心理学。与其说它是一个领域，不如说它是介于心理学和社会学之间的一片无人区，与两者彼此重叠，同时也触及人类学、犯罪学、一些其他的社会科学，以及神经科学。自社会心理学诞生之后，其实践者即对“它是什么”这一问题意见不一。心理学家这样定义它，社会学家则那样定义它[1]，多数教科书作者试图兼顾两种观点并涵盖这个领域的所有话题，却只给出了什么都讲又什么都没有讲的模糊定义。譬如：“[社会心理学是]对影响个体社会行为的个人和情境因素所进行的科学研究。”一个更好的定义是：“社会心理学研究的是思想、情感、知觉、动机和行为如何受人与人之间互动和往来的影响。”这个定义更好一些，但仍然让人觉得这个领域形式多样，乃至使人困惑不解。人格与社会心理学学会2006年的主席布伦达·梅杰承认：“给社会心理学分类是很难的。在认知神经科学中，你可以说‘我是研究

1 本书关心的只是社会心理学中的心理学部分。

大脑的’，但是在社会心理学中，你就说不出这么界限分明的话来。”

问题在于，社会心理学并没有形成统一的概念，更不是从某个理论结构（如行为主义和格式塔心理学）的种子上发展起来的，而是像杂草一样在社会科学的未开垦领域里生长。1965年,哈佛大学的罗杰·布朗在他所写的著名的社会心理学教科书的引言中宣称，他可以列出属于社会心理学的课题清单，但他在这些课题之间看不到任何共性。

> 我本人找不出可清楚地将社会心理学的课题从一般实验心理学或社会学或人类学或语言学的课题中区别开来的单一属性或属性组合。粗略地说，当然，社会心理学关心的是一个人的心理过程（或行为），并考虑到它们是由过去或现在与他人的互动所决定的，但这只是一种粗略的说法，并不是极具排他性的定义。

20多年后，在这本教科书的第二版，布朗甚至不再费时费力地说诸如此类的废话，而是开门见山，不给出任何定义。真是个好主意，值得我们照搬。

我们首先研究一下社会心理学的几个例子，对这一领域摸个虚实。

一位本科生志愿者——我们叫他U. V.——来到心理学大楼的实验室参加“视知觉”测试。已有六位志愿者候在那里。研究者说，实验目的是区别线条的长短。房间前面有一张写字板，上面有一根竖直的线条，约几厘米长（为标准长度）。右边另一块板上有三根线条，编码为1、2、3。志愿者要说出标号的线条中哪些线条与标准线条的长度一样。U. V.轻松地看出，线条2符合标准长度，线条1和线条3稍短。其他志愿者也说出了自己的选择，答案与U. V.的一样。实验者换了一张写字板，过程重复一遍，结果仍是这样。

可是，在用下一张写字板时，第一位志愿者说“线条1”，但在U.V.看来，线条1明显要长于标准线条。当其他人依次明确地说出与第一位志愿者相同的结果时，U.V.越来越感到不安。轮到他时，他局促不安，犹豫不决，紧张得不知该说点什么。当他和其他有同样经历的受试者最终表态时，他们与大多数人保持一致的概率为37%，当他们选择屈从时，他们将自己认为稍长或稍短的线条说成是与标准线条匹配的线条。

实际情况是，每次只有一个人——本例中为U.V.——是真正的受试者，其他所谓的志愿者都是所罗门·阿施这位研究员的助手，他要这些作为志愿者的助手们有时故意做出错误的选择。这项20世纪50年代早期进行的经典实验，旨在确定产生从众心理——屈服于实际或想象的压力而与本集团成员中大多数人的观点保持一致的倾向——的条件。进一步的诸多实验证实，产生从众心理的原因有许多，其中有保持正确的欲望（如果大家都同意，也许他们是对的），还有不愿被人看作唱反调者或怪人的愿望。

两位学生志愿者共同就日常文书工作进行讨论和演练，之后，实验者要求他们玩一种叫作“囚犯困境”的游戏。前提为：

> 两名嫌疑犯被扣留起来，分开羁押。地方检察官确信他们犯下一桩罪案，但没有足够的证据起诉他们。他分别对两个人说，如果没有人招认，他就从轻量刑，每人服刑一年。如果一个人招认，另一个不招认，招认方将得到特别处理（只判半年），另一方则从重判罚，几乎可以肯定是20年监禁。如果两人同时招认，他就会请求宽大处理，各判八年。

由于1号囚犯不能与2号囚犯共同讨论方案，他只能对各种可能性进行想象。如果他招认，2 号不招认，则他（1 号）只服刑半年，这是他所能得到的最好待遇，而 2 号则被判刑 20 年，这是他（2 号）所能得到的最坏结果。但 1 号知道，这样做非常冒险。如果他和 2 号都招了，那么每个人都要服刑八年。因而，也许他自己不招认更好。如果他不招，2 号也不招，则每人只服刑一年，结果不算太坏。但是，如果他不招，2 号却招了——则 2 号只服刑半年，他却得服刑 20 年！

显然，理性思维无法帮助两名囚犯，除非他们彼此信任，相信对方会做出对两人都有利的选择。如果两人中的任何一个基于害怕或贪心而做出选择，则双方都将失败。但是，除非两人都确信另一方将做出同样的选择，否则，在对双方均有利的基础上做出选择将毫无意义。志愿者就这样进行选择，结果的数字根据条件和研究者的指令更变。（有利于双方的结局只是偶然出现。）

50 多年来，研究者们进行了各种形式的“囚犯困境”实验，以研究信任、合作及产生这些东西的条件和相反条件。

在加利福尼亚的帕洛阿尔托市，一个大学生挨家挨户按门铃，自我介绍是“安全驾驶公民活动”的代表，并提出一个荒谬的要求：允许他在前院的草坪里立一块牌子，上面写上“小心驾驶”的字样（该要求之所以荒唐，是因为从所拍照片上可看出，漂亮的大房子被一块书写得极差的巨大标志牌遮挡得不伦不类）。当然，大多数居民没有同意。但有些人却同意了。为什么呢？因为对于他们来说，这已不是第一次请求。两周前，另一位学生自称是“社区交通安全委员会”的志愿者，请求在他们院中立一块 20 平方厘米的标志牌，上面整齐地印着“安全驾驶”，他们已答应这一无害的要求。在先前没有被温和的要求软化的居民中，只有 17% 的人允许竖立牌子，而在先前同意在院中树立 20 平方厘米标志牌的居民中，有 55% 的人表示赞同。

这项实验在 1966 年进行。此后，人们又进行过多次类似的上门法实验。这一办法后来为筹款者大量运用，他们总是在第一次上门时求取一点点，之后再来求取更大的数额。然而，研究者对筹款或安全驾驶并没有兴趣，他们想要知道的是这些劝说方法何以奏效。他们的结论是，同意第一个小请求的人往往将自己看作一个乐于助人且有公德心的人，而这种自我知觉使其在下次被要求更多的情况下仍愿意提供帮助。（在探索动机的细微差别的实验中，研究人员仍在使用这种上门法。）

一家大型精神病院的员工说，X先生患有精神分裂症。这位衣着整齐的中年人来医院时说自己幻听。他对住院医师说，这些声音不很清楚，但“就我所能分辨的是，好似有人在说‘空的’‘假的’，还有一种‘砰砰’声”。于是他获准住院，此后再也没有提及那些声音，且行为非常正常。但医院的员工仍说他是精神病患者，护士们还在他的卡片上记录了一个频繁发生的反常行为：“病人有写作行为。”他的几个同室病友却不这么看，其中一位说：“你没有疯。你是个记者或教授。你是来体验医院生活的。”

病人们说对了，员工则错了。1973年进行的这项实验旨在研究精神病院的员工与病人之间的相互影响。一位心理学教授和七名助手住进东西海岸的12家医院，全部声称自己幻听。一住进医院，他们立即表现得像个正常人。作为病人，他们暗中观察员工对病人的态度和行为。反之，如果作为研究人员，他们将永远无缘目击这些情况。令人震惊的发现有：

——精神病院的员工一旦认为某个病人患有精神分裂症，对于该病人日常生活中的正常举动，他们要么就视而不见，要么给予错误的解读。平均来说，假病人需要连续19天的正常表现才能使自己离开医院。

——认为假病人有精神分裂症的员工尽量避免与这些“病人”接

触。一般来说，他们忽视病人的直接提问，然后转移目光走开。

——员工们常在工作或彼此交谈时置病人于不顾，好像他们根本不在身边。这项研究的资深作者戴维·罗森汉写道："人格解体已达到这样一种程度，假病人感到自己是隐形人，或至少是不值得别人注意的人。"

在一所大学的心理学实验室里，六位二年级男生坐在单间里，每人戴一副耳机。参与者 A 通过耳机听到研究者说，等他倒数结束时，参与者 A 和 D 均要扯开嗓子大喊"啊——"，声音要拉长几秒时间。第一轮过去之后，A 接到指令说，这次只有他一个人喊，下一次是六个人一起喊，如此继续下去。有时，这些指令发给六位受试者，有时部分受试者可能接到假指令。比如，参与者 A 接到的指令是六个人都喊，可事实上，其他几个人接到的指令是不喊。为掩盖事实，六人在每次测验时通过耳机听到的喊声都是事先的录音。（在现代通信设备被开发出来之前，这一实验同其他许多社会心理学实验一样，是人们想都想不到的。）

所有骗局只有一个严肃的目的：对"社会惰怠效应"进行研究。社会惰怠效应是指人们在集体中不发挥最大能力的倾向，除非所做工作是可被辨别、可得到别人认可的。在本例中，证据是测量出来的喊叫音量（每人各配一个麦克风）。当一名学生相信自己是与另一名学生一起喊叫时，平均来讲，他只用独自喊叫时所用力量的 82%。当他认为是六个学生一起喊叫时，音量输出则减少至独自喊叫时的 74%。研究小组在研究报告中总结说："在人类本质中存在一种明显的社会惰怠效应。我们怀疑，社会惰怠效应的影响非常广泛、深远……[它]可被视作一种社会疾病。"最近的一些研究探索了对抗这种效应的方法：向每个人灌输一种重要感和责任感，让人们知道个体和群体的表现都将被评估，等等。

这样的取样无论怎样变化，都无法公平地处理社会心理学的受试者范围和研究方法，但它们也许可让我们揣摩出该领域关注什么，或至少说不关注什么。它对严格意义上的大脑里发生的事情不加关注，比如笛卡尔式、詹姆斯式或弗洛伊德式研究，也不关注更大的社会学现象，如阶层、社会组织和社会制度等。

它关注处于中间位置的任何事，即某人就他人所想或所为而进行的任何思考或采取的任何行动，或第一个人认为第二个人在想什么或干什么。戈登·奥尔波特多年前曾描写道，社会心理学旨在“理解和解释一个人的思想、感情和行为是如何被别人的存在所影响的，这种存在可以是实际的、想象出来的，或隐含的”。

这不能算作定义，充其量不过是个小小的描述。但在读过上面的例子之后，我们开始对他的意思有所理解，也开始体会到将其用语言表达出来的难处。

第二节 多重父系的社会心理学

社会心理学作为一个知识领域既是现代的，又有悠久的历史。这是因为它于 80 年前才以现代形式出现，且一直到 20 世纪 50 年代才初具雏形。但哲学家和原始心理学家其实早就开始构建理论了，譬如说，人与人之间的关系对人类精神生活的影响，或反之，我们的心理过程和人格如何影响我们的社会行为。按照奥尔波特的说法，人们完全可以找到证据，证明柏拉图是社会心理学的奠基人；如果他不行，那么就是亚里士多德，抑或是随后的其他政治哲学家，如霍布斯和边沁等，尽管这些先辈所贡献的全部是沉思默想，不是科学。

在 19 世纪和 20 世纪的早期，宣称创始之父者越来越多，但没有一个站得住脚。奥古斯特·孔德、赫伯特·斯宾塞、埃米尔·涂尔干、美国社会学家查尔斯·霍顿·库利、威廉·萨姆纳，还有其他许多人都对社会心理学的议题阐发过论述，但其著述大多仍为扶手椅上的哲学思考，并没有形成经验科学。

但在 1897 年，一个名叫诺尔曼·特里普利特的美国心理学家第一次就常识性的社会心理学假说进行了实证检验。他在书上看到，自行车手们在有人追赶时骑车的速度要远远快于一个人骑时的速度。他由此联想到，一个人的表现也许会受到他人在场的影响。为证实这一假说，他让 10 岁和 12 岁的孩子单独或成对地卷钓鱼线（但不告诉他们真实意图）。结果发现，许多孩子在他人在场时的确卷得更快。

特里普利特不仅证实了自己的假设，还创立了一种社会心理学调查的粗略模式。其方法是，在进行模仿现实世界情形的实验时，将研究者的真正目的掩盖起来，并把变量（此例中是站在旁边观看的孩子）在场或不在场时造成的影响进行比较。这一方法后来成为社会心理学研究的主导性方法。另外，他的话题“社会助长”（观察者对个人表现的积极影响）在过去 30 年中一直是社会心理学家研究的主要问题——奥尔波特甚至认为它是唯一问题。

（这个基本的问题——由环境中出现的一些变量引发的所谓“情境规范”——至今仍是研究者的一大兴趣。在 2003 年的一些研究中，一支研究队伍发现，如果参与者被告知将要参观一个图书馆，然后再让他们读出屏幕上的单词，他们的声音会很轻柔；如果告诉他们将要造访一个火车站，他们读单词的声音就会更洪亮。如果参与者认为自己会在一家高档餐厅用餐，他们就会比平时更注重餐桌礼仪，甚至在吃饼干的时候都要比不认为自己将在高档餐厅吃饭的参与者吃得更干净。）

1924 年是社会心理学的里程碑之年。这一年，弗洛伊德·奥尔波特的《社会心理学》面世，这本书被广泛用于美国众多大学的社会心理学课堂。或许是因为这本书，或许是因为大家对这个学科突然有了兴趣，社会心理学开始流行起来。到了 20 世纪 30 年代，加德纳·墨菲和洛伊丝·巴克利·墨菲的《实验社会心理学》以及卡尔·默奇森的《社会心理学手册》面世，这两本书将社会心理学定义为一种实验学科，与倾向于使用更加自然的观察手段的社会学正式区别开来，社会心理学由此明确地从它的社会学起源中分离了出来。

到此时为止，社会助长（特里普利特的兴趣点）还是社会心理学研究的中心议题，但在 20 世纪 30 年代，社会心理学的领域开始扩大。在哈佛和哥伦比亚大学接受过心理学研究生培训的土耳其人穆扎费尔·谢里夫（1906—1988），开始就他人对某人判断力（非表现）的影响进行研究。谢里夫让受试者坐在一间黑屋子里，一次一人。他们凝视一盏小灯，谢里夫让他们说出该灯何时开始移动、移动多远等。（他们不知道的是，看似明显的移动只是一种常见的视错觉。）谢里夫发现，每个人在单独接受测试时，对灯移动多远均产生非常独特的印象，但当有其他人时，他的印象就会因这些人的看法而产生动摇。实验无可置疑地显示了个人对社会理念的判断力是脆弱的，并为此后 20 年间接踵而至的几百次从众实验指出了方法。（前面描述的阿施线条等著名的从众实验，几乎都是在 20 年后才得以进行的。）

社会心理学疆域的更显著的扩张是纳粹主义在德国兴起的结果。20 世纪 30 年代，一批犹太心理学家移居美国，其中一些人有着比秉承美国传统的心理学家更为开阔的社会心理学视野。难民中一个名叫库尔特·勒温的人通常被公认为这一领域真正的父亲。此前我们曾谈起过他。他是柏林大学的格式塔心理学家，他的研究生布卢马·泽伊加尔尼克做过一个实验，以检验勒温的一个假说，即人们更容易记住尚未完成的任务。（他是正确的。）尽管勒温从未为大众所熟悉——即使在今天，也只有为数不多的心理学家和专攻心理学的学生知道他的名字——但 1947 年他离世后，蔡斯·托尔曼曾高度评价过他：

> 在我们这个时代的心理学历史上，临床医师弗洛伊德和实验者勒温的名字将排在所有人前面。他们对比鲜明又互为补充的洞察力，第一次使心理学成为一门适用于真正的人类和人类社会的科学。

勒温戴一副深度眼镜，风度儒雅，颇具社交能力，与人为善，是个不可多得的人才。他喜欢并鼓励同事或研究生与他就心理学问题进行激烈且自由的争论。每当这时，他的思想就像一块打火石，往往迸发出大量知识火花，即他随手交给他人的假设，以及能引发做实验的兴趣的想法。他乐于见到实验被做出，并为得到赞扬而高兴。

1890 年，勒温在波森（当时隶属普鲁士，今天隶属波兰）附近的一个小村子里出生，他家在村里开了一间杂货铺。也许由于同学中的反犹主义倾向，他在学校的成绩并不太好，也未显示出任何天赋。但在他 15 岁时，他们举家搬迁至柏林，他在学业上后来居上，并对心理学产生兴趣，最终在柏林大学获得博士学位。当时的大多数心理学课程教授的是冯特的传统理论。勒温发现，这些理论处理的问题过于琐碎，且非常无聊，无助于对人性的理解。勒温渴望学习一种更有意义的心理学。勒温从第一次世界大战的兵役中退出，返回大学后不久，克勒成为研究院的负责人，韦特海默亦成为教员。勒温在格式塔理论中终于找到了他一直寻求的东西。

他的早期格式塔研究主要涉及动机和抱负问题，但很快转移至将格式塔理论应用于社会问题。勒温以“场论”构想社会行为，即将影响个人社会行为的各种力量的整个格式塔形象化。这样看来，每个人都被“生活空间”或力的动态场所围绕，在那里面，他或她的需要和目的与环境的影响相互作用。这些力量中的紧张状态、相互作用，以及个人在这些力量中维持平衡的倾向，或在平衡被打破时恢复平衡的倾向，可将社会行为系统化。

为描述这些交互作用，勒温总是在黑板上、纸片上、沙地上或雪地上画出“若尔当曲线”——代表生活空间的椭圆——并在曲线内勾画社会情形中的推力和拉力。他在柏林的学生将这些椭圆称作“勒温蛋”；后来，他在麻省理工学院的学生又将这些椭圆称作“勒温浴盆”；再后来，在艾奥瓦大学的学生又将这些椭圆称作“勒温土豆”。不管称其为蛋、浴盆还是土豆，它们勾画出的都是发生在小型的面对面小组中的过程，即被勒温视作社会心理学领地的现实片段。

尽管柏林的学生争相去听勒温的课程，观摩他的研究项目，但与其他犹太学者一样，他在学术上仍看不到前途。然而，他写下了关于场论的精彩著作，并将这一理论应用于人际冲突和儿童发展领域，这使他在 1929 年获得一份到耶鲁大学讲演的邀请函，又在 1932 年以访问学者的身份去斯坦福大学待了六个月。1933 年，希特勒成为德国总理，勒温从柏林大学辞职，在美国同事的帮助下，在康奈尔大学获得一份过渡性工作，后在艾奥瓦大学获得永久性教职。

为实现自己的夙愿，1944 年，他在麻省理工学院建立了自己的社会心理学研究所，即“群体动力学研究中心”，并在那里召集了一群一流的研究人员和顶尖学生。这个中心迅速成为美国社会心理学主流的主要培训基地。在仅仅三年之后的 1947 年，57 岁的勒温因心脏病发作不幸去世，群体动力学研究中心很快迁至密歇根大学，他的学生在这里和其他地方继续传播他的思想和方法。

勒温大胆和富于想象力的实验风格远远超出了早期的社会心理学家，这一实验风格成为这个研究领域的最显著特质。以他的一项研究为证，该项研究的灵感来自他对纳粹独裁统治的体会和对民主社会的钦佩。为探索独裁和民主政体对人民的影响，勒温和他的两名研究生罗纳德·利皮特和拉尔夫·怀特为 11 岁的男孩们设立了一些俱乐部。他给每个俱乐部提供一位成人领导，以帮助他们学习手工、做游戏和进行其他活动，并让每位领导采取三种管理方式中的一种：独裁制、民主制或放任制。在实行独裁制的一组中，小孩子很快变得充满敌意，或非常消极；在实行民主制的一组中，孩子们很友善，具有合作精神；而在实行放任制的一组中，孩子们也非常友善，不过非常淡漠，不情愿去做任何事情。勒温对此项实验的结果十分自豪，因为它充分证明了自己的想法，即独裁制对人的行为会产生有害影响，民主制对人的行为会产生有益影响。

正是这类课题和实验成就了勒温对社会心理学的有力影响（场论使他得以构思这些研究，但场论本身未能成为这门学科的中心课题）。勒温的学生、同事和学术继承人利昂·费斯廷格（1919—1989）认为，勒温的主要贡献是双重的。其一是，他选择了非常有趣和重要的课题。在很大程度上，社会心理学正是通过他的努力才开始探索群体凝聚力、群体决策、专制式与民主式领导、态度转变技巧和冲突解决等课题。其二是，他“执着地尝试在实验室里构建有力的、可催生巨大变化的社会情境”，并在设计方法上具有超凡的创造性。

尽管勒温的努力起着催化剂的作用，但在若干年里，社会心理学仍只在少数大城市的大学落脚，其他地方仍是行为主义的天下，而行为主义的信徒们往往觉得社会心理学过于注重心理过程，这是他们无法接受的。然而，第二次世界大战期间，军事上的需要使一些重要的、关于士兵斗志和行为的社会心理学研究受到重视。战后，一系列具有社会影响的重大事件和社会问题使人们对这个年轻的学科兴趣激增。这些事件及问题有：美国人口日益增强的流动性及其引发的一系列社会及人际问题；在不断扩大的商业世界里寻找新的、更具说服力的销售技巧；社会科学家对纳粹种族灭绝行为的理解，更广泛地讲，是对侵犯的起源与控制法的理解；认知主义向心理学缓慢回归；参议员麦卡锡的崛起激起了大家对从众现象的兴趣；连续不断的国际性谈判使心理学家将注意力转向群体动力学和谈判理论。

到 20 世纪 50 年代，社会心理学开始四处拓展疆土，在美国，几乎所有大学的心理学系都开设了这门课程。20 世纪 60 年代美国青年的反叛，越战引起的混乱，黑人、妇女和同性恋的激进主义及其他社会问题，使这门科学与社会的相关性越来越强。

然而，更为常见的情形是，当生意人和立法者转向社会心理学家寻求答案时，他们会被这样的回答激怒：社会心理学仅处于起步阶段，因而无法提供现成的答案。然而，不久之后的一个例子证明，社会心理学研究者收集的数据对美国社会产生了深刻影响。美国最高法院在 1954 年的布朗诉教育委员会案的裁决中说，“现代权威”的证据表明，黑人孩子正受到种族隔离教育的毒害，并引用了大量社会心理学家的研究成果，证明种族隔离式的学校教育即使是平等的，也会让黑人孩子感到低人一等。在这种情况下，他们的自尊心低得可怜，甚至对自己产生怨恨。

勒温如果在世，一定会为后继者的成就感到自豪。

第三节 定案

许多社会心理学家感到，他们的领域异乎寻常地受到潮流的影响。在它作为主导性学科的约 50 年中，“热门话题”你来我往，一些曾被认为关乎社会心理学本质的课题，已被降级并雪藏。

然而，造成这种现象的主要原因并不是潮流，而是社会心理学的本质。在其他大部分学科中，有关一组特定现象的知识会逐渐积累并深化，但社会心理学要处理的却是一系列根本不同的问题，且其知识也根本不存在积累这一说法。其结果是，许多现象的确引起社会心理学家的兴趣，他们也精心研究这些现象，并从本质上对其进行解释。当只剩细节需要填补时，人们出于各种目的，将文件标记为“了结”，即此案已了结。

下面是四个著名的定案：

认知失调

认知失调无疑是社会心理学中最有影响的理论，从 20 世纪 50 年代末至 70 年代早期，在社会心理学领域的期刊中，认知失调是主要的话题。此后，它开始失去焦点地位，现在，它是可被接受的知识体，不再是活跃的研究领域，尽管在最近一些研究中，这一理论仍被用于一些特殊问题。

认知失调理论认为，人存在前后矛盾的想法时，会感到紧张和不愉快（比如，“某某爱饶舌，让人烦”，但“我需要某某做朋友和盟友”）。此时，他会想办法减轻失调因素（“要是你了解他的话，某某并没有坏到那种程度”或“我并不真的需要他，没有他，我也过得挺好”）。

在 20 世纪 30 年代，勒温已经接近这一课题了。当时，他在探索个人态度如何受其所在团体的决策影响而发生改变，以及这个人又是如何固守这个决策，从而忽略此后与之矛盾的其他信息的。勒温的学生利昂·费斯廷格继续这一研究，并在此基础上创立了认知失调理论。

1939 年，年轻的费斯廷格来到艾奥瓦大学，师从勒温读研究生。他对社会心理学并不感兴趣，而是对勒温在早期研究过的动机和抱负感兴趣。但在勒温的影响下，他渐渐被吸引至社会心理学这一领域，并在 1945 年成为勒温在麻省理工学院新设立的群体动力学研究中心的助理教授。

勒温死后，费斯廷格来到明尼苏达大学。随后几年里，他继承勒温的衣钵，继续前行。他生性聪明，他的教学方式令人兴奋，在研究中勇于打破行为规范的藩篱，获取了用其他方法根本无法获取的数据。他的所作所为一方面表现了勒温式的大胆，另一方面也与他的个性密不可分。他个头中等，性子火暴，喜欢玩纸牌和国际象棋，玩起来总是一副非赢不可的样子。他身上总是洋溢着男人身上常见的坚强、粗鲁和进取精神，这是在两次世界大战之间，在纽约下东区暴风雨般的生活中长大的人的常见个性。

有一个例子完全可以说明费斯廷格的率直和不同凡响。他进行了一项研究，他和两位学生，亨利·W. 里肯和斯坦利·沙克特（他在麻省理工学院时曾当过费斯廷格的学生），一起做了七周的密探。他们曾在 1954 年 9 月的一份报纸上读到一条新闻，说在明尼阿波利斯附近的一个镇子上，有一位名叫玛丽安·基切（并非其真名）的家庭主妇，她宣称，在一年多的时间里，她一直在接收来自超级生物的信息，经她鉴定，这些超级生物是克拉里翁行星上的守护者（这些信息是她在恍惚状态下以自动写作方式传递出来的）。她对媒体说，按照守护者的说法，在 12 月 21 日，一场大洪水会将整个北半球淹没，所有生活在这里的人（只除去少数选民）都将死亡。

当时，费斯廷格已经提出了他的学说。他与年轻的同事看到了对认知失调进行直接研究的黄金机会。他们在 1956 年出版的名为《当预言落空时》的报告中提出一个假说：

> 假设有某人真心真意地相信某事；再假设他为此信仰献身，采取了某些不可逆转的行动；假设明确的、不可否认的证据证明他的信仰是错误的，将会发生什么呢？这个人绝不

会消沉下去，他不但不会动摇，反而比以前更加确信他的信仰的正确性。

三位社会心理学家认为，基切夫人的公开声明和接下来的事实肯定是一个活生生的宝贵例证，完全可以说明对矛盾证据的矛盾反应是如何发展而成的。他们给基切夫人打电话，自我介绍说，他们中有一位是商人，另外两位是商人的朋友，三人均对她的故事印象深刻，想了解更多情况。里肯道出自己的真名实姓，沙克特却非常幽默，声称自己是利昂·费斯廷格。大吃一惊的费斯廷格别无选择，只好声称自己是斯坦利·沙克特。此后，他们在与基切夫人及其信徒的所有接触中均使用这些身份。

他们得知，基切夫人早已组织了一个小团体，他们定期聚会，已经在为将来筹划，并正在等待来自克拉里翁行星的最后指令。这个小组起草了一份研究计划，要求组员充当“隐匿的参与性观察者”，除已参加的三人外，又加上了五个学生助理。他们披着真正信仰者的外衣，访问狂热的成员，并在七个星期内参加了60次他们的会议。这些访问有的耗时较少，只有一两个小时，但有些却像降神会一样无休无止，一开就是12—14个小时。这个研究无论在身体上还是情绪上都令人精疲力竭，这是因为，一方面他们必须在会议期间掩盖自己对一些荒诞不经的事情的反应，另一方面，要记录由基切夫人和其他人在恍惚状态中读出来的守护者的话绝非易事。费斯廷格后来回忆：

我们几人轮流去厕所偷偷地记笔记，进出频率要控制得恰到好处，否则将会引起别人的议论。厕所是这个房子里唯一谈得上隐私的地方。我们中的一个或两个会不时宣称自己要出去走动一下，呼吸一点新鲜空气。然后，我们会飞快地直奔旅馆房间，口述记下的笔记……到研究结束时，我们简直累垮了。

基切夫人终于接到等待已久的信息：太空飞船将在某时某地降落，解救信徒，并把他们带到安全地带。但飞船既没有在既定时间到来，也没有在后来数度许诺的时间点降落。12 月 21 日最终过去了，没有出现任何洪水。

这时，基切夫人收到了旨意：由于信徒的善良和信徒创造的光亮，上帝已决定收回这场灾难，让世界重归安宁。其中一些成员，特别是心存怀疑者或不太确信者，根本无法将预言的失败与他们的信仰调和在一起，他们脱离了该组织。但那些对此深信不疑的信徒——有的甚至辞掉工作，变卖家产——的行为正如研究者所料，他们更加坚定不移地相信基切夫人传达出来的“真理”，以此消除信仰与令人失望的现实之间的冲突。

1957 年，费斯廷格继续拓展和出版认知失调理论。该理论马上成为社会心理学的中心问题，并在此后的 15 年内一直是实验研究中的主要课题。1959 年，他和同事 J. 梅里尔 · 卡尔史密斯做了一个实验，该实验后来成为认知失调实验中的经典之作。在实验中，他们巧妙地哄骗志愿受试者，不让其知道实验的真实目的，因为受试者一旦知道研究者想知道他们是否会改变对某些问题的看法以减少认知失调，他们也许会因不好意思而不予配合。

费斯廷格和卡尔史密斯让男性大学生受试者做一件极端无聊的工作：将 12 个线轴放进一个托盘，然后再拿出来，然后再放进去，一直重复半个小时。然后，他们要转动木板上的 48 根钉子，每根按顺时针方向转动 1/4 圈，然后再转 1/4 圈，一直转半个小时。待每个受试者转完后，研究者之一会告诉他说，实验的目的是观察人们对某项工作的趣味性的预期是否影响他们的表现，还对他说，他现在已在“无期待组”里，但其他人将被告知这项工作非常有趣。研究者继续说，不幸的是，本应负责将“这项工作很有趣”这一信息告诉下一个受试者的助手刚才打来电话说他不能来了。研究者说，他需要有人来接替助手的工作，并要求受试者帮忙。受试者可因此得到一美元或 20 美元的报酬。

几乎所有人都同意把明显是说谎的内容告诉下一个受试者（而实际上，这个人是研究者的同谋）。当受试者如此行事之后，他们会被问到自己觉得这项工作有没有趣。这项工作显然无趣，对别人撒谎会形成认知失调（“我对别人撒谎了，可我并不是这种人”）。问题的关键是，他们所得的报酬的数额是否能让他们认为这项工作真的很有趣，从而减轻失调。

从直觉上看，人们也许会认为，那些得到 20 美元——在 1959 年应算很大一笔收入——的人，比那些得到一美元的人更倾向于改变观点。但费斯廷格和卡尔史密斯却做出了相反的预测。得到 20 美元的受试者得到了丰厚的回报，因此有理由为撒谎作辩护，得到一美元的人则几乎无法找到撒谎的理由。他们仍感到失调，减轻失调的办法是让自己相信这些工作是有趣的，因而他们就没有真正撒谎。实验结果正是如此。

费斯廷格和卡尔史密斯很兴奋，能发现某种并不明显或与我们通常的印象相反的东西，社会心理学家们总是特别高兴。沙克特常对学生说，学习祖母都知道的心理学是浪费时间，就像你回家对祖母说你学到了什么时，她会说：“还有什么新东西没有？他们就为这个付给你工资？”

认知失调理论也激起了许多带有敌意的批评。费斯廷格毫不留情地一概将之斥为“垃圾”，并宣称，之所以遭到批评是因为这一理论提出了“并不理想的”人类图景。不管批评者的动机如何，大量的实验证明，认知失调是一个强有力的（具有一致性的）发现。更重要的是，它还是一个丰富的理论。著名社会心理学家埃利奥特·阿伦森回忆道：“我们所做的一切就是坐着不动，并在一个晚上想到十个假设……这类假设在几年前是做梦也梦不到的。”这个理论还解释了一系列社会行为，而这些行为用行为主义的理论是解释不清的。

下面是一些例子，它们都经过了实验的证明。

——一个人越是难以成为一个集团的成员（比如，需经过令人厌烦的筛选或捉弄的过程），就越觉得该集团了不起。我们让自己相信，我们爱那些让我们痛苦的东西，从而让自己感到受这份痛苦是值得的。

——当人们以看上去愚蠢或不道德的方式行事时，他们会改变看法，使自己相信这种行为是明智的、正当的。比如，吸烟者会说，吸烟与癌症之间并无绝对的联系；作弊的学生会说，大家都在作弊，他们也只好作弊，否则自己将处于不利地位。

——持不同观点者倾向于以不同的说法解释与他们所争论的主题相关的同一则新闻或同一份事实材料，他们会注意并记住对自己的观点有利的材料，掩盖或忘记会引起失调的内容。

——当那些自认为有人性的人在伤害别人时（比如士兵在战斗中常伤害平民），他们会以贬损受害者的方式来减少认知失调（“那些人在帮助敌人。一有机会，他们会在背后捅你一刀”）。当人们从社会不公正中得到好处却使其他人受难时，他们也经常对自己说，这些受害人根本没有能力得到更好的东西，因他们满足于自己的生活方式，而且又懒又脏，没有道德感。

最后是一个“自然实验”的例子，我们可从中看出人类如何通过合理化来减少认知失调。

——1983 年，在加利福尼亚大地震之后，圣克鲁斯县根据加利福尼亚一项新的法案，委派声誉卓著的工程师戴夫·斯蒂夫斯前去评估当地建筑的抗震情况。斯蒂夫斯认为，有 175 栋建筑有可能在大地震中严重受损，其中许多建筑还位于市中心主要的商业区。市政委员会被他的报告和其中暗含的巨大工程量吓得六神无主，最后退回了他的报告，并一致决定等该州立法明确后再说。于是，斯蒂夫斯被称为一个大惊小怪的家伙，他的报告也被认为对城市的福祉构成威胁，此后谁也没有再采取任何防护措施。1989 年 10 月 17 日，圣克鲁斯县周边突然发生 7.1 级地震，圣克鲁斯县有 300 栋民房遭到灭顶之灾，另有 5000 栋遭到重创，市区被夷为平地，5 人殒命，约 2000 人受伤。

认知失调理论本身很有说服力，因而比较容易逃过各种攻击。在这一理论问世后的 25 年间及费斯廷格离开社会心理学领域转而研究感知问题的 16 年中，对社会心理学家进行的调查显示，79% 的人认为费斯廷格对这个领域做出的贡献最大。在一代人之后的今天，费斯廷格的声名已失去了光彩，但认知失调理论仍是社会心理学理论中的基本原理。

然而，有一种对认知失调研究的批评却不是轻易就可被驳倒的：研究者们几乎总是哄骗志愿者去做一些平常不会做的事情（比如为钱撒谎），或在他们不认可的情况下要他们去做一些劳神费力或难堪的事情，或让他们认识到自己身上不好的一面，使他们自尊心受损。研究者在实验结束后会“盘问”受试者，向他们解释实验的真实目的，解释为什么欺骗是必需的，让他们知道自己的参与给科学带来益处。这种做法意在恢复受试者的幸福感，但批评者坚持认为，把别人摆在这样的体验中且不告诉他们或不征求他们的同意是不道德的。

监禁心理

这些道德问题并不是认知失调研究所独有的，它们以更严肃的形式存在于其他类型的社会心理学研究当中。斯坦福大学的社会心理学家菲利普·G. 津巴多教授及三名同事在 1971 年做的一项实验就是一个著名的例子。

为研究监禁情境中的社会心理，他们招收本科生志愿者，让他们体验监狱生活，分别充当“看守”或“犯人”。所有志愿者都要接受面试和人格测验，其中有 21 位中产阶级白人被评定为情绪稳定、成熟和守法型，因而成功入选。大家掷币决定角色，十人充当犯人，11 人充当看守，进行为期两周的体验。

犯人们在一个静悄悄的星期天早晨遭到“逮捕”。他们被戴上手铐，在警察局登记，然后被带入“监狱”（斯坦福大学心理学系大楼地下室中的一排“囚室”），在那里脱衣，接受搜查，除虱，领取囚衣。看守们则配上警棍、手铐、警用哨子和囚室钥匙，他们的工作是维持监狱的“法律和秩序”，可自行设计控制犯人的办法。典狱长（津巴多的同事）和看守共设计出 16 种办法限制犯人：进餐中、休息时和熄灯后必须保持沉默；只准在进餐时间内进餐；彼此之间只能称呼号码，须称看守为“管教员先生”；等等。触犯任何条例都将招致惩罚。

看守和犯人的关系很快进入一个经典模式：看守们开始认为这些犯人低人一等且十分危险，犯人开始觉得看守们是流氓和施虐狂。一位看守这样报告：

> 我对自己的所作所为感到惊讶……我让他们对骂，让他们赤手清洗便池。实际上我是将这些犯人当牲口看的。我不断地对自己说，得小心看守他们，以免他们图谋不轨。

几天之后，犯人们组织了一次反叛活动。他们把身份号码撕掉，用床顶住门不让看守进来。看守们用灭火器喷他们，让他们从门后退下，接着冲入囚室，扒掉他们的衣服，搬走他们的床，总体来说，狠狠地吓唬了他们一顿。

此后，看守们不断增加新的管制条例，经常半夜三更唤醒犯人点名，迫使他们从事无聊和无用的劳动，并以“不守规定”为由惩罚他们。受到羞辱的犯人开始对不公的处罚习以为常，一些人渐渐心理失常，其中一个已达到非常严重的程度，因而在第五天时，实验者开始考虑将其提前释放。

看守们很快变成了施虐狂，这一点可从其中一个看守的日记中看出。实验开始前，这位看守自认为是和平主义者，从不喜欢攻击别人，更无法想象自己会虐待他人。到第五天，他在日记中写道：

> 我把这人［一个犯人］挑选出来进行特别处罚，这既因为他咎由自取，也因为我就是不喜欢他……新犯人（416）不吃这种香肠……我决定强行让他吃，可他还是不吃。我让食物从他的脸上滑下去。我无法想象我竟然干了这样的事情。我为逼迫他吃东西而感到内疚，但更为他不吃而感到恼火。

津巴多及其同事没有料到两个组会如此迅速地发生转变。他在报告中写道：

> 这次模拟监狱体验最令人吃惊的结果是，这些很正常的年轻人竟能非常轻易地被激发出施虐行为，而在这些经仔细挑选、被认为情绪稳定的人中间，竟会散布出一种具有传染

性的情绪病状。

到第六天，为保护所有的受试者，实验者突然宣布中断实验。然而，他们感到，这次实验极有价值，它表明，“正常、健康、受过教育的年轻人在‘监狱环境’的制度压力下迅速发生转变”是件多么容易的事情。

这项发现的确非常重要，但在许多伦理学家看来，该实验实在是不道德的，因为它在志愿者身上施加了生理和情绪上的压力，而这些是受试者没有预料到的或没有同意的。实验者的做法违反了 1914 年最高法院确认的一项原则，即“任何有正常头脑的成人均有权决定如何处理自己的身体”。由于道德问题，监狱实验再也没有被重复，它已经成为一桩定案[1]。

然而，这桩定案若与另一个同样有价值、同样成为定案的实验相比，就显得平淡无奇了。我们现在就打开卷宗，看能从中学到什么，看它是如何异乎寻常的。

服从心理

纳粹对犹太人进行大屠杀之后，许多行为主义科学家都在设法理解这样一个事实：那么多正常的、受过文明教化的德国人为何竟对其他人实施如此不可理喻的暴行？

一个多学科研究小组进行了一项大型研究，研究报告于 1950 年发表，该项研究从精神分析出发，将偏见和种族仇恨归因于“专制人格”，这是特定的育儿方式和童年经历的产物。但社会心理学家发现

1 至少，在社会心理学领域是这样，在其他领域则不然，阿布格莱布监狱的美国狱警的可怕行为是津巴多实验的放大写照。

这个解释过于泛化。他们认为，答案可能牵涉一种特别的社会情境它使正常人产生与人格不符的残暴行为。

为探索这种可能性，20世纪60年代早期，有人在纽黑文市的一家报纸上刊载了一则广告，招募志愿者到耶鲁大学参与一项与记忆力和学习有关的研究。任何未在高中或大学就读的成年男性均可报名，参与者可获得每小时四美元（约相当于今天的25美元）的报酬，外加交通补贴。

40名20—50岁的男子入选，研究者约他们在不同的时间见面。每个受试者都要到一间令人印象深刻的实验室里会见一位穿戴整齐、身着灰色实验制服的小个子年轻人。同时到场的还有另一位中年"志愿者"，一个模样讨人喜欢的爱尔兰裔美国人。穿实验制服者表面上是研究者，实际上是一位31岁的高中生物教师，中年人则是一位职业会计师。两人都是进行这项实验的心理学家——耶鲁大学教授斯坦利·米尔格拉姆的合谋者，他们在此将扮演斯坦利拟定好的角色。

研究者向两个男人——真、假志愿者——解释说，他在研究惩罚对学习的影响。其中一位将扮演教师，另一位扮演学生。每当学生犯一次错误，教师就要给他一次电击。两位志愿者抓阄决定各自扮演什么角色。真志愿者抓到的是"教师"（为确保效果，两张纸条上都写着"教师"，但串通好的合谋者会在抓到纸条后立马将它扔掉，不会展示出来）。

然后，研究者便带着两人来到一个小房间里，学生坐在一张桌子前，双臂被绑起来，电极接到手腕上。他说，他希望电击不要太重，因为他有心脏病。然后，教师被带入旁边的房间，他可以在这里对学生说话，也可听到学生的声音，但看不到他。桌子上有一个大的、闪亮的金属盒子，据说是电击发生器，正面有排成一排的30多个开关，每个开关上都标着电压数（15—450伏），另附"轻度电击""中度电击"

等解释性的标签，在 435 伏上标着“危险：严重电击”，还有两个开关，上面简单地标着“XXX”。

教师这个角色，研究者说，是宣读一些成对的词（如蓝、天，狗、猫）给学生听，然后考查他的记忆力。教师先念一组词中的第一个词，然后念四个可能是第二个词的词，其中一个是正确的。学生通过按按钮表明他的选择，学生按下按钮后，教师面前的四个灯泡中的一个会亮起来。每当学生选出错误的答案，教师就按动开关，给他一次电击，从最低的水平开始。每当学生犯一个错误，教师就给他一个更高级别的电击。

刚开始，实验进展得非常顺利。学生给出正确答案，也给出错误答案，学生每给出一次错误的答案，教师就给他一次温和的电击，然后继续进行实验。但随着学生犯错次数的增多，电击强度也越来越高——当然，这些仪器都是摆设，实际上根本没有电流从这里发出——情况越来越糟了。到 75 伏时，学生发出可被听见的呻吟声；到 120 伏时，他喊出声来，说电击已经使他非常痛苦了；到 150 伏时，他叫喊道：“放我走吧，我不想试了！”每当教师动摇时，站在旁边的研究者就说：“继续下去。”到 180 伏时，学生喊叫起来：“我实在受不了啦！”到 270 伏时，他号叫起来。当教师犹豫或停下时，研究者说：“实验要求你继续。”后来，学生开始撞墙，再后来开始尖叫。研究者严肃地说：“你得进行下去，这是绝对有必要的。”超过 330 伏时，隔壁房间一片寂静——与选择错误答案同等对待——研究者说：“你别无选择，必须继续。”

令人万分惊讶的是——米尔格拉姆本人也甚为惊讶——63% 的教师当真继续进行下去，而且一直进行到底。然而，他们并不是施虐狂，想从他们制造的痛苦中体会到快感（标准人格测试显示，在完全顺从的受试者与到某个时刻即拒绝进行下去的人之间不存在差别）；相反的是，他们中的许多人在遵照研究者的命令进行下去时，自身也体验到了强烈的痛苦。米尔格拉姆在报告中写道：

> 在大多数案例中，紧张度已达到在社会心理学的实验室研究中难得一见的程度，我们可以看见受试者出汗、颤抖、口吃、咬嘴唇、呻吟，他们的指甲陷入自己的肉里……一位成熟的、开始很镇定的生意人，在进实验室时满脸微笑，十分自信。但在20分钟的时间里，他变成一个颤抖的、结结巴巴的人，很快接近精神崩溃……可他仍继续对研究者的每句话做出反应，一直执行命令，直到最后。

可惜的是，米尔格拉姆并没有报告在观察这些教师受折磨时，他本人的症状。他是个生气勃勃且好争辩的小个子，他没有讲述自己对这些受试者的痛苦有何感觉，否则，整篇报道一定会增色不少。

对于这些结果，他的解释是，整个实验利用的是文化期待，可产生对权威的绝对服从现象。志愿者进入实验时要扮演合作者和受试者角色，而研究者则扮演权威角色。在我们这个社会和其他许多社会中，孩子们从小就受到教导要尊重权威，不要评判权威人士让你去做的事情。在实验中，志愿者感到有必要执行命令，他们可对无辜的人施以伤害，因为他们感到，该对行动负责的人是研究者，而不是他们自己。

在米尔格拉姆看来，他的系列实验有助于解释为什么那么多正常的德国人、奥地利人和波兰人会实施死亡集中营之类的暴行，或至少接受对犹太人、吉卜赛人及其他一些受歧视的民族进行大规模屠杀。（阿道夫·艾希曼[1]在以色列接受审判时，为自己在杀害数以百万的犹太人的暴行中所扮演的角色感到恶心，但他认为他只能执行权威的命令。）

米尔格拉姆不断以多种形式变换脚本，从而证明他的解释是正确的。有一种变化形式是这样的：在研究者还没向教师说明继续使用更高电压的重要性时，突然有电话找他，他的位置将会被一位志愿者接替（也是串通好的），志愿者好像忽然想到要按需要加大电击的强度，并不断要求教师继续下去。但他是个替代者，并不是真正的权威。在这种情况下，只有20%的教师会一直干下去。米尔格拉姆还不断地调整受试者队伍。学生长得和善、矮胖，且是中年人，研究者则穿戴整齐，严肃而年轻——米尔格拉姆改变了这一形式，将人格类型反转。此时，教师一路进行下去的比例果然减少，但也只降到50%。显然，关键因素是权威与受害者的角色，而不是各人的人格。

与米尔格拉姆的研究结果同样令人不安的是他对人们在这种情形下究竟如何思考的调查。他向大学生、行为学科学家、精神科医生和外行人详细讲解了实验的构成，然后问他们，到什么程度时他们将拒绝继续。尽管这些人的背景千差万别，但所有人都说，像他们这样的人将在电压到达约150伏时违背实验者的要求并停下来，此时，受害者要求被释放。米尔格拉姆还问过一些本科生，要他们说出在什么水平上他们会不听实验者的话，答案也是在约150伏。因此，人们对他们会采取什么行动的预期和他们关于自己应如何行动的道德观念，与他们在一个受权威控制的情形下的实际行为无关。

米尔格拉姆的服从研究吸引了很多人的注意力，并在1964年获

1　阿道夫·艾希曼（Adolf Eichmann，1906—1962），纳粹德国党卫军中校，第二次世界大战期间犹太人大屠杀计划时的主要组织人和执行者之一，第二次世界大战后前往阿根廷定居，后遭以色列特务逮捕，公开审判后被绞死。——编注

得美国科学促进会在社会心理学研究方面的奖项。（1984年，米尔格拉姆在51岁时因心脏病去世，罗杰·布朗称赞他“也许是我们这个时代社会心理学领域最有天赋的实验科学家”。）此后的十余年间，人们进行了130例类似实验，其中包括其他国家进行的实验。大部分实验证实和扩充了米尔格拉姆的发现，且在许多年里，他的实验过程或其变化形式，都是服从研究中的重要范本。

但是，研究者不再也不敢使用这样的方法已有20多年了。我们只是将其作为历史发展的结果简单看看而已。

旁观者效应

1964年3月，在纽约皇后区克尤公园里发生的一起谋杀案很快成为《纽约时报》的头版新闻，全国也为之震惊。

这件谋杀案备受关注的原因与凶手、受害者或谋杀手段均没有关系。吉娣·格罗维斯是位年轻的酒吧经理，在凌晨三点回家途中被温斯顿·莫斯雷刺死。莫斯雷是商用机器的操作员，此前曾杀死过另外两名妇女，与吉娣素昧平生。这场谋杀案之所以成为重大新闻，是因为整个过程历时半小时（莫斯雷刺中她，离开几分钟后折回来再次刺中她，再离开，又回头刺她），在此期间，她一再尖叫，大声呼救，有38个人听到她的声音，看到她被刺中的情形，他们透过公寓的窗户看着，但没有人试图保护她，她躺在地上流血也没有人帮助她，甚至没有人给警察打电话（有人的确打了，不过是在她死后）。

新闻评论人和其他学者认为，这38个证人无动于衷的表现是现代城市人，特别是纽约人异化和不人道的典型证据。但两位生活在该市的年轻社会心理学家虽然都不是纽约本地人，却为这种油腔滑调的谴责感到不安。他们是纽约大学的助理教授约翰·达利和哥伦比亚大学的讲师比布·拉塔内。拉塔内曾是斯坦利·沙克特的学生。谋杀案发生后不久，他们在一次聚会上相遇，感到志趣相同。虽然两人有很多地方不同——达利长着黑头发，彬彬有礼，一副常春藤盟校派头；拉塔内个子瘦高，有一头浓密的头发，一副南方农家子弟的模样，口音也是南方的——但作为社会心理学家，他们都认为，证人的无动于衷应有更好的解释。

他们当夜就此长谈了数小时，有了共同的灵感。拉塔内回忆说：

> 报纸、电视都在报道这件事，每个人都说有38个人目击了这场暴行，但没有一人出来做点什么。这好像是在说，如果是一个或两个人目击了这件事并且什么都没做的话，事情就会容易理解一些。我们突然间产生了一个想法：也许，正是因为那里有38个人，人们才无动于衷。在社会心理学中，人们往往将一种现象倒过来分析，并思考被认为是结果的东西是否实际上是原因。这是旧把戏了。也许，38人中的每个人都知道，还有其他人在看，这就是他们无动于衷的原因。

尽管更深夜静，但两人立刻开始设计一项用以检测他们的假设的实验。几周后，经过周密筹划和精心准备，他们启动了一项深度调查，研究旁观者在不同环境下对突发事件的反应。

在研究中，在纽约大学修习心理学入门课程的72名学生参与了一项未加说明的实验，以达到课程对他们的要求。达利、拉塔内或研究助手对每位参与者说，该项实验涉及对都市大学生的个人问题的讨论。讨论在二人、三人或六人组中进行。为尽可能避免暴露个人问题时的尴尬情形，他们将待在被隔开的工作间里，按安排好的顺序通过对讲机发言。

不知情的参与者假定是与另外的一人、二人或五人谈话——说到假定，是因为事实上他听到的任何声音都是录音机中播出来的——第一个说话者总是一位男生。他谈到了自己不适应纽约生活和学习，并承认在压力的作用下，他很容易癫痫发作。这些录音来自理查德·尼斯贝特，当时，他是哥伦比亚大学的研究生，现在是密歇根大学的教授。由于他在试演中表现最好，因而被选来扮演这一角色。第二轮讲话时，他开始胡言乱语，说话不连贯，结结巴巴，呼吸急促，他叫道："哎呀，我的老毛病又要犯了！"接着，他开始上不来气，他喘息着呼救："我快要死了……呃哟……救救我……啊呀……发作……"然后，他发出了更多窒息的声音，再然后，一点声音也没有了。

在认为只有自己与癫痫病者对话的受试者中，85% 的人甚至在病人"休克"之前即冲出工作间报告；在认为其他四人也听到病人发作的受试者中，只有 31% 的人采取行动。后来，当被问到别人在场是否影响其反应时，这些学生都说没有，他们真的没有意识到其他人在场产生的巨大影响。

达利和拉塔内对"克尤公园现象"进行了令人信服的社会心理学解释，他们把这一解释叫作"紧急状态下旁观者干预的社会性抑制"，或简称为"旁观者效应"。正如他们所假设的，正是由于在紧急状态下有其他目击者在场，旁观者才无动于衷。他们解释道："旁观者效应多在于旁观者对其他观察者的反应，而不在于假定的、'冷漠的'人格缺陷。"

他们后来提出，有三种思想过程支撑旁观者效应：在不确定施助或其他行为是否合适时，在其他人面前行动会犹豫；认为其他无动于衷的人可能了解整个情形，自己没什么需要做的；最重要的是"责任扩散"，即认为其他人都知道这一紧急情形，自己的责任便相应减轻。

后由拉塔内、达利和其他研究者进行的其他实验证明，三种思想过程中的哪一个发挥作用，取决于以下情况，即旁观者是否看见其他旁观者，是否被人看见，或是否知道有其他人旁观。

达利和拉塔内的实验引起了大家的广泛关注，也激发人们做更多类似实验。接下来的十多年里，有 30 所实验室进行过 56 项研究，将显而易见的紧急情形呈现给共计约 6000 名不知情受试者。这些受试者要么孤身一人在场，要么与另一个人或数人或更多人在场。（结论：旁观者人数越多，旁观者效应越明显。）

此类表演出来的紧急情形种类繁多：隔壁房间里一声巨响，然后是一位女士的呻吟声；一个穿着整齐、手持手杖的年轻人（或者是一个脏兮兮、满口酒气的年轻人）在地铁车厢里突然摔倒，在地上拼命挣扎却爬不起来；表演出来的偷书情形；实验者本人晕倒；等等。在 56 项研究中的 48 项里，旁观者效应都得到明确体现。总的来说，当紧急情形出现时，如果只有一人在场，约半数的人会伸出援手；如果知道有其他人在场，只有 22% 的人伸出援手。由于这个总的结果只有五千一百万分之一的机会是偶然的，旁观者效应于是成为社会心理学中最确定的假设之一。由于旁观者效应已得到彻底确立，且许多条件所造成的影响已被分开测量，因而，近几年来它已不再成为研究的课题，也就是说，它实际上成了另一桩定案。

然而，人们对总体上的助人行为的研究——研究促进或抑制非紧急情形下的助人行为的社会及心理学因素——持续到 20 世纪 80 年代才算告一段落。助人行为是亲社会行为的一部分，在充满理想主义的 20 世纪 60 年代，它开始取代在战后颇受社会心理学家重视的攻击行为，成为社会心理学研究领域中的一个重要方面，且至今如此。

对欺骗性研究的评述：在许多上述类型的定案中，在社会心理学的其他研究项目中，有一个共同的因素，即它们全部使用了精心构思的欺骗性场景。在对人格和发展所进行的实验研究中，或在当今心理学的大多数领域中，这类东西几乎看不到了。但在曾经的许多年里，欺骗性实验一直是社会心理学研究的实质。

在纽伦堡审判后的许多年里，人们对于在人类受试者不知情或没有同意的情况下所进行的实验的批评与日俱增，而由生物医学研究者和社会心理学家进行的欺骗性实验同样也遭受严重攻击，尤其是米尔格拉姆的服从实验，不仅因其在事先未给出警告的情况下让人们痛苦，而且因其有可能给受试者造成长期心理伤害（揭露了他们身上的可恶方面）。米尔格拉姆对这些批评感到“万分惊讶”。他请前受试者谈了对那次经历的体会，并写出报告说，84% 的人认为，他们非常高兴参加过那次实验，15% 的人持中立态度，只有 1% 的人对那件事表示后悔。

但在人权运动声势浩大的时代，从道德上反对这类研究的人最终获胜。1971 年，美国卫生、教育与福利部出台了一些规定，严控申请研究资助的资格。这些规定极大地束缚了社会心理学家和生物医学家的手脚，使其根本不可能自由地利用不知情者进行实验。1974 年，该部颁布了更加严格的规定，对外宣布，在受试者没有表示知情同意的情况下不准对其进行任何实验。这些规定严格到了极点，不仅使米尔格拉姆型的实验过程无法实施，而且使许多相对无害、没有痛苦，但要隐瞒实情才能进行的温和实验也无法进行。因此，社会心理学家只得放弃一系列非常有趣但似乎已无法进行研究的课题。

自 20 世纪 70 年代起，来自科学界的抗议越来越多。于是，1981 年，美国卫生与公众服务部（前身为美国卫生、教育与福利部）多少放松了一些限制，允许在人类实验中出现少量的隐瞒和信息保留措施，但必须“将受试者所面临的风险降至最低”。此外，如果一项研究给人类带来的好处不超过它给受试者带来的风险，这项研究便“不能实际地进行”。“风险－收益”估算须由审查委员会在研究提案被认为有资格获得资助前做出，这种估算使欺骗性研究得以延续至今——但不是米尔格拉姆服从实验那类。在社会心理学的所有实验当中，有一半以上仍是欺骗性实验，但都在相对无害的环境中，以相对无害的形式进行。

许多伦理学家仍然认为，欺骗即使是无害的，也无可辩驳地侵害了人权。他们还认为，这种研究实际上没有必要，因为研究可以使用非实验的方法，比如问卷法、面谈、调查研究、对自然情形进行观察等。这些方法在心理学的其他研究领域里可能切实可行，但在社会心理学中，它们不太管用，或根本无法实施。

一方面，通过这些方法获取的证据在很大程度上是有相关性的，而因素 X 和 Y 之间的相互关系只意味着它们以某种方式相关，不能证明一个因素一定是另一个因素的诱因。在社会心理学的现象中，情况尤其如此，因为这些现象大都涉及诸多因素的同时作用，任何一种因素都可能是正在研究的某种效应的原因之一，但它实际上也许只是某种其他原因的附带效应。而实验方法则可分离出单因素，即“自变量”，并可对其进行修正（比如，改变紧急状态下旁观者的数量）。如果因此而产生出某种“因变量”的变化，即被研究的行为的变化，人们就可得出因果关系的坚实证据。

这样的实验可与某些化学实验相比。在化学实验中，将单一试剂添加到某种溶液里时会产生某种可测量的效果。一切如阿伦森及两位合著者在《社会心理学手册》中所言：“此类实验的优胜之处在于，它可以毫不含糊地为因果关系提供明证，它允许实验者对一些无关的变量进行控制，它也对某种复杂现象进行尺度和参数等方面的分析与探索。”

另一方面，不管实验者如何有力地操控实验变量，他们都无法控制人脑中的多重变量，除非受试者遭到欺骗。如果受试者们知道实验者希望看到他们听到隔壁某人从梯子上摔下来时可能产生什么反应，他们几乎肯定会表现得比不知情时更好。如果他们知道实验者的兴趣不在于通过惩罚增强记忆力，而在于探究惩罚到达何种程度时他们才拒绝给另一个人带来痛苦，他们就有可能采取比不知情时更高尚的行动。因此，对于许多社会心理学研究来说，欺骗性实验是非常有必要的。

许多社会心理学家此前珍视这种方法的理由并不那么正当。精心设计的欺骗性实验是一个挑战，聪明而复杂的设想将受到重视，并能带来声望、令人激动。欺骗性研究既是游戏，又是魔术表演，还富有戏剧性。阿伦森曾把实验者感受到的愉悦比作一位成功地再现日常生活场景的剧作家的喜悦（阿伦森及其同事曾设计过一种实验，他们在实验中诱导一位不知情的受试者相信自己是一个合谋者，在一个编造的故事里扮演一个角色。而事实上，她自认为是合谋者正是故事的实际需要，所谓的不知情受试者才是实际上的合谋者）。在 20 世纪 60 年代和 70 年代，本科生大都听说过欺骗性实验，但实验者仍能继续误导受试者，并在事后听取他们的报告，真是一项了不起的成就。

在 20 世纪 80 年代和 90 年代，尽管欺骗性研究仍是社会心理学家的工具箱中的主要工具，但进行巧妙的、有独创性的、大胆的实验的风潮已退潮。今天的大部分社会心理学家比费斯廷格、津巴多、米尔格拉姆、达利、拉塔内等人慎重。但欺骗性实验的特性对部分研究者仍有吸引力。当一个人遇到这种研究的实践者们并与他们交谈时，他会得到一种印象，即他们是一群极具竞争性、喜欢追根究底、滑稽、大胆、喜欢搞噱头且充满活力的人，完全不同于冯特、巴甫洛夫、比奈和皮亚杰之类的不苟言笑者。

第四节 前进中的探索

在社会心理学广阔的、无定形的疆域中，有各种各样的课题，有些正如我们所见，已经是定案，其他课题则被积极地、持续地调查了许多年，另有许多课题是最近才冒出来的。尽管涵盖了众多主题，但这些目前正在进行的探索有一个共同的特点：与人类的福祉相关。几乎所有的课题都不仅具有科学趣味，还具有改善人类状态的深厚潜力。接下来我们细看两个例子，并对其他例子做简要介绍。

冲突解决

约半个世纪以前，社会心理学家开始对下述问题产生兴趣：哪些因素可促进合作，而不是促进竞争；人们在一种环境中的表现会否比在另一种环境中的表现好。之后不久，他们把这一课题重新定义为“冲突解决”，称其所关心的是人们为实现目标而竞争或合作的结果。

哥伦比亚大学师范学院的荣誉教授莫顿·多伊奇长期以来一直是冲突研究领域的元老。他怀疑，自己对这一课题的兴趣也许起源于他的儿童时期。他出生于一个波兰籍犹太移民家庭，是第四个也是最小的儿子。在家里，他一直是弱者，他将这种经历转化为对社会公平与对和平解决冲突的方法的终生研究。

他费尽周折才发现这是自己的真正兴趣所在。在中学阶段，他阅读了弗洛伊德的著作，并对描述自己内在的情绪过程反应强烈，这使他迷上了心理学。到大学后，他打算成为临床心理学家。但 20 世纪 30 年代的社会激荡和第二次世界大战的爆发使他对研究社会问题产生了更浓厚的兴趣。战后，他慕名来到库尔特·勒温面前。勒温的人格魅力和令人激动的想法，特别是就社会议题的研究，使多伊奇决心成为一名社会心理学家。为完成博士论文，他开始研究冲突解决方案，并一直沿着这个方向进行研究。这一课题非常符合他的个性：与其他社会心理学家不一样的是，他说话慢条斯理，为人和蔼可亲，且热爱和平。作为一名实验者，他的实验方法主要是游戏法，既不涉及欺骗，也不会使受试者感到不舒服。

研究领域中的焦点一直是人们在“混合动机情形”下的行为，如劳资争议或裁军谈判等。在这些情形下，一方总是寻求从对方的代价中获取利益，但又存在与对方的共同利益，因而并不想毁灭对方。20世纪50年代，他在实验室里仔细研究这些情形，主要方法是动手修改“囚徒困境”游戏。

在多伊奇的版本中，每个玩家都在两种选择中选出一种，试图赢得假想的钱——其结果取决于另外一个玩家同时做出的选择。具体来说，玩家1可选择X或Y，同时玩家2可选择A或B。在决定做什么时，双方都不知道另外一方准备做什么，可双方都知道，他们所做选择的任何组合——XA、XB、YA、YB——都会产生不同的后果。比如，玩家1想：“如果我选X，而他选A，我们都可得到九美元——但如果他选B，我就会输十美元，他就会得到十美元。如果我选Y呢？如果我选Y，而他选A，我就会赢十美元，他则输十美元；但如果他选B，我们两人则各输九美元。”玩家2也面临同样的两难境地。

由于双方都不知道另外一方会干什么，各方只好自己决定哪种选择可能是最好的。然而，就像在原来的“囚徒困境”游戏中一样，逻辑推理无济于事，只有当两个玩家都相信对方会做出最有利于双方的选择时，他们才会分别选择X和A，各赢九美元。任何一方若不信任对方，或一心只顾及自己的利益，则他可能赢十美元，对方则会输掉同样的数目。但也存在输掉十美元而让对方赢得同样的数目，或与对方一起输掉九美元的可能。

多伊奇不断地改变条件，让学生志愿者根据这些条件做游戏，模仿并检验一些现实生活环境的作用。为诱发合作动机，他告诉部分志愿者："你们得考虑自己是合作者。你们既关心自己的利益，也关心伙伴的利益。"为诱发个人动机，他告诉其他人："你们唯一的动机是赢得越多越好，不要考虑对方的输赢。这不是竞争游戏。"最后，为诱发竞争心态，他再告诉另一些人："你们的动机是尽量多赢，而且要比对方做得更好。你希望赚钱而不是赔钱，同时，你还希望超过其他人。"

通常，玩家在不知道对方的选择时做出选择，但有时，多伊奇会让第一个玩家选择，然后将他的选择传递给第二个玩家，第二个玩家再根据对方的选择做出自己的选择。在另外一些时候，他会让一个或两个玩家在听说对方的选择后改变自己的选择。还有的时候，双方可传递纸条，说出自己的意图，如"我会合作，也希望你合作，这样的话，我们便可双赢"。

正如多伊奇所假定的，当玩家们倾向于考虑彼此的利益时，他们就会以彼此信任的方式行动（选择 X 和 A），大体上说是双赢的结果，尽管有一方可能因对方的欺骗而成为大输家。但当他们考虑尽量多赢并胜过对方时，大家通常的假定是另一方也会全力以赴，因而会做出有利于自己却不利于他人的选择，或做出对双方都不利的选择。

多伊奇说，一个令人鼓舞的结果是，"假如情境具有一些特征，能使一方期望自己的信任不被辜负，那么即使双方都不关心对方的利益，也可产生相互信任"。譬如，一个玩家有能力向另一个玩家提出一种合作体系，约束并惩罚犯规行为；或者，一个玩家在做出选择之前，知道对方要做什么；又或者，一个玩家可以影响另一个玩家的结果，这样一来，另一个玩家便不会想打破规则。

经多伊奇修改后的"囚徒困境"游戏是社会心理学中的开创性研

究，引发了数以百计的类似研究，研究者修改并变更游戏的条件，以探索在冲突解决方案中可鼓励合作或竞争的其他因素。

多伊奇的兴趣很快转移至另一种游戏当中。在这个游戏中，他和助手罗伯特·M. 克劳斯一起调查威胁如何对冲突的解决产生影响。在发生冲突时，许多人相信，可以通过威胁对方使对方跟自己合作。发生争吵的夫妻往往给出分居或离婚的暗示，试图改变对方的行为；管理层会警告罢工者，除非坐下来谈判，否则他们将关闭公司；与其他国家发生冲突的国家，会将军队调至边境，或进行武器试验，以逼迫对方让步。

在多伊奇和克劳斯研发出来的阿克姆－波尔特卡车运输游戏中有两个玩家，双方都是“卡车司机”，一方属于阿克姆公司，另一方属于波尔特公司。图 22 描绘了他们的互动情境。

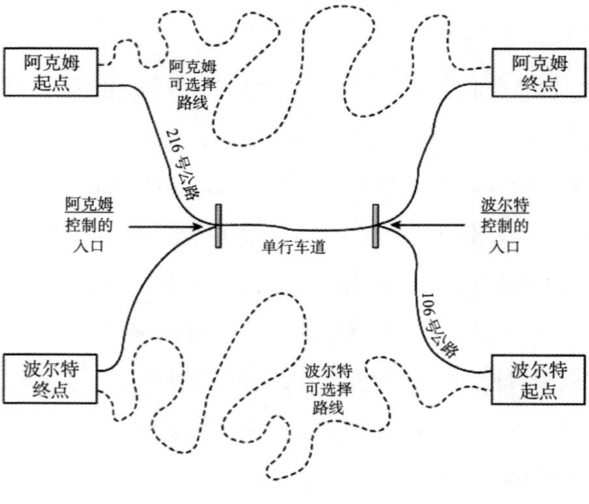

图 22 哪个办法更好？僵持还是合作？

时间对两个玩家来说至关重要。近路意味着利润，绕路则意味着损失。两边同时以相同的速度开车（位置出现在控制盘上），双方都可选择走弯曲的路或走近路。走近路虽然明显是好办法，可它涉及一段单行车道，一次只能通过一辆卡车。如果双方同时选择这条路线，他们将陷入堵塞的僵局，其中一方或双方需要倒车，从而产生损失。显然，最好的路线是，他们达成协议，轮流过单行车道，从而使双方均能达到利益的最大化，或赚取近乎平等的利润。

为对制造威胁进行模仿，多伊奇和克劳斯让每个玩家控制自己那端的单行车道入口。谈判时，双方均可以此威胁对方，即对方若不同意自己的条件，便关掉路卡。实验由一个可玩20轮的游戏构成，可在以下三种情形下进行：双边威胁（双方均可控制入口）、单边威胁（只有阿克姆一方控制入口）、没有威胁（双方都不能控制入口）。另一个重要的变量是交流。在第一个实验中，玩家只通过所采取的行动传达意图；在第二个实验中，双方可以交谈；在第三个实验中，必须在每次尝试时交谈。由于双方均想尽可能多地赚钱，因而他们在20轮游戏中挣得的钱的总额是对其是否成功解决冲突的直接衡量。主要的发现如下：

——双方均不能发出威胁时，他们能获得最大利润（就集体而言）；能进行单边威胁时稍差；还有，与普遍看法相反的是，当玩家均能制造威胁时，他们获益最少。（我们从前认为，“相互威慑”是避免核战争的办法，这一想法是否是未经深思熟虑、会让我们付出高昂代价的错误判断呢？我们没有深受其害，是不是因为运气好？）

——交流的自由丝毫无助于达成协议，特别是当双方均能发出威胁时。如果双方均可发出威胁，交流的义务便起不到帮助作用了；不过，如果只有一方能发出威胁，交流仍会有用。

——如果双方均受到指点，教他们怎么交流，告诉他们要试着向对方提出合理的提议，那么，与未经指点时相比，他们能更快地达成协议。

——当双发均可发出威胁时，与只允许他们在陷入僵局前交流相比，让他们在陷入僵局后进行口头交流，会使他们更快地达成有用的协议。显然，陷入僵局是一种有激发作用的体验。

——赌注越高，达成协议的难度也越高。

——最后，当实验由漂亮的女助手而非男助手主持时，双方——男大学生们——往往以大男子主义的方式行动，更频繁地利用自己控制的入口，并在达成合作协议方面遇到更多的困难。

阿克姆-波尔特卡车运输游戏很快成为经典游戏，它被广泛引用，还因为对社会科学研究做出重要贡献，获得了著名的 AAAS 奖[1]。与其他突破性的研究一样，它也立刻成为批评者的目标，很多人怀疑构成该游戏的变量是否能在现实生活中找到。但随着时间的推移，这一问题已很好地被解决了。冲突可被看成是问题，可通过思考“什么是解决这一问题的最好办法”这一思路进行探讨。这种观念已被许多其他研究所证实，并已变成一系列实践培训的教程。1986 年，多伊奇在师范学院创立“国际合作与冲突解决中心”，这一机构与哈佛大学法学院的“谈判项目”、科罗拉多大学的“冲突解决联盟”及其他类似的项目或机构取得了巨大成就，教人们用建设性方法解决争端。受教的人有劳资纠纷中的谈判者、处理离婚案的律师及企业律师、政府官员与立法者、老师与学生、房客与房东、家庭成员和其他处于冲突中的人。如果说，尚未解决的冲突在我们的世界中普遍存在，那是因为多数陷入困境的个人和群体都不了解或不在意如何和平解决争端。

对这个话题的研究还在继续。海迪·伯吉斯与盖伊·伯吉斯共

1　莫顿·多伊奇获得的众多奖项之一，他最近的一个奖项是心理科学协会 2006—2007 年度詹姆斯·麦基恩·卡特尔奖，这是应用心理学领域的最高奖项。

同管理科罗拉多大学的“冲突解决联盟”，海迪·伯吉斯说，目前大家特别感兴趣的领域是“人们构建冲突的方式”，以及这一方式如何影响“冲突进行的方式和/或冲突被解决的方式”（多伊奇的原始性工作由此得以延续）。研究还扩展至其他方面，如“在冲突中，人们会感到耻辱，产生愤怒、恐惧等强烈的情绪，这些情绪会产生怎样的影响，如何疏导这类情绪；精神创伤会产生社会－心理影响，如何治愈精神创伤”。

归因

20世纪70年代，曾是社会心理学头等课题的认知失调理论被一个全新的课题——归因——所替代。该术语指的是我们对生活中发生的事或他人的行为的起因做出推论的过程。

与客观现实相比，归因不论正确与否，都与我们如何思考、感觉及行动更加相关。比如，研究显示，我们更多地将温暖、性感等招人喜欢的特质划归给漂亮的人（而不是长相一般的人），并据此决定如何对待他们。同理，有的人将女性就业率低、收入低的原因归结为她们惧怕成功、缺乏决断，而有的人则认为，这一现象是由男性偏见、男性在工作场所的主导地位、人们对女性角色的传统态度导致的，这两种人会以不同的方式对待女性。

归因现象可在一个古老的笑话中被捕捉到。两个男人——一个信新教，另一个信天主教——看到一位牧师进入一家妓院。新教徒认为他找到了证据，证明天主教徒是虚伪的，因而不怀好意地笑了；天主教信徒却骄傲地笑了，他看到的是另一种证据，即他们的牧师敢去任何地方，即使是妓院这样的禁地，以拯救濒死的天主教徒的灵魂。

对于那些喜欢严肃例子的人来说，归因可在勒温从前的两个学生——约翰·蒂博和亨利·里肯——所做的早期实验里被阐明。他们让不知情的志愿者们去执行一项实验任务，每次由一个人进行。在这个过程中每个人都意识到，他需要在场的另两人的帮助，一位是研究生，另一位是大学一年级新生（两人都是研究者的内线）。每位志愿者都向他们求助，也都得到了帮助。后来，当志愿者被问到为什么别人会帮助他时，大部分人说，研究生帮助他们，是因为他想帮助别人；新生帮助他们，是因为他觉得有帮人的义务。这种归因不是建立在任何已知经验的基础之上，而是建立在志愿者对社会地位和权力的先入之见之上。

许多其他研究剖析了一种极其严重的归因误差 —— 人们为什么会容忍或实施仇视某一群体的行为，甚至同意对他们所仇恨的种族进行大屠杀。2003 年的一项研究要求犹太人和德国游客去阿姆斯特丹的安妮·弗兰克故居——现在是一座博物馆——参观，并对德国人在大屠杀期间的行为进行归因——是由于德国人本性中的侵略性（内部原因），还是由于事件发生的历史背景（外部因素）。在相当大的程度上，被调查的犹太人把德国人的行为归因于他们本性中的侵略性，而被调查的德国人则认为这是外部因素导致的（这样或多或少可以让他们从内心的罪恶感中解脱出来）。

早在 1927 年，奥地利心理学家弗里茨·海德就提出过归因的概念，但在许多年里，他的提议没有得到应有的注意。1958 年，早已移民美国的海德扩展了这一概念，他在《人际关系心理学》中提出，我们对因果关系的认知会影响我们的社会行为。他还认为，我们不是在对实际的刺激产生反应，而是在对我们所认为的引起这些现象的原因产生反应。例如，如果妻子不理睬她的先生，故意使他生气，他可能认为，要么她心情不好，要么他做了什么得罪她的事。他的反应并不取决于引起她的行为的真实原因，而是取决于他所理解的原因。海德还在这些归因之间进行了非常有价值的区分，即归因分为两类，一是外部原因，一是内部原因。他的这一分类比朱利安·罗特将内外控制点归因作为关键人格特质进行研究要早八年。

心理学家认为海德的想法令人激动，因为了解那些促使人们进行归因的因素将大大提升人类行为的可预测性。在 20 世纪 60 年代，人们对归因的兴趣与日俱增，到 20 世纪 70 年代，归因成为社会心理学中的一个热门话题。

但归因仅是热门话题而已，还远未构成理论。的确，它是一大堆琐碎理论的集合体，每一种理论都用归因术语重新解释了从前已被解释过的社会心理学现象。认知失调理论被重新解释为，一个人将自己的行为归因于他自认为正确的看法和感觉。（如果形势逼我害某人，我就对自己说，此人活该如此，从而将我的行为归因于我对他的“本质”的看法。）“上门筹款”现象也被重新加以解释：如果我第一次给募捐者一点钱，第二次就应多给一点，因为我将第一次捐赠归因于我是一个仁慈的人。归因论者入侵了社会心理学的大片领地，并宣称这些领地是自己的。

比对之前的发现进行重新解释更重要的是，归因研究带来了大量新发现。著名的案例如下：

——李·罗斯与两位同事邀请成对的学生志愿者玩一种“测验表演游戏”。一个被指定为提问者，另一个被指定为参赛者。提问者拿出十个相当困难但他知道答案的问题，让参赛者回答。（参赛者平均可答对六个。）之后，研究人员要求所有参与者对彼此的“常识水平”进行评定。几乎所有的参赛者都会认为提问者比自己懂得更多，实验的公正观察人也这么认为。即使大家都知道，提问者提的都是自己知道答案的问题，但提问者仍因其所扮演的角色而被认为知识面更广。

——调查者发现，我们通常将非常引人注目的人、看上去与别人不同的人或着装醒目的人的行为归因于遗传品性，而将容易被忽略或长相一般者的行为归因于外部（环境）力量。

——人们对穷人、嗜酒者、事故受害者、强奸受害者等其他不幸者的反应可用“公平世界假说”进行解释。人们需要相信，这个世界是有秩序的，也是公正的，善有善报。这就导致人们认为，受害者遭遇不幸是因为他们不小心、懒惰、爱冒险、易受诱惑。研究发现，受害者受到的损失越大，人们越认为他活该。

——心理学家斯图尔特·华林斯邀请男大学生观看裸体女人的幻灯片，并给她们的吸引力打分。学生们一边看，一边通过耳机听自己的心跳声，而事实上，这些心跳声是华林斯事先录制好且由他控制的。志愿者听到的扑通扑通的心跳声会在某些幻灯片出现时加快，而在另一些幻灯片出现时不加快。后来，在评定这些女人的吸引力时，他们往往认为，那些似乎使自己心跳加快的女人更有吸引力。

—— 一些收到假报告，被告知在考试中表现如何的志愿者，倾向于将所谓的成功归因于自己的努力或能力，将所谓的失败归因于外部因素，如考试不公平、考试环境太吵等。

—— 研究者请幼儿园中一些本就喜欢用多彩毡尖笔画画的孩子用这种笔画画。孩子们被分为两组，研究者告诉其中一组孩子，画画是为了得到“好画家”奖；另一些孩子在控制组中，研究者让他们用这种笔画画，但对奖励的事只字不提。过了一会儿，在自由活动阶段，两组孩子都能接触到这种笔，但得奖的孩子对这种笔的兴趣明显不如不知道得奖这回事的孩子。归因解释是这样的：那些曾暗暗希望得奖的孩子认为，“如果我是为了得奖，我就不应该觉得用它画画是为了好玩儿”。

20 世纪 80 年代以来，归因理论已在很大程度上被吸收进更为广泛的“社会认知”领域之中。这个领域研究人们对社会问题是如何认识的。这是一个广阔的领域，其中有一些有趣的话题，比如，自我实现预言，态度怎样影响行为，劝说与态度的转变，刻板印象和偏见，等等。在这个框架中，归因仍是当代社会心理学中的中心概念，在心理学家对人类行为所进行的东拼西凑的解释当中，归因起到了极大的作用。

它还带来了许多实际应用，在教育中，我们可以告诉学生，他们失败的原因在于不够努力，而非能力不足；在治疗抑郁症时，医生让抑郁症患者尽量减少他们在负面经历中的责任感；归因还可以让胆小的人和失败主义者表现得更好，更有积极性，我们可以告诉这些人，他们害怕失败是因为缺乏练习，技艺不纯熟，而不是性格有缺陷；等等。

最近几年，社会心理学家研究了许多其他的课题，它们既有科学趣味，又有实践意义。在未来，它们将继续被积极地研究。下面是其中的几个课题，每个课题都带有几个样板式的研究成果：

人际关系：配偶间、朋友间、同事间及其他人之间的交流常常模棱两可，容易被误解。这种情况通常可通过培训、治疗和婚姻咨询等得到改善。通过参加这些活动，参与者会注意到自己的沟通缺陷，并对别人所说的话更加敏感……发生冲突的夫妻会学到如何清楚、公平地进行争论，这将极大地提升他们的沟通水平，改善他们的关系……在情感交流中，只有很小一部分（也许不到 1/10）信息是通过话语传达的，余下的部分是通过肢体语言、进行或避免眼神接触，以及双方保持的距离等传达的。同样地，人们也可以学习非言语沟通的技巧……内疚有益于社交，它可以防止人们做损害人际关系的事，由此保护并强化人际关系……嫉妒具有适应功能，有助于维持伴侣关系（一方表示嫉妒可抑制另一方出轨）。

大众沟通及说服：事先未表明说服意图的政治性、销售性或其他性质的陈述，比那些诚实地表明意图的陈述更具说服性……双向陈述，即先提出并驳斥反对派的观点，然后再提出并支持自己的观点，比只强势地说出自己的观点更有说服力……直截了当地就某个争议性话题发表意见，能听进去的人主要是那些已经被说服的人，这样做无法说服持反对意见的人；很遗憾地讲，在试图改变别人的态度时，与开门见山地谈论问题相比，含蓄的、带感情色彩的、有感染力的、带有欺骗性的、不公平的表达方式更有效……说服一个人，可通过“中心路线”（对理性争论进行理性思考），也可通过“外围路线”（让人分心，比如说，在传递信息的同时，呈现一个性感的明星——显然，对很多广告商来说，这是一个受青睐的、更有效的选择）。

吸引：一个并不罗曼蒂克的现实——临近或属于同一群组是构成浪漫关系和朋友关系的决定性因素……在同样接近，属于同一群组的情况下，美貌对一段恋情的萌发起着最为重要的作用，但自尊心处于中低程度者会因害怕遭到拒绝而避免接触其非常喜欢的伙伴……在选择朋友和选择配偶时，人格与背景相似所具有的吸引力，远比相反特质传说中的吸引力大。

态度改变（或说服）：低自尊者往往比高自尊者更易被说服……人们更易受到权威人士的言论的影响，如果不是权威人士，即使他说得同样好甚至更好，人们也不太在意……人们更愿意轻信道听途说，而非别人直接告诉他们的话，人们更易被受到引诱而采取的行动（如费斯廷格的认知失调实验）所说服，而不愿被逻辑推理所说服……将某些东西——一个名字、一个产品、一个口号——简单地、重复性地呈现给一个人，往往能改变他对这样东西的态度，且通常会产生积极的态度。（同样很明显，广告商和政客们都知道这个心理学中的客观现实。）

偏见：当人们被分配至或属于某个小组时，通常会认为该小组优于其他小组，以维护自尊心和积极的自我形象……人们会假设，那些与自己有同样的品位、信仰或态度的人，在其他方面也会与自己一样，而那些与自己在某些话题上意见不一的人，在其他方面也与自己不同……敌对的个人或团体会彼此厌恶，但如果他们必须为某种对双方都有好处的目标而进行合作时，这种厌恶感将会消解……刻板印象可导致偏见，偏见有可能是有意识且故意的，有意识但非故意的，以及最严重的一种：无意识且非故意的。

群体决策：群体的决策比个人的决策更冒险或更保守，因为在集体讨论和公开表达意见的场合，一些人往往站在比独自一人时更极端的立场上……在完成需要大家累加努力的任务时，群体的表现要好于个人；但在完成正解只有一个的任务时，群体的表现不佳。在下面这种情况中，群体的表现也不理想，即一个人找到了问题的正解，但只要有一个人不支持，群体可能就会无视正确的解决方法……在组织起来解决具体问题的小组中，两个人起着重要的作用：一个是任务专家，他说得最多，主意最多，且被视为领导者；另一个是社会情绪专家，他在提升和谐度和士气方面起着重要作用。

利他主义：前面谈到的旁观者效应，如果我们了解它的话，就可以克服它。在一项实验中，听过旁观者效应讲座的学生会在某种情境下帮助受伤的陌生人，而在通常情况下，他们会消极地面对这种事情……在许多利他主义活动中，自我利益是最主要的动机（人们帮助处于抑郁情绪中的人，可使自己从看到他人受苦的不快或内疚中解脱出来），但有些利他主义行为纯粹是因看到别人的需求而产生的，同时，共情也激发了利他主义行为，社会经验将共情转化为真正的同情心……利他主义，或至少是共情，可在教室里成功地被培养出来，培养方式是让学生在小型心理剧中扮演角色，投射式地讲完一些故事，或进行集体讨论，等等。

社会神经科学：目前，人们借助大脑扫描的手段，对许多社会心理过程进行研究，查看在特定的人际交往活动中，神经活动和血液流动的情况是否会与平时明显不同。例如，有这样一项研究：研究人员把白人、黑人、男人和女人的照片分别拿给受试者看，每次一秒钟。受试者几乎全是白人。多项脑电位记录表明，黑人和女性的照片更能引起人们的注意——这种差异出现在看到照片后的100毫秒之内。这说明我们在很短时间内就可以把人归类。

这些只是社会心理学中目前比较活跃的领域和话题的样本而已。还有很多其他研究项目：从找借口和自我设障（把事情弄成似乎要失败的样子，从而为失败找好台阶）到有暴力内容的电视节目对行为的影响；从爱与婚姻不断变化的形式到陪审团的决策过程；从领域性和拥挤度到种族关系和社会公正。难怪社会心理学的疆界无法划定，它的触角延伸至人类思想、感情和行为的广袤世界。

第五节 社会心理学的价值

像历史上一个又一个帝国一样，社会心理学承受着外部的批评和内部的反叛。混杂的课题、延伸过长的战线、大胆且有时带有攻击性的实验方法及整体理论的缺乏，都使它成为众矢之的。

最猛烈的攻击来自它的内部。从20世纪70年代初开始的六年或更多年里，在所谓的社会心理学危机期，社会心理学家置身于一场自我批评的狂欢之中。他们进行了各种各样的自我批评，譬如说，这一领域不太关注实际应用（但实际情况是，他们不太关注理论），对无足轻重的细节花费过多的精力（但实际情况是，它们从一个大问题跳到另一个大问题，没有将细节弄清），仅凭其在美国大学生身上所做的小小实验并不能对人性做出合理的概括。

最后一项批评是最令人不安的。1974年，当自我批评到达顶峰时，一本权威刊物刊登的研究报告中的87%，受试者为美国大学生。在另一本中，这一统计结果是 74%。批评者认为，这样的实验研究在内部可能是有效的（显示其所宣称的东西），但从外部看，它不一定有效（它显示出来的东西不一定适用于外部世界）。像米尔格拉姆式服从实验这样高度人为和特殊的实验室情形及其所激发出来的行为，很难与纳粹的死亡集中营进行类比。在那里，自信且野蛮到极点的官员和看守们每天将赤身裸体的犹太人赶入“淋浴间”，然后打开毒气阀。

1973 年，斯沃斯莫尔学院的肯尼斯·格根对社会心理学研究发动了最令人不安的一击，放大了社会心理学研究成果缺乏外部效度这一缺点。在一篇猛攻自己职业的文章中，他认为社会心理学不是一门科学，而是历史学的一个分支。他认为，社会心理学对外宣称要找到适用于全人类的行为准则，但实际上只是对特定历史时间、特定文化背景中的特定人群的行为进行了解释。

比如，格根指出，米尔格拉姆服从实验取决于现代人对权威的态度，但这些态度并不是放之四海而皆准的；认知失调理论宣称，人类认为不一致性令人不快，但早期的存在主义者却对不一致性表示欢迎；从众研究认为，人们更易受到朋友而不是他人的影响，这一结论在美国可能是正确的，但在朋友扮演不同角色的社会里，结果可能就不是这样的。格根的极端结论是：

> 从自然科学的角度出发，认为社会心理学中的过程具有基础性，这种看法是错误的。反之，它们更应被视作文化规范的心理对等物……社会心理学研究主要是对现代历史的系统研究。

在格根发表刻薄批评之后，许多年以来，社会心理学家就他的问题召开过无数次反思性的学术会议。爱德华·琼斯认为，格根的悲观结论并非新鲜玩意儿，“令人们惊奇的是，为什么现代社会心理学家仍将许多精力浪费在他的这些结论上”。他进一步指出，“对自我鞭挞的广泛需求，也许是社会心理学家独有的，这也许可以解释，为什么格根的话是有好处的”。为什么会有这种特别的需求？琼斯并未点明，但这也许是这个以莽撞、自负、胆大妄为为特点的专业在进行自我惩罚。

最终，这场辩论确实回答了格根和其他人抛出的尖锐的问题，也重建了社会心理学的科学形象。

有些东西对大学生来说是正确的，但对其他人来说则未必。对于这种指责，方法论者给予了反击。他们认为，要证实一个假设的正确性，选什么人做实验并不是关键因素。如果变量 X 导致变量 Y，没有 X 就没有 Y，则 X 与 Y 在该群体中的因果关系即得到证明。如果这种关系在其他群体中同样存在，则它可能是一种普遍真理。（近来，人们对跨文化心理学的强调证明了在很多研究中情况都是如此，包括米尔格拉姆的服从现象和拉塔内的社会怠惰效应原则，它们都已在不同的群体中得到证明，实验的受试者来自不同的国家。）

为彻底反驳格根的攻击，佛罗里达大学的巴里·施伦克尔指出，自然科学开始时也只有有限和互相矛盾的观察结果，慢慢才发展出一些可将看似不一致的现象统一起来的普遍理论。同样，社会科学在有限的语境里已分辨出似乎是人类共性的东西，并把分布甚广的证据收集在一起。比如，人类学家和社会学家提出并证明了所有社会都有乱伦禁忌、某种形式的家庭和某种维持秩序的方法。施伦克尔说，社会心理学走的是同一条路。社会学习、从众、地位优势等原则都已被证明具有多元文化有效性。

到 20 世纪 70 年代末，这场危机终于退潮。几年之后，爱德华·琼斯用乐观的态度来看待这场危机及这个研究领域的未来：

> 社会心理学的这场危机已开始成为社会科学漫长的历史中的一段小插曲。这一领域的智慧动力并没有受到致命的影响……社会心理学的未来之所以前途无量，不仅是因为它的主旨极为重要，而且还因为它在概念上和方法上具有独特的力量，该力量可识别出日常生活中暗含的过程。

尽管如此，从那时至今，仍不断有效颦者在一些不入流的、标新立异的刊物中宣称，社会心理学的发展道路是错误的，并指出它应该怎样走。这类说教，不是所有人都会注意。社会心理学没有统一的理论，这一情况在今天仍是如此，但许多中级理论经证明是广泛有效的，社会心理学的杂乱不堪的大量发现对人类理解自己的行为和本质颇有助益。

然而，从特里普利特的时代直至今天，社会心理学的价值既在于它使我们深入了解基本原则，也在于人们可以利用它解决现实生活中的问题。社会心理学的益处有很多，通过对它的运用，人们使病人更好地遵从医嘱；使用合作性而非竞争性的课堂教育法；为丧偶者、离异者、滥用药物者和其他处于危机中的人提供社会支持小组和网络；在培训小组中进行人际交流的培训；给养老院的病人们更多的控制权和决策权以改善其情绪和心理功能；为抑郁症、孤独症患者和害羞者提供新疗法；在课堂上教育学生，培育共情能力和亲社会行为；通过小组和家庭疗法控制家庭冲突。

许多年前，在社会心理学危机已经过去，学科重新恢复健康之后，埃利奥特·阿伦森表达了他和许多其他社会心理学家对于这一领域的看法：

> 我相信，社会心理学是极其重要的——社会心理学家可以起到非常大的作用，可以让这个世界成为一个更好的地方……社会心理学家使人们增进对从众、说服、偏见、爱、侵犯等重要现象的理解，这给我们的生活带来深刻的、有益的影响。

近20年后的今天，社会心理学家仍然对他们的学科价值保持着热烈、坚定的信念。在2006年，一本一流教科书的作者是这样说的：

> 事实上，我们做的、感觉到的、思考的每件事都在某方面与社会生活相关。实际上，我们与其他人的关系对于我们的生活和幸福来说非常重要，以至于很难想象我们能在没有他们的情况下存在……那些在很长一段时间内都独自一人的海难或空难的幸存者常常表示，在他们的痛苦经历中，无法与其他人建立联系是最痛苦的——比缺乏食物或栖身之所更令人难以承受。简而言之，社会生活在许多方面是我们生存的核心。正是这个基本事实让社会心理学——研究社会行为和社会思想各个方面的心理学分支——如此迷人，如此必不可少。

上述对社会心理学的看法也许解释了为什么尽管认知科学、进化心理学和认知神经科学这些迷人的新领域非常引人注目，但在过去的十几年里，人格与社会心理学学会的成员增长了50%，现在有4500名成员。

那么，即便它没有严格意义上的界线，没有一致的定义，没有统一的理论，又有什么关系呢？

第十四章 知觉心理学家

第一节 有趣的问题

米诺鱼几乎谈不上有什么大脑，但却能（或多或少地）看见物体；还有蚂蚁，尽管它的整个神经系统仅包含数百个神经元；这种情况还发生在其他许多与心理不沾边的物种身上。由此看来，视觉只是一种生理功能。它虽可影响许多心理过程，却不属于任何一种心理过程自身[1]。

然而，许多世纪以来，哲学家和心理学家大多认为，至少在人类中，知觉基本上是一种心理功能，是心理与外在现实之间的连接，对于外在现实，我们只知道我们的感觉告诉我们的事物。来自知觉的知识偏移引发出一大堆有趣的问题（这里的"有趣"不是指一般意义上的"吸引人"，而是指科学上的"重要性"或"有可能带来新思想"）。然而，尽管哲学家们考虑知觉的问题已有2500年了，生理学家和心理学家也在最近的400年里反复地研究它，但某些问题仍悬而未决，另一些问题虽说以不同方式得到了解决，但解决问题的方式自身却又产生出同样麻烦的新问题。尽管如此，随着认知

1 鉴于大多数心理学研究仅涉及视知觉，我们只好将其他知觉放在一边。

心理学的到来，其中一些最有趣的问题确实已经或者正在得到解决。[1]

考虑一个由古希腊哲学家首次提出的问题：外在世界的图像是如何进入内在智性的？

柏拉图认为，眼睛通过发出某种包含物质的散射物来主动探寻信息——可以说是从视觉上接触物体。德谟克利特不同意这一说法，认为知觉的工作原理正好相反：每个物体不断地将其同等性印刻在空气的原子中，而这些复制品在传至接受者时可与眼睛的原子相互作用，然后在眼睛里重新构造这种同等性，并将之传至心理。比起柏拉图来，这种说法更合适一些，但其细节却是完全错误的。

1604 年，德国天文学家约翰尼斯·开普勒在理解视觉上又有了一次飞跃。当时光学和光学仪器的最新发展使他发现，眼睛前部的晶体（眼球）是一个透镜，它可以弯曲来自物体的光线，在眼睛内如屏幕般的视网膜上形成有关物体的图像，再由神经冲动将该图像传至大脑皮质。

此后，“眼睛是一种相机”这一看法开始流传，这一比喻符合近视、远视和散光，以及使用眼镜即可对其进行矫正的事实。然而，尽管它在某些方面符合事实，但却在其他许多方面与事实完全不符。拉尔夫·N. 哈伯长期以来一直是知觉研究方面的领袖人物，他称这是“心理学上最有潜力却又最易产生误导的一个比喻”，是无数“麻烦”的源头。

什么麻烦？其一是，在相机里，由透镜形成的图像是倒置的。1625 年，天文学家克里斯托夫·沙伊纳证明，眼睛的原理也是这样的。他小心地剥开牛眼后部的包层，不管他将牛眼瞄向什么东西，都能透过牛眼半透明的视网膜看到这东西倒置的像。然而，如果我们看到的是视网膜上形成的图像，为什么看到的不是一个倒置的世界呢？

1　在本章中，我们只是稍稍谈到认知神经学，在后面的章节中还会涉及它。

这个问题困扰心理学家达300年之久。

其二是，随着摄影术的出现，将眼睛看作相机的比喻所引起的麻烦更加明显。相机要生成一个清晰的图像，必须在曝光时保持静止。如果是电影摄像机，则其快门在一秒钟内必须快速开合多次。而眼睛则会不停地前后移动，即使紧盯某件东西时也是如此，但从不会看到模糊的图像。尽管我们意识不到，而且一般也体验不到这些移动，却可通过非常简单的办法看到它们。我们可盯着图23中心的黑点看约20秒，然后快速地转而盯着白点。你会看到由黑色线条构成的一个错觉图案在前后摇摆。这些黑色的线条是一种后像，其成因是，白色线条落在视网膜感受器上约20秒，造成了暂时疲劳。这个摆动就是刚才说到的眼睛不停地移动造成的。

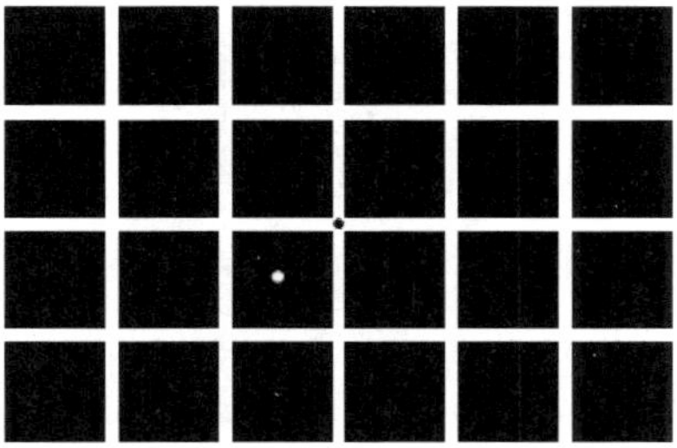

图23 感知持续的眼球运动的测试模型

这一演示的意义是，眼球可能在某种程度上像是某种相机，但察看事物的原理与拍照完全不同。

第二个有趣的问题是，我们所看到的物体真的在那里吗？进而推论：这个物体是我们所看到的样子吗？一般的说法是，我们看见的是存在的东西，看到的是客观存在的真实反映。我们看到眼前有扇门，伸手摸门把手，门把手就在我们认为它所在的地方，也会做出我们期望它做出的反应。我们在椅子上坐下，椅子就真实而结实地存在，就像它看上去那样。我们叉一块腊肠放进嘴里，它就具有腊肠的丰美、肉感和多汁感，就跟我们所预料的一样。常识和哲学认为，知觉就是与现实的接触。只有少数人，如贝克莱大主教，提出一些质疑，认为在我们之外还存在一个世界，它只对我们的知觉做出反应。

然而，今天的物理学家却确信地告诉我们，我们看到的颜色在我们的头脑之外并非作为"颜色"而存在。例如，一个成熟的苹果的红色并非作为苹果中的红色而存在，存在的是吸收 650 纳米的光波外的所有光波，而将 650 纳米的光波反射回去的苹果表面。当这一波长的光波抵达人眼时，大脑将其感知为我们所说的红色。想到我们在春天看到的万紫千红的世界在我们的心理世界之外并非真正这般万紫千红，可能会是一件令人困惑不安的事。但是也许我们应该将这个哲学/形而上学的问题搁置一旁，思考一个更加触手可及的视觉问题：尽管我们常常体验到某些我们明知有误导性或有错的东西，却无法有意识地去纠正自己。远在地平线上的月亮看上去硕大无比，我们都知道，当月亮位于头顶时，它不会改变大小，但我们无法使它看上去和位于地平线上时一样大。我们紧盯着一束光线，扭头时会看到一个后像——这是知觉，但并不是对存在于我们之外的任何东西的知觉。我们在梦中看到一些人、一些地方、一些行为，但它们并不在我们眼前。它们看上去就在身边，可是也许根本就不存在。

而且，在过去和眼前这个世纪里，心理学家还研究过许多错觉。在图 24 中，两个圆中间的灰度区看上去彼此不同，实际上其灰度是一样的。可在一张纸上剪下一个小孔，将小孔对着其中一个灰区，然后再对着另一个灰区，这样就可确定两者的灰度是否存在差别。心理，或至少大脑的皮质是以对比度，而不是绝对强度，来判断亮度的。我们所看到的东西并不一定是真实存在的。

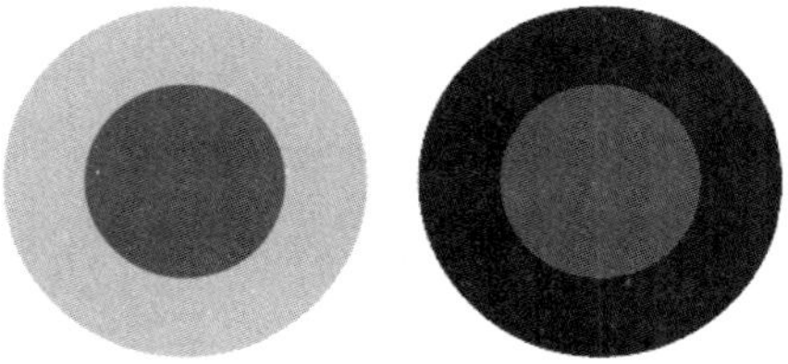

图 24　哪一个圆的中间部分更暗一些?

另外几个经典例子，每个都以其发明人的名字进行命名：（1）策尔纳图；（2）波根多夫图；（3）贾斯特罗图；（4）赫林图。

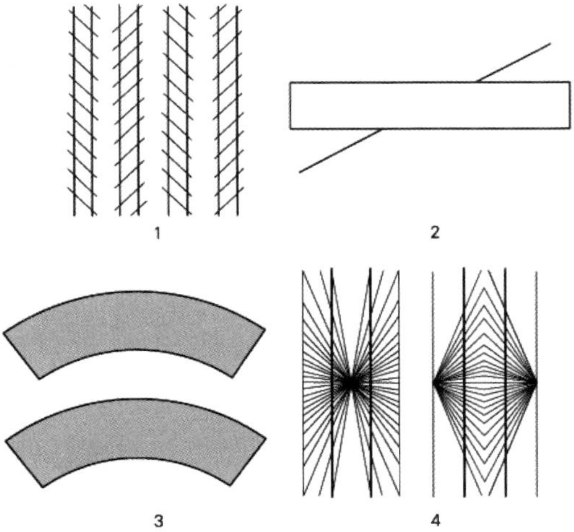

图 25　四种经典视错觉

在图 25 中，第一幅图中的竖线是彼此平行的（可用尺子量），但眼睛看到的并不是这样；第二幅图中的斜线是彼此对齐的，根本没有产生偏移；第三幅图中的两个弯块大小相同；第四幅图中的加粗黑线是笔直的。

另一组错觉是由模棱两可的图形构成的，我们可将其看作两个不同事物中的任何一种。下面是两个例子：

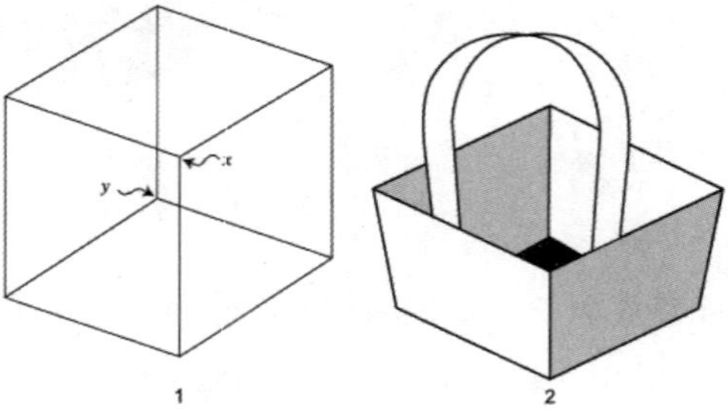

图 26　两种可转换的图形

在图 26 的第一幅图中，你可以看到熟悉的内克尔立方体，如果你是在俯瞰它，x 角离你最近；如果你抬头看它，这时 y 角离你最近；在第二幅图中，你可看到提手紧贴在篮子里面的两面白壁上，也可将其看作是紧贴在灰壁上。

最后，在图 27 中，好像有一个比周围区域白得多的三角形。

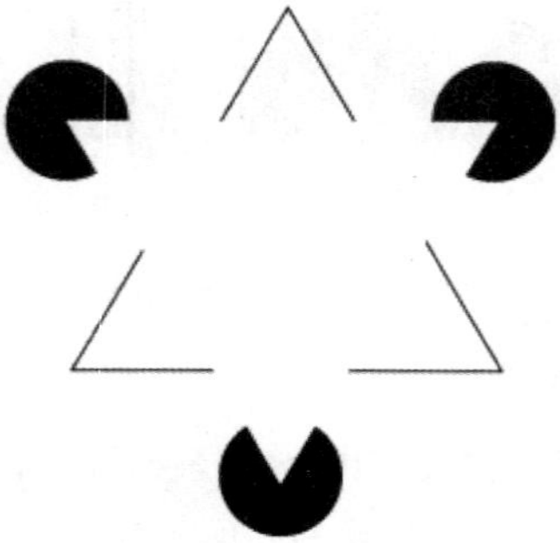

图 27　并不存在的三角形

正是你创造了这个三角形及其亮度。其实并不存在这样一个三角形，且该三角形似乎存在的区域的纸也并不比周围区域更白。

之后我们将对这些错觉进行解释。眼下，我们所关心的是，人类的知觉并不是一个简单地将外在刺激转移至中枢神经里去的生理过程，而是涉及使光感神经传递的冲动信息产生意义（有时使其无意义）的更高级心理过程。

第三个有趣的问题——埃德温·波林在其里程碑式的作品《实验心理学史》中称这一问题为“第一视觉疑团”——我们有两只眼睛，可看到的事物却不是双重的。盖伦早就正确地假设，这种现象是两只眼睛里的神经纤维同时到达同一个脑区所致。但他仅答对了一半。除较远处的物体之外，两个视网膜所接收的所有物体的图像均有不同，只需两只眼睛轮流观察近处物体就可轻易证明这一点（每只眼睛看到的物体一侧肯定要多于另一侧，且物体与周围背景中事物的相互关系也存在不一致的地方）。那么，当这些并不相同的图像在大脑里重合时，为什么不会模糊呢?

知觉研究者的回答是，不同图像的“重合”可在视觉皮质中得出一个三维图像。通过对两个由100万个神经节细胞构成的视神经轴突的跟踪，利用现代化的大脑扫描技术观察大脑的哪些区域被视觉所激活，知觉研究人员已能识别这些复杂的神经冲动的传递路径及原理。抛开那些扑朔迷离的细节不谈，可以肯定地说，这些冲动分为30个路径，传递到视觉皮质区域，对形式、位置、颜色等特点进行识别。之后，这些数据和其他一些数据通过大脑的视觉系统统一协调，形成一个单一的图像。

另一个有趣但也很令人困惑的问题是，视网膜上的图像是如何映照在大脑里的？视网膜发出的神经冲动传至大脑的视觉皮质，然后呢？大脑里并没有可供投射图像的屏幕，进入大脑的数据流又是如何被看见的呢？而且，如果图像是以某种方式投射到该屏幕上，或投射到大脑里其他什么地方，是谁，或什么东西看到它的呢？这一问题又使人想起一个古老的说法（现在已经不足为信了），即存在一个侏儒——头脑里的“我”——是它在感知到达大脑皮质里的所有信息。然而，如果有这样一个侏儒在察看图像，它又是用什么东西察看呢？也是某种类似眼睛的东西吗？那么，察看到达侏儒视觉中心信息的又是谁或什么东西呢？等等。

与这个谜团紧密联系的是视觉记忆问题。每个成人都在他或她的大脑里储存大量图像：熟悉的面孔，房子、树木、草叶、云朵，睡过的床等。我们对这些东西甚至只看一眼，就可用某种方式将其记录下来。我们虽不能把所有这些一下子调入大脑，却可在第二次看到它时通过记忆将其辨认出来。1973 年，非常有耐心的加拿大心理学家莱昂内尔·斯坦丁让志愿者观看约一万张不同题材的快照，速度为每天 2000 张，一连进行五天。后来，当他将这些照片混在其他新照片里让受试者观看时，他们能从中识别出约 2/3 已看过的照片。他们在什么地方存储这些仅看过一眼的图像，又是以什么形式存储的呢？第二次看见图片时，他们又是如何在记忆里找出这个图像，并将其与新进来的其他图像进行比较的呢？肯定不是将已存储信息投射在大脑屏幕里，因为根本不存在这样一个屏幕。而且，不管以什么方式显示，里面的东西既会观看存储下来的图像，又会审察新进来的图像——啊！又是这个令人头疼的侏儒。

（让我们忘记这个侏儒及所谓的大脑屏幕吧。过去 20 年的研究给我们提供了一个更实际、更复杂的答案，这一答案很大一部分是基于对大脑受损的卒中病人的研究。例如，让一名女性对香蕉进行描述时，她说，香蕉是一种水果，产自南方。至于颜色，她却忘得一干二净。研究人员又让另一名病人对大象进行描述。这名病人说大象长着长长的腿，不过又说，大象长着长长的脖子，可以低下头捡起地上的东西。这明显是错误的。）

（上述研究以及通过大脑扫描技术观察大脑的哪些区域被视觉所激活的结果清楚地表明，大脑中的表象不像现实中的图片一样，存放在一个地方或者几个地方。事实上，该表象的所有元素——形状、颜色、纹理等——都分别存放在不同的地方。在大脑中唤起表象的过程与知觉过程本身有许多相同之处，是通过调动和整合这几个元素，最终形成一个近乎完整的图像。然而，这并非是一个图案形象。正如文字代表实物，但二者之间不能画等号一样，大脑神经元的放电模式代表外部世界中的事物。大脑为什么进化成这样？这个问题要由进化心理学家来解决。）

这些只不过是有关视觉神秘现象的少数几例。也许，在心理学中还没有哪个领域产生过如此之多的数据，却又给出少之又少的确定答案。几年前，颇有争议但又引人注目的知觉理论家詹姆斯·J. 吉布森非常平淡地说，知觉研究者在过去几百年里所学到的只是“与实用知觉毫不相关且无关紧要的东西”。知觉心理学家斯蒂芬·M. 科斯林和詹姆斯·R. 波梅兰茨在 1977 年说，尽管我们已收集到大量数据，但对知觉的了解还相当肤浅。不过他们还加了一句：“我们的确知道了些什么。”现如今，他们还可以说，他们现在知道的更多。这一领域的确积累了大量东西，足以让我们开始理解它，足以回答至少一部分有趣的问题，足以抛弃其他问题，使其让位于更有说服力的事实。

第二节 看待"看"的风格

几个世纪以来，哲学家一直争吵不休，争吵的焦点在于，我们是天生具备使我们看到的东西具有意义的心理装置呢（康德学派或先天论者的观点），还是必须从经验中学习解释所见之物的能力（洛克或实验论者的观点）？在心理学进入实验阶段后，知觉研究上的发现不仅没有回答这个问题，反而为两者的答案提供了更多的证据。今天，尽管这些术语已被重新定义，两种猜想也更加复杂，但争辩仍在继续。

如我们所知，洛克、贝克莱及其他哲学家和心理学家有时会想象出一个试验案例，以期最终解决这一问题：一个自出生即失明的人经过手术或其他干预后突然复明。如果不触摸其正在看着的物体，他能否知道该物体是立方体而不是球体，是狗而不是老鼠呢？或者，是不是除非知道该物体事实上是什么，否则，他的知觉就是毫无意义的呢？此人的经验将是解决整个问题的关键。

近几个世纪以来，事实上也的确出现过这样一批案例。其中最为详尽的案例记录了一个英国人，他先天角膜浑浊，20 世纪 60 年代早期，在 52 岁时，他终于得见天日。英国心理学家和知觉专家理查德·L. 格雷戈里称他为 S.B. 先生，仔细研究了他。52 岁以前的 S. B. 非常活跃，也很聪明，已完全适应了盲人生活：精通布莱叶盲文，善于使用工具制造物件，经常甩掉白色导盲杆散步，即使撞在其他东西上也乐此不疲。他还骑自行车——让朋友扶着他的肩膀，为他引导方向。

S.B. 进入中年后，角膜移植已成为可能，于是他也去做了手术。按照格雷戈里的报告，当绷带从其眼睛上取下时，他听到外科医生说话，并朝外科医生转身，希望能看到一张脸，结果却一片模糊。

然而，经验很快使其知觉清晰起来：在短短几天内，他已能看清许多面孔，不用扶墙就可顺着医院的走道散步，还知道窗外那些运动的物体是小汽车和大卡车。然而，他掌握空间知觉的速度却较慢。有一阵子，他以为医院窗户到窗外地面的距离并不远，如果自己用手抓着窗户，脚趾就可以够到地面，而该距离实际上有他以为的十倍之多。

S.B. 很快就能一眼辨出此前通过触摸了解的物体，比如玩具。但对于许多从未摸过的物体，除非有人告诉他是什么，或发现是什么，否则他仍不知道。格雷戈里和同事带他去伦敦，他在那里能辨认出动物园里的大多数动物，因为他曾养过猫和狗，还知道其他动物与这些猫、狗有何不同。在一家科学博物馆里，S.B. 看到一架车床——他一直想用的工具——却根本看不出它是什么。后来，他闭上眼睛用手抚摸，睁开眼后看着它说："只要我摸过它，就能看见它。"

有趣的是，当格雷戈里让 S.B. 观察错觉时，他却没受到错觉的误导。比如，他没有将赫林图中的直线看成曲线，也没有将策尔纳图中的平行线看成偏斜线。显然，这些错觉依赖人们已学到的具有视觉意义的提示，通过错觉中其他线条所给出的提示对 S.B. 来说没有任何意义。

从这一例子中，人们可得出的结论是令人失望的，因为它有多种含义，一些证据偏向于先天论，另一些又偏向于经验论。另外，这些证据也并不纯粹：S.B. 经历过大半辈子的感觉经验和学习过程，通过它们，他能解释自己的第一次视觉，因而他的故事无法显示心理在经验之前在多大程度上做好了理解视觉的准备。这一案例也无法回答婴儿发育研究的问题，因为婴儿知觉能力在任何时期的发育在多大程度上取决于先天成熟，或在多大程度上取决于后天经验，至今尚无定论。只有剥夺婴儿的知觉和其他感觉经验这种无法进行的实验才能将它们彼此分开，并测出其相对影响。

使事情更糟的是另一个问题：知觉是生理功能呢，还是心理功能？

19世纪和20世纪早期科学心理学的奠基者试图回避这一问题，认为心理是不可观察的，也许是某种幻觉，从而使自己局限于对生理现实的研究。对知觉感兴趣的人开始调查感觉系统的生理学，特别是视觉。在一个多世纪里，欧美研究人员收集到关于该系统工作原理的大量数据。到20世纪早期，他们已测定，每只眼睛的视网膜里——视网膜是一层薄薄的特化神经组织——含有约一亿三千二百万个呈柱状与锥状的感光器，可将光线转变为神经冲动。柱状体常见于视网膜外围，非常敏感，且只对低水平的光照产生反应；锥状体则常见于视网膜中心地带，对较高水平的光照产生反应。共有三种不同的锥状体，第一种主要吸收波长较短的光线（因而对蓝色和绿色产生反应），第二种主要吸收中等波长（绿色）的光线，第三种主要吸收较长波长（黄、橘黄和红色）的光线。

他们还勾画出复杂的连接线路图中的很大一部分，柱状体和锥状体就是通过这些线路将冲动传入大脑的。一丛丛视神经纤维从视网膜一路行进至视觉皮质，即大脑后部较下方的一个区域。来自每只眼睛视觉区左半区和右半区的信息由这些视神经纤维在传送途中进行分类和分发。来自每只眼右半边视觉区的信息进入左侧视觉皮质，左半边视觉区的信息进入右侧视觉皮质。（进化为何安排出这样的交叉方式，迄今为止，没有谁能解释其所以然。）

许多心理学家长期以来不愿相信视觉功能集中于视觉皮质这样一个事实，认为这种定位近乎颅相学。但在19世纪晚期，大脑定位法再次获得一定的声誉——不是颅相学的定位，而是部分功能的定位——因为韦尼克和布罗卡成功地找出了语言功能存在于大脑左半球的两个小区域之内。这个发现促使研究者继续寻找接收和理解视网膜信息的大脑区域。他们对大脑受到损伤的人进行尸检，对猴子进行手术，最终发现了这一区域，也就是通常说的后脑。

对视觉皮质的精确定位是 1904—1905 年日俄战争中使用的武器的副产品。在那次冲突中，俄国首次使用了一种新型步枪，即莫辛－纳甘 91 型步枪。相比于以前的步枪，此枪射出的子弹虽然口径较小，但速度极快。子弹常穿颅骨而过，并使头骨保持完整。在某些情况下，这种子弹能部分或全部地摧毁受害者的视力，却不致其死亡。一位为受伤士兵治疗的日本年轻军医绘制出有关伤员每只眼睛视觉区域的受损程度的图表，并根据子弹进口和出口位置确定大脑的受损部位。他综合这些数据后，终于辨认出视觉皮质的准确部位。

他还发现，接收视网膜信息的视觉皮质区域与视网膜成像的区域在尺寸上极不协调。非常大的一部分皮质区域接收来自视网膜中心凹——视网膜中心视力最清晰的部位——的神经冲动，而来自视网膜更大面积的周边区域的神经冲动则只被较小的一部分皮质区域所接收（后来研究发现，这一不协调的比例为 35∶1）。这就基本解决了一大问题：到达大脑的信息在布局上并不对应视网膜上的图像。

这位日本军医和其他人的发现，在接下来的几十年中逐渐地为人所接受。它必然意味着，视网膜细胞是“转换器”，可将光信号转变成不同的能量——一阵阵的神经冲动——这些“编过码的”冲动或信号在输入大脑时，并不会变回视觉皮质中的图像，尽管它在那里或在大脑的其他地方被“看见”。至于它们是如何被看见的，至今仍是个谜，但知觉生理学家避开了这一问题。他们考查“看”的风格是，只处理神经冲动的流动，并在心理的边缘上突然打住。

所谓知觉研究的另一种风格——只与知觉沾边——是冯特式的传统方法。其实践者对感觉（对声音、光线和触碰的直接简单反应）进行研究，认为它们是反射的、基本的，而且可以被科学地研究。同时，他们还研究了对简单感觉的知觉，但忽略了所有对知觉的复杂解释。

他们的正确理解是，知觉是心理对感觉进行处理的结果；不正确的理解是，知觉超出了客观观察的范围。这个方法在20世纪早期比较流行，也得出有关感觉的大量资料，但它对知觉心理学的理解并无助益。

还有一种知觉研究风格就是心理物理学，但也不涉及心理过程。如我们所见，费希纳及其追随者测量了多对刺激之间的感觉临界值（最微弱的声音、光线或受试者可感觉到的其他刺激）和“最小可觉差”。当这些研究触及有意识的心理过程时，心理物理学家们往往并不就受试者如何注意一个刺激或如何判断差别说东道西，而是紧扣客观数据——刺激的强度和受试者是否感觉到刺激，或在两种刺激间是否感到某种差别。因此，心理物理学在行为主义的鼎盛时期大行其道，但知觉却为人们所忽视，因为它假定世界的表象存在于心理之中，而这一点正是行为主义者极力排斥的。

但心理物理学遭受着一个长期的困扰：受试者的反应前后不一。如果给出几次相同的临界值刺激，他们有时能够看见或听到，有时却又看不到或听不到。如果某种强度的光线在低于受试者临界值时慢慢地增大强度，他可在某个给定的强度水平上观察到它。如果在这个临界值之上发出这样的光线，然后再降低光线强度，他看不到光线的强度水平可能会有所不同。

为解决这一问题，1961年心理学家J.A.斯威茨提出，应将信号检测和信息论等工程概念引入心理物理学。实际上，心理学家在第二次世界大战期间已经开始接触这些概念了。斯威茨及其同事甚至为该方法取了个预示工程学非人格性和客观性特色的名字——信号检测论。它认为，首先，由任何信号激发的神经元数量总是随机变化，而进入神经系统的“噪音”（无关或偶然激发）数量也总是随机变化，统计理论可对这些变量进行纠正。其次，受试者在任何尝试中做出的反应，部分是由其期望和尽量增大回报、减少代价的企图所决定，这些变量可用决策理论加以解释。

尽管“决策”听上去像是心理活动，但信号检测论仍在心理之外，只按纯数学参数预测正确及不正确反应的或然性。信号检测论是心理物理学的重大进步，也是当今这些实验方法中的标准部分。但它关心的只是知觉的某些客观结果，至于知觉是如何形成的，它压根儿不予解释。

然而，一小批心理学家一直在对知觉的内部或认知方面进行探索。他们是心理主义者，但不是形而上意义上的唯心论者。反过来，他们遵循詹姆斯、弗洛伊德和比奈的传统，相信较高级的心理过程是心理学的中心所在，且可通过实验方法进行研究。

1897 年，就在桑代克及其他人开始转向动物实验学和后来成为行为主义心理学的东西时，一位名叫乔治·斯特拉顿的美国心理学家进行了一项针对人类且显然带有认知性质的知觉实验。在一周的时间里，他一刻不停地戴着一种可使整个世界颠倒过来的眼镜。开始时，他走动和拿东西极其困难，常要闭起眼睛，依靠触摸和记忆帮忙。但到第五天时，他已开始自如地进行活动，到周末时，他感到事物就在所见的地方，有时，他觉得这些东西就是“正放着，而不是颠倒过来的样子”。最后，当他取下眼镜时，一切都令人迷惑。一连好几个小时，他发现自己取东西时常朝错误的方向伸手，之后才又重新掌握正常情况下它们的实际位置。实验显示，空间知觉，至少对于人类而言，部分是通过学习得来的，因而可以重新学习。

这些发现令人惊讶，但在 20 世纪初期，大部分心理学家持反心理主义的世界观，没人愿意欣赏斯特拉顿的工作，因而也几乎不存在认知型的知觉研究。直到 20 世纪 40 年代，几种互不相关的心理学认知流派——弗洛伊德、格式塔、人格研究和尚未成熟的社会心理学——成长壮大，一些认同这些理论的心理学家在知觉问题上开始采取与心理生理学和心理物理学完全不同的方式展开研究。

在美国和其他地方，一些人回过头来发掘斯特拉顿的研究，开展新的视觉－扭曲实验。1951 年，奥地利心理学家伊沃·科勒尔说服志愿者花费 50 天的时间透过护目棱镜观察世界。这种棱镜可使他们的视野向右偏转十度左右，并使垂直线稍有弯曲。他的受试者在开始几天里感到世界很不稳定，无论是走路还是执行简单的任务都非常困难，但在七到十天后，大部分东西在他们看来都正常了。几周之后，一位志愿者甚至可以溜冰了。跟斯特拉顿一样，他们在取下棱镜后感到方向不明，但很快就能恢复正常视觉。

其他心理学家更是恢复了长期以来一直受到冷落的错觉研究。到 20 世纪 50 年代，错觉研究又成为炙手可热的研究项目。图 27 中那个显眼的主观三角形是 1950 年由意大利心理学家加埃塔诺·考尼饶发明的，只是用以调查视觉心理过程的诸多新式错觉图像中的一个。人们还使用一种特别的错觉以探索心理对含糊图像的解释。图 28 中的经典图案是 1930 年由波林发明的，人们可随意将之视作一个朝观察者稍稍侧脸的老巫婆，或者一个将脸稍稍扭开的少妇。

图 28　这个女人属于何种类型，完全取决于你怎么去看

英国心理学家斯图尔特·安斯蒂斯认为，人们在如上图这种模棱两可的图案中，或在诸如鲁宾瓶（图 14）之类图形 – 背景反转型图案中看出两种意义不同的图像的能力，无法用任何已知的生理机械理论进行解释，因为它是更高级知觉过程的结果[1]。同理，心理甚至能接受 20 世纪 40 年代和 50 年代由一些知觉心理学家发明的“不可能的事物”，或因此感到惊讶。下面是两个经典例子（见图 29）：

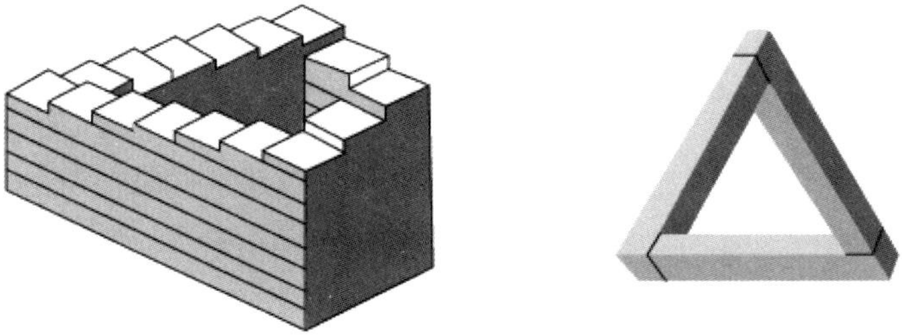

图 29　两种“不可能的事物”

认为这是一个物体的图片，但同时又认为它在现实世界里不可能存在的是心理，而不是视网膜、视觉神经，更不是神经皮质的某些特殊细胞。

另一种以知觉方式研究认知的方法由几位美国心理学家提出。他们从 20 世纪 40 年代开始，就想找到需要、动机和心理设定对知觉产生影响的方式。在这方面较出色的领头人是哈佛大学的杰罗姆·布鲁纳和利奥·波斯特曼。他们让小孩子们观察玩具和简单的木块，高度都是 7 厘米。然后，他们请孩子们判断这些东西的大小。

1　一些知觉研究者将这种反向效果归结为神经饱和（视网膜对一种图像感到疲劳，因而用另一种图像替代原来的图像）。但这种说法无法解释我们为何可在两种图像之间自由转换。

孩子们认为玩具要高一些。作为该实验的延伸，他们告诉孩子们可以保留这些玩具，但马上又说不行。当这些玩具似乎不可得时，孩子们认为它们比原先以为的大得多。其他研究者请饥饿和不饿的受试者估计食品的大小，饥饿者看到的食品比不饿者看到的食品要大一些。这些实验及类似实验表明，需求、欲望和挫折影响知觉。

从同时代的其他研究来看，人格方面的某些特点也是如此。在维也纳接受教育后移民美国的心理学家艾尔丝·弗兰克尔－布兰斯维克以书面与谈话形式评定一组孩子种族偏见的程度，她认为种族偏见与顽固的“权威式人格类型”相关。接着，她给孩子们观看一幅狗的图片，然后是一系列过渡性图片，狗的图片慢慢地变成猫的图片。在偏见上得高分的孩子几乎一直认定这些图片是狗，而得分较低的孩子则更灵活。她请这些孩子们再辨认颜色由浅入深变化着的一系列图片，结果仍一样。

20 世纪 40 年代和 50 年代对知觉所进行的另一些研究则探索了“知觉防御”——对令人倒胃口的东西所产生的心理抵抗。研究者利用幻灯机在屏幕上非常快地 0.01 秒左右闪现一些单词，然后发现，受试者能辨认出的中性词多于禁忌词。当实验者为男性，受试者为女性时，效果最明显。一个小组用幻灯机展示一些与成就相关的词汇，如“竞争”和“掌握”，还有一些中性词，如“窗户”和“文章”等，经亨利·默里 TAT 法（主题统觉法）测试，期望成功的受试者辨认与成就相关词汇的速度要远远快于其辨认中性词汇的速度。

心理设定，或人们对可能看到的事物的预期，是该项研究的另一课题。布鲁纳和波斯特曼利用幻灯机让受试者们快速观看扑克牌，大部分牌为标准型，但其中有一些不是标准型，如红色的黑桃 4。习惯和预期使 28 位受试者中的 27 位将那些不正常的牌也视作正常的。然而，一旦受试者了解情况，其心理设定也会发生改变，辨认扑克牌时出的错也相应减少。

到 1949 年，这类研究已多如牛毛，心理学家于是从当时的流行女装领域中借来一个词语，称其为知觉研究中的“新风貌”[1]。在约十年的时间内，新风貌红极一时，收集到大量资料，涉及需求、动机和心理设定对知觉施加影响的范围。由于缺少解释其发生过程的详细理论，这场运动渐渐偃旗息鼓。再后来，知觉研究人员从认知角度描述视觉识别过程，称其为对所采集的数据进行“自下而上或自上而下”的加工。在自下而上的加工过程中，大脑把点点滴滴的信息“组装起来”，实现高层次的认知，取得高层次的意义。然而，自上而下的加工过程依靠存储的记忆、语境等，这可能会影响低层次的认知，影响的方式要么是通过理顺模棱两可的信息，要么是通过“解读”或误读低层次的信息。经典的例子是图 30 中每个单词中间的字母：

图 30　自上而下的加工例子

自下而上的加工本身让我们无法确定我们看到的是什么，而语境（自上而下的加工）却让我们明白第一个单词中间的字母为 H，第二个单词中间的字母为 A，尽管实际上这两个字母是一样的。同样，将图 26 中的图像利用不同的方式进行加工，结果也是不一样的。

但一种更新、更有力的理论，即信息处理理论，却开始改变认知心理学。这种理论认为，感觉通过一系列有序的过程转化为思想，思想也经过同样的程序转化为行动。这种理论假定（并提出实验证据）

1　指 New Look，20 世纪法国时装设计师克里斯汀·迪奥于第二次世界大战后设计的系列时尚女装。——编注存在一系列步骤组成的感觉输入转换，其中包括：将记忆在感觉器官中暂时存储，编码成神经冲动，在心理中短期存储，排演或与熟悉的材料相联系，长期记忆存储，检索，等等。这个理论不仅使心理学家能具体解释心理如何处理收到的感觉材料等，而且重新唤起了人们以认知方法研究知觉的兴趣。到 20 世纪 70 年代，认知领域里的研究已结出丰硕的果实。

但到那时为止，知觉的生理学领域中已产生出许多具有重大意义的发现。从那时起，如何观察“看”这一动作的两种方式，即生理的和认知的，已并驾齐驱，在表面上彼此对立，在实际上却集中于同一现象的不同方面。下面我们就谈一谈这些现象。

第三节 看见形状

我们是如何看见物体形状的？这个问题好像非常荒谬——我们怎能看不见事物？但对形状的知觉既不是自动的，也不是完全正确的。我们晚上在公园看到一个阴影般的物体，但无法断定它是一片树丛呢，还是潜伏着的一个人。我们看到一个写得十分潦草的签名，却无法断定其究竟是以 C、G 还是 O 开头。我们经过长途飞行后疲惫地走出机场，看到空荡荡的停车场里停着自己的车，于是急切地朝它走去，可到跟前才发现，原来那辆车子只是和自己的很相似。我们非常喜欢拼图游戏，因为觉得它具有挑战性，将最后一块拼图拼装上去时，将获得一种成就感。

就形状知觉所进行的研究旨在辨认一些既是神经的又是认知的机制，帮助我们识别各种形状——我们有时做不到。在过去的半个世纪里，就这方面所进行的诸多研究大都采用认知方法。格式塔学者及其追随者探究了心理的多种倾向，例如，将相关元素分类组成统一的形状，填充我们所看到的东西的间隔，从背景中辨别物体，等等。他们及其他人还认为，人类天生的高级心理过程可以解释“恒常现象”，即我们观看事物时倾向于不变，即使视网膜上的图像已发生扭曲。例如，我们习惯上总是认定以某种角度斜躺在我们面前的书的书角是直角，即使在视网膜或照相机里，它看上去一定是一个偏菱形的东西，有两个锐角和两个钝角。

但这些知觉只是结果，不是过程。心理是通过什么步骤实现它们的呢？将我们所看到的熟悉但不完整的形状填满是一回事，但要确定我们通过哪些具体办法做到这一点，却是另一回事。近来的许多研究细致入微地探索了视觉信息的认知过程，并确认了其中的一些。下面举出几例：

——对主观轮廓现象的研究（如图 27 中的错觉三角形）表明，我们对该轮廓的想象，部分是通过联想（三个角使我们联想到以前所见过的三角形），部分是通过提示，即经验告诉我们要加以弥补的地方（一个物体挡住我们看另一物体的视线）。知觉研究者斯坦利·科伦指出，图 27 中的圆和已经存在的三角形空隙表明，有什么别的东西——错觉三角形——挡住了这些东西。由于明显的遮挡，心理得以“看见”想象中的三角形。

——有些实验探索了我们如何辨认正在寻找的形状，特别是当这一形状隐没在其他形状中时。一个重要的过程是“特征检测”，即有意识地寻找某个特定形状的已知和可辨识的元素，以从类似物体中将其区分出来。在下面两栏字母中，各有一个字母 X。如果用秒表计时，看哪一栏能更快地找到字母 X，你会发现，在第一栏里做到这一点要快一些。

ORDQCG	WEFIMZ
CRUDOQ	EVLMZW
QUORDC	VIMWZE
CUORCD	ZIVFEW
DROCUD	VIZELM
DOCURD	MFWIVZ
DRGCOD	ZVXIEW
ORCDUQ	WVLZIE
ODQRUC	EWMZFI
DRXOQU	MEZFIV
DUGQOR	IWEMVZ
RGODUC	WEZMFV
GCUDOC	EFLMIV
DGOCDR	WZIEFV

在执行将X从记忆里找出并与我们正在寻找的东西相比较这一任务时，如果X藏在圆形字母中，要比它藏在与X本身类似的由直线和角所构成的字母中更容易也更快地被找到，因为在后一种情况下，我们必须区分细节。另一种解释认为，我们在寻找视觉图像时，经常会以“前注意”的过程进行，即以与总体图像相关的自动过程进行；如果这一步没有做到，我们便转移至“集中的注意力”上，有意识地寻找要找的物体与其他物体间细小的区别性特质。

——1954年，俄勒冈大学的弗雷德·阿特尼夫请一些受试者用十个点表示一些图形，他们倾向于把这些点安放在一些使轮廓方向转变最明显的地方。阿特尼夫的结论是，我们辨认图案的方法是通过分析“变化点”进行的。他还画出一些从现实的实物中大大简化的图案，即从一个变化点至另一个变化点画出直线。尽管这一做法使曲线变成了直线，但图形还是能得到立即辨认，如在图 31 中：

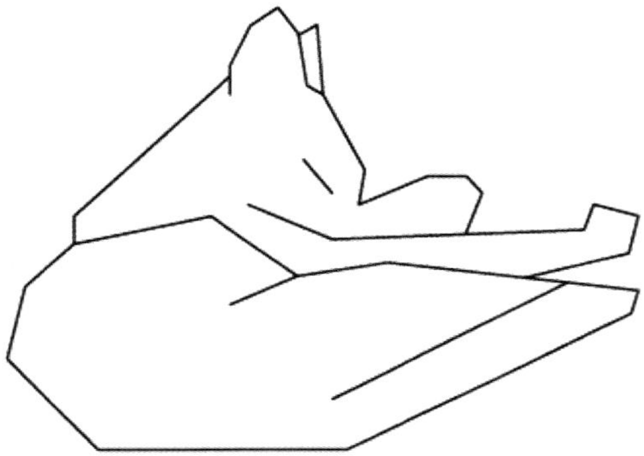

图 31　不存在曲线，但人们仍将其看作一个弯曲的物体

——熟练的阅读者将单词当作一个整体看待，而不会一个字母一个字母地加以辨认。但刚开始读书的人却是一个字母一个字母地看下去的。然而，即使在快速阅读中，仍有许多高速特征检测活动在进行，如 20 世纪 60 年代由埃莉诺 · J. 吉布森（詹姆斯 · 吉布森之妻）及其同事在康奈尔大学进行的一些实验所显示的一样。他们生造出一大批根本不存在的单音节词，其中有一些符合英语拼音规则，因此是可以发音的（“glurck”“clerft”）。然后，他们将辅音组调来调去，生造出另一些音节，虽然字母相同，但违反发音规则，因此无法发音（“rckugl”“ftercl”）。熟练的阅读者在幻灯片中看到这些词时，辨别符合规则的组合要比不符合规则的组合容易得多，尽管这些字母组合他们根本就不认识。一种可能的解释是，他们自己拼出这些词，因而更有可能将读得出的音节放入短时记忆中，不可发音的音节则不行。但是，吉布森在加劳德特学院的聋哑儿童中

进行这一实验，虽然他们从未听过别人念单词，但得到的结果仍是一样的。这只能意味着，在认识每个假词时，阅读者已区分这些字母，并立即辨认出，哪几组遵守合规的英语拼写模式，哪几组则没有。

——从事视觉错觉研究的人员发现，如果要受试者长时间盯着某个错觉看以及在某些情况下让他们的目光在这个错觉上扫来扫去，那么，错觉蒙蔽人们眼睛的力量将慢慢消失。即便错觉中的一些迹象会误导大脑，但是，细心寻找终会从中发现真实的东西。

——在20世纪50年代末和20世纪60年代初，后来成为知觉研究领袖人物的心理学家欧文·罗克给受试者观看一个倾斜45度的正方形，然后问他们，它看上去像什么，他们说像菱形。然后，他让受试者也倾斜45度，使图像在他们的视网膜上呈正方形。但是他们是在一间屋子里看到这个正方形的，正方形之所以倾斜，是以屋子为参考；而他们能够感觉到自己被倾斜，也是以屋子为参考。这两个信息来源经过心理的处理后，他们仍将该正方形看成菱形。这个简单的实验极大地影响了罗克对知觉的认识，他因此得出结论说，知觉现象必须从心理学的视角上进行分析。在神经生理学的水平上做这一工作显然是不成熟的。

上述发现以及后来几十年的研究清楚地表明，形状是物体识别中最重要的线索。蹒跚学步的孩子通过形状识别事物，很快就能把狗和猫区别开来。认识苹果后，他们很快就会知道苹果有绿色的，有黄色的，也有红色的。不久前，心理学家芭芭拉·兰多给几个3岁的孩子看了一个毫无意义的形状，并告诉他们这个东西叫作“达克斯”（dax）。接着，她拿出几件形状相同但质地、大小、颜色均不相同的物品，孩子们把它们全都认作“达克斯”。

时至今日，迈克尔·加扎尼加和托德·希瑟顿仍认为：“我们如何从视网膜上的图像中提取物体的形状，这一点至今还是秘密。”接着，他们列举了日常生活中诸多常见的“秘密”，如人们从不同角度认识物体的能力、区别不同事物的能力（如区别马和骑马人的能力），等等。有关这一问题的假说不计其数。然而，业已证明的理论尚不存在。

自20世纪40年代至今，神经生理学家已在视觉研究方面取得了大量发现。这些发现相比于认知学家的发现有着同等的重要性。早在20世纪30年代，他们就已能记录小组神经细胞的电活动，到20世纪40年代，实验室研究者完善了装有电极的玻璃探针，其精细度——尖端细如发丝，直径仅为1/1000厘米——使其可以插入视网膜的单个细胞、膝状体，或插入被局部麻醉的猫或猴子的视觉皮质里。这种仪器使研究者得以观察动物接受光照或进行其他实验时单个细胞的放电情况。

这种技术给形状知觉带来了历史性的发现。20世纪50年代末，哈佛大学医学院两位极其聪明的神经生理学家戴维·休伯尔和托尔斯滕·威塞尔测试出猫的视觉皮质细胞反应。他们把微电极埋在猫的视觉皮质细胞里，尽管他们无法选定某个特定细胞，而是将电极以大致合适的角度插在了合适的地方，这样他们就知道电极到达了哪个区域。威塞尔曾将这一过程比作用牙签在碗里刺樱桃，你可能不知道具体刺中哪一只，但你知道一定会刺中一只。研究者将猫用带子束缚妥当，再在屏幕上打出一些光点、光条或其他图形。猫头被固定在一定的位置，研究者可从中探知视网膜上的哪一部分可接收到图像信息，并将之与被刺中的皮质区域进行连接。通过放大器和扬声器，他们可听到细胞兴奋时的声音。安静时，细胞每秒只发出几声“噗噗”，但当受到刺激时，它会以每秒50或100声“噗噗”连续爆响。

由于视网膜和皮质的结构比较复杂，研究人员需要极大的耐心才能发现什么位置和在皮质哪一层的哪些细胞对来自视网膜不同区域的信息产生反应。1958年的一天，这项令人极为痛苦的精细工作终于得出了令人惊讶和半是偶然的结果。休伯尔和威塞尔已将一根电极插在一个细胞里面，但几个小时过去了，它并没有兴奋。休伯尔几年前回忆道：

> 为使细胞兴奋起来，我们试了各种办法，就差倒立了（它也确曾时不时有过自发性的兴奋，就像大部分皮质细胞受到刺激时一样，但我们很难证明这种活动是我们施加的刺激所引发的）。为刺激细胞，我们使用的大部分刺激物是白色和黑色的圆点。经过五个小时的努力，我们突然产生一个印象：带有［黑］点的玻璃［幻灯片］偶尔会引起反应，可这种反应似乎与该点无关。终于，我们想到了这一点：在我们把幻灯片插入槽中时，是玻璃边缘投下的很尖锐但又很模糊的阴影从中作怪。我们很快确信，只有当边缘的阴影扫过视网膜上一个较小区域时才起作用，且必须是从一个特定方向扫过才行。

简而言之，细胞对一条水平的线或边产生强烈反应，但对点、斜线或竖线，反应则非常微弱，或根本不起反应。

休伯尔和威塞尔（及其他研究人员）继续证明，其他细胞对某些处在一定角度上的线条，或对垂线，或对直角，或对明显的边缘（即物体与其周围环境存在明显对比的区域）产生特别反应。显然，视觉皮质细胞分工非常明确，它们只对视网膜上图像的某些特定细节产生反应。这项研究及其他一些相关发现使休伯尔和威塞尔获得了 1981 年的诺贝尔奖。

休伯尔和威塞尔研究中一个奇异的分支是所谓的“祖母细胞”。这个称呼是 J. Y. 莱特文提出的，是挖苦他们两位的。莱特文认为，休伯尔和威塞尔二人的研究，简单地说，就是大脑单一神经元可识别和表征所有物体，包括一个人的“祖母”。知觉专家对此颇感兴趣，而实际上，它却成了那些反对“一对一对象编码方案”的人攻击他们的把柄。

无论如何，休伯尔和威塞尔的线条识别细胞理论被证明是千真万确的。有趣的是，这种现象尽管是神经学上的，可部分却是后天学习的结果。在 1970 年进行的一项实验中，实验者将一窝猫放在一个竖直的笼子里圈养，里面满是竖条，不让它们看见一根横条。五个月后，在对它们进行视力测试时，发现它们无法看见横条或横向的物体。神经学的解释是，对横向线条做出反应的皮质细胞在小猫的早年生活阶段已停止发育。同样，在城市长大的人在童年早期看见竖线和横线的机会要多一些，而看见其他方向线条的机会则相应少些，因而，他们对前者的反应更为灵敏。一个研究小组对一组在城里长大的大学生和一组在传统帐篷和小屋里长大、很少看见横向和竖向线条的克里族印第安人进行测试，结果发现，在城里长大的大学生表现出了较强的倾斜效应，克里族印第安人则没有。

盯着图 32 的中心，也可体验你的视网膜上垂直、水平和倾斜检测细胞明确的分工。

图 32　使视网膜上的线条检测细胞产生混乱的图案

你看到的旋转和抖动也许是因为，当你看着中心时，不同角度的光线靠得很近，眼睛不断地移动使视网膜上的图像从一种角度的线条跳到另一根线条上，从而发出一堆信号，使得对特定方向敏感的皮质感受器产生混乱。

某些神经元的线条识别能力也可通过图 33 表现出来。在图 33 中的每幅图中，每个物体“凸显”出来，是因为画面中的线条对那些神经元有特殊的刺激作用。

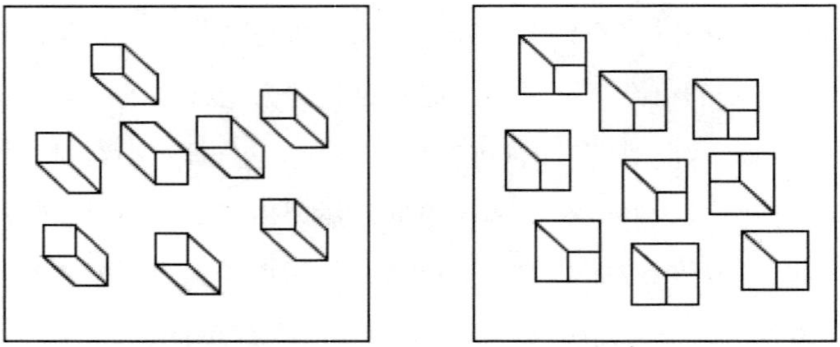

图 33　线条检测：每幅图中都“凸显”出几个不连贯的图像

微电极法使神经生理学家解开了视觉皮质的架构之谜——神经元呈竖向排列，约 100 个神经元以分层排列的形式组成一个神经柱——并能测量视觉皮质里每一部分的神经元对各类刺激的反应。其结果是，人们得出了视觉皮质不同部分不同细胞的详细分布图，以及它们如何区分各种形状、亮度对比、色彩、运动、深度等所提示的线索。极复杂的神经元对神经元、神经柱对神经柱的突触连接，将所有细胞的反应连接起来，从而为大脑提供视网膜上的图像这个复杂的编码信息。

然而，这一集中起来的信息在何位置及如何被心理“看见”，这一点人们尚不知晓。不过，从许多认知型知觉研究中可明显看出，视觉皮质专业化的反应并不是终极产品，至少在人类中不是。在低等动物中，神经反应也许足以产生合适的行动（如逃跑或攻击）。但在人类中，神经信息经常是毫无意义的，除非这些信息得到认知过程的解释。在错觉三角形的例子中，是观察者的心理，而不是其皮质细胞，提供了这个图像中所缺少的部分。其他不完整或有缺损的图像也是这样，观察者有意识地唤起较高级的心理过程，填入缺损的部分，然后得以看到一个根本不存在的东西。请看图 34：

图 34　一幅有缺损的图案。它是什么？

开始时，大部分人会将这一图案看作一堆毫无意义排列着的黑块。呈反向的白色部分和隐藏的字是如何被看出来的，这一点尚不清楚。然而，一旦看出，“心理”几乎再也无法将之视为一堆毫无意义的黑块。

第四节　看见运动

将眼睛视作照相机，这一比喻的意思是，我们是以快门方式观察事物的。但我们的视觉经验是一种不间断运动的体验。的确，通过环境和环境中移动的物体来感知我们的运动，这是观察中最重要的一方面。没有运动知觉的视力几乎毫无价值，也许比没有视力还糟。这一点可从 1983 年《大脑》期刊上所报道的一例罕见的个案中看出。

病人是位妇女，有严重的头疼、晕眩、恶心等症状，更严重的是她失去了运动感，这使她处处不便，不得不住进医院。脑电图和其他体检结果显示，在她的主要视觉接受区域之外的大脑皮质里，有一部分受到损伤，而这一区域是主司运动感觉的。报告摘抄如下：

> （她）失去了所有的三维运动视觉。比如，她无法倒茶和咖啡，因为这些液体看上去像冰块一样被冻结了。另外，她也掌握不了停止倒水的时间，因为水面升高时，她无法感受杯子（或壶）里水的运动……在有超过两人走动的屋子里，她感到很不安全、很不舒服，总是很快离开房间，因为“人们突然在这儿或那儿，而我看不见他们移动”……她不敢穿过街道，因为她无法判断车辆的速度，但她可以不费劲地看到汽车本身。“当我刚看到车辆时，它好像在很远的地方。然而，当我准备穿过街道时，汽车一下子便出现在眼前了。”

即使没有这些证据，我们也可判断出，运动知觉是极为重要的。我们对自身运动的知觉指导我们在环境中走动；对向我们移动而来的物体的知觉使我们得以避开危险；对手的运动的知觉，给我们提供何时将手伸向物体或做精细手工等所需的至关重要的信息；站着时，对我们身体细微运动的知觉使我们不致失去平衡或因此挥舞双手。（如果你双脚紧紧并在一起站着，然后闭上眼睛，你会发现很难站稳。）

在很长一段时间里，对运动知觉的许多研究主要是处理外部变量：移动物体的大小、速度、位置和其他特点如何影响其在我们视觉里的呈现方式。这种研究类似心理物理学：收集某些客观数据，对经验的内在过程却只字不提。尽管如此，它还是提供了这些过程的重要提示，即先天的神经过程与后天的认知过程。

关于先天低水平过程的典型发现：研究者在婴儿面前把一个阴影或盒子状的图像打在屏幕上，然后让阴影或图像快速扩张。当图像扩大时，婴儿朝后一靠，好像要避免被撞上一样。一个从未被快速接近的物体撞上的新生儿会以这种方式做出反应，许多没有经验、新出生的动物也会这样。这个反应绝不是经验的作用。这种对“快速放大”的物体所做出的避开姿势，显然是一种保护性的反射，是通过进化遗传下来的。一个快速接近我们的物体的视觉图像便可触发回避的行为，而不涉及任何更高的心理过程。

关于后天高水平过程的典型发现：1974 年，心理学家戴维·李和埃里克·阿伦森搭建了一个没有地板的房间，它可在一块不能移动的地板上任意移动。他们将几个 13—16 个月大、刚学会走路的婴儿放在里面，然后悄悄地将这个房间朝婴儿面朝的方向，也就是说，远离孩子的脸——孩子会向前扑或跌倒。如果将房间朝反方向移动，孩子会朝后跌倒。他们的解释是，当墙壁移走时，孩子感到自己好像在向后倒，因而自动地通过向前扑倒来加以补偿。反过来亦如此。这种现象似乎是一种习得行为。孩子在开始走路时，便学会使用“视觉流动”的信息。（视觉流动是我们移动时反映在视野范围内的任何物体的移动。比如，当我们走向某点时，其周围的任何东西便向外扩大，直到视野的尽头。）

这些及其他一些富有成果的运动知觉研究，使长期以来视眼睛为照相机的观点更加无法自圆其说。该观点的一个缺陷是，尽管眼睛没有快门，但移动的物体并不会因此而模糊；当我们的目光在移动时——相当于照相机在曝光时被移动了——我们看到的东西也并不模糊。于是，许多研究运动知觉的人已在寻找何以不产生模糊的原因。一种以乌尔里克·奈塞尔和其他人的研究为基础的假说越来越得到人们的认同。它认为，一个图像通过幻灯机在屏幕上闪动哪怕几分之一秒，事后我们仍可在心理里粗略地看到它。1967 年，奈塞尔使用“映像”一词以形容这个非常短暂的视觉记忆。他测量出它的持续时间约为 0.5 秒（后来的研究报告认为只有 1/4 秒）到 2 秒，并发现，如果新的图像在它完全消失前出现，它就会被清除。其他视觉研究者因此认为，由于眼睛扫过视野或以一系列叫作“扫视”的跳跃方式跟踪物体，它在物体移动时什么也看不到，但在其每次短暂停留时，会发出一个映像式的快照传给大脑。这些快照汇集在一起，便形成运动知觉，就像一个人在看电影一样。

这种假设在 20 世纪 70 年代和 80 年代初被人们广泛接受。但一些走在最前沿的研究者们开始提出质疑，认为映像只是在不自然的实验条件下观察到的，不一定存在于正常的知觉之中。果真如此，有关运动知觉的扫视－映像假设就会立不住脚。拉尔夫·哈伯这样认为：

> 在自然状态下没有这些表现，除非你想在闪电中阅读。没有这样的自然情形，即视网膜在约不到 1/4 秒里感受到静态刺激，而其前后均为一片黑暗……并没有固定的、像快照一样的视网膜图像，像时间静止了一样，所有的只是持续变化的图像……映像是在实验室里诞生的，且只存在于实验室中，不可能存在于其他任何地方。

眼睛的屏幕不是感光剂，在它上面运动的图像并不是以静物的形式被清晰地捕获。反之，视网膜是一种由上百万个感受器所构成的组织，当受到刺激时，任何一个感受器每秒钟便要兴奋许多次。当图像在视网膜上运动时，从一系列感受器上产生的连续冲动流便一直进入视觉皮质。没有模糊不清的地方，因为这一系统生成的并不是一连串的静止物，而是一条不间断的、不断变化着的信息流。

的确，40年前有人得出一项关于运动知觉的戏剧性发现，视网膜和视觉皮质里的某些神经元会对运动产生兴奋反应，而其他神经元却不会。运动的探测从单细胞水平展开。这种古老的进化性发展有助于一些猎物逃脱被吃掉的命运，也有助于捕食者发现并抓住猎物。青蛙会有效地捕捉任何较小的运动物体，但若只喂它已死的苍蝇或虫子，它就会饿死，因为它不会认为这些东西是食物。其他许多简单的捕食动物也显示出类似的行为。青蛙的视网膜和大脑显然具有一些可对运动（和大小）做出反应的神经元，这种能力对于生存具有比视觉更大的价值。

在20世纪60年代和70年代，休伯尔和威塞尔等均展示了运动探测器的存在。他们通过实验得出，当利用电极法记录猫和猴子的单个细胞活动时，视网膜和视觉皮质中的某些细胞——且只有这些细胞——会对运动做出强烈反应。事实上，有些细胞只对一种方向的运动做出反应，另一些则对相反方向的运动做出反应。

其他调查者通过完全不同的方法确证了这一点。1963年，罗伯特·塞库拉及其同事通过投射一幅向上运动的栅栏图像而确定人类受试者看见物体运动的临界值（最低速度），然后让每位受试者稳定地看着运动的物体。几分钟后，受试者在栅栏图像以原来的临界速度慢慢运动时，再也无法看见它的运动。然而，如果速度提高一倍，他们仍能看见它的运动，且能在更慢的速度上看见它向下运动。结果表明，眼睛里存在向上运动的探测器，不过它们已非常疲劳；也存在向下运动的探测器，而它们仍未疲劳。在受试者观察向下运动的栅栏几分钟之后，实验者得到了以相反方向运动的比较结果。

大多数人都经历过运动探测器疲劳的现象，但对它们在神经方面的基础毫不知情。如果盯着一道瀑布长时间观看（或其他连续运动的物体，如生产流水线），然后扭过头去，我们会看见向相反方向的运动错觉。“这叫作瀑布效应，”加扎尼加和希瑟顿指出，“因为如果你盯着一道瀑布，然后转过身，你眼中的石头和树木在一段时间内看起来就会好像在向上运动一样。”因一个方向上的运动而高度兴奋的细胞会暂时疲倦，且不再兴奋，这时，对向另一方向的运动产生兴奋的细胞却会不断地以其正常的低水平保持兴奋，因而在其反应的方向上临时产生出运动的感觉。

然而，这些都未能解释运动知觉的其他两个未解之谜。如果转动眼睛或头去追随一只飞鸟或其他运动的物体，我们可感知到运动，即使这个图像在视网膜的中心保持不动。反之，如果转动眼睛，图像会扫过视网膜，但我们看到的只是一个静止的世界。

那么，一定是其他信息来源确认或纠正了来自视网膜的信息。长久以来，人们已提出了两种可能性：要么是大脑向眼睛和头发出运动命令，使运动物体的图像保持在视网膜中心位置，要么是眼睛和头的运动本身在视觉皮质里得到延缓，并在那里被解释为该物体的运动。同样，当我们扫视一个静止的背景时，要么是大脑的命令，要么是眼睛和头的运动在向视觉皮质发出信号，使其将运动的视网膜图像看作一个未运动的场景。

这个问题尚未得到解决，用动物进行的实验室实验却为每种理论提供了证据。眼睛和头的运动可通过一种或另一种方式为运动知觉提供部分至关重要的信息，对后像的研究证明了这一点。如果受试者盯住一个明亮的光线看一会儿，再扭头看一个相对较暗的区域，他们将看到光线的后像。如果转动眼睛，后像会在同一方向上运动，尽管后像的来源——视网膜上已经疲倦的区域，并没有运动。这句话的意思是，视觉皮质尽管接收到眼睛在动而图像并没有在视网膜上运动的信息，但它还是将其解释为眼睛对运动图像的跟踪。

另一个可能的解释是“参考系效应”。如果你看着某个背景，比如，在网球场上球网对面的场地，你的对手在跑动，你转动脑袋，使视线落在他身上，结果会是什么？结果是，一列图像划过你的视网膜。然而，你知道，你的对手在动，网球场并没有动。此时，网球场在你大脑里就是一个参考系。

最近，许多神经科学研究已经考察了各种运动知觉功能障碍中的神经通路。迄今为止，它既没有肯定也没有修正上述假说，但也许离这样做也不远了。

第五节 看见深度

与实验室完全不同的是，在大自然中，所有的形状或运动都是三维的。要想理解日常生活中的形状及运动知觉，首先要理解深度知觉。心理学家一向认为，深度知觉是知觉的中心问题，因而，关于深度知觉的研究文献目录可编成一本厚书。

基本问题一向是既明显又简单：我们的信息来源——视网膜上的图像——基本上是二维的，但我们又是如何看到三维世界的呢？我们看到的为什么不是一个平面世界，就像在一张彩照里，每个物体的距离和三维特质只能通过其大小、视点、阴影和其他暗示来显示呢？

事实上，这些暗示就是一组理论所提供的答案。这些理论的形式各种各样，但大都认为，深度知觉并不是自动和天生的。一些理论认为，它是经验的直接结果，经验使我们将深度与暗示联系起来；另外一些理论认为，深度知觉是后天得来的心理过程，我们可通过这个过程从暗示中推理出深度。

认为深度知觉是我们将暗示与深度经验联系起来的产物这一观点始于洛克和贝克莱。从那时开始，联想－行为主义传统中的心理学家一直认为，我们在有意无意地将视网膜中二维图像的暗示与物体与我们的距离这一经验联系起来，从而产生出三维的暗示。

另外一种观点认为，感知深度是我们对所看到的事物进行逻辑推理的结果。这一观点首先由J. S. 穆勒于1843年提出。在提到知觉时，他说，在我们观察到的东西中，1/10是观察，9/10是推理。在19世纪的末期，亥姆霍兹进一步细化了这一理论，认为我们是根据视网膜上的二维图像无意识地推测出三维现实。从那时起到现在，前进在认知方向上的心理学家大多认为，知觉（包括深度知觉）部分或大多是高级心理功能的产物——“有点类似于思想的过程”，欧文·罗克如是说——在这些过程当中，从暗示中进行推理只是其中之一。

不管人们喜欢哪一种说法，对深度的暗示在日常生活中大都为人所熟悉，其在知觉中所扮演的角色也已为数以百计的实验所证明。下面是一些主要线索及几个代表性的实验。

——明显的尺寸：物体越远，看上去越小。然而，如果我们已经知道它有多大——比如一个人那么大——我们就会从它所显示的大小上推断出距离，即使其位于一个毫无特点、没有任何暗示的平面上。在1951年进行的一项实验中，一位研究者制作出一些扑克牌，其大小从正常牌的一半到两倍不等，然后在无任何有关距离提示的实验室条件下请受试者观看这些牌。受试者认为，一倍大的扑克牌离他们较近，只有一半大小的牌则离他们较远。其实，所有的牌都位于同样的距离上。事实上，我们每个人都对月亮产生过“视觉错觉”。在我们眼里，满月在地平线上时远比升到空中时大。对于这种现象最有说服力的解释是，当月亮离地平线上的物体很近时，这些物体会影响我们对它大小的判断。当月亮升到空中、远离地面的物体时，人们的判断也随之改变。

——透视：从观看者的视角看如铁轨或墙壁的边缘这样的平行线，它们看上去在远处汇合。至于我们在多大程度上受到这些暗示的影响，可从前面的图15中看清楚。透视坡度使我们认为远处的图像和近处的几乎一样，而事实上，前者只是后者的1/3大小。

——介入性：当一物体被另一物体部分挡住时，我们意识到，被挡住的物体要远于遮挡物体。我们远看城市风景时，可以非常容易地感受到某个遥远的高层建筑的距离，因为较低的建筑挡住了高层建筑下面的楼层；但在海上，一个浮动物体的距离却很难判断。

——一个表面的纹路，如草地、水泥人行道，是恒定不变的，但远处越来越细的纹路却是重要的线索，我们可据此看出物体在某一表面上的距离。

——与近处的建筑物或山冈相比，远处的看上去平淡而模糊，因为中间隔着大量空气。

——运动视差：在运动中，物体彼此之间不断变化的关系是重要的深度信息，特别是对近处的物体与相对较远的物体进行对比观察时。

——聚合与适应：我们在看较近的物体时，视线会向内收拢，眼球旁边的肌肉紧绷起来以形成焦点。看远处的物体时，双眼视线为平行状，眼球处于放松状态。在判断三米之内物体的距离时，随之而生的内在感觉是非常重要的线索。

——双眼视差：盯着相对较近的物体看时，其图像会落在每只眼睛的中央凹，也即视网膜的中心，而同样远的其他物体的图像则会落在两个视网膜相对应的地方。物体不管远近，其图像总是落在视网膜的不同地方，如图35所示。

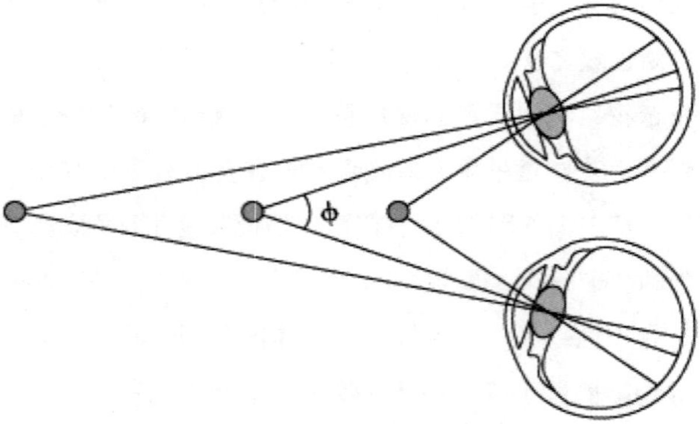

图 35 双眼视差对深度的表达

两个视网膜图像之间的差异通过大脑进行解释，以指明哪个物体离我们远些。双眼视差在 200 米到 600 米之间时效果最明显。一些知觉理论认为，这是对深度的最重要暗示。

前述所有深度暗示都可用内在机制或后天学习的行为加以解释。但深度知觉的天生要素，却是由另外一些更有说服力的证据加以证明的。

一系列具有历史意义的实验指明，深度知觉是本能行为。这些实验是 20 世纪 50 年代和 60 年代初由康奈尔大学的埃莉诺·吉布森完成的。我们在前面已经谈到过她在可发音和不可发音词汇的高速阅读上所进行的探索。这一次她的合作伙伴是同事理查德·沃克。吉布森终生害怕崖壁，沃克则曾在第二次世界大战期间训练伞兵从高台上向下跳。两人共同设想并创造出一种“视崖”，以验证老鼠对深度知觉的把握是来自先天本领还是后天经验。视崖是一块厚玻璃，一半的下面贴着瓦形图案的墙纸，另一半的下面也有同样的墙纸，但其位置在几米以下的地方。问题在于，没有深度经验的动物——

从未在任何形式的高度上往下跳过的生物——是否会自动避开看上去似乎要摔下去的地方。

研究者在黑暗中养鸡、鼠和其他动物，不让它们产生任何深度经验，然后将其放在玻璃上的一块木板上。木板的一侧看上去深度较浅，另一侧看上去较深。结果富有戏剧性。动物尽管从未体验过深度，但总会避开看上去较深的一边，并从木板看上去深度较浅的一侧跳下去。

然后，吉布森和沃克开始对人类婴儿加以实验。吉布森后来回忆道：

> 我们不能在黑暗中哺育婴儿，只好等其能自行移动时，将他们对边缘的躲避当作我们的深度区别指标。结果是，只会爬行的婴儿的确会避开“很深的”一边。他们可能在学会爬行之前就已学到了某些东西，但不管是什么，他的深度知觉绝不会从外部得到强化，因为父母从未报告说，婴儿曾从某个高度摔下去。

每个婴儿的母亲会站在该装置的左边或右边向孩子招手。当婴儿的母亲站在看上去浅的一边时，婴儿们几乎无一例外地立即朝母亲爬去。但当她们站在看上去深的一边时，27 个婴儿中只有三个敢向其所在的地方爬。

后来由其他人所做的实验削弱了吉布森与沃克的结论。这些实验证明，人类婴儿对高度的害怕是后天得来的——不是通过摔下去的体验，而是通过总体意义上的移动经验。认为深度知觉内置于神经系统的极有说服力的证据在 1960 年出自一个不可思议的地方——美国电话电报公司的贝尔实验室，发现这一证据的是时为电视信号发射专家的年轻电气工程师贝拉·朱莱茨，这同样令人不可思议。朱莱茨在匈牙利出生，并在那里接受教育。1956 年，他来到美国，被新泽西默里山的贝尔实验室录用，工作职责是寻找办法减少电视信号使用的带宽。但朱莱茨为一些更有趣的现象所吸引，于是，自 1959 年起，他在贝尔实验室的默许下，决心专攻人类的视觉。虽然他从未得过心理学学位，但很快就成为一位广为人知的获奖知觉心理学家、贝尔实验室视觉研究的领头人物和麦克阿瑟基金会成员。1989 年，他成为罗格斯大学视觉研究实验室的主任。

朱莱茨刚刚踏入视觉领域，就因为一个突然萌生的念头而在心理学界大出风头。他在阅读立体深度知觉方面的有关书籍时惊讶地发现，人们一般认为立体视觉是大脑将一些暗示与每只眼睛里的图像的形状和深度进行匹配的结果。他们认为，这种结果形成图像和深度知觉的融合。曾在匈牙利当过雷达工程师的朱莱茨感到，这个说法显然是错误的。

> 为识破空中侦察的伪装，人们会通过立体镜观察空中图像（从两个稍有不同的位置），从而使伪装起来的目标从极其明显的景深中跳出来。当然，在现实生活中并不存在理想的伪装物，但观察过立体镜以后，人们可用一只眼探测到可从背景中将一个目标区分出来的微弱暗示。因此，我利用刚运到贝尔实验室的最大计算机，即 IBM704，来模拟理想的伪装立体图像。

这些是由随机黑白点产生的图像，如图 36 所示的两个图案：

图 36 当这些图案以立体的方式重合在一起时，中心会向上浮动

如果单独观看其中一个图案，两个图案中均没有深度暗示。然而，尽管它们的大部分相同，但中心部分的一个小区域被计算机处理得稍稍偏向一边，因此，当人们用一只眼睛看一个图像并使这些图案重合在一起时，这个小区域会产生双眼视差，看上去要从背景中漂浮起来似的。（要看到这个惊人的效果，可用一块 10 厘米 ×10 厘米的纸板或一张纸竖直放在面前，并与本页垂直，这样做时，每只眼睛便只能看到一幅图案。看着图案的一角，过一会儿，两个图案会向彼此移动并重合在一起。这时，中心的区域似乎从纸页上腾起约 2 厘米高。）

这种随机点构成的立体视觉图远不止是逗人的好玩把戏。它证明，立体视觉并不依靠每个视网膜上的暗示形成三维体验。正相反，大脑可将无意义的图像重合起来，从而显示出导致三维效果的隐藏起来的暗示。它不是认知过程，也不是学习如何解释深度暗示的问题，而是一个天生的神经生理过程，发生于视觉皮质的某个特别层面中。一些组织严密且相互作用的细胞就是在这里将图案中的点的相互关联，得出融合后的三维效果知觉。（立体效果并不是我们获取深度知觉的唯一途径。朱莱茨的工作并不排除其他办法，包括那些涉及学习的方法。）

朱莱茨自豪地看到，他的发现导致休伯尔和威塞尔等人将注意力从形状知觉的研究转向对双眼视差的研究之上。他谦虚地说：

> 我从未将自己在把随机点立体图引入心理学中所起的作用看作伟大的智力成就，尽管它的许多成果对大脑研究确有裨益。这只是一种幸运的巧合，是两种文化的碰撞，是一个会说两种语言的人的大脑中两种语言的交流（心理学家和工程师的语言）。

关于深度知觉，几十年前还有另外一种理论。它既不属于专业神经方面，也不属于专业认知方面。这并不是说研究者将两者机智地合并在一起了，实际上正相反，他将神经理论和认知学说全部视作无用之物，认为它们是以错误的假设为基础的。

只有胆识过人的怪杰才有可能将一个世纪以来对深度知觉的研究全盘抛弃，并宣布自己已找到一种全新的正确办法。只有真正的反传统者才有可能确切地说，我们感知深度既不是通过神经检测，也不是利用暗示进行推理，而是“直接”和自动地产生知觉的。只有急性子的人才会提出一种激进的认识论，认为光线的物理特性给我们提供了一种对深度的准确的、真实的体验。我们不需要解释看到的东西，因为我们看到的就是实际的东西。

这个人就是詹姆斯·J. 吉布森（1904—1979）。他的崇拜者认为他是“20 世纪视觉方面最重要的学者”和“知觉心理学世界里最有创见的理论家”，但其理论被大部分知觉专家认为是“令人难以置信的”（一位评论者甚至认为他的理论太过“愚蠢”，根本不值得讨论），很少获得支持。

吉布森出生在俄亥俄州的一座河边小镇，在中西部的不同地方长大成人。他的父亲是铁路巡视员。吉布森考入普林斯顿大学后，发现自己与这里围着俱乐部转的社交生活格格不入，而宁愿接近他称为“神经病”的怪人。他一度在哲学和表演之间摇摆不定。他长着一头卷发，方脸，长相极帅，具有扮演男主角的先天条件。但到高年级之后，他开始选修心理学，而且立即喜欢上了它。1928 年，他到史密斯学院任教，一度对相对传统的知觉研究着迷。第二次世界大战期间，“陆军航空兵航空心理学计划”请他参与开发深度知觉测试，以确定谁具有飞行，特别是成功起飞和降落所必备的视觉资质。

吉布森认为传统的深度知觉暗示，包括阴影和视点，都没有价值。在他看来，这些东西全都基于油画和客厅里的立体镜，而不是基于三维的现实世界；全都基于静态的图像，而不是基于运动。对他来说，最有用和现实的是两种暗示：一是纹理梯度，就像飞行员在接近地面的最后阶段所看到的跑道平稳变化的粗糙度；二是动作透视，或一个人在环境中运动时物体之间产生的不断变化的关系流，包括飞行员在起飞和降落时看到的所有东西。这些暗示很快得到接受，至今仍成为深度知觉中以暗示为基础的理论中的一个重要部分。

吉布森的航空兵研究中包含他日后观点的精华部分。深度知觉中最为关键的机制（按照吉布森的说法，在所有的知觉中）不是视网膜图像——尽管它可以产生很多暗示，而是物体之间相对关系的不断流动及其在感知者移动环境中的外观。20 世纪 50 年代和 60 年代，他在康奈尔大学进行了大规模的研究工作，并对纹理梯度概念进行了测试。在一些测试中，他将一些模糊的乳浊玻璃放在观察者和有纹理的表面之间；在另一些实验中，他让观察者睁大眼睛，以避免过分集中于纹理。他还在其他实验中，将乒乓球剖成两半，做成护目镜，使受试者看到的东西就像一团迷雾一样，没有表面，也没有体积。类似的实验，加上他对航空人员的研究，使吉布森慢慢抛弃了纹理梯度理论，将观察者在环境中的运动强调为深度知觉的关键。不管运动大小，它都会导致视觉排列的变化——从环境抵达眼睛的光线的结构模式——如图37所示：

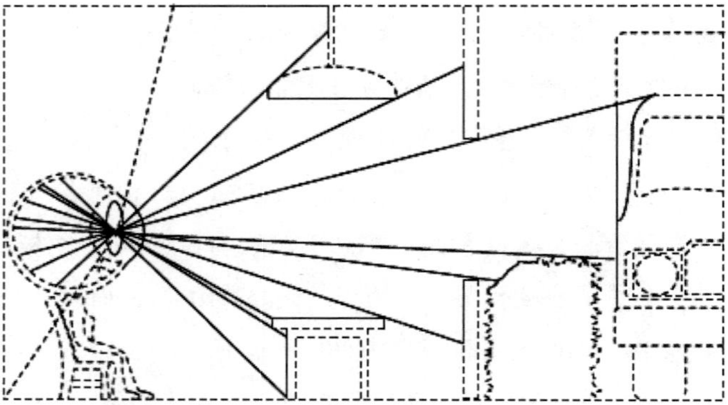

图37 视觉排列传达深度的方式

视觉排列包含从任何角度所看到的信息。这些信息将随着观察者的移动而变得无限丰富。即使是头部的最微小变化也会改变这种排列，会使看见的物体的形状发生变化，从而得出这种或那种物体的视觉流动。吉布森渐渐相信，在视觉排列与流动里存在无限丰富的信息，它们可直接传递深度和距离，根本不需要心理计算或根据暗示进行推算。

这就是吉布森在其总括性的“直接知觉”“生态学”理论中所解释的深度知觉。可惜的是，吉布森在提出了自己的理论后，却拒不接受神经学和认识角度的理论。他原本可以承认，深度知觉的神经和知觉观点全都正确解释了一个现象的不同方面，他的观点则是对两者的补充。但对于詹姆斯·J.吉布森来说，这是不可能的。

他的名字随同他的理论从人们的脑海中消失了。然而，他如此钟爱的线索却成为当代深度知觉理论重要的组成部分。

第六节 看待视觉的两种方法

“视觉的状态，”贝拉·朱莱茨说道，“就像伽利略之前的物理学，或沃森和克里克发现DNA双螺旋之前的生物化学一样。”自那之后，人们对视觉的了解增多了不少，但两种主要探索方法中的任何一种——如果将吉布森的理论也放进来的话，就是三种——的确是只就视觉现象的某一方面进行解释，至今还未形成一种综合统一的视觉理论。也许某种伟大的系统概念还没有被发现，或视觉可能过于复杂，人们无法用某一种理论来囊括它的所有概念，而那两种不同的方法涉及的是复杂程度完全不同的问题。

我们已经熟悉了这些不同的方法。在这里，我们要做的只是收尾工作，即将这些研究者对视觉的解释在总体上做一个回顾。

神经学方法：这种方法回答的是19世纪生理学家们一直着迷的一个问题，在结构上一模一样的感觉神经是如何将不同的感觉传递到大脑里的?

近年来，人们对此有了详细研究，并得出这样的答案，即神经冲动本身并没有差别。反过来，对某些刺激有反应的感受器将信号分开发送至视觉皮质的纹状或初级区域。整个过程始于视网膜，视杆细胞对于低水平的照明很敏感，而视锥细胞却恰恰相反。视锥细胞分为三类，每一类响应不同波长的可见光，有一些本书前文已经提到，对特别的形状和运动十分敏感。

从视杆细胞到视锥细胞，同样的神经冲动沿着平行的路径传递，最终止于大脑的不同部位。90% 以上的冲动传递至视觉皮质的某些区域，剩下约 10% 传递至其他皮质下的结构里。因此，传递到大脑的信息被细分为颜色、形状、运动和深度，传递到特别的区域。通过染色技术跟踪实验室里猴子的视网膜和视觉皮质中的神经通路，研究人员能识别 30 多种各不相同的视觉区域。

然后呢？大脑会将这些信息组合起来：通过单细胞记录和两种脑部扫描技术——正电子发射断层显像（Positron Emission Tomography，PET）和功能性磁共振成像（Functional Magnetic Resonance Imaging，FMRI）——感知研究人员已弄清楚初级视觉皮质极其复杂的内部架构及神经线路图（该问题非常复杂，此处不便详述），正是它们把单个冲动整合起来，并将来自两眼的信息合于一处。结果是，视网膜图像使多组复杂神经元兴奋，但这些兴奋的模式根本不同于视网膜上的图像，也不同于眼睛之外的场景。此前已经提到，它类似于描写一个场景，这段描写可以传达这个场景含有什么，但是它看起来和这个场景却并不相像。

换句话说，它不是一个图像，而是一个编码的图像表征，有点像录音带的磁性模式：它不是声音，而是一种编码的声音表征。然而，这种表征还不是知觉，它只是处理信息的一个阶段。

部分集合和整合起来的信息从纹状区域被发送至视觉皮质的另一个区域和在其之上更高级的大脑皮层区域。在这里，信息终于被心理看到，被识别为某种熟悉或从未见过的物体。这个过程是如何发生的，大部分神经生理学家认为是一个谜。但少数人大胆地猜想，在大脑较高级的水平上，有一些以突触连接或分子沉积形式表现出的以前见过的物体的“痕迹”，而这些细胞只有在一个输入信息符合痕迹时才会有反应。对符合的情况做出的反应是一种意识（“我见过这张脸”）；不符合的不会引起反应，但它也是一种意识（“我没有见过这张脸”）。

神经理论告诉我们许多关于视觉在微观水平上的运行机制，但没有形成宏观的理论；它告诉我们许多视觉的机制，但没有说明这些机制的拥有者和操作者；它还告诉我们许多神经元的反应，但没有论及知觉经验。如一位认知学说家所说：“只研究神经元以理解知觉，就像只研究羽毛以理解鸟的飞行一样。”

认知方法：这种方法主要处理以下几种在知觉现象中运行的心理过程：形状恒常性、特征识别、形式识别、从暗示中得来深度知觉，以及在大部分信息丢失后辨认形象等。

得出这些结果的心理过程由几十亿个神经事件构成，但认知学说家认为，解释这些过程的是宏观理论，而不是微观理论。研究波浪如何改变形状并在接近海滩时粉碎的物理学家，绝不会从数不胜数的水分子的相互作用中得出波动力学定律，即使其利用巨型计算机也无法得出结果。这些定律表现出的是大量的效应，它们存在于一个完全不同的组织层面里。一个人与我们谈话时发出的声音是由大气中分子的震动构成的，但这些话的意义却不可能以分子振动的形式表达出来。

视觉的心理过程亦是如此。它们是大量有组织的神经现象的效应，是根据心理法则而不是神经生理学法则表现出来的。我们已看到过这方面的证据，但一个特别有趣的例子很值得在这里讨论：我们从记忆中调出一个图像，并在心理之眼中观看它时，会发生什么？在什么水平上发生？认知学说家所做的实验显示，这种过程只能用高级认知进行解释。最简练且使人印象深刻的实验，是斯坦福大学的罗杰·谢泼德所做的“心理旋转”。谢泼德请受试者说出下列三组中的物体（见图 38）是否一样。

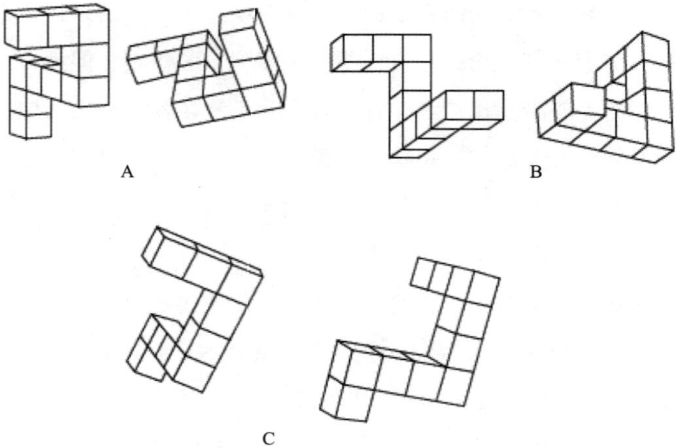

图 38　心理旋转：哪几对是一样的？

大多数人在研究这些图案后会得出，A 的物体与 B 的物体是一样的，C 的物体则不同。当问及如何得出结论时，他们说，这些东西在他们头脑中转动，好像在现实世界里转动的真实东西一样。谢泼德通过另一项实验显示出这个过程是如何反映真实转动的。在这项实验中，受试者从不同角度看见一个给定的形状。比如，下面这组图案（图 39）显示出一系列位置上的单个形状：

图 39　心理旋转：距离越远，所需时间越长

给受试者观看这些图案时，他们辨认出这些东西彼此一样所需的时间与这些图案位置的角差成正比。也就是说，一个图案与另一个图案进行比较时，转动的角度越大，辨认所需的时间就越长。

这只是许多知觉现象中的一例。这些知觉现象涉及对外部世界的内化符号进行操作的更高心理过程。最近几年，一系列知觉研究者在尝试提出一个综合性的认知学说以解释这些过程，解释其如何产生知觉。

在这一研究领域有两种观点，其一是利用从计算机科学的分支——人工智能——中得来的概念及过程。人工智能的基本假定是，人类心理活动可通过一步一步的计算机程序加以模仿，并按同一步骤一步一步地发生。人工智能专家们一方面想让计算机辨认出它们看到的东西，另一方面想获取对人类知觉更好的理解，因而编写出许多辨认形状的程序。为获取基本的形状辨认元素——譬如辨认三角形、正方形及其他规则的多边形——程序也许会按一系列的“如果……就……”步骤进行。如果有一条直线，它就会一直跟着直线下去，测量它，直到其末端；如果另有一条线从这里继续下去，它就会将这个点叫作一个角，通过第二条线改变的方向测量这个角；如果另一条线也是一条直线，它就会一直跟踪它，直到边和角的数字全部被测量过，并与一系列多边形及其特质进行匹配。

赞同人工智能法适用于视觉的主要论据是，大脑里没有投射器或屏幕，也没有想象中的小侏儒在里面观看事物，因此，思维肯定不是在处理图像，而是在处理编码的数据，处理方式是一步一步地进行，就像计算机程序一样。

15 年前，反对人工智能的主要论据是，没有任何现存机器的视觉程序可与人类匹敌，也没有哪一种机器可辨认出平面形状，更不用说辨认三维图像的能力，或者知晓它们在环境中的位置，或辨认出岩石、椅子、水、面包或它看见的人的可能的物理属性。但从那以后，对机器视觉的研究有了长足进步。比如，从前限于二维空间，如今却具备三维能力，识别形状和距离的方法也有了很大进步。具有视觉功能的机器人在很多工厂已投入使用；具有视觉功能的智能系统能引导无人驾驶的汽车穿越沙漠，躲避障碍和山谷；防盗系统也具有识别"面部"的能力等等。

诚然，与人类辨别事物的能力相比，机器视觉还非常有限。机器没有理解能力，没有认知能力，也没有感知能力。总的来说，它没有和人类大脑这个巨大的信息库联系起来。人类的大脑经过进化储存了大量心理信息和情感反应，积累了大量习得的知觉意义，以及有关这个世界的、相互联系的巨量信息。的确，机器视觉的设计者非常伟大。其伟大之处在于加深了人们对机器视觉的了解，然而，他们并没有揭示人类视觉的工作原理。

另一种观点是，认知的知觉过程如何运行有赖于对人类思想进行的实验研究而不是机器的思维模仿。这一观点的起源可远溯至亥姆霍兹时代的传统。当时的看法是，知觉是从不完整的信息——包括另一类有意识的思想过程——中经无意识推理而来的结果。其最卓著的倡导者是加利福尼亚大学伯克利分校的欧文·洛克。他出版的《知觉逻辑》一书被《心理学年鉴》描述为"对观察者而言似乎需要智力活动才能得到知觉效果的最全面和实验上最可行的解释"。

洛克是杰出的感知心理学家，但在其早年大学生涯中，他一点也不杰出。事实上，他的所作所为与一个知识分子家庭格格不入，可以说是个败家子。但在第二次世界大战期间，他所在的部队遭到敌机轰炸，他感到自己肯定会被炸死。于是，"我对自己发誓，"他说，"如果能活着回去，我会在有生之年做点儿事。"战后，他成为一个拔尖的学生，并开始攻读物理学的研究生学位。但当他意识到心理学这个年轻的领域里有更大的机会为知识领域做出重大贡献时，他当即转向心理学。

在社会研究新学院里，洛克深受格式塔学派的影响，成为一个热情的研究者。组织和关系思维的基本格式塔法则仍是他理论的一部分，但那些法则描述的基本上是自发过程，洛克慢慢相信，许多知觉现象只能用通过诸如思想的心理过程进行解释。

他在1957年的一项实验中产生了这个想法。前面已经讲过，他把一个正方形倾斜，使其看上去像一个菱形，然后再让观察者也倾斜。由于观察者仍认定该正方形是个菱形，洛克推断出，观察者一定是利用了视觉和内心线索来解释所看到的东西。洛克花费多年时间设计和进行其他实验，以检验一个假设：知觉常需要更高水平的过程，即高于发生在视觉皮质里的活动的水平。这些研究最终导致其得出一个论点，即“知觉是智力的，因为它基于类似于构成思想的那些操作”。

洛克说，的确，知觉也许就是思想之所以诞生的根源，也许就是原初有机体低水平的感觉过程与更复杂生命形式中的高水平认知过程之间的进化连接。他认为，如果眼睛看到的东西是意义模糊且令现实扭曲的表达，这些机制就得进化，以便能够获得有关现实的可靠和忠实的知识。照他的话说，“智力操作也许就是为服务于知觉而进化出来的”。

这并不是说，所有的知觉都与思想类似。洛克特别使用瀑布错觉作为解释低水平神经形式的例子，但对他来说，有关运动知觉和其他形式知觉的大部分事实似乎都需要高水平的过程。无意识的推论，比如，我们利用纹理梯度线索以感觉距离，只是其中的一种。解释性的描述是另外的一种。在由波林绘制的又是老巫婆又是少妇的图案中，人们看到的不仅是如何简单地辨识一个图像，而是如何对特别的曲线进行解释：像鼻子，还是像脸？许多被感知的形式或物体并不能立刻辨识出来，人们要通过这一进程才能辨识出事物究竟是什么样子。

知觉也常常需要解释这种或那种难题。人们很少认可知觉可以解决问题，但洛克已掌握的大量证据——一些来自他人的早期研究，一些来自他自己的原创实验——显示，在很多情况下，我们寻找假说来解释所看到的东西，将这些假说与其他可能性进行比较，然后选择似乎能使我们看到物体产生意义的一个。这些过程通常发生在几分之一秒的时间内。

例如，自亥姆霍兹时代以来，一个众所周知的实验现象是，如果一条像波浪一样的曲线从水平方向在一个裂口后穿过，如图 40 所示：

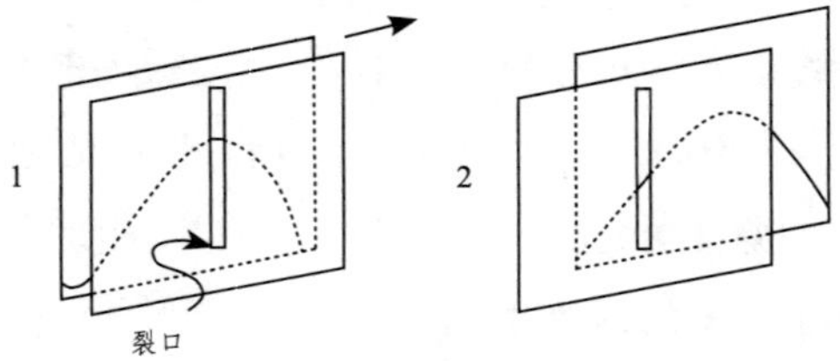

图 40　动景镜知觉：看到的是点上下移动，心理却可以推算出背后的实际情况

大多数观察者首先看到一个小点在上下移动，但过一会儿后，其中一些人会突然看到一条曲线以呈直角的方式在裂口的后方向裂口移动。为何会产生这些变化了的正确知觉呢？洛克发现，他们使用的一个线索是线条在通过裂口时不断变化的曲率，另一个线索是曲线的末尾——如果可以看到的话。这些提示给“心理”另一种假定——一条曲线正在水平通过裂口，而不是一个小点在上下移动。这个假定还真不错，“心理”很快就接受下来，认为这条线真是这样。

洛克这样总结他的理论：

> 在理论水平上，至少按照这里提供的理论，知觉和思想包含理性。在一些情况下，概括或规则可通过归纳在知觉中形成。这些规则接着为演绎所利用，作为推出结论的前提。某些情形下的知觉可概括为创造性解决问题的结果，并在某种意义上寻求此后具体解释的基础（或内部解决方案）。知觉包含决定，正如思想包含决定一样。最后形成知觉经验的操作与构成思维的东西同属一种类型。

所有这些给我们留下了什么？

我们已经了解了两种探索视觉感知的基本方法的丰富而详细的信息：以人类思维为基础的认知学方法和以刺激为基础的神经学方法。也许还可以加上一种次要的方法，即吉布森的“生态”或“直接知觉”理论。它们彼此并不冲突，而是互为补充，全都描述了整体现实的一个部分。借用一个老掉牙的比喻来说吧。比如，你正坐在计算机前面打字，你可以就计算机程序或软件（如 Word、WordPerfect 等）这方面来描述正在发生的事情，你也可以从计算机微处理器、线路、显示器或其他零件发生了什么这个角度来描述。人类的感知也是一样的。认知学方法也好，神经学方法也罢，都有存在的道理。根据我们自己的需求，我们可求助于其中任何一种方法，也可同时求助于两种方法。

对于知觉的认知学研究由来已久，成果颇多。近来，认知神经科学又有了很多惊人的发现。难怪，如今知觉研究人员的重点已从理论研究转到了关注具体的问题上。随便翻开一期美国心理学会的专业杂志《实验心理学：人类感知与行为》，里面刊登的文章都很能说明问题。下面是几篇文章的题目，从中可略见一斑：

相邻性组合曲率的突出特点

视觉搜索中依靠的是地点记忆，而非事件记忆

序列学习与选择难度

多维知觉刺激识别模式：个体参与模式与单项参与模式

眼动与词汇歧义解决方案：对偏向歧义词的研究

额外任务、正向情感的积极作用和对注意瞬脱的说明

从这一视点出发，知觉似乎成为心理学知识中一个相对发达的领域，尽管未解之谜还有许多。我们知道，我们已在知觉问题上走了很远；我们也知道，前面还有很多未知等我们去探索。正如迈克尔·加扎尼加和托德·希瑟顿总结的那样："困扰当代心理学家的最大难题，是如何解开神经通路中电化学活动与人类认知世界过程中信息处理之间的关系。"

简而言之，"神经过程是如何变成'我们'的？"

第十五章 情绪与动机心理学家

第一节 基本问题

在春天的日子里，如果站在长岛海湾某个静静的河岸上，你可能有幸看到雌性麝鼠大声尖叫着拼命游动，雄性麝鼠则狂乱地划着水紧追其后（无一例外的情况是，“他”最终总能捉住“她”，或“她”让“他”捉住）。在春天荒芜的长岛海滩上，你还可以看到雄海鸥在狂暴地驱赶雌海鸥，因为“她”不断地贴近“他”，想分享“他”的蟹肉。但一周后，你可以看到“他”允许“她”叼走一块肉；再过一周，你会看到“他”正把一大块肉喂到“她”嘴里；再过一两天，“他”则骑在“她”身上，而“她”也默许“他”的无礼。

就人们目前所知，这些动物从未问过自己为何另一方会这么做，也不知自己为何会这么做。只有人类才问：“我们为什么要这么做？”——也许，这是我们给自己所提出的最重要的问题，这也是心理学中最基本的问题之一。

原始人对此给出了一系列答案：人类行为取决于神灵、魔力及所吃动物的特定部分，等等。在处于半原始状态的荷马时代，希腊人只是稍稍复杂了一点，认为神灵直接将思想和冲动植入人的思想中。公元前 6 世纪至公元前 5 世纪的希腊哲学家却使这一认识产生了历史性的飞跃，认为人类行为取决于内部力量——躯体感觉和想法。

然而，他们认为，这两种内部力量是互相矛盾的。比如，柏拉图认为我们大都受到肉欲的控制，除非理性为我们指出更好的办法，除非意志能在两种力量之间维持平衡。激情——欲望及驱动我们的情感——是恶的，理性是善的，这种观念在此后的许多世纪里，一直主宰着西方思想中有关行为的概念，直接影响一些价值观完全不同的思想家，如基督教大弟子保罗及最伟大的理性主义者斯宾诺莎等。下面是保罗哀叹激情的一段话：

> 故此，我所愿意的善，我反不作；我所不愿意的恶，我倒去作。
>
> 若我去作所不愿意作的，就不是我作的，乃是住在我里头的罪作的。
>
> 我觉得有个律，就是我愿意为善的时候，便有恶与我同在。
>
> 因为按着我里面的意思，我是喜欢神的律；
>
> 但我觉得肢体中另有个律和我心中的律交战，把我掳去叫我附从那肢体中犯罪的律。
>
> ——《罗马书》，7：19—23

1700年后，斯宾诺莎对“人类枷锁”的分析是（见《伦理学》第四部分）：

> 我把人类无法主宰或控制情欲的缺憾叫作枷锁，因为处在情欲控制之下的人不是他自己的主人，而是命运的奴隶，处于命运的魔力之下，常常受到胁迫，追求罪恶，尽管他看

到有善等在前面。

尽管保罗和斯宾诺莎提倡以不同的办法控制激情——保罗是通过信仰上帝，蒙上帝之恩典得救的办法控制激情，斯宾诺莎是通过对理性和知识的运用控制激情——但两者均认为，在无法控制的情况下，激情是引起人类不良行为的主要动因。

除理性和激情之间的冲突外，哲学家们从未就激情对人类行为的影响产生兴趣。他们更关心智力的工作原理和知识的来源。当他们偶尔涉足人类行为时，通常也是在道德哲学的范围内——我们应该如何表现——而不是探讨行为的原因。人们关注激情的心理学机制只是近现代的事。如我们已知，笛卡尔做过一点儿工作，将情绪分为六种，将其他情绪解释为六种情绪的组合。尽管斯宾诺莎相当详细地处理过激情问题，但他使用了严格和条理分明的术语，因而无法传达它们的力量或情绪体验。比如，他将“爱”定义为“伴随某种外因概念的喜悦”，把“恨”定义为“伴随某种外因概念的痛苦”。

第一个以科学方式探索情绪对行为影响的人并不是心理学家，而是生物学家查尔斯·达尔文。1872年，在他有历史意义的《物种起源》一书出版十几年后，达尔文出版了另一部非常有趣的作品——《人类和动物的表情》。在这本小册子里，他提出，情绪之所以发生进化，是因其可导致有用的行动，从而增加动物物种的生存机会。恐惧、愤怒和性兴奋分别可产生逃避、对敌人的反击和物种的繁殖等行为。达尔文认为，人类情绪是从其动物先辈派生而来的，具有类似的价值和表达。狼会龇牙咧嘴，人类会冷笑。动物的体毛在愤怒或害怕时会直竖起来，以使自己看上去大得多；人类在愤怒时则会毛发耸立，挺胸扬臂，一副恶狠狠的挑战姿态。

然而，尽管达尔文声名显赫，但早期的大部分科学心理学家仍回避情绪这个话题（威廉·詹姆斯、弗洛伊德及其他精神分析学家例外）。今天，由于心理疗法已广为接受，许多人认为，情绪和行为是心理学家最关心的话题之一，但欧内斯特·希尔加德在论及美国心理学史时说，在20世纪的前50年里，“进行学术研究的心理学家对文学和戏剧中占比例最大的情绪主题缺少兴趣，真是怪事”。

这是他们在那些年代里天真努力的结果。他们像物理学家一样严格而客观，因此认为，对主观状态的报告，包括感觉或情绪，都超出了科学的范围。自桑代克用老鼠在迷箱里进行实验的时代开始，到20世纪中叶，研究者大都致力于寻找方法以连接行为和可观察的客观生理状态，如饥饿、口渴或疼痛等，而不是主观状态，如情绪等。

在这些生理状态的不适与其产生的行为之间，必定有某种方向性的机制或力量。如果没有，为什么饥饿会导致寻寻觅觅，或性欲会导致求爱行为，而不是随机的焦虑行为？

在20世纪初始，心理学家满足于这样一个认识，即由生理需要或状态促发的行为取决于本能。但这一简化的回答对本能如何在心理学层面上发挥作用只字未提，也没有提供某种心理学条件以供实验调查。1908年，心理学家威廉·麦克杜格尔提出一些解释，并于1923年进一步完善这些解释。他认为，受生理需要激发的物种会追寻某个已知目标，其行为因此带有目的性或动机性，从这一行为中产生的心理动力，即动机，是可以用实验方法控制、测量和研究的。于是，心理学的又一分支正式启动。

人类行为从给衣服扣扣子到写十四行诗都带有动机性，但行为主义时代的心理学家只将自己限定在研究实验老鼠的动机和情绪之中。面对这种相对简单的动物，他们可为其创造如饥饿等基本的生理需要环境，并以剥夺其几个小时或几天的食物的方式量化这一需要，可轻易并客观地测量其因此而产生的行为，如觅食和走迷宫等。

在20世纪50年代和60年代，随着新认知主义的兴起，心理过程再次成为正统的研究领域，一些研究者着手研究人类的动机和情绪。但在许多年里，认知主义心理学家的大部分兴趣都集中在“冷认知”（信息处理、推理等）中，只是近几十年来，才转向“热认知”，并着手了解它与动机的联系机制。直到1988年，动机和情绪研究方面的领军人物、康涅狄格大学的罗斯·巴克才宣称：“心理学重新发现了情绪。”直到20世纪90年代，情绪才在心理学研究领域占据中心地位。

（可惜的是，情绪和动机就像炒鸡蛋一样，蛋白、蛋黄都在，却难以分开。情绪或引起情绪的生理状态通常会推动动机，比如，迷恋动机会促使身陷迷恋的人去追求心目中迷恋的对象。而动机反过来又会影响情绪，比如，一心想往上爬的政界人士往往会嫉妒甚至仇视自己的竞争对手。人们经常将上述两种现象分开讨论和研究，虽然这种分开是武断和不切实际的。不过，这不是我们要解决的问题。我们关注的是心理学的故事，所以，还是让我们看看情绪与动机心理学成为一个新兴的心理学分支时会是什么样吧。）

可能是因为这一进展过于新潮，也可能是因为这一课题过于混杂，情绪研究者和理论家很难给他们的研究下定义。普通人没有类似困难，即使三岁的孩子也知道什么是快乐、悲伤或害怕，即他感觉如何。但从事研究工作的心理学家却看得更为深远，他们对情绪的定义包括原因、生理伴随症状和结果，在一般人听来非常艰涩难懂。例如：

> 情绪是控制顺序的行为预备状态（可中断选择性心理和行为活动或与之竞争）中所发生的变化，是评估与关注（可引起积极或消极的感觉）相关的事件所引起的变化。

对情绪的这个定义，或现行其他数十种专业性定义均未被心理学家普遍接受。正如 1984 年一位专栏作家所说：“人人都知道情绪是什么，但很难给出一个定义。”即使 2004 年，在情绪早已作为心理学的一个热门话题重现后，一本关于这个主题的论文集的编辑在序言中写道：“到目前为止，就什么是情绪，还没有形成共识……（或者说）还没有一个关于情绪的好的定义。”

大多数心理学家认为，基本情绪有许多种，其他情绪均是从这些情绪中派生或与之相关的。但基本情绪究竟有哪些，目前仍无定论。一些专家将“欲望”“惊讶”等包括在内，另一些特意将“震惊”排除在外，但大多数人倾向于认为，震惊是惊讶的一种形式。大多数心理治疗专家使用“感动”一词来表达有意识或无意识的情绪状态，但一些学究气较重的心理学家则认为，感官上的喜欢或不喜欢是感动，情绪则不是。

1984 年，纽约阿尔伯特·爱因斯坦医学院的著名情绪研究专家罗伯特·普鲁契克向志愿者出示了一长串与情绪有关的成对词汇，让他们按其类似度定级。对志愿者的定级所进行的因素分析可显出哪些情绪具有与其他情绪最大程度的重合率，因而是最为核心的。普鲁契克的结论是，共有八种基本情绪：喜悦、赞同、害怕、惊讶、悲伤、讨厌、愤怒和期盼。他发现，其他共同情绪大多是这些基本情绪程度不同的翻版。比如，悲痛是悲伤的极点，忧虑则为低水平的悲伤。在现有的情绪列表中，这一列表相当不错。然而，尽管人们经常引用它，但在情绪研究者眼中，它仍不能算作标准——也没有这样一个标准列表存在。

到目前为止，仍未出现一个大家普遍接受的情绪理论。一些人强调情绪的起因，另一些却强调它的行为后果。有些理论家认为，情绪由内脏的状态构成；其他理论家则认为，情绪由自主神经系统（Autonomic Nervous System，ANS）和中枢神经系统（Central Nervous System，CNS）的现象组成；还有人认为，它是更高级的心理过程。1985 年的一份报告显示存在约 100 种可进行明显区别的情绪理论。即使将一些相似的理论进行合并，其数目也有 18 种之多。

但可把所有那些理论分成三大类：一种侧重情绪所引起的生理变化，如心率加速、体温升高、手心出汗，以及大脑局部区域激活的变化等；一种关注情绪所带来的感受，比如当我们问别人“你感觉如何”时想探求的那种主观经验；还有一种研究人们对于情绪起因的理解。自 20 世纪至今，人们对情绪的研究一直是沿着这个轨迹进行的：早期人们关注的是躯体理论，之后是与情绪和动机相关的自主神经系统和中枢神经系统，最后是认知或思维过程。

所有这些听上去可能会显得情绪研究远离现实生活，但事实上，心理学家也的确只对关于情绪的高级问题感兴趣。情绪服务于什么功能？是源于先天条件还是后天经验？是普遍存在的还是因文化不同而有差异？躯体与心理过程是如何与其关联的？心理学家还对下面一个实践问题大感兴趣：情绪如何与行为产生关联？大多数人认为，情绪不仅是动物表达与其需要相关的某个物体或事件的信号，也是一种方法，动机可通过它而成为有目的的行为。

这样一来，这个古老的问题——我们为什么这样做——最终成为现代心理学的中心问题，而情绪也被视作对这一问题至关重要的回答。对动机和情绪的研究始于哲学思辨，并在科学时代转变为对生理需要的研究，而后转变为对神经系统功能的研究，再后转变为对认知过程的研究。它是心理学自身的一个进化范式。

第二节 躯体理论

什么人能将一只被抓的老鼠饿上两天，然后将其关在笼子里，并在笼子远处放上几粒它抓不到的粮食（它唯一的办法是爬上通电的栅栏），从而致使其爪子触电？什么人能将一只母鼠放在笼子的一端，再将其幼鼠放在另一端?

虐待狂，你可能认为。但行为主义时代的典型实验心理学家卡尔·J. 沃登是一位非常体面的年轻人，与虐待狂沾不上边。时间是1931年，地点在哥伦比亚大学，仪器是沃登发明的，即“哥伦比亚障碍笼”，他试图通过这只笼子观察并测量两种动机来源的力量，即饥饿内驱力和母性内驱力。

他希望自己的数据能得出一个简单的假设：老鼠的需求越强，其满足需求的动机或内驱力也越强。测量对食物的需要比较简单，就是看老鼠在多长时间内没有食物，对因之而来的内驱力的测量则是观察老鼠跨过电栅栏获取食物的频率。在老鼠饿到第三天时，沃登的假设得到了验证。而在第三天之后，老鼠则变得软弱无力，不再费力跨越栅栏了。动机研究没有比这更客观的了（用母鼠及幼鼠进行的实验则不那么尽如人意，母鼠失去幼鼠，并没有造成如饥饿一样明确的需求）。

沃登的报告与其他行为主义著作一样，根本没有谈及本能。行为主义者相信，高等动物（如哺乳动物）的行为几乎无一例外是后天学习的结果，本能理论是倒退的。到20世纪20年代，他们已不再称动机行为中的有目的行为力量为本能，而称其为“内驱力”。1918年提出内驱力概念的罗伯特·S. 伍德沃思认为，尽管有机体具有天生的机制以从事诸如寻找和吞食之类的活动，但这些机制一般是闲置不用的，除非其受到某种内驱力的激发。该内驱力将使动物趋向一个它知道可满足其需要的目标。行为主义者认为，内驱力是一个令人满意的概念。另外，内驱力与本能不同，心理学家可通过实验条件创造、测量并修正它，从而确定动机的规律。

在这些假想中，相当明显的一个是，生理需要越大，满足它的内驱力也越大，该动物表现得也越活跃。为检验这一假设，1922 年，约翰·霍普金斯大学里一位名叫柯特·里克特的心理学家把鼠笼绑在弹簧上，以自动记录老鼠的活动，结果令人满意。实验显示，饥饿的老鼠在笼里窜动的次数要多于不饿的老鼠。1925 年，在北卡罗来纳大学，J. F. 达希尔利用一块国际象棋棋盘进行同样的实验。他统计了老鼠所涉足的方块的个数，发现饥饿的老鼠涉足的方块远多于喂过的老鼠。1931 年，沃登的哥伦比亚障碍笼提供了测量同一内驱力的更有效方法。

在整个 20 世纪 20 年代和 30 年代，人们发起了大量实验以探索其他主要内驱力，包括对液体、氧气、性交、适宜的温度及避开疼痛的需要而产生的内驱力。1943 年，这些动机的生理方面被喜欢数学的行为主义者克拉克·赫尔归纳为一条极简单的理论，即所有内驱力均在寻找同样的基本满足——缓解因生理需要而生成的令人不快的紧张感——所有动物寻求的理想状态均来自满足所有内驱力的平静。在几乎半个世纪以后，个体生态学的研究显示，许多动物在其躯体需要得到满足后，会在一小段时间里处于不活跃状态。狮子在饱食后，会在同一地方一动不动地待上 12 个小时。

但许多行为形式并不在赫尔理论所描述的范围之内。狗会听从命令，只要能逗主人开心，可将自己的生理需要搁置一边。仓鼠会在锻炼轮上无目的地奔跑。老鼠可学会按压杠杆，使其滴下有甜味但无营养的水。行为主义者用内驱力减退理论来解释这些行为，认为的确存在一些诸如“后天获得”或“衍生”的内驱力和动机。这些内驱力产生于非生理需要，但它们可通过对初级内驱力的联想而得到后者的动机力量。比如，狗学会听从主人的命令，是因为它已学到，只要听从命令就能得到食物和表扬。于是，它慢慢形成寻求表扬的内驱力，从而使表扬变成奖励。

然而，这种对内驱力理论的偷工减料式修补并不能解释其他行为。例如，它不能解释仓鼠为何在轮子上无目的地奔跑，也不能解释老鼠何以会想法弄来甜水。而且，除非“次级内驱力”的定义非常广泛，可包括与生理需要无关的行为，否则，它就不能解释为何猴子在一些实验中一而再地打开一扇窗户（窗户只能开 30 秒钟）去看一列玩具电动火车在外面跑动，也无法解释它们何以在另一个实验中一而再地松开一连串的门栓，即使它们已经明白，松开门栓与开门之间并无瓜葛，也得不到奖励；更无法解释音乐爱好者何以去听音乐会，革命家何以辛苦地变革政治体制，神学家何以努力向人类宣扬上帝指定的道路，悔罪者何以用铁链子抽打自己的后背，登山者何以攀登马特洪峰，或心理学家何以研究动机现象，等等。

赫尔认为，内驱力减退是所有动机行为的最终目标。1957 年，这一思想受到在麦吉尔大学进行的一项著名实验的挑战。一些志愿者戴着有垫层的手套和半透明的护目镜待在一个小房间里，护目镜仅能通过光线，但看不到图像。他们被要求在房间里待上许多天，躺在柔软的泡沫皮垫上，空调的单调声音将其他所有的声音全部淹没（只允许他们偶尔出去进食、上厕所和接受测试）。他们中的大多数原来准备在这里进行一次长时间的休息，但很快发现，由于没有感觉刺激，他们显得非常难受，感到一片茫然。他们无法连贯地思考，情绪在十分高兴与极度恼火之间动摇。他们在心理能力标准测试中的表现明显变差，其中少数人还产生了幻觉，且几乎所有人均在实验刚进行几天之后即要求退出。

显然，许多行为的动机是由复杂的需要激发的，是由自主神经系统及心理生成的。而这一点却正是动机和情绪研究者一直忽略了的。

然而，近年来，研究人员开始探究那些复杂的相互矛盾的动机，这些动机无法用内驱力或内部需要来解释，他们发现某些动机离不开“诱因”，即与生物需要没有直接关系的外部刺激和奖励。很多人会熬夜看电影，尽管他们需要——他们自己也知道需要——休息；很多人在聚会时会不断地夹取食物以显得合群，尽管他们知道自己已经饱了。1989 年和 2001 年，英国心理学家迈克尔·阿普特提出“元动机”的“逆转理论”，即我们可从一种动机状态切换至与之相反但回报相同的动机状态，但不能同时处于两种对立的状态。比如，我们可从“成就导向”的动机状态（如从事某个重要工作）转向“享受导向”（如休息、吃点心等）。这两种导向都可以满足我们的需求，但方式却是截然相反的。阿普特的团队要求跳伞运动员谈谈跳伞前后的感受。他们说，在这两种情况下都有极大的兴奋作为回报，但跳伞前是因为焦虑，跳伞后是因为极大的愉悦感。

现在让我们回到前面的话题。

尽管行为主义者可观察并测量与动机相关的外在活动，但他们既不能观察也没有测出情绪的生理指标。虽然老鼠可以告诉他们它的感觉，人类也可以，但他们认为，这些信息仍是不可证实且没有科学价值的。

然而，并非所有心理学家都受限于行为主义对可接受证据的规定。一些人仍然愿意接受人类对他或她正在感觉的东西的识别。但即使这些人，在 20 世纪早期的几十年中也只对伴随受试者感受的情绪上的生理变化感兴趣。他们认为，这些东西正是情绪的来源。

我们在前面已经读到，此种理论首先是 1884 年由威廉·詹姆斯提出的。但几乎在同时，丹麦生理学家卡尔·朗格也提出了同一理论。

詹姆斯－朗格理论与我们的印象相反，我们认为某项事实激发某个情绪，并因此产生身体变化；而詹姆斯－朗格理论认为，激发性事实可带来身体的变化，我们对这些变化的知觉就是情绪（如詹姆斯所言，我们遇到熊会发抖，并由于发抖而感到害怕）。

在许多年里，詹姆斯－朗格理论一直为人们广泛接受。到20世纪20年代，新的生理测量方法终于问世，研究者得以更客观地测量詹姆斯仅凭主观臆断得出的身体变化，旨在观察血压、脉搏、呼吸的具体变化与受试者声称体验过的情绪之间，有怎样的关系。

在该时代中的放任精神鼓舞下，一些研究者甚至对受试者施加了在今天看来不可容忍的压力。比如，一位名叫布拉茨的心理学家对志愿者说，他们要参加一项旨在研究15分钟内心率变化的实验。每位志愿者都被绑在一把椅子上，双眼蒙上布罩，用电线接上可监测脉搏、呼吸和皮肤静电系数的仪器，而后让他们独自一人待上15分钟。在此期间，什么事也没有发生——一些受试者实际上睡着了——但三次之后，在第四次的某个时候，布拉茨按动一个开关，使椅子突然向后倒下，直到倾斜60度时被一个门掣挡住。椅子前面有铰链相连，后面靠着一道活板门。志愿者均表现出一阵快速和不规则的心跳，陡然的呼吸停止和喘气，同时皮肤释放静电。所有人在报告中均称，他们感到恐惧（及之后的愤怒或好笑）。椅子后倒应该是非常突然并出乎意料的，应该没有预想的情绪，如詹姆斯－朗格理论所述，害怕是由于椅子后倒而产生的身体变化所带来的体验。

心理学家卡尼·兰迪斯对来自严重情绪低落的生理现象颇感兴趣。他一定是位了不起的推销员。在20世纪20年代早期，他劝说三位志愿者连续挨饿48小时，并在最后36小时内不睡觉。他们被连接在监测血压和胸部扩张的仪器上，并吞进一只与小橡胶管连在一起的小气球以测量胃的收缩量。他还将一个类似的装置插进他们的直肠，然后让他们对准一个可测量二氧化碳排放的仪器进行呼吸，以确定代谢指标——在此期间，他们还要接受一次电击，电击强度以他们的忍受度为准，当忍受到达极限时，他们做出手势。

电击将使血压上升、脉搏加快并产生紊乱，并使直肠停止收缩（胃收缩的数据前后不一致）。然而，尽管受试者为科学而承受痛苦的精神值得敬佩，但这次实验却没有得出明确的结果。尽管三人均说他们感觉到愤怒，但对相关的或可能引起这一情绪的具体生理变化则给予很少或没有给予注意。兰迪斯所能发现的唯一生理反应是惊讶，而这是主观状态所经常拥有的反应。眼睛的眨动，复杂的面部－身体反应均发生在情绪意识之前，因此也符合詹姆斯－朗格理论。

然而，在1927年，其他生理实验却得出了与这一理论相悖的强有力证据。这些实验由杰出的实验者与理论家沃尔特·坎农（1871—1945）主持。跟约翰·B.华生和身无分文的小镇青年詹姆斯·吉布森一样，坎农虽然缺少重要的关系，但最终也通过艰苦的工作和卓越的才华攀上了科学的高峰。他在哈佛大学拿到硕士学位之前就已发表引起广泛关注的学术文章，且在35岁时就被委任为“乔治·希金森”生理学教授。这一切成就均是在没有任何背景的情况下获取的，不像威廉·詹姆斯那样与大学的高层有一定的联系。

坎农的专业是生理学，但受业于詹姆斯，还是罗伯特·耶基斯的朋友。也许正是这些因素，才使他在探索ANS几年以后，转向情绪心理学。经过大量研究，他慢慢发现，詹姆斯－朗格理论是完全错误的，因而于1927年发表一篇具有历史意义的论文，似乎彻底否定了詹姆斯－朗格理论。在该文中，他提出了五种以自己和他人研究为基础的证据。在五种证据中，下列三种最令人信服：

——内脏变化通常发生于刺激后的一两秒之内，但情绪反应所需的时间更短，因此，它们应该发生于生理变化之前（尽管该结论基于实验室证据，但我们在事故差点发生后立刻感到害怕是很常见的事，共同的经验是心跳加快，感到无力，嘴里产生奇怪的味道等）。

——与不同情绪关联的内脏反应各有不同，但它们并不明显或灵敏到足以引发人类一系列情绪的程度。

——坎农通过外科手术将猫的内脏与交感神经系统切断，英国生理学家 C.S. 谢灵顿此前也在狗身上做过类似的实验。两种情况下，所有来自心脏、肺、胃、大肠或詹姆斯视之为情绪来源的其他内脏的信息，均与大脑中断联系。结果如坎农所言：

> 这些令人极度不安的手术对动物的情绪反应并未产生任何影响。在谢灵顿“具有明显情绪气质”的实验狗身上，切除狗的感觉区域后，它的情绪行为并没有产生明显变化。“这只母狗的愤怒、喜悦、厌恶，以及受到挑衅时所表现的害怕程度跟以前毫无二致。”在切除了交感神经的猫身上，所有表象上的愤怒迹象都在一只汪汪叫的狗出现时表现出来，如嗞嗞叫、来回走动、耳朵收缩、龇牙咧嘴、抬起前爪准备反击等。

不过，在接下来的几十年里，甚至到目前为止仍在进行的实验中，不断地产生新证据，证实詹姆斯－朗格理论在一定范围内还是正确的。试举三例：

——1969 年，华盛顿大学医学院的一个医学小组发现，对人体注射乳酸盐（细胞能量代谢过程中的副产品）会引发与焦虑相关的生理症状，还有对焦虑的主观感受，后者在一些有焦虑倾向的人身上表现得最明显。

——1966 年，因脊椎受伤而半身瘫痪的心理学家乔治・霍曼采访了25位退伍士兵，他们全部在两年前或更早时经历过脊椎断裂之苦。霍曼请他们描述受伤前和受伤后所经历过的害怕、愤怒、性兴奋和悲伤等情绪。他们说，除悲伤外，他们在受伤后情绪产生了变化，他们的情绪没有以前强烈，对自己的感觉默不作声，或漠视自己的感觉。最重要的是，伤势越重——与大脑断开的身体系统越多——变化就越大。一位颈部受伤（高位截瘫）的人说：

> 我闲坐在那里，脑海里浮想联翩，且非常担忧。然而，除想想之外，其他的倒没有什么。一天，我躺在床上，掉下一根烟头，伸手又够不着。最后，我终于想出办法将烟头熄灭，否则我可能就会被烧死在那里。可笑的是，我一点也没有感到惊慌。我没有感到害怕，一般人可能想，我会害怕得要命。

——心理学家长期以来一直在辩论的是，情绪究竟是普遍性的，还是相对的，也就是说，人们是否在任何文化里都能感受到同样的感情。在20多年里，在加州大学旧金山分校医学院工作的保罗·埃克曼教授及其同事一直在研究这一问题。他们请来不同文化背景下的人来表达六种基本的情绪（愤怒、讨厌、幸福、悲伤、害怕及惊讶），结果发现，所有的面部表情基本上都是相同的，尽管由于文化上的差异而略有不同。埃克曼、他的同事与特拉华大学的卡罗尔·伊泽德曾让一些文化背景差异极大的人观看那些演员表达不同情绪的照片。看照片的人几乎总能正确地辨认出那些情绪。尽管引起特定情绪的文化情景存在着较大差别，但一些证据强烈地表明，基本的情绪带有较强的普遍性，且伴有同样的面部肌肉动作。

这一点并未证明生理感觉一定发生于情绪知觉之前，一如詹姆斯和朗格所断定的。但由埃克曼和其他人所进行的十几种实验显示，当志愿者故意假设某种特殊表情的面部表现时，所涉及的肌肉移动往往引起脉搏频率、呼吸率和皮肤静电的虽小但却可测量的变化，以及同样微小但可测量的感情变化。埃克曼认为这些结果是一种反馈效应：假装的表情可带来躯体变化，然后可引发出他刚刚模仿的情绪感觉。

同样的原则有时可使心理治疗者改变病人的情绪。通过改变面部表情、姿势和身体运动，病人可在某种程度上用一种更积极和欢乐的情绪来替代沮丧或失败的情绪。这一发现支持了詹姆斯－朗格理论：我们在身体上感觉到的东西决定我们的感觉（你可以自己进行这项实验。做出咧嘴微笑的样子，持续几秒钟，然后看你是否产生伴随这一表情时所应有的感觉）。

这些原因使詹姆斯－朗格理论得以保存下来，它至少是当代情绪学说的一部分。近几十年来，认知心理学家和认知神经学家对情绪所引起的身体症状及其神经过程，与刺激引发的神经过程之间的关系给出了非常复杂、多方面的解释。哪个是第一位的？哪个导致了另一个的出现？有时，每一个都视情况而定，并且经常同处一种反馈之中。现在，让我们先抛开其复杂性不谈。研究结果表明，辩论的双方都有理，而且，情感和认知的神经系统既相互独立，又相互依存。

总之，躯体理论对于情绪的来源给出了一个合理但又不完全的答案。现在，让我们回过头来，探讨一下 20 世纪的理论，因为这些理论对当今理论的形成功不可没。

第三节 ANS 及 CNS 理论

沃尔特·坎农的实验工作引发了对詹姆斯－朗格理论的争议，同时他也提出了自己的情绪和动机理论。两种理论中的任一种都产生了多年的影响。

他的动机理论——有时被人戏称为“口水和咕咕响”理论——认为，周边提示给动物以动机：口渴会引起饮水，胃响会引起进食。这些提示向大脑的最原始部分提供信息，并在那里形成寻求水或食物的内驱力。讽刺的是，坎农谈到动机时所说的与他攻击的詹姆斯－朗格的情绪理论中的动机毫无二致。

但坎农的情绪理论却完全不同。他认为，周边或内脏条件并不是情绪的起因，而是其他原因的伴生效果。他收集证据反驳詹姆斯－朗格理论，他去掉动物的大脑皮质之后，只需很少的刺激即可引发动物的强烈反应。

这使坎农及其哈佛同事菲利普・巴德想到，愤怒和其他情绪起源于丘脑，也即大脑核心中从感觉器官（除鼻子之外）接收信息并将合适的信息传达至皮质和 ANS 中的原初结构。按照坎农－巴德理论，皮质通常控制并抑制丘脑，但当丘脑发出某种信息时——比如看见敌人——皮质就放松控制。丘脑继而将情绪信息传向两个方向：传向神经系统，神经系统会产生情绪的内脏反应和合适的行为；同时发回皮质，情绪感觉在这里形成。因此，情绪的体验及其内脏症状是丘脑信息的平行效应。

坎农的两种理论——口水和咕咕响——解释了内驱力。尽管它们一度占统治地位，但最终仍被其他实验证据所推翻。1939 年，研究人员两度利用“假饮”检验它。他们通过外科手术在狗的食管里接上一根管子，将狗饮的水接出来，使水流不进胃里。尽管狗的嘴里大量进水，但却丝毫无法减轻口渴的感觉。显然，干裂的嘴唇并不是引起口渴的内驱力，它来自一种更深层的内脏信号，并通过神经系统变成行动。

然而，坎农－巴德的情绪理论仍得到强有力的支持，尽管被后来的一些研究所修正。后来的研究表明，ANS、丘脑和神经系统中的其他原初领域可自行生成情绪，并不需要内脏任何输入式的参与。在20世纪20年代晚期和20世纪30年代，瑞士生理学家瓦尔特·赫斯在实验狗的下丘脑（位于丘脑下部的部分大脑核心）后部区域中植入电极，令其释放微弱的电刺激，结果狗即做出愤怒的反应。当赫斯将同样强度的电流送入下丘脑前面的区域时，狗开始镇定下来，并产生困意。许久以后，西班牙神经科学家何塞·德尔加多对斗牛进行了同样的下丘脑愤怒控制实验。他在牛的下丘脑前部植入一根电极，然后进入斗牛场。他手握控制箱，箱子可以通过电极发出电脉冲。牛被放入斗牛场，看见德尔加多后，它非常愤怒，向他冲来。德尔加多毫不退缩，按下按钮，牛立即停了下来，转过头去。

在耶鲁大学，德尔加多和其他几位同事在20世纪50年代开始用电极对老鼠和猫进行同样的实验。这些实验尽管不那么夸张，却也使人印象深刻。他们给老鼠或猫的杏仁核——大脑“边缘系统”的一部分或古老哺乳动物的大脑，即一系列位于丘脑和皮质之间的结构——发送一束微弱电流，使其产生害怕的感觉。后来，德尔加多及其他人通过外科手术对人类病人做同样的实验。病人在接收到这束电流时，感到就像从一辆汽车旁边擦身而过。另一位病人说，她感到就像“某种可怕的事情将要发生”在自己身上一样。这些感觉在电流关掉后就立即消失了。

另一个支持情绪的边缘系统理论的完全不同的证据，是20世纪70年代由发展心理学家J. E. 斯坦纳提供的。他给一些新生婴儿拍照，在婴儿第一次吃母乳或用奶瓶吃奶前，让婴儿喝下有甜味、咸味或苦味的水。甜水使婴儿吮吸嘴唇；咸水使婴儿噘嘴，皱起鼻子表示不悦；苦水使婴儿张开嘴吐水或作呕。斯坦纳接着给先天无脑的新生儿（无脑是一种悲剧性畸形，胎儿的大脑主干以上部分没有脑组织，这个婴孩很快就会死亡）做同样的实验，发现他们表现出的面部表情和反应与前述的一样。这样一来，简单情绪和他们的面部表情看起来是由脑干形成的。不过，在正常儿童中，这些反应后来通过高级神经中枢进行了修正，因为这些孩子学会了哪些是他们社会中可接受的情绪行为。

在20世纪50年代，芝加哥洛约拉大学里一位捷克心理学家玛格达·阿诺德（20世纪中叶以前在心理学界获得殊荣的几位女性之一）与其他人提出了“唤醒理论”。该理论一并对动机和情绪做了解释，认为它们的起源在于“网状结构”（连接脑干和丘脑的神经元网络）和边缘系统。

唤醒理论得到对大脑使用电极刺激等研究的支持，认为传入的刺激会“激活”网状结构和边缘系统，刺激皮质，使动物进入行动准备状态。比如，声音或味道会唤醒沉睡的动物；婴儿的哭声会使睡着的母亲完全清醒过来，立即起身。像不准喝水、进食、呼吸空气或提高性激素水平等刺激也可激活网状结构，这一过程可通过脑电图看出——并通过网状结构加快心跳，增强整体的活动。总起来说，这一理论认为，网状结构是一种调节器，通过感觉接收信号，进而转变为生理活动和情绪反应。

美国东北大学伦敦分校的高级心理学讲师菲尔·埃文斯在谈到唤醒理论时却不无遗憾地说：“心理学中很少有过这样在表面上很有吸引力，但在实际上却麻烦多多的概念。”这是因为，尽管它提供了对动机和情绪的神经学解释，并使一大堆数据产生意义，但它过于泛泛而谈。它表述的只是情绪的一方面——唤醒的程度——而没有解释情绪的多样性。另外，对唤醒的生理测量，比如心率和皮肤静电等，经常与脑电图数据和可观察的活动水平不符。最后，对睡眠的研究已经显示，在快速眼动期中，动物或人类处于熟睡阶段，但脑电波仍显示较高的网状结构唤醒状态。

唤醒理论并没有遭到抛弃，但理论家现在认为，唤醒并不是情绪的来源，而是情绪的伴随物。它也不是一种单维状态，而是存在多种唤醒类型——行为的、ANS、皮质的——每一种都有自己的特色。

事实上，在过去近半个世纪里，对动机和情绪的高层次皮质影响一直处于研究的前沿。新近一个病例充分说明了额叶皮质（认知过程的中心）对情绪的影响。病人名叫埃利奥特，30 岁出头，由于眼睛后面有一个巨大的肿瘤而患上剧烈头痛症。医生为他做了肿瘤切除手术，但不免会连带去掉生长在其周边的部分额叶组织。埃利奥特很快康复了，然而却失去了决策能力。最不可思议的是，他从此对工作和生活中犯下的诸多错误没有任何反应。著名神经学家安东尼奥·达马西奥为他做了检查后写道："我和他聊了几个小时，可他竟然一点反应也没有，没有痛苦，没有不耐烦，对我无休无止的问题也没有一丁点儿反感。"当人们把令人不安的照片（如严重受伤的身体）放在他面前时，他说他知道这些照片的确令人不安。接着，他又说，手术前他会感到于心不安，可现在，他什么感觉也没有。

哲学及宗教传统认为，我们的内驱力和情绪来自动物或生理方面，但现代认知心理学通过埃利奥特以及其他具体信息来源发现，我们的动机和情绪大多受到心理的影响，甚至有可能起源于心理。那就让我们看看证据吧。

第四节　认知理论

心理学家们首先强调的是动机的躯体来源，接着强调的是其丘脑和边缘系统来源，但却忽略了一项一般人坚信不疑的日常事实：人类和高等动物经常表现出的情绪和动机来自于心理需要，而不是生理需要。

养狗的人对此非常熟悉。将狗放在一个新的或不熟悉的宅院里时，它们会立即在院子里四处嗅嗅，东张西望。这些举动并不出于饥饿或其他躯体需要，而是出于了解环境的心理需求。

父母们也知道这一点。他们往往看到自己的孩子们不厌其烦地按动各种按钮，成几个小时地拨弄存钱罐或类似玩具，以期找到这些物件的运行原理。

大家都知道，由于暴风雨或生病等原因在家闭门几天之后，人们往往产生一种出门的需要，想四处走走，看一下其他地方和面孔。长时间做同一件事的人，也往往希望干点别的什么来换换脑筋。

基于行为主义的赫尔与基于精神分析的弗洛伊德认为，动物的基本动机是驱力降低。但在20世纪60年代，当认知再次成为心理学关注的焦点时，一批研究者开始认为，驱力降低并不完全正确。他们进行了一系列实验，证明高级动物常受到认知的需要和认知过程的驱动。

这样的实验我们已在前面谈到两个。打开窗户观看玩具火车或打开门栓却未能得到开门回报的猴子，其动机均不是生理需要或原初大脑的唤醒，而是认知需要，也就是说，是心理刺激。

20世纪50年代及稍后进行的其他实验显示，与行为主义学说相反的是，老鼠能学会做一些得不到奖励的事情——至少不是食物、水或其他满足其生理需要的奖励。在几例研究中，老鼠选择的路线往往不是去寻找食物，而是进入一个迷宫，它们情愿选择一条通达食物的新线路，而不是已知线路，它们学会在Y型迷宫里走某条特定支线，或者为了探索棋盘迷宫而从黑色中分辨出白色，它们学会在笼子过暗时按动杠杆开灯，或当笼子过亮时按下杠杆熄灯。

动物不仅受到新奇性的唤醒，也会主动寻找新奇的情景，以使自己受到唤醒。人类尤其可能尝试唤醒自己的思想和感觉。我们时常观看恐怖电影以获得惊吓的效果，观看色情资料以激发自己的性欲，挑选势均力敌甚至强于自己的对手进行游戏以挑战自己，开动脑筋解谜，等等。心理学家弗雷德·谢菲尔德极有说服力地证明，强化人类行为的不是内驱力降低，而是内驱力的诱导。我们看电影、读书或玩游戏，真正的动机并不在于看完、读完或玩完，而在于观看、阅读和玩的过程。

这些行为在进化学说中很有意义。如 1959 年动机理论家罗伯特·怀特所言，高等动物为求生存必须学会有效地对付环境问题。对新鲜情境的好奇或自我激励的动机是为了增加学习有效处理环境的机会，以求得生存和繁殖。

然而，我们不喜欢，也不追求过多的唤醒，我们只喜欢适度的刺激，不喜欢过于有压力、过于可怕或混乱的刺激。这一点具有生存价值：我们和其他物种在中等水平的唤醒下表现最好。证明这一点的其中一项实验是，志愿者在 100 秒内解决 20 组难度较大的变形词难题，得到的现金回报却少得可怜。他们的动机水平可从其评判这一游戏的好玩程度中看出，凡动机适度者解决的难题最多。这个原理我们每个人都很熟悉。凡开车者、玩生理或心理技能游戏者或给他人打工者大都知道，当自己处于无聊或昏昏欲睡的状态时，根本无法将事情做到最好——想把事情做好的压力过大时也做不好。

自我唤醒和解释性行为背后的动机是获取竞争力和控制周围环境的欲望。证明这一点的最好证据来自皮亚杰和其他人就儿童通过游戏和学校教育进行认知的研究。我们已了解皮亚杰的相关观察，但还有一个例子在这里最合适不过。一天，皮亚杰给十个月大的劳伦特（他的儿子）一块面包，劳伦特将面包扔在地上，摔碎后捡起来，再扔到地上，这个动作他重复了一次又一次，每次都极有兴趣。第二天，皮亚杰写道：

> 他持续不断地抓取假天鹅、小盒子和其他几种东西，每次抓到后就伸开胳膊让它们掉下去。他有时竖直伸开胳膊，有时斜伸在眼前或脑后。当物件落在新位置时(比如枕头上)，他会重复让它落在同一地方两三次，好像要研究这种空间关系。然后，他会修正这种情形。

这些活动所取得的明显满足是发现这个世界的运行机制，并获得某种控制力。按照罗伯特·怀特的话说：

> 孩子看上去似乎沉醉于发现他可对之施加影响的环境及环境对他可能产生的影响……这种非常惬意的活动。在这些结果可通过学习而得到保持的范围内，他们应对环境的能力会慢慢增强。孩子的游戏因此可视作正事，尽管对他而言，只是有趣和好玩而已。

这种现象不仅出现在儿童时期。在成人阶段，尽管程度有所减轻，但我们仍被推动着拓展对这个世界的了解程度及应对环境的能力。

但这些并不能解释某些人就一些没有实用价值的问题寻求答案的强烈动机，比如，宇宙的年龄和大小，蜜蜂通知彼此从何处采蜜的方法，或人类人格在多大程度上由基因决定，等等。极具天赋的动机理论学家丹尼尔·伯莱因于1954年就好奇的动机力量发表文章说：

> 没有哪种现象能像人类知识那样成为长期讨论的主题，但这种讨论通常对知识背后的动机力量忽略不计……奇怪的是，许多激发出最持久的探索，并在找寻不到答案时苦恼无比的研究，实际上并没有使用价值或紧迫性。想想那些对某

些本原论进行探索的形而上学者或那些文字游戏爱好者，你完全可以毫不置疑地相信这一点。

伯莱因认为，学习和理解的欲望可在某种程度上由精神分析学说、格式塔学说和强化理论进行解释，但更完全的解释存在于好奇的动机。按照伯莱因的观点，在好奇背后，是比对实际知识的欲望更微妙的需要。奇怪和令人困惑的情景会在我们身上引起冲突，而弱化冲突的欲望迫使我们去寻找答案。使爱因斯坦思考出广义相对论的动机，并不是其巨大的实际成果，而是被他称作“对于理解的狂热”的东西，特别是对他的狭义相对论何以与牛顿的某些物理学原理不一致的理解的需要。

20 世纪 50 年代和 60 年代，心理学家就认知对动机产生的影响方面所得出的新发现提供了大量证据，证明情绪经验及其生理症状的主要源泉是心理，而不是内脏、丘脑或边缘系统。其中一些证据如下：

——在半个多世纪里，一般认为，嫌疑犯在听到人们读出某些单词或提出某些问题时，如果它们中的一些是中性，而另一些与犯罪相关，他就会因后者而血压升高，皮肤静电增强。20 世纪 50 年代和 60 年代，进一步的研究显示出另一些证据性症状，人们还据此改进了测谎仪。有意识的心理可影响情绪——至少可影响有罪的焦虑及其相关生理症状——这一假定得到确认。

——1953 年，社会学家霍华德 · S. 贝克尔在研究 50 名大麻吸食者后发现，除去其他种种之外，大麻的初期吸食者首先要学会注意并分辨自己的感觉，确定何为“兴奋”状态，并视其为快乐。兴奋的生理感觉在相当程度上来自认知及社会因素。

——在 1958 年进行的一项著名研究中，约瑟夫 · 布雷迪通过电击法使成对的猴子处于有规律的压力状态。每对猴子中的一只可通过按下一根杠杆而延迟电击20秒，另一只猴子的体验与第一只猴子的体验联系在一起（它要么不被电击，要么因第一只猴子所做，或没有做的动作而受到电击）。令人惊奇的是，可避开电击的猴子会得胃溃疡，被动的猴子却没有。显然，第一只猴子的预期和由其控制电击的能力所施加的负担使其产生了焦虑及躯体症状。处于电击控制组的猴子很快被称为“猴子经理”，因其处境与人类中处于高度压力和持续危机预期下的经理们非常相似。然而引起胃溃疡的，并不仅仅是预期，还有行动时的不确定感。一位名叫杰伊·韦斯的研究人员在重复布雷迪实验时（用老鼠而不是猴子），增加了警告声，让“老鼠经理”（不是被动的那只）采取行动。结果，两个实验组的老鼠均得了胃溃疡。由于警告声的安全保障，经理组的老鼠要明显比被动组的老鼠所得的胃溃疡轻。

——1960年，埃克哈德·赫斯（前文中提到他在一只机械母鸭身上印上野鸭图案）对一些观看不同图片的志愿者的眼睛进行拍照，结果发现，男人的瞳孔在看到女人的照片时会扩大，特别是在看到女人的近照时；女人的瞳孔在看到婴儿，特别是看到与母亲在一起的婴儿时，也会扩大。这是因为，心理辨认并评估着图片内容，并向边缘系统发送信号，由后者生成周边及中枢神经反应，即瞳孔放大和性兴趣感觉。

到目前为止，认知对情绪影响最令人印象深刻的实验，是1962年由斯坦利·沙克特（1922—1997）和杰罗姆·辛格进行的。该实验得出的理论整整主宰了情绪研究20年。沙克特人格直率，五官清晰，十分幽默，20世纪60年代还喜欢进行冒险且容易导致误解的实验。我们已经知道，他曾扮演一个相信世界将淹没在洪水中的虔诚信徒。也只有这样的人才能设想并沉着地进行我们讨论的历史性实验。

在回顾支持和反对詹姆斯－朗格理论、坎农－巴德学说的证据后，沙克特得出结论说，“情绪、心情和感觉状态的种类完全不能与内脏的种类相对应”。与其他大多数心理学家一样，他认为，认知因素可能是情绪状态的决定性因素。他和辛格提出假说，认为人类不能从所体验到的生理症状里找到情绪，要想做到这一点，他们须依靠外部提示。心理通过这些提示将身体所体验到的情绪分为愤怒、喜悦、害怕等等。

为检验这一假说，沙克特和辛格请志愿者们注射苏普诺欣，这原本是一种可能对视力产生影响的维生素剂。事实上，志愿者们所注射的药物为肾上腺素，可使人心跳加快、面孔发红、双手颤抖——和强烈的情绪所导致的反应一样。他在事先告诉一些受试者，说苏普诺欣有上述副作用，但对另一些人则保密。

在受试者开始感觉到药效之前，他们被带入一个房间，和另一个假装也注射过这种药物的学生（和实验者串通好的人）待在一起，各自填写一张长达五页的问卷。此时，这个同谋者将早已预演好的两段戏之一表演出来。当着某些受试者的面，他会显得非常轻浮、愚蠢、开心，总是胡写乱画，将揉皱的纸团扔进远处的废纸篓里以“投篮”，折纸飞机满屋乱飞，玩呼啦圈，等等。同时他信口胡言，比如，“今天我真高兴，我觉得自己就像个孩子”。当着其他一些受试者的面，他会一边填问卷一边发牢骚，说里面的问题让他烦心（这些问题问得越来越接近个人隐私，越来越具有污辱性，最后的问题是：“你母亲与多少个男人有过婚外恋关系？”——对这个问题，多选答案中最低水平的次数是“四次及以下”）。最后，他会将问卷撕掉，把碎纸扔在地上，大骂着冲出房间。

研究者通过单向屏幕观察受试者的行为，并给这些行为定分数，之后请志愿者填写一份表格，表明他们愤怒、气愤、讨厌，或相反地感觉良好或感到开心的程度。结果引人瞩目。在预先未告知该药有副作用的受试者中，那些看到同谋者兴奋的人也会产生类似行为，说他们感到了兴奋；那些看见他气愤的人也会有类似的行为表现，称自己的确感觉到了同样的情绪。而事先知道该药有生理副作用的受试者却没有类似的反应；他们对于自己的感觉已经有了一个充分的认知解释。沙克特和辛格的历史性结论是：

> 假如没有给人即时解释某种生理唤醒状态，他会给这种状态贴上标签，并以可能的认知方式来描述他的感觉。在情绪状态取决于认知因素的程度上，我们应能预测的是，完全相同的生理唤醒状态可以被贴上“喜悦”“愤怒”“嫉妒”，或任何能叫出名字的情绪标签，具体什么标签则取决于对当时情景的认知。

情绪唤醒的认知学说立即走红。它不仅显示出认知——心理学家所喜欢的新课题——的重要性，而且使先前得出的一系列令人惊讶的发现具有了意义。在接下来的 20 多年里，心理学家们进行了数量繁多的相关实验，其中一些证实或反驳了沙克特－辛格学说，但大部分实验确认并丰富了该学说。下面是上述发现的精华部分：

——沙克特及其同事拉里·格罗斯招募了一批志愿者，一些是胖子，一些身材正常，他们被告知参加的是一项躯体反应如何与心理特征联系的研究。实验者哄骗志愿者交出手表，因为要在他们的手腕上绑一个电极，但实际上，绑在他们身上的电极只是个幌子，目的是引诱他们脱下手表。研究者还在房间里留下一些饼干，告诉志愿者——实验期间他只能一个人待着——随便享用。房间里有一只维修过的座钟，要么走得慢一半，要么走得快一倍。一阵子后，一些志愿者认为到了午餐时间，但其实还没到，其他人认为还未到午餐时间，实际上午餐时间早已过了。认为已过正常午餐时间的肥胖者，比认为还未到正常午餐时间的肥胖者吃的饼干要多。身材正常的志愿者吃的饼干则同样多，不管他们认为是否是午餐时间。结论：决定这些肥胖者饥饿感觉的不是胃，而是心理。

——另一研究小组得到一位漂亮女性的协助。当男大学生走在峡谷上一座摇摆的吊桥上或一座又低又结实的大桥上时，她走近他们。在两种情形下，她的借口都是，她正进行一个研究项目，要请他们填写一张问卷，并就一张照片编出一个简单的故事。她把自己的名字和电话号码告诉每一个男大学生，若他想进一步了解这一项目，可给她打电话。她在吊桥上走近的那些男大学生所编的故事，要比在又低又结实的大桥上走近的男大学生所编的故事含有更多的性意象，也更有可能打电话给她请求约会。实验者的结论是，在可怕的吊桥上碰到的男大学生往往将自己的焦虑解释为性吸引的第一阶段。按照沙克特－辛格理论，这些人将一种外在的提示——漂亮女人在场——看作是对其生理感觉的解释。

——20 世纪 70 年代后期，宾夕法尼亚大学的保罗·罗津和德博拉·席勒调查了人类何以形成对痛苦刺激的爱好，实验材料是食物中的红辣椒。罗津和席勒采访了费城的大学生和瓦哈卡附近一个高地村庄的墨西哥人。他们发现，开始时儿童对红辣椒的反应总是不好的，这样就排除了红辣椒爱好者对这类辛辣物相对不敏感的可能性。他们发现，对这种刺激的痛苦感会因母亲的训练和社会形势（特别是在墨西哥）而发生改变。灼热感是好东西这种认知使孩子们慢慢养成对它的爱好——这一证据再次证明，如何解释一种感觉取决于心理。

——性唤醒和交配行为在昆虫当中是由外激素（诱引剂的分泌）自动激发的。即使在哺乳动物中，雌性在发情期散发的气味也往往会激发雄性的性欲和性活动，养狗者大都了解这一点。另外，在许多哺乳动物中，雄性和雌性的激素水平决定它们何时产生交配欲。但在人类中，外激素和激素水平与性交兴趣的联系非常有限。大量人类学、历史学和心理学的研究数据证明，人类的性欲激发在很大程度上表现为认知反应——特定于各种文化提示的反应。在数以千计的证据中，我们仅举三例：

——在一些文化中，女性的乳房一般是掩盖着的，因为它们对男人有着强烈的激发作用；而在那些乳房通常暴露的文化中，它们并没有激发作用。同理，在 20 世纪初，对西方男人来说，妇女的脚踝近乎色情；到了 20 世纪 80 年代，在诸如《花花公子》和《阁楼》之类的杂志上，完全裸露的女人照片被视为半色情，只有那些清晰的阴部特写镜头，特别是肿胀和张开的阴部特写，才被视作具有高度挑逗性。

——20 世纪 40 年代，阿尔弗雷德·金赛对美国人的性行为进行了历史性调查，调查结果出版于 1949 年和 1953 年。该调查发现，女人因色情资料而受到刺激的情形要明显少于男人。但 30 多年后又进行的一项全国性调查发现，性革命和妇女运动使女人比以往更易受到色情资料的唤醒。还有，在金赛所处的时代，妇女在性交中体验到性高潮比率的普遍低于男人；但在后面的调查中，她们比以往更易到达高潮。

——给一些正在解数学难题的志愿者看一些色情资料，尽管他们意识到了这些色情刺激，但并不会因之受到唤醒。显然，如果要受到色情资料的激发，观察者或读者须幻想自己正在性爱之中，而正在解题的人已将精力集中于所要完成的工作，而无暇顾及任何色情内容。

从 20 世纪 30 年代开始，主要在 20 世纪 50 年代，心理学其他领域的研究者提供了大量证据，证明人类的认知过程是动机与情绪的主要来源。我们无法一一介绍这些种类繁杂的研究成果，在此只选取四例以少量段落介绍。

一

20 世纪 30 年代中期，哈佛人格研究专家亨利·默里创立主题统觉测验法以测试人格的各个方面，特别是无意识方面。他利用精神分析学说将这些方面分类为 35 种需要，如整齐、控制、顺从、进取、贬抑、教育、联系（归属和友谊）等等。35 种需要中的每一种都是动机激发力量，此后几年里，人们便从这些角度一一进行调研。

研究最深的也许莫过于成就需要。在 20 世纪 50 年代和 60 年代，戴维·麦克莱兰及其在康涅狄格州卫斯理大学的同事们对成就需要极强者的人格和行为及其来源进行过一系列富有价值的研究。他们发现：成就需要较强者喜欢那些能提供具体反馈信息的任务，因此倾向于选择那些能看到增长和扩张的工作；成就需要较强的男孩，很小的时候他的母亲就期望他能独立，并依靠自己生活，她们对孩子的限制也远低于那些成就需要较低的孩子的母亲。对 23 个现代社会的调研发现，社会看待成就的价值观往往反映在儿童故事中，并与近几年电力生产的增加相关联。

所有这些表明，取得成就的动机是从一个人的父母和社会那儿得来的，因此在本质上属于认知型。

二

弗洛伊德认为，在孩子学会控制他或她的即时满足的冲动，并为得到更大回报或因不能为社会所接受而推迟其冲动之时，自我或很大程度上是有意识的自我，会慢慢形成。因此，年龄较大的儿童和成人身上的动机尽管受获得快乐的内驱力影响，但以认知为导向。

20 世纪 50 年代及以后，发展心理学家收集到的实验证据支持了弗洛伊德的自我发展理论。比如，沃尔特·米舍尔及其合作者让孩子们在直接但较小的满足和延迟但较大的回报之间做出选择。大多数七岁孩子选择的是直接满足，大多数九岁孩子则选择延迟但较大的回报。

同时，心理学家安娜·弗洛伊德和海因茨·哈特曼的著作一直为动力心理学的焦点带来改变。人们发现，自我比原来想象的更有力量，更有影响力，本我的力量则相反。对于致力于动力心理学研究的心理学家来说，这一发现意味着成人在很大程度上是由有意识的愿望、自我保护机制和价值观所驱动的。因此，在 20 世纪 50 年代，心理治疗者和学院派心理学家大都在热情地探索自我如何利用积极的认知力量以战胜压力，尤其是在犹豫不决时用希望抵消焦虑，并以应对机制而非非理性的反应和自我防御来解决问题。

三

20 世纪的大部分心理学家，从弗洛伊德到斯金纳，都是决定论者。作为科学家，他们相信，人类行为就像现实世界里的所有现象一样，皆是有因的，每一种思想和行动都是先前事件和力量的结果。在他们看来，这一前提似乎是心理学作为一门科学的基础。按照这一观点，如果个人可按其所希望选择的方式行事——如果他们的行为中有一些或大多数取决于他们的意志，可自由操作，而不是取决于过去的经验和目前的力量——就不可能产生有关行为的严格法律体系。于是，“意志”一词在 20 世纪中期即从心理学中完全消失，今天，在大部分现代教材中，甚至连一句捎带也没有。不过，在现行的一本优秀教材中，这个词被列入索引中，注解为“意志：意识的错觉”。

然而，这一概念并没有死亡，它改头换面，以别的名字存活下来，且不无理由。

一方面，心理治疗学旨在使病人从无意识力量的控制下解放出来。这只能意味着，病人能有意识地在选择中进行衡量和判断，并决定自己的行为方式。如果不是意志行为，那么，这一决定又是什么呢？

另一方面，发展心理学家发现，儿童心理发展中的一个关键特征是"元认知"——对自己的思想过程和管理这些过程的能力的认识——的慢慢出现。儿童们会渐渐发现，他们有多种方法来记住一些事情、形成问题的求解策略、对物体进行分类。他们开始练习对自己的思想过程进行有意识的、自愿的控制。

再有，认知心理学需要设计一种现代的意志对等物以解释决策现象，它们可见于对思想与解决问题的无数次研究之中。人工智能专家提及一些程序中能刺激思维的"执行功能"，也就是那些能衡量在任何点上所取得的成果并确定下一步采取什么步骤的程序部分。有些理论家认为，人类的心理同样具有管理功能，也可以做出决定。但由人工智能程序所做出的决定是完全可以预测的，对人类决定的预测却经常出现错误。这是为什么呢？在人类的选择中，是否存在某些自由区域，是否存在某种自愿控制中的自由意志？我们将在最后一章里进一步探讨。眼下，我们只需注意下面几点：人类无论将决策视作完全可预测的管理过程，又或者自愿的行动，其动机在起源上都是认知型的。

四

默里早在20世纪30年代就已提出，社会因素是动机的来源。但这一提议未能得到人们的认可。在20世纪50年代，随着社会心理学和人本主义心理学的发展，心理学家对"社会动机"也产生了兴趣，他的这一提议于是成为 1954 年由亚伯拉罕·马斯洛（1908—1970）所整合的动机学说的重要组成部分，马斯洛也成为 20 世纪 50 年代和 60 年代人本主义心理学运动的领袖人物。

马斯洛个性复杂，为人热情而深沉，他传奇的一生使其成为人类动机理论化的最佳人选。他出生于布鲁克林的一个移民家庭，兄妹七个。他的童年时代过得并不开心，他多少有点神经质，长期处于局外人的地位。为克服这些不快与孤独，他只好将主要精力投入学业。在师范学院、布鲁克林大学和布兰迪斯大学，他顺着学术的阶梯一路向上爬去，与多位同事进行亲密合作，这些同事包括行为主义者、动物心理学家、一位顶尖的神经生理学家、格式塔心理学家和精神分析学家（他本人也经历过精神分析）。他希望能解开人类动机之谜，并将自己的平生所学装入一个包罗万象的系统之中。62 岁时他死于心脏病，但此时他已基本实现了自己的夙愿。

马斯洛认为，人类的需要和来自需要的动机是一种结构或金字塔。它的宽大基座由生理需要构成，其他一切均建在这一基座之上；它的第二层由安全需要构成（安全、稳定、不再害怕等）；再上面一层心理需要的大部分在本质上表现为社会性需要（归属感、爱、联系感、接受，以及得到尊敬、同意和承认）；最后在塔尖的是自我实现的需要（满足自我的需要，“使自己成为能成为的状态”）。

其他人对社会动机进行的研究进一步探索了类似的课题，并清楚地说明了社会动机是如何与个人的人格紧密关联的。比如，人格不稳定的人需要赞同，其结果是，他们持续不断地努力传达社会大众期望的特性。在人格测试中，他们会宣称自己具有令人赞扬的情操，但其实这并不真实，比如，“我从未十分反感什么人”。他们往往否认自己拥有那些不好但经常是真实存在的习惯，比如，“有时我喜欢说点闲话”。大部分人都以这种方式寻求社会的赞同，但特别需要赞同的人在这样做时往往会达到令人讨厌的程度，别人常认为他们是假正经。

社会动机的其他方面也成了20世纪60年代到80年代该领域的热门话题。研究之多，不胜枚举。社会动机内容非常广泛，我们所提到的仅仅是沧海一粟。然而，我们确实不能在此浪费更多时间了。在过去30年里，尤其是近15年来，情绪与动机这一领域得到快速发展，出现了很多新的发现。那还等什么呢？让我们快点徜徉在该领域重要发现的海洋里吧。

第五节 缝缝补补的被子

我们已经走了很远，从饿得半死的老鼠隔着电栅栏吱吱乱转企图得到一点食物，到坎农的猫对着汪汪狂叫的狗发出愤怒的嘶嘶声，尽管其内脏已与大脑切断了联系。

我们仍要顺着这个故事走下去。早期理论看上去往往被后来的实验研究否认并抛弃，同时，新理论不断推出。但现实总是复杂许多：再后来的证据往往重新证明旧理论的有效性，而所谓的新学说似乎又与证据不符。因而，在心理学中，人们很少能证明某个理论是完全错误的。不如说，它们看上去总是有限的、不完全的，但当其与其他学说凑在一起，拼成一床虽不整洁但屡经缝补的理论被子时，却显得很有价值。

詹姆斯－朗格学说就是一个很好的早期理论的例子，直至今天，它仍在这块理论拼起来的被子上占有一席之地。它看上去似乎为坎农的研究所抛弃，因为后者将情绪的来源定位于丘脑，接着又似乎被沙克特－辛格的实验一举推下历史舞台，因为后者发现情绪来源于心理。但在1980年，著名研究者和科学挑战者罗伯特·扎伊翁茨却以新的形式使它复活。他以自己的发现为基础，认为感觉状态发生于认知评估之前。

扎伊翁茨在波兰出生，1940年他17岁时从德军铁蹄下逃脱。此后他的生活屡受干扰，直至35岁才完成博士学位课程。然而，尽管起步较晚，但他仍完成了许多具有相当意义的研究工作，特别是在社会心理学方面，为此也赢得了许多荣誉。他极不安分，喜欢解决令他“烦恼”的问题，并总是大胆地勾勒出它们的答案，然后便弃之不顾，让其他人来完成细节。

在20世纪70年代晚期，扎伊翁茨对“单纯接触效应”进行过若干实验，单纯接触效应是人类日渐形成的对于某种我们所熟悉的刺激的偏好，即使该刺激对于我们既毫无意义，又毫无价值。扎伊翁茨让志愿者观察一些日语文字，有些只给看一次，有些则给看27次之多。然后，他再次向志愿者展示这些文字，问哪些是他们认识的，哪些是他们最喜欢的。他们最喜欢的是看过多次的字形，即使它们对他们而言毫无意义，即使他们根本不认识它们。

在这一发现——我们之所以转而喜欢某些产品或人，仅仅因其名字或形象在我们面前重复出现的次数太多——中令人烦心的内容之外，扎伊翁茨看到了某些具有重要科学意义的东西。感情反应（感觉状态）可在认知外发生，也可在认知性评估前发生，比认知更能解释我们所做的事情。他在《美国心理学家》杂志上发表了一篇文章，文章的名字极具挑衅性，是经他同意起的——《感觉与思想：偏好不需要推理》。在文章里，他平淡地谈到了情绪生理来源的重要性：

> 感情不应被看作不可改变的最终现象，也不应被看作不可变化的后认知现象。感情反应的进化根源指向其生存价值，指向其从严格的控制中挣脱开来的可区别的自由，指向其速度，指向对个人进行感情区分的重要性，指向感情可号召起

来的行动的极端形式——所有这些，均指明了感情的某些特别情况。人们的结婚或离婚、杀人或自杀、牺牲自己的生命以追求自由，并不是建立在对其行动的正反意义所进行的详细、认知性的分析之上。

这篇文章激怒了许多认知心理学家，引发了激烈的争议。加州大学伯克利分校的理查德·拉扎勒斯成为扎伊翁茨的最主要对手，他激烈地抨击扎伊翁茨的观点。他在同一家杂志上提供大量反证，最著名的是他自己收集的数据，其中受试者的情绪被电影唤起，又为提供不同信息的配音所改变。拉扎勒斯此前曾利用电影中关于澳大利亚土著居民割礼仪式的剧情做过实验。在片中，土著人用锋利的石片割开少年男性的阴茎下皮。当这一仪式的配音着重强调其痛苦和残酷时，一些观众感到极其难受；但当配音强调少年正视这一仪式并因此获得地位和成人的好处时，观众的反应则平缓下来。拉扎勒斯的结论是：

认知活动是情绪产生的必要前提，这是因为，要体验一种情绪，人们必须得理解——不管是原始的评价式知觉还是高度差异化的符号过程——它们的好处均表现在一种转换之中，不管其是好是坏。那些意识不到所发生之事对自己的意义的动物，不会产生情绪反应。

事实上，他后来在情绪的认知作用上抱着“最坚决的态度”，也就是说，认知是一种必要且充分的条件。“‘充分’一词是指，思想能产生情绪；‘必要’一词是指，情绪不能在没有思想参与的情况下产生。”

扎伊翁茨和拉扎勒斯进行了旷日持久的辩论，但其他人的研究似乎表明，两种认识都没有过错，他们的发现并非彼此不容。

譬如说发展心理学家迈克尔·刘易斯及其同事的发现。我们在前面已谈到这些发现，即六种基本情绪（喜悦、恐惧、愤怒、悲伤、厌恶和惊讶）是出生时或出生后不久就出现的，但另外六种情绪（窘困、共情、嫉妒、骄傲、羞耻和内疚）则是在孩子发育出认知能力和自我意识之后才出现的。刘易斯和他的小组并没有讨论扎伊翁茨－拉扎勒斯的辩论，但他们的观察却为有关情绪的两种解释（非认知和认知）留下了余地。（卡罗尔·伊泽德的婴儿照片记录了相同的情绪及其表情的发育。）

社会心理学家罗斯·巴克认为，这场争议的解决在于承认存在不止一种认知方式，即“通过熟悉而得来的知识”或直接的感觉意识，还有“描述得来的知识”，即对感觉信息的认知性解释，其差别在几十年前就由哲学家伯特兰·罗素详细描述过。巴克说，感觉也许首先产生，但心理中的知识可将感觉变为对它所传送的信息的认知判断，这些判断可再度修改感觉。这是一个连续的相互作用过程。“感觉、表情、生理反应、认知、与目标相关的行为等，都是相互关联的过程，在动机和情绪中扮演着合成及相互影响的角色。”

罗伯特·普鲁契克认为，扎伊翁茨和拉扎勒斯的观点只不过是一个更大的整体中的一部分。他将情绪定义为一系列复杂的反馈回路系统中的一连串现象。刺激会启动这一过程，可从此时起，在认知评估、感觉、生理变化、行动冲动和表面行动之间，就存在相互作用，其结果将改变它们在一个连续过程中的因由。普鲁契克认为，扎伊翁茨和拉扎勒斯的数据都是研究方法的产物，都是只见树木，不见森林。

> 人们可将一根电极插进猫或人的大脑里面，然后产生一种没有对外部事件进行认知评估的情绪反应……显然，人们

完全可能将注意力集中于这根链条的任何环节之中。接着，人们可得出理论，比如强调激发，或强调表现性的行为。

情绪是动机的主要来源，尽管心理的判断更好，但它常常被情绪压倒。这一古老的理论在达尔文式证据面前似乎有点过时。这种证据是，情绪是具有生存价值的行为的信号和线索。然而，达尔文式观点是如何与我们经常受一些无用或有害的情绪——恐慌、抑郁、嫉妒、自我蒙混、为失去的爱而长期悲伤、恐惧等种种令人伤心和备受折磨的情绪紊乱——所左右这样的证据相容的呢?

这个问题是一堆流沙，一旦沾上便无法逃脱。我们还是小心为上，只从远处瞥它一眼吧。

尽管没有达成一致，但这一领域里的许多著名人士却大多对情绪采取一种新达尔文式的观点。他们认为，这些情绪是信息源，可让我们评估一些情形，并判断应采取哪些行动才能达到有价值的目的。然而，情绪和智力之间的经典对抗已行将结束，按照认知心理学的观点来看，情绪和认知均服务于同一目的，即自我保护。罗伯特·普鲁契克认为，在低等动物中，情绪是产生求存行动的线索。而在包括人类在内的更高级的复杂动物之中，认知能力服务于同一功能，即纠正或放大情绪的预测——尽管我们仍需要它们的力量以产生行为。

合适的情绪反应可决定个体是生或是死。为了使对刺激现象的评估更为正确，使先决条件更为准确，这个认知过程已经历了几百万年的进化，从而使最终导致的情绪行为能与刺激现象适应性相关。因此，对于增强的、更有概括性的适应这一最高结果来说，情绪行为是最接近的基础。

这一点仍未解答我们所提出的一个问题，即我们何以经常体验一些可误导我们的、无用的或可使我们受伤的情绪。阿姆斯特丹大学的尼科·弗里达是位处于领袖地位的情绪研究者。他提供的几种答案是，功能紊乱的情绪有时来自对情景的错误估计，有时来自一些个人所不能应付的偶然事件，有时来自一些特殊情形中产生的紧急反应，在这里，稍加迟缓和更为深入的评估可能对我们更有利。

心身研究显示，当我们无法逃脱，也无法采取行动来对付一种威胁性较大或非常紧张的情形时，我们的情绪并不是行动的指南，而是痛苦和疾病的来源。被狂徒扣押的人质、前线的战士、晚期癌症患者都不能从他们的情绪中得到任何益处，只能受到它们的伤害。最后，如果我们产生互相矛盾或不可兼有的欲望，或产生与社会禁忌相左的欲望，我们就能体会到病态的情绪。

近几年来，许多动机和情绪研究者一直在东挖西采，虽未找到富矿，也没有惊人的发现，但却为刚刚出现的有关情绪与动机的多元理论提供了大量证据。他们的研究范围很广，从躯体到神经再到认知，无所不包。下面是各种各样的例子，有兴趣者可以多看一点，兴趣不大者可以少看一点。

——一些人探索出特定的神经递质是何以影响动机和情绪的。一簇神经递质分子可堵住某些神经感受器，并以此影响食欲，肥胖者在服用这种化学药品后能减少进食。

——其他人探索了特定情绪与特定身体部位的联系。在一项研究中，172 名志愿者说出了他们感觉到不同情绪的身体部位：羞耻感主要产生于面部，恐惧感可产生于许多部位，尤其是肛门，厌恶感产生于胃部和喉部等。但研究者认为，这些并不意味着情绪主要来自躯体体验。反之，他们认为，躯体信息是组合过程的一个部分，这一过程包括意识、认知评估和身体感觉，它们交互影响，互为作用。

——再有一些人长期致力于对儿童的观察，旨在寻找共情的来源。他们发现，婴儿在听到其他婴儿啼哭时自己也会啼哭，显然，这是一种最原初的共情形式（同一婴儿如果听到自己在录音机里的哭声却不啼哭）。还有，我们在前面已经谈到，将近一周岁的儿童在看到或听到另一人经历痛苦时，也会产生痛苦的表情；2 到 3 岁的儿童则试图安慰甚至帮助另一个处于疼痛中的人。这些结果导向一个合理的结论：同情是个性发展和社会化的结果，是基于共情情绪的基础发展而来。

——安东尼奥·达马西奥区分了两个概念，即情绪状态和情绪感受。情绪状态是指情绪所引起的身体症状，而情绪感受指的是对症状的认知。至此，他和威廉·詹姆斯的论调如出一辙。不过，和詹姆斯不同的是，他认为情绪状态和情绪感受可以是无意识的，而且，对一种强烈情绪体验过后，便成为一种“躯体标记”，如对紧急情况的迅速反应以及迅速决策等。为证明“躯体标记”的存在，达马西奥对大脑的腹内额叶损伤的患者进行了测试，并把测试结果和对照组进行比较。双方对突然一声巨响这样的刺激都有反应，皮肤静电增加，这是与生俱来的特质。然而，当把一些灾难或身体伤残的照片摆在他们面前时，对照组的皮肤静电急剧改变，而大脑的腹内额叶损伤的患者则一点反应也没有，因为这种反应需要后天学习。患者以往的经验和他们的躯体不再有任何联系。

——与达马西奥的研究相关的另一些研究对杏仁体（大脑颞叶内侧的一小块区域，与情绪处理有关）受损的病人和正常人的吃惊反应进行了比较。两组人对突如其来的巨大声响都感到吃惊。然而，如果声音来自一条漆黑空旷的大街，那么，正常人的反应更为剧烈，而杏仁体受损病人的反应则没有这样的变化。不过，更令人感到奇怪的是，杏仁体受损的病人认为，漆黑街道的刺激应该是更为强烈的。他们明知如此，可事实上却没有反应。

——一些研究人员在情绪对认知和记忆的影响方面颇有兴趣。新近有这样一个研究，让受试者看单词。第一个关键词闪动 0.4 秒，接着是两个单词，其中一个单词他们刚刚看过。如果关键词与一种积极或消极情绪相关，那么，他们很快就会发现，而中性词则不然。显然，如果我们看到的东西对我们的情绪有影响，那么，我们便会很清楚地识别它。至于记忆，各种研究表明，如果受试者的情绪与首次经历或了解到某信息时的情绪相同，那么，受试者就更容易回忆起这一经历或信息。情绪好时，会回忆起生活中愉快的事情。反之亦然。

——在过去几十年里，情商成为很多研究和理论的焦点。情商是什么？因人而异。有人认为，情商就是理解情绪、控制情绪的能力。也有人认为，情商指的是人类在对行为进行判断时对情感的依赖。心理学家丹尼尔·戈尔曼在其著作《情商》中写道，聪明有时和智商无关，但与自我意识、冲动控制、热情和动机、同理心和社会经验密不可分。总之，他认为，我们的情绪通常非常聪明，但也可能极其愚蠢。一项人格测验表明，情商高的学生与他人相处得比较好，更容易得到父母的肯定，与朋友打交道也比较愉快。在对保险人员的研究中发现，情商高的员工在老板眼里也会有极高的评价，如更容易破解压力，更懂得社交，更具领导才能，因而，更容易获得晋升的机会，并因此获得更为丰厚的报酬和更好的待遇。

上述例子充分表明，情绪和动机这一古老的领域正在焕发着勃勃生机。不过，过去 80 多年间的诸多发现能不能串在一起，形成一种纯粹的动机与情绪学说呢？

一些心理学家认为这一点大有可能，尽管迄今为止还没有出现过一个占主导地位的统一方案。不过，通过对顶尖级的教科书的调查发现，詹姆斯－朗格理论、坎农－巴德理论以及以沙克特、拉扎勒斯为代表的认知评估理论，这三大理论均有道理。其他理论也无不如此。的确，到目前为止，还没有一个大家接受的统一答案。

现在，回到本章开头提出的问题："我们何以这么做？"直到今天，还没有一个统一理论或一个总体设计来解释所谓的"理论被子"。那些希望通过心理学得到一个简单答案的人，看来只能暂时放弃了。至少目前如此。

第十六章 认知心理学家

第一节 革命

1960年时乔治·A. 米勒虽然年近40岁，但看上去仍相当年轻，总是喜欢搞点恶作剧。他是哈佛大学心理学教授，在这一职业领域名利双收，前程似锦。然而，他的内心并不安分，总是感到一股无法遏止的冲动，想要暴露自己的本色，即使这么做意味着放弃他在哈佛的地位。

这种自我暴露无关激进的政治信仰，也无关桃色事件，虽然两者在当时司空见惯，而是出自他对心灵的兴趣。

心灵？这有什么颠覆性或不体面的？难道它不正是心理学关系的核心问题吗？

并非如此。自从40年前行为主义者开始主宰美国心理学以来，就不是这样的。对行为主义者来说，看不见、非物质且只能推测的心灵是一种过时的形而上概念，任何一位关心自己前途和名声的实验心理学家都不会硬碰这一话题，更不愿耗时费力地研究这一课题。

但多年以来，米勒已成为一个公开的心灵主义者。他在西弗吉尼亚的查尔斯顿市出生，并在那里长大。读大学一年级时，他对心理学毫无兴趣，甚至有点讨厌它。在回忆录中他一如既往地半开玩笑说，他在一本心理学教科书里看到画着大脑和其他器官的插图，“我被信基督教的科学家们带大，从小就学会不碰药品。碰到恶魔时，我会认出他”。

要么是教育所致，要么是鬼迷心窍，他的世界观发生了改变。他在亚拉巴马大学读二年级时，由于一个女孩的影响（后来他娶了她），听了一场非正式的心理学讲座。讲课的是唐纳德·拉姆斯德尔教授。教授给米勒留下了非常深刻的印象，几年后，他拿到了语言与交际专业的硕士学位。此时，拉姆斯德尔给他提供了一个给本科生教授心理学的机会，尽管米勒此前从未正式接触过这门课。这时米勒已结婚并身为人父，确实需要养家糊口，于是答应了。一年后，他变成了另一个自己。

他去哈佛继续自己的研究生课程，并打下了坚实的行为主义心理学基础。他成为一个出类拔萃的学生，顺利拿到博士学位，之后成为讲师。在接下来的 14 年里，他先在哈佛，后到麻省理工学院，主要从事语言与交际等方面的实验研究。尽管他接受过这方面的教育，但这项工作跟基于老鼠的实验大不一样，迫切需要他思考人类的记忆和其他高级的心理过程的问题，不管他愿不愿意。他参加了斯坦福大学的暑期研讨班，此后更加不自觉地接近心灵主义。在这次研讨中，他与语言心理学家诺姆·乔姆斯基进行了密切合作。在学年休假期间，他前往帕洛阿尔托的行为主义科学高级研究中心，在那里工作了一年，学到许多思维研究的新方法，特别是通过计算机程序对思维过程进行模拟。

1960 年秋季，米勒回到哈佛时就像换了一个人。他在回忆录中写道：

> 我意识到自己开始对哈佛心理学系所限定的狭隘心理

学概念产生不满。我刚在阳光下潇洒地度过了一年，一想到自己要回到一个既受制于心理物理学，又受制于操作性条件的世界，我就觉得忍无可忍。我决定，要么哈佛允许我创立一种类似于斯坦福大学研究中心里那种交互式激发的东西，要么我离开那里。

米勒将自己的不满和建立新中心以研究心理过程的梦想告诉了朋友和同事杰罗姆·布鲁纳。布鲁纳理解他的心情，也看出了他的意图，于是两人一起去找院长麦克乔治·邦迪。邦迪大力支持他们，并在卡内基公司的资助下，为他建立了哈佛认知研究中心，这个名字使米勒感觉自己像一个公开的叛教者。

对我来说，尽管已拖至1960年，使用“认知”一词仍是一种反叛行为。当然，对杰里［·布鲁纳］来说，情况可能没这么严重，社会心理学家从来就没有像实验科学家那样因为行为主义的盛行而销声匿迹。但对于一个尊崇简化科学的人来说，“认知心理学”无疑是一个明确的声明，意味着我已对心理产生兴趣——我勇敢地“出柜”了。

于是，他成为一场运动的领袖，极大地改变了心理学的焦点和研究方法，且此后一直引领心理学的发展方向。

乔治·米勒的挺身而出典型地反映了20世纪60年代的实验心理学态势。起初为少数人，接着为大部分人，他们一一抛弃了老鼠、迷宫、电栅栏及可以发放食物的杠杆，转而研究人类的更高级心理过程。在整个20世纪60年代，这场运动发展迅猛，被誉为“认知革命”。

促成这场运动的有多种因素。此前20年里，格式塔心理学家、人格研究者、发展心理学家和社会心理学家等，都以不同的方法探索心理过程。凑巧的是，其他科学领域（其中一些我们已经说过，还有一些马上要提到）的发展也对心理运行机制的研究起了推动作用。具体表现为：

——神经科学家利用微电极探针和其他新技术，对涉及心理过程的神经现象和细胞互联进行观察。

——逻辑学家和数学家发展出信息理论，并利用它对人类交流的能力和局限性进行解释。

——人类学家分析了不同文化中的思维模式，发现一些心理过程可因民族的不同而有所变化，另一些则带有普遍性，因而可能是先天的。

——心理语言学家对语言的习得和用途进行研究，开始研究思维如何获取并控制我们称作语言的复杂符号系统。

——作为新出现的杂家（部分为数学家，部分为逻辑学家，部分为工程师），计算机科学家对思维提出一套崭新的理论模式，并设计了一些似乎能进行思考的机械装置。

到了20世纪70年代末，认知心理学及其相关领域被统称为认知科学，很多人把它看成一个全新的领域。到了20世纪80年代及90年代初，人们期望它能取代心理学。然而，事实上，心理学发生了变化，开始吸取认知科学的新观念。今天，心理学的大部分领域都涉及认知科学的课题，而认知科学的某些相对较少的独立领域也包含传统心理学的诸多或全部领域。最重要的是，认知革命绝不限于心理学的显著扩展和深化，它是关于心理过程全新认知的六门科学内同时发生的一场非同寻常的——确切地说，是令人难以相信的——伟大变革。

计算机科学对心理学的影响最大。这个全新的研究领域是第二次世界大战期间深入研究的结果。当时，盟军需要能计算的机器快速处理大量数据，引导防空火炮，操作航空设备，等等。但即使运行速度极高的计算器也需要操作人员给它下达指令，告诉它下一步该做什么，这一点不但严重影响了计算机器的速度，而且还可能导致计算不精确。到 20 世纪 40 年代末，数学家和工程师开始给机器提供一套存储在其电子记忆中的指令（程序）。现在，机器可快速而准确地指导自己的操作，执行较长的程序序列，并做出下一步需要做什么的决定。计算机器于是发展成计算机。

一开始，计算机只处理数字问题。但是，数学家约翰·冯·诺伊曼、克劳德·香农和其他计算机专家很快发现，任何符号都可代表另一种符号。一个数字可代表一个字母，一系列数字可代表一个单词，数学计算可代表通过语言表达出来的关系。比如，“=”可代表“与……相同”，“≠”可代表“与……不同”，“>”可代表“大于”或“太多”。如果设定一套使单词变成数字和逻辑关系并将其变回单词的规则，计算机就可执行与人类推理相似的操作。

1948 年，计算机可能在某些方面发挥思维功能的概念——当时，这种想法听上去不像科学，更像科幻小说——是冯·诺伊曼和神经生理学家沃伦·麦卡洛克在加利福尼亚科技大学召开的一次“人类行为中的大脑机制”学术研讨会上首先提出的。

这个概念吸引了赫伯特·西蒙。当时，他是卡内基学院（现为卡内基－梅隆大学）政治学教授，但“政治学教授”这一称呼几乎与他扯不上边。西蒙是电气工程师的儿子，自幼聪慧，在学校老是跳级，因而在朋友和同学圈子里他总是最年轻的。他不喜欢运动，自小在威斯康星州长大，他敏锐地察觉出自己的犹太背景，于是用学业上的出类拔萃聊以自慰。在大学里，他喜欢自视为知识分子，但实际上他的兴趣特别广泛。他虽为一名政治学家，但对数学等饶有兴趣，自学了数学、经济学（1978 年他荣获该领域的诺贝尔奖）、管理学、逻辑学、心理学和计算机科学。

1954 年，西蒙和他年轻的研究生艾伦·纽厄尔发现，他们都对计算机和思维（两人后来都获得心理学学位）感兴趣，都对创造一种会思考的计算机程序感兴趣。一开始，他们选择了非常有限的思维种类，即形式逻辑中的求证定理，里面全部是符号，并且绝大部分是代数的过程。西蒙的任务是求证定理，“不仅尽量仔细分析、求证步骤，而且要找出引导我的线索”。接着，他们两人一起尝试将这些信息合成一个流程图，并将流程图变成一种计算机程序。

一年半之后，西蒙和纽厄尔在 1956 年召开于麻省理工学院的信息理论学术会议上成为举座震惊的焦点人物。他们描述了自己的智力产品——“逻辑理论器”。这种程序在一座由真空管制造的大型原始计算机——约尼阿克——上首次运行，能以逻辑形式证明一系列定理，每个定理的求证时间从不足 1 分钟至 15 分钟不等（如果用现代计算机，所需时间远短于眨眼之间）。逻辑理论器是第一个人工智能程序，尽管当时并不是非常智能化。它只能证明逻辑定理——求证的速度跟一位普通大学生所需时间差不多——而且，还需以代数符号进行，但作为第一个能进行某种思维活动的计算机程序，它所取得的成就的确是激动人心的。（乔治·米勒当时也在现场；他将这一天视为认知科学的诞生日，尽管他是在四年之后才“背叛”了行为主义的。）

在第二年末，即 1957 年末，纽厄尔、西蒙及大学生克利福德·肖已编写了另一个更聪明的程序，即通用问题求解程序（General Problem Solver，GPS）。它集合了一系列许多智力任务共有的宽泛原理，包括求证几何定理、解决密码算术问题和下国际象棋。GPS

会先走一步，或开始探索并决定“问题空间”（包含开始状态与预期目标之间所有可能性步骤的区域），而后察看结果，确定这一步骤是否已趋近目标，再调整下面可能的步骤，并加以测试，看哪一步能使其更接近目标。如果一系列推理均偏离方向，则退至最后的岔路，从另一方向重新开始。GPS 早期能轻易解决的简单问题如下所示（问题是以数学符号表达出来的，不能以单词的形式表达，因为 GPS 不理解它们）。

一位很胖的父亲和两个年轻的儿子必须在森林里渡过一条湍急的河流。他们找到一条废弃的小船，但小船如果超载就会沉没。每个孩子重 45 千克，两个孩子加起来的重量与父亲的重量相等，而该船最多只能载重 90 千克。父子三人如何过河呢？

答案非常简单，要求以退为进。两个孩子上船过河，一个上岸，另一个划回去上岸；父亲划过去下船，另一边的孩子再划回来，将这边的孩子拉上去一起过河。GPS 在设计和测试这一题时，做着与人类思维相类似的工作。通过同一类型的启发过程——广泛的探索及评估——它可以解决情况类似但困难许多的问题。

GPS 及后来的人工智能（Artificial Intelligence，AI）程序的两个基本特征为认知心理学带来了深刻变革，因为它们给心理学家提供了前所未有的、更详细也更可操作的心理过程概念，同时也提供了研究这些概念的切实办法。

特征之一是表征，即用符号代表其他符号或现象。在 GPS 中，数字可代表词汇或关系，而在由 GPS 操作的硬件（即实际的计算机）中，成组的晶体管通过二进制开关的开启与闭合来代表这些数字。

通过类比，认知心理学家可把图像、词汇和其他一些存储在心理中的符号视作外部现象的表征，把大脑神经反应视作这些图像、符号和思想的表征。换言之，一个表征对应于其所表征的东西而不需完全与之相似。实际上，这是新瓶装旧酒。笛卡尔和费马很久以前就已发现，代数等式可通过图中的线条进行表征。

特征之二是信息处理（information processing，IP），即通过程序进行数据的转换和操纵以达到目标。在 GPS 中，输入的信息——每一步骤的反馈——是根据其导向何地，如何确定下个步骤，如何存储在记忆中，如何在需要时调其出来等进行评估的。通过类比，认知心理学家可将心理看作一种信息处理程序，这一程序可将知觉和其他输入的数据变成心理表征，并逐步对它们进行评估；利用它们决定下一步该做什么，以达到目标；将它们存储到记忆中，需要时再重新调出。

信息处理（IP）或思维的“可计算”模式自 20 世纪 60 年代开始就成了认知心理学的指导性比喻，并且使研究者及理论家能以前所未有的方式探索内在的宇宙。

此类探索中的一个例子可说明 IP 模式如何使认知心理学家确定心理里发生的一切。在 1967 年的一项实验中，研究小组请受试者尽快大声说出投在屏幕上的两个字母是否具有相同或不同的读法。当受试者看到 AA 时，他们几乎立即说出“相同”，而当其看到 Aa 时，他们也差不多同时说出“相同”。但研究者利用高精度计时器测出了极细微的差别。平均来讲，受试者在 549 毫秒内回答 AA，在 623 毫秒内回答 Aa。这一差别非常细微，但在统计学上却非常有意义。用什么来解释这一差别呢？

IP 模式把任何简单的认知过程均看作一系列一步一步以数据形式所采取的行动。图 41 是认知心理学家经常画的典型图例，可用以象征我们看到并辨认事物时所发生的事情。

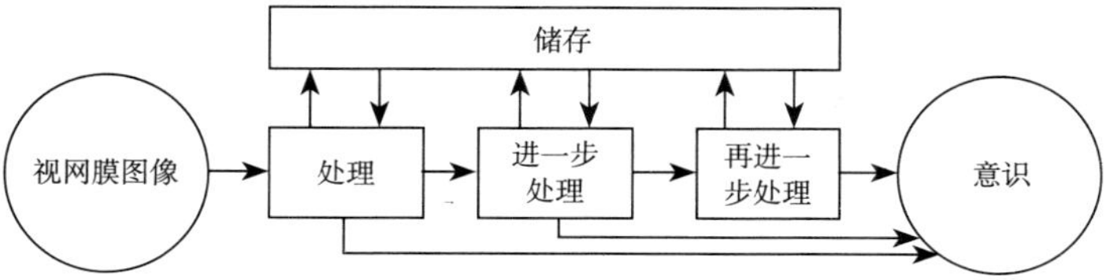

图 41　典型的信息处理流程

该流程可解释实验中的反应－时间差别。如果一个图像从起初的“处理”框直接进入“意识”框，所需过程将明显快于必须通过其他三个框才能达到目的的过程。为辨别 AA 中的字母是否相同，受试者只需完成视觉图像中的视模式辨别即可；但要辨别 Aa 中的字母是否相同，受试者得在记忆中找到每个字母的位置，然后观察其是否一样——这个额外的处理过程需要 74 毫秒，差别虽然微小，但仍然存在，它构成了思维何以完成这一任务的证据。在一个后续实验中，受试者要说出 AU 是否都是元音字母，以及 SC 是否都是辅音字母；回答 AU 是否为元音字母所需的时间要比回答 AA 或 Aa 是否相同长一些，而回答 SC 是否为辅音字母所用的时间则更长（近 1 秒）。这些长时间反应同样意味着需要更多的思维过程步骤。因此，基于 IP 模式的一个即使微不足道的实验也可显示思维中所发生的一切。

确切地说，这项发现是从结果中得出的推论，而不是对过程的直接观察。与行为主义教条不一样的是，从结果中推论一个看不见的东西，在“硬科学”中一直是合理的。地质学家根据沉积层推断发生在过去的事件，宇宙学家根据遥远星系的古老光谱来推论宇宙的形成和发育，物理学家根据瞬时原子粒子留在雾室或乳胶上的痕迹来判断其特征，生物学家通过化石推论出人类的进化之路。探索思维的内在宇宙也基于同一种方法：心理学家不可能进入思维中，但可根据不可见思想过程的痕迹来推断其运行的机制。

第二节 二次革命

什么？又一次革命？来得如此神速？

尽管此次革命并非紧随认知革命而来，但也与之相距不远。此次革命酝酿了很久，然而，直到20世纪80年代才一夜爆发。不过，我们必须有超前的目光，因为认知心理学领域后来发生的一切变化都受到它的影响。这就是认知神经科学革命。

尽管这个称呼比较新颖，然而，有关大脑研究的学派古已有之，其目的是用神经过程和事件来解释心理过程。我们已接触过这样一个例子，即休伯尔和威塞尔就只对特别形状或运动方向产生反应的视网膜细胞的历史性发现。神经学方法早已有之，至少可回溯至笛卡尔时代。尽管笛卡尔相信心理是非物质的，但一切如我们已知，他的猜想是，反射是由“活力”通过神经系统的流动产生的。正如皇家花园里自动装置的运动是由水管里的水流冲击所致，记忆也是特别的“大脑孔隙”扩大的结果。在学习期间，躯体的精灵便通过这些孔隙。同样，在20世纪初，年轻的弗洛伊德非常自信地宣布，所有的心理过程都可理解为神经元“定量地确定状态”，尽管他后来很快便懊恼地承认，进行这样理解的时机尚未成熟。

同样的希望继续激发着许多研究者的灵感。在过去的60年间，特别是在过去的25年里，认知神经科学中超凡的进展已使狂热追随者宣布，它很快就会取代心理学，而且，诸如需要、情绪、思想等心理学概念将为生物学数据所取代。神经科学家保尔·丘奇兰德甚至宣布，当人类能得到这些数据时：

我们将在终于到来的真正充裕的框架内，着手对内部的状态和活动重新进行考虑。我们对人们彼此之间行为的解释将诉诸神经药物生理状态、专业化解剖区域的神经活动及被新理论视作相关的其他所有状态。

20世纪80年代前，在对认知神经科学几十年的研究中，行为神经科学在大部分时间里并没有研究思维过程，而是就“湿件”[1]中实际发生的现象进行研究。这些湿件是一千亿至两千亿个构成人脑的神经元。认知神经科学家——一些是研究过心理学的神经生物学家，另外一些是研究过神经生物学的心理学家——他们最感兴趣的是诸如钠和其他离子以电冲动形式沿着神经元的轴突（主干）自由出入的现象，神经递质（突触中产生化学物质的地方，冲动通过它进入其他神经元的连接处）的分子结构，从一个神经元带着激发或抑制信息跳过微小的突触间隙抵达另一神经元的神经递质分子的爆发，由不同刺激及心理活动激发的神经通道和网络，等等。

行为神经科学家（正像他们被熟知的那样）通常是一身白大褂，大部分时间都花在手术室和实验室，在那儿，他们通过手术切除动物大脑的特定部分，以了解这些部分控制哪些方面的行为；他们对大脑有损伤的人进行询问和测试；他们测量并记录这些人在各种精神活动期间单个神经元的活动峰值和大脑兴奋（“脑电波”）的总体模式；他们使用药物增加或减少特定的神经递质，以确定这些神经递质的功能；他们对实验室动物及人类尸体的脑组织进行化学分析，以查看哪些神经递质在供应不足或过剩的情况下在某些方面活动异常。

正如我们已经看到的，他们的许多工作都涉及测试脑损伤患者（最

1 Wetware，计算机用语，指相对于软硬件而言的“件”，即人脑。——译注

常见的是脑卒中），查明受影响的大脑区域并将其确定为患者知觉和心理能力减弱或丧失的原因。一些研究明显带着滑稽的色彩。一位研究者在一只雄草蜢的肌肉里植入 16 根微电极，希望记录到它的神经元在交尾期间的电冲动。另一些人将微电极插入蟑螂左前腿和蜗牛足部，以测量其爬向目标时的神经冲动。研究者认为，他们是在研究“动机行为”。

在所有认知过程中，特别是在更高级的物种中，最基本的是记忆。数十年来，认知神经学家一直在设法辨认记忆力如何以细胞水平存储，又存储在何处。下面是他们的部分研究方法：

——早在 1949 年，加拿大心理学家唐纳德・赫布就曾提出假设，说记忆存储是通过对连接神经元的突触进行修改而实现的（与笛卡尔的想法大同小异）。他认为，突触在学习经验中的反复激发可或多或少地加强突触，并将两个神经元连接成一种电路或“记忆痕迹”。1973 年，赫布的假设得到一定程度的印证，当时，英国神经生理学家蒂莫西・布利斯及其同事特杰・洛莫测出兔子大脑中一个神经通道中的电压，然后沿着这一通道反复释放电流，结果发现，这一通道携带比平时高得多的电压，因为突触已因电冲动得到了加强。其原理与学习期间所发生的一切相同。

——20 世纪 70 年代初，美国心理学家威廉・格里诺在两种环境里饲养老鼠，一种环境里装有玩具、迷宫和其他刺激性装置，另一种环境空空如也。结果发现，在刺激环境里长大的老鼠要比在贫乏环境中长大的老鼠长有更多的神经元树突。后来，通过电子显微镜检查，格里诺和同事进一步发现，在刺激环境中长大的老鼠，其大脑中受影响皮质区里的突触数要比其他老鼠多 20% 至 25%。学习生成了额外的连接，记忆痕迹或多或少地在这些突触里得到记录。

——20 世纪 80 年代末，丹尼尔・L. 阿尔肯及其在国家神经和沟通障碍和卒中研究院的同事们培训一种海洋蜗牛，使其产生了一种它从未具备的对光的反应。这种海洋蜗牛会本能地游向光源。此外，当水流湍急时，它会本能地展开触须，以抓牢表面的东西。阿尔肯将这些反应合并。他们向池中射入光线，并将水搅动，为蜗牛创造出一种全新的适应条件，教会它一看到光线闪动即展开触须。结果发现，在这种蜗牛的某些光感受神经元里，蛋白激酶 C—— 一种对钙敏感的酶，从神经元的内部转移至膜上，并在此弱化钾离子的流动——这是对记忆的分子级解释。

——在过去几十年里，詹姆斯·L. 麦高及其他研究者给学会钻迷宫的老鼠注射肾上腺素（肾上腺分泌出的一种激素）及其他儿茶酚胺类神经递质。结果发现，凡注射肾上腺素的老鼠对已学会事物的记忆要远久于没有注射药物的老鼠。其他研究中所得出的解释似乎是，肾上腺素的某种副产品可克服阿片类物质——一组神经递质，可服务于一定目的，但会堵塞突触接受一侧的感受器。其结果是：更多的感受器保持张开状态，突触更高效地发挥作用，记忆力得到明显增强。

上述研究及其他相关研究让认知神经学家胸有成竹，认为他们在破解心理学难题的过程中走上了一条正确的道路，他们的研究将对灵与肉这一古老论题划上一劳永逸的句号，因为它能以物质和事件的方式解释所有心理过程。记忆、语言、推理等高级心理过程只是一些在大脑的迷走神经和极微管道中流动的离子和分子。

然而，大部分认知心理学家，一方面因其新近获得的主导地位，一方面受计算机模拟或解释人类推理法的强大能力的鼓舞，对认知神经科学不屑一顾。20 世纪 50 年代，在纽厄尔和西蒙推出震惊学术界的“逻辑推理器”后，认知心理学和神经科学之间的所有关系顷刻间化为乌有。事实上，西蒙还以非常权威的声音宣布，“要理解认识能力，根本没有必要理会生物学”。

在接下来 25 年左右的时间里，大部分认知心理学家都同意他的观点，认为神经现象并不能为认知现象提供足够或有用的解释。相信非物质心理的二元论者是极少数，然而，他们强调，尽管由神经事件构成，但心理过程是这些构件组织或多元结构的特性，而不是构件本身的特性。这似乎是说，庇护不是砖石、屋梁和薄板的特性，而是用这些东西所建成的房子的特性。

脑科专家、诺贝尔奖得主罗杰·斯佩里提出另一种类比：高级心理过程就像是一只朝山下滚的轮子，滚动取决于轮子的“整体系统特性”，而不是取决于原子和由它们构成的分子。

发展心理学家杰罗姆·凯根的类比是：行星运动的优美法则显示的是无法用其所构成的原子进行描述的现象。

还有一种比喻来自认知科学家厄尔·亨特：“我们可从生理测量中知道，大脑左太阳穴区在我们阅读时处于活跃状态，但我们不能区分阅读莎士比亚引起的活跃和阅读阿加莎·克里斯蒂引起的活跃。”

最后，认知心理学家乔治·曼德勒说道：“心理具有的功能与中枢神经系统中的功能有所不同，正如社会在某些方面的功能不能分解为众多单个头脑的功能一样。”

因而，大多数认知心理学家相信，从记忆里调出一个单词，并不能与神经元上千万次的兴奋及其产生的几百万甚或几十亿次突触传递相提并论，但它却是这些兴奋或传递的结构或模式的产品。对记忆的神经生理研究虽有价值，但它不能告诉我们该如何学习，如何辨认我们早先经历过的事物，或从记忆里检索所需的东西——比如我们讲话时要用到的词汇。他们认为，这些现象不是由认知神经学，而是由认知心理学掌握的。

知名神经学家、宾夕法尼亚大学认知神经科学中心主任玛莎·法拉回忆道，1980 年，当她还是哈佛大学的一名研究生时，“我想选修神经解剖学，于是我就去听课了。课堂上，我该学的内容一是大脑的工作原理，一是了解大脑的工作原理与研究没有任何关系。这就是当时的科学。应该说，20 世纪 70 年代和 80 年代，是心理学脱离大脑研究的最后日子”。

到底是什么终结了与大脑脱钩的心理学的统治地位？原因很多：

——有关神经传导、大脑子结构功能以及强化学习中突触连接的分子和其他因素方面的数据越来越多。

——计算机认知模式存在缺陷（显然，尽管计算机可以模拟认知的某些方面，但大脑处理信息的方式非常复杂，远非像计算机的线性程序那样简单）。

——由于神经学在大脑的工作原理方面有了很多重大发现，一些著名认知心理学家的反对声变得越来越弱。

——到 20 世纪 70 年代末期，越来越多的神经科学家认为，他们的研究远远超出了大脑生物学，他们的研究领域应叫“认知神经科学”。

正如在其他领域一样，真正改变神经科学领域并引发第二次认知科学革命的不是别的，而是一种全新的工具或者说一套工具。这套工具就是大脑扫描装置。这种装置可对工作中的大脑进行造影。而且，最重要的是，它们可记录大脑工作时本身所发生的物理变化。

20 世纪 80 年代以前，生理学家可通过脑电图记录脑电波，这对研究人脑在清醒和睡眠状态下的电波差异及癫痫发作时脑电波的反常现象非常有用。然而，这种方法无法定位具体认知过程中的大脑活动，因为它反映的是大脑整体的电波活动，而不是大脑的具体区域或结构。

然而，到了 20 世纪 80 年代，科学界出现了重大突破。一是正电子发射断层显像（Positive Emission Tomography，PET）扫描技术的发展，这是多年来对大脑血液流动进行测量实验的结果。进行 PET 扫描时，病人仰卧在一张狭长的台子上，然后进入一个很大的管状机器。旁边的一台回旋加速器生成一个半衰期只有两分钟的弱放射性同位素，然后注入病人体内。对同位素很敏感的扫描仪记录大脑断面的血液流动，同位素显示大脑活跃的部位。通过多次断面扫描，计算机便可以合成大脑的三维图像。PET 扫描技术可用于临床，研究大脑的受损程度或异常情况。然而，认知心理学家和神经学家很快就利用这项技术研究在各类心理过程中大脑哪个部位血液流动增加。

1983 年，又出现了另一种很重要的工具——计算机断层扫描（Computed Tomography，CT），又称计算机化轴向层面 X 射线照相术（Computerized Axial Tomography，CAT）。事实证明，对于研究各种生理问题、大脑结构以及识别脑部病变来说，它是一个不可多得的医疗工具。和做 PET 扫描一样，做 CT 扫描时，病人仰卧。扫描仪有一个 X 射线源和一套辐射探测器。扫描仪从多个角度向病人的不同部位发出辐射。由于生物材料的密度不同，因此，探测器所收集的数据揭示了扫描部位的内部结构。这些数据经计算机程序整合处理，生成一个完整的 X 射线影像。CT 过去和现在一直主要用于临床医学分析，然而，它在大脑结构的认知研究方面也很有价值。不足之处在于，由于分辨率不高，结果不太理想。

迄今为止，最新也最重要的工具是磁共振成像（Magnetic Resonance Imaging，MRI）。和 CT 一样，病人要仰卧，进入设备。该设备大小类似一辆小型越野车，在工作中会发出一种很可怕的声音。它的工作原理是生成一个巨大的磁场，穿透病人的大脑。和 CT 的辐射不同的是，MRI 对人体无害，而且能更好地揭示大脑构造以及大脑的活动方式。

之所以如此，是因为水和人脑中脂肪的主要成分氢质子像一块块很小的磁铁一样，在磁场的影响下排列起来（一般来说，其定向不受地球弱磁性的影响，是随机分布的）。接着，无线电波经过病人大脑，改变质子的定向。不过，无线电波一旦停止，质子马上弹回到磁场产生的定向，并释放能量信号。探测器发现信号后，产生图像，这比任何方法所产生的图像都更清楚，分辨率（一毫米的空间分辨率和一秒的时间分辨率）更高。

最重要的是，从认知研究人员的角度来说，如果病人在扫描时执行一些“规定的任务”，那么，功能磁共振成像（fMRI）会详细揭示认知过程中大脑哪个区域活动及其活动程度。因此，MRI 很快便成为认知神经学家的利器。十几年前，一年的文献中只有少量是基于 fMRI。现在这方面的年产出已有好几千。

这一切对于心理学这门研究人类大脑的科学又意味着什么？至于这一点，那完全取决于谁是评估人员。

大部分专注于认知过程而非“湿件”研究的心理学家依旧利用传统的方法进行研究。不过，很多心理学家也开始借助扫描技术，他们不再把认知心理学和认知神经科学看成是各自独立、毫不相干的领域。正如知名认知心理学家罗伯特·J. 斯滕伯格所说的那样，“生物学和行为息息相关，它们并非相互排斥”。有人甚至用更强烈的语气来评价认知神经科学所产生的影响。心理学家斯蒂芬·科斯林和罗伯特·罗森伯格这样写道：“公平地说，神经成像技术彻底改变了心理学，让研究人员可轻松回答 20 世纪 80 年代中期根本无法回答的问题。”

这是否意味着认知神经科学就是未来的心理学？认知学家迈克尔·波斯纳认为不是。波斯纳同时属于两大学派，他的研究受到两大阵营的追捧。他说道：“像 PET 和 fMRI 这样的解剖方法令人印象深刻的是，它们最大限度地支持了下面的观点，即认知方法可用来显示不同的神经结构。”同时，他也强调，两大学派对了解人脑功能都做出了重要贡献。

然而，一些认知神经学家认为未来他们的研究领域极有可能成为心理科学的主流。当有人问及认知神经科学最终是否会成为首要的心理学理论时，玛莎·法拉答道：“会的，因为认知神经科学范围更广，使用的方法更多，其中就包括认知心理学。它通过分子－细胞－系统的方法，揭示大脑在传统的认知心理学过程中的各种活动，如人类学习、思考的方法，行为模式，人与人之间的差异，以及个性品行的形成等。从原则上讲，所有这一切都可以通过各层次大脑活动的各级描述加以解释。”

我们似乎在最后一局占了上风。目前是平局，关键就看下面怎么打了。

现在，让我们重新回到认知心理学的故事，好好研究一下近几十年来该领域最重要的一些主题。

第三节 记忆

20 世纪 60 年代，至少在学术界，认知革命很快赢得某些高级心理学家的认可，相当多年轻的心理学家和心理学研究生开始狂热地转向这一领域。一开始，他们集中研究认知的第一个步骤——知觉，但很快便将注意力转至心理对知觉的利用，即它的更高级心理过程。到 1980 年，心理过程的理论家约翰·安德森将认知心理学定义为“理解人类智力的本质及人们如何思想”的尝试。

按照信息处理学说，最关键的一步是如何在记忆中储存输入的数据，不管其存储时间为几分之一秒还是一辈子。詹姆斯·麦高在一次讲座中说道：

> 对于行为来说，记忆是不可或缺的。所有重要的东西全都建立在记忆的基础之上。经验塑造我们的意识和行为。

经验之所以塑造了我们，仅仅因其具有经久不散的影响力。

记忆对于思维具有何等重要意义，这一点再没有谁比阿尔茨海默病（老年痴呆症）的患者体会得更深了。他可能在话讲到一半时突然忘记自己想说什么，在沿着小路去自己的信箱取信时突然迷路，可能认不出自己的孩子，对自己的房间也突然间陌生起来，并因此大发雷霆。

1955 年，在认知革命开始前，乔治·米勒在东部心理学会的一次会议上发表过一篇演讲，该演讲后来成为研究记忆的认知心理学理论家的里程碑。米勒以惯常的活泼语气将这次讲话称作“神秘的数字 7，加上或减去 2”。他的开场白是：“我的问题在于，我一直受到一个整数的折磨。”这个整数就是 7。米勒感到非常神秘和难以忍受的是，许多实验已显示，7 正是人们可以即时记住的一串数字的最大位数（人们经过短时间学习后可立即记住像 9237314 这样一串数字，但记不住像 5741179263 之类的数字）。

值得注意且非常神秘的是，瞬时记忆——我们注意力的限制因素——竟如此之短。这一限制可起到非常关键的作用：将输入的数据极大地修正为心理可在任何时间都需要关注并就其做出决定的东西，这种功能无疑会帮助我们的原始祖先在丛林和沙漠中求得生存。然而，它也提出一些令人困惑的问题。这么小的注意区域是如何处理我们在开车或滑雪时必须注意的知觉大潮的呢？或者，当人们对我们讲话，或我们试图向他们说点什么时，声音和意义是如何混合起来的？

米勒说道，有一种答案，它充分利用了心理学领域一个多世纪以来闲置不用的一个概念：限制瞬时记忆的并不是七个数字，而是或多或少的七个单元：比如，七个单词或名字，或诸如 FBI、IBM、NATO 这样的“块”，电话区号，惯用语，其中每一个都含有比单一数字更宽泛的信息，但都是易记的。

即使分为若干单位，与我们需要学习、长期记忆，且在需要时调出来的巨大数量的材料——我们的日常经验、语言和各类基本信息——相比，瞬时记忆的能量仍显得微不足道。

为解释这种不一致现象，确定记忆如何工作，认知心理学家在20世纪60年代、70年代和80年代进行过多次实验，人们将这些实验结果拼在一起，形成了人类记忆的信息处理全图。在这幅图中，记忆由三种存储形式构成，从几分之一秒到终生不等。只需几秒钟的经验或信息项在使用后会很快消退，但也可转为半长期或长期记忆。研究者和理论家以流程图形式描述了信息的类型和传递过程（见图42）。

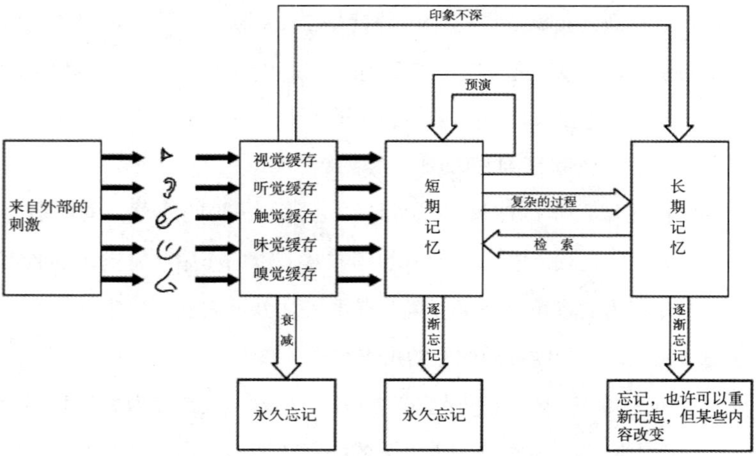

图42 人类记忆的信息处理模式

最简单的记忆力形式由感觉“缓存器”构成，进入的感觉在这里得到接收并保持。研究者通过旋转实体镜证明，不但缓存器存在，而且记忆在消失之前能在其中（缓存器里）保持多长时间也能被测出。在1960年的一项经典实验中，心理学家乔治·斯珀林在一块屏幕上闪过如下所示的字母图案，让受试者聚精会神地观察：

R B L A

T Y Q N

G K R X

这些字母的闪过时间约为 1/20 秒，受试者不可能在如此短的时间内看到所有字母，但看完后，他们马上能写出任何一行（闪过后，会有声音告诉他们写下哪一行）。他们在听到声音时仍能“看见”所有三行字母，但在其写完其中一行时，其他两行便再也记不清了，因为关于它们的记忆已在不到一秒内完全消失（其他人用声音进行的实验也得出类似的结果）。显然，进入的知觉存储在缓存器里，并在这里很快消失——也幸亏这一点，这是因为，如果它们在记忆里经久不散，我们看到的世界将会是一片连续不断的模糊。

然而，由于我们需要将目前所关心的东西保持更长的时间，因而就需要产生另一种能持续较长时间的临时记忆形式。在关注感觉缓冲器里的材料时，我们可用几种方式中的任意一种进行。一个数字不仅是一个被感觉到的外形，而且是一个符号——数字 4 不但有一个名字（四），而且具备一个意义（所代表的数量）；同样，我们读到或听到的单词大都具有意义。这一处理能将我们正在关注的东西从缓存器里传至米勒所说的短期或瞬时记忆中。

一般来说，短期记忆是指近几小时或近几天内所发生事件的保留，若用术语表述的话，它指的是那些可构成当前心理活动但用后不再保留的任何材料。这种形式的记忆是短暂的。我们所有人都有过这样的经历，即记住一个电话号码，拨出后遇上占线，重拨时需再记一次。但我们可将这一号码念出几次，使其在脑海里保持几秒甚至几分钟——心理学家将这种活动叫作“预演”——直至用过为止。

因此，为测量短期记忆的正常保留期，研究者只好防止预演。印第安纳大学的一组研究人员进行过一次实验。他们告诉受试者说，他们得努力记住一组共三个辅音。这个任务不难，但他们在看到辅音时，需根据节拍器的节奏倒着念，这便将其事先的注意力全部倒空，使其无法进行预演。研究者在不同的时间内使受试者的倒读活动突然停止，而后观察其保留三个辅音的时间，结果发现，没有超过 18 秒的。后来的诸多实验确证，短期记忆的衰退时间为 15—30 秒。

后来，其他研究进一步区分了两种短期记忆（上面的流程图并未表现出来）。一是语言方面：我们刚讨论过的对数字、单词等的短期记忆。二是概念方面：对一个句子或由几个部分组成的其他表达的概念或意义（比如代数方程）的记忆。在 1982 年进行的一项实验中，受试者观察一些句子，每次看一个单词，每个单词只给 1/10 秒时间，他们可轻松地记住如下所示的有效句子（不一定正确）：

愚蠢的学生惹恼没有经验的老师。

但对于同样长度的无效句子，他们便束手无策。比如：

紫色水泥培训出想象性的胡同。

许多实验表明，我们很容易在短期记忆中记住一个句子的意义，但很快会忘掉具体的词汇。同样，我们可在长期记忆中，将我们谈过的话、读过的书、经历过的事的要点和所得知的事实保持数月、几年，甚或终生不忘，但没有人，或很少有人，能记住这些事情发生时的准确用词。这是因为，以此方式记忆的材料要远远多于我们大多数人所能记忆的。数学家约翰·格里菲斯计算过，一般人一生的记忆总量是《不列颠百科全书》里所含信息量的500倍。

短期记忆中的新信息在我们使用后就被遗忘，除非我们使其在进一步处理后变为长期记忆的一部分。处理方式之一是死记硬背，如小学生背诵乘法表一样。处理方式之二是将新信息与某些容易记忆的结构或记忆方法联系起来，如单调的儿歌（学龄前儿童背诵字母表的歌）或押韵规律（“看见字母C，在I前加上E”）。

然而，更重要的是一种“精细处理”，这在20世纪60年代和70年代所进行的实验中已变得越来越明显了。根据这种方法，新信息与我们现存的有组织的长期记忆互为关联，换句话说，我们已将其接入自己的语义网之中。如果新事物是一枚从未见过的芒果，我们会将该词和概念与合适的长期记忆（不是物理位置——人们认为观念和图像散布于大脑之中——而是概念位置，即“水果”这一范畴），连同芒果的视觉图像、触觉、口味和嗅觉（我们将它们分别列入图像、触觉品质等范畴之中），再加上我们所知的有关它的生长地、价格等其他信息，一一联系起来。有朝一日，在试图回想芒果时，我们会以下面任何一种办法将其从记忆中检索出来：通过回忆其名称，或思考水果，或回忆有青皮的水果，或回忆黄色的切片，或任何其他范畴及所能联系起来的特征。

我们现在已通过反应－时间的实验得知了所有这些信息是如何组织起来的。比如，请受试者在很短的时间内尽量说出红色东西的名字，或说出水果的名字，或说出一些以某个字母开头的物体的名字。利用这些方法，华盛顿大学的伊丽莎白·洛夫特斯发现，在一分钟内，志愿者平均可说出12种“鸟类”，但“黄颜色的”物体一分钟内只能说出9种。她的结论是，我们不能在记忆中直接找到符合某种特征的物体，但能很快找到某个范畴（鸟、水果、蔬菜等），并在每个范畴里寻找到这些特征。

同样，洛夫特斯及其同事艾伦·科林斯发现，人们针对“鸵鸟是鸟”这一说法回答“是”或“不是”的时间，要明显长于针对“金丝雀是鸟”这一说法所花的时间。金丝雀是比鸵鸟更加典型的鸟类，更接近于范畴的中心，因此需要的辨别时间将明显减少。科林斯和洛夫特斯在这些资料的基础上，象征性地将长期语义记忆描述成复杂的网络，它具有层次性（总的范畴下是具体的例子）与联想性（每一例子都与某种特征相联系）。他们用图 43 将其描述出来。

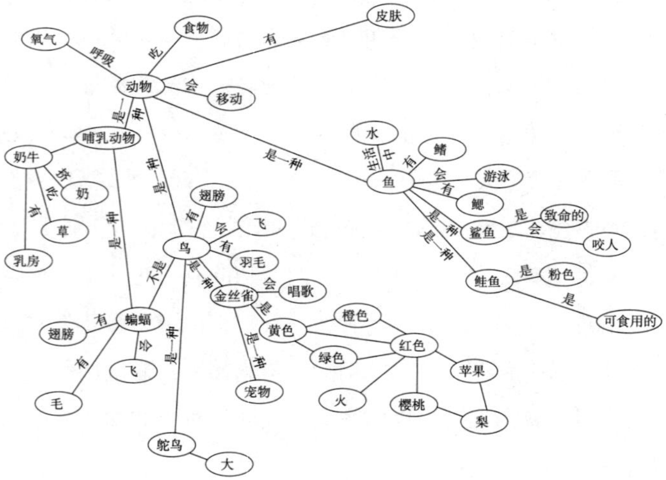

图 43　长期语义记忆网络

图 43 不过是语义记忆网络中微不足道的一个例证。图中的每个结点还与其他许多结点连接在一起，这里没有显示出来，比如“游泳”也可联系“鲸鱼”“游泳运动员”“运动”“有益的锻炼”，而上面所连接的每一个词又可与其他许多词汇和特点连接起来，并无止境地一直连接下去。

后来又出现了一个与鸟类有关的更详细、复杂的记忆网络图（见图 44）。

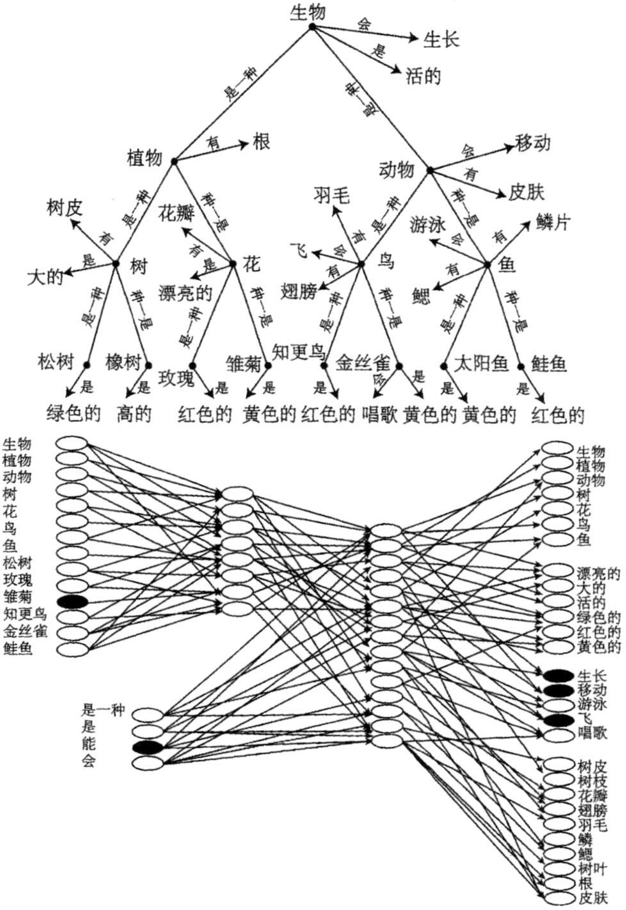

图 44　有关鸟类的记忆网络和联结主义者的表述

记忆研究已伸展至很远的地方，我们在此不能一一涉及，只能察看一下其中几个最主要的发现，然后继续前行。

记忆系统：图 42 中所描绘的记忆系统，现在看来过于简单。许多研究结果都表明，人类有很多记忆系统，它们相互作用，以不同的方式编码和储存信息。有关游泳、驾车和划船的记忆与有关熟人的名字与身份、进行数学运算、牧羊犬的样貌的记忆完全不同。每一种记忆都需要有特别的处理模式和储存模式，对于进入并保留在长期记忆中所需的能量及方式也不一样。

此外，记忆研究人员还通过其他方式区别记忆的类型。外显记忆指的是能带入大脑和个人经验中的信息和知识；内隐记忆指的是无需在意识控制下就可提取的信息，包括动作技能、自动反应（如在人行道上避免碰撞他人）、对人和物及情景“内置”的态度和反应，等等。所有这些都需要不同的记忆系统。

另一些研究涉及认知和识别的不同过程，这种差异我们在日常生活中并不陌生，比如，我们都认识很多单词，但一下子却很难想起来。研究人员对这种差异的社会价值进行了一系列研究，如让犯罪嫌疑人站成一排出现在学生面前，或让他们一个个地单独出现，以期判断哪种方法更容易让证人识别“罪犯”。（当然学生事先并不知道这是一项实验。）结果证明，后一种方法更有效。因此，今天警察破案时也改变了以往让犯罪嫌疑人站成一排等待辨认的方式。

近来，认知神经学家对不同记忆活动时的大脑进行扫描，得出了一个答案，回答了一个古老的问题，即记忆到底储存在哪儿？过去，针对这个问题的答案总是徘徊在“局部分布”和“广泛分布”之间。如今，大脑扫描表明，答案是后者，而且，不同的记忆分布方式也不同。

范畴化：许多研究证实，人类思维具有一种倾向，即自动将一些类似物体在记忆里分组，并从其相似性中找出总体概念或范畴。即使几个月大的婴儿似乎也能简单地把一般事物范畴化。研究显示，4 个月大的婴儿会把蓝色、绿色、黄色和红色分类。看过某种色彩组的不同物体后，他（她）会显示出对其他色彩组的偏好。结论是：色彩分类要么是先天的，要么是后天迅速生成的。

许多其他研究曾统计过，当获取语言能力，并取得与狗、猫、松鼠等其他动物交往的经验后，孩子们会慢慢发育出诸如“动物”之类的范畴性概念。确切地说，父母也向孩子们教授了类似概念，但其中显然有先天的成分。这种倾向出现于所有民族中，因而可说是一种先天的人类特性。人类学家布伦特·伯林发现，在 12 个不同的原始社会群落中，人们都将植物和动物以惊人的相同方式进行归类，也就是说，以分层次的方式进行，从与生物学种类相类似的子类开始，并将一些类似生物学种属的东西放在一个较大的门类下，进而按照生物学中植物和动物界的方式再将这些范畴归结在一起。

范畴化的能力也许是人类进化的选择。它具有生存价值，因为从这些分组开始，我们可对一些陌生的事物进行有效的推论。在最近的一项研究中，罗切尔·格尔曼及其同事让受试者观看红鹳、蝙蝠和黑鸟的照片。他们告诉受试者，“红鹳的心脏只在右侧有一个动脉弧”，然后又对受试者说，“蝙蝠的心脏只在左侧有一个动脉弧”。然后问他们，“黑鸟的心脏有什么？”几乎 90% 的人都能正确回答，“只在右侧有一个动脉弧”。他们的答案往往不是以蝙蝠和黑鸟视觉上的相似性为基础，而是以红鹤和黑鸟的范畴为基础。即使四岁的孩子在面对这种类似但更简单的测验时，70% 的时间里也会以范畴的成员关系为基础回答问题。

表征：研究者一直无法了解材料存储在记忆中的形式。一些人相信，它是以图像和词汇的双重形式存储下来的，且两种数据之间还存在交流。其他人则以信息理论和计算机模式为基础，认为信息只以“命题”形式存储在记忆中。一道命题是一个简单的“观念单元”或某种诸如蝙蝠与翅膀（蝙蝠有翅膀）或蝙蝠与哺乳动物（蝙蝠是哺乳动物之一）等概念关系表达出来的知识。

在第一类观点中，蝙蝠以图像及有关它的语言说明等形式存储在记忆中；在第二类观点中，蝙蝠只以某种关系的形式得到存储（如图43中的语义网络关系），虽然它没有语言说明，但等同于“蝙蝠有翅膀”“蝙蝠有皮毛”等。另一命题观点的例子可在下面的句子中看出：

公主吻青蛙。

及其被动态：

青蛙被公主吻。

两个句子所表达的意思相同，只是所关注的焦点不同，但属于同一命题，或属于同一关系的知识单元。

每种观点的倡导者都发掘出许多证据以证明自己的观点。我们在前面读到的罗杰·谢泼德所做的“心理旋转”实验指明的是，我们是以“心灵之眼”观看物体的，且在对待这些图像时，似乎将其视作三维物体。几年前，长期研究心理图像的斯蒂芬·科斯林独辟蹊径。他让受试者默记一幅地图。地图上是一座梨形的小岛，上面有着各种各样的东西。小岛的一端有一间小房子，附近有一个湖，不远处有一个悬崖峭壁，另一端有一个岩石状的巨大物体。过一会儿，他让受试者闭上眼睛，回忆记住的图像，心里想着其中一个地方，比如小房子，接着再找另一个地方，找到后，马上按下按钮。大脑的整个寻找过程都用仪器记录下来。令人惊讶的是，第二个地方（或者物体）离第一个越远，花费的时间就越多。很显然，大脑是对所有图像进行扫描，然后找到目标。

提倡命题表征论者也发掘出同样好的证据以支持自己的观点。他们认为，图像不能传达像“有”“引起”“与……押韵”等关系，也无法代表范畴和抽象概念。赫伯特·西蒙和威廉·蔡斯发现，国际象棋大师只需用几秒时间扫一眼棋盘便可恢复整盘棋的布局——但前提是，该棋必须是实际比赛中所下的。如果是随意摆出的棋局，即棋子被摆在任意的位置上，他们便无法记住。这意味着：大师的记忆不是视觉上的，而是基于几何关系——棋子的攻防及移动位置。最后，计算机程序中的信息是以命题形式存储的。如果可计算性是一种不错的认知模式，心理以同样的方式存储信息可以说不无道理。

还有一种提法也在一定时期内得到很多理论家的赞同，即同时存在几种类型的心理表征方式：命题式、心理模型式、图像式等，每种方式均在不同的抽象程度上对信息进行编码。最后，第四种提法认为，不同类型的心理图像要求不同的大脑网络：涉及空间关系的图像（想象一个物体在旋转）依赖大脑的顶叶网络，而涉及高分辨率的图像则依赖大脑的枕叶网络。（即便这一观念是正确的，它也无法帮助我们理解大量的神经冲动是如何经过大脑网络成为心理图像的。）

图式：1932 年，英国心理学家弗雷德里克·巴特利特给受试者讲述一些非西方文化来源的民间故事，而后让其复述故事。他们粗略地复述故事，偶尔补充一些细节，修改一些事件，使发生的事件更有道理；也漏掉一些细节，因为这些东西不能为西方思维所理解。巴特利特的结论是，“记忆不是对无数固定、无生气和零碎痕迹的重新激发”，而是以我们自己有组织的经验体为基础的“想象性的重构或构筑”。他把这种组织起来的东西称作“图式”。

巴特利特的思想近几年来有所复苏。人们认为，图式——也称作“框架”或”脚本——是对不同话题整合信息的包装，它们保存在记忆中，我们依靠它们来解释一般对话——甚至大多数叙述文字——中所包含的影射的和零星的信息。1978 年，当时还在加州大学圣迭戈分校的戴维·鲁姆哈特报告了一些实验。他在这些实验中给受试者读故事，一句一句地读，看他们怎样及何时形成对故事的整体思想。比如，当他们听到“我被带到一间白色的大房子里，我的眼睛因亮光的刺激而眨巴起来”时，约有 80% 的受试者立即猜到，他们所听的故事一定发生于某个医院或审讯室里，并能对其所听到的几个词汇提供大量信息。如果下一句或下两句与他们的猜想不一致，他们会做出改变，根据不同的概要重编故事。

最近进行的其他许多研究均确切地证明，我们理解并解释——或经常错误地解释——我们所听到、看到和体验到的东西，是通过唤起我们的预期和有组织的知识结构来进行的。总起来说，记忆不仅是在需要时可被唤醒的信息登记册，而且是能指导我们思维的程序。

遗忘：许多研究曾探索过我们何以会忘掉某些事情，但不会忘掉另一些；如何才能改善记忆力，特别是老年人的记忆力，因为这些人中的大部分都会经历某种程度的非病理性记忆力弱化。（与年龄相关的正常记忆力问题经常可通过助记术和其他培训得以改善。还有一种可能是，在不远的未来，人们有可能找到一种药物生理学治疗办法，以重新平衡被更改的神经递质的输出。）

一些最有趣的研究不仅涉及具体记忆的整体缺失，而且涉及重要细节及其为新材料所替代的遗忘。我们的法律体系在很大程度上依赖一种假定，即如果我们记得某一事件，我们所记忆的一定就是事件的原委。法庭和许多心理治疗者相信，遗忘的材料可通过催眠术得到检索，因而可能就是实际发生事件的真实记录。但心理治疗者早有证据表明，我们自己会修改记忆，使忆起的东西更易被自我接受。伊丽莎白·洛夫特斯收集到的大量证据显示，令人震惊或创伤性的事件会为创伤自身所扭曲，对一个事件的记忆可在一位有经验的检察官所提出的含有圈套的问题面前发生倾斜；随着时间的推移，我们会给记忆里增加新信息，因而无法得出原来的真实情况。催眠有时会检索出记忆深处的东西——有时也会调出这些人为的材料。

然而，几乎所有的人都确信，某些事件将永远准确地保留在我们的记忆中，挥之不去，无法磨灭。对一些经验的回忆，如听到肯尼迪总统被刺的消息时，或听说“挑战者号”航天飞机爆炸时等，心理学家们将其视作“闪光灯记忆”，因为它们是难以忘怀的极为生动的定格。最近，埃默里大学的乌尔里克·奈塞尔及其助手妮科尔·哈施抓住一次特别的机会，对这种现象进行了研究。在“挑战者号”空难发生（1986年1月28日）的次日，他们邀请一批大学生记录下他们如何听说空难的消息。两年半以后，再请那些尚能找到的受试者填写一份有关该事件的问卷，六个月后再次对其进行专访。

结果发现，与他们1986年的回答相比，超过1/3的学生对该事件的时间、地点、谁告诉他们等的回忆是完全错误的。约1/4的人有部分错误。当受试者看到自己原来的说法时，哈施和奈塞尔报告说：“许多人因原来与现在的说法大不相同而感到不安……有趣的是，许多人认为，自己现在的说法是正确的，原来的说法可能有误。”错误来自哪里？哈施和奈塞尔把它们称作“叙述重构”，与1932年巴特利特所描述的类型一样。

有时，即使在快速发展的认知革命中，这样的变化也时常发生……

第四节 语言

科学家从标本、事件、自然现象和各种实验的发现中推导出自然法则。对认知科学家而言，可比较的原始材料就是思想。神经放电或可视为思想指征的脑波尽管可通过脑电图追踪，但却无法将里面的任何东西透露出来。体态、表情、数学或艺术的符号及演示（如在体育训练中）等可以传达思想，但也只限于非常狭窄的范围内。思维可观察到的主要形式仍是语言，因此，它也被堂而皇之地称作“心灵的窗口”。

人们当然也可以说语言是思维的足迹，因为语言不仅能传递思想，而且能在其结构中附带思维如何运行的痕迹。对通过这些痕迹显露出来的思想过程进行研究是心理语言学家的任务（语言学是一门古老学科，主要处理语言本身的特性）。

举例来说明语言的痕迹。孩子们倾向于将不规则动词和名词当作规则动词和规则名词进行处理（“Doggy runned away.”［“狗狗跑掉了”］“Dat baby has two toofs.”［“辣个宝宝有两个牙牙”］）。但他们从未听过成人这么说，因此绝不是模仿所致。心理语言学家认为，这种错误显示，孩子们能够辨认成人语音中的一些规则，如加上“ed”就可形成一个简单的过去时，加上“s”或“es”就可变成复数，然后，他们认为这种规则可适用于所有的动词和名词（这种倾向被称为“过度归纳”）——这可以证明人类思维是如何自发地归纳例子，再将归纳所得应用至新的情形之中的。认知心理学家对这个现象长久以来有两种不同的假设：（1）规则的过去时是由语法产生的，不规则的过去时是从记忆中检索到的；（2）这两种形式都是从同一种单一系统产生的，不同之处仅在于他们对声音和语义的依赖。一项基于功能性磁共振成像的研究刚解决了这个问题：规则和不规则动词对于大脑区域的激活是相同的，从而也证实了单一系统的假设。

这只是心理语言学家在语言中找到的思维过程所留下的少数痕迹之一。这种情况并不仅仅出现在英语之中，在任一语言中均可找到类似的例子，似乎它是人类思维的特征之一。人类语言似乎受控于同一种普遍原则和制约因素。

这种普遍原则当然不包括语法和词汇。从这一角度来看，英语、斯瓦希里语、巴斯克语可以说没有任何共同之处。但在这些语言环境中长大的孩子，能在不需要教育的情况下区别名词的单复数形式及表示过去和现在动词时态的变化等，并能为自己建立一套主管这门语言的规则。同样，他们能直觉地掌握词序的基本规则，能利用正常的词序构筑一些简单的感叹句。没有哪个讲英语的孩子会说“Milk more some want I（一点牛奶再来想我）”，也没有哪个以其他任一种语言为母语的孩子将最基本的词序搞错。

20 世纪中叶之前，心理学与语言学几乎互不往来，但随着认知革命的到来，一些认知心理学家和语言学家开始朦胧地感到，若想使自己的学科得到全新的发展，必须借助对方的解释。比如，语言学中有关语法运行机制的某些新理论意味着，心理在处理概念时会执行某些行为主义心理学不能解释的复杂操作。1953 年，一群心理学家和语言学家在康奈尔大学举行了一次学术会议，讨论他们共同感兴趣的领域，并采用“心理语言学”一词为语言心理学研究的名称。

心理语言学当时还是一个不大为外人所知的新兴学科。四年以后，哈佛学会里一位 29 岁的年轻会员发表了一篇专题论文，使这门学科开始引人注目。这篇专题论文所提出的理论现已成为这个时代心理学的两个重大发展之一（另一项是人工智能），作者便是诺姆·乔姆斯基，他的部分观点我们已在前面有所述及。

乔姆斯基头发蓬松，眼镜厚实，衣着凌乱，但这个天才可以说是知识分子的一个典型，因为他差一点与心理语言学家失之交臂。他于大萧条时期在纽约激进的犹太社区长大，父亲是一位知名的犹太学者。乔姆斯基幼年时即已掌握闪族语的基本结构，也大致领略了什么是语言学。两个主题，一是激进的政治学，一是语言学，此后主宰着他的一生。乔姆斯基遇到宾夕法尼亚大学语言学教授泽尔格·哈里斯后对语言学产生了兴趣，他的语言学成果为他在认知心理学领域声名鹊起打下了基础。

在乔姆斯基遇见他时，哈里斯正准备发展一个基于行为主义原理的语言学系统，以在不借助意义的情况下解释语言模式。然而，他的计划里漏洞较多，乔姆斯基花费多年精力试图使其运行起来，却未能达到目的，于是放弃了哈里斯理论，并在两年时间内形成了自己的一套理论体系。讽刺的是，乔姆斯基是位极左分子，而其学说的中心议题，如在专著《句法结构》中所述的，却认为语言知识和能力的某些方面出于先天，而不是后天经验。这一观点一向被极左分子、自由主义者和接受行为主义观点的心理学家视为心理主义观点，因而是反动的。

乔姆斯基认为，孩子理解听到的语言及获取语言的途径，不是来自语言的语法（“表层语法”，按他的说法），而是来自先天具有的、辨识句中所包含元素及短语间深层句法关系的能力，这就是被他称为起支撑及连接作用的“深层结构”。他指出——作为一种证据——孩子们可轻松理解一种形式的句子转换成另一种形式的句子时的真实意义。比如，当一个陈述句转变成疑问句时，他们可以自己完成这样的转换关系。如果孩子们依靠的是表层语法，他们就会在转换句子中抽象出不正确的东西。下面的例子可说明这些问题：

The man is tall.（这个人很高。）

Is the man tall?（这个人高吗？）

他们会得出一个规则：从句子开头算起第一次出现的“is”或其

他动词，将这个动词移到句子前面，就可以把陈述句转换为疑问句。但这一规则过于简单，遇到下面这个句子时，它便不适用了：

The man who is tall is in the room.（个子很高的那个人在房间里。）

按理，他们会把这个句子转换成：

Is the man who tall is in the room?（那个高个子的人在房间里吗？）

但孩子们并不会犯这样的过错。他们只犯一些较小的错误，如“toofs（应为 teeth，牙齿）”，而不会犯此类严重的错误。他们可感受到思维元素之间的关系——其句法构成或“短语结构”。正是通过这种“普遍语法”的知识，孩子们才使自己听到的东西产生意义，并毫不费力地构建出正确的句子——即使自己此前从未听到过这个句子。

孩子们是在何时及如何获取这种普遍语法和深层结构的知识呢？乔姆斯基的答案完美地代表了针对行为主义理论的一场革命，因为行为主义认为新生儿是一块白板。他认为，在大脑的某个区域，有一个专门的神经结构——他将此结构称作语言获取器（Language Acquisition Device，L. A. D.）——它是天生的，能识别名词词组和动词词组所代表的事物或动作是如何作为行为主体、动作和客体相互联系的。

乔姆斯基和其他采纳其观点或衍生自己观点的语言心理学家们开始以新的形式回答一些行为主义时代被视为禁区的古老问题，诸如知识是否存在于经验之前的心理之中。他们的答案是：语言习得大多来自后天，但大脑的结构可使孩子们自发地从他们听到的东西里抽取语言的规则，而不需要人们告诉他们这些规则。虽然他们会犯一些枝节性的错误，但在构造句子时，他们都能利用这些规则。

乔姆斯基平素严肃认真，但也有幽默的时候。为演示一个句子中元素之间的深层关系，他构造出一个荒诞不经的句子，此句后来变得非常出名：

Colorless green ideas sleep furiously.

尽管整个句子毫无意义，但对读者来说，它仍与下面同样毫无道理的句子有着明显的不同：

Ideas furiously green colorless sleep.

任何熟悉英语的人都会觉得，第一个句子多少让人能够容忍——它几乎能表达出个什么事来——第二个句子则完全是一堆令人不快的垃圾。其理由是，第一个句子遵循了表层语法和深层结构的规则，第二个句子却没有。

乔姆斯基的理论之所以引发了激烈的争议，在很大程度上是因为他的先天论思想，尽管他并没有断定思想先天，只说能够以有用的方式来体验语言的先天能力。排斥 L. A. D. 假设的批评家同意将获取语言的能力视作天生的，但他们认为，这只不过是总体知识能力的副产品。那些难以接受先天语言获取能力的人也在不停地寻找证据，以期对之进行反驳。其中一个依据是，受基因传递影响的器官会发生变异。果真如此的话，一些孩子就应具有不正常的语言获取器，因而在语言理解的某些领域里就会出现缺陷，但目前似乎找不出这方面的证据。

除开这些争议之外，半个世纪以来，心理语言学家和认知心理学家一直在收集语言与思维何以发生联系并显示思想过程的证据。一些人极有耐心地观察孩子在学习语言过程中所出现的错误和自我纠正行为。一些人分析语言游戏，还有一些人研究发展性语言障碍，如失语症和由大脑损伤造成的获得性语言障碍等，更有人进行反应-时间实验。最后一个实验例子是：赫伯特·克拉克等人发现，给受试者出示一个简单的图案时，比如在加号上画一颗星，然后在星旁写上一个正确的陈述句（“星在加号上面”）或一个正确的否定句（“星不在加号下面”），他们说出第二个否定句是正确的时间，要比说出第一个肯定句是正确的时间多出 1/5 秒。我们似乎更习惯于思考什么东西是什么，而不太习惯于思考什么东西不是什么。为处理这一问题，我们得先将否定句改写成肯定句。

今天，许多心理语言学家的研究结果是，环境的确给语言获取带来极大的影响，这是乔姆斯基所没有意识到的。比如，他们强调由“母亲的昵语”，即母亲（包括父亲）对小孩子谈话的特别方式，进行的非正式语言培训。然而，尽管许多心理语言学家对乔姆斯基 L. A. D. 学说的细节提出质疑（他本人对此也做过进一步的完善和修改），但大多数人认为，人类具有理解和获取任何语言的能力，这一能力是由基因决定的。

心理语言学家还探索了语言与思维关系中的其他重要问题。我们是一直以词汇的形式思考问题呢，还是偶尔为之？没有词汇的思想可能吗？我们母语中的词汇会形成或限制我们的思想吗？大家一直就这些问题争辩不休，对其加以大量研究。其中最重要的如下：

——语言学家本杰明·沃尔夫在 1957 年提出理论说，思维是由母语中的句法和词汇塑造的，他还提供跨文化的证据以证明自己的观点。他举出的例子是，霍皮族印第安语并不在过去、现在和未来之间进行区别（几乎是全球通用原则的一个少见例外），至少不像我们这样区别得如此精细。的确，霍皮族人在讲话时通过变调以指示他或她所指的是过去、现在或将来所发生的事情。沃尔夫及其同事认为，我们所用的语言能塑造并影响我们看到或思想的东西。

——另一方面，人类学家发现，在许多其他文化中，人们使用的表示颜色的词汇比讲英语国家的人要少得多，但其体验这一世界的方式却毫无二致。新几内亚的达尼人只有两个表示颜色的词：mili（黑夜）和 mola（白昼），但对达尼人和其他缺少明确色彩词汇的人种所进行的测试表明，他们对于色彩的记忆和判断色彩之间差别的能力与我们的一模一样。至少，当谈及颜色时，他们不需要词汇即能思考。

——皮亚杰和其他发展心理学家对儿童思维进行的研究显示，语言和思维间存在很强的相互作用。譬如说，层次化的范畴是一种强有力的认知机制，可使我们认知并利用自己的知识。菲利普·利伯曼说道，如果有人告诉我们说，民族杂货店里一种我们不熟悉的东西是一种水果，我们马上就会知道它是一种植物，可食用，还可能是甜的。这种推理能力就建筑在语言中，并在正常的发育过程中获取。研究显示，儿童在约 18 个月时开始对语言范畴化，其结果之一是“名称爆炸”，这是父母都很熟悉的现象。因此，利伯曼认为：“具体的语言并不会先天地限制人类的思想，因为两种能力（语言和思维）好像都涉及与之紧密相关的大脑机制。”

在大脑的这些机制中，至少有一部分现在已经找到了精确位置。一些是很早以前就发现的，一些是通过对失语症的研究发现的，因为失语症是由大脑某个部位的损伤或切除所造成的语言病症。我们在前面已经读过，对韦尼克区的切除将导致相对流畅、符合句法但没有意义的语言，受害者要么支支吾吾地说不出话，要么找不到所需要的名词、动词或形容词。探究过失语症的哈佛认知心理学家霍华德·加德纳给出下列例句，这些是从他与一位病人的对话中摘录的：

> “您以前做过什么工作，约翰逊先生？”我问。
>
> “我们，孩子，我们所有人，和我，我们有一阵子在……您知道……工作过很长时间，那种地方，我的意思是说在……后面那个地方……”
>
> 这时，我插话说：“对不起，我想知道您做的是什么工作。”
>
> “您说的那个，我也说过的，布马，离走运很近，走近，坦布，就在三月的第四天附近。我的天，全搞混了。”他回答说，看上去非常困惑，似乎已感到他的这一连串语言并没有使我满意。

相比较而言，布罗卡区受到损伤的病人尽管能够理解语言，但要说出话来却是相当不易，要么支离破碎，缺少语法结构，要么没有名词和动词的修饰语。

就宏观上来说，人们就知道这么多。我们无法弄清正常人韦尼克和布罗卡区内的神经网络是如何执行语言功能的。这些区域对心理学家来说一直是个“黑箱子”——大家只是知道其输入输出的机制，但对其内部的运行机制仍一无所知。

然而，神经科学家已经找到了一些线索。最近，在手术期间进行电极探查、脑电图扫描及利用其他方法对语言能力受损的病人进行的大脑功能分析显示，语言知识不仅位于韦尼克和布罗卡区，还遍及大脑的其他许多区域，并在需要时集合起来。艾奥瓦大学医学院的安东尼奥·达马西奥博士是其中的研究者之一，他们认为，关于任何物体的信息在大脑里都分布极广。比如说一只聚乙烯杯子（达马西奥的例子），它的外形会存储在一个地方，其易破碎性在一个地方，纹路在另一个地方，等等。这些东西通过神经网络在"汇聚区"连接起来，然后再与语言区连接起来，于是形成名词"杯"。这与本章前面提到的语义记忆网络的抽象描述极为相似。

在过去几年里，通过 PET 和 fMRI 对正常人进行扫描，确定了具体语言过程中大脑的活动区域。尽管相关信息相当丰富，但是，这些数据却无法告诉我们神经元放电后是如何变成了人们大脑中的一个单词、一个思想、一个句子或一个概念的。诚然，这些数据提供了一个更为详尽的模型，告诉人们语言过程在大脑中的具体位置。然而，迄今为止，认知神经学家就神经活动如何变成语言还没有形成一个理论。正如迈克尔·加扎尼加在《认知神经学》一书中所指出的那样，"人类的语言系统十分复杂。至于大脑如何使人们在日常生活中能理解那么丰富多彩的言语和语言现象，还有待继续研究"[1]。

"继续研究"？这的确是一个轻描淡写的说法。

第五节 推理

多年以前，我曾就思维问题征询著名记忆力研究者戈登·鲍尔的看法，他的粗暴使我大吃一惊："我从未研究过'思维'。我不知道什么是'思维'。"斯坦福大学心理学系的主任从未研究过思维，甚至一点也不了解它，这怎么可能？接着，鲍尔极不情愿地说："我想，你指的可能是推理吧。"

1 这条评论是他在 2002 年时说的，如今依旧正确。

在心理学中，思维一直是一个传统性的中心议题。但在20世纪70年代，认知心理学中知识的爆发使这一术语变得不那么称手，因为它所包括的是彼此相隔甚远的过程，比如瞬时的短期记忆和长期的问题求解。心理学家喜欢以更具体的术语谈论思维过程，譬如“组块”“推理”“检索”“范畴化”“形式运算”“问题解决”等多种说法。“思维”现已慢慢成为远比以前狭窄、准确的定义：操纵可以实现目标的知识。为避免产生误解，许多心理学家，比如鲍尔，宁愿使用“推理”一词。

尽管人类总是将推理能力视作人类的本性所在，但对推理的研究长期以来一直是一池死水。从20世纪30年代至50年代，只有卡尔·邓克尔等格式塔学者做过一些问题求解实验，皮亚杰及其追随者对不同智力发展阶段的儿童思维过程进行过特征研究，此外极少有人问津这一领域。

随着认知革命的到来，对推理的研究变得空前活跃。信息处理模式使心理学家得以提出假设，以流程图的形式描述在不同推理过程中所发生的事件。计算机的出现更是锦上添花，人类自此可用其对所做的假设进行检验。

信息处理学说和计算机互相协作，相得益彰。有关任何推理形式的假说都可用信息处理的术语描述为信息处理的一系列具体步骤。而后，就可对计算机进行编程，使其执行一系列类似的步骤。如果这一假设正确，机器就可得出与人类推理思维相同的结果。同样，如果给计算机编写的推理程序得出人类对同一问题的相同结论，那么，人们完全可以假设，这一程序的运行方式与人脑推理的方式完全一样，或至少是以类似方式进行推理的。

计算机是如何进行此类推理的呢？它的程序包括一组例程或指令及一系列子例程，每一道例程是否使用，则取决于前一个运行结果和程序存储器里的信息。常见的例程是一系列“如果－则”步骤：“如果输入符合条件 1，则采取行动 1；如果不符合，则采取行动 2。比较条件 2 和结果，如果结果大于或小于或其他任何情况，则采取行动 3；否则采取行动 4……存储所得的条件 2、3……然后，根据进一步的结果，以这样或那样的方式使用这些存储起来的项目。”

然而，计算机在执行这些程序时，不管是进行数学计算还是在做问题求解，它们真的是在推理吗？它们难道不是像自动机一样不动脑筋地执行事先规定好的行动步骤吗？这一问题最好留给哲学家来思考。如果计算机能像可获得知识的人类一样证明公理，或驾驶航天器，或确定一首诗是否为莎士比亚创作，谁又能说，它是没有思维的自动机器，或人类不是这样一种机器呢？

1950 年，世界上还只有几台非常原始的计算机，但数学家、信息理论家等已就计算理论进行激烈的争辩。英国的天才数学家艾伦·图灵提出一种哲学味有余、科学味欠足的测试法，用以测试计算机会不会思考。在测试中，一台经过编程以解决某些问题的计算机被放在一个大房间里，熟悉此类问题的人则站在另一个房间里，第三个房间里是裁判，他通过电报方式可与其他两个房间通话。如果裁判不能从对话中判断出哪一个是计算机，哪一个是人，计算机则算通过测试，即其可以思考。图灵测试的有效性值得商榷，但至少可以证明，如果计算机能够思考，它所做的事情就真的等同于思维了。

在 20 世纪 60 年代，大多数认知心理学家，不管其是否同意计算机真的会思考，都认为计算理论是概念上的突破，它使他们第一次能以详细和准确的信息处理术语描述认知的任何方面，特别是推理。而且，一旦假定出任何此类程序的步骤，他们就能将其从单词翻译成计算机语言，并在计算机上进行测试。如果一切运行顺利，那就意味着思维的确是通过某种类似于此类程序的方式在进行推理。因此，毫不奇怪的是，赫伯特·西蒙认为计算机对心理学的重要程度不亚于显微镜对生物学的重要程度。狂热者甚至认为，人类思维和计算机是“信息处理系统”这一种属的两个物种。

求解能力是人类推理的最重要应用。大多数动物都是通过先天或部分先天的行为模式从事诸如寻找食物、逃避天敌、筑巢等活动。人类解决或试图解决大部分问题的方法，则是通过后天学习或创造性推理得来的。

20 世纪 50 年代中期，西蒙和纽厄尔着手创建“逻辑理论器”，这是第一道模仿思维的程序。他们自问：人类是如何解决问题的？创建逻辑理论器花费了他们一年半的时间，但回答这一问题却花去他们 15 年的时间。最后的学说发表于 1972 年，从此成为这一领域的奠基之作。

他们的主要研究方法，按照西蒙的自传，是两个人进行头脑风暴。这一过程涉及归纳和演绎式推理，类比和比喻性的思维，以及想象的驰骋——简单地说，它涉及任何种类的推理，不管其有序与否。

> 从 1955 年至 20 世纪 60 年代初，我们几乎每天都见面……（我们）主要通过对话进行工作。我们谈话有一定的规矩，即你尽可瞎说，尽可毫无道理，尽可模棱两可，但不准批评，除非你想解释得更准确，更有道理。我们谈的有些还算靠谱，有些基本不靠谱，有些纯粹是胡扯。我们就这样谈着，听着，一次又一次地试。

他们还进行了一系列的实验室研究。他们或单独或一起记录并分析一些他们或其他人解决难题的步骤，然后将这些步骤写成程序。

他们最喜欢且多年来一直使用的是一个儿童玩具，叫“汉诺塔”。它有多种形式，其中最简单的一种由三块不同大小的圆片（中间有孔）组成，平底座上有三根竖杆，圆片堆放在三根竖杆的其中一根上。开始时，最大的圆片在最下层，中等大的圆片在中间，最小的在顶层。难题是，玩家要以最少的步骤一次移动一个，不准将任何圆片放在另一个比它小的圆片上，直到其以同样的顺序堆在另一根竖杆上。

完美的解答仅需要 7 步，而走错任何一步都会引起死解，得重新来过，因而需要更多的步骤。在更先进的版本中，解答需要更复杂的策略和更多步骤。完成由五个圆片组成的游戏最少需要 31 步，七个圆片组成的游戏需要 127 步，等等[1]。西蒙曾严肃地说：“汉诺塔对认知科学的重要性不亚于果蝇对现代基因学的意义——它是一种无法估量其价值的标准研究环境。”（但有时他又将这项荣誉归于国际象棋。）

西蒙小组使用的另一项实验工具是密码算术。在这类难题中，将一道简单加法题中的数字换成字母，目的是求出这些字母代表哪些数字。下面是西蒙和纽厄尔使用过的简单例子：

$$
\begin{array}{r}
S\ E\ N\ D \\
+\ M\ O\ R\ E \\
\hline
M\ O\ N\ E\ Y
\end{array}
$$

第一步非常明显：M 必定是 1，因为任何两位数——这里指

1　如果没有“汉诺塔”的话，你可以用三个或更多个不同大小的硬币来玩这个游戏。在一张纸上画三个方格，将硬币放入其中一个方格，再选一个硬币最后堆放的方格，然后开始。三个硬币的游戏很容易，四个硬币的游戏就没那么简单了，五个硬币的游戏就相当困难了。

S+M——加起来都不可能大于 19，即使有进位[1]。西蒙和纽厄尔让志愿者一边解题一边把解题过程大声说出来，然后把他们所说的话全部记下来，之后把他们思想过程的步骤画成示意图，记录他们每一步的探索足迹，在多重选择间做出的决定，导致走进死胡同的选择及如何回到上一次的选择处重新来过，等等。

西蒙和纽厄尔特别利用了国际象棋。这是一种比汉诺塔或密码算术要难许多倍的复杂难题。在一次共 60 步的典型国际象棋赛上，每一步均有 30 种可能的走法，预先考虑三步就意味着看到 2.7 万种可能性。西蒙和纽厄尔希望了解的一个关键问题是，棋手是如何处理这庞大到难以想象的可能性的。答案是：有经验的棋手并不考虑自己下一步的所有可能性，或对手可能走什么的所有可能性，他们只考虑几步具有意义且符合基本常理的棋路，如“保护国王”“不因过低的价值而随意弃子”等。简单地说，棋手进行的是启发式搜索——由宽泛、符合棋理的战略原则所引导的搜索——而不是整体但缺乏条理的瞎找。

纽厄尔和西蒙在问题求解学说——由于字母顺序的缘故，纽厄尔的名字在他们的共同出版物上总被放在前面——上又花费了 15 年时间，得出的结果是，问题求解是在寻求某种路径，从开始状态直达目标。为实现这一目标，求解者须找到一条路径，该路径由他可能达致的所有状态构成，并且他的每一步行为都符合路径的限制（该领域的规则或条件）。

1 后续的解答步骤如下：

S 一定为 8 或 9，具体是 8 还是 9 主要取决于是否有进位；用 1 替代 M，而 S+1=O，因此我们可以看出字母 O 只能是 0 或 1。但 M 是 1，故 O 一定是 0，因而 S 一定是 9，且没有进位。

在左数第二列中，E+0 应该仍是 E，除非有进位。因而这里一定有进位，因而 E+1=N。

如果 E 为奇数，N 就是偶数，反之亦然。如果 E 为奇数，就只能是 3、5 或 7（1 与 9 已有）。先试 3，而后接着往下试。

在这些思索中，可能性呈几何级增长，因为每一个决定点都会提供两种或两种以上的可能性，每种可能性又会导向提供更多可能性的决定点。在一般国际象棋比赛的60步中，如前面已说过的，每一步均有30种可能性；一场比赛中可能的路径总数约为30^{60}，这一数字完全超出人类的理解力。因此，一切如西蒙和纽厄尔的研究所示，问题求解者在他们的解题空间里寻找路径时，并不会考察所有可能性。

在1972年出版的鸿篇巨制《人类问题解决》一书中，纽厄尔和西蒙将其认为是总体特征的东西提炼了出来。其中有：

——受短期记忆的局限，我们只能以按顺序的方式在解题空间中找到出路，一次解决一个问题。

——但我们并不会逐一寻找每一种可能性。我们只在可能性很少时使用这一方法。（比如，如果不知道一串钥匙中哪一把可打开朋友家的门，你只好一把一把地试。）

——在许多情况下，试误法不可行，因而我们只好进行启发式搜索。知识使之非常有效。解决诸如由八个字母构成什么词汇这一简单问题，比如SPLOMBER，可能需要56个小时——如果你把全部40320种排列组合以每五秒钟一个的速度写出的话。但大多数人可在几秒或几分钟内解决这一问题，因为他们首先排除掉了无效的词头（比如PB或PM），只考虑有效词头（SL，PR，等等）[1]。

——“最佳优先搜索”被纽厄尔和西蒙视作常用且重要的启发式任务简化法。在搜寻通道的任何选择点或“决策树”上，我们必须首先尝试有可能使我们最接近目标的一个。每一步都试着靠近目标是非常行之有效的（尽管有时我们得远离它，以绕过某个障碍）。

——另一种补充性的、更重要的启发方式是“手段–目的分析法”，

1 答案是PROBLEMS。

西蒙称其为“GPS（通用问题求解程序）的利器”。手段－目的分析法是一种进退混合的分析方法。与只寻求前进步骤的国际象棋不一样的是，问题求解者知道，在许多情况下他不能直接向目标前进，只能以退为进，先接近子目标，再从子目标接近大目标，又或许得先达成更早的子目标，或更早更早的子目标。

最近，在回顾问题求解学说时，基思·霍尔约克举出一个贴近日常生活的手段－目的分析法的例子。你的目标是给客厅重新刷漆。最近的子目标是刷漆的条件，但这一目的要求你拥有漆和刷子，因此，你须先达到早一些的子目标，也就是去买它们。要做到这一点，你又必须先实现到达五金商店这样一个子目标。就这样一直倒推下去，直到你获得一个完整的策略，凭着这个策略，你从现在的状态到达拥有一间刷过漆的客厅的状态。

纽厄尔和西蒙的求解学说虽为了不起的成就，但所使用的仅是演绎推理。此外，它考虑的只是“缺乏知识性的”问题的求解，只适用于迷宫、游戏和抽象问题。如果用这种方法描述知识丰富领域里的问题求解，诸如科学、商业或法律等领域，能描述到何种程度并不清楚。

因此，在过去的几十年里，一系列研究者开始拓宽对推理的研究范畴。有人研究作为演绎和归纳推理之基础的心理倾向，有人研究这两种推理形式或其他推理形式是否就是我们日常推理中用到的，有人研究专家和新手在知识丰富领域里所进行的推理的种类差别，等等。所有这些研究均已结出丰硕的成果，人类思维中推理这一看不见的活动领域终于露出曙光。典型的例子如下：

演绎推理：上溯至亚里士多德时代的传统观念认为，总共有两种推理形式，即演绎和归纳。演绎是从已知看法中提炼出更进一步的看法，也就是说，如果前提是正确的，结论也应该正确，因为结论已然包含在前提之中了。亚里士多德的经典三段论是：

所有人都会死。

苏格拉底是人。

从而必然得出：

苏格拉底会死。

这种推理非常严密、有力，也容易理解，具有较强的说服力，常用于逻辑和几何定理的证明。

但许多只有两个前提和三项的推理并不如此明显；有些很难理解，大多数人无法从中得出有效的结论。菲利普·约翰逊－莱尔德曾研究过演绎心理学，他举出一个曾在实验室里用过的例子。想象一下，一间房子里有考古学家、生物学家和棋手，再假定下面两个论断是真实的：

所有的考古学家都不是生物学家。

所有的生物学家都是棋手。

从这两个前提中能得出什么呢？约翰逊－莱尔德发现，很少有人给出正确答案。[1] 为什么不能？他认为，从上述的苏格拉底三段论中得出有效结论比较容易，从上述考古学家三段论中得出结论却非常困难，这是由于这些推论在心理中所表现的方式——即我们从中

1　唯一正确的演绎是，一些棋手不是考古学家。

创建的“心理模式”——所致。

受过正式逻辑训练的人通常会以几何图形的形式想象这一问题，并能将两个前提用圆圈代替，一个套在另一个里，或重叠在一起，或分开各成一体。但约翰逊－莱尔德根据以他自己的研究为基础的、并通过计算机模拟进行求证的理论认为，没有受过此方面训练的人使用的是一种更朴素的模式。在苏格拉底三段论中，他们无意识地想象出一个群体，这些人都会死，然后再想象出与这群人相关的苏格拉底，然后再搜索任何其他的可能性（任何不属于这群人的人——可能是苏格拉底）。因为没有这种可能性，所以他们能正确地得出苏格拉底会死这一结论。

然而，在考古学家三段论中，他们先想象并尝试第一种模式，再换一种模式，最后再试第三种模式，越往后越难（我们在此略去细节）。一些人依靠第一种模式，却看不到第二种模式会使第一种模式无效，另一些人依靠第二种模式，却看不到最困难的第三种模式——唯一能得出正确结论的模式——会使第二种模式无效。

心理模式不是错误演绎的唯一来源。实验显示，即使三段论的形式非常简单，其心理模式也很容易确立，一些人仍易受自己想法和信息的误导。一个研究小组询问一批受试者下述三段论在逻辑上是否正确：

所有装配发动机的东西都需要油。
汽车需要油。
因此，汽车装配有发动机。

所有装配发动机的东西都需要油。
奥普洛班因需要油。

因此，奥普洛班因装配有发动机。

认为第一个推论在逻辑上成立的人，显然要多于认为第二个推论在逻辑上成立的人。两个推论在结构上一模一样，只不过用“奥普洛班因”这个无意义的词代替了“汽车”而已。他们往往受到自己有关汽车知识的误导，他们知道第一个三段论的结论是真实的，因而认定这一推论在逻辑推理上也是正确的。但事实并非如此，“奥普洛班因”的例子显示，他们尽管对“奥普洛班因”一词毫不了解，但仍认为这一推论不正确，因为他们能意识到“奥普洛班因”与装配发动机的东西之间没有必然的重叠关系。

归纳推理：相对比而言，归纳推理稍宽松一些，且也不很精确。它指的是从具体的想法向更宽泛的概念推进，也就是说，从有限的情形向总体的概括方向发展。从“苏格拉底会死”“亚里士多德会死”和其他案例中，人们可根据自己对案例不同程度的信心而推断出“所有的人都会死”这一结论，尽管任何一个例外都会使该结论无效。

许多人类的重要推理属于这一类型。对思维至关重要的范畴化和概念化的形成也归功于归纳推理，这一点在我们对儿童如何形成范畴和概念能力的研究中已经知道。人类拥有的有关这个世界的全部高级知识——从死亡的不可避免到行星运动和星系形成的法则——都是从大量具体事例中推出的概括结果。

在模式辨认中使用的归纳推理也是解决问题的关键。一个简单的例子：

下个数字是什么？

2 3 5 6 9 10 14 15 __

10岁的孩子花一些时间也能解答这个难题，成人可在一分钟左右看出这个模式和答案（20）。经济学家、公共卫生官员、电话系统设计员等利用的也正是这一推理过程，他们的认识模式对现代社会的存在至关重要。

（然而，令人不安的是，研究者发现，许多人不会根据输入的信息进行演绎推理。我们常常只注意那些支持现存想法的东西，并将它们存储在记忆中，却往往忽略相反的东西。心理学家将这种现象称为“证真偏差”。丹·拉塞尔和沃伦·琼斯让受试者阅读有关超感知觉的材料，它们中的一些支持超感知觉的存在，另一些则否定。之后，拉塞尔和琼斯对他们的回忆进行测试。支持超感知觉存在的人百分之百记得确定性的材料，而对那些否定性的材料，只能记起39%。怀疑论者可记住两方面材料的90%。）

人类的大部分推理都是演绎和归纳的结合，二者各司其职。进化心理学对此早已给出了猜想性的阐述。演绎能力和归纳能力是人类得以生存的两大法宝，也是物竞天择、适者生存的结果。近年来，利用PET扫描进行的研究证实了这一假说的科学性。当要求受试者利用演绎能力解决问题时，右脑上的两个极小的区域出现了积极的活动；当要求他们利用归纳能力解决问题时，左脑上的两个区域出现了明显的活动迹象。总之，自然选择使得大脑得以发育，具备了演绎和归纳两种推理能力。

或然性推理：人类思维的能力是进化选择的结晶，但我们在高级文明社会里生活的时间过于短暂，不可能形成对数据中的或然性进行严密推理的先天能力，尽管现代生活非常需要这种能力。

丹尼尔·卡内曼和阿莫斯·特沃斯基在这个领域里均进行过大量的基础研究。他们询问一群受试者，让其在下列选择中说出更喜欢什么：拿80美元，或赌一把——有85%的机会拿到100美元，当然也有 15% 的可能性是什么也拿不到。大部分人愿意拿 80 美元，尽管如果赌一把，从统计的角度来说平均收益为 85 美元。卡内曼和特沃斯基得出结论说，人们一般不愿冒风险：他们情愿拿到确定的东西，即使风险性项目更值得一赌。

我们再看另一种情形。卡内曼和特沃斯基询问另一群受试者，让他们也进行选择：赔 80 美元，或赌一把——有 85% 的可能是赔 100 美元，当然也有 15% 的可能是一分钱也不赔。这一次，大部分人选择的是赌，而不是照赔，尽管平均来说，选赌的代价可能更大。卡内曼和特沃斯基的结论是：当在获取中进行选择时，人们不愿意冒险；当在损失中进行选择时，人们会寻机冒险——在两种情况下，他们都可能做出错误的判断。

后来的发现更引人注目。他们让一群大学生在解决公共卫生问题的两种办法的两个版本面前进行选择。两个版本在数学上是相等的，但措辞不一样。第一个版本是：

> 假设美国正在准备预防某种罕见的疾病，它估计能使 600 人丧生。有人提出两种方案来对付该病。假定对这些方案的后果进行的准确的科学估计如下：
>
> 如果采纳 A 方案，则可能拯救 200 人。
>
> 如果采纳 B 方案，则有 1/3 的可能性使 600 人全部获救，有 2/3 的可能性是 600 人一个也救不了。

你倾向于哪一个方案？

第二个版本的故事与前面的一样，只是描述选择的措辞略有不同：

> 如果采纳 C 方案，将有 400 人死去。

如果采纳 D 方案，有 1/3 的可能性是没有人会死，但也有 2/3 的可能性是 600 人全部死去。

受试者对两个版本的反应差别极大：72% 的人选择方案 A 而不是方案 B，但 78% 的人（另一小组）选择方案 D 而不是方案 C。卡内曼和特沃斯基的解释是：在第一个版本中，结果是以获取（拯救的生命）来描述的，在第二个版本中是以损失（损失的生命）来描述的。这与上述金钱方面的实验所显示出的偏见相同，受试者的判断在这里再次被扭曲，即使涉及的是人类的生命。

我们在这些情况下会做出糟糕的判断，因为涉及的因素是非直觉的，我们的思维不愿抓住或然性中的现实。这一缺点既影响个人，也影响整个社会。选民和选民代表经常因为很差的或然性推理而做出代价昂贵的决定。理查德·尼斯贝特和李·罗斯在《人类推理》一书中说道，许多政府在危机时期采取的行为和政策往往因其后发生的事而被视为有益的，尽管这些政策经常是无用甚至有害的。错误的判断是由人类的倾向性引起的。人们倾向于将结果归因于产生这一结果的行动，尽管这些结果经常是事物的自然进展，是从异常复归正常的自然趋势。

令人欣慰的是，诸多研究表明，无意识的心理过程往往比有意识的心理过程更能带来好的结果。2004 年，一位荷兰心理学家公布了一系列研究成果。他要求受试者对现实世界中的复杂问题做出选择，这些问题既有好的一面，也有不好的一面，如选择公寓等。要求第一组马上做出决定（也就是说，不让他们进行思考）；要求第二组思考三分钟，然后选择（有意识的心理过程）；要求第三组在三分钟内完成一件与之无关的艰巨任务，然后，再来选择（无意识的心理过程）。相比较而言，最后一组做出了最好的选择。

类比推理：到20世纪70年代末，认知心理学家开始认识到，许多被逻辑学家视为谬误推理的东西实际上是“自然”或“行得通的”——它们往往不准确、不严密、基于直觉，且技术上不成立，但往往行之有效，富于竞争力。

此类思维之一便是类比。只要我们认识到一个难题可与另一个我们所熟悉且知道答案的不同难题进行类比时，我们的思维往往会一下子跳进结论。比如，许多人在组装家具或机器时，根本不看说明手册，而是仅凭“感觉”动手——寻找各零件之间的关系，并在不同的家具部件或机器零件之间寻找与他们曾组装过的东西的类同之处。

类比推理在儿童心理发育的晚期形成。认知心理学家迪德尔·金特纳，分别就“云彩在哪些方面与海绵类同”这一问题询问一些五岁的孩子和成人。孩子们的回答依据的是其类似的特点（“都是圆圆的、毛茸茸的”），成人依据的则是其相关的类似点（“都储水，且都能将水释放出来”）。

金特纳将类比推理看作存在于一个域和另一个域之间高级关系的“映射”，她和两位同事甚至还编写了一个计算机程序，即“结构-映射引擎”，它可以模仿这一处理过程。当它在计算机上运行时，人们输入一些有关原子和太阳系的有限资料，这一程序立即像伟大的天体物理学家拉瑟弗德爵士一样，立即识别出它们是可类比的，并给出较合适的结论。

面对困难和不熟悉的问题时，人们一般不用类比推理，因为他们很少进行远距离类比，即使它可能给出解决这一难题的答案。然而，如果有意识地进行寻找，他们往往能轻易发现某种并不那么明显的类比。M. L. 吉克和基思·霍尔约克利用我们已读到的邓克尔传统难题，即我们如何利用X射线杀死胃癌细胞，同时确保正常组织完好无损。

大部分受试者并不能自发找到答案。接着，吉克和霍尔约克让他们阅读一篇故事，提示说答案可能就在该故事里。它描述的是一支军队无法从正面攻陷一座城堡，但将军把部队分成若干独立的单位，他们从四面进攻，结果成功了。看完之后，他们有意识地寻找可以解决 X 射线这一问题的类比，许多受试者都能看出，将 X 射线分成许多不太强烈的光束，从身体各部位集中到肿瘤上，有可能解决这一问题。

专家推理：许多认知心理学家被纽厄尔和西蒙的工作激起了兴趣，认为他们的理论有可能通过各专业领域里的专家应用到问题求解中去，但结果他们吃惊地发现，这样行不通。在一个富含知识的领域里，专家们更多进行的是向前的求索而不是向后的求索，也很少用手段－目的分析法，他们的思维经常不是一步一步向前，而是跳跃式的。他们不是从细节着手，而是察看整体的关系。他们知道里面涉及哪些范畴或原理，因而会从上向下着手。对比而言，新手们缺少视角，因而是从下向上工作的，他们会从细节着手，尽量收集足够的资料以形成整体的看法。

从 20 世纪 80 年代起，心理学家对不同领域的专家推理特点进行了研究。他们请心脏病学、商贸学、法律和其他方面的专家做问题求解。在分析受试者的思维时，研究人员一再发现，与新手或人工智能程序不同的是，专家们并非采用循序渐进的逻辑搜寻法，而是经常根据少数事实跳向对问题本质的正确评估，且能很快形成答案。比如，心脏病专家可能根据两到三条信息而得出某种特定心脏病的正确诊断，而刚毕业的医生在遇到同一病案时，往往可能问出许多问题，慢慢逼近可能的解答范围。产生这种结果的原因是：与新手不一样的是，专家们拥有以图式形式组织和排列的知识，里面充满各种基于经验的特别捷径。

第六节 人的心理是一种计算机吗？计算机是一种心理吗？

哪怕是在信息处理学说和计算机模拟推理的第一次热潮中，一些更喜欢人力而不是计算机技术的心理学家，就已经对心理与机器之间的可比性有所保留了。这两者的确也很不相同。一方面，计算机只寻找和检索它需要的信息，可是，人类却不需要任何搜寻就能检索到许多条信息，比如，我们自己的名字，还有我们说出来的大部分的话。另一方面，如认知科学家唐纳德·诺曼所指出的，如果有人问你“查尔斯·狄更斯的电话号码是多少”，你马上就知道这个问题很愚蠢，可是，一台计算机却不这样想，它会到处找这个号码。

再说，心理知道词语和其他符号的意义，计算机却不知道，对于计算机来说，它们都只是标签。而且计算机上的任何东西都不可能与无意识或无意识里面发生的事情相提并论。

这是少数几个明显的差别。然而，颇具权威性的赫伯特·西蒙确定地说，心理和机器在范畴上是类似的。1969 年，他出版了《人工智能科学》，书中提出，计算机和人类心理都是“符号系统”——能处理、转变、阐述事物，且一般也能操纵各类符号的物理存在。

在整个 20 世纪 70 年代，麻省理工学院、卡内基－梅隆大学、斯坦福大学等大学中有一部分致力于心理学和计算机事业的科学家狂热地相信，他们已处于一个巨大突破的前夜，有能力开发出既能解释心理如何工作，同时又是人类心理机器的程序。至 20 世纪 80 年代初期，这项工作已扩张至几所大学和一些大公司的实验室里。这些程序可执行许多活动，比如下国际象棋，对句子进行语法分析，将基本句子从一种语言翻译成另一种语言，根据大量光谱数据推导出分子结构等。

这些狂热的人认为，信息处理解释心理运行原理的能力无边无际，人工智能也有能力无限制地通过同样的过程证实这些解释。他们相信，这些程序最终能做得比人类更好。1981 年，戈达德太空研究所的罗伯特·贾斯特罗预测道：“到 1995 年左右，按照现在的发展趋势，我们将看到硅制大脑作为一种生命形式出现，它们将与人类展开竞争。”

一些心理学家感到，计算机只是对心理的某些方面的机械模拟，计算机模拟的心理过程与实际情况并不匹配。到 1976 年，著名的认知科学家乌尔里克·奈塞尔对信息处理模式已“非常失望”，他于该年出版了一本叫作《认知及现实》的书。奈塞尔深受詹姆斯·吉布森及其“生态心理学”的影响，在该书中提出，信息处理模式太过狭窄，与现实生活中的知觉、认知和有目的的活动相距甚远，且根本没有考虑我们从周围的世界里持续不断地吸收来的经验和信息。

其他心理学家虽未表明他们深感失望，但却想扩展信息处理的观点，试图囊括心理对图式、捷径和直觉的利用，囊括在有意识和无意识层次上并行展开模拟过程的能力（这是个关键话题，随后我们将谈到这一点）。

还有另一些人则向计算机编程后能像人类那样思考这一概念提出了挑战。他们认为，人工智能根本无法同人类智力相提并论，尽管它也许在计算方面胜人类心理一筹，因为它永远不可能轻松完成或完全无法从事人类心理在平时轻而易举就能完成的工作。

最重要的差别在于，计算机不能理解它自己正在思考的问题。加州大学伯克利分校的哲学教授约翰·塞尔和休伯特·德赖弗斯，还有麻省理工学院的计算机科学家约瑟夫·魏泽鲍姆等人认为，计算机在按程序进行推理时，只会操纵符号，根本不了解这些符号的意义或它们在暗指什么。比如，通用问题求解程序也许能推算出父亲和两个孩子如何渡河，但这项工作它只能以代数符号的形式进行，它不知道一只船、父亲和孩子是什么，“沉船”后意味着什么，他们在沉下水后又会发生什么，或这个现实世界里的其他任何东西。

然而，写于20世纪70年代和80年代的许多程序似乎确实解决了现实世界的问题，最典型的是“专家系统”。其原理是模拟专家的推理过程和利用不同领域专家的知识，从治疗肿瘤到投资，从定位矿脉到种植土豆，无所不包。

这些用来帮助人们进行问题求解的程序，一般会用英语询问操作程序者，再凭借答案及其自身存储的知识以推理决策树的形式行动，遇到死路时回头再来，从而缩小寻找范围，直至得出结论，并为结论分配一个可靠率（“诊断：红斑狼疮，可靠率：0.8”）。到20世纪80年代中期，已有几十种这样的程序应用于科学实验室、政府部门和工厂的日常工作中。到20世纪80年代末，这一数量达数百种之多。

也许，最古老也最为著名的专家系统是MYCIN系统。该系统于1976年研制，于1984年得到改进，可以帮助医生发现（甚至治疗）100多种不同类型的细菌感染，并指出其发现的可靠率。在与人类专家的对比检测中，“MYCIN系统堪比斯坦福医学院的教师，比该校的学生要强很多”。这是知名认知学家罗伯特·J. 斯滕伯格在2006年的《认知心理学》杂志上发表的观点，“而且，在选用脑膜炎药物方面也非常有用”。另一个专家系统叫作内科医生（Internist），它诊断的范围更广，不过，正因为如此，在准确率上却打了折扣。换言之，其诊断能力不及一名有经验的内科医生。

然而，虽然专家系统远比银行、航空订票处及其他场合的计算机聪明，但事实上，它们并不知道自己所处理的现实世界中信息的意义，和我们所了解的意义完全不同。卡杜塞斯（CADUCEUS）是一个内科咨询系统，可诊断500种疾病，诊断效果可以说与高级医疗人员相差无几。但权威教科书《建立专家系统》却称它“对所涉及的基本病理生理学过程一无所知”，也不能思考其专业知识之外或其周边的医学问题，即使做到这一点仅需一点最普通的常识。在用户问及羊水诊断是否有用时，医学诊断程序竟提不出任何反对意见，这位病人是位男士，系统却无法“意识”到这是一个荒谬的问题。正如约翰·安德森所说，“人类专家能妥善解决的难题是了解可利用知识的环境，而逻辑引擎只有在环境得到仔细规定后才能得出合适的结果”。而要为其规定好像人类拥有的一样广泛而丰富的环境条件，所需的数据和编程工作量将大得令人难以置信。

有关计算机推理最为著名的例子是，在国际象棋比赛中，人工智能程序打败了世界冠军。1997年，一个叫作“深蓝”的程序打败了当时世界上最好的棋手加里·卡斯帕罗夫。从某种程度上来说，计算机是靠“蛮力”取胜的，即它每秒钟可思索约两亿步棋，而人类每秒钟只能想一步棋。此后，类似的程序利用更少的硬件、较慢的速度，依靠“策略”（尤其是象棋大师所采用的创新式的、独到的策略）击败了世界上大部分顶尖棋手。后来开发的一些程序甚至采用了一些违反直觉，甚至荒唐的走法，结果特别具有创意。

在心理学家和其他科学家反对人工智能可以思考这一论断的其他意见中，主要有下列几种：

——人工智能程序，不管是专家系统型程序还是更具广泛推理能力的程序，都没有“直觉”，而直觉是人类智能中最关键的特点。尽管计算机可以很好地处理符号，执行预先写好的复杂算法，然而，它们没有直觉或预感。真正的专家有预感，而只具备书本知识的人则没有。

——人工智能程序不能感觉自我及自己在这个世界里所处的位置。这一点严重限制了它们对现实世界的思考力。

——它们没有意识。即使人们仍然很难对意识进行定义，但我们却在体会着它，而人工智能却没有。因而，它们无法检验自己的思想，并因之改变念头。它们能够做出决定，但这些决定完全取决于输入数据及其程序。因而，计算机从根本上不同于自由意志。

——它们不能，至少目前不能创造性地进行思考，除了在纯粹抽象的国际象棋领域。有些程序的确能生成新的办法以解决一些技术问题，但其只是对现存数据的重新组合。另一些程序能写诗、编乐曲，甚至能画油画，但它们的产品并不能在艺术世界里留下痕迹。约翰逊博士的经典说法是，“它们就像狗用两条后腿走路，走得不太好，但你吃惊地发现，它们竟然能走下去”。

——最后，它们没有感情，也没有躯体感觉，而在人类中，所有这些都将深刻地影响、指导且常误导思维和决定。

尽管如此，信息处理的类比和计算机均已在人类推理能力的研究中发挥了至关重要的作用。信息处理模式已经产生了大量的实验、发现及对以顺序方式发生的认知过程的洞见。基于计算机的信息处理学说可被模拟，不管其是否能够得到验证，都已成为人类宝贵的实验室工具。

然而，到 20 世纪 80 年代为止，信息处理模式的缺点和人工智能模拟的局限使认知革命进入第二阶段：一种得到极大修正的信息处理范式的兴起。其中心概念是，尽管信息处理的顺序模式符合认知的某些方面，但大多数认知——特别是更复杂的心理过程——是与之完全不同的并行模式的结果。

令人惊讶的巧合是——也许可以说是不同思想的互相滋润——这一点与当时最新的大脑研究结果十分相符。最新的大脑研究显示，在心理活动中神经冲动并不是沿着单向通道从一个神经元传向另一个神经元，而是在多种内部交流电路的同时激发下自发产生的。大脑不是一个串行处理器，而是一台庞大的并行处理器。

与这些发展相匹配的是，计算机科学家一直在创立一种新的计算机建构模式，其中连锁和内部交流处理器可进行并行工作，能以极复杂的方式影响彼此的操作，比串行计算机更接近大脑和心理的运作。这种新的计算机架构并不以大脑的神经元网络为模式，因为后者中的大多数仍无法绘制成图，也太过复杂，根本无法复制，但它的确可用自己的方式进行并行处理。

上述三种发展的技术细节并不是本书的讨论范围，但它们的意义和重要性本书须给予足够重视，下面我们就来看看如何利用这些东西。

第七节 新的模式

1908 年，法国数学家亨利·庞加莱用 15 天时间试图研究富克斯函数理论，但没有成功。于是，他放下研究，开始地质探险。他刚踏上汽车与一位同行的旅行者谈话，答案突然清晰地出现在他的脑海里，清晰得使他甚至没有中断自己的谈话以对其进行验证。在后来验证时，答案果然是正确的。

创造力的年鉴里满是这样的故事，这一点表明，思维可同时进行两种（或更多）思索，一种是有意识的，另一种是无意识的。传说无法成为科学的证据，但在认知革命的早期，对注意力进行的多种实验的确证明，心理绝不是单一的串行计算机。

最著名的一项实验进行于 1973 年。实验者詹姆斯·拉克纳和梅里尔·加勒特告诉受试者戴上耳机，只注意左耳听到的东西，不去管右耳听到的内容。他们左耳听到的是意思模糊的句子，比如“这个军官熄灭灯光，示意进攻”。同时，一些人的右耳可听到对模糊的句子进行解释的句子，如果他们注意听的话（如“他把灯熄掉”）；另一些人听到的却是一些完全不相关的句子（如“红袜队今夜连赛两场”）。

事后，任何一组都无法说出其右耳听到的是什么。但当问及意思模糊的句子的意义时，右耳听到不相关句子的人可分成两组，一组认为，他们听到的意思模糊的句子是熄灭灯，另一组认为，是点上灯。而几乎所有听到解释性句子的人都说是熄灭灯。显然，解释性的句子与模糊的句子一道在大脑里得到了同时的无意识处理。

这是20世纪70年代一些心理学家假定思维不是串行处理的众多原因之一。另一个原因是，串行处理不能解释大部分的人类认知过程，因为神经元太慢了。它是以毫秒为单位进行操作的，因此，发生在一秒左右的人类认知过程只能包含不足100个串行步骤。几乎没有如此简单的过程，许多过程，包括知觉、回忆、言语生成、句子理解和“配对”（辨认模式或面孔）在内，所要求的数字要远远超出这一指标。

到1980年左右，心理学家、信息理论家、物理学家等开始研究关于并行处理系统如何工作的详细理论。这些理论特别专业，涉及高等数学、符号逻辑、计算机科学、图式理论等神秘莫测的东西。这场运动的领袖之一——戴维·鲁姆哈特最近简单总结了启发他和15位同事发展他们自己“并行分布加工”（Parallel Distributed Processing，PDP）理论的思想：

> 尽管大脑的元件运行很慢，但其数量庞大。人脑拥有数十亿个此类处理元件。人脑并没有组织如此众多的串行步骤的计算，如我们在步骤很快的系统中所看到的那样，它一定在使用许许多多的处理元素以协作和并行的方式来执行自己的活动。我相信，这些设计特性将带来与我们所习惯的方式完全不同的计算的总体组织。

在对信息如何存储的解释上，PDP也与当时使用的计算机比喻有较大的不同。在计算机中，信息是通过晶体管状态来保存的。每只晶体管要么打开，要么关闭（代表0和1），0和1组成的字符串代表表示各种信息的数字。在计算机运行时，电流保存所有状态和信息，而在关掉机器时，一切都会丢失（依靠磁盘进行永久存储则是另一码事，磁盘在操作系统之外，正如书面的记事簿在大脑外一样）。大脑不可能按照这种方式存储信息，这是因为，神经元不可能处于开或闭的状态，它只会从其他数以千计的神经元中累加输入，并达到一定水平的兴奋，将冲动传送至其他神经元之中。但它保持兴奋状态的时间不超过几分之一秒，因此，只有短期记忆可通过神经元状态进行存储。由于记忆在大脑处于睡眠或麻醉的无意识状态下并没有丢失，大脑中的长期存储一定是通过其他方式进行的。

由大脑研究启发的全新观点是，知识不是以神经元的状态，而是以经验形成的神经元之间的连接状态存储的；或者，就机器而言，是被存储于一种并行分布处理器的“单元”之中。鲁姆哈特说道：

> 几乎所有的知识都包含在执行任务装置的结构之中……它就装在这个处理器里，直接决定处理的途径。它可通过对在处理中使用的连接进行调整获取，而不是作为说明性的事实被构成并存储。

这种新的理论就被称为“联结主义”，是当前认知学说中的第一号新词。有趣的是，认知心理学家不再把心理过程看成是计算机那样的“串行方式”，而他们基于神经系统证据的联结主义后来成为指导计算机设计的标准。

鲁姆哈特和他的同事并非是仅有的几个研究大脑联结方式的心理学家。近几年来，又出现了另外一些联结主义的模型。其基本概念是，大脑通过非常复杂、微妙的神经元网络同时进行有意识和无意识的工作，通过多个变量进行决策，可以识别口语和书面语中的词汇。

鲁姆哈特和他的两位同事所画的一张草图（见图 45）可使 PDP 学说显得更为清楚明白——如果你愿意花几分钟对其进行跟踪分析的话。它不是大脑中某块组织的写照，而是联结主义者理论化的网络：

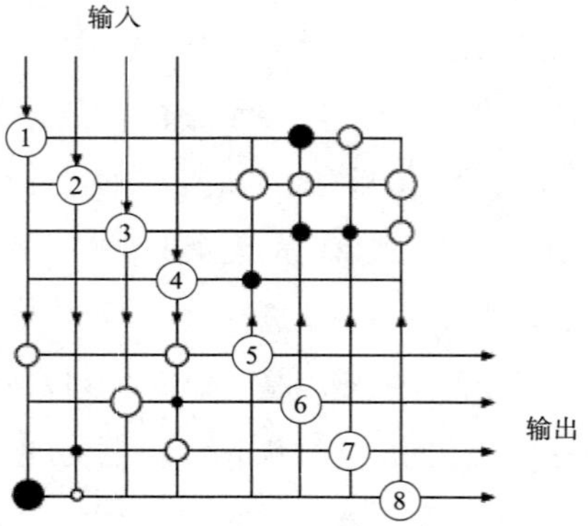

图 45　思维电路图？联结主义网络的一个假定例证

1 到 4 单元接收外部世界（或该网络的其他部分）的输入，加上来自 5 至 8 输出单元的反馈。单元之间的连接处由没有标上数字的圆圈象征性地指出：未填充的圆圈越大，连接性越强；填充的圆圈越大，抑制力越强或传递的干扰越大。因此，1 单元不影响 8 单元，但影响第 5、6 和 7 单元，影响的程度各有不同。2、3 或 4 单元均影响 8 单元，影响的程度也各有不同。8 单元反过来也向输入的单元发出反馈，对第 1 单元的影响几乎没有，对 3 和 4 单元的影响很小，但对 2 单元的影响极大。所有这些均同时进行，并得出一个输出排列，与串行设计中的单个过程和单个输出形成对照。

尽管鲁姆哈特及其同事认为“PDP 模式的吸引力毫无疑问会因

其生理可行性和神经感应而得到明确的加强”，但图中的单元并不是神经元，其连接也不是突触连接。该图代表的不是生理存在，只是其中发生的事情；大脑的突触和这一模式的连接以不同方式运作，禁止某些连接，加强另一些连接。无论是禁止还是加强，这些连接代表的都是该系统所知道的东西，也是它对任何输入所做出的反应。

简单图示如下：在下面这幅图（图 46）中，被墨迹部分覆盖的是什么字母？

图 46　如何判断被覆盖的字母？

你可能立即说出，被覆盖的单词是 PEN（钢笔）。但你是如何知道的？盖住的每个字母都可能是其他字母，而不是你所认定的。

鲁姆哈特和杰伊·麦克莱兰给出了下面的解释。第一个字母里面的竖线是进入你认知系统的一个输入，它与存储字母 P、R 和 B 的单元发生密切的联系；曲线也跟这三个字母都有联系。另外，这些线条中每根线条在形状上并没有跟——也可以说禁止跟——代表圆形字母如 C 或 O 的单元产生连接。同时，你从第二个字母中看到的东西与记录着 F 和 E 的单元有着密切的联系，因为经验已确立出 PE、RE 和 BE，而没有哪个单词以 PF、RF 或者 BF 开头。以此类推。许多连接是同时进行并行操作的，因此你能够立即看出该单词是 PEN，而不是其他任何词。

在更大的范围上说，信息处理的联结主义模式与认知心理学研究中的其他开创性发现的成果十分吻合。比如，我们可考虑图 43 中语义记忆网络中的已知东西。网络中的每一个结点——比如，“鸟”“金丝雀”和“唱歌”，都对应于某个联结主义模块，有点像图 45 中的全盘排列，但也许是由成千上万个单元构成的，而不是八个单元。想象一下，足够多的单元模块将登记存储于大脑中的所有知识，每个模块都与相关模块有着数以万计的连接，而且……这一任务对于想象来说的确是项过于浩大的工程。就像人类不可能勾勒出宇宙的整个图景一样，联结主义的心理建构也根本不可能勾勒出大脑的全景，只能用理论与数学符号将其形容出来。

联结主义模式与实际大脑结构和功能有很强的相似性。弗朗西斯·克里克曾因与他人共同发现 DNA 结构而分享诺贝尔奖，后来又在索尔克研究院对处于前沿阵地的神经科学进行研究。他说，大脑类似于大量并行处理器组成的复杂层级结构，这一看法“几乎可以肯定地说，前进在正确的道路上”。保尔·丘奇兰德和帕特里夏·丘奇兰德——均为认知科学中的哲学家——在总结当前的大脑结构知识时认为，大脑的确是一个并行机器，“信号同时在成百上千万个不同的通道中得到处理”。神经元的每一种集合都会向其他集合发送成百上千万的信号，并从这里接收返回信号，用以修正这种或那种输出。正是这些反复不断的连接模式才“使大脑成为一台真正充满动力的系统，它连续不断的行为既十分复杂，又在某种程度上不依赖于其周边的刺激”。由于这样，笛卡尔以及此后的许多心理学家才有可能整个上午躺在床上胡思乱想。

如上所述，最了不起的发展是计算机与心理之间关系的变化。一代人之前，计算机似乎只是一种模型，人们可通过它理解推理的心理。现在，这一秩序被反转过来，会推理的心理才是模型，人们可通过这一模式制作更聪明的计算机。最近几年，计算机工程师们一直在研制并行计算机，其线路的连接将多达 6.4 万个处理单元，它们可以同时操作，彼此影响。同时，人工智能研究者也在编写程序，使其能模拟出相当于1000个神经元的小型神经网络的并行处理。他们的目的是多重的：编出比串行处理更聪明的智能程序，编出能模拟假想心理过程的程序，使心理过程可在计算机上进行测试。

一个绝妙的讽刺是：使心理成为可能的大脑最终却成为之前人们认为远比它聪明的机器的最佳模型，而这一模型如此复杂与繁琐，以至于眼下计算机只能复制其众多功能中的一些功能，对其他一小部分功能进行象征性的模拟。

在认知革命和计算机时代到来的25个世纪之前，最伟大的赞美诗作者大卫赞叹道："我要称赞您，因为我浑然天成。"

第八节 谁是获胜者?

到目前为止，我们已经追溯了认知心理学和认知神经学的革命性发展历程。如今，这两个学科同时存在，相互交叉。然而，这种情况能延续多久？会不会有一天一方"吸收"了另一方，成为未来的心理学呢？答案要看哪个学科能对人类的心理过程和行为给出更科学的解释。

认知心理学：正如我们前面所看到的，认知心理学在过去60年的时间里取得了骄人的成绩。它摆脱了行为理论严重的局限性，重新发现了大脑的奥秘，找出了很多探索大脑"未知过程"的方法，如直觉、学习、记忆、情绪、人格发展、社会行为等。认知心理学家再次提出了古代哲学家反复提出的问题："我们是如何知道我们所知道的东西的？我们的行为为何会是这样的？"

和其他学科一样，大量的科学假设以及对实证证据的收集使得认知心理学家可以对当时流行的理论进行大胆的修正，提供新的数据，提出新的理论。总的来说，认知心理学一直是一门不断积累、更新、完善的科学。

认知心理学最大的缺陷在于它无法对大脑中数以亿计的神经元是如何变成思想、情绪和有意识的行为这一问题给出足够的解释。正如神经心理学专家 V. S. 拉马钱德兰和科学作家桑德拉·布莱克斯利几年前描述的那样："人类所有的精神活动（思想、情感、情绪等内心深处的东西）都源自大脑里面纤细的原生质。很多人对此深感不安。这怎么可能呢？像意识这样神秘、深奥的东西怎么可能源自脑壳中的一块肉呢？"

为了回答这一问题，很多心理学家在认知革命早期就开始跨越心理学传统的研究范围，从激素、遗传和心理等方面进行研究。正如我们前面所看到的那样，在过去 20 多年的时间里，很多心理学家开始转向认知神经学的研究方法（尤其是大脑扫描技术）以验证他们的假说。尽管这一点十分可贵，但是，它始终无法解释无数神经冲动是如何变成思想和其他心理过程的。

认知神经学：自从大脑扫描技术诞生以来，认知神经学在知识进步方面成绩斐然，在这方面一点也不比认知心理学逊色。认知神经学家从感受器到大脑中产生情绪的基因位点追踪神经细胞通路，发现记忆在大脑中以网状储存。他们把自己的研究领域扩大到认知心理学的领域，研究当人们产生心理意象，注意某事，演讲，学习，做有意识或无意识的动作时，大脑中哪个区域是活跃的，此外他们还研究心理学的其他经典领域。

所有这一切都给人留下了深刻印象，而且，可以肯定地说，在此基础上，神经冲动如何变成思想这一谜底终将解开。不过，现在下结论还为时过早。一本有关神经科学的书中这样写道："我们就大脑如何使思维成为可能进行了探索。"但"使……成为可能"这一说法，总会给人这样一种感觉，那就是，迄今为止，尚无法完全解释“突触事件”是如何变成“心理事件”的。我曾问过宾夕法尼亚大学认知神经学中心主任玛莎·法拉，这一问题是否和描述水波运动中每个水分子的运动相类似。她笑着回答：“流体力学独立于分子物理学。然而，要解开认知这一谜团，离开神经功能显然不行。”

因此，一个非常简单的心理过程（如从记忆中提取一个单词）不能跟数百万神经元兴奋和相应的数十亿突触传递等同起来，然而，其兴奋和传递的模式或结构是一样的。诸如言语、记忆搜索和推理能力等心理现象不由神经活动法则控制，而属于认知心理学的范畴。《认知》杂志早期的“标志”就是一个很好的例子：

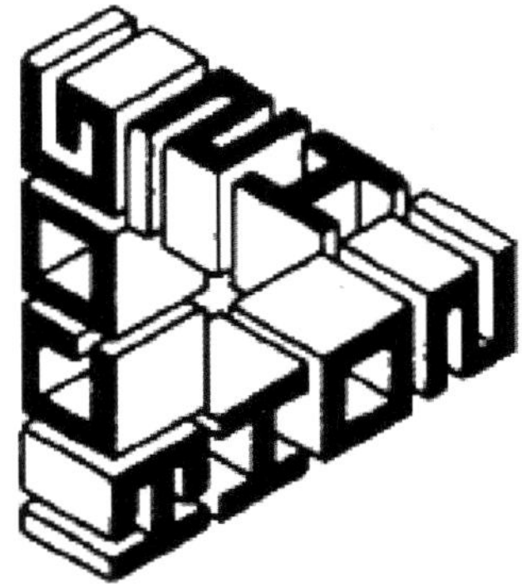

图 47　不同等级的事实：分子、字母、单词、不可能的物质

这是一张墨水分子图（见图 47），没有什么实际意义。在高一级的层面上，分子组成了字母。字母本身没有意义，但结合到一起就构成了“认知”（cognition）这个单词。不过，还不算完。尽管该图案看上去是立体的，和真的一样，然而，在现实生活中却并不存在。这种相互矛盾的错觉是一个心理现象。如果你可以的话，试着用墨

水分子、字母或者视觉皮质神经元能量爆发等因素加以解释。

无论能否通过神经术语对"心理事件"(即心理活动)做出充分的、令人满意的解释，我们都应该说认知心理学和认知神经学革命非已经成功并肩同行，二者相互交叉，相互依赖。

至于本节的小标题"谁是获胜者"，现在看来，似乎还难分胜负。

第十七章 心理治疗师

第一节 快速发展的行业

我们不妨来一点幻想。威廉·冯特从某个地方重返这个世界。除我们之外，没有谁能看见他。他特别想知道自己在一个多世纪前所发动的那场科学运动，现在是什么样子。

教授身着黑色演讲袍，神色严肃，十分困惑地凝视着他的后继者。他们中的一部分聚在一起，正在一次认知学说的学术会议上就海底软体动物记忆的分子基础展开讨论，另一些人谈论的是模拟并行分布处理的计算机程序。但在另一方面，他不动声色地露出少许欣慰的笑容，因为他得知，50 年前美国一共才有约 4000 名心理学家，而今天则有至少 18 万名，其中的一半是博士，一半是硕士，增长了近 45 倍。

然而，当冯特博士飘然来到美国心理学会时，一脸的笑容顿时消散，面露不悦之色，因为他在这里得知，在过去的几十年里，大多数新加盟的心理学博士已不再是研究人员，而是工业心理学家、教育心理学家和——目前为止人数最多的一类——临床及顾问心理学工作者。冯特曾坚定地反对教育心理学，也反对将这门科学用于实用目的，而临床心理学——听人们谈话，与他们讨论隐私问题——

则是最为糟糕的，是对心理学的最可恶的亵渎。他还大为惊讶地听到，大多数美国人如今在谈起心理学家时，往往认为他们是精神病医生。天哪！

在过去的七八十年里，在心理学对美国人产生的所有影响中，最普遍的是其对美国人考虑和处理感情及精神问题的方式的改变。他们的父辈往往将不幸、失败、失去能力、不满足、错误的言行等，归结为个性软弱、邪恶或命运，但现在的大多数美国人认为，所有这些都是心理疾病，因而是可以通过心理健康治疗师加以矫正的。

正是因为这种观念，近年来，每年都有1000万美国人造访心理专家，达8600万人次。精神病院和普通医院里精神病房的住院病人多达数百万人次。累计起来，每三个美国人中就有一人进行过心理治疗——总人数为8000万至9000万。

约1/3的治疗由心理学家完成，另1/3由精神病医生完成，最后的1/3由临床社会工作者、临床精神卫生顾问、非医学人士和教会人员完成。美国心理学会第29分会（心理治疗分会）会长阿贝·沃尔夫博士近来在其分会网站上忧心忡忡地说道："心理学家千方百计想保持自己与众不同的特殊位置，不得不与其他从事心理治疗的专业人士展开激烈的竞争。"上面说到的大部分专业人士（靠药物治疗的医生除外），尽管背景不同，隶属的机构不同，但都采取了心理治疗的方法，这和其他方法（如物理疗法、社交疗法和宗教疗法）完全不同。

然而，药物疗法的兴起也不可小觑。不用药物疗法的治疗专家现在也经常让病人去医生那里开药，即药物疗法与谈话疗法同时进行。很多受到情绪、心理问题困扰的人要求自己的家庭医生开药，借以干预自己的情绪。一些心理治疗专家认为，尽管没有具体的数据，但是他们相信药物在一定程度上影响了心理疗法。不过，哥伦比亚大学临床精神病学副教授、一项心理治疗使用情况调查的主要负责人马克·奥夫森却对《纽约时报》杂志的编辑埃丽卡·古德这样说道："现在很多人开始关注抗抑郁症的药物以及其他药物，这给心理治疗蒙上了一层阴影。但是，心理治疗在治疗美国心理病人方面的作用依旧十分重要。"

心理学最初不是一门实用科学，其培训中心也不培养"保健者"，只培养研究人员和理论家。与其他许多学科一样，这门学科在第二次世界大战之后迅速发展，1945 年至 1970 年，被授予心理学博士的人逐年增多，增长了十倍。但随着本科生的增长大潮渐渐消退，新学位的持有者难以找到教学工作，因而，所有学科的博士学位数量开始急剧下降——但心理学除外，它仍旧保持着增长的势头。

但到 20 世纪 70 年代，心理学已不再作为一门纯科学而是分成不同类型的实用科学得到发展，其中最大的一种是保健科学。1966 年至 2000 年间，心理学博士的总产量一直稳定增长，只有 2004 年有略微下降，但研究类心理学家的比例在 20 世纪 70 年代中期之后便迅速下降；保健类心理学者（临床、咨询和学校心理学家）则持续猛增。自 1970 年起，尽管研究类心理学家的绝对人数有所增长，但其在这门学科中所占的比例却在缩小，现在在博士和硕士级心理学研究者中只占很小一部分。临床和咨询心理学者约占一半，他们中的大多数从事心理治疗业（其余的从事测试和评估）。

尽管从事临床心理学工作的人数有所增长，但如我们在前面已提及的，约 2/3 的心理治疗需求由其他人满足：全国约 4.5 万精神病医生中的 3 万人将大部分时间花在私人诊疗上；9.6 万临床社会工作者中，大部分在专业机构或医院背景下从事心理治疗工作，同时，其中有部分人也做或仅做私人诊疗；国家颁发证书的临床精神卫生顾问有 8 万人；教区工作人员有 3000 人；还有数目不详的一部分人自称是心理治疗者——该词在大多数州并没有明确的法律规定——这些人中有的接受过一定程度的培训，有的完全没有。

所有这些心理治疗现在治疗的病人比任何时候都要广泛。（“病人”一词是精神病医生和心理学工作者共同使用的，还有许多治疗者将这些人叫作“客户”，以避免“病人”一词所包含的医疗意义。它们在此种情形下为同义词。）

此前，心理治疗所针对的主要是那些虽能正常地与现实进行接触但总是神经质的人群，他们往往受到焦虑、恐惧、迷恋和强迫行为、歇斯底里症、疑病症、源于心理疾病的身体疾病的折磨——总的来说，他们患有神经症[1]。但在今天，许多人来寻求心理治疗，却是为了解决婚姻冲突、代沟、工作烦恼、孤独、害羞、失败等任何可列在“生存麻烦”名下的问题。

另外，从前，医生用长期温水浸泡、胰岛素注射、电休克等疗法治疗重症精神病人，而不是用心理治疗法。重症精神病人常常无法接触到心理治疗。现在，通过服用精神药物，他们大都重新回到了现实之中，或从抑郁状态中解脱出来，从而感受到了心理治疗的益处。在20世纪50年代，约有50多万人被锁在美国各地的精神病院里。自氯丙嗪等精神镇静剂在20世纪50年代中期问世以后，这一数字减少约2/3，只剩下16万人左右。且此前大部分被关起来的病人，现在也都生活在居住区里，他们的精神障碍在居住地的精神卫生中心里通过药物和心理治疗得到控制。

心理治疗虽然因此而产生出巨大影响，且已为人们广泛接受——

1　1980年出版的《精神疾病诊断与统计手册》第三版被美国精神病学会奉为权威诊断依据，该手册于1987年出版了修订版，两者均省去作为诊断范畴的“神经症”。此前归入该名下的精神病现在均以单独的精神病范畴命名。但“神经症”“神经病”等用词现在仍流行于行医者和普通人中间，因此，本书仍时不时地沿用此种说法。

有心理治疗体验的人在过去的30年里增长了近3倍——但其长期以来仍然受到人们的责难。一些人认为，心理学是伪科学，另一些人认为，心理治疗是欺骗性疗法。

一些人攻击心理治疗的理由是，临床心理工作者和其他心理治疗师本人承认其所作所为更多是出于直觉，而不是出于理性，因而它在更大的程度上是一门艺术，而不是科学。许多从事学术和研究工作的心理学家长久以来也持这种观点，即心理治疗法不值得列入他们所从事的这门科学。1956年，心理学家戴维·巴肯在美国心理学会的出版物《美国心理学家》杂志上撰文说：

> 许多心理学者的感觉是，临床心理学（即心理治疗）在科学上站不住脚。临床心理学常常被视为一门艺术，如果评论者更为苛刻的话，它只能被视为通过某种神秘方法获取知识或以某种魔法带来疗效的尝试。

几年之后，心理学家马文·卡恩和塞巴斯蒂安·圣斯特凡诺在同一刊物上撰文说，“临床心理学正处于焦虑、矛盾、不安和自疑中，临床心理学既可说是一门科学，又可说是一门艺术”。1972年，之后是1986年，精神病医生E.富勒·托里写出专著，旨在说明心理治疗与巫医、方士相差无几，都是通过可比较的非科学方法在病人身上获取疗效的。

此后，攻击心理治疗、说它不是科学的声音就从未间断过。攻击者忽视了或者说根本没把几十年来几百种的心理治疗研究结果放在眼里。这一点我们在后面还会提到，下面仅举一例，证明此言不虚。

最新的攻击来自英国儿童精神分析专家亚当·菲利普斯。他于2006年在《纽约时报》上撰文说道：

> 精神分析正经历着另一次认同危机。它强调可测量的因素，试图将治疗变成一门实实在在的科学……对科学熟视无睹或与科学方法“对着干”的精神分析师很明显是幼稚的。而试图将心理治疗变成实实在在的科学也只是为了给自己在竞争日益激烈的市场上争得一席之地。换句话说，意味着既要使心理治疗受到人们的推崇，又要充分照顾消费主义，满足客户的需求。

托马斯·萨斯在精神病医生和心理治疗师同行眼中是一个令人讨厌的家伙。他对临床心理学发动了另一种尖锐的抨击，认为精神病是临床医生所编织出来的“神话”，这些医生是社会秩序的跟屁虫，他们将社会所不允许的、有偏差的或有个性的行为全定性为精神病。

另一些人还攻击说，心理治疗工作者错误地宣称，一些疗法可治疗多种精神病，而实际上，这些评论者强调，它们只对有限的几种病症有效。1983年，奥克兰的心理学家和心理治疗工作者伯尼·西尔伯杰尔德在其所著的《美国的退缩》一文中说，心理治疗只对少数症状有效，对大多数人来说，它几乎无效或疗效甚微，根本无法与药物治疗相提并论，在效果上甚至不如向朋友倾诉一番。

最近几年另外一种热门批评认为，心理治疗工作者可以处理的若干情形，其根源实际上在于生理学方面，仅靠心理治疗是无法治好的。

比如，大家认为（严重的）临床抑郁症在许多情况下起因于生物学方面，特别是老年人，经常出现的症状大多是由与年纪相关的、神经递质的年龄性失调引起的。最近一些年的研究显示，根据药物滥用和心理健康服务管理局目前的信息，抗抑郁药物可以通过化学手段恢复神经递质的平衡，缓解抑郁症状……对于主要的抑郁障碍和双相障碍导致的各类轻重不同的抑郁症发作情况都有较好的疗效。（研究提到的药物包括杂环类抗抑郁剂、单胺氧化酶抑制剂［MAOI］、选择性血清素重摄取抑制剂［SSRI］等。）……抗抑郁药物的作用模式十分复杂，人们至今对它的了解尚不全面。简单地说，绝大多数的抗抑郁药物都是用来提高神经突触内某种目标神经递质的水平的。

在一些心理治疗者看来，图雷特综合征——无法控制的抽搐、嘟哝、吼叫，经常不由自主地重复使用粗俗语言——往往起因于深层的心理障碍，患者被认为怀有敌意且吹毛求疵，但心理治疗者对此束手无策，起作用的倒是多巴胺抑制剂。我们可由此看出，该病的起因应该是机体里存在太多多巴胺的缘故。

强迫性赌博和追求其他形式的感官刺激在心理治疗者看来，一直是其治疗范围内的症状，但 1989 年以尿样检查和骨髓活检为基础的研究显示，强迫性赌博者和追求感官刺激者长期缺乏神经递质去甲肾上腺素。据推测，这种缺乏将导致警觉性下降和无聊感，于是病人希望通过增加危险以驱除它们——在这种情况下，大脑将产生额外的去甲肾上腺素。这种腺素可使大多数人感到极不舒服，而这些病人却感到无比受用。

强迫症特指一些强迫性的想法所引发的毫无意义的行为，如一天洗几十次手等。最近，通过 PET 扫描技术，人们发现它与基底神经节中的葡萄糖代谢率过高有关。基底神经节是边缘系统与大脑皮层间的一个区域。到 20 世纪 80 年代后期，用作抗抑郁的药物氯丙咪嗪，可使这种症状在几周内很快地消除。但它会引发一些烦人的副作用，包括困倦、排尿困难、口干舌燥、从坐姿起身时血压骤降。因此，治疗强迫症的药物选择通常是某种 SSRI 类药物——氟伏沙明、氟西汀、舍曲林、帕罗西汀或者西酞普兰。如果 SSRI 药物不起作用，才会使用氯丙咪嗪作为备选的治疗手段。（目前还有一种正变得广受欢迎的 SSRI 药物：草酸艾司西酞普兰。）

心理治疗法长期受到人们的质疑。许多人肯定地说，它不是科学，说好听点是某种形式的魔术，说难听点是骗术。在这种情况下，我们何以解释其快速发展和广为接受的事实呢？一些人认为可用社会观点进行解释：我们生活在一个彼此分隔和异化的时代，因而需要寻找安慰和稳定的感觉源泉，因此就将目光投向那些为挣钱而提供这种服务的人。在一个世俗的时代，心理治疗可以代替宗教信仰，因而成为俗世的庇护所，等等。

然而，如果能够见到几位行医者，偷听到他们的临床诊疗，并观察其积累而来的疗效证据，我们就可能对心理治疗和心理治疗专家的成功得出一个更具实证主义精神而少一些意识形态态度的解释。

第二节 弗洛伊德的后继者：动力心理治疗者

今天，关于心理治疗法的几个概括之一是，它几乎没有什么可以概括的。到目前为止，可应用的方式有五六种或更多，其变种多达数百。一个极端是，病人躺在躺椅上胡言乱语，精神分析者则站在一边不时地“嗯”几声。另一个极端则是让一个酒鬼喝下一剂安塔布司（用于治疗慢性酒精中毒的戒酒硫）或者坦卜苏（柠檬酸氰氨化钙），然后在诊疗室给他上一大杯威士忌苏打，让他喝到喘不过气来，很快他就会满身大汗，抱怨自己心动过速，心律不齐，头脑发昏，恶心想吐，呼吸困难，头痛欲裂，然后就近趴在盥洗池里剧烈地呕吐。

不过，关于现代心理治疗，还有一个准确概括，那就是，半数或更多的心理治疗专家均使用的是形式不同的动力疗法（也叫“精神分析导向的心理疗法”），或至少在部分时间是这种情况[1]。所有这些疗法均奠基于动力心理学，后者认为，心理问题是精神内部冲突、无意识动机、外部要求与人格结构诸因素相互作用的结果。

这个概念尽管属于心理学，但我们在前面已经读到，其根源并不在心理学本身，而在于神经学家弗洛伊德的偶然发现，即他在使用“谈话疗法”治疗歇斯底里症时所取得的成功远大于他在生理治疗或催眠法中所取得的成就。心理学并没有立即采纳他的发现和理论。在 20 世纪初期，精神分析学在欧洲的医生和心理学家中刚刚站稳脚跟，而美国的临床心理学家仍在忙于心理学的实验和测量。一些大学于第一次世界大战之前开设过心理诊所，但仅限于对有学习障碍的儿童进行测验和培训。心理治疗被视为一种猎奇的、外来的治疗方法，主要使用范围是欧洲。

在 20 世纪初，美国医学界对精神分析方法的接受也有一个缓慢的过程。当时，美国精神病专家在治疗住院的精神病人时，几乎无一例外地采用生理强制手段：捆绑、浸泡、锻炼和体力劳动。然而，随着第一次世界大战的结束，大批有战争创伤的退伍军人纷纷回来，于是，大批精神病专家因为精神分析疗法据说对较重的精神病疗效明显而对其产生了兴趣。

于是，许多人去欧洲接受训练，美国的许多城市里也都开办了精神分析机构，一大批精神病专家和其他精神病工作者开始在这些

1　整体数据很难得到，因为心理治疗不是一个规范化的行业，许多专业人员都在从事这一行业。宾夕法尼亚大学心理治疗研究中心主任保罗·克里茨–克里斯托夫在一次为本书而进行的采访中表示，1990 年对 423 名心理治疗师进行的一项调查发现，超过 2/3 的人认为自己是折中主义者，但这些折中主义治疗师中的大多数说，他们常以动力心理学为导向，另有 17% 的人认为自己是纯粹的动力心理学治疗者（但是我们将会看到，后来的估计表明现在的数字更低一些）。

机构里进行精神分析的培训。那些较好的精神病院，比如位于费城的宾夕法尼亚医院研究院，邀请了欧洲的精神分析学家前来培训其员工。最终，有组织的精神病医学开始将精神分析学说变成其专业之一，且通过精神分析学会的努力，使培训仅限于医生的范围之内。不过，只有少数精神病专家接受过培训，真正用它治病的人也不多。心理学家和那些不是医生但希望得到培训的人只得前往欧洲。后来，一些研究院在美国相继建立，旨在培训“外行分析师”（非医学专业的分析师）。

在20世纪20年代，精神分析成为先锋派最喜欢的话题之一，心理动力的概念也为心理学权威机构所接受。如我们所见，这些概念对“主题统觉测试”的发明人亨利·默里及其在哈佛的研究小组产生过巨大影响。到了20世纪30年代，当欧洲精神分析学家为逃避纳粹而纷至沓来时，各类培训学校便如雨后春笋，精神分析学说也开始变成了一场学术运动。

然而，跟之前发生在欧洲的运动一样，这场运动也经历着不断的裂变。20世纪30年代，美国部分精神分析学家对弗洛伊德的学说不断地进行修正，增加进来许多内容，从而使自己与主流的精神分析体系越来越远。值得注意的是一群“新弗洛伊德学者”，他们开始创建自己的系统，设立机构传授自己的学说。他们尽管没有完全排斥弗洛伊德的动力学理论，但在对人格发展和精神疾病的解释中，赋予社会和文化因素以相同甚至更为重要的地位。这群人中，较有意思的是温文尔雅、具有哲学家风度的埃里克·埃里克森，其发展学说我们已在前面谈过。再有就是极端独立的女权主义带头人卡伦·霍尼和具有诗人气质的社会改革家埃里克·弗罗姆——一个逃避纳粹的难民。

还有一位值得注意的新弗洛伊德学者，他就是精神病学家哈里·斯塔克·沙利文。他是家里唯一的孩子，也是纽约北部农场区唯一信仰天主教的儿童。也许是由于孤独，他对成长期的儿童与照顾他的成人之间的关系及这种关系如何影响人格和行为产生出浓厚兴趣。他所创立的动力治疗法，即“人际关系疗法”，部分是基于弗洛伊德的理论，但不是依靠自由联想，而是主张治疗者和病人进行面对面的讨论。在这里，治疗者表现为现实中的人，而不是供病人投射移情意象的影子。

在20世纪30年代，由弗洛伊德学者和新弗洛伊德学者进行的治疗，通常需要每周四至五次会面——弗洛伊德更喜欢六次——至少进行几年。这样一来，接受治疗的病人便仅限于少数既有钱也有时间的人。但是，由于第二次世界大战产生出了远比第一次世界大战更多的有心理创伤的士兵——1946年，仅退伍军人医院就有4.4万住院病人——因而紧急需要更大数量的心理治疗专家和简单易行的治疗方法。结果，精神病专家和临床心理学家的人数剧增，越来越多的人开始使用心理动力的概念和方法。

同时，精神分析学中有关人类心灵的说法也流传开去，并通过一些作家，如安德烈·布勒东、托马斯·曼和亚瑟·库斯勒等，以及超现实主义画家的努力，最终成为知识阶层的时尚话题。经验性精神分析几乎成为走向前卫的途径，没过多久，精神分析思想开始成为普通百姓的谈资。本杰明·斯波克博士的《婴儿及儿童养育手册》倡导人们以精神分析的人类发展观点对儿童进行培育。该书在20世纪40年代晚期至20世纪70年代总销售量超过了2400万册，成为弗洛伊德心理学影响美国社会的最重要载体。不幸的是，精神分析学观点经常被一些过分热情的人扭曲，将其视作挡箭牌，借以把自身的失败归罪于父母。埃里克·埃里克森悲哀地说：“即使我们只是在为极少数人设计出一种疗法，结果却被导引着促发了大多数人的道德疾病。”

精神分析师和接受精神分析者的数量并不多，但精神分析学说的影响可谓相当惊人。在20世纪50年代它最红火的时候，全国只有619位医学专业的分析师及约500位非医学专业的分析师，还有约1000名员工正在约20所培养医学分析师的机构和十几所培养普通分析师的机构里接受培训。尽管没有对接受精神分析的人数进行统计，但按大多数分析师每天工作八小时，每个病人一周门诊四到五次计算，接受治疗的病人总数应该只有一万多人，在所有精神病人中只占微不足道的比例。数量相对较少的儿童精神分析师，更是不太可能治疗贫穷人家的孩子。1949年《儿童精神分析研究》中的个案分析报告谈到一个五岁的男孩，如果没有母亲陪伴，他都不敢一个人去上学。后来，他被一种精神分析法治好了，历时长达三年（这位分析师从未考虑过，也许还不知道使用更简单的治疗办法来消除这个孩子的恐惧）。

花销、所需要的时间以及定期看病对正常生活的干扰，令这种疗法无法普及。但是，障碍不止这些。懂行的人一眼就可看出并对之大加渲染的是，它看起来更像是某种骗术，因为病人花费许多时间、金钱和努力，精神分析师却几乎什么也不做，什么也不说。按照传统方式培训的弗洛伊德式精神分析师至今仍占较大的比例，但比起弗洛伊德时代来，他们与一般民众的距离却越来越远，越来越难靠近（弗洛伊德曾经说过：“我并不是一位弗洛伊德式的学者。”）。他们中的大多数往往很少说话，只简单地听取病人的呓语，常常将病人向他们提出的问题，诸如如何看待某件事或某个症状等，用“为什么这对你很重要”“你为什么会认为我会那样看”等言辞一一挡开。

其原理在于（现在依然如此），分析师的思想和感觉表达会使他或她成为一个现实中的人物，而不是一个模糊的影子，因此会干扰病人将童年时的某个重要人物投射到这位心理治疗者身上。对于大多数精神分析师来说，这种移情作用过去是、现在仍然是治疗过程中的一个基本安排。但即使最死板的分析师也得不时地插话。精神分析培训强调，病情的转变主要依靠病人通过自由联想将无意识变成有意识，中间需要分析师参与三个过程（虽不是关于他或她的个人感觉）：梦的解析、移情的解析和排斥的解析。

然而，尽管分析师不时地说话，但病人在大部分时间里感觉到的却是他们的沉默和避而不答，这一点往往使他们非常愤怒——但又无法走开。一位分析师曾谈过他如何对一位漂亮女士进行治疗："她每次都无情地对我大喊大骂，骂我不成熟、庸医、冷漠、色情狂，等等；但到结束时，她往往又对我投来深情、渴望的一瞥，然后温柔地说'下次见'。"在《国际精神分析学杂志》中，另一位精神分析师也报告了一位女病人，她在心情不好的那一天对他一阵痛骂（略有删节）：

> 我受够了。这事儿整整折腾了我一年——乱七八糟的一年，可悲的一年，荒废的一年。为什么呢？什么也不为。任何见鬼的东西也不为。就这几天，我说不定哪天就要豁出去离开你，再也不回来。为什么要回来？你没有为我做过任何事，什么也没有做。一年又一年，你只是在那里听。你还需要多少年？你究竟认为你是谁？你怎能这样做呢？——你没有改变任何人，没有治好任何人，只是将钱骗走，然后去百慕大度周末，还不敢承认你在卖假货。我家里收垃圾的人也比你有人性。

有时，分析师甚至让无法表达他或她的思想的病人在躺椅上整小时地躺着，甚至躺数小时，而不帮病人取得任何突破——但时间费用照收。这种情况在幽默作家或讽刺作家的作品里很常见，尽管这种现象实际上非常罕见。除去帮助病人的责任感之外，大多数分析师认为，成小时地不说话也是一件非常难受的事情。

这些高高地凌驾于病人之上，又似乎对他们漠不关心的可怕权威究竟是些什么人呢？他们中的一些在临床时间之外往往扮演着自认为是真我的角色：聪明，善于思想，具有洞穿一切的眼光，习惯于沉思默想，庄重，睿智，能力极强，也容易受到伤害——简短地说，他们表现得很弗洛伊德。但实际上，他们跟物理学家、小提琴手或管道工毫无二致。精神分析师中什么样的人都有（现在仍然如此），有冰冷如铁的，有热情如火的，有苛刻的，有友好的，有强势的，也有软弱的。不过一些资深观察家对他们进行了概括。编辑过几位分析师传记的非医学专业分析师阿瑟·伯顿认为，他们中的许多人自认为与众不同，因而总是感到孤独；他们是聪明的希伯来语教师（其中有非犹太人），具有所谓的阴柔品质（“母亲般的呵护”，直觉敏锐，敏感，易动感情），倾向于不可知论，同时也是自由主义者。

作家和教育家马丁·格罗斯为他们画出了一幅截然不同的图像，在《心理学界》中对他们进行了尖酸刻薄的攻击。他认为，精神分析师大都是些狂妄自大的骗钱者，他们自视甚高，喜欢充当病人的洗脑人，对他们的治疗结果往往夸大其词，要么自我陶醉，要么自我崇拜，从而落入了江湖庸医的行列。他的这番攻击可能有那么一点点的真实性，但那些不抱任何成见的调查和对精神分析师的研究等对精神分析师的描述则是积极的。到20世纪50年代，他们中的一些人更多地转向了自我分析。他们采纳了新弗洛伊德主义者的某些观点，强调与病人进行实际的接触，不仅要解决病人的无意识和过去，而且解决他或她的意识过程和现在。

精神分析的诸多不利因素——即使其经过修正，外加上更简便、代价更少的治疗过程的发展——使它的地位和受欢迎程度在20世纪60年代大大滑坡。精神分析的衰落还有一层更重要的原因。门宁格基金的格伦·O.加伯德写道："第二次世界大战之后，将精神分析作为解决社会问题的灵丹妙药的热望，在20世纪60年代结出了苦涩的果实。"——这种评价的确有失公允，因为精神分析学说从未以治疗社会问题的灵丹妙药的面目出现，它只是提供了解决个人问题的一种渠道。职业杂志和大众杂志连篇累牍地谈论"精神分析的危机"，谈论它"一落千丈的地位"，还攻击它无力佐证自己是一种行之有效的解决办法。杰出的贾得·马默博士总结道："事实昭然若揭，人人都看得到。精神分析处于严重的危机之中。"

这已经是20世纪60年代的事情了，而精神分析学说至今仍未消失。不过，它的地位和作用的确在节节衰退。到20世纪80年代末，美国精神分析学会的执行主席海伦·费希尔悲哀地承认："现在几乎没有一个人（她在此处指医学专业精神分析师）能全职进行精神分析。"至于心理学家，美国心理学会最近的报告是，只有2.5%的临床成员认为自己是精神分析师。有些心理治疗者，包括专业与非专业的，仍在对一些病人——那些有能力负担时间和费用者——使用精神分析方法。对于这些病人来说，他们的目标只是对深层无意识之中的人格进行改变。精神分析学说已不再是治疗的典型和理想方法，也不再是治疗学的知识与研究的前沿。

但是，正如在前面有关弗洛伊德的生活和工作的讨论中所提到的那样，精神分析师的队伍——尽管人数还不多——在过去几年的时间里逐渐壮大。而且，精神分析这个多次被其反对者宣布死亡的学科慢慢地收复了失地，重现辉煌。而这一切主要是因为其捍卫者大大地改变了研究方法。

的确，一些“顽固派”（如贝勒医学院贝勒精神病临床主任格伦·加伯德）依旧认为精神分析是“一种高强度的治疗方式，一周四至五次，每次45至50分钟，整个疗程需要三到八年。在治疗过程中，病人躺在病床上，不是面对治疗师，而是面对天花板自言自语”。然而，即便是加伯德博士也认为，弗洛伊德不会认可当今的精神分析。“弗洛伊德认为，唤醒压抑的记忆本身便可以治愈心理疾病。可是，我们发现，光靠回忆本身是远远不够的。同时，弗洛伊德把无意识看成是性冲动和侵略性的‘大仓库’。今天，借助于现代神经科学的部分研究成果，我们认为，无意识心理过程至少在一定程度上属于程序性记忆，又叫习惯性记忆或者肌肉记忆。我们早期对人的接触和认识慢慢内化了，并像手指弹钢琴一样，自动地重复。如今，精神分析师认为，这些行为模式与弗洛伊德的观点完全不同，弗洛伊德认为一切心理障碍都和压抑有关。”

如今，大部分精神分析师和部分进行精神分析的心理学家的方法都有别于前人。尽管前人关于人类人格和神经疾病的核心概念以另外的形式保存了下来，但新的几种疗法以更低廉的费用、更可行的治疗方法和更简单的方式渐渐替代了精神分析。其中最重要的一种叫作精神分析式疗法，它以精神分析学说为导向，又叫作动力心理疗法。它有很多变种，但最典型的变种是，治疗者一周只需察看病人二至三次。病人坐在那里，面对治疗师，后者就这样一天接一天地被人盯着——你可以回顾一下，弗洛伊德绝对受不了这个——他得变成面对病人的真实的人，可以讨论、询问、提供建议，共享经历和知识，一般来说，还得更多地充当教导者，而不是纯粹的倾听者和对无意识材料的解释者。

（此外，很多精神分析学家都借助药物辅助治疗，而非精神分析学家也纷纷让自己的病人去找医生开药。事实上，很多精神病医生开始涉足精神病药物学，除了继续保持医生和患者之间必要的语言沟通以外，完全把心理治疗抛向一边。）

所有这一切的底线是，对于大多数从事各种各样非精神分析治疗的心理学家来说，心理动力学概念依旧深入人心，是治疗过程的重心所在。比如，移情概念可以存在，还可以应用于每周一次的面对面治疗之中，不过它在方法上与传统的分析法有所不同。临床精神卫生顾问伯尼斯·亨特于几年前治疗过一位年轻女病人，对与这位患者的关系有如下描述（该病案尽管时间不太久远，却可作为近几十年来动力心理治疗发展的典型）：

> 她在婴儿时没有得到母爱——实际上，她在三岁时即开始照顾他人，当时，她母亲因车祸而终身瘫痪。在治疗过程中，我很快成为她母亲未能成为的好母亲。我同情她，支持她，安慰她，“准许她”边玩边工作，并让她对别人，包括我，发脾气。她经历过（芝加哥精神分析学院的）亚历山大所称谓的“纠正型情感经历”疗法之后，或多或少地以不同的形式重新度过了一段童年生活。如其他任何正常的进展一样，她开始将我们之间的关系内化，开始像任何健康的成人一样成为个体——开始做她自己的母亲。

在20世纪70年代和80年代，一批精神病医生和心理学家开始以精神分析原理发展“短期动力学疗法”。杰出的科学作家达娃·索贝尔于1982年指出，尽管短期动力学精神疗法已经存在于近20年来的研究和改良活动的各阶段之中，它如今却“已迅速发展成为一股得到承认的力量，既引发了一系列改变，也带来许多矛盾”。这些方法主要集中于解决给病人带来麻烦的单个问题。他们不使用自由联想，不深入无意识，不苛求理解，也不彻底检查人格，主要依靠的是病人的移情。与精神分析师不一样的是，这些治疗师积极地面对病人，并用证据表明，他或她正以某种从他种关系中移来的非现实方式与治疗师建立联系。治疗师往往在第一次见面时就把这层关系挑明，如下面这位波士顿精神病医生彼得·西夫尼奥斯所描述的（略有删节）：

病　人：我喜欢表演，喜欢戴着面具生活。我给人的印象是，我与真实的自我不同。我的女友与我分手之前曾说，她不喜欢跟一个“虚伪的人”外出。在她之前的女友玛丽也说过一模一样的话，只是用词稍有不同。我最好的朋友鲍勃也这么说。我知道他们都在说些什么。有时，即使在这里，我也有一股很大的冲动，想表演一下，让你崇拜我。

治疗师：那么，这股冲动是从哪里来的呢？

病　人：很久以前。我喜欢表演一番以取悦母亲。记得有一次，我编出一整套有关学校里的故事。我告诉她，老师说了，我是她教过的最好的学生。我母亲非常喜欢听，但你知道，医生，这不是真的。老师的确表扬过我，但我夸大其词了，编得走了样。

治疗师：这么说，你是在取悦你母亲，你是在取悦你的女友们，还有鲍勃，包括在这里——

病　人：您说“包括在这里”是什么意思？

治疗师：一分钟之前你说，即使在这里，你也有这样的倾向。

病　人：我说过吗？

治疗师：是的，你说过。另外，为什么这一点使你惊讶呢？如果你喜欢对任何人表演，为什么不向我表演一番呢？

病　人：我的确有这个想法，也就是说，这是有可能的，可这正是我不想做的事。我到这里来是想理解我为什么会这么做，好使我不再继续装下去。希望您能帮助我。

在传统的精神分析中，要达到这一点可能需要几个月。加利福尼亚海沃德的凯撒医学中心的临床心理学家莫什·塔尔蒙在1990年写出一本叫《单次疗法》的书，书中讨论了，在第一次面诊时——经常也是唯一的一次，尤其对于门诊来说——医师通过动力心理学的相互交谈而不是提建议的方式，可以在病人身上取得多大的效果。

然而，总起来说，短期心理动力疗法仍需要每周一次、共计6—20次的会面才能达到有限的效果。这样的疗法，据报告可对因压抑和丧亲而引起的精神疾病产生效果。对于许多心理治疗师来说，动力治疗法，特别是期限更短、交互程度更高的疗法，是治疗大多数精神病和生存障碍的最有效方法。事实上，令人信服的证据表明，治疗期相对缩短有百利而无一害。一次典型的研究显示，半数接受每周治疗一次的病人在第八次会面时，其严重症状往往能得到较大程度的缓解，不过，慢性和更深层的障碍则需要较长的时间。

近几年来，由于紧缩的医疗保健管理政策，短期心理治疗已经在治疗领域牢牢地站稳了脚跟。很多研究都回应了人们对心理治疗功效的质疑。2001年，科罗拉多大学心理学家伯纳德·L.布卢姆发现，

“短期心理治疗效果很好，对于轻度到中度抑郁症患者来说，尤其如此……然而，有的疾病属于慢性病，且很严重，因此，要想达到理想疗效，至少需要几个短期疗程才行”。

1990 年，在美国心理学会所有的心理治疗者中，约 1/3 基本上为心理动力学派。但自 20 世纪 60 年代开始，一些与心理动力学治疗方法大相径庭的治疗法吸引了相当多的信徒。这些方法中，有一部分在刚出现时似乎表现为心理动力学治疗方法的最终挑战者，但结果没有一种能替代它。所有的方法，新的也好，旧的也罢，都在不断地被应用。有些治疗者只用一种方法，或主要使用一种方法；另一些人则随机应变，往往根据需要使用几种不同的方法。最近几年里，“心理治疗整合”——根据问题的实质和病人的需要而充分使用不同种类的心理治疗理论及主要治疗方法——越来越引起人们的兴趣。

下面我们就来看一看这些较新的治疗方法。它们尽管彼此之间大相径庭，但却取得了差不多的成功率，从而享有一定的声誉。

第三节 作为实验动物的病人：行为疗法

1951 年，面容亲切、态度谦和、一头银发的康奈尔大学心理学家霍华德·利德尔进行了一项在行外人士看来肯定有点虐待意味的研究。他在山羊、绵羊和一头名叫泰尼的猪身上制造出一系列与人类精神病症状类似的症状。在伊萨卡城外的农场，利德尔或他的助手常常将绵羊关在羊栏里，将一根电线接到羊腿上，而后，将灯光照进羊栏，十秒钟后给羊送一股电流。

开始时，绵羊仅仅蹦跳几下，但在几十次电击之后，它渐渐明白了灯光信号的意义，因而，当灯光闪动时，它会在圈子里胡乱冲撞，似乎要避开电击——但徒劳无功。这样，约 1000 次电击之后，该羊只要被领进羊栏，就会拼命扭动并冲撞。信号灯第一次亮起时，它便磨牙齿，喘粗气，眼球乱转，浑身僵硬，双眼死盯住地板。此时，即使再把它带回草地上，它也会出现异常行为，远远地离开其他羊，因为它已形成了应激性精神病。

利德尔还想办法将这一过程逆转过来进行实验。将一只精神创伤十分严重的绵羊用电线绑在小围栏里，只给它看见灯光，但不给它电击。由于羊并非一种特别聪明的动物，这种无刺激的灯光需要照许多次才能使其忘掉该信号的恐怖含意。当然，它最终会彻底地去除条件反射。

相比较而言，猪显然聪明许多。泰尼慢慢地开始害怕它的食槽，因为它多次在拱开槽盖时都遭到了电击，因此，即使它看见人们往里面倒食物也不敢靠近食槽。为让它驱散恐惧感，一名研究生开始在猪圈外面给它喂食。猪在这里感到非常安全，并渐渐地开始相信他。接着，他将它带到实验室里，将一块多汁的苹果放进它的食槽里，一边摸它的背一边跟它轻轻说话。“泰尼，出什么事了？”他说，“为什么不吃苹果呢？去吃吧。”他指着苹果不断地与它交谈，还拍打着它的后背。泰尼哼哼几声，试探性地碰了几下食槽，并将苹果吃到嘴里，没有遭到电击。这样试过几次之后，那位研究生一到身边，泰尼就去打开食槽。后来，如果有人靠近它，它就去打开食槽。最后，即使没有人在身边，它也敢去打开。它的恐惧症已得到矫正。

动物精神病的诱发显然是标准的巴甫洛夫心理学——巴甫洛夫本人及一些美国的实验者也做过类似的实验——只是利德尔走得更远一些，他试图通过研究消除条件反射来治疗精神病（“休息疗法”——在实验室外度过一段时间——起不到任何效果，因为动物的症状在实验室外虽有所改善，但一回到实验室即告复发）。利德尔坚持不断地进行自己的实验，不断地报告着自己的发现。但在20多年里，他一直没有向任何临床治疗者暗示过，这种方法也许可以应用于人类。我在1952年询问他时，他似乎不太愿意考虑这一问题，但非正式地承认说，他希望能证明出它对人类有用。[1]

现实的发展远远快于他的预料。在南非的约翰内斯堡，一位名叫约瑟夫·沃尔普的普通执业者于1947年和1948年在威特沃特斯兰德大学就读期间，曾读过巴甫洛夫的文章，对此印象深刻。他自己着手进行过类似利德尔的实验，但用的是猫。他把猫关在实验室的笼子里，给它喂食时电击它，使它产生精神病型恐惧。经过一段时间的电击，它们即使被饿得半死，也不肯在笼子里进食。然后，沃尔普想办法将条件反射倒过来，让它们在一间看起来完全不同的房间里进食。它们在这间屋子里的焦虑程度明显降低，因而很快学会在这间屋子的笼子里进食。然后，沃尔普再将猫放进与实验室的环境差不多的房间，让它在那里的笼子里进食。之后他将猫放进与实验室更加相像的房间里，最后回到原来的实验室里。

他将这个方法叫作“反向抑制”或“脱敏”。他的理论是，如果抑制焦虑的愉悦反应（如进食）在产生焦虑的刺激存在时出现，则会减弱该刺激的强度。就这些猫而言，它们将食物带来的愉悦感觉与笼子，且最终与实验室里的笼子，联系在一起，于是能够克服在这个地方所产生的焦虑。

沃尔普开始寻找一种可比较的、能够用于病人的技巧（进食在人类身上不会形成足够强烈的反应，且在诊所看病的环境下也没有

---

1 显然，他所不知道的是，早在1924年，一位名叫玛丽·科弗·琼斯的心理学家已在使用传统的条件反射技术来治疗一个3岁大的男孩，他特别害怕毛茸茸的东西。这位心理学家将一只兔子和一些他特别喜欢的食物放在一起，一开始放得比较远，然后逐渐接近。

实用性）。在他看来，在治疗精神病时，与动力心理疗法相比，用脱敏的办法来对人类进行重新训练，显然更加科学。这位独断专行且多少有点冷漠的小个子男人之所以对此事情有独钟，可能还有其他原因。多年以后，对治疗者的人格研究发现，行为主义治疗者——专指那些使用以行为主义原则为基础的方法的治疗者——大多数是冷漠无情的人，尤其喜欢客观处事，且与人保持一定的距离；动力心理治疗者则往往易于动情，处事主观，喜爱交际。沃尔普绝对不喜欢也瞧不起心理动力疗法。他在后来说道："弗洛伊德的精神病概念中没有科学的根据……精神病只是一种习惯，是一种顽固的不顺应潮流的行为，是在后天学习中得来的。"

经过几年的实验和阅读，沃尔普终于找到一个他认为卓有成效的方法。自此之后，这一方法开始成为他的大部分医疗实践的基础。他在病人身上诱发出一种愉快的恍惚状态，并通过联想式的培训把这种愉快感受与引发恐惧的刺激联系起来，从而克服恐惧（这一方法仅适用于精神病型的恐惧，对真实和持续的危险而产生的恐惧，如生活在可能遭到敌人轰炸的城市里等而引起的恐惧则无效）。

进行这样的治疗时，沃尔普首先花费几个小时来记录新的病人的病历，再向他或她灌输自己的理论，即精神病只是一种或多种由经验诱发出来的习惯，很容易为新的习惯所代替，根本不需要深挖某个人的无意识或童年时期的创伤。

然后，他便让病人进行深度的肌肉放松，先使前额的肌肉丛松弛，然后再放松面部肌肉，一直放松至脚趾，直到完全放松，进入某种半恍惚的状态。等病人能够熟练地放松自己时，他或她和沃尔普就会按照他们唤起焦虑的能力建立一种"层次关系"，或称作分等级的刺激清单。沃尔普会让病人在完全放松时想象最弱的刺激。只要它不再引起任何不快，他们就会着手解决下一个问题。病人会越来越多地被解除条件反射，一直解除至最后和最厉害的刺激，使它们与放松的状态联系起来，最终变得无害。

在一个典型病案的报告中，沃尔普讲到约翰内斯堡的一位52岁家庭妇女C.W.夫人，她极度害怕疾病、死亡，并害怕遭到遗弃，这些感觉使其产生了一种前所未有的恐惧感，因而前来找他看病。他和她一起，将她的每一种恐惧分析、转化为一种层次关系。对身体症状的恐惧分成九项，最轻的是对左手疼痛（旧伤引起的）的恐惧，最重的是对不规则心跳的恐惧。在她进行第18次脱敏时，他已去除了她的全部其他恐惧，只剩下清单上的三个严重恐惧。于是，他开始对这些严重恐惧中的第三个——对左肩疼痛的恐惧——展开治疗。首先，他让她深度放松，集中精力想一些愉快的事情。然后，他按下述方法进行治疗：

> 如果碰巧有任何场景前来干扰你，你就举起左手示意。首先，我们要让你看看自己在这些治疗中已经熟悉的东西——你左肩的疼痛（在以前的诊疗中，她说过自己在想象这一点时心理曾感到不适）。你将非常清晰地想象此处的疼痛，且心理一点也不会感到不适……不要再想这个疼痛了，集中精力放松自己……再想象你左肩上的疼痛……不要想了，集中精力放松自己……（再进行第三轮）如果你在这个情景第三次出现时感到任何心理不适，请举起你的左手（手没有举起）。（病人后来报告说，第一次想象疼痛时稍感不适，第三次想象时一点不适也没有了。）

通过这种方法，沃尔普宣称，他不仅能完全治疗恐惧症，且能治愈多种精神病——通常只需精神分析诊疗次数的1/20。他的许多病案比 C.W. 夫人的更具戏剧性，从极度害怕驾车到恐惧撒尿（一位年轻人，曾尿过床）。即使所出现的症状听起来似乎需要动力治疗法，沃尔普也能找到以简单的恐惧症为基础的解释。一位 27 岁的妇女前来找他治疗婚后生活中的性冷淡（沃尔普的话）和严重的婚姻问题，尤其是不能坚持自己的主张。沃尔普并没有追究造成恐惧的深层心理原因——就像弗洛伊德式的精神分析师所能做的那样——而是问她一些问题，之后得出结论说，她的焦虑感来自此前曾看见或触摸过阴茎的情形，因为她总是感到这种情形难以承受。

接着，他和她建立起一个层次关系，其中对她来说最不易引起恐惧心理的是观看公园里十米远的一个裸体男性雕塑。等她完全克服了想象这一情景的焦虑之后，他引导她一步一步地靠近这个雕塑，直到她可以想象自己用手握住用石头做的阴茎。他再转入一系列的情景之中，让她想象自己站在卧室的一侧，看见五米外她的丈夫的阴茎。通过脱敏，她被引导着走向更近的距离，直到自己可以想象出如何轻触这根阴茎，然后抚摸较长的时间。约第 20 次诊疗时，她报告说，她已可以享受与丈夫的性关系，且半数时间达到了性高潮。

按照沃尔普的说法，这类系统的脱敏法对 70% 的病人来说是最佳选择。对于其余的 30%，他也想出了其他的办法。在 20 世纪 50 年代早期，他开始在杂志上发表文章宣传自己的技巧。1958 年，他在《交互抑制疗法》一书中报告了一次治疗的全过程。

此时，其他治疗师也如法炮制，开始采取脱敏疗法和发展其他形式的行为治疗。最有影响的是另一位南非人，叫阿诺德·拉扎勒斯。他曾到过美国，且是第一位使用“行为疗法”这一术语的人。此外，英国的 H.J. 艾森克在这一领域也极有影响力。在很长一段时间里，用行为疗法治疗精神病人的事例较为少见，临床医生中很少使用这一方法，因为它与当时占主导地位的动力学传统相悖。而且，无论如何，在美国无法得到这方面的培训。但在1966年，已转入费城天普大学医学院的沃尔普开始主持一个行为疗法研究及培训项目。同年，一个名叫行为疗法研究院的非营利性门诊和培训中心在加利福尼亚的索萨利托市开业。由沃尔普和拉扎勒斯（当时为他在天普大学的同事）所著的一本新书《行为疗法技术》也问世了。又过一年，《纽约时报杂志》将沃尔普和行为疗法介绍到了这个国家的知识分子之中。

自此之后，对行为疗法的研究及有关行为疗法的出版物开始呈几何式增长。到20世纪70年代，它已成为主导性的治疗办法，直至今天依然如此，尽管它从未排除动力学的疗法。一些心理治疗师只用这种方法治疗，更多的人将它与其他认知疗法（我们马上就要谈到）并用；还有人，包括那些主要使用动力学疗法者，偶尔也用行为疗法治疗某些特定的恐惧症，如驾车恐惧、飞行恐惧、怕猫或怕人多的地方。这些病症通常不需使用动力疗法即可治愈。

脱敏技巧的最知名用途可能是对性功能失调的治疗，尤其是治疗性功能障碍和女性性高潮缺失。威廉·马斯特斯和弗吉尼亚·约翰逊都是性学家，但不是心理学家。他们研究出一系列的办法来解决这些非器官性，也就是说，源自心理焦虑的毛病。这些办法成为过去20多年来对这类患者的基本疗法，其中就包括逐步脱敏指导和实践法——与伴侣在家进行，需要几天或几周时间——开始时，两人彼此碰触身体，逐步发展至抚摸彼此的生殖器（禁止性交，以防止焦虑感的出现），再后将阴茎插入阴道，但不进行性交动作，最终，当这一状况不再引起焦虑时，再进行全过程的性交。然而，治疗性功能障碍与治疗简单的恐惧症并不一样，它需要对伴侣之间的关系进行讨论和指导。

马斯特斯－约翰逊的性疗法很快被许多治疗专家采纳。然而，应用的结果并不尽如人意。因此，在以后若干年的时间里，性治疗专家修改了基本的脱敏疗法，使其更趋向于认知行为治疗，其中往往包括阅读疗法。无论以哪种形式，脱敏法依旧是一些精神治疗医师（尤其是治疗性功能失调的专家）的治疗时段之一。

脱敏疗法一直是行为疗法中最常用的技巧，但在某些情况下，由沃尔普和其他人研究出来的其他办法往往更为有效。这些疗法包括以下内容：

厌恶疗法：该技巧旨在消除不良行为，如嗜酒、吸毒或性变态。按照行为主义学说，在将应激反应与疼痛或惩罚联系起来时，该反应会被削弱或抑制。作为一种疗法，往往使病人在做或想到某事时，产生某种不舒服的感觉。

在对住院的嗜酒者进行厌恶培养的早期形式中，病人通常会伴着酒喝下会让人感到恶心的药。喝完之后，病人往往感到恶心并想吐。做过几次之后，病人可能在看到酒或想到酒时便想吐。

此后，对嗜酒者、烟瘾较重者、进食过度者、深受强迫性习惯行为困扰者和性变态者的治疗，往往使用电击法。比如，一位前来就诊的33岁男子总是喜欢女人的内衣，且在与女人性交时总是阳痿。他常买女人内衣，或从晾衣绳上偷，然后自己穿上，而后手淫。在治疗中，他会看着一条女性内裤或内裤的照片，或想象一条女人的内裤。此时，治疗师会给他来一次轻微但能引起痛苦的电击。经过14周内的41次治疗和492次电击之后，病人认为，女人的内裤再也无法引起他的性冲动了。除掉这道障碍之后，治疗师就能用其他办法来治疗他的性无能。

一些治疗师使用厌恶疗法来治疗男性同性恋。在他们看着裸体男性的照片时给其电击，而观看女性裸体照片时则不给电击。这种方法据报道也有一定的疗效，但当同性恋于20世纪70年代被重新定义为性偏好而不是精神病之后，这种治疗方法便不再有用武之地了。

一种较轻的厌恶疗法叫隐秘敏感化。病人经过培训，可在想要做那些他所希望戒掉的行为时，通过想象一些恶心的事情以惩罚自己。比如，嗜酒者走进一家酒吧，在准备买酒喝时，他应该立即想象自己已产生头晕的感觉，并想象自己的手、衬衣和外衣上全是呕吐物，这些呕吐物还喷吐到吧台和侍者身上。当他转身走出酒吧时，这种感觉随之离去。然而，这种方法的有效性缺少证据。

总的来说，厌恶疗法如今已经失宠，很少被使用。这不仅是因为它危及健康，同时也会引起人们道德方面的担心、病人的抵触情绪以及公众因此类治疗通常或有意导致的极度不适的后果而持有的负面态度。这些效应往往导致病人不积极配合，拒绝治疗甚至产生敌意或者攻击治疗人员，造成公共关系问题。公众和社会批评家均觉得厌恶疗法令人难以接受，且似乎具有虐待的意味，不人道。另外，它的好处也没有得到长效的印证，只是用某些其他行为方式取代被禁止的行为。由于这些原因，大多数心理治疗者认为厌恶疗法是不得已情况下的补救措施。

自信训练：它不是某种独立的技巧，而是数种技巧的合并使用，旨在帮助病人克服社会性焦虑和社会性抑制，令他们在此前一直感到害羞和被动的情形下能够采取更为果断的行动。治疗先从教育开始，治疗师和病人讨论一些令病人感到害怕的情形，再分辨出合适的反应。接着，病人会受到鼓励，在带有轻度挑战性的情形中将这些行为表现出来。最后，等他感到完全有把握以后，再一步一步地加大挑战难度。

自信训练中最重要的部分是“行为演练”。病人在挑战性的情形下扮演自己的角色，治疗师则扮演造成威胁的人（老板、配偶、邻居）。病人有机会练习他或她在现实生活中需要说的话和需要做的事，治疗师则负责给予反馈和指导，直到病人在这个角色里熟练掌握技巧，且对新行为感到舒适为止。此后，他便能以新的眼光来看待自己。

示范法：斯坦福大学的艾伯特·班杜拉研究出了一种新的方法，其理论基础是，大多数人的行为来自认同或模仿对其十分重要的人物。该疗法的核心是，病人要观察治疗者的某种特定行为，通过模仿学习这种行为，再据此修正他或她自己的行为方式。班杜拉指出，通过这个方法，在主持人俱乐部观看和学习他人的几百万人均克服了不敢在公共场所讲话的毛病。

这种方法最初被用以改变儿童的行为习惯，但人们很快发现，它对成人克服恐惧感也大有用处。通常，治疗包括下列步骤：先让病人观察示范者在相对不那么可怕的情形中接触令人害怕的东西，然后，再在一系列越来越可怕的情形下重复这种接触。比如，在治疗人们对蛇的恐惧时，示范者先摸蛇，然后抓住它，最后让它在自己的身上爬。治疗师鼓励病人去做同样的一系列活动，甚至手把手地引导他，并表扬他所做出的努力。渐渐地，治疗师降低演示、保护和引导的程度，直至病人在没有帮助的情形下独自面对其所害怕的事物。

操作性条件反射：19世纪60年代和70年代，一些通过奖励手段修正住院精神病人行为的实验取得了成功。之后，许多精神病院设立了类似的基于操作性条件反射的治疗项目。护士和精神病专家接受培训，将一些象征物（扑克牌、卡片或假币）奖励给病人，以表彰其所做的好事，如自我清洁，保持房间卫生、整齐，正常地对待其他病人，承担工作责任，等等。这些象征物可换成一场电影、一种特别食物、一间私人房间或一次周末外出等。这种方法往往能产生相当广泛的积极疗效，尤其在一些长期以来孤僻或缺乏情感的病人当中。他们将这种方法称为“代币法”，该方法对痴呆症患者、少年罪犯和受到惊吓的学龄儿童特别有效。

第四节 全在脑海里：认知疗法

近2000年前，斯多葛哲学家爱比克泰德写过一句格言，为时下流行的一种心理治疗的方法埋下了伏笔：“使人们困惑的不是事物，而是看待事物的方式。”

一些人可能认为这句话肤浅，另一些人又会觉得他言过其实。但其是否正确完全可以从认知心理疗法的效果上看出。这一疗法的发起人之一是艾伯特·埃利斯，他仅用一句话便总结出该疗法的基本原则，而这一句话几乎就是爱比克泰德格言的翻版：“你在很大程度上感受的是你的思想，如果你能改变思想，你就可以改变感受。”

认知心理疗法常被称为“认知行为疗法”，因为它包括行为疗法的一些元素。尽管两种形式互有重叠，但其焦点并不一样。行为疗法常像对待羊或猪一样对待病人，其行为和反应可以通过脱敏和其他形式的条件塑造；认知疗法则有所不同，主要是通过修正病人的有意识思想来修正病人的感觉和行为。

用认知疗法治疗精神病出现于心理学认知革命的早期。20世纪40年代和50年代，几位心理学家均提出了一种理论，认为引起大多数精神疾病的并不是无意识矛盾，而是错误的认知过程。治疗师之一——朱利安·罗特（我们在前几章已经了解过他对内部及外部控制点的研究）既是学术研究者，又是治疗师。他发明出“社会学习法”，可让病人重新思考自己的不正确期待和价值观。

艾伯特·埃利斯无疑是大家最熟悉的认知疗法治疗师。他说，他深受罗特等人作品的“刺激”，开始于1955年实践和推广自己的“理性情绪法”（Rational-Emotive Therapy，RET）[1]，从而成为“第一位主要的认知行为治疗师”“RET之父及认知行为疗法的鼻祖”。

确切地说，这些称呼不太谦虚，但埃利斯本就不是一个谦虚的人。他曾大言不惭地写道，他是“师范学院里最杰出的校友之一”，也是“最出名的临床心理学家之一，更是美国及全世界最出名的性学专家之一”。他还说，“我的‘老年时期’，即20世纪80年代，是我职业生涯中最引人注目的时期，也是理性情绪法和认知行为疗法稳步前进的时期”。他说，“如果我不干一点大的、向前推进的、富有创造力的事业，(我)就容易无聊”。他还承认自己是个工作狂——一个健康的工作狂——其典型的工作日工作时间达17个小时，从早晨8点半开始，一直到第二天凌晨一点一刻。毫不奇怪的是，他非常清瘦，甚至有点皮包骨头，长脸经常阴沉着，但会突然间爆发出恶魔般的狞笑。如果给他安上一对翘起来的黑胡子，他看上去便与梅菲斯特（《浮士德》里的魔鬼）相差无几了。

即使人们不喜欢这种夸张，但考虑到他起步时的可怜处境，埃利斯所取得的成就和能力也的确超凡脱俗。他将父亲描述成一个吝啬鬼，且非常不负责任，没有给过他一点父爱；而其母亲将大量的时间花在桥牌、麻将及其他嗜好上。年轻的埃利斯在布朗克斯长大，5—8岁期间因肾炎住过八次院，因而不能进行剧烈运动，这使他在遇到此类活动时，往往表现得像个女孩，而且非常害羞、内向，不敢在公众面前讲话。他说，所有这些，都有助于他成为一个“固执而断然的问题解决者”：

我对自己说，如果人生充满着这样的坎坷和争斗，我

1 从1993年起，这种疗法有时也被称为“理情行为疗法”（Rational Emotive Behavior Therapy，REBT）。

> 怎能活得快乐与成功呢？不久我就找到答案了：开动脑筋！因此，我想到了如何在我木头木脑的母亲面前卖乖，如何与一天到晚吵闹着的兄妹相处，如何在不失羞怯的情况下尽量过得快活一些。

在青少年时代和二十多岁时，埃利斯的理想是成为一个作家，并为此写过许多不太成功的手稿。但他也是个非常现实的人，不失时机地拿到了会计学位与商业学位，它们使他在大萧条时期仍能找到相当不错的工作。在其未发表的手稿中，人们可发现大量与性相关的内容，朋友们也常向他咨询性方面的知识。他非常喜欢向他们提供建议，因而最终决定做一个临床心理学家。他在一家礼品店里找到工作，同时在哥伦比亚大学师范学院攻读研究生课程，于 1947 年获得博士学位，时年 34 岁。

对于任何一个正常人来说，如此之晚才涉足这一领域意味着他将一事无成。但对埃利斯来说，却全然不是这回事儿。他在新泽西精神病院工作过几年，同时接受了四年的精神分析培训，1948 年起开始自己接待病人。1952 年，他在曼哈顿开业行医，同时开始写作大量的讨论性学及相关内容的学术著作和大众读物，其激进的观点和经常使用的粗俗用语使他在心理治疗领域中像个恶棍，而终其一生，他似乎也乐于充当这样一个恶人。

1953 年和 1955 年之间，埃利斯开始对精神分析进行反叛。他觉得精神分析的过程太慢，也太被动（在分析师这边），根本不适合他的个性。克莱尔·沃加几年前曾在《今日心理学》中介绍过他，他向沃加透露道：

> 病人因谈话和对他的注意而临时感到好受些，但病情

并没有好转……我开始奇怪，为什么我得被动地等上几周或几个月，直到客户通过自我解读，表示他们已“准备好”接受我的解释。如果客户大部分时间里并不出声，为什么我就不能用一些针对性的问题或说些什么来帮助他们？因此，我开始变成一个折中主义治疗师，在治疗中一边训导，一边劝导，主动地加以指导。

按照符合自己口味的方式实验了两年之后，他琢磨出了一整套理性情感疗法。1955 年，他开始实践这一疗法，并就此著书立说。他在早期的论文里说，从本质上讲，与精神病有关的情感是“无逻辑的、不现实的、非理性的、不灵活的和孩子式的思维结果”，其针对性的疗法在于治疗师“揭开”病人无逻辑的自我打击式思维，告诉他如何才能以“更符合逻辑和自助的方式进行思维”。治疗师——至少是埃利斯——所用方法的整体基调可以由一系列的关键词显示出来。治疗师应“一针见血地指出病人总体和具体的非理性思想”，“诱导其更理性地思考”，“不断地、反复地打击导致其恐惧的错误思想”。

仅从书面上不太容易传达出埃利斯所使用的 RET 疗法的精髓。他富于启发性、挑战性的治疗方式只靠想象力得出。下面这一（稍加节选的）例子或许可以捕捉到他的一部分方式和过程。该段文字选自他与一位 26 岁商业美术家的早期谈话。这位商业美术家有一个固定的女友，也与她定期性交，但他总是害怕自己成为同性恋者。

治疗师：使你心烦的主要原因是什么？

客　户：我害怕成为同性恋者，非常害怕！

治疗师：是因为“如果我成为同性恋者——”会发生什么吗？

客　户：不知道。不过我真的烦透了。它使我每天都在怀疑。

我的确怀疑一切。

治疗师：嗯。我们还是回到前面——请回答这个问题："如果成为同性恋，我会怎样呢？"

客　户：（停顿）我不知道。

治疗师：不，你知道！好吧，我可以把答案告诉你。但我们还是来看看你自己是否能答出来。

客　户：（停顿）不再是个完人？

治疗师：嗯。显然，你说的是："我很糟糕。但是，如果我成为同性恋，那可真的是糟透了！"……你为什么糟透了呢？

客　户：（停顿）

治疗师：说不出来吧。你为什么认为自己糟透了呢？即使在100个男人中99个都能与女人做爱，你自己是唯一不能做爱的，你为什么就一定感觉糟透了呢？[1]

客　户：（半晌不出声）

治疗师：你还没有向我说明哩！你为什么感到糟透了呢？没有价值吗？

客　户：（半晌不出声）因为我不属于……

治疗师：不属于什么？

客　户：我不属于那99个人。

治疗师："我不属于，因此我应——"

客　户：我应该属于。

治疗师：为什么呢？如果你真的是同性恋者，你就是个同

1　埃利斯在这里是用病人自己报告的数字进行辩驳——每100个男人中出现同性恋的数字当然要大于此数。他还在私下的场合里说过，他并没有同意病人的看法——认为同性恋非常可耻——只是向他说明，认为这件事情不好并不会使其真的不好。

性恋者。现在，如果你真的是个同性恋者，为什么一定要做一个非同性恋者呢？这听上去不对。

客　户：（半晌不出声）

治疗师：看出你的烦恼在哪里了吗？

客　户：嗯。

治疗师：你在说的是一句正常的话："如果我是同性恋者，成为异性恋者是我所渴望的。"然后你将它转变成"因此，我应该是（异性恋者）"。是这样吗？

客　户：是这样。

治疗师：可这说得通吗？说不通嘛！

还有与另一位客户的一段对话：

治疗师：同样的废话！一直是同样的废话！现在，如果你能正视这些废话——而不是一直说"啊，我有多蠢！他恨我！我想我会自杀的！"——你马上会好一些。

客　户：你一直在偷听吧？（大笑）

治疗师：偷听什么？

客　户：（大笑）我心里说的话，跟这一样，我是这么说的。

治疗师：那当然！而且，根据我的理论，如果不对自己说这些废话，人们一般不会不开心……如果我认为你是我见过的最可鄙的人，这只是我的想法。我有权利这么想。但即使我这么想，我能把你真的变成一个可鄙的人吗？

客　户：当然不能。

治疗师：什么东西能使你成为一个可鄙的人呢？

客　户：自认为是可鄙的人。

治疗师：这就对了！你认为自己是，你就是，这是唯一能使你变成这种人的东西。懂了没？你控制着你自己的思想，我控制着我的思想——我对你的看法。你完全不必受我的影响。你总在控制你自己的思想。

其中的某些内容客户可能难以承受，但埃利斯认为，这种面对面的 RET 治疗法要远远好于非面对面的 RET 法。从另一方面来说，热情可能有害无益，埃利斯这样认为。还在精神分析阶段时，埃利斯尝试过对病人热情一些，有十个月左右，结果却发现，病人非常高兴，感觉也不错，但丝毫无助于治疗他们的病症，只能使其产生更强的依赖性和更多的需要，于是他只好放弃。

埃利斯将自己的想法编成《RET 疗法的 ABC 理论》。在病人的生活中，触发事件（A）与其对这些事件的看法（B）混合在一起，而这些看法导致出接下来的后果（C）——情绪及行为上的混乱。最近几年，他又详细描述了 ABC 之间存在的多重相互影响和反馈。比如，一个不好的 C——情绪反应——会反馈至信念系统，并增强 B（对某种经历的看法，然后又反过来影响感觉系统如何实际地对事件 A 进行评估）。RET 旨在使客户产生“深刻的、基本的和哲学的变化……要他们观察、放弃、停止重建他们认为必不可少的事，因为这些事是其异常的基本哲学假设的基础”。总的来说，理性思维是精神及情绪健康的源泉。

这一说法听上去过于简单化，但事实证明它具有极大的感召力。这种疗法开始时发展缓慢，然而，尽管受到动力学派心理疗法学者的强烈反对，但在埃利斯本人持之以恒的宣传下，随着各种认知疗法在总体上的不断成长，随着 RET 理论为其他认知疗法和行为疗法所认同，它于20世纪60年代开始很快地发展起来。埃利斯的生意越来越忙，最终在1959年开设了一家RET研究所，并在曼哈顿东65号大街买下了一栋房子作为研究所的工作场所。自此之后，这栋大楼从早到晚满是客户、学生和员工。

在20世纪70年代，尽管埃利斯、他的学生和他的方法在一些专业杂志上经常遭受攻击，但RET研究所仍在其他城市和欧洲各地落下脚来。1982年，一项针对800位临床及咨询心理学家的调查在美国心理学会的出版物《美国心理学家》上发表，在心理治疗大师的排行榜上，埃利斯名列第二（第一是卡尔·罗杰斯，我们很快就会谈到他）。三家咨询杂志的参考资料显示，埃利斯是20世纪80年代被引次数最多的作者。1985年，美国心理学会给埃利斯颁发"杰出职业贡献奖"，颁奖词里这样说道：

> 艾伯特·埃利斯博士的理论贡献已对心理学的职业实践产生了深刻的影响。他的关于精神病理学中的认知主导理论处在临床心理学理论和实践的最前沿。埃利斯博士的理论极大地鼓励了心理学疗法中的积极和指导性的尝试，给予人的独特性以深沉的、人道主义的尊重。

然而，在心理治疗领域，一直都有许多新的发展，新的焦点。在过去20年的时间里，埃利斯的主要思想得到不少人的借鉴、修订和运用，只是这些方法的名字都不一样（基本都没那么激进）。在2002年美国心理学会的年会上，有一个圆桌会议，题目是：真正的行为疗法能站住脚吗？会上，埃利斯博士说道，他的观念开了历史先河，而且，在他看来，依旧非常有效。但是，"自20世纪80年代以来，整个心理治疗领域走向折中"。此外，"行为疗法变得多样化”。未来，“各个分支一定会相互借鉴……我认为，十年后，所有的行为疗法都会同样有效”。

不幸的是，会后没过几年，埃利斯和研究所的董事会之间就管理问题发生了矛盾，最终导致2005年董事会迫使他离开。然而，他并没有就此倒下，而是在纽约市的其他地方继续他的REBT，直到两年后他离开人世。尽管如此，他仍是最后的获胜者，因为他的基本方法（REBT）成了各路心理治疗专家的利器。

还有一位治疗专家，他对认知疗法的发展起了关键作用。他一开始并没有借鉴埃利斯的任何理论，然而，后来却融合了埃利斯的主要思想，并把自己的成功归功于埃利斯。这就是阿伦·“蒂姆”·贝克（Aaron “Tim” Beck），一个在当代心理治疗领域备受尊重的名字。

就在埃利斯发表第一篇论述RET的文章时，贝克也在类似的一条路上迈开了坚实的步伐。他是宾夕法尼亚大学精神病学系的教师、精神病学者。这位朝气蓬勃、中等个子的年轻人有一头浓密的头发，笑容亲切，一心埋头于精神分析之中。在自己的生活中，他也曾试过行为疗法和理性技巧，以克服两种较为严重的恐惧感。孩提时代，他曾经历一系列的手术，自此后见不得血，一见血头就晕。十几岁时，他决定战胜这种恐惧。“我之所以学医，其中的部分原因就是面对自己的恐惧心理。”他说。在医学院上学的第一年里，他逼着自己站在远处观看手术。第二年，他主动请缨，要求当外科助手。他迫使自己将血视作自然现象加以体验，从而摆脱了恐惧心理。后来，在生活中，他以同样的方法克服了害怕隧道的毛病。此前他一看到隧道，就会不自觉地呼吸急促、头晕（他认为，自己对隧道的恐惧来自儿童时代的哮喘病，总是害怕自己会窒息）。他不断地对自己说，这些症状甚至在他进入隧道以前就已开始了。久而久之，他也治好了这一毛病。他向自己证明，这些恐惧都是不现实的，因此也就慢慢地凭借理智将其一一克服。

贝克在30多岁时才相信并利用精神分析法治疗病人。他对抑郁有着浓厚的兴趣。按照心理动力学的理论——他自己的解释——抑郁是人将敌意埋在心中并转向自身的结果，可被解释为“受苦的需要”。抑郁者为满足这一需要，往往挑起人们反对自己，或不赞成自己。

大多数精神病医生和心理学家不接受他的理论，这使他甚为苦恼，因此决定从自己的临床经验中收集证据以证明这一理论。开始，这些证据似乎是支持自己的理论的，但一段时间之后，他开始注意到数据中的矛盾和反常之处。特别是，他研究的那些抑郁的病人似乎并没有故意去讨没趣，而是在寻求接受和同意。贝克开始对自己的信念产生了怀疑。“实验发现与临床理论之间存在的这种明显差别，”他在一篇回顾性文章里写道，“迫使我对自己的信念系统进行‘令人痛苦的重新评估’。”

为寻找新的信念，贝克重新捡起了他对一位抑郁的病人的梦的研究。这个病人总梦到自己失败、无法达到目标、丢失贵重物品或生病、残疾、面目丑陋等。贝克此前将这些梦解释为受苦的愿望，现在，他顿悟了：

> 当集中精力于病人的自我描述和体验时，我注意到，他连续不断地建构自己的负面形象，只看到自己生活经历中不好的一面。这些建构——与他梦中的形象非常一致——似乎是对现实的扭曲。

通过一系列的测试，贝克发现，病人“对自己、对外部世界、对未来，总体上都持消极的看法，这一点显而易见地表现在广泛的消极认知扭曲之中”。

既然如此，他推断道，应有可能“通过逻辑和证据规则的应用来纠正这些扭曲，调整他的信息处理过程使之符合现实”。也许，通过这种疗法，不仅这位病人，而且大部分病人都可治好。贝克引用人本主义心理学家亚伯拉罕·马斯洛的话说：“神经质并不只是情绪上的疾病——而且是认知上的错误。”

这个概念奠定了贝克发展出来的对抑郁的认知疗法的基础。他在1963年和1964年间写成的专业论文及1967年出版的《抑郁：临床、实验和理论探微》一书中分别表达了这些思想。后来，通过多年的周会制度和与精神病学系的同事进行个案讨论，他将认知疗法的用途延伸至其他神经质症状中，并对其进行调整，使其能够处理配偶关系中出现的问题。

贝克的思想在许多年里遭到埋没，他本人在这个行业中也一直生活得像个贱民。但在20世纪70年代，当认知学说流行于心理学界，且在某种程度上流行至精神病学界时，他的思想开始被有关人格及行为的主要理论所吸收。越来越多的临床医生开始依靠他的理论行医，尤其在处理抑郁的病人时。几年时间里，他们中的一些开始修改或丰富贝克的论述，编制出自己的版本。贝克本人不善于宣传自己，因而在心理学外行人中并不出名，但在心理学及精神病学界，他开始得到广泛的承认，最终被确认为认知疗法的创始人。他所创立的认知疗法现已成为美国使用最多的疗法，约有1/3的精神病医师主要使用认知疗法或认知行为疗法，其他人则有时使用认知行为疗法。

认知疗法并非是从贝克的大脑里一下子跳将出来的。他本人也说，他的理论部分源自心理学界的认知革命，也得益于行为主义疗法运动，行为主义疗法需要病人思考带来变化的心理步骤，因此在一定程度上，它也属于认知型。贝克最早想到认知疗法的时候，并不知道埃利斯的 RET，但他的确说过，埃利斯的工作在认知行为疗法的形成中起过很大的作用。

尽管贝克的方法与埃利斯的有许多异曲同工之处，但贝克在个人风格上显得更端庄、得体一些，就神经症性障碍提出了更为详尽的认知学说。比如，在讨论抑郁时，他分辨并标示出了三种起因：

——认知三联征：病人对自己、对世界和对未来的看法是扭曲的（“我不行”“我的生活让人失望”“将来也好不到哪里去”）。

——沉默的假定：没有表达出来的想法，它们将对情绪和认知反应产生负面影响（“如果别人非常生气，可能就是我的错”“如果不是所有人都喜欢我，我便一文不值”）。

——逻辑谬误：过度概括（将个案误认为是全部），选择性注意（注意一些细节，忽略另一些细节），随意推论（所得出的结论不合乎逻辑或缺乏证据支持），等等。

他还提出一些类似的分析，以解释引起一系列神经症，甚至精神疾病的认知扭曲。

指出病人的认知扭曲远非贝克的认知疗法所涉及的全部。让病人认识到认知扭曲的重要一步是在治疗师与病人之间建立一种关系。贝克非常重视以热情、真诚、带有同情心的态度对待病人，他认为这很有意义。他使用了许多认知及行为疗法的技巧，其中有角色扮演、自信训练和行为预演等[1]。他还利用了“认知预演”。如果一位抑郁

1　不过这已经是过去式，因为后来贝克专注于研究和培训。他在 1994 年建立的贝克认知治疗研究所现在由他的女儿朱迪斯·贝克主持，在那里她和其他成员会提供治疗与培训。

的病人无法完成一项他已熟悉且熟练掌握的旧任务，他会让这位病人想象并与病人一起讨论完成这项任务的整个过程的每一个步骤。这一做法可以排除病人胡思乱想的倾向，抵消他的无能感。病人经常报告说，他们在完成一个想象中的任务时感觉好受多了。

贝克还布置“家庭作业”。病人在各疗程之间要观察自己的思想和行为，努力改变它们，并执行一些具体的任务。这种做法不仅可以克服病人的惰性和动机缺乏，而且还能得出实际的成就感，有利于纠正病人所固有的认为自己一事无成的想法。为达到此目的，贝克还常请病人写出周报，将他或她一周内的活动记录下来，并将每种活动所带来的满足程度描述出来。

然而，这种疗法的关键部分，却是治疗师在进行诊疗的过程中检查病人的思想，同时纠正其认知扭曲度。在这一点上，贝克的方法显然有别于埃利斯的。一位重度抑郁的妇女对贝克说，“我的家人不喜欢我”“没有人喜欢我，他们认为我就是这样的”“他们说我一点用处也没有”。她的证据是，她处于青春期的孩子不再喜欢与她一起做事了。下面是贝克引导她检查现实与她的思想之间的差别的对话：

病　人：我儿子再也不喜欢跟我一起去看戏或看电影了。

治疗师：你怎么知道他不想跟你一起去？

病　人：十几岁的孩子实际上是并不喜欢与父母一起去的。

治疗师：你真的请他与你一起去过吗？

病　人：没有。实际上，他倒是问过我几次，问我需不需要跟他一起去……可我觉得，他不是真的想带我去。

治疗师：试一试，让他直接回答你的问题怎么样？

病　人：我想可以。

治疗师：重要的是，不是他跟不跟你去，是你是否在替他做出决定，而不是让他自己直接告诉你。

病　人：我想你是对的，可他看上去的确不太体贴人。比如，他总是不按时回家吃饭。

治疗师：总是这样吗？

病　人：呃，有一两次……我想也算不上总是迟到。

治疗师：他很晚回家吃饭是因为他不体贴人吗？

病　人：真要说起来，他的确说过那两天他学习到较晚。还有，他在其他方面还是体贴的。

这位病人后来发现，她的儿子事实上非常愿意跟她一起去看电影。

如本例所示，贝克风格的认知疗法的关键是他的苏格拉底式启发，即通过提问，让病人说出一些与他的假设或结论正好相反的情况，从而纠正这些认知错误。这个技巧的作用可在他的另一次治疗案例中看得更加明显。下面是他与一位 25 岁妇女进行的谈话。她想自杀，因为丈夫对她不忠，她认为自己再活下去“没有什么意思”。

治疗师：你为什么想自杀？

病　人：没有雷蒙，我一钱不值……没有雷蒙我快活不起来但我无法挽救这段婚姻。

治疗师：你们的婚姻一向如何？

病　人：一开始就糟透了。雷蒙一直对我不忠，过去五年来我很难见到他的人影。

治疗师：你说没有雷蒙你就快活不起来，你跟雷蒙在一起时真的感到快活吗？

病　人：没有，我们总吵架，我的感觉非常糟。

治疗师：那么，你为什么觉得你离不开雷蒙呢？

病　人：我猜，可能是因为，没有雷蒙我就一钱不值。

治疗师：在遇到雷蒙之前，你感觉过自己一钱不值吗？

病　人：没有。我认为自己非常出色。

治疗师：如果在认识雷蒙之前自我感觉不错，为什么现在必须有他才能感觉不错呢？

病　人：（感到迷惑）呃……

治疗师：婚后没有人对你感兴趣吗？

病　人：好多人给我使眼色，可我没有理睬他们。

治疗师：除了雷蒙，你觉得世界上没有和他一样好的人吗？

病　人：我觉得很多人都比雷蒙好，因为雷蒙不爱我。

治疗师：你是否有机会跟他重归于好？

病　人：没有……他另外有个女人。他不需要我。

治疗师：那么，如果离婚，你在实际上会失去什么呢？

病　人：我不知道（哭起来）。我想，只有彻底断开了。

治疗师：你觉得如果你与雷蒙彻底断开，你会与另一个男人相好吗？

病　人：以前我也曾爱过其他男人的。

经过这次诊疗，这位病人觉得完全没有必要自杀。她开始对自己“除非有人爱我，否则我就一钱不值”这个想法产生怀疑。将贝克提出的问题想过几遍之后，她决定正式离婚。她离婚后，过上了正常的生活。

尽管在20世纪70年代许多治疗师都曾对贝克的详细方案进行修补，认知疗法还是实现了标准化。整个诊疗（贝克倾向于将这些诊疗叫作“面谈”）一般耗时六次治疗到数月不等。每次诊疗中，治疗师和病人都要回顾病人对上次诊疗的反应及其效果，然后计划下次的诊疗，并就下次的任务和家庭作业达成一致，再将逻辑、调查和现实检测应用于病人对目前发生在他或她身边的事件的感觉和想法。

到20世纪80年代，认知心理疗法已经成为主流的重要部分。今天，有约1/3的心理疗法医师宣称自己使用认知行为疗法，另有1/3是折中主义者，其中的大部分偶尔采用认知行为疗法。这种疗法已被广泛地视作某些症状的主要疗法，特别是抑郁和失去自信。满头白发、态度温和的贝克在宾夕法尼亚大学积极地推行此种疗法，并亲自研究和实践。他已成为心理治疗业的元老，1989年，美国心理学会授予他“心理学应用杰出科学奖”，部分颁奖词是：

> 他促进了我们对精神病理学的理解和应用。他在抑郁症治疗上所进行的开创性研究深刻地改变了人们对这种疾病的认识。他的著作《抑郁症：病因及治疗》被广泛引用，影响深远，是该学科的权威性著作。他对诸如焦虑、恐惧、人格偏差和婚姻失谐等多种问题的解决方法，经推广证明，其模式既有综合效应，又具实证性。

事情还远不止于此。2004年，路易斯维尔大学格文美尔基金会把20万美元的年度奖颁给了他，奖励他在心理学领域所做出的杰出贡献。2006年，他获得了著名的拉斯克临床医学研究奖，奖金10万美元，奖励他在心理学领域所取得的“重大进步”。

到1989年贝克获得美国心理学会奖的时候，认知疗法和认知行为疗法都处于上升阶段。此后，两种疗法均得到了业内人士的追捧。

几十年来，尤其是近十年来，贝克、他的同事以及其他认知疗法专家都不断地对认知疗法进行修正，从而使其可以应用到其他领域。贝克一开始希望用认知疗法治疗抑郁症。但到目前为止，认知疗法出现了很多特殊的“变体形式”，用来治疗自杀倾向、焦虑性障碍、惊恐障碍、人格障碍、药物滥用以及由生理疾病导致的心理疾病等。

这些疗法包括：教给反应过度的病人控制情绪的方法；让恐惧症和焦虑症患者暴露在令他们产生恐惧的环境中；通过形象化描述重构早期创伤的意义；通过恐惧等级法治疗患恐惧症的病人，即让病人首先接触一些不太可怕的东西，然后再去接触一些较为可怕的东西，依此类推。

大量的研究已经证实了认知、认知行为疗法以及其他相关疗法的效用。目前，有关认知疗法方面的研究报告多达400多份，有关认知行为疗法方面的研究报告在数量上也与之不相上下。总之，大量的元分析（即在已有的研究成果所形成的复杂的统计池中进行分析）表明，上述疗法均取得了不同程度的效果，而且，很多情况下效果明显。效果非常明显的包括治疗单向抑郁、广泛性焦虑症、惊恐障碍等，效果比较明显的包括用认知行为疗法介入婚姻问题、愤怒及慢性疼痛等，效果一般的是矫治性犯罪者。

目前，接受认知疗法和认知行为疗法治疗的病人的总数，尚缺乏一个统计数据。不过，可以肯定的是，数量很大，而且会越来越大，尽管近来利用药物治疗情绪障碍呈增长趋势。“那些容易治疗的病例都到哪里去了？”阿伦·贝克思忖道，“一个感觉就是大部分病人一开始就很配合他们的医生或者精神药理学家。只有那些相对‘顽固’的病人最终才转到认知疗法专家那里去，从而使得认知疗法成为二级或三级疗法。”

但是，他在朱迪丝·贝克关于治疗疑难病例一书的序言中指出，朱迪丝把这种情况看成是一种挑战，而不是负担。这就是认知疗法专家难能可贵的地方。

第五节 疗法种种

我们已考察过三大类的治疗方法——动力学、行为主义和认知疗法——它们目前是心理治疗的最主要形式。但人们仍在尝试其他许多方法，且发现者均宣称他们的办法比这三种方法更有效、更便宜、更快捷，在各个方面都更好。1950 年之前约有十几种心理治疗方法，但在 20 世纪 70 年代早期，据美国国家精神卫生研究院心理治疗研究项目负责人莫里斯·帕洛夫统计已有 130 种。而到 1988 年，匹兹堡大学医学院的艾伦·卡茨丁在查询过一些主要资源材料之后给出了一个保守的估计：约有 230 种不同形式的疗法。宾夕法尼亚大学心理治疗研究中心主任保罗·克里茨－克里斯托夫说："最新估计有 600 多种。"

这种现象看上去似乎使人茫然不知所措，但归根结底，所有的疗法实际上均可归入相对较少的范畴：除我们已读到的三种之外，还有其他一些在心理治疗的思想和实践领域影响卓著的疗法，以及另一些昙花一现、值得介绍但在心理治疗实践中占比例很小的疗法。

首先，让我们看看一些在历史上较重磅的心理治疗界的"新人"。

人本主义疗法

在 20 世纪 50 年代，人本主义心理学是"人类潜力运动"——主要代言人为马斯洛——的核心。它是作为可选择的"第三种力"

出现的，第一种是弗洛伊德精神分析学，第二种是行为主义心理学。

相比较而言，人本主义者更具有哲学意味，而少一些科学意味。它反对将人的人格和行为完全归结于关于个人经历，特别是关于儿童时期经历的精神分析式说教，也反对行为主义把人的行为归结为对刺激的条件反射。人本主义心理学强调个人选择，认为人们如何行动，如何以自己的方式自我实现，是自己的权利。它认为，行为不应该用所谓的客观、科学的标准，而应该用个人自己的参考框架加以评判。如果一个人认为轻松、非竞争性的生活是理想的，那么，这就是他或她的有价值的生活，而不应被视为人格缺陷。宁愿单身而不去结婚也是这样，选择性自由而不选择一夫一妻制婚姻，以及其他背离社会常理的行为亦如此。人本主义心理学因此具有巨大的吸引力，特别是对于生活在个人主义和反叛的 20 世纪 60 年代的年轻人来说。

从这种心理学中又冒出一大批疗法。尽管这些疗法互有不同，但大都基于这样的立场：每个人都有内在的资源，可以生长，可以自救，因而，治疗的目的不是改变客户，而是为客户扫除更好地利用这些内在资源的障碍，比如自卑或情感排斥等。治疗师不是引导客户达成科学理想式的心理健康状态，而是帮助他们更好地发展自我。20 世纪 80 年代，约有 6% 的临床心理学家和同样比例的其他心理治疗师将自己列为人本主义流派。今天，因为三大疗法的流行和精神药物治疗成为可能，这个数字无疑有所降低。

以客户为中心的治疗法：这是人本主义疗法中最重要的一种，由卡尔·罗杰斯首创。卡尔·罗杰斯在中西部的农场里出生并长大，一开始的理想是做一个牧师。后来，他转向心理学，接受过精神分析培训，但几年之后认为精神分析法没有效果，因而又转向他自己发明的另一种完全不同的疗法。他是乐天派，认为治疗应集中于面前的问题，而不是过去的成因。他认为，人们天生善良，因而一旦明白他们可以控制自己的命运，就能处理好自己的问题。于是，他将这些观点发展为一种疗法。根据这种疗法，治疗师只是重复客户——罗杰斯拒绝使用“病人”一词——所说过的话，或对其做出反应。他认为，这种做法应能传递某种对客户的尊敬感，并对他“驾驭自我心理状态的能力表达出充分的信任”。下例是他与一位感到抑郁的20岁女子的谈话过程（有删节）：

客　户：有时，即使上街我也觉得费劲。这令人烦恼，真的。

治疗师：即使小事情——微不足道的小事，也会让你烦恼。

客　户：呃，是的，我似乎没办法克服它。我的意思是说，就是——每天似乎总是这些周而复始的琐事。

治疗师：这样的话，你非但无法取得进展，（而且发现）事情真的不会好到哪儿去。

客　户：我多少有点跟自己过不去——有点总是在责怪自己。

治疗师：这么一来——你就责怪自己，根本不为自己着想，情况于是越来越糟了。

客　户：是啊。我甚至连试试也没有想过。我认为自己将会一事无成。

治疗师：你要做的事情还没开始呢，自己先气馁了。

听上去有点像学舌疗法，但罗杰斯认为，他的方法“可营造出协助性的气氛，（客户）可在这个氛围里探索她自己所希望的方式，然后向目标靠近”。大部分动力心理治疗师对罗杰斯的方法不以为然，但到20世纪50年代和60年代，以客户为中心的治疗法得到广泛采纳，那些心理学家及其他没有接受过处理无意识过程培训的心理治疗者纷纷采用这种疗法。此后，它的影响渐渐消退。今天，只有少数临床心理学家和其他心理治疗师喜欢使用它，尽管它的人道主义理念被认为影响了许多治疗师对待客户的方式。

格式塔疗法：此疗法与罗杰斯的疗法大不相同，尽管它们之间在哲学意义上对人类健康和自我指导持相同的观点。该疗法由精神病学家弗雷德里克（弗里茨）·佩尔斯首创，他称其为格式塔疗法。不过，它与格式塔心理学没有任何瓜葛。佩尔斯的目的是让病人意识到他们自己已经“不拥有”的一些感觉、欲望和冲动是他们自己的一部分；他还让病人认识到，他们认为那些真正属于自己的东西实际上都是借来的，或是从别人那里接受的。

佩尔斯实现这一目标的方法是严格意义上的面对面接触，有时甚至非常生硬，包括多种“实验”“游戏”和“小花招”，目的是挑起、刺激并逼迫病人承认他或她的真实感觉。在记录诊疗的影片里，佩尔斯有时似乎是虐待狂，但就某些病人而言，他的方式往往非常有效。格式塔疗法于20世纪60年代和70年代流行于人本主义圈子之内，今天，在心理治疗中它已降至非常次要的地位了。

交互作用分析

交互作用分析流行于20世纪60年代，以此为主题的两部书（艾瑞克·伯恩的《人间游戏》和托马斯·A.哈里斯的《我没事——你也没事》）也是为数极少的在全美畅销书榜上畅销一年多的心理治疗类书籍。交互作用分析以动力学原理为基础，主要关心人际行为，在“理性的”基础上处理神经质问题——而不是通过推理，比如RET和认知疗法的做法。它的治疗主要是通过治疗师的解释进行的，其中治疗师将对三种自我状态中，哪些状态应对病人的某一特定行为负责进行解释。

这些自我状态或自我，是病人在他或她的“交互作用”中所发生的行为。在任何既定的交互作用——社会交往的基本单元——中，每个人都以儿童（即儿童自我，很大程度上是情绪化的，始终存在于我们每一个人的身上）、父母（一套知觉对象和想法——“应该”和“不应该”——我们从儿童期开始已将我们对父母的知觉进行内化）或成年人（认知的自我，成熟和理性的自我）的方式来对待别人。

尽管三种自我状态都以无意识感觉为基础，但在交互作用分析中，治疗师是在有意识的层面上处理这些自我的，他可以及时指出病人和面对的人进行成功交流或参与“交叉交互作用”使用的方式。治疗师还能指出各种“游戏”——将真实交往意义隐藏起来的欺骗性或别有用心的交互作用——病人往往以不合适的角色玩这些游戏。病人学会辨识其在与他人（包括治疗师）发生交互作用时究竟处于哪一种自我之中，与其交往的人又处于哪一种自我状态之中。在治疗师的指导下，他们能够学会利用自己的“儿童”自我进行玩乐，再利用“成人”自我负责严肃的行为。如今这种疗法也是治疗师偶尔使用的一种特殊疗法。

人际心理治疗

这个短期的以洞察力为导向的（心理动力）治疗方法在治疗抑郁症方面尤为有效。它关注客户与同伴之间、与家庭成员之间的现有关系，旨在发现这种关系中发生的事与客户情绪之间的关系。这种治疗方式基于一种假设：通过改善他们之间的关系，进而改善客户的心理状态。治疗师帮助客户认识到他或她在人际关系中的行为的后果，然后纠正这些行为，促进客户与他人之间进行开诚布公的交流，从而改善人际关系。所有这一切目的只有一个，那就是消除客户的病症。

集体、配偶和家庭疗法

这些并不是严格意义上的治疗方法，而是一些“形式”，形式就是根据治疗的单元（个体、配偶、家庭或集体）分类的治疗类型。

集体疗法：至少存在或存在过 100 种这样的疗法。每年都有新花样出现，但大多为昙花一现。

在 20 世纪 60 年代和 70 年代，为迎合时代精神和集体生活的理想，“交友小组”之类的概念如雨后春笋般冒出。在人本主义圈子内，人们认为集体环境更具疗效，至少远胜于一对一的疗法。后来，大众的看法是，集体疗法主要对人际和社交障碍有效，尽管它确实也解决内部障碍；一个集体中的成员彼此间提供支持和同情，同时也提供某种反馈，即告诉他个人所表现出来的社会自我如何得到认识，它的哪些方面受人欢迎或不受欢迎。

集体活动的范围很广，从讨论彼此的问题与自我启示到角色扮演，从集体支持某一受难者或陷入麻烦的成员到集体批评某个行为不为大家接受的成员，等等。在大多数小组中，治疗师往往将彼此间的交往引入某种状态，然后积极地干预事态，以防止小组对某个成员的批评过于激烈。

小组的人数多少不一，但大多数治疗师认为八人为理想数字。他们通常每周会面一次，花费只有单人治疗的很小一部分，时间长度从八周到几年不等，主要取决于他们的目标和治疗师的取向。集体治疗法此前只是美国的一个专业，现在已被用于许多国家，但集体治疗师的数量还是美国最多。美国集体心理疗法协会有近 3000 名成员，而虽不在该协会，但至少部分地以此办法行医的医生数量约是这一数字的十倍。

配偶疗法：配偶疗法的前身是婚姻咨询，但今天，它所涉及的深度已远远超过了过去，不仅为配偶提供服务，也向婚前、婚外和同性恋伴侣提供服务，因为他们大都或多或少地出现了类似的关系问题。

治疗师在配偶疗法中的作用有点类似于走钢丝表演：如果治疗师让夫妻中的任何一个看出他偏向另一方，该疗法便告流产。因此，治疗师必须设法避免会引起任何一方强烈情感的转变行为，他必须充当解释者、顾问和教师，向客户强调，关系出现问题不是哪个人的事，是双方的事。

治疗师恳请客户讲出实情，然后进行解释；教会其运用交流和解决问题的技巧；重演配偶中的任何一方在相互交往中听起来和看上去的样子（“你是否意识到，你坐得离我尽可能地远？”）；将彼此尽量避免的敏感话题挑起来，使其在治疗师诊室这个相对安全的地方得到讨论；并且给他们分配家庭任务，让他们知道什么才是新的和更加令人满意的行为方式。配偶疗法通常每周一次，且大多数问题都能在一年甚至更短的时间内得到解决。在某些情况下，一些配偶知道两人或其中的一个真正希望的是结束这种关系。在这种情况下，治疗师有时能帮助他们以合作的方式，而不是以争斗的方式分开，从而将对双方和孩子的伤害——如果他们有孩子的话，减至最低程度。

家庭疗法：家庭疗法于 20 世纪 50 年代几乎在美国各地同时开展起来，最著名的是在帕洛阿尔托和纽约。它的基本假定是，心理症状和各种难题皆来自家庭内部关系处理不当，而非来自个人心理内部的机制（尽管这一点无法排除）。

尽管家庭里可能会找出“问题成员”——某个替罪羊或假设有

病的成员，全家人可将家里的所有麻烦推在他身上——治疗师仍将整个家庭视作病人，或更准确一点，生病的是该家庭中的互动方式、规定、角色、关系和组织关系，所有这些均组成“家庭系统”。家庭疗法在很大程度上是利用从生物学中借来的系统理论。按照此种理论，家庭成员也许彼此干涉过多，也许交往不足，也许过严的家规使成员切断了与外界的联系。或反过来说，也许因完全没有家庭界限从而失去家庭归属感等。

治疗师用系统理论的术语诊断家庭问题，他们研究族系图（三代以上的家庭模式图），弄清家庭中的姻亲关系，当然还有其他家庭疗法特有的方法。家庭疗法可分为几个学派，每个学派均发展出自己的介入办法。家庭疗法不仅提供给私人，而且还被应用于门诊和社区精神卫生中心。

美国婚姻及家庭治疗协会目前有超过 2.3 万名成员，他们来自不同的学科，并且符合该协会的要求，即作为婚姻及家庭治疗师具有两年以上训练和指导研究生的经验。此外，还有数千名心理治疗师，他们经过或没有经过婚姻及家庭治疗培训，但宣称自己为婚姻及家庭治疗师——该词的使用在许多州里尚没有法律约束——也就是说，他们可以治疗一般的病人，也可以处理配偶和家庭的案例。

五花八门的疗法

除上述几种之外，我们还可选出多种其他疗法，至少在美国各大城市，特别是在加利福尼亚州。有些疗法非常奇怪，但都建立在坚实的心理学基础之上；另一些疗法更加奇怪，而且以伪科学或神秘观念为基础。总之，它们在精神健康治疗方面都贡献不大。下列是随机抽取的例子：

原始疗法：它要求客户长时间地吼叫，以释放婴儿式的愤怒。如果需要的话，还要求客户在家里自己练习。

森田疗法：源自日本，以禅宗原理为基础。卧床 4—7 天，与外界隔绝，去除感官感受。此后，病人被教导着接受自己的感觉和症状，积极地生活在当下，将思想从自己身上转移至周围的世界。

苦刑法：病人要面对比目前的问题更糟的任务或处境，比如半夜起床，夜夜如此。

矛盾指令：用以打破顽固的阻抗，让病人坚持自己有问题的行为，甚至变本加厉。允许病人做本不该做的事情以减轻它的危害，清除它的不正当价值，以达成一种突破性进展。

积极心理学：积极心理学在前文中已有讨论，它是一种治疗方法的涵盖性术语。它在不忽视人们所承受的困苦和遇到的障碍的同时，还强调积极的情绪、积极的人格特征、顶峰体验和对幸福的理解等。尽管其创始人马丁·塞利格曼在极力推广，然而，接受该种心理治疗的病人却寥寥无几。

催眠：催眠，准确地说，应叫催眠后暗示，有时用于帮助患者控制吸烟或者暴饮暴食，克服怯场心理，临时纠正其他一些不良行为。

EMDR（Eye Movement Desensitization and Reprocessing，**眼动脱敏与再加工疗法**）：经过前期的准备工作，客户把注意力放在引起障碍的图像上。客户随着治疗师的手指来回运动自己的眼球，每次 20—30 秒，并不断重复这一动作，目的是消除引起障碍的图像源。

EST（Erhard Seminars Training，**埃哈德研修培训**）：风行于 20 世纪 70 年代。参加者在舞场待两个周末（花费 250 美元），除正式的休息时间外不准使用淋浴间的设施，整天接受主持人的不停辱骂（“你们全是些没用的混蛋……你们什么也不是，就是一台机器”）。如果客户感到精疲力竭，大受羞辱，生活的秘密也就显现出来：你的确什么也不是，就是一台机器，只有做你自己才能幸福。1991年，沃纳·埃哈德停止了这样的培训，然而，一个叫作“里程碑论坛”的公司却继续进行着这类培训。

特别目的进修：持续半天或一天，有时需要整个周末，参加者只能出去进食、上厕所和睡觉。在这里，讲座、集体治疗、敏感性训练等其他活动，均可用以解决参加者由某问题——如儿时受虐待、乱伦、配偶虐待、害怕暴露自己等——所引起的感觉和情绪症状。

其他：怎么给其他的疗法取名字呢？好吧，我们先不管它们叫什么名字，只简单地扫它们一眼吧，宇宙活力疗法（病人坐在一口特制的大箱子里，据说这个箱子可以收集某种有治病作用的、弥漫于整个宇宙的能量）、舞蹈疗法、前世疗法、奇迹疗法、幻想体验疗法……这里不再赘述。我们已经超越了科学的界限，尽管许多人认为，这些边缘活动也是基于心理学的心理治疗。

第六节 真的有效吗？

H. J. 艾森克在自传中自豪地宣称自己是“有理有据的反叛者”。他的确有理由这么说。自年轻时代离开德国到英国后，他就热情洋溢地投身到杂乱的教育、政治和科学的较量之中，对心理学的许多领域也做出过坚实的贡献。长期以来，他一直是伦敦大学精神病学研究院的教授和研究员，在智力、测试和人格研究等领域著述颇丰，影响甚广。和埃利斯一样（甚至比他更严重），他在心理学领域里一直是个坚定不移、热情洋溢的坏小子。

在他制造出的诸多骚乱中，最为沸沸扬扬的应是1952年他对心理治疗史的大肆攻击。艾森克一向对心理治疗抱着轻蔑态度，因为他认为，心理治疗没有可以支持的科学证据。为证明自己的观点，他回顾了19份关于心理治疗结果的研究报告，得出的结果令人震惊。这些不同的研究中宣称有所“改善”的，少则占39%，多则占77%。这样宽泛的范围，他认为，自然要引起人们的怀疑，说明里面肯定存在错误的东西。更糟的是，艾森克将这些发现累加起来，然后进行计算，结果发现，平均只有66%的病人有所“改善”——然后，他又引用其他一些研究报告，里面谈到，在有监护照顾但没有心理治疗的神经质病人中，有所改善的案例可以达到66%至72%。他的结论是：找不出任何证据以证明心理治疗可以达到其所宣称的效果。他的激进推论是：所有的心理治疗培训都应该立即废止。

“天塌下来了，”他后来说，“我立即成了弗洛伊德心理学、心理治疗学者和大部分临床心理学家及其弟子们的死敌。”不出所料，他四面树敌——包括英国和美国心理学界的头面人物——许多人撰文对他进行狂怒的反击。抛开个中愤怒不说，他们的反击也不无道理，一些反驳的文章被发表在英国和美国等地的著名心理学杂志上。其中最有见地的批评是，艾森克将不同疗法、不同病人的数据和不同病情改善的定义全部堆在一起。此外，没有经过治疗的组别并不能真正与经过治疗的组别进行比较。尽管如此，他仍提出了挑战。现在只有靠那些相信心理治疗的人对心理治疗是否有效进行证明了，这是他们从未认真尝试过的任务。

从此以后，关于心理治疗效果的研究信息源源不断地传出——事实上已有数百篇研究报告——其科学质量、取样规模、病情改善标准及是否使用过对照组等均有较大的差别。他们的发现可以说是变化多端，众说纷纭。

但研究人员利用元分析——用科学质量给研究定级，对不同方法进行调整，然后再统计结果——发现，证据在分量上显然有利于心理治疗。1975年，宾夕法尼亚大学的莱斯特·鲁博斯基不遗余力地对近百种有对照的研究进行元分析，得出的结论是，在大部分疗法中，得益于心理治疗的病人人数所占比例甚高。与艾森克的声明相反的是，有 2/3 的研究表明，在得到改善的病人中，经过治疗的病人数量显然要多于没有经过治疗的病人数量（如果将得到极少治疗的案例从鲁博斯基的研究中去除的话，治疗相对于不治疗的优越性将更加明显）。

1978 年，美国国家精神卫生研究院进行的一项疗效综合研究也得出类似结论。由心理学家所组成的另一个研究小组于 1980 年进行了一次更为复杂的元分析，对 475 例研究进行了回顾和评估，在更为广泛的疗效尺度上将那些接受过心理治疗的病人与对照组中没有经过治疗的病人进行比较。毫不含糊的结论是，治疗在大部分情况下均有益处，尽管不是在所有情况下。

> 心理治疗对所有年龄的人均有可靠的益处，就像学校能教育他们，各种药物能治愈他们，或像经营能产出利润一样……接受治疗的人在治疗完毕后，其状态比未经治疗的人中的 80% 要好。但这并不意味着每个接受心理治疗的患者的病情都能有所改善。证据显示，一些人得不到任何改善，一小部分人的病情反而还会加重。

但这些元分析中的一个方面似乎令人费解：所有的治疗方法好像只对 2/3 的病人有效。然而，如果每种疗法只因某些原因而产生作用——如以其为基石的理论所言——那么，所有的办法又如何产生很好的疗效呢？鲁博斯基的研究小组对元分析的结果表示怀疑，认为它们像《爱丽丝漫游奇境记》中的渡渡鸟比赛一样，“大家都赢了，因此每个人都要发奖”。他们得出结论说，它看上去的确是正确的。他们的解释是，在各种心理治疗法中存在一些共同的东西，最值得注意的是治疗师和病人之间的帮助关系。其他研究人员还指出其他一些共同因素，特别是在受保护的环境里测出真实情况的机会，还有通过治疗给病人带来改善病情的希望，它们可以促使病情发生转机。

然而，渡渡鸟假说是极其违背常理的。常识和生活经验告诉我们，治疗方法不同，治疗结果不可能完全相同。元分析进一步告诉我们，心理治疗的确有效，但是，它所提供的全部数字无法把具体的方法和具体的疗效联系起来。而且，它们在每份研究中将不同治疗师获取的结果平均化了。

鲁博斯基和他的同事为了弄清楚他们的发现，做了一项后续研究，研究对象是利用三种不同的方法对患有药物依赖的病人进行治疗的治疗师，得出的研究结果发现，与治疗师本人的个性特点相比，疗法的选择并不重要。更为重要的是，最近几年，对于各种结果出现了一种新的研究方法，即研究特殊疗法对于特定疾病的效果。上述分析开始提供越来越多的证据。它们表明，对某些疾病来说，某些治疗办法要比其他疗法具有更好的疗效。

我们已经提到过这些研究中的一部分了。此外还有，如“认知行为疗法和反应预防”在治疗强迫症方面比其他治疗手段更有效，使用认知疗法并让病人接触令他感到恐惧的物体在治疗焦虑障碍方面能够收获比其他疗法更好的效果，热心而乐于助人的治疗师在使用心理动力学疗法治疗抑郁时较有效（但总的来说，认知疗法和人际关系疗法也同样有效）。认知疗法和认知行为疗法在治疗焦虑症状时都要比药物疗法有效。认知行为疗法在治疗失眠时也比药物疗法有效。除以上疗法之外，其他疗法对于另一些障碍的有效性也得到了类似发现的支持。其中一些研究结果得到了认知神经科学的肯定。比如，脑部扫描显示，认知行为疗法给抑郁症患者脑部带来的变化与药物完全不同。尽管两种方法都可以缓解症状，但是，药物产生的是一种自下而上的变化，而心理治疗则能产生一种自上而下的变化，因而更加持久。

而且，这种研究成为医药界和心理治疗领域一场运动的一个重要组成部分。这场运动叫作“循证治疗”。近几年来，美国心理学会、美国精神病学会、美国卫生保健政策和研究机构以及几家管理医疗保险公司均提出了心理治疗行为指南，这些指南都是基于精神疾病治疗实践，而且都是被实践证明是行之有效的方法。保罗·克里茨-克里斯托夫将这次运动称为“近十年来治疗方法的最大变革”。

变革？难道心理治疗师不是一直受到各种形式治疗结果的证据的指引吗？是的，不过，他们是受自己的实践结果指引，而不是实证研究。《实用疗法指南》（一本回顾2002年心理治疗和精神药物治疗的实证研究的书籍）的编辑尖锐地指出，“心理治疗师和其他精神健康工作者对心理治疗研究所做出的贡献是微乎其微的……大多数心理治疗的临床活动在很大程度上依然与实证研究离得很远，很多临床医师继续沿用过去的方法，缺乏实证支持”。

造成这一问题的原因之一就是“期望效应”，这种现象以往多有论述。与医生和科学家一样，治疗师希望在自己的工作中看到自己所期望的结果。结果，治疗师根据自身实践所报告的结果距科学严谨的“指南”相去甚远。真正的实证证据必须由公正的研究人员收集提供，通过对治疗组和对照组的研究获得，这样，可以大大减少研究人员的“期望效应”“安慰剂效应”以及其他一些扭曲治疗结果的各种效应。

美国心理学会心理治疗分会十年前提出循证治疗的时候，遭到了治疗师的强烈反对，他们担心将来会受到医疗管理官员的控制，担心一旦自己提出的证据无法支持其采用的疗法则得不到资金方面的支持。自那以后，在美国心理学会“循证治疗”课程网页上一场被称为“大分歧”的激烈讨论就持续不断。

然而，把循证治疗作为治疗指南可谓古已有之，医学上可以追溯到100多年以前，而在心理治疗领域也有几十年的历史了。“如今，所不同的是，”克里茨－克里斯托夫总结道，“‘循证治疗’有一层政治意义。从20世纪60年代到90年代，没有人要求你必须把研究付诸实践，没有人强迫另一个人在白纸上签字，保证把自己的实际经验和研究成果变成实践。”英国实行公费医疗制度，要求医生采用循证治疗方法。而在美国，不仅医疗管理机构开始强制实施该制度，而且还存在道德上的言论压力。

尽管有人抵制循证治疗，但克里茨－克里斯托夫说道：“它的确提高了人们对实证重要性的认识。循证治疗这一概念已经成为一个基本的指导原则。想要反对实证应该决定实践的难度越来越大。”

的确如此。《实用疗法指南》（以及最近的其他著作）中所搜集的证据说明了一切。该书里有对近30种主要疾病进行数十种药物治疗和心理治疗所得出的非常严谨的结果。前面已经提到了几种有用的疗法，下面这些疗法也不容错过：

——双相障碍：可以通过锂等药物治疗，也可以通过社会心理疗法（包括认知行为疗法）治疗，增加药物治疗依从性。

——贪食症：抗抑郁药物能够在短期内明显改善暴饮暴食。认知行为疗法使近50%的患者康复。

——重度抑郁症：行为疗法、认知行为疗法、人际关系疗法都能大大缓解患者的症状。

——强迫症：SSRI类药物可以减少或者根除患者症状，包含暴露疗法和仪式预防的认知行为疗法也是常用的疗法。

——惊恐障碍：认知行为疗法、实境暴露法和应对能力习得对其比较有效。

——社交恐怖症：循序暴露疗法和多元认知行为疗法能有效减少或消除症状。

——特定恐怖症：循序暴露疗法，尤其是实境暴露法，可以消除大部分或者全部症状。

所有这一切都可以很好地回答“真的有效吗”这一问题。

疗效研究的新方法以及循证治疗的道德（和经济）压力，使得心理治疗与精神药理学结合起来，越来越科学，越来越有效。假设冯特的幽灵能够得到这些数据的话，他也许会一展愁容，点头赞许。

第十八章 心理学的利用与误用

第一节 知识就是力量

不管威廉·冯特的幽灵如何看待今天的临床心理学，有血有肉的冯特却非常愠怒地亲眼看到了自己所创立的学科被他的一些最喜欢的学生投入到了不体面的实用领域之中。

其中一位，恩斯特·梅依曼，犯下了在冯特看来是变节的大罪，即完全抛弃了纯粹的研究，将心理学原理应用于教育之中。更糟的是，另两位弟子公开在商界和公众面前叫卖自己的专业知识。1903 年，西北大学的沃尔特·迪尔·斯科特出版专著，讨论销售和广告心理学。1908 年，冯特的杰出弟子、应威廉·詹姆斯之邀出任哈佛心理学实验室主任的雨果·闵斯特伯格出版专著讨论法庭证词心理学，1915 年又出版另一本专著论述日常问题心理学。

闵斯特伯格是一位典型的德国教授，社会观反动（极力鼓吹妇女该待在家里），形象令人生畏（神情严肃，鼻子扁平，尖嘴猴腮，一脸卫士式络腮胡子），但在美国心理学界他却大名鼎鼎。对于自己的身份，他似乎一直摇摆不定。他在书刊上及公众面前极力鼓吹应用心理学，却又通过长篇累牍的、沉闷的心理学理论著作来维护自己的科学家身份。他本可以不做这些的，因为他的重大影响是在应用心理学领域，在理论上他毫无建树。

闵斯特伯格极力鼓吹应用心理学使许多心理学家受辱，但公众显然喜欢这一点。最终的结果是，一些大胆的商人邀请闵斯特伯格及其学生运用心理学知识来提高工人的劳动效率，使广告更打动人，以及帮助其选择最能完成特定工作的人。

比如，他为一家电话公司开发出一套测试办法，以找出能胜任交换机操作工作的女性。为测试他的办法，这家公司悄悄地将几名有经验的操作员夹在30名求职者中让他打分。所幸的是，闵斯特伯格果然给这些有经验的操作员打出了高分。

不幸的是，第一次世界大战开始时，闵斯特伯格接连发表亲德的公开演讲，这使他的地位一落千丈。在他1916年辞世时，他曾担任过主席的美国心理学会连一句悼词也没有。

闵斯特伯格想同时成为应用和理论心理学家的努力，象征着就知识价值所进行的一场古老的争辩。大多数知识分子认为，知识本身是值得追求的，不需要考虑它是否具有实用性。不少科学家也为他们可以潜心进行理论研究而不必考虑其商用价值而感到自豪。在他们眼里，应用研究“低人一等”，充满了商业气息，受到销售和利润的玷污。然而，大多数领袖人物和普通人都觉得，科学研究（包括心理学研究在内）只有具备了实用价值才值得追求。这一观点在注重实效的美国工业技术社会里表现得尤为突出，因为它符合美国的价值观。

因此，毫不奇怪的是，随着20世纪基础心理学的繁荣发展，应用心理学也很快就引起了社会的注意，并得到快速的发展。今天，各大学的应用心理学系，无数的应用心理学杂志、课本、研究团体以及年会等都说明了这一切。

此外，以往认为科研只有从基础到应用的单向发展观受到了来自各方面的挑战。1997年，政治学家唐纳德·斯托克斯在著作《巴斯德象限》中举了一个令人信服的例子。他指出，研究并非只是从基础到应用一条线，基础和应用是两个不同的方面，二者之间存在一个多方向互动的区域。他说，巴斯德的伟大研究既是基础的，同时也是应用的。

不久以后，纽约科学院院长罗德尼·尼科尔斯宣称："任务导向的研究带来了革命性的进步。它不仅可能，而且通常可以很自然地实现一个社会目标，比纯粹的好奇更能带来丰富的科研成果。"新近一本应用认知心理学的课本里是这样说的，"当一个产品或者服务非常诱人时，研究人员会试图弄清使该产品或服务有用的基本原理"。令人注目的是，政府下拨的大量科研基金为这一理念提供了强大的资金支持，即应用研究可以带来新的基础知识。

一些由基础研究转向应用研究的人员发现，这一转变给他们带来了学术、收入的双丰收。1993年，认知科学的领军人物唐纳德·诺曼放弃了纯理论研究，转向应用研究（不过，如今他已成为两大阵营的领军人物）。那么，到底是什么吸引他去研究应用心理学呢？用他自己的话来说，就是"技术扩展了人类的思维、观念及其与世界的互动。就拿螺丝刀来说吧：它延伸了人的知觉系统。这只是一种比喻，任何科技进步都是如此。我的书《让我们变得聪明的事情》不仅是有关工具的，还和人类思维的延伸有关"。

这与产品设计有关，然而，应用心理学还以很多别的形式影响着社会和人们的日常生活。早期已有不少人将心理学的基础研究和理论用于实践，其中包括：

——智力测试，在两次世界大战中用于剔除不合格兵员。

——智力及能力测试，全国许多学校用其为不同学习能力的学生分班。

——第二次世界大战中的陆军飞行大队将知觉原理应用于测试

准飞行员的培训。

——最高法院在著名的布朗诉教育部案例中开始引用心理学研究成果，接着根据这些成果对公共学校进行整顿。

——通过大众媒体和其他方法教育孩子的父母，告诉他们在儿童发育的各个阶段能给孩子带来最大益处的父母行为。

——当然还包括所有形式的心理治疗及其对美国人的心理和行为所产生的巨大影响，还有对他们的生理所产生的影响。一系列研究显示，经过精心的心理治疗后，经常进行门诊治疗的人数减少了 1/3。

这些还只是心理学知识在过去 100 多年里得以应用的少数几个领域。最近几十年，这一专业蓬勃发展。美国心理学会半数以上的会员由临床及其他应用心理学家构成，在非会员的心理学家中，这一比例可能更高。美国社会已深受心理学的影响，其中有：

——每年的高等院校录取工作中，有 150 多万个录取决定主要根据学生的 SAT（美国高中毕业生学术能力水平测试）得分给出，另有超过 100 万个录取决定根据学生的 ACT（美国大学入学考试）分数给出。这两种测试都是由教育心理学家设计的，许多学校不招收分数过低的新生。

——成百万人的就业（工作性质从流水线作业到管理层不等）在很大程度上取决于他们在智力测试、敏捷度测试、忠诚度测试和人格测试中的得分。

——美国人每年要花费数十亿美元，进行各种各样的培训以促进劳动操作水平和运动水平的提高、人际关系的改善等，许多培训都是以心理学的研究成果为基础的。

——数十亿美元的电视和广播商业广告及印刷广告的洪流极大地影响着我们的品位、购买行为、日常行为和投票选择。这类交流在很大程度上使用着心理咨询者（或按时下应用心理学教科书的热门称呼，可称其为“依从性专业人士”）的说服技巧。

——我们购买和使用的电器、小型电子产品、药物、副食品、书刊、保险产品等都是根据心理学的研究设计的，即研究不同年龄段、种族、性别等对产品的偏爱程度或者爱好取舍。

所有这些均提出了一个问题：应用心理学是利用科学知识来改善人类的状况呢，还是将其用以谋取私利，或付出更大的代价以达其目的呢？

当然，两者兼而有之。所有的科学知识均可用于好的目的，也可用于不好的目的，且经常是同时的。每个社会的标准和结构决定了哪种选择或哪几种选择会流行。比如美国社会，通过奖励治愈患者和推迟死亡，极大地刺激了诸如呼吸机、保持营养及水分的设备的发展，但由于未能修改相关的传统与法律，医生们只得被迫延长处于疾病晚期、永久无意识及无望地挣扎在痛苦中的病人的生命。

心理学亦是如此。在它的许多应用之中，一些可以改善个人和集体的生活，另一些则使实施者得益，接受者受害。知识一旦获取，就无法从我们的集体意识中擦去，我们也不想这么做。但作为一个社会，我们目前还没有学会既鼓励使用心理学知识，又能察觉并限制，甚至防止它被误用。

以下并非是应用心理学的详细介绍（那样的话需要厚厚的一本书），而是一些片段，目的是看看它对人们生活正反两个方面的影响。

第二节 改善“人性设备”的人性用途

心理学的许多应用使人类开始更有效、更健康地利用自己的能力和反应。其具体情况大致如下：

健康心理学：可被应用于改善或治愈与心理因素有关的心理和生理疾病。当然，主要的例子是心理治疗。此外，它还可被应用于诊断过程和情景或社会介入。这些可从以下情况中得以体现：

——A 型行为模式（The Type A Behavior Pattern，TABP），主要针对那些拥有异乎寻常的雄心的人，他们富有进攻性，神经紧绷，喜欢快速讲话和快速行动，容易生气，容易产生敌对情绪，且易得冠心病。截至 1981 年，大量的研究为美国国家心肺和血液研究所提供了足够的证据，可以确定 TABP 会增加患冠心病的风险。然而，此后的研究修正了这一结论。近来的研究发现，只有“生气/敌对情绪”——TABP 的一个组成部分——才是冠心病的诱因。虽然 TABP 及其生气/敌对情绪这一组成部分似乎是先天人格倾向，但减压训练可以极大地减轻这种症状。另外，引起该症状的情景因素也可以减至最少或避免。比如，知情的父母可以有意识地放松孩子的成就意识，可以选择一些竞争不那么激烈的学校。TABP 的成人也可以调换至一个竞争不那么激烈的环境，甚至在必要的情况下调换一个不具有竞争性的工作。

——社会心理学家和流行病学家发现，由移民、离婚或死亡引起的社会关系或关系网中断与一系列生理和心理疾病之间存在某种统计学上的关系。比如，抑郁及其伴随性的免疫反应减弱症状，在离异和鳏寡人群中更为常见。心理学家开出的药方是社会支持，最近许多研究都显示社会支持可以增强人的抗压能力。因此，许多支持性社会团体近期纷纷在全国各地出现，其中有专门为老人、伤残人员、药物滥用者的家庭和癌症患者（特别是接受乳房切除术之后的妇女）服务的团体，还有专门为绝症病人及其家人服务的临终关怀机构。

——由衰老引起的记忆力下降常是极度悲痛、自卑、抑郁、退出社会生活的因由。最近几年，许多大学和其他研究中心的临床治疗均开始提供助记术与其他交际技巧的培训项目，以弥补这一缺失。一项著名的临床报告宣称，经过两星期的培训之后，中老年人再见面时马上便可以想起对方的名字，在这方面甚至优于年轻时。基于研究的改善记忆的方法在书里、网上或者光盘里都可以找到。

——许多保健组织和医疗诊所利用激励心理学得出的方法让病人吃他们推荐的药物，参加他们建议的活动。这种方法包括：让病人无可争辩地感受到好处；让他们看到，有名望的权威人士大都支持这些活动；给病人以奖励，特别是对那些节食的病人，给他们以鼓励与称赞，用图表指示出他们的进步情况。

教育心理学：到20世纪60年代，心理学家和教育者均已收集到大量证据，证明弱势儿童在认知层面和文化层面上均没有做好入学准备，这是他们年复一年总是落在后面的原因。“从头开始”是一项大型实验活动，开始于20世纪60年代，是“约翰逊总统向贫困开战”活动的一部分，旨在通过给弱势儿童提供特别教育，使他们掌握在学校取得成功所必需的技能和背景知识，从而使弱势儿童克服学习上的困难。

但由于政治原因，“从头开始”项目只是草率启动，根本没有制定出评估其成果的合适办法。在该项目进行几年之后，国会才要求对其进行评估。接着，研究者就参加与未参加该项目的一、二、三年级学生进行对比，结果令人失望，参加“从头开始”项目的学生在学校的表现并不比其他人好。该项发现引发出一场激烈的争论。赞成该项目的人士认为，两组学生并不是真正对等的——“从头开始”项目所吸引的是那些最需要它的学生，如果没有该项目的帮助，他们做得可能更糟。反对该项目的人士认为，这一项目证明，补偿性的特别教育并不能产生长期效应，因为他们根本无法改变这些孩子所处的糟糕环境。

辩论在继续，一年又一年，有些研究认为项目成功了，有些认为项目失败了。有些由科研人员而非社会活动者设计的研究所得出的数据更乐观一些。1982年，11项设计良好的针对早期强化活动的研究的结果被汇总在一起，结果发现，凡参加该项目的孩子，其学习成绩要好于对照组的学生，而且在智商测试中得分也较高。不幸的是，这一结论并不是永恒的，因为经过30年的研究，研究人员发现得出的结果有好有坏，并做出了如下解释：

> 实证文献给我们带来了正反两方面的消息。坏消息是，“从头开始”以及其他任何一种学前计划都无法使孩子摆脱贫困给他带来的影响，早期干预无法抵消恶劣居住条件、营养不良、医疗条件差、负面榜样、劣质学校在孩子们心中造成的阴影。好消息是，好的项目可以帮助孩子培养更好的适应能力和应对困难的能力，帮助他们过上更好的（哪怕不是理想的）生活。

心理学还在其他许多方面，在规模更大的程度上被应用于教育达几十年之久。我们已看到了大量的案例，因此可以跳过这一部分而直击今天的成果：在美国全国范围内，约2.5万名学校心理学家在对学生进行测试和评估，同时提供短期治疗；数千名教育心理学家在用学习理论和研究数据设计更有效的教学方法，同时向师范学院的学生传授这些理论。

人体工程学：20世纪初期，一些设计机械、汽车、电器和其他机械装置的工程师们偶尔也突发奇想，设法使控制钮、仪表、阀门等与人类知觉及运动能力更加匹配。比如，在早期的汽车上，方向盘与前轮的连接便显出此种特性。如果想向左转，司机就把方向盘向左打。这个设计看上去再明显不过了，但最早的汽车是通过舵杆改变方向的。

如果要向左转，司机就得将舵杆向右拨，反过来也一样。同样，有些设计者也以直觉为基础进行设计，试着使收音机、动力工具和工厂机器上的转盘以自然的方式被操纵。

虽说工程师们一直在操心这些事情——第二次世界大战以前情形基本如此——但大量设备上的转盘和控制钮往往很难解释，不容易微调。有些需要非自然或不必要的复杂人为动作，因而易造成错误和事故。其中的案例之一是“英国蚊子”。这是第二次世界大战时期的一种战斗轰炸机，当时，心理学家们并没有参与它们的研制。油门杆在飞行员的左边，起落架控制杆却在右边。结果往往是，起飞时，飞行员得从油门杆上腾出左手握住转向轮，这样他才能用右手提升起落架控制杆。但在他松开左手时，油门杆往往会自动回退，因而减少了动力，而此时飞机需要的恰恰就是动力。

战争期间，人们不断地开发大量新型的复杂军事设备，军事服务机构及其外包方开始雇用心理学家，使产品更加契合人体的知觉及反应。这就是所谓的人体工程学或工程心理学的开端。于是，心理学家开始对这些设备进行重新设计，以使其仪表更易理解，使控制钮的微调更易进行，也使需要进行的动作更加自然协调。

杰克·邓拉普是负责射击培训研究的海军军官，曾任过福特汉姆大学的心理教授。对射击设备的第一手经验以及对使用这些设备的心理学难度的理解，使他在战后成立了第一家人体工程公司，即邓拉普公司。邓拉普精力充沛，身材矮胖，既有专业知识，又有应用心理学家的宏观远见。“都该烧掉！”1951 年，他冲着一位参观者温和地叫道，“什么纯科学，我受不了这些学术上的马粪。科学若不给人们带来更好的生活，只会一钱不值。”

他的公司可谓是蒸蒸日上。邓拉普于 1948 年投入 2.1 万美元，三年后的营业额已近 70 万美元，客户主要为美国国防部、飞机制造厂、办公机械公司、重型电气设备制造厂、闪光灯制造厂，等等。

邓拉普公司人体工程中的一个典型例子是，它帮助一家制药厂解决了正确计量药丸的问题（计数过多意味着收入损失，过少则违反联邦法律，而这两个问题总是频频发生）。计数的工人并不实际计量，只用一块刻有比如100个凹槽的铝板插入装药丸的盒子。抽出铝板时，药丸便落在几乎每一个凹槽里，扫一眼即可知道。他只需用手再加四五颗药丸，而后便将药丸倒入一个漏斗中自动装瓶。至少说，这个程序应该是这样进行的。但药丸计数者总是出差错。邓拉普公司的一位员工在研究了整个计数过程后得出结论说，铝板与药丸的颜色没有形成鲜明对比。他将每个凹槽底部刷成橘黄色，结果，任何没有落进药丸的凹槽都会像警告灯一样凸显出来。于是，精确度立即上升，问题得到了解决。

自20世纪50年代起，人体工程学一直是应用心理学中一个相当有名的分支。从事这项工作的人在广大的范围内开展研究，从大型喷气客机到地铁控制中心，从床头收音机到家用电脑。从事人体工程工作的心理学家研究过数十种问题，其中包括，标有刻度的旋转圆盘通过固定的标记是否比指针围绕着有固定刻度的圆盘更容易读（结果是旋转圆盘较好），如何使控制杆更容易被识别（办法之一是通过不同颜色标记；办法之二是按照用途将其制作成不同形状，不用细看就知道是哪一个——比如，将起落架操纵杆的杆头制成圆形，像轮子一样，将副翼控制杆制成片状楔形物）。

从前，美国最有灾难威胁的设备——核电站——在设计中并未受益于人体工程学。1979年，三哩岛核电站发生事故，核能管理委员会这才亡羊补牢，认识到在设计并建造美国核电站的公司里，一直缺少从事人体工程研究的心理学家。这种缺失可以解释三哩岛机械系统中人工操作部分的严重缺陷，其中主要是，提醒操作员自动停堆系统中有一个提示阀门卡住的标志不太显眼；几乎有30%的系统标志挂得过高，操作员根本无法看到；在一些控制盘上表示正常状态的颜色，在另一些控制盘上却表示故障。这些发现使核能管理委员会当即雇用了约30名心理学家，并根据这些心理学家的建议，为全国的核电站重新制定了规章制度和指南手册。

人体工程专家们的近期发现包括：

——设备使用者从类比性的显示器上，比如手表上的指针，或航空器的高度指示仪之类，读取数据的速度要快于从控制窗口上的数字中读取数据的速度，所犯错误也更少。

——比起字母、数字式的显示来说，人们更容易理解柱形图、饼形图及其他视觉显示效果。

——如果数据在一台显示设备上以单独的象征性外形显示，比如边长互不相同的多边形，则人们一眼即可掌握必须同时理解的几种数据的信息和关系。

——最后，告诉大家一个令人惊讶的发现：外表美丽的东西比相貌丑陋的东西更容易使用。一项由两名日本人进行的研究和一项由一名以色列人进行的研究不约而同地发现，人们觉得设计美观的ATM机比设计丑陋的更容易使用，尽管按钮的数量以及操作程序是一样的。"这些以及其他一些相关的事物表明产品设计需要讲究美学。"唐纳德·诺曼说道，"外表漂亮的东西让人心情舒畅，继而更能激发人们的创造力。那么，如何让产品更易使用呢？简单地说，就是让人们更容易找到解决问题的办法。"

环境心理学：这个现代专业主要研究人类利用物理环境和被物理环境影响的问题。

三个例子如下：

——领土意识。跟大多数动物一样，人类也有掌控周围空间的强烈冲动。当一组人感到某个地区属于他们所在的集体时，他们往往在行动时不再单枪匹马，而是为彼此的利益采取集体行动。1972年，著名城市规划者奥斯卡·纽曼在公共住房项目中详细分析了犯罪的模式，确认了建筑的位置——建筑面向什么景观，环绕或掌控什么空间等——会在其居民中形成什么样的社区感和责任感，从而降低犯罪率。自此之后，一系列环境心理学家开始加大这方面的研究力度，主要探索哪种住房布置会刺激集体的领土意识，加强彼此间的关系。

——隐私。在不同的社会和我们这个社会的不同部分，人们对隐私有着不同的需要。但从总体上来讲，某种程度的隐私是几乎每个人都需要的。环境心理学家试图从建筑的角度满足这种需要。比如，在大型办公环境内，使用隔间或墙壁，而不进行敞开设计，从而使监督者不能直接看到员工。人们发现，这样可以促成更大的工作满足感和更高的——而不是更低的——操作水平。

——拥挤。在人口密度甚高的环境里生活和工作，人们往往感到非常压抑。当人口密度无法降低时，环境心理学家便通过建筑样式和视觉操纵降低这种压抑感。一组环境心理学家在一所大学的宿舍进行了三种不同建筑样式的测试，观察这些样式将产生何种程度的拥挤感。第一种是一条较长的走道中有若干个房间，共居住40名学生；第二种是两条较短的走道，每条走道的房间里各住20名学生；第三种是一条较长的走道，若干个房间里共住40名学生，但中间有一间客厅，学生可在里面会面，里面有门可将走道分开。尽管最后一种布置的密度与另外两种同样大，但学生感到它不那么局促，不那么拥挤，因而也就更合适，更富于社会性。

表现心理学：此专业关注的是如何在学习和其他许多技能性活动中提升心理能力和动作技能，包括运动在内。

在过去的20年间，一些有名望的（以及一些不那么出名的）心理学家极力推崇某些旨在提升表现能力的训练办法，其中许多是科学心理学主流之外的“新潮”方法，包括睡眠学习、加速学习、神经语言程序、生物反馈、运动技巧的心理演练、超感知觉、心灵致动（仅通过心理努力使物质发生移动或改变）等。

由于人类潜能的发挥在战斗中极有价值，1984 年，美国陆军研究院邀请美国国家科学院对这些五花八门的技能培训进行评估。该院成立了“人类表现强化法委员会”，由 14 名委员组成。这些成员主要是（有名望的）心理学家，加利福尼亚大学的罗伯特 · A. 比约克担任主席。该委员会的委员们走访了十所实验室，主要是观察这些技巧，听取这些新方法的倡导者和独立顾问人员的汇报，并查阅大量的文献。他们的结论是两份报告，这些结论有些是意料之中的，有些是令人吃惊的。第一份报告发表于 1988 年，第二份发表于 1991 年。下面所列的是比较突出的发现，它们解释了扩大人类潜能的各种非正统方法（稍后，我们将看到有关更不正统的方法的结论）。

——培训方法。许多体能训练者和教练强调“大运动量练习”——对某种技能广泛而持久的练习。一个例子是在网球营进行的培训，学生在这里一天训练许多个小时，连续两周，没有任何中断。委员会报告说，这样的方法的确能在短时间内将表现提高至较高的水平，但其效果消退得也快。

> 总体来说，在尚待学习的某种技巧的某个部分里，大运动量练习的确能在短时间内（比如在训练期间）收到很好的表现效能，但就长远来看，其效果反而不如间歇性练习来得稳固。在某些情况下，大运动量练习所得出的长期回忆性效能，还不到间歇性练习的一半，而两次大运动量练习往往在效果上不如一次尝试性学习。

间歇性练习的效果不仅在运动技巧训练中如此，在语言训练中也是一样，特别是在语言学习过程中。尽管心理学家早在几十年前就已知道这一点，但大运动量训练期间所能得到的短期效果往往使一些教练和讲师们难以忘怀，使学生们大为困惑。委员会的发现和运动心理学家的劝告，可能远远敌不过大运动量训练活动倡导者的推销战术。

——运动技巧的心理实践。很长时间以来，运动心理学家一直在向运动员、音乐演奏者和其他运动技能的从业者提出建议，要他们在进行实际操作前在心里预演自己所期望达到的水平。他们认为，这种做法可以改善实际的操作。一些运动员和其他人证实了这一做法的有效性。比如，杰克·尼克劳斯就曾说过，他在打高尔夫之前，总是就自己挥杆的线路和球的走向进行心理预演。

当然，这种轶事并不能证实假设。因此，委员会考察了大量的研究数据，发现在设有对照组的运动技巧研究中，进行心理练习的人确实比没有进行心理练习的人表现要好。但是，实际的练习收获的效果还是要比心理练习收获的效果好。在那些难以进行生理训练、花费较高的练习中，和那些需要计划和决策而非自动反应的技能练习中，两者结合所取得的效果更为明显。这个委员会得出结论说，运动心理学家对于心理练习的益处显然有所夸大。

尽管目前一些运动心理学家还在使用这些方法，然而，目前的焦点似乎更多地关注治疗模式：帮助运动员认为自己是大赢家，比赛时集中精力，提高他们的积极性，应对紧张的情绪。在加扎尼加和希瑟顿看来，著名体育心理学家及作家鲍伯·罗泰拉就是一个好例子。“他帮助运动员训练大脑，心里只想着目标，教给他们如何应对怀疑、忧虑、失望等情绪……对罗泰拉来说，这意味着运动员如何看待自己，如何看待自己的信念。运动员的想法（即对目标的追求）直接影响他们在赛场上的发挥。”

第三节 改善人类与其工作的适应度

我们已看到心理学家有两种方式可以改善人类与机械之间的协调性关系：一是测试人们处理某些具体机械的灵敏度，二是设计出适合人类知觉、反应和移动的设备。还有两种可以提高工作效率的办法，一是调整工作者的动作，二是改善工作环境。

在20世纪初，那些“效率专家”们手握秒表和卷尺，分析并修改着每一个任务所必需的动作。他们还研究工人们的动作，以确定他们的效率，比如在包装书时，是站着包得快还是坐着包得快，是用一只手快还是用两只手快，书的位置最好是放在纸箱的左边、右边，还是前面。但这些修改只注重于增加产出，往往使工厂的工作更加繁忙，更加压抑，更易引起疲劳；工人们开始产生敌意，从而产生更高的错误率和缺陷率。

第二次世界大战期间及以后，科技复杂性的增加导致一种更加宽泛的全新概念，即“操作者 – 机器系统”。该系统不仅指人体工程学元素的应用，还要求调整工作场地的工作环境，使之更加符合人类的心理能力和需要，比如改善照明、消除噪音、调整休息时间、改善沟通和其他工作条件等，从而使工人疲劳程度降低、工作满足感增加、参与意识增强，旷工和人员流失现象减少。

工业心理学家开始从工厂逐渐转移至办公室，他们对经理职位申请者进行领导素质测试，提出有关变更工作条件的建议以防止员工怠工，建议修改指挥链和内部的交流方式以改善集体的协作功能和协同解决问题的能力。曾经的工业心理学在第二次世界大战后变成工业/组织（I/O）心理学，它已成为如今约7%的心理学家所研究的专业。这些心理学家中有一部分试图使自己看上去更像纯粹的科学家，因而花费更多的时间从事理论研究和学习，但他们中的大部分都致力于理解人在工作环境中的行为，以解决就业问题，提高工作效率。他们就像是科学家和经理人的结合。联合品牌公司的一位工业组织心理学家在几年前发人深省地说道：

> 作为“执业者”，我将精力集中于每天的组织问题和机遇：开设新工厂，重组，增加员工，选择并培养经理人员，提升士气，等等。我的兴趣已从对知识的纯粹爱好转移至具体的行动，从正确的方法论转至导向结果的活动，从要求至善至美转至改进改良。我更可能去读《哈佛商业评论》，而不是《应用心理学杂志》。

显然，I/O 心理学家职能中的很大一部分和管理有关，因而我们大可对这一部分忽略不计。但它的另一些职能，尽管也服务于管理，但主要还是心理学的。我们下面便来察看其中的两种，进一步理解 I/O 心理学家如何将自己的科学研究应用于改善人类与工作之间的关系。

使工作适应人：此分支的主要组成部分是人体工程学，但还包括更多的东西。

人体工程学涉及工作场所的很多客观条件，这是 I/O 心理学家所关注的。其中有：

——工作空间包装。不仅要考虑隐私和拥挤等因素，而且还考虑照明，办公桌椅相对于抽屉、文件和门的空间关系，工作台面的最佳高度，等等。

——工作场所的噪音问题。噪音可产生压力，从而干扰认知过程。

——工作的专业化问题。专业化产生高效率和高产出，但一天到晚做同样事情的工人们，比如说，焊一扇汽车门的门角，或专门剥鸡胸脯上的皮，或不停地在电脑上储存和读取文件，往往会觉得自己的工作单调乏味，毫无意义。

心理学家对此可以提出建设性的建议，不过，所有建议都意味着资金投入，尽管有人认为心情舒畅、工作愉快的员工效率高，产出也高，流失率低。

人体工程学仅仅是I/O心理学家所关注的“工作满意度”的一个方面。“工作满意度”是一个很宽泛、很复杂的问题，我们能注意到以下事项就已经难能可贵了。首先是确保“工作满意度”的主要组织因素，有关这一点伦斯勒理工学院的心理学家罗伯特·巴伦及另外两位作者在他们的著作中有过很好的总结：

——舒适愉快的工作环境（这是很好地解决了上述的三个工程问题的结果）

——公平的奖励机制

——对老板的敬重

——参与决策

——适当的工作量

此外，影响“工作满意度”的个人原因有四个：

——员工的地位

——员工的资历

——员工的利益与工作之间的关系

——遗传因素（遗传因素吗？是的。对一对刚出生就分开的双胞胎的研究发现，尽管其生活的环境和经历不同，但他们对工作的满意度基本上是一样的，这充分意味着员工的先天人格在工作满意度中起着相当大的作用。）

使人更加适应工作：此分支在很大程度上指的是评估应聘人员从事特定工作的能力。而对于经理而言，也需在其工作数年之后对其工作进行评估，以决定谁处于上进状态，可晋升为高层人员，谁原地踏步，不太可能做出更大的贡献。公司有理由想了解员工身上有什么东西值得看好。一家保险公司于 1974 年进行的一项评估显示，更换一名销售人员的花费是 3.16 万美元，而更换一名经理的代价是 18.5 万美元。今天，该数字大约已翻了两番。

如我们所知，员工测试在第一次世界大战之前就已开始。自此之后，它一直处于稳定发展中。今天，多数大型机构和一些较小的机构均在选拔人员时进行员工测试。有证据显示，测试的确效果明显。对一家人工制冰厂进行的典型研究发现，在申请维修工作的人选中，员工测试得分为 103—120 的人中，有约 94% 后来在工作中表现出色，得分为 60—86 的人中只有 25% 有同样的表现。

对蓝领工人的测试可分两种，一种是借助纸笔进行的书面知识测试，另一种是实践作业测试。在实践作业测试中，求职者要进行与实际工作任务类似的操作。白领工人的工作测试同样包括书面测试，以检测其语言表达能力、数字处理能力、推理能力和其他认知技巧；还有其他测试，如处理文档、以图形形式发出指令、处理紧急电话等。

在许多公司里，经理职位的应聘者都要经过严格的评估过程，人们称之为工作能力测评。因 TAT 而名声大振的亨利・默里及其他人在第二次世界大战期间开发出工作能力测评法，主要为 OSS（Office of Strategic Services，美国战略情报局，中央情报局的前身）筛选情报人员。OSS 测评法依靠的主要是人格测试和对候选人在几种人为设定情形下能力行为的观察。战后，一些参与过 OSS 测评的心理学家在伯克利的人格评估与研究学院对这一方法进行修改，使其适应其他目的。他们抛弃了一些只适用于间谍的条件，将其修改为一般条件，使测评条件适合几十种专业，测评范围也从法学院的学生到攀登珠穆朗玛峰的登山队员，从 MBA 求学者到数学家不等。

但最终编制出个人评估方案，并使其成为美国商业及工业使用模式的，却是美国电话电报公司的心理学家道格拉斯·布雷。布雷出生于马萨诸塞州，在克拉克大学读完研究生并获得心理学硕士学位，于 1941 年入伍。他被分配至航空人员服务处，在那里从事航空心理学培训项目。他参与起草了书面测试题，对心理运动的技能进行测试，还进行过模拟测试，以筛选可以接受培训的飞行员、导航员、轰炸员和空中炮手。

这项工作使布雷对测评产生了浓厚的兴趣。战后，他在耶鲁大学拿到社会心理学的博士学位，从事过几年教学工作。1955 年，他的生活突然出现了转机，他开启了真正的终身事业。他从前的教授推荐他到美国电话电报公司，因为该公司需要一名心理学家研究公司的长期人事安排，帮助筛选出可成为工作高效的经理的工作人员。当时，美国电话电报公司每年雇用约 6000 名大学毕业生，并从职业岗位上提拔数千人至经理位置，因而，如何挑选人才具有特别重要的意义。

在布雷到来之前，这家公司对如何挑选合格人选束手无策。布雷在一年之内迅速组织起一班人马，设计出一种评估办法，并在位于圣克莱尔的密歇根贝尔总部评估中心投入使用（密歇根贝尔是美国电话电报公司系统中第一个参与管理事业研究的公司）。在评估中心，他们一次对 12 名管理岗位候选人进行筛选，花费约三天时间与候选人面谈，让其完成一系列的认知测试、人格调查、态度量表和投射测试，并参与三种主要的行为模拟测试：无领导小组讨论、商业游戏和“公文筐”测试——一种对个人能力的测试，他们给候选人发放记事簿、信件和申请书，让他们做出决定，写出答复，或采取其他合适的措施。

八位评估人，其中主要是心理学家，花费约一周的时间观察并评估每一组参与者。

与所有的纵向研究一样，布雷评估中最困难的部分是等候收集证据，以证明这些评估办法的确行之有效。在评估之后的第 8 年和第 20 年，布雷又对他们进行重新评估，结果证明他的评估方法非常有效。20 年后，曾被评为最有潜力的大学生中，有 43% 的人进入管理层的第四级（共六级）或更高级别；而被评为一般者中，只有 20% 发展到这一水平。在非大学生中，评分较高者中有 58% 的人达到第三级或更高，而在评分不高的人中，只有 22% 的人荣升至这些位置。

近年来，布雷的评估中心和它的测试方法已被弃而不用了。但在 20 世纪 70 年代高速发展的经济环境中，它曾风行一时。到 1980 年已出现 1000 余家评估中心，1990 年达到 2000 多家。此后，评估中心的数量有所下降，因为评估成本太高，对大部分职位来说不适用。不过，评估中心在美国和几乎每一个工业化国家都仍然存在，广泛用于对高级人才的挖掘和遴选。今天，评估可在短短的一天之内完成，计算机问答、利用计算机和录像辅助仿真进行的小组练习取代了笔试卷子，从而使评估进度大大加快。

现在，布雷的许多测试方法大大地简化了，大量通过网络进行评估的公司和机构都在使用这些方法。作为应用心理学家，布雷已得到过六项大奖，最近一次奖项是由美国心理学会颁发的，时间是 1991 年，颁发的是“应用心理学终身成就金奖”。

第四节 测试的利用与误用

雇主对求职者的测试，只是心理学在美国生活中所产生的广泛影响中的极小部分。每年，大约有几千万美国人参加标准的多重选择测试，试题分别由100多家公司编制，其中的一些是资金实力雄厚的大企业。由于联邦政府推出了“有教无类”教育法案，2006年，从三年级到八年级的每一名学生和高中的一个年级的学生都要参加统一考试，总人数达到4500万。（政府会计办公室当时曾估计，自2002年至2008年，要落实这一法案，政府至少需要拨款190亿至530亿美元。）再加上全国各地的学校都要进行的智力测试、职业标准化考试、公司招工考试、SAT和ACT以及别的大学入学考试、人格测试、心理治疗师给病人的测试及其他各种各样的考试，可见，测试已然成为心理学在日常生活中最成功的应用之一，它是社会在教育、就业、心理治疗、军事或者政府事务等领域做出决策依据的主要手段，甚至在恋爱约会方面，它也大显身手。目前，很多婚恋中介也开始通过人格测试及其他测试安排男女约会。

比奈在20世纪初研发智力测验的目的是惠及儿童和整个社会，通过测试，看看哪些儿童需要得到特殊教育。同样地，心理学测试和招工测试一直以来也是意在判断受试者的特征，目的是惠及参加测试的人员及用人单位。在过去的几十年里，测试得到大面积推广，这足以证明它在这方面起到了作用。事实上，现代社会已离不开测试，中小学、大专院校、政府部门乃至军队离开了测试提供的信息都将寸步难行。

然而，测试本身也可能被误用，最严重的后果莫过于吹捧某些种族和经济利益团体，同时使另一些人受到损害。一个明显的例子是，相比于黑人、西班牙裔和其他劣势群体，白人在教育和就业方面通过测试获得了更多的机会。

在对人类能力抱有不正确的遗传论观点的人看来，对智力及成绩测试的使用不会引起种族问题。他们相信，中产阶级和上层社会的人之所以在这些测试中得到高分，是因为他们的智力水平先天高于下层社会的人。我们已经知道，高尔顿的信徒们认为，遗传可以解释不同阶级和种族在智商和其他心理测试中的得分为什么不同。正是基于此，美国的学校在20世纪初开始对学生进行测试，让得高分者接受学术教育，得低分者接受职业教育，以便学生为在人生的合适领域大显身手做好准备。

如果这种推论是正确的，那么，这些测试和职位安排不仅公正，而且也能满足各个社会成员的最大利益。然而，如果测试成绩反映的是环境的影响呢？如果贫穷和社会不利因素阻碍了学生和成人发展其潜在的能力，从而造成他们的得分少于在有利条件下成长的学生或成人呢？如果是这样，利用测试分数来测量假定的先天能力，并决定各人的教育及就业机会，将是天大的不公，也是社会不平等的根源所在。

60多年来，对智力测试和其他认知能力测试在何种程度上可测出先天能力，又在何种程度上反映人生经验的争论一直很激烈。近几十年来，事实已经非常清楚，遗传论心理学家和环境论心理学家都在利用交叉取样（从不同年龄层次中抽取的样本）的数据，这些数据无法充分解释由皮亚杰和其他发展心理学家所观察到的过程。追踪个人发育期的纵向研究显示，自然和教育并非是静止不变的，它们都不是固定的因素，而是交互影响且能随时间的变化而变化的。在人生的任何一刻，人的智力和情感发育都是他或她的经验和先天能力持续交互影响的结果。

因此，许多发展心理学家们至今仍然相信，不同的基因类型将不同程度地受到环境的影响，每个人都有其自身的“反应范围”。明尼苏达大学医学院荣休教授欧文·戈斯特曼解释道，先天愚型病患者在富裕的环境中将能得到略高于其在贫困的环境中所得到的智力水平，遗传的天才在优良的社会环境里所得到的发育却远远优异于其在恶劣的环境里所能得到的发育。因此，低水平的先天能力受环境的影响要远远小于高水平的先天能力。

然而，这样的概括只是告诉我们先天与后天的范畴，而没有告诉我们它们对每一个人所产生的相对影响。每个人的历史里都有许多奇特且无法估计的因素，从而使我们无法对环境和遗传在个体的发育中所造成的影响进行分析。因此，至少在目前，我们还不可能根据一个人的测试得分来准确地判断其先天智力。

既然如此，测试如何才能决定求学和就业，同时又能公平地对待有特权的中产阶级人士和处于不利地位的其他人群呢？到目前为止，答案只能是通过政治及法律途径对测试加以控制。1964 年的民权法案及其修正案使少数群体及其他处于不利地位的团体有了法律依据，他们据此指责测试存在种族偏见，并要求进行相应的补偿性措施。他们曾在法庭上向教育及就业测试发出挑战，且时有获胜，其理由是，这些测试材料往往为白人所熟悉，却不为大部分少数族裔所知，说得更宽泛一些就是不为所有少数族裔所知，特别是黑人和西班牙裔，他们是在极其不利的社会条件下成长起来的，任何测试，即使是以符号而不是词汇的形式出现、表面上“在文化上毫无偏袒”的测试，也都是不公平的。

在 20 世纪 60 年代民权运动极盛时，一些活动家提出了解决问题的激进办法，即彻底抛弃测试。在纽约市、华盛顿特区和洛杉矶市，政府甚至真的禁止了对小学生进行智力测试。但反对测试者只在几座城市里占据优势。在任何情况下，将智力低下的学生和残疾儿童与正常和有天赋的儿童放在一起，都将极大地降低后者的教育水平，因此，试图终止智力测试的努力很快就失败了。

民权活动家和活动团体也对大学入学考试进行了类似的攻击。比如，拉尔夫·纳德曾于 1980 年攻击说，SAT 歧视文化背景较差的少数族裔学生。针对 SAT 的抱怨和压力一直存在。捍卫少数族裔学生权利的人士对 SAT 发起了强烈的攻势。他们认为，抛开其他问题不谈，测试中的“类比”与特定的文化有关，对于非白人、非中产阶级家庭中的学生来说，是极为不公的，因为类比使用的一些特殊词汇（如 regatta，划船比赛的正式说法）与阶级有关；而且，评阅 SAT 新增的“写作部分”的老师无论从文体还是语法方面都可能更侧重所谓的“标准英语”，对于那些有色人种熟悉的词语、习语、成语抱有偏见，致使这类学生得分偏低。然而，大学委员会断然否认以上指责，他们认为，到目前为止，没有研究表明测试中的类比问题有文化偏见；而且，有数据表明，就 regatta 一词而言，与白人学生相比，少数族裔的学生并没有觉得难在哪里。此外，评阅写作部分的英语教师都受过训练，在阅卷时，“有意忽略语法、拼写或者发音方面的错误，除非某个错误非常严重，影响学生表达自己的论点”。时至今日，双方仍然争论不休，胜负难料。

然而，在就业测试的范围内，活动家却取得了一项重大的成功，至少是临时的成功。一般能力倾向成套测验（General Aptitude Test Battery，GATB）可以测量若干认知能力和某些方面的手工灵巧程度，于 20 世纪 40 年代由美国就业服务局开发出来。长期以来，该局及其下属地方性机构一直使用这一测试作为招聘员工的参考基础。然而，少数族裔群体的 GATB 平均得分总是远远低于多数群体的得分，因此，打个比方，如果得出的分数使 20% 的白人中选，那么中选同一工种的黑人和西班牙裔的比例就有可能分别只有 3% 和 9%。

民权修正法案之所以认为这种测试是非法的，不是因为这一测试不能测试出雇主所需要的能力，而是因为国家有给予处于不利地位的人以相应补偿的政策。就业机会均等委员会的裁决及一系列法庭仲裁结论，已形成一种叫作“群体内均等”或“种族内均等”的解决办法。

根据这项政策，参加测试者被分配工作不是以其原始得分为基础，而是以其在同族人或同一人种中的得分排名为基础。一名黑人如果得分在所有黑人中排第 85 名，将与一名在所有白人中得分排名第 85 名的白人处于同等的竞争水平，即使这位黑人的得分远低于那位白人。而与白人得同样分数的黑人将处于比这名白人更有利的位置。20 世纪 80 年代，38 个州的就业服务局开始使用种族内均等的办法。一般来说，雇主也支持这种办法，主要是因为它有助于他们满足政府肯定的行为要求。

一些心理学家攻击种族内均等是对测试的歪曲，同时也无法准确检测受试者对工作的适合程度。政治保守派则攻击它为非法的“配额制”，对白人极不公平。国家研究委员会于 1989 年进行的研究虽支持种族内均等政策，但建议就业服务局不仅要将职位分配建立在 GATB 分数的基础上，而且要参考求职者的经验、技能和教育水平。这个委员会看到了争论双方各自有理的地方：

> 是否能公平利用 GATB 分数的问题，不是仅考虑心理测试就能解决的——职位分配政策仅考虑公平也不行。如果说政府有责任帮助黑人、妇女及其他少数群体进入主流经济领域的话，那么它也有改善生产率和强化这个国家在世界市场上的竞争优势的强烈利益要求。

在 1991 年就民权法案进行的国会辩论中，种族内均等问题成了烫手的山芋。为争取通过一项布什总统不会否决的法案，赞成种族内均等政策的国会议员们只好向反对它的人让步。禁止在种族基础上“调整测试分数”的法案最终被通过。从此以后，就业服务局的 1700 个州和地方办公机构开始禁止使用种族内均等政策。

人们如何看待此事——以求职者在种族内均等为基础来推荐工作是对测试的正确利用还是误用——完全取决于他们的政治观。

测试有可能被投机者、误入歧途者、不理智者、极端者以各种方式误用。在这里我们不会对此进行全面的回顾。但是，有三种备受争议的“用途”不得不说。

降低难度：在 20 世纪 80 年代，少数族裔团体强烈反对测试，当时，对于就业考试的一个折中的方案就是重新设计试题或者修改（即提高）少数族裔考生的成绩。比如，1984 年，印第安纳波利斯的黄金法则保险公司决定放弃使用那些黑人考生平均分数低于白人考生 10% 的试题。1985 年，亚拉巴马州决定放弃进行那些黑人考生平均分数低于白人考生 5% 至 10% 的教师资格考试。也有这样的情况，即降低试题难度，从而使得每一名考生都能通过。在 20 世纪 90 年代初期，得克萨斯州进行了一次考试，其中近 97% 的教师都轻松通过。

多年以来，很多州都降低了试题难度，从而造成一种假象，让人们觉得中小学生的成绩一直都在进步。这种现象在“有教无类”教育法案出台以前就有。尽管新的法案明确规定，只要学校能保证教学质量就可以获得联邦政府的拨款，但是，降低考试难度的传统还在继续。由斯坦福大学和加利福尼亚大学负责管理的加州教育政策分析研究所进行了一次调查研究，结果发现很多州仍然在采取措施，使学生看起来一直在进步。该研究出现在《纽约时报》的社论里，指出“那些在州立考试中成绩优异的学生在联邦国家教育进步评估测试中成绩平平，后者是美国最有权威、最受人重视的考试”。《纽约时报》在 2006 年 7 月 25 日报道中说，教育部长玛格丽特·斯佩林斯认为缅因州和内布拉斯加州的考试体系远远不能令人满意，联邦政府将撤回拨给上述两州的资金。其他几个州也前景不妙。

诚实测试：诚实测试已推行几十年，雇主们对它的利用近来相当频繁，且不无道理。一是因为员工的偷窃行为愈演愈烈，偷窃事件数量逐渐上升，员工偷窃每年给美国的商业界带来 300 亿—600 亿美元的损失；另一方面是因为 1988 年国会通过了《就业测谎保护法案》，禁止在大多数工作场合使用测谎设备，结果使得利用纸笔或者计算机进行的诚实考试数量猛增。一些诚实测试通过直接提问的方式了解受试者对不诚实行为的态度，比如："你认为从工作场合将小玩意儿带回家是偷窃行为吗？"或询问求职者对拖延行为和消极怠工的态度。另一些测试使用间接的方法，如测量人格特征，心理学家可根据这些人格特征推导出求职者对诚实的态度。这样的测试包含下面的问题："你多长时间脸红一次？""你是否经常感到窘困不安？""你经常整理床铺吗？"

毫不奇怪，劳工组织对诚实测试一直大加反对。反对者有多项理由：这些测试既无效也不可靠，因此经常错误地将诚实的人定为不诚实，并使其名誉受损、机会减少；此外，这些测试还涉及对隐私权的侵犯，对少数族裔也有"不利影响"，他们因之而丧失工作机会的情况要多于白人。

美国心理学会的一个综合调查小组在对诚实测试进行为期两年的广泛调查之后，于 1991 年得出结论说，许多测试题的编制者对其有效性和实用性只字未提。该组织因此劝说雇主们不要使用这些测试。但对少数提供有效性和实用性信息的测试来说，综合调查组发现：

> 证据优势支持其预测的有效性……只要证据存在，它与事先的观点就总是一致的，即这些测试反映了个人的诚实及可靠度，或是否值得信赖。

美国心理学会及其他机构后来的研究再次发现，有些测试可信度很高，有些则不然。接受岗前诚实测试的人员有可能被误判。

情绪稳定测试：1989 年 11 月，一位名叫西比·索罗卡的男人申请加利福尼亚“塔吉特百货”的安全员工作。他必须通过两项测试：明尼苏达州多相人格调查表和加州心理测验。索罗卡起诉塔吉特百货的所有人戴顿·哈德逊公司侵犯了他的隐私权。那些测试（我们在前面一章里已讨论过）有多重目的，其中一项是过滤出情绪不稳定的求职者，因为他们不适合从事诸如警官、飞行员、核电站操作员等“安全敏感”类工作。测试里包括数百个题目，其中一些涉及宗教（“我的灵魂有时会离开我的躯体”“我坚信，世上只有一种真正的宗教”），有些涉及性生活（“但愿我不会受到性念头的困扰”“我受到与我同性别者的强烈吸引”）。

索罗卡起诉说，他对这些测试感到不快，因为他的隐私权受到了侵犯。他要求，必须立即禁止塔吉特百货利用这些测试的结果，或者禁止该公司继续使用此类测试。他的法律诉讼成为各大媒体的头条新闻。此前一直存在隐私权诉讼案，主要起诉一些就业单位的药物测试，但因在就业筛选中进行标准人格测试而遭到起诉尚属首例。法庭否决了索罗卡“立即禁止利用该测试的结果”的请求，而上诉法院却支持了他的请求。但该法庭没有限制所有类似的测试，只限制了那些没有道理的、侵犯性的问题，如涉及宗教及性生活的问题。1993 年，塔吉特百货在阿拉梅达高级法院的一次团体诉讼案中与索罗卡和其他原告达成和解，赔偿对方 130 万美元，尽管塔吉特百货不承认有任何违法行为。

索罗卡的案子在向个人测试的进攻中建立了一块滩头阵地。对个人测试的其他最新攻击，大都以破坏名誉和引起情感痛苦的名义进行。人们正在试图划清有理由的测试与误用测试之间的界限，至于划在什么地方，目前还不得而知。

第五节 隐蔽式说服：广告与宣传

“生活中没有什么比说服更普遍的了。”心理学家埃莉诺·西格尔在美国心理科学协会的《观察家》上这样写道。她还说：

> 人类之间——以及某些非人类的灵长类动物之间——的几乎每一种社交活动，都含有强烈的说服意味。所以，影响人们决策的有关心理过程的知识具有积极的、不可低估的潜在意义。

但其中还有不可低估的消极潜在意义。现代文明来临以前，人类便已经在说服别人相信自己所信仰的上帝，说服别人与自己做爱，或向别人推销并不那么值钱的货物。他们使用的是人人皆知的技巧，或习惯的方法，对方通常也应该知道这些伎俩。古罗马议员倾听西塞罗发表对喀提林的攻击言论，快要哗变的船员们倾听哥伦布信誓旦旦的许诺，清教徒虔敬地聆听科顿·马瑟神父对罪恶的痛斥与对天谴的描绘，这些现象显示出他们的思想和心灵会受到特定文化形式的影响，并在这种文化背景下做出他们的判断。。

然而，随着科学心理学的到来，有知识者开始利用新科学的某些发现，通过一般不为人视作说服技巧的方法来影响他人的思想和感情。

说服者往往出于好心。比如说，教师用来激发孩子们好好学习、心理治疗师用来促使病人产生变化的复杂技巧，均是在利用心理学的成果进行隐蔽式说服。

但这些技巧也可以用来诱发某些对被说服者有害的行为，这些损害不仅包括有形的代价，而且还涉及剥夺人们自由选择的权利。那些被说服者有可能被剥夺掉自己的理性，最终变得比斯金纳的会打网球的鸽子强不了多少，他们往往表现得没有头脑，盲目地服从他人的意愿，对自己的利益全然不知。

到了 20 世纪 90 年代早期，利用或滥用心理学对他人进行说服迅速风行起来，加州大学圣克鲁斯分校的社会心理学家安东尼·普拉卡尼斯和埃利奥特·阿伦森甚至将他们于 1992 年出版的对这一课题的研究称作《宣传时代》[1]。他们的矛头不仅指向政治或宗教宣传，而且还指向任何“带有某种观点的交流，最终旨在使接受方‘自愿地’接受说服者的立场，似乎该观点是他或她自己的”。

由于我们只对隐蔽式说服的心理学误用感兴趣，因而只好跳过显而易见的说服，比如诚实的广告；还要跳过不靠隐蔽地使用心理学原理，而靠“刻意的假情报”（小布什政府就伊拉克拥有大规模杀伤性武器而撒谎）进行宣传的技巧，欺诈性的标签（小布什政府的转变，当没有发现大规模杀伤性武器时，便声称美国入侵伊拉克是为了将伊拉克人民从压迫中解放出来），不加掩饰地激发有煽动性的情绪（可爱的小宝宝坐在米其林轮胎上的照片，或者美国海军在硫磺岛上升起国旗的照片），心理学的某些军事用途，包括不借助虐待手段的审讯战俘技巧和洗脑活动（这些做法很难做到隐蔽，且在战时被认为是不违背道德的），等等。

但是，在广告中使用心理学知识进行隐蔽式说服非常普遍。显然许多广告直接以诱人的灯光照射产品，赞扬它的优势，标明它的价格，但美国每年在电视、电台和印刷广告中所花费的 4000 亿美元中的相当一部分，却主要用以支付那些从心理学原理中衍生的隐蔽式说服技巧所传达的信息。记者万斯·帕卡德于 1957 年在《隐蔽的说客》一书中揭发这些丑闻称，精神分析原理当时得到了广泛利用——1980 年，他

1 中文版译名为《认知操纵：宣传如何影响我们的思想和行为》。——编注

说情形仍然如此——以“引导我们不思考的习惯、我们的购买决定和我们的思想过程……我们中的许多人都在日常生活的模式中深受影响和操纵，其程度远远超出我们所能意识到的水平”。

沃尔特·迪尔·斯科特和约翰·华生等人，最早将心理学原理运用至广告之中。现在看来，他们还是相当光明正大的。在 20 世纪 40 年代末，一些熟谙弗洛伊德心理学的人开始拐弯抹角、刁滑地大肆利用心理学的原理，其中最出名的是已经过世的欧内斯特·迪希特。迪希特出生于维也纳，并在维也纳大学得到心理学博士学位，之后短暂从事过精神分析工作。由于是犹太人，他于 1938 年为逃避纳粹迫害而辗转来到美国。逃难的精神分析师们大都在新的环境里重操旧业，但他没有。他认识到，美国的广告商是比精神病患者更大的猎物，因此开始向他们服务，他以专家自居，声称自己非常清楚消费者的潜在欲望，完全可以激发他们的消费欲，使他们购买他的客户的产品。

迪希特并不是唯一产生此类念头的人，还有许多人也注意到无意识心理学，开始从事类似的工作。但是，迪希特在动机研究大潮中起了关键作用。他利用精神分析理论提出各种假设，然后通过面谈、问卷和样品广告等形式，以他的大本营——纽约哈得孙河畔克罗顿——附近数百个家庭为对象对这些假设进行测试。热情奔放、精力充沛的迪希特大言不惭地宣称，成功的广告机构“可以操纵人类的动机和欲望，使其形成对物品的需要，这些物品是公众一度并不了解，甚至也许并不想购买的”。

他的一个著名案例是他利用动机调查进行的首次研究。客户是康普顿公司——象牙皂的代理商。据迪希特多年后回忆，他对广告公司的经理们是这么说的：“洗澡是一种心理解放的仪式。你清理的不仅仅是身上的污垢，而且还有罪恶感。”他通过谈话和问卷收集的证据完全说服了他们。在他的帮助下，他们采用的广告词是“聪明起来，用象牙皂重新开始……洗掉你的所有烦恼”。

他还极大地改变了香烟广告的势头。在20世纪50年代初期，香烟广告要么强调享受的一面，要么打消消费者对香烟影响身体健康的顾虑。迪希特认为两者都缺乏力度。根据他的分析，典型的美国人基本上都抵触自我放纵的行为，在使用任何相关的产品时都会产生一种罪恶感。相应地，迪希特告诉香烟的广告代理商：“当你销售自我放纵的产品时，你得同时平息它所引起的罪恶感，让顾客原谅自己。”为想出如何减轻吸烟带来的罪恶感，他对350名吸烟者进行了深度研究，结果发现了人们抽烟的十几种“功能性”原因，诸如减轻紧张感、显得合群、传达男性特征，等等。结果，他的客户的广告，及后来的许多广告,表现的都是那些处在压力下,或在公司和户外牧场里的人物。

多年来，动机研究是广告业的热门话题，在某种范围内，今天依然如此。但在20世纪70年代以后，广告业内对精神分析的把戏不再感兴趣了，因为它并没有产生期望中的惊人效果。他们开始在更晚近的心理研究中寻找隐蔽性说服的技巧。

一项特别有用的成果出现于20世纪60年代末，是罗伯特·扎伊翁茨所发现的“单纯接触效应”，其效果在近几年内被反复得到证实。我们已经知道，扎伊翁茨发现，即使在没有意义的符号面前，重复接触也会让观看这些符号的人产生熟悉感和积极的反应。广告公司的心理咨询顾问建议客户说，产品品牌和标志的反复出现，即使没有合理和费时费力的解释，也会使观看者动心。许多广告机构测试过这种办法，发现的确如此。在非常耗时的足球赛或网球赛中间反复不断地出现某个产品的名称（当然还有男子气概或性感的图像、阳光下的开心场景等）便会产生这种效果。球迷在购买啤酒或网球鞋时，只要看到自己经常看见的名字，便会自动地产生不假思索的积极反应。

最近几十年，这种方法在为政治候选人所做的电视宣传片中也风行起来，在某种程度上损害了民主进程。他们不是针对某些问题进行理性分析或辩论，而是让观众集中接受 30 秒钟或更短的商业性轰炸，不断地重复强调竞选者的名字和简单的“语录”。这种简单的重复可以转变人们的好恶。你可以将之称作宣传，但这样的宣传与隐蔽式广告之间没有任何差别。两种情况都存在将某种东西通过不正当的手段兜售给观众的嫌疑。同样，在一些小镇或者城市的街道上，目前流行的竞选策略是在路边或者住户草坪的前面竖起一块块小小的牌子，上面除了竞选者的姓名外，什么都没有，甚至连竞选者的党派信息也没有。这样做的目的只有一个，那就是让摇摆不定的选民熟悉门前路边的姓名，稀里糊涂地投上一票。

近年来，还有一些实验室的研究成果被投入到产品广告和宣传之中：

——在一项基于经典条件制约理论的实验中，受试者看到某种颜色的钢笔，同时听到悦耳的背景音乐；看到另一种颜色的钢笔，则听到刺耳的背景音乐。后来，受试者在面对几种钢笔的选择时，往往倾向于选择之前伴有悦耳音乐的那种。这个原理经常应用于电视广告节目中，看似无害，实则引导人们做出连自己也不明所以的选择。

——与短期条件制约效果相对照的是，长期“睡眠者效应”也通过实验展示出来。经过一段时间，由广告引发的情感反应会与产品的名字发生分离，尽管是情感使得这些名字被记住。因此，通过不愉快的情绪而使人集中注意力的广告——在电视上所做的泻药广告里显示的是一个男人紧皱眉头，还伴有男人的深沉的痛苦呻吟声——往往会产生记忆的效果，而不是相反。观众有可能认为广告制作者非常愚蠢，竟用一种令人生厌的镜头或令人不快的场景来做广告，但时间久了，他们所记住的将会是产品，而不是令人不快的反应。

——更常见的是，如果向消费者传达的信息可以引起恐惧，那么，它很可能比事实或者合理的理由更为有效。这种策略常常用于公益广告中，强调某些行为可能带来的可怕后果；也可以用于商业广告中，如水灾或火灾保险、害虫防治、轿车气囊广告等。

——信息传递者自身的特点也会对受众产生潜移默化的影响。语速快的人总是比语速慢的人更能说服人。英俊潇洒、美丽动人、风采迷人的演讲者以及各种名人在广告人眼里都具备潜在的影响力。着装也具有同样的影响力。多年以来，药物广告和饮食广告中的形象代言人往往穿着白大褂。

——还有一种非常微妙的方式常常被用来推广政治立场。那就是，发言人从正反两个方面陈述自己的观点。如果听众是反对他的人，更是如此。当发言人并非显然是在说服听众改变自己的观点时，听众反而会被更有效地说服。实际上，这比明显的说服来得更为有效。

——利昂·费斯廷格和伊莱思·沃尔斯特于多年前进行的一项实验显示，道听途说的消息更容易使听者信以为真。假如听者知道讲话者已意识到自己在场，效果往往不好。不知不觉地，我们大家都受此影响，凡不是专门来说服的话，我们往往听得进去，而专门说服我们的话往往不易改变我们的立场。几年以前，一则广告讲的是 E. E. 哈顿经纪人公司，片中显示所有人不出声地坐在一间屋子里，拼命地偷听一个人正在私下给其朋友讲述哈顿公司的建议。许多“偷拍”的广告片也是基于同样的原理：一些人在赞美某些产品的好处，却不知道自己已被拍摄了下来。

——社会心理学家进行了一项实验，研究分神对一个正在听取劝说性信息的人所产生的影响。他们发现，在听取合乎道理的劝说时分神的人，往往比没有分神的人更相信劝说者所说的话；劝说不怎么有力时效果最为明显。研究者的解释是：分神会干扰观众或听话者对信息的评估或在心里形成抗辩的能力。按照普拉卡尼斯和阿伦森的说法，电视广告已在利用这个发现：

> 例如，广告制作者可以正常速度的120%的速度，将一部36秒钟的广告片压缩成30秒。从心理学上讲，时间被压缩的广告更难被人反驳。如果打个比方，相当于广告说服人的速度是每小时160千米，而你为自己辩解的速度受到了限制，只有每小时90千米。那你一定会输。

看电视的人也许会感到奇怪，为什么最近的广告片经常是快速闪动的画面，同时语速奇快，这就是原因。

——一种尤为不道德的隐蔽性说服方式是利用基于受压抑的仇恨或恐惧的符号。最著名的例子是已过世的李·阿特沃特所设计的一系列宣传片。他是老布什总统1988年竞选活动的总设计师，片中指控迈克尔·杜卡基斯应对假释杀人犯威利·霍顿度周末负责，该杀人犯在监外虐待一位男士，并强奸其未婚妻。但该片的真正意图是通过霍顿这一丑陋、蛮横的黑人形象来对人们造成一种影响。

——西蒙弗雷泽大学的研究人员做了两个实验，采用了一种全新的策略，要求一组参与者在看到产品品牌以前先看一组错位的字母组合（GANECY），另一组参与者则没被要求看字母组合。相比而言，前者更倾向于认为他们见过这个品牌。当一组同类的品牌摆在他们面前时，他们往往会选择那种自以为见过的品牌。这究竟是为什么呢？研究人员安东尼娅·克龙隆德认为，这些人在解开了谜团（AGENCY）之后产生了一种愉悦的心情，然后，错误地把这种感觉移植到他们看到的第一个品牌上了。他说："这种技巧对于市场营销来说非常重要，可以用于设计杂志封面，在市场上摆放产品等。类似的例子不胜枚举。"

——最后，可以说，隐性说服技巧堂而皇之地被用于约翰·威利出版社 2006 年为凯文·霍根和詹姆斯·斯皮克曼的新书《隐蔽说服：心理战术与获胜策略》（以下简称《隐蔽说服》）的线上广告当中：

> 这是一部指导销售人员百战百胜的奇书。《隐蔽说服》综合了影响领域的最新研究成果和心理学家、演说家凯文·霍根的丰富经验，成为一本无与伦比的指南，教给你如何通过心理战术取得销售佳绩。霍根和詹姆斯·斯皮克曼利用最新的科研成果，揭示了几十种先前鲜为人知的语言和非语言策略，让消费者不知不觉地慷慨解囊。了解其中奥秘的销售人员在工作中一定能够胜人一筹。《隐蔽说服》给你提供了十几把钥匙，可以轻而易举地打开最固执的消费者的心锁。

这些只是广告及宣传中无意识说服因素中的少数几例。我们在这段心理学史之旅中还见过其他许多例子，其中有筹款时的入门技巧（先请求帮点小忙，进而要求更大的），还有卡拉曼和特沃斯基的扭曲决策实验（更多人选择以胜出概率表达的选择，不愿意选择以损失条件表达的统计意义上的同等选择）。数千种研究对影响说服力的众多其他因素进行了调查，其中许多发现均为广告商、政客、宗教领袖、各种活动家和以说服别人为业者沿用至今。这些发现可用来操纵美国人，使其在无意识中或恐惧中做出因之而来的决定。这些大多是心理学的误用——虽然其不像在原子弹研发中对物理学的误用，或生物战中对生物学的误用那么严重，但也不能算作小事，更谈不上无害。

但我们还是就此结束，转到愉快一些的话题上来。隐蔽式说服中最令人担忧的形式实际上并不可怕。1957 年，市场调研员詹姆斯·维卡里称，在新泽西利堡一家电影院里放映电影《野餐》时，他将“请喝可口可乐”和“饿吗？请吃爆米花”两句话以 1/3000 秒的速度每隔五秒在银幕上闪动一次。他说，谁也没有注意到这两句话，但在六周的实验期内，可口可乐的销量增长了 18.1%，爆米花的销量增长了 57.7%。

这个故事引起了轰动。公众十分惊骇，社会评论家也发出警告。在收音机和电视上做无意识广告迅即成为 20 世纪 70 年代的热门生意。商店开始播放背景音乐，里面包含不易被察觉的反偷窃警告，联邦通信委员会也做出相应规定，说滥用无意识信息有可能被吊销广播执照。

这些全是废话。在《宣传时代》一书中，普拉卡尼斯和阿伦森对 200 多篇论潜在信息的学术论文进行了研究。大部分论文均未证明这些信息真能对人的行为产生影响，而那些认为有影响的研究“要么在方法论基础上完全错误，要么无法进行复制”。

另外，他们还引述了一些好笑的实验。在这些实验中，加拿大广播公司将“现在就拨电话”通过无意识的方式在一次大众星期天晚场表演中连续播放了 352 次，且事先还告诉观看表演者将播放一段无意识信息，请大家说出该段信息的内容。实验证明，这段信息对实验期间电话的使用率没有产生任何改变，有近 500 名人回答了无意识信息是什么，但没有正确答案。不过，许多了解维卡里故事的人都说，他们在观看表演期间感到饥饿或口渴。

但所有相信维卡里故事的人全都受骗上当了。《广告时代》于 1984 年载文说，维卡里自己承认，最早的一次实验根本是子虚乌有，只是在为其日益衰败的营销公司拉客户而已。

第六节　法庭心理学

貌不惊人的雨果·闵斯特伯格是第一个建议将心理学应用于作为统治结构基础的司法系统的人。在 1908 年出版的《证人席上》中，他总结了与影响证词的因素相关的现存心理学知识，然后说道，应用心理学应该对法官、律师和陪审团有所助益，并批评这些人“自认为他们的法律天赋及常识使其拥有全部所需的知识，甚至绰绰有余”。但此书的影响极其有限。在接下来的半个世纪中，心理学家极少有人充当专业证人，充其量为几个大城市的警察局挑选过人员，他们对司法系统中的心理学所进行的研究并没有产生直接的影响。

然而，从 20 世纪 60 年代开始，人们对应用于司法系统的心理学兴趣大增，这方面的应用也呈爆炸式增长。尽管法律专业人士和心理学家继续保持着紧张的关系，但应用心理学现已充斥于法庭、法院和申辩听证室。《法庭心理学手册》（2005 年版）由心理学家欧文·B. 韦纳和艾伦·K. 赫斯编辑，内容多达 912 页，涉及多个应用领域，每一领域均涉及许多具体的活动，有民事的，也有刑事的。举例如下：

——在有关子女监护问题的司法案例中，心理学家可以充当法庭顾问，基于临床评估方法提出建议。

——在赔偿案例中，若员工认为某种生理或心理伤害是工伤，心理学家可以做出证明。每年，这些赔偿要求可达数十亿美元，经常涉及诈病及诈骗。心理学家的工作是与原告面谈，对其进行测试，最后报告自己的临床印象。

——对辨别犯罪嫌疑人的指认程序的公正性进行测评。心理学家就公正与不公正指认的组成提供其研究结果。不公正的指认程序可能会使用与嫌疑人外貌极不相似的“陪衬者”，以达到很高的辨识度；或通过在一组照片中使用嫌疑人皱眉的照片和“陪衬者”平静或微笑的照片做到这一点。

——在法官和检察官会见某个少年以确定其是否成熟到可以充当证人时，心理学家可担任观察员和顾问。

——收集性虐待的证据时，因为一些孩子太小，不知道如何在法庭上作证。心理学家借鉴儿童疗法，可通过观察孩子玩玩具寻找与被报告的受害情形相类似的情景。

——会见并测试以精神错乱为由进行辩护的疑犯。此类辩护所成功实施的例子远未达到公众以为的水平。有调查发现，公众认为40%的罪犯以精神错乱为由进行辩护，其中1/3取得成功。但是，1991年，美国国家精神卫生研究所对八大州进行的研究发现，地方法院中不到1%的人以精神错乱为由进行辩护，而只有1/4的人取得了成功。

法律系统对心理学的其他应用值得怀疑，因为法庭工作者不很愿意接受这些方法，它们的结果也不太稳定。例如以下几个：

危险度预测：申辩组经常邀请心理学家预测出狱的暴力罪犯再从事暴力犯罪的可能性有多大。威利·霍顿的案例使心理学对未来暴力行为的预测准确度大打折扣，因为他与其他杀人犯一样，出狱之后又重开杀戒。

对暴力预测影响颇大的五项研究发现，在临床工作者所做的预测中，准确度只有1/3（此类预测均是无害的“错误预报”——预告某些人释放后将有暴力犯罪，结果其并没有犯）。美国最高法院重审了一个被判极刑的名叫托马斯·贝尔福特的人。此人的律师宣称，对其量刑时不应该考虑对贝尔福特在未来可能重新犯罪的预测。1983年，最高法院却持相反意见，认为这样的证词不一定不可靠。但是，甚至就连美国精神病学会也在一篇法院之友[1]的声明中认为，涉及死刑判决时，危险度预测常常被错误地应用。20世纪80年代至90年代，大部分心理健康专业人士都认为危险行为无法预测。然而，新近的一些研究认为，按照一定的基本规律，临床工作者完全可以对某种情形的危

1 指出于自愿或是应诉讼双方当事人的请求，提供包含相关资讯与法律解释的法律文书给法庭，以协助诉讼进行，或让法官更了解争议所涉的人或机构。——编注

险性进行预测，不过，这一点还不能得到多数人的认可。

谎言测试：心理学家、立法人员、律师、法官和新闻界人士对测谎仪的有用性和有效性已争辩多年。我们已经知道，撒谎的焦虑感——特别是在受试者被问及含有与犯罪相关的关键词句时——会使心跳加快、呼吸急促、皮肤静电增强等，这些都将准确无误地反映在测谎仪上。但对这一课题所进行的大量研究既有正面证据，也有反面证据。对测谎设备的用途所进行的十项最细致的研究显示，测谎仪比纯靠猜测准确 64%——也就是准确得多，但要使其成为呈堂证供，准确度还远远不够。2002 年，美国国家科学院的一个专家小组认为，没有任何科学证据能确保测谎仪有稳定的准确性。他们指出，联邦调查局和中央情报局等政府机构的几千名工作人员都先后接受了测谎仪的测试，却没有一个人被认为是间谍，即便是后来被证明向俄罗斯出售机密情报的奥尔德里奇·埃姆斯也通过了测试。

波士顿大学应用社会科学中心主任伦纳德·萨克斯令人信服地解释了测谎仪的弱点。他说，测谎仪不是谎言测定器，而是恐惧测定器。如果害怕机器会暴露其撒谎的真相，被测试者们就会产生一种机器会报告出来的恐惧反应——如果不相信测谎仪能做到这一步，他们便会照样撒谎，机器则判断其一直是在讲真话。

由于测谎仪不可靠，其有效性便值得怀疑，大多数法庭并不经常将其所测结果当作证据，心理学家也很少用其进行测谎试验（一般来说，只有那些自称"测谎者"的技术人员才经常做这些试验）。然而，测谎结果并非完全被排斥在法庭之外，最高法院把这一权力下放到各州法院，它们可以自行决定何时使用、如何使用以及是否使用其作为证据。有一些州虽不允许将测谎结果作为证据，但允许控辩双方事先商定是否接受将测谎结果作为证据使用。但是，这类法庭提出了很多限制条件，如测谎者的资质以及进行测试的具体条件等。

原告和被告有时会在庭审之前进行测谎试验，如果结果对他们有利，他们会将情况向新闻界公布。结果并不会成为证据，但公众，也许还有该案陪审团的成员，会在这些所谓的证据基础上形成一种看法。

陪审员的科学选择：将心理学应用于选择法庭陪审员，其社会价值值得怀疑。提倡者宣称，这将使陪审团的审判更加公平，但其宗旨却是挑选那些预计将偏向心理学家的客户的陪审员。

陪审员的科学选择已有 30 多年的历史。它是一种特别服务，可令原告或被告花费五万到几十万美元不等。因此，它主要用于重大索赔诉讼和关键性的民权案件之中。不过，近来一些收费较低的服务也用于某些低预算的小型案件，这种服务大多由市场调研及管理顾问公司提供。他们拥有自己的雇员，或临时聘用社会学家和心理学家，用他们的研究结果给客户的律师提供有关应该选择或避开何种陪审员等信息。

当然，律师本人也有经验，知道在不同的案件中应该选择何种陪审员。他们使用预备询问法（对准陪审员预先质询）选择他们认为不会偏向对方或最好偏袒其客户的陪审员。这个办法之所以是相对公平的，是因为双方都可以询问每一个候选人，以便选择或避开他或她。而陪审员的科学选择会给这一过程带来更多信息，这些以隐蔽方式收集的信息关系到准陪审员的人格特征和背景特征，专家可据此提出比律师更为准确的预测，即他们对涉案双方作何种反应。

此种方法的一个早期且至今仍以其为范本的例子，是 1975 年由辩护方对陪审员所做的一次科学选择。黑人囚犯琼·利特尔声称被一名监狱看守强奸，之后她用冰铲将看守杀死。为辩护方工作的一组社会学家和心理学家首先进行人口统计。他们确认，案发地北卡罗来纳州博福特县的人口中，有 30% 是黑人，但陪审团候选人里只有 13.5% 的黑人，因此，他们向辩护律师提出了上述意见。由于这个原因及其他因素，法官便批准了辩护方要求更改审判地点的动议。

在新的审判地点，研究小组又进行了一项社区调查，以了解当地人对刑事犯罪辩护方的态度。他们利用社会心理学的方法分析数据，得出了“好”“坏”陪审员的大致情况。比如，黑人妇女和至少受过大学教育的年轻民主党人等所持的社会价值观让他们有可能使其偏向于同情她的遭遇。

之后的阶段完全是心理学上的。一位人体语言专家在预备询问中观察了有可能成为陪审员的人，并根据他们的姿势、动作、眼神接触、声调和讲话时的犹豫程度判断其诚实度和焦虑水平（一些陪审员的研究者还将那些可指示陪审员是在理性或是在感情的基础上做出决定的因素考虑在内）。人体语言专家将评估结果交给律师，律师再将这些建议和社区调查的情况等作为选择或避开一些陪审员的基础。尽管起诉方极力反对，但所选择的陪审员最后还是完全偏向了利特尔一边，在历经五周的审判之后，所有的陪审员都认定她无罪。

有一些著名的案例对陪审团成员的选择比较科学，其中包括对安吉拉·戴维斯、伤膝河大屠杀案、越战老兵反战案、越南老兵诉橙剂制造商案、马克·查普曼案（约翰·列侬谋杀案）、检察长约翰·米切尔案以及 O. J. 辛普森的审判等。上述审判以及其他一些著名的审判结果都证实使用科学选择陪审员的方法是有益的。

在其他审判中，陪审员的科学选择也减少了许多未知因素。他们为选择过程增加了许多预计因素，如某个特定的陪审员可能对大公司、左派分子、寡妇、黑人、竞争性市场营销、警方、同性恋、因事故致残的截瘫病人等所持的态度。

这样一来，陪审员的科学选择就与辩护方必须得到公平而具有代表性的选定人群的判决这一原则发生了直接冲突。一位陪审团的研究者率直地说道：“不管是谁，只要他告诉你，选择陪审员的目的是寻求公平的陪审团，他就是在撒谎。律师希望找到有利他这边的陪审团——否则，他们就是傻瓜——而有关陪审团的研究也为他们提供了合理的办法。”根据陪审员可预测的行为来选择陪审员，无疑是在破坏陪审团审判的道德基础。

第七节 界限之外

就像将要淹死的人会抓住一根稻草一样，在遇到挫折时，人们也往往求助于神秘的力量，希望获得拯救。这种现象也许可以解释为什么近年来新世纪的神秘信仰、仪式和江湖秘方如此盛行，据说这些东西能给人以超人的力量、健康、安宁、顿悟和喜悦。它们包括金字塔的魔力、水晶球的魔力、香气疗法、灵魂转世疗法、外星信息、通灵术、意念发功等。

我们在“心理治疗师”一章中提到过类似荒唐的东西。这里我们只想说，所有这一切都缺乏科学依据。它们只是提供了一些零星的病史，没有随机对照实验，没有经双盲公正评估者进行复制实验。近来，由 37 位著名学者组成的小组对上述现象进行了深入的研究，他们认为所有这一切都没有得到科学印证，没有得到专家评估，因而是不科学的，而且，在某些方面遗患无穷。

好了，这个问题就到此为止了。现在，我们把精力集中在一些非正统的心理学学说和实践上，它们宣称可以延伸人类心灵的力量，它们的受欢迎程度甚至远远超过了主流的科学心理学。问题在于，心理学中的这些旁门左道是这门传统科学的延伸呢，还是诸如催眠术和颅相学一样纯粹是专门欺骗木瓜脑袋的伪科学的种种变形？

相信和不相信的人均可以提供大量证据以证明自己的观点，但我们可以走一条捷径，即依靠前面提及的两篇报告，也就是美国国家研究委员会成立的调查小组——人类表现强化法委员会——分别于1988年和1991年所发表的研究报告。该委员会的目标不是去揭示不同的心理学技巧，而是希望给美国陆军提供一些心理学建议，以拓展其能力。在这里，我们以小结的形式谈一谈该委员会对一些叫卖得非常厉害的技巧的研究发现：

潜意识自助：近几年来，通过邮购、超市及书店货架进行销售的潜意识自助磁带，年销售额已超过5000万美元。出品人宣称，使用这些方法，人们可以减轻痛苦、戒烟、控制饮食、增强自信心、消除压抑心情、治愈阳痿，还可以达到其他有价值的目的。

与潜意识广告不一样的是，这些包含在磁带中的信息不是以微秒形式，而是以正常速度传达出来的，尽管这些信息大都藏在音乐、海浪轻轻的拍击声或其他掩饰性的声音后面。据称能增强自信心的一盘磁带也许在这些声音的掩盖下，包含不为人知觉的重复信息："我每天越来越相信自己。"其中原因是，隐藏的信息是通过潜意识感觉到的，它能够有力地影响使用者的感觉、思想和行为。

该委员会研究过的最具确定性的一项实验是双盲实验，即对志愿者的记忆力和自信进行测试。测试之后，志愿者开始使用通过商业手段生产出来的潜意识自助磁带，不管是用于增强记忆力的，还是用于提高自信心的，五周之后重新对其进行测试。他们所不知道的是，只有半数受试者得到了他们认为的那种磁带，另一半人中，告诉其拿到的是增强自信心的磁带，实际上可能是用于增强记忆力的，反之亦然。

所有这些实验组得到的结果显示，"这些磁带没有产生可感知的效果，不管是肯定的还是否定的，也不管是在提高自信心方面还是在增强记忆力方面。但受试者大多不这么认为"。另一个进行过类似研究的小组则直言相告说，潜意识自助磁带完全是"骗人的"，是"彻头彻尾的骗局"。

对上述实验和其他一些潜意识自助项目的研究以及后来这些研究和实践所招致的法律诉讼统统说明，这一切都十分糟糕，十分荒唐。好几家公司销售一些“新鲜玩意儿”，通过特殊的眼镜和耳机发出闪烁的灯光和特别的声音。据说，雷莱克斯曼同步精力提升仪可以治疗消化不良、改善性功能、抑制疼痛、改变人的习惯以及消除各种不良嗜好等。由于闪烁的灯光能引发癫痫症状（无论是易感病人，还是从未有过癫痫史的人，都是如此），因此，美国食品药物管理局（FDA）命令封存所有产品，后来又下令将其全部销毁。

美国食品药物管理局同时也命令停销内省脑电波同步仪。据说，该设备有助于控制饮食、缓解压力、解除痛苦、增加脑力等。美国食品药物管理局还命令梓宫国际有限公司将费用返还给购买其产品学习机的用户，该公司声称，使用他们生产的学习机可以一夜之间学会外语，阅读速度可以提高四倍，心理会变得十分强大，可以增强自信，改掉坏毛病，培养好的习惯。

然而，最新研究结果却令人沮丧。浏览一下 2006 年下半年的网页，你会发现只有为数不多的几篇文章或几本书谈到了国家研究委员会有关潜意识自助装置方面的重要发现，而销售上述装置的链接竟多达三万个。

睡眠期学习：从 1916 年到 20 世纪 70 年代，一批心理学家尝试过对一些处在睡眠中的人小声地播放需要学习的材料。其理论是，这些材料将在无意识水平上为听者接收，因而可以不费力气地加以吸收。该委员会报告说，早期的研究无法确定，因为没有过硬的证据证明受试者的确是睡熟了。但后来的研究借助脑电图所显示出来的阿尔法脑波活动，完全可以证明睡眠者的确处于熟睡之中，但所得出的研究结果却是否定的，其间并没有发生什么学习的过程。

然而，总是存在证据以证明学习有可能在轻度睡眠状态下发生。

几年以前，一位研究者对嗜好咬手指甲的人进行治疗。他在这些人熟睡期间播放一句话的录音：“我的指甲尝起来苦死了。”每晚播放300次，一连播放54个夜晚，结果是，40%的人不再咬指甲了。可能的解释是：大部分人在睡眠中存在不同程度的睡眠深度变化，轻度睡眠期间有可能发生学习过程。该委员会的结论是：

> 本委员会没有找到证据证明在能检测的睡眠中发生了学习过程（通过脑活动的电子记录加以确认）。但清醒时的知觉和对语言材料的解释，可通过在较轻的睡眠阶段提供该材料而产生改变。我们的结论是，对在睡眠期间是否存在，或以何种程度存在对材料的学习及回忆一事，我们需要重新检测。

检测的结果有时是肯定的，有时是否定的，情况始终如此。究竟是什么导致了这种前后不一的现象出现呢？心理学家理查德·F.汤普森和斯蒂芬·A.马迪根在其新作《记忆：打开意识的钥匙》中给出了明确的解答：

> 在所有研究中，有一点必须指出，那就是实验者并没有测试受试者究竟是处于深度睡眠当中，还是因为播放信息而处于半睡半醒状态。新近一项针对睡眠中学习的研究解决了这一问题，研究者在播放信息的同时检测大脑的电波活动，确保受试者一直处于快速眼动睡眠状态。研究结果显而易见：没有证据表明在睡眠中有任何形式的记忆活动，无论是隐性记忆，还是显性记忆，都是如此。

尽管如此，网络上还是有人在兜售大量的睡眠记忆产品。对此，我们只能说的是：睡觉的人们，请当心！

神经语言程序学（Neurolinguistic Programming，NLP）：这套办法是理查德·班德勒和约翰·格林德这两位值得尊敬的心理治疗师设计出来的。许多人和一些公司均在极力推销这种方法，声称它能培训出一套相当有价值的技能。培训者通过 NLP 培训点、专题讲座和学校讲授该方法，使其成为热门生意。

NLP 的目的——正如其倡导者以及培训教师所说的那样——往往有些让人摸不着头脑。他们认为，NLP 可以提供“一种普遍的哲学和方法，帮助寻求改变的人通过陌生的途径找到通往目标的道路”。事实上，NLP 是很功利的，而且在不少人眼里，是不择手段的。

使用 NLP 据说可以增强人们与他人相处的影响力和有效性。其核心概念是，人们在进行心理和生理活动时，会利用特别的感觉系统——视觉的、听觉的、触觉的等——来想象正在处理的材料。按照 NLP 的说法，人们最容易受到一些以自己喜欢或当时正在使用着的表现方法所表现出来的材料的影响。接受 NLP 培训的人依靠诸如眼球运动、姿态及呼吸频率和语言等的暗示。他或她依靠这些信息进行“模拟”（模拟他人的身姿、呼吸频率和比喻的选择）、“锚定”（一种条件形成，可以引发某种具体的反应），从而扩大他或她对其他人的思想、感觉和意见产生的影响。这种方法因为一些明显的原因而对一些董事、经理和销售人员具有吸引力。

然而，该委员会找不出任何对 NLP 的有效性所进行的、在科学上可以接受的评估，这是因为，如该委员会所言：“NLP 的经营者、承办人和从业者都不是实验心理学家，而且也无意从事这样的研究。”现存的少数几例极不彻底的研究证据“要么是中性的，要么是否定的……总体来说，到今天为止，只有很少或根本没有任何实验证据能支持 NLP 假说，也不能证明其有效性”。

该委员会还说，NLP 的某些部分有可能具有某些益处，比如说，与他人保持对视，注意他或她对话题或比喻如何选择等，无疑可以改善彼此的交流。但该委员会发现，NLP 的这些可能有效的部分既不是它所独有的，也不一定与 NLP 学说有关。

此后，在 NLP 研究方面出现了大量的文献，然而，几乎每一项研究都离真正的科学十分遥远。他们要么是强行兜售，要么是激情推销。这并不是说 NLP 一钱不值。萨克拉门托城市大学哲学家罗伯特・T. 卡罗尔博士对此有一个很好的总结：

> 尽管我对很多人受益于NLP课程这一点深信不疑，然而，必须指出的是，NLP 是建立在几个错误的或者说是备受质疑的假设之上的。它们对于无意识、催眠以及通过无意识影响人们思维的信念是没有任何事实根据的……NLP 有关思维和感知方面的理论似乎得不到神经科学的支持……NLP 倡导者自己鼓吹说，他们的研究是务实的，即重要的是看它是不是真的有效。可是，如何鉴定“NLP 是否真的有效呢”？……口头传说与客户评价似乎是仅有的测量手段。不幸的是，这种测量方法只能说明培训者如何说服客户去动员他人参与培训，仅此而已。

生物反馈：指利用电子或其他监测设备，给人们提供有关他或她自己的生物功能的信息，旨在培训其对通常意义上的无意活动过程进行有意控制。这些无意活动包括心率、血压、体温（特别是极点温度）和阿尔法脑电波活动等。

典型地说，一位患高血压的受训者将看到一连串的血压读数，且能以某些说不出的方法慢慢地将一些无意识的过程与任何可观察到的血压下降联系起来。过一些时间之后，受训者在自己也不清楚的情况下就可以有意识地让血压降下来。同样，受试者看着可以显示左脑和右脑活动的监测器，能够学会增强某一种脑活动，同时减弱另一种脑活动，从而改善诸如心算等认知能力。接受培训者在学会降低某些具体肌肉的张力之后，能够改善音乐演奏技巧、冲刺表现、手眼随动能力等。

这听上去非常动人。但该委员会发现，通过生物反馈而取得的效果具有严重的局限性。受试者无法在压抑条件下降低自己的心率。在对肌肉放松研究的十份报告中，只有两份显示了证据，且没有一份显示在受压抑时将得到什么益处。对阿尔法脑电波活动的控制只在处理一些简单的认知任务时可以改善表现。体温控制据称具有防止冻伤的潜能，但基本上无法奏效，除非受试者处于休息状态。

正如其他边缘和另类研究一样，生物反馈疗法从者如云。然而，大部分理论都缺乏事实根据，其中只有极少部分与科学有缘。马萨诸塞州综合医院布卢姆病人与家庭学习中心对此给出了一个全面的评价：

> 生物反馈疗法作为一种放松和减压的手段自20世纪60年代后期出现以来一度人气很高。然而，其质量不高的研究和极度夸张的言辞使公众彻底产生了反感，到20世纪70年代和80年代，它慢慢退出了人们的视线。然而，到了20世纪90年代，其研究日趋完善，又重新赢得了人们的尊重。
>
> 目前，一些不太完整但令人鼓舞的证据表明，生物反馈疗法对于某些疾病的确有一定的疗效，如高血压、焦虑症、雷诺综合征、腰疼、失眠、儿童大小便失禁、肠易激综合征、

偏头疼和紧张性头痛等。生物反馈疗法对于治疗哮喘似乎无能为力。

超心理学：几十年来，一批非常投入的超心理学家——有些是物理学家、心理学家和研究其他学科的人，还有一些是普通人——一直在进行实验，以求证诸如超感知觉、超视（能看见不在眼前的物体）、心灵致动（通过意念力量移动物体或影响机械的能力）、心灵感应、灵魂出体、濒死经验和通灵等“心灵”现象。掌握着巨额捐款的美国心灵研究会成立于1885年，出版一份简报并经营一家杂志社，还定期地举行讲座，召开学术会议，组织各种集会等。盖洛普民意调查于2005年发表了一项综合调查报告，40%的美国人相信超感知觉，约1/3的人相信心灵感应，超过1/4的人相信超视。

如果这是真实的，所有的超心理学现象均会产生实际的用途（警方有时真还给一些声称拥有特异功能的人付钱，让其说出失踪者的方位）。于是，国家研究委员会专门参观超心理学实验室，观察他们进行的演示及实验，并与一些超心理学家讨论超心理学实验，察看相信和不相信者各自的研究报告。在大量材料中，最肯定的发现有如下两种：

——在关于心灵感应透视远处物体的大量报告中，只有九份是科研报告，且九份中的八份均有严重的错误（“发送者”已在无意间给“接受者”提供了中间实验的线索），而第九份报告的错误虽有不同，也同样严重。后来进行的更严格研究的确得出了一些结果，但其结果远低于产生意义的统计学水平。

——在随机抽取的332例心灵致动影响的报告中，188例符合某种程度的科学标准，58例具有统计学意义的结果。两项最仔细和最广泛的实验使用了随机数字发生器，转出0或1，每个数字的平均出现率为 50%。试图通过心灵致动影响机器的受试者，在一间实验室里使 1 的出现率为 50.5%，在另一间实验室里为 50.02%。这就是说，在一间实验室里进行的每 200 次实验中有一个额外的 1，而在另一间实验室里进行的每 5000 次实验中有一个额外的 1。考虑到实验数字非常庞大，这些结果从统计学上来讲具有一定的意义，但其表示出来的是“极微弱的效果”。

这就是大多数超心理学现象的最有影响力的证据，因而该委员会给出了明确的结论：

> 在过去 130 年内进行的研究中，本委员会找不到有科学意义的证据以证明超心理学现象的存在。
>
> 本委员会的观点是，最有力的科学证据也无法证实超感知觉——在没有已知感觉机制参与的情况下收集有关物体或思想的信息——能够存在。
>
> 科学也提供不出心灵致动存在的证据——也就是说，在没有躯体干预的情况下用意念来移动物体。

当然，该委员会对这些证据所做的结论，根本无法动摇超心理学者的信念。要做到这一点，仍需要时间。我们可以回顾一下费斯廷格、里肯和沙克特对“世界将毁灭于一场大洪水”的研究。他们遗憾地报告，一个人如果相信什么，并为该信念采取过行动，即使在面对不利于其信念的证据时，也“不会对自己的信念产生丝毫的动摇，反而比以前更加相信它们”。人类思维这台可以令整个世界产生意义的、最有力也最令人惊奇的仪器，似乎能够非常轻易地为自己的错误思想进行辩解。

如果你浏览一下网页，看看有关超心理学方面的文件，一两个小时后你就会发现，在2007年，虽然在我们的文化里正进行着各种科学心理学——尤其是认知心理学和认知神经科学的革命，但依然有很多人非常狂热，对超心理学现象深信不疑。对于其中某些现象，超心理学的追随者认为有充分依据，尽管这些所谓的依据从未达到“非凡的理论需要非凡的证据”的要求。最近，研究人员对关于心灵致动的380项研究进行了萃取分析，如果结果是肯定的，那倒真是非凡的证据。事实上，实际的结果可以忽略不计且毫无意义，使得我们认为这是出版偏见的产物（出版社只出版那些“正面的”或“肯定的”结果，而不出版“负面的”或“否定的”结果）。

但是，很多超心理学的信徒并不关心研究结果。他们之所以相信，是因为他们认为他们所经历的事情用超心理学来解释最为合理。他们在一方面是对的，即他们的体验是真实的，这是大脑的一个真实的活动。其错误之处在于，他们认为他们所体验的对象是真实的。如果有人在潮湿、油乎乎的街道上看到耶稣的面孔，这种体验是一个事实。然而，街道上真实的东西则是完全不一样的。

至于浩如烟海的论文、专著、演讲、专业文章以及其他一些支持该理论的东西——够了！本书是一本有关心理学（即研究大脑的科学）历史的书。超心理学不是心理学，也不是科学。我们有点偏离主题了。让我们闲话休提，言归正传吧，马上进入本书的最后一章。

第十九章 今日心理学

第一节 心理学家素描

大多数有思想的人将刻板印象等同于心胸狭隘、心存偏见，但我们待人接物的得体举止却往往来自对他人的总体揣摩。如果进餐时身边坐着一位素不相识的女士，且知道她是长老会的助理，而非一个散布名人丑闻的八卦作者，那么，我们与她谈话的方式一定有所不同。概括性的期待往往流于简单，也不准确，但它们的确是关于人的必要假定。没有这些期待，我们在餐桌上或其他社交场合的行为就会失态，跟刚刚从巴布亚新几内亚的荒野中跑出来的科罗威部落的人相差无几。

那么，如果你知道坐在你旁边的陌生人是一位心理学家，你会想到什么？

对大部分人来说可能意味着，他或她对人类的本质有着特殊的洞察力，并专门对付心理有问题的人。但对你而言，迄今为止，你已对心理学有所了解，能够纠正这些概括性的错误观点。你知道，“心理学家”表示的不是一种职业，而是一个宽泛的职业范畴，其中的许多职业与洞察人类本质毫无关系，许多心理学家是科学家，而不是治疗师。因而，没有任何一种概括，也没有任何一种形象可囊括当代心理学家在工作中所具备的能力和进行的活动。以下是一些例子：

——实验室里，一位年轻的女性戴着耳机，她的头在一个巨大的扫描仪内，耳边响起一个男性的声音，说着所谓的“句子”。她需要选择四个按钮中的一个，代表她所听到的每个句子的“有意义”程度。下面是她所听到的一些“句子”：

the man on a vacation lost a bag and wallet
the freeway on a pie watched a house and window
on vacation lost then a and bag wallet man then a
a ball the a the spilled librarian in sign through fire
the solims on a sonting grilloted a yome and a sovier
rooned the sif into hlf the and the foig aurene to

上面这些所谓的“句子”，从“语义协调”（有意义），到“语义随机”（每个单词本身有意义，但是放到一起则毫无意义），再到“伪单词列表”（一些在排列上不讲句法的字母串），其中的一些句子毫无意义。这名年轻女性选哪个按钮并不重要，四位研究人员关心的是由 fMRI 显示出的，她听到这些所谓的“句子”时的脑部活动。事实上，他们发现的东西十分有趣，只是他们在报告中的表述和往常一样充满了冷冰冰的学究气。“人们在理解句子时，大脑中颞叶中的一部分负责处理句法，顶叶中的一部分负责处理语义，两部分不同，但又有所重叠。这两个区域以不同的方式利用句法信息和语义信息。”具体细节十分深奥，在此不方便陈述，但它们合在一起导致了一个有趣的结果：人脑中有专门的回路，当听到别人说话时，它们分别负责解释语义（意义）和句法（句子结构）。

——一位身着白大褂的男士拿着手术刀，弯腰伏在手术台上，慢慢地切开一只澳大利亚袋鼬，希望在其体内找到细小的肾上腺。这只雄性袋鼬在经历数小时的交配后死亡，这一物种中的雄性在每年为期两个礼拜的发情期内，经过5—12个小时的无停息交配后死亡。研究人员对它们的肾上腺进行检查，得出的解释是：繁殖季节的日照时长和平均气温使雄性袋鼬肾上腺极度活跃，从而使其进行较长时间的高强度交配活动，最终死亡。该项研究丰富了人们的知识——季节性因素可影响袋鼬和人类行为。

——一个房间被设计成要开鸡尾酒会的样子，一些志愿者在房间里见面了，工作人员给每人一些饮料（有人拿到的是伏特加加奎宁水，有人拿到的是纯奎宁水，他们被告知拿到的是什么，但这不一定是真的）。志愿者们边喝边聊，15 分钟后，有人把他们领进了里屋，他们在那里观看了一段时长为 25 秒的录像，内容是两个篮球队在来回传球，工作人员要求志愿者数一下穿白色球衣的球队传球的次数。在这个过程中，一名穿着大猩猩套装的女子走到画面的中央，做捶胸顿足状，然后离开。放映结束后，研究人员对志愿者一一进行采访。令他们惊讶的是：他们进行了 12 次实验，有 46 位受试者参加，在其中喝过真酒的人当中，只有 18% 的人注意到了“大猩猩”。更令人惊讶的是：喝奎宁水的人中注意到“大猩猩”的不到一半。这一研究有两大意义：即便是微醉也会影响人对自己所关注的事（传球）以外的事的注意力；即便是清醒的人，如果注意力集中到某一事物上，也不太可能注意别的意想不到的、不寻常的东西。这一发现对于判断法庭上目击证人的证词来说意义重大。

——在一间心理学实验室里，两个学生志愿者面对面站在一张狭长的桌子的两端，中间有一道帘子将他们彼此隔开。实验者告诉他们不许说话。桌下有两个彼此相连的曲柄把手，桌上有一个蓝色的扁平大圆盘，圆盘的一条直径两端有两个小标记。一个呈小型长方形的白色区域从圆盘的上方被投射到圆盘的两侧。两名志愿者可以各自通过桌下的曲柄把手转动桌上的圆盘。当实验者示意时，他们要尝试转动圆盘，将圆盘边缘的小标记转至投射下来的长方形区域内，完成的速度越快越好。完成之后会出现新的投影区。考虑到两名志愿者各自控制一个把手，且没有人告诉他们该如何进行这项任务，因此他们既有可能无意间相互对抗，也有可能通力合作。但事实上在尝试几次之后，他们就会开始合作，一个志愿者负责加速转动圆盘把标记转向投影区，另一个则负责减缓转速以防止标记转出投影区。显然，他们不是通过语言而是通过控制桌下相连的曲柄进行交流——而且他们表现得如同一个团队一般，比独自进行这项任务的志愿者做得还好。这项发现对“运动神经控制理论”提供了有价值的补充，表明了人们是怎样不通过语言与他人合作做出各种动作的——从搬家具到跳华尔兹，都是这样。

——在一个冬日里，鸭子在池塘边游动，两位穿得非常暖和的研究者站在 30 米开外，其中一位每隔五秒向水里扔一块面包，另一位每隔十秒往水里扔一块面包。喂过几天后，每五秒钟扔一次面包的那边，鸭子的数量多了一倍。几天以后，研究者做了变更：每十秒钟扔一次面包的研究者扔的面包块要大一倍。开始时，鸭子仍按老样子往原来的地方跑，2/3 的鸭子喜欢去扔得更频繁的那一边，但不到五分钟，它们开始重新选择位置，两边的鸭子各占一半。研究者相信，这证明了鸭子具有复杂的、天生的觅食策略，鸭子不仅考虑食物出现的频率，也注意着食物的平均尺寸。这项研究使人们眼界大开，知道次数和数量在动物和人类的大脑中都是以非语言的形式表现出来的。

——一组研究人员小心地将微型麦克风放在志愿者的耳道里，

让他坐在一个环形框架的中间，框架上有六个高度不同的扬声器。然后，研究者通过一个又一个扬声器播放白噪声（一种广谱的咝咝声），每播放一次即将这个装置旋转15度，直到最后有144个位置发出过声音。志愿者每次都能通过方向和高度分辨出声源的位置。后来，研究者利用麦克风收集到的录音，将声音通过耳机而不是扬声器播放给志愿者。志愿者仍可分辨出声源的方向，准确度与实际情况一致。这项实验增加了人类的知识，知道思维是如何根据声音到达耳朵的时间差判断声源方向的。

我们还可以在这些杂乱的场景中再增加一些我们已在前面提过的内容：从心理治疗师通过苏格拉底式方法引导病人认识其不现实的想法，到发展心理学家记录婴儿在观察不断从屏幕上闪过的图片时的眼球运动；从行为神经科学家给已学会走出迷宫的老鼠注射肾上腺素以观察激素如何影响其记忆力，到认知科学家努力编写出一个计算机程序的数以千计的步骤，给这个程序数百个句子，让它可以像婴儿那样学习语言。

此外，还有许多心理学家的特别兴趣和活动我们还没有来得及进行探索，其中有很多与我们的日常生活大有关系。举例如下：

——有人在研究爱情和择偶心理学。爱一度是个相当热门的研究领域，后来人们认为它太"软"（无法进行严格的测试）而将它边缘化。然而，近几十年来，人们对爱的研究开始复苏。这些研究主要基于对调查数据、采访、大脑扫描、跨文化因素以及神经递质科学等所进行的复杂统计分析。研究人员通过上述手段区分各种各样的爱（激情、浪漫、亲密、相知等），并研究它们与性之间的关系以及爱如何随时间变化。这些都是听起来很熟悉的经典课题，然而，一些研究方法却非常现代、非常先进。比如，以心理学为导向的人类学家海伦·费希尔在其新书《为什么我们会爱：浪漫爱情的性质和化学特性》中说道，爱是多巴胺或去甲肾上腺素水平升高的结果，或者是二者都升高的结果，也是羟色胺水平下降的结果。她说，fMRI 扫描结果支持了这一假设，当你看到你所爱的人的照片时，大脑的某个区域会突然“亮起来”（当然，有人可能把这一现象看成是浪漫爱情的功效，而不是诱因）。

——研究小组对一些遭受抑郁症反复发作折磨的人进行了长期的纵向研究。他们对受试者的经历和人生变化进行跟踪调查，并将它们与情绪状态联系起来，在统计学意义上厘清每种可能导致抑郁的因素的影响。他们发现，童年时代受虐待、家庭冲突、家庭暴力及其他创伤是重要影响因素，而亲友的支持则可作为抵消性因素起到平衡作用。比如，始于 1948 年的斯特灵县研究——这类研究中历时最长的研究项目——获得了丰硕的成果，这些成果一一出版。新近的一项研究表明，第二次世界大战以后出生的女性与比其年长的女性相比更容易得抑郁症，这可能是因为她们进入了劳务市场，就业是一个很大的压力。另一项发现是，在长期抑郁的人中，男性的发病率和死亡率都高出女性很多，这也许是因为男性不愿意就医。

——智力的本质已在几十年来得到了广泛研究，但又有研究者提出一种全新的概念：智力既不是总体的知识能力，也不是相关能力的集合，而是一整套不同的过程和策略，它们可能在同一个人身上以不同的水平发挥作用。哈佛大学的霍华德·加德纳认为，每个人都具有七种不同的智力：语言智力、逻辑－数学智力、空间智力、身体运动智力、音乐智力、人际关系智力和内省智力。耶鲁大学的罗伯特·J. 斯滕伯格的研究数据表明，智力结构是“三元”的，包括思维对自己的能力的了解、思维对自己积累的经验的利用、思维对目前情形的评估。

——许多研究者致力于更深入地研究性别角色行为和性偏好的

来源。一些人关注在胎儿期大脑发育受哪些因素影响，一些人则专注于基因异常，一些人专注于家庭影响，一些人专注于文化因素。各组研究人员都将其所重视的因素视为最具影响力的因素，但一种正在形成的观点是，在每种情况下，所有的因素都非常重要，只是程度有所不同。在任何人的成长过程中，某种特定的交互作用决定结果。

——意识的本质也许是心理学中最复杂的谜团，但长期以来一直被搁置在一边，要么是因为它难以捉摸，要么是因为它在理论上或实践上并无用处。然而，自从认知革命和认知神经科学革命以来，一些研究者认为这个问题是最重要的，也是可被回答的。几年前，弗朗西斯·克里克认为，神经元连续的、半振荡的放电使大脑中许多区域的神经活动暂时统一。此种形式的自我激发本质是意识的基础。菲利普·约翰逊－莱尔德将意识比作计算机的操作系统，即一组运行任何程序都能引导和控制信息流的指令。杰拉尔德·埃德尔曼则认为意识有两种水平，低水平的意识来自大脑主管内部生理驱动力的部分与处理来自外部世界信息的部分之间的相互影响。高水平的意识来自大脑中负责语言的部分和负责概念形成的部分的互动，高水平意识可以给事物取名，并将之归入一定的范畴中，使思维不再听命于实时的事物，并能意识到自己的想法。

将心理学家的特别兴趣和活动模式化是徒劳的。但我们能否将典型的心理学家描绘成一种人呢？不能。心理学家男女都有，身材、外形、肤色、年龄、教育水平、社会地位等各有不同。

许多人认为，心理学家应是白人、男性、博士，而且，像前面提到的那样，他一定得对人类的本质有独特的看法，也能治疗精神病。后两种描述涉及洞察力和治疗，在超过 10.2 万名接受过博士教育的心理学家中，约有 60% 符合这些条件。然而，在这 10.2 万名心理学家中，近 1/3 的人是研究人员，与治疗没有任何关系，而为工业界、政府机构、服务机构、学校提供服务的人员更是少之又少。但第一个限定词——白人——却很有道理：在所有受到聘用的博士级心理学家中，黑人不到 4%，西班牙裔占 3.4%，亚裔不到 3%。（在美国心理学会里，不知为什么，黑人会员仅有 1.7%，西班牙裔占 2.1%，亚裔占 1.9%。）

第二个限定词，男性，最初是正确的，但早就改变了。1910 年，在博士级的心理学家中，女性仅占 10%；1938 年，该数字为 22%；在 1990 年，该数字为 40%。如今在美国，在博士级心理学家中，女性占 50%（在美国心理学会中，这个比例达到 53%）。这一现象主要是临床心理学的发展所致，因为这个职业对女性来说，一直是相对开放的。但在理论心理学领域，情况则不是这样：几十年来，男性心理学家一直把持着学术岗位，不让女性插足，理由是，她们一旦有了孩子，将会在几年内或终身抛弃自己的研究。与之相应的是，心理学论文的作者绝大多数是男性，他们把持着几乎所有的高端研究岗位。只是在近年来，女性也开始担任学术职务，但获得终身教职的女性仍远远少于男性，尽管现在，女性也和男性一样，常常发表学术论文。根据 2000 年的数据，尽管女性进入了这一领域，但任要职的依然是少数。

“博士”这一称呼是另一个错误的刻板印象。的确，美国心理学会的 9 万名成员中有 3/4 拥有博士学位，在美国心理科学协会的 1.2 万名成员中这一比例更高。但另有约五万名心理学家并没有这么高的学历[1]，他们中的大部分被排斥在美国心理学会和美国心理科学协

1　五万这个数据是由美国心理学会的线上研究办公室基于多方数据来源仔细统计后得出的。美国劳工统计局给出的数字是一万，很显然，他们使用了更严格的统计标准。

会之外。他们只拥有硕士学位，但他们提供具有实用性的服务，在企业、养老院、学校、专科医院、政府机构、私人诊所中从事测试、咨询、心理治疗工作，并提供各种日常的心理服务。

所有这些旨在说明，心理学家形形色色，有些心理学家与其他同行很不一样，似乎除了共同享有“心理学家”的称呼之外，他们就没有共同点了。

第二节 学科素描

心理学家及其活动多种多样，其兴趣领域也各不相同：尽管心理学被称为一门科学，但其内容过于多样化，以至于很难用一种简单、明确的方式定义或描述它。

上述片段及我们所看到的心理学的历史已证明了它的延伸性和多样性。若想更详细地了解心理学变化多端和混乱繁杂到何种地步，人们只需翻阅几卷《心理学年鉴》。

《心理学年鉴》包含约 20 个章节，其中一些回顾近来在知觉、推理和运动技能获取等心理学的主要而又不同的领域中的研究，另一些则涉及更深奥难解和不着边际的课题，如大脑多巴胺及回报、听觉生理学、社会及社区干预、脑半球不对称、音乐心理学、各类脑部扫描应用和宗教心理学等。在过去六年里，《心理学年鉴》已涵盖约 100 个不同的领域，每个领域均分化出若干副主题，任何一个副主题都有可能消耗一位研究者的全部时间和精力。

在美国心理学会诸多会议所涉及的大量项目中，我们看到一个更清晰、更庞杂的画面。下面随便举几个例子，它们是 2006 年 8 月美国心理学会全体会议上的论题：

多元文化精神病流行病学的新发现

恐惧和焦虑：神经科学的突破性发现

进化心理学的应用和滥用

对人类破坏性的剖析

视觉意识的失败

人是如何改变的

对这次会议的演说、分会场会议、研讨会进行随机抽样，结果与上述情况类似。我们可以得出这样的结论：这不是一锅清汤，而是一锅心理学的杂烩炖菜。

浏览一下美国心理科学协会《心理科学近期趋势》的目录，你就会发现，尽管它是以研究为导向的（美国心理科学协会只允许其中有极少量的临床内容），但其内容却异常丰富。请看下面一些文章的题目：

婴儿对女性和男性的差别性处理

情绪结构：从神经成像研究中得出的证据

用手来交谈与思考

比较范例和基于规则的分类理论

根据生物－运动的线索分析他人行为的大脑机制

压力和适应：与生态相关的动物模型

有哪一门学科如此不整齐，如此繁杂，如此没有组织呢？我们是否有理由相信，它就人类天性和人类思维所说的话就是科学的真理呢？

20世纪初，威廉·詹姆斯在机智地阐明心理学在当时的状况后懊悔地说，它还不是一门科学，只是“有希望成为一门科学”。他是这样描述心理学的：

> （它是）一系列未经加工的事实；一些观点所引发的一些闲话与口角；仅在描述性的水平上进行分类和概括；一种强烈的偏见，即我们有不同的思维状态，我们的大脑可以对其进行约束；但心理学中没有一条单一的、物理学式的定律，也没有一个单一的、可推导出任何结果的命题。

这种说法与心理学现状的对比显示：观察结果与实验室研究结果等事实性的东西增多，但已不再粗浅，而是经过复杂的统计分析；同样有闲话与口角，但大多数与可测试的解释和理论有关，不再只是意见；已有大量处于理论水平上的分类和概括；还有大量有关心理状态及其与大脑活动之间关系的规则和假说，且其结论经常可通过因果关系加以推论并验证。心理学早已超过了“成为一门科学”的愿望，在现实上成为一门科学。

然而，它与大多数的学科不同，它复杂而令人烦恼。

在自然科学中，知识是逐步积累的，人们对本质的理解不断深化。相对论并没有推翻牛顿物理学，只是在吸收它的同时超越了它，处理牛顿无法看到的现象。现代进化论也没有推翻达尔文主义，只是增加了更多的细节、例外及复杂性，这些都是达尔文不了解的情况。与上述学科相反，心理学却产生出许多特别的学说，这些学说在后来要么被完全推翻，要么经证明只适用于一些非常有限的领域，无法为更大和更全面的理论提供基础。行为主义即是一个再好不过的例子。它出色地探索并解释了一些心理过程，却完全无视思维现象。只有逃离行为主义的藩篱，心理学才会有所发展。

再说，心理学中充斥着杰罗姆·凯根所说的“不稳定概念”——其概念与理论陈述所涉及的不是固定不变的现实，而是主观的、可变的东西。心理学中的许多现象涉及特定事件对人类的意义，与发生在物理世界里的物理现象完全不同，当两位心理学家使用相同的术语时，他们所指的东西可能完全不同，在不同的时期和不同的社会文化背景之中，情况更是如此。凯根多年前在回顾自己以前所写的东西时说：“我意识到，使我感到窘迫的是，诸如成熟、记忆力、情绪与习惯的连续性等概念，我本以为它们具有固定的意义。”但多年后，他看到，这些概念及心理学中其他许多概念的含义，都可根据某位研究者收集数据的方式而产生变化。一个人将恐惧定义为一系列生理性的事情，并对其进行研究；另一个人则认为恐惧是他的受试者在感觉害怕时所体验到的内心感受。但两套数据并没有紧密的联系，在感觉害怕的人身上往往无法找到生理迹象，表现出生理迹象的人却又没有情绪。对害怕所做出的科学解释的真实性取决于人们用该词想表达什么。同样的情况也发生在对情绪的研究中，情绪研究是心理学中的一个中心性课题。如我们所见，自从威廉·詹姆斯以来，几十年来，情绪一直被反复定义，尽管人们积累了大量的数据，但仍在用探索性、分析性的论述对情绪的本质进行研究。

再次与物理学不一样的是，在心理学领域，许多时候，在某一文化背景中得出的原理只适用于这种文化背景。近年来，心理学家们对心理学原理的跨文化有效性产生兴趣，他们指出了一些似乎具有普遍性的原理，包括皮亚杰对发育阶段进行观察后得出的一些原理，以及儿童获取语言要素的顺序、人类自发的分类倾向、社会怠惰效应倾向等。但他们也发现，许多与发展现象有关的原理只在其被得出的文化环境或相似环境中有效。其中包括：男性气质、女性气质、爱与嫉妒的定义和发展、从众与服从权威的倾向、在推理中对逻辑的运用、亲缘关系和归属感的发展。

所有这些并不是说心理学不是一门科学。但它的确不是一门具有连贯性的科学，它没有一种连贯性的、综合性的理论，只是智力和科学的大卖场。

40多年前，当认知革命打破行为主义封闭的大门时，各种各样的可能性在开始时看上去十分刺激，十分令人鼓舞，但仔细一看，则令人困惑和烦心。森林湖学校的戴维·L.克兰茨曾描述过他眼中心理学起初和后来的样子：

> 最初接触心理学时，我为它的广泛性和多样性感到兴奋……我只是隐约地意识到，入门教科书中的章节互不相关，但我对此并不在意。实际上，它们的这种“不重叠”正好增加了探索的新鲜感。
>
> 后来在读研究生时，由这种多样性引发的兴奋感被不断增多的对专门知识的强调和只能专注于课本中的部分章节的压力所抵消。我越来越意识到，人们经常消极地看待心理学的多样性，认为这意味着心理学没有连贯性，甚至认为这是“非科学”的特点。

这就是40多年前该领域在克兰茨眼里的印象。跟克兰茨一样，许多心理学家也受到这一研究领域的多样性和不连续性的困扰，这一现象延续了很多年。仅仅16年以前，一位评论员在《美国心理学家》中预测说，在未来的50年内，心理学的主要研究领域将分崩离析，取得独立身份，相应的各个科系将出现在大学中，心理学将被视为多元行为科学发展的一个临时阶段。其他理论家也不大乐观，认为不可能出现一个统一的理论，而且，这样的理论也没必要。许多年来一直更关注这一领域中的宏观问题的西格蒙德·科克认为:“心理学的不连贯性最终［应该］被‘心理学研究’之类的说法所替代,并以这种方式得到承认。”

然而,也有人认为,一定要也一定能找到新的概念、理论、比喻性的说法去统一心理学中的各个半自治性的专业。他们急于寻找一种“宏大的统一准则”,避免该领域分裂。他们认为,新的、统一的概念一定会出现。

然而,听听当代两位极受尊敬的心理学家有关宏大理论的看法,我们就会知道,目前学界对新的、统一的概念是什么并没有共识。

首先,著名认知心理学家阿尔伯特·班杜拉说,他一直支持发展一种广泛而普遍的“能动理论”,该理论几乎涵盖人类的所有行为。班杜拉认为,人类具有将世界符号化的能力(用语言和符号),这使我们能够影响自己的生活,而不仅仅是被动地受到外力的影响。“心理学是这样一门学科,它以独特的方式包含着人类机能的生物因素、内心因素、人际因素、社会结构因素之间的复杂相互作用……个人动因和集体动因在生活的各个方面影响着人类的发展变化和适应性,这种影响是与日俱增的。”

其次,诺贝尔奖得主、神经科学家埃里克·坎德尔说:“在21世纪,科学面临的最大挑战是用生物学的术语来解释人的心理。”生物学以其丰富的知识和方法论,将自己的注意力转移到一个远大的目标上:理解人类心理的生物本质。当未来的历史学家回顾这段历史时会发现,“有关人类心理的最宝贵的见解不是来自于传统意义上研究心理的学科,如哲学、心理学、精神分析等,而是来自上述学科与大脑生物学的结合”。

面对将出现怎样一个包罗万象的心理学理论这一问题,学术界众说纷纭,莫衷一是。自认知革命以来,没有任何迹象表明这样一个理论将会出现。实际上，我们看到的恰恰相反，各个流派层出不穷，互相排斥。应当承认，很多心理学家都在潜心研究一些更小的、更专业的课题，但当代很多研究都是跨学科的，绝大多数时候，研究人员会借鉴文化心理学、进化心理学、计算理论以及神经科学等领域中的丰富知识，对有价值的课题进行研究。正如著名神经科学家、2006年美国心理学会会长迈克尔·加扎尼加所写的那样：

> 研究心理，会发现很多复杂的机制……而且，我们所见到的常常和我们想象的不一样。为了弄清真正的机制，我们必须了解不同领域的研究成果。如果我们各自为政，研究的领域越来越狭窄，那么永远也无法发现真相。

在过去40年的时间里，尤其是在近20年的时间里，在心理学的广阔领域中，有许多不相似的学科，无序整合、松动、杂交、半融合发生在这些学科之间。也许，一个既能解释神经递质的动作又能解释诗歌创作的心理过程，既能展示神经网络的分布情况又能解释真爱产生过程的万能理论永远不会出现。在我们对心理学还不太了解时，这样的理论有可能产生，但今后可能无法再次产生。而且，我们也许并不需要这样一种理论。

第三节 分裂

尽管近几年来的发展掩盖了人们对心理学将变得“四分五裂”的担忧，然而，一种严重的分裂——学院派科学家与临床派行医者之间的组织性分裂早在近20年前就开始了。

理论心理学家与应用心理学家之间的分裂在美国心理学会里算

不得新鲜。美国心理学会是一个专业性组织，长期以来代表着美国心理学界，它成立于1892年，最初只是一个知识分子协会，其成员主要是学校教师和研究人员。应用心理学家从一开始就被人瞧不起，极少有人被选拔到重要的岗位上来。大家认为，他们的价值和目标是腐败的、商业性的、非科学的，总的来说，是污秽的。约翰·B.华生因性丑闻被赶出学术界，但美国心理学会冷落了他几十年并不是因为这个原因，而是因为他将自己的技能出卖给了广告界。

临床工作者更是被理论研究者视作下九流。在1917年的美国心理学会大会上，一组临床工作者——当时在美国心理学会中仅有几个——非常苦恼，因为他们感到自己的兴趣被忽略了，于是决定成立他们自己的组织——美国临床心理学家协会。这一协会渐渐壮大起来，美国心理学会也采取行动，创立了自己的临床分会，宣布它愿意接受美国临床心理学家协会的任何成员进入自己的阵营，甚至还为此修改了自己的章程，旨在推进心理学的发展，使其既有理论性，又有实践性。这种办法果然奏效：变节者一一回到娘家，美国临床心理学家协会宣告解散。

随着美国心理学会中临床心理学家和应用心理学家人数的增多，类似的事件又反复发生。不满意者总是重新成立属于他们自己的组织，美国心理学会总是进一步修改它的结构，对他们加以挽留，或设法使其回归组织。然而，要使理论研究者和临床实践者的兴趣和世界观、价值观得到真正的协调，则是根本不可能的事。在1984年的《美国心理学家》中，一位心理学家借用C.P.斯诺的概念悲伤地提到了“心理学的两大文化”，它们互不理解、敌对、不相容。

使事态变得严重的是金钱。在20世纪70年代，通过健康保险，临床服务的第三方支付成为可能。但在20世纪80年代，由于里根政府的政策和健康维护组织的出现，这一支付来源开始减缩。美国心理学会里的临床工作者——此时，他们的数量已占多数——要求该组织进行更多的游说活动，为他们进行宣传。理论研究者对此大为震惊。他们担心，美国心理学会这个一直以来的科学组织会变成职业协会，具有自己的金钱和政治目标，并受到行医者的控制。

20 世纪 80 年代中期，美国心理学会的理事们想尽办法避免科学家们倒戈，于是设计重组方案，以保护他们的兴趣。但该套方案遭到美国心理学会会员大会的否决。面对即将到来的危机，该会员大会通过了一个七拼八凑的、双方均不满意的重组方案。该重组方案于 1988 年由会员大会讨论，但几乎是以两票对一票的比例被否决了。

这是一个决定性事件。1988 年，在亚特兰大举行的美国心理学会大会上，该组织的前任会长和著名的学术研究者们——包括阿尔伯特·班杜拉、肯尼思·克拉克、杰罗姆·凯根、乔治·米勒和马丁·塞利格曼——在宾馆的房间里召开核心会议。他们带着反叛精神，宣布成立一个新的组织，即美国心理科学协会，主要吸收学术和科学方向上的心理学家。接下来的几周内，数百名科学家宣布退出美国心理学会，转而加入美国心理科学协会，另有数百人也参加了美国心理科学协会，但保留在美国心理学会的会籍。在一年之内，美国心理科学协会已拥有 6500 名会员，到目前为止，该协会已经拥有正式会员近 1.2 万名，另有学生会员 5000 多名。现在，它的人数仍远远少于美国心理学会，美国心理学会的人数是美国心理科学协会的八倍。但美国心理科学协会在茁壮成长。为了更明确地区分它与美国心理学会的宗旨，美国心理科学协会在保留其原有的缩写名称 APS 的同时，于近期由原来的 American Psychological Society 正式更名为 Association for Psychological Science。

与离异夫妻为孩子的利益而相互妥协一样，美国心理学会和美国心理科学协会不再在公开的场合彼此攻讦了。来自两个团体的代表曾讨论过，在可能的时候如何进行合作。几年前，美国心理学会甚至提出，他们可以出版美国心理科学协会的新会刊——《心理科学》（目前，美国心理科学协会出版四种刊物）。尽管美国心理科学协会选择了另一个出版商，但其负责人仍给美国心理学会写了感谢信。两个组织的确在彼此竞争，以吸引更多的研究生和新的博士学位持有者，但现在，美国心理科学协会的许多成员认为，同时参加两个组织是明智的。目前的情况是，美国心理科学协会将继续成长，并服务于科学界。美国心理学会也在成长，它的临床专业成员的比例将继续增加，但仍将继续拥有理论科学家，他们在比例上占少数，但人数并不少，美国心理学会为他们出版刊物，并在华盛顿和其他地区代表他们的利益。

若所有这些令人困惑，那么，它又能怎样呢？在心理学中，一切都是纷繁复杂的，一切都是模糊的。整个领域真实地再现了它所研究的对象——凌乱的、复杂的人类心理。

第四节 心理学与政治

——美国拥有博士学位的科学家中有近 1/10 是心理学家。

——在学校、工业界、诊所、精神病院及军队中，想要顺利开展工作，掌握心理学知识非常重要。随着研究的深入，人的本性将被更好地理解，社会中的一切都会运转得更好。

——与其他学科不一样的是，心理学的基础研究无法生产出可售产品，因此无法自给自足。它在很大程度上依靠联邦政府的公益性资助。

那么，联邦政府给心理学研究提供多少资助才合适呢？

一年 200 亿美元？

100亿？

50亿？

实际数字：2005财年为5.744亿美元，仅比10亿的一半多一点。

心理学基础研究目前得到的联邦资助是自然科学的1/7，是生命科学的1/27，只占联邦政府科研资助总额的2%。

美国心理学会和美国心理科学协会定期派代表到国会山请求更多的资助，但阻力重重。

心理学研究的联邦资助大部分来自美国国立卫生研究院的不同机构，还有一些来自国防部的某些分支机构，不到400万美元来自国家科学基金会，还有一些零星资助来自其他机构[1]。两个组织的代表因此必须向若干委员会和分组委员会提出方案，从而分散风险，但这一步棋意味着必须四处开战，而且得不到高级别的资助。

在早先的几十年里，心理学研究非常简单。比如桑代克用破木板做一只迷箱，再买几只猫和几条狗就将问题全都解决了。那时，费用根本不是问题。但现代调查、磁共振扫描设备、大型计算机及一组组专业人士所进行的纵向研究，都需要相当高昂的费用。尽管如此，心理学研究与新武器研究、太空旅行研究相比，只能算小巫见大巫了。美国比其他任何国家都更迷恋心理学，急于从中得到知识与益处，但在2005年却只愿为它花费联邦预算的0.2%！

今天，我们会对古罗马人摇头，因为他们不惜斥巨资建造城市、修建道路和水渠，却未能努力对纯种罗马人不断下降的生育力和劳动生产率进行研究，未能遏制这一趋势。人们不禁怀疑，未来的生

---

1 基础心理学研究的大部分资金来自美国国家精神卫生研究院，然而，2005年至2006年，该院院长宣布，未来资金主要流向心理疾病的研究与治疗，其他更为基础的研究次之——如果有的话。这就意味着基础心理学研究得到的联邦资助将大大缩水（国家科学基金会：《对2003—2006财年用于研究与发展的联邦资金的调查》）。

物是否会在看到我们这个世界的废墟时摇头哀叹。我们耗费巨资去做很多事，却在研究人类的本质时如此吝啬，而这一研究极有可能是我们继续生存下去的关键。

政府对心理学研究的资助极少，而且还干扰甚至禁止某些研究，其动机有时令人信服，有时却很不光彩，很不公平。

我们在前面已经说到，在 20 世纪 60 年代民权运动扩张时期，美国公共卫生部为保护人权，实施了一些涉及生物医学研究的规定。1971 年，卫生、教育与福利部将这些规定扩展至所有对人类行为的研究。这些规定尽管不是法律，却起着法律条款的作用，可以让某些不服从这些规定的单位拿不到联邦资助。关键性的限制是，研究者在进行任何实验之前，必须让病人和受试者知情，并获得他们的同意。这一规定是对人权的扩展，值得赞扬，但如果严格实施的话，欺骗性心理学研究或隐藏目的的实验将无法进行，甚至相对无害的欺骗性实验也将被取消。

经过数年的痛苦抗争，扼杀社会心理学研究的条款在 1981 年有所放宽。此后，欺骗性研究再次获得资助，但仍然处于严格受控的状态，许多可能产生有价值成果的研究项目无人敢碰，甚至没有人考虑。

在规定放宽之后，一位著名心理学家说："这些条款和机构审查委员会对我们的思想产生着深刻的影响。你根本不会考虑涉及某种欺骗性实验的问题，否则机构审查委员会会找你麻烦。所有的研究都被扼杀在摇篮之中。"

心理学研究遇到的更可悲的政治干预是：政府官员和国会议员出于政治动机对某些具体的研究项目以及整体意义上的行为科学研究发起进攻。

有这样一个经典的例子：1991 年，众议员威廉·丹内迈耶，一位来自加利福尼亚州的共和党人，掀起了一场保守主义的风暴，对一项已被允许进行的青少年性行为调查狂轰滥炸，设法扼杀这一调查。后来他更加大胆，扩大了攻击的范围，对美国国立卫生研究院1991年的一项再授权法案提出了修正案，禁止美国卫生与公众服务部实施或支持任何在全国范围内进行的人类性行为调查。即便是在思想保守的时代，这一要求在众议院也显得过分了，投票结果是283票反对，137票支持，这个修正案被否决了。但是，137张支持票透露出的极端主义令人担忧。

不久前，不少国会议员都企图削减或者完全终止联邦政府对心理学、社会学的某些领域的研究经费。更有甚者，还有人提议，终止对上述学科的所有领域提供研究经费。有例为证：

——2003年，在考虑国立卫生研究院2004年预算（这是劳工部、卫生与公众服务部、教育部拨款法案的一部分）时，众议员帕特·图米提出了一个修正案，取消国立卫生研究院对五个项目的资助，因为在他看来，国立卫生研究院根本就不应该资助性行为与健康这样的研究。最后，众议院以两票的微弱优势否决了图米提出的修正案。

——2004年至2005年，众议员蓝迪·诺伊格鲍尔使出浑身解数，对国立卫生研究院的拨款法案提出修正案，呼吁取消对所有精神卫生项目的资助。每次，该法案在众议院通过时，都附带着他的修正案。如此一来，美国国家精神卫生研究会变成什么样，谁也说不清楚。谢天谢地，该修正案在参众两院协商委员会那里终于止步了。

——2005年，在考虑2006财年为科学、地方、司法和商业拨款的法案时（该法案还包括为美国国家科学基金会拨款），众议员安东尼·维纳企图削减美国国家科学基金会的科研及相关活动资金，削减额度达1.47亿美元，目的是资助社区警务。然而，维纳的提议未获通过。

——2005年和2006年，任参议院科学与宇航小组委员会主席的参议员凯·贝利·哈奇森提出了一项修正案，呼吁国家科学基金会停止向社会学、行为科学和经济学提供研究资金。此提议在科学界引起了极大反响。参议员弗兰克·劳顿伯格随后提出了一项相反的修正案，结果，两派之间达成妥协，允许国家科学基金会继续资助所有学科。

那么，国会议员们究竟是出于什么样的动机反对对社会科学和行为科学进行资助呢？或许，他们觉得某些研究“不合适”，或者浪费资源，或者有可能有悖于他们的政治和社会理念。但也有这样一种可能：他们是在迎合自己的选民——在美国社会中有一些人害怕科学，敌视那些威胁到自己的信仰体系的科学。无论答案如何，很明显，政府部门对社会科学和行为科学的资助尽管数额不大，但只要不符合某些国会议员的利益，还是有可能被他们继续攻击。

除了政府官员和立法者以外，很多政府之外的利益集团和游说团体也都攻击过这样或那样的研究项目，他们有时成功地妨碍了研究工作的进行，有时会使研究项目中止。可笑的是，这些都发生在近几十年里，而这正是心理学研究取得巨大进展的阶段。更有讽刺意味的是，反对研究工作的不仅仅是些保守组织，还有一些开明组织、激进组织、反对现存社会体制的组织，甚至还有政治上中立的组织。

其中的一支政治中立力量是“动物权利”运动，其成员常常诉诸暴力活动，冲入医学及心理学实验室，拆毁设备，销毁记录，有时还带走动物。“动物权利”运动领导人声称，动物的生命和人类的生命在道义上是一样的，在动物身上做一些不能在人类婴儿身上做的实验是“物种歧视”。在他们眼里，尽管动物实验能为人类带来一些益处，但却是不道德的。这种伦理立场简直就是几年前克里斯·德罗斯的伦理立场的缩影。德罗斯是“给动物一线生机”的创办人和领导者。此人说道："即使一只老鼠的死能治愈所有疾病，我的观点也不会被影响。"

心理学研究中的很多其他领域也时常受到利益集团和游说团体的猛烈打击，这种打击还常常成功，这些组织有的是政治正确一类的，有的在政治上是保守的，还有的是中立的传统主义组织。如果进行被这些组织列入黑名单的研究，就会招来恐吓信、示威游行、暴力威胁、人身攻击等；在学术界内部，还会得不到晋升，遭同事白眼，得不到终身教职。而且，学术刊物也会拒绝出版这类研究成果。总的来说，就是会被学术界遗忘。下面这些领域都属于"禁区"：

——智商的基因差异研究。这类研究受到少数族裔、激进分子和一些自由派人士近 40 年的攻击，这些人认为这是种族歧视。

——男女心理能力和情感反应的基因差异研究。这类研究自 20 世纪 60 年代开始一直受到女权运动者的攻击，这些人认为这是性别歧视。

——男女性别角色差异的生物学基础。这类研究长期以来受到女权运动者的攻击，这些人认为这是赤裸裸的性别歧视。

——生物学因素对暴力和犯罪的影响。这类研究长期以来受到少数族裔、自由派人士和其他一些人的围攻，这些人认为这是种族歧视，因为黑人使用暴力和犯罪的概率高于白人。

——对青少年的性调查。这类调查遭到保守组织的强烈反对，他们认为性调查违反了隐私权和亲权。

——各种形式的记忆研究。这类研究受到律师和研究"被压抑的记忆"的专家的抨击，因为这类研究的结果会对儿童性虐待诉讼案件造成威胁。

类似的例子不胜枚举。不过，上述的例子足以表明心理学的很多发现在很多人眼里是不受欢迎的、遭人排斥的、可恶的，这一点和1633年天主教会对伽利略的日心说的态度是一模一样的。

但受不受欢迎不是检验真理的标准，研究的合法性不是由其社会吸引力决定的，学术自由也不意味着只有探索政治上安全的课题的自由。被认定有攻击性、有危险、在政治上不正确的研究也许的确没有价值，甚至有害，但它们极有可能增进我们对人类的理解，促进人类生存状态的改善。我们知道，1909年，当弗洛伊德在克拉克大学讲课时，杰出医生、将心理学应用于医学的先锋人物韦尔·米切尔说他是“一个肮脏下流的家伙”。加拿大一所大学的系主任说，弗洛伊德似乎在宣扬“回到原始状态”。这些杰出人物往往离他的研究太近，因而无法看出研究的未来价值，同样，我们也离近些年或目前受攻击的研究太近，无法认识到它们能为人类增添多少知识，给社会带来多少益处。但如果我们不追求新的知识，我们肯定就不能得到它。由此看来，因为政治、宗教或者其他非科学原因而阻碍心理、行为研究的做法，与过去天主教会的做法相比，并没有好到哪儿去，那时的天主教会以牢狱之苦强迫伽利略发誓他知道的并非真理，强迫他放弃教学、写作，放弃讨论异端的日心说理论。

第五节 状态报告

我们在思维的未知领域里究竟走了多远?

在未经测绘的大地上摸索前行的人，在看到远处的海洋时就会知道，他已抵达了遥远的海岸，即他长途跋涉的终点。然而，对于我们来说，没有这样的遥远海岸。在科学领域，对现实本质的探索永远是无限的。我们无法知道自己离终点还有多远，因为根本就不存在这么一个终点。跟其他所有的科学门类一样，心理学在解决问题的过程中，也发现了更细节化、更深奥的问题。

不过，我们已经走得够远了，因而完全可以回答古希腊哲人及后来的其他思想家所提出的许多经典问题。

他们的问题涉及灵魂的本质、思维与躯体的双重本质、思维与躯体的互动方式，这些问题的答案隐含在我们已知的知识中——在现实生活中，化学活动和电活动有多个层面，它们有各种组织形式，生成了被我们称为思维的、复杂的思想和感觉。下面是这些活动的层面和组织形式的范式：

——在最低层面上，即在约十埃（十亿分之一米）范围内：神经递质分子从被激发的神经元的突触囊泡中被释放出来，到达该神经元与另一神经元的树突之间。

——多个数量级（一个数量级涵盖约十倍大小的范围）之上：突触间隙，约 1 微米（一百万分之一米）宽。神经递质分子越过这一间隙，将冲动从发射神经元传递至接收神经元。

——更高的两个数量级：神经元，约 100 微米或一万分之一米。发射出来的冲动沿着神经元的轴突前进，被送至与该神经元相连的神经元。

——再高一个数量级：依次激发的少量神经元形成长约 1 毫米的回路，对定向视觉刺激做出基本反应。

——再高一到两个数量级：1 厘米到 10 厘米长的回路由数百万个连接的神经元——硬件（或更准确地说是湿件）构成，程序在回路里面运行，我们将体验到心象地图、思想和语言。

——最后，更高的数量级：整个神经中枢，长约 1 米。在这里，上述的一切在各自的组织层次中发生。

简单地说，思维就是一种程序化的信息流，数十亿神经活动的组织模式使这种程序变流得以实现。

知觉、情绪、记忆、思想、人格和自我是思维的运行程序。它们吸取并利用以突触连接的形式储存在脑部回路中的信息和经验，对一种或另一种刺激做出反应。

这是当代心理学的主要观点，尽管它占据主导地位，但并非为心理学界的所有人所接受。除了心灵学家及其他边缘人士，一些哲学心理学家还鼓吹一种“活力论”或者“唯心论”，这是一种当代版的经典二元论，它认为心理或意识是某种独立于大脑的东西。他们不再称其为“灵魂”——这个术语早已从心理学教科书里彻底消失了，只有在回顾心理学历史时才会见到——人们表述它的方式是新式的，即便很难理解，人们也还是用物理学或宇宙学术语对它们进行表述。

下面是在2006年图森意识会议上一位发言人的讲话，这位发言者名叫皮姆·范隆曼尔，他解释了独立于大脑的意识如何由量子现象建构：

> 心脏停搏时，意识经历了什么？人们对这个问题进行了普遍性调查。根据调查报告，我们可以得出这样的结论：由波组成的人类意识的信息场根植于“相空间”，根植于一个我们看不到的、没有时间和空间的维度，它围绕着我们，穿过我们，渗透到我们体内。只有通过我们运转着的大脑，它们才会以可测量的、变化着的电磁场的形式，变成我们的清醒意识。

该理论的唯一的缺陷是没有可信的、经过检验的证据，它完全是基于想象的。不过，它以某种形式满足了范隆曼尔博士的需要。所以同样，认为意识或个性并不根植于大脑的观点显然迎合了相信它们的人的需求。

尽管在现实中，可被证明的和已被证明的精神现象越来越多，但由于情感和社会方面根深蒂固的原因，人们需要相信一些既无法被证实，也无法被证伪的东西。然而，大部分科学家对此的看法更像200年前数学家和天文学家皮埃尔－西蒙·拉普拉斯的看法。当拿破仑问他为什么上帝没有出现在他的宇宙学巨著《天体力学》里时，拉普拉斯的回答是："陛下，我不需要那样的假说。"

当代心理学及其相关学科一直在回答的另一个问题是先天与后天的问题。通常来说，在20世纪初，回答这一问题的人是遗传论者，后来是行为主义者。最近几十年，这一问题不由分说地由互动论者来回答。其中的一些细节，我们已经看到了，不用再去回顾，但核心的问题是：很多种证据显示，作为进化的产物，先天的倾向可在经验的影响之下发展，并被塑造（按照遗传学的说法，很多基因是被环境"打开"的），继而使人们用不同的方式与环境互动。由此，持续延展着的、不断变化着的先天倾向或潜能与环境或经验之间的互动塑造着发展变化中的人类。

类似的答案也适用于"人的思想源自哪里"这一古老的问题：人的思想是经验和学习的产物，并经过内置的神经倾向过滤，被内置的神经倾向塑造。语言习得是再好不过的例证。儿童的大脑具有一些特别区域，能在缺少帮助的情况下感知句法模式，提取话语意义，将互相关联的东西归入抽象的范畴。当内置的线路有缺陷时，学习就难以进行，或根本不可能进行。语言能力天生较差者往往不能处理困难的抽象问题，不管他或她拥有多少经验。

我们不需要重述，当代心理学对其他许多古老问题也有解答，包括：知觉如何工作；思维如何解决问题；我们如何推理，为何经常进行无效的推理；情绪、有意识的判断和两者的互动以怎样的方式在何时决定了我们的行动；家庭和社会经验是如何在潜在趋势中构建出自私或利他、敌对或友好的行为模式的。

还有一些问题被称作“奢侈问题”。不了解这些问题并不妨碍科学的进程，也不影响日常研究，因此，似乎没有必要回答，大多数心理学家因而也相应地将其忽略。比如说意识的本质，它在人类心理学中的用途或功能尚不得而知，因而大多数研究者，包括认知心理学家，将其忽略不计，他们研究更容易控制的现象。但如前所述，在某些领域，意识现在又重新得到众人的关注，这种现象表明，当心理学更深入地探索认知过程时，意识便不再是一个“奢侈问题”，而是心理现象中的一个重要角色。正如前面经常提到的，即使最复杂的计算机在很多重要方面也不及最一般的人，之所以如此，是因为它没有意识到自己是一个实体。

甚至连自由和意志这两个近几十年来在心理学中找不到位置的概念，现在也回到了台前。行为主义者曾把它们视作唯心主义的错觉而将它们扫地出门，认知心理学家也曾回避它们，因为自由意志类行为似乎是没有因由的——这个概念被科学所厌弃。但认知心理学家一直未能绕开或忽略“选择问题”——如果人们坚持认为过去和当前的力量可以决定一个人选择什么，那么，“选择”就是一个毫无意义的概念，但它却又是一个不可回避、可被观察到的现象。

目前，很多心理学家认为，思维的操作系统能以自我反思的方式运行，能检查自己的思想和行为，能有目的地评估不同行动和可能产生的行动的结果，决定哪种行动是最好的，并有意识地将之付诸实践。不追求这个过程时，我们通过意识性较弱的推理做出选择，即处于被斯宾诺莎称作“人类枷锁”的状态。在自我反思和评估的基础上进行选择时，我们就接近了人类的自由。阿尔伯特·班杜拉屡次提出相同的观点，他在“自我效能”治疗研究中指出，我们不应该消极地认为，自由是外部强制力的缺失，而应积极地认为，自由是自我影响的运用。“通过操纵符号和进行自我反思，人们可以生成新的思想，采取具有创造性的行动，从而超越过去的经验……通过运用［自我调节］，他们可以确定形势的本质和他们会变成什么样子。”这就是目前“能动理论”的核心内容。“高级符号能力的进化趋同使人类有能力冲破即时环境的束缚，使人们在塑造生活环境与人生道路时具备独特的力量。在这一概念中，人类是生活环境的贡献者，并非只是生活环境的产物。”

那么，今后我们要走向何方呢？

《心理学年鉴》的每一期均充满着对这一领域的未来的预测。许多人认为，在很多前沿地带，心理学正在攻入我们从前未知、未想象过的知识王国，过去宽泛和粗浅的阐述正在给精细、具体且可检测的学说让路。然而，与很多人的想象不同的是，尽管没有出现一个包罗万象、统揽一切的宏大的理论，但心理学并没有四分五裂，在近几十年里，心理学的各个分支相互重叠，相互作用。

不过，我们也看到一位万能理论的倡导者正在叩响大门——虽然还未被接纳。这就是玛莎·法拉。你可能还记得，她曾经说过，认知神经科学有可能成为首要的心理学理论，因为它利用细胞系统解释了大脑的工作原理。所涉及的过程都是认知心理学的经典过程：我们是如何学习、思考、行动的？我们为什么互不相同？不同人格形成的根源何在？总之，“在原则上，所有这一切可在不同的层面用不同的大脑活动进行解释”。后来，她又补充道，“神经科学表明，人格、意识和灵性都是大脑的躯体功能”。

也许吧……不过，并非所有人都清楚地知道神经科学如何能成为万能理论，尽管它肯定会成为该理论的重要组成部分。即便构成思维的所有心理过程都源于大脑的躯体功能，有一个重要的——可以说最为重要的——问题至今仍然没有答案，那就是，大脑的这些躯体功能如何变成人们的思想、记忆、希望和喜怒哀乐？或者像本书前面提问的那样：“神经过程是如何变成‘我们’的？”

无论心理学的明天如何，几乎可以肯定的是，跟从前的许多发现一样，未来的许多发现将在不同的范畴内有利于人类的发展，从芝麻小事到重大事项——从儿童保育的建议和记忆力的提高，到教育制度的重大改善、种族歧视及民族仇恨的消除。

最后，在远比此前广泛的范畴之内，心理学肯定可以满足最为纯洁、高贵，也最为人道的欲望——理解的愿望。阿尔伯特·爱因斯坦曾经说过：“世界上最不可理解的事情便是认为这个世界是可以理解的”然而，心理学正在证明的是，这位伟人错了。心理学正在使我们对世界的理解变得可以理解。

图书在版编目（CIP）数据

心理学的故事：源起与演变 /（美）莫顿·亨特著；寒川子，张积模译. —北京：商务印书馆，2024
ISBN 978-7-100-23422-1

Ⅰ. ①心… Ⅱ. ①莫… ②寒… ③张… Ⅲ. ①心理学史—世界 Ⅳ. ①B84-091

中国国家版本馆CIP数据核字（2024）第062532号

心理学的故事：源起与演变
〔美〕莫顿·亨特 著
寒川子 张积模 译

商 务 印 书 馆 出 版
（北京王府井大街36号 邮政编码 100710）
商 务 印 书 馆 发 行
北京市十月印刷有限公司印制
ISBN 978-7-100-23422-1

2024年6月第1版 开本710×1000 1/16
2024年6月第1次印刷 印张 57.5
定价：158.00元